高等学校土建类学科专业"十三
高等学校给排水科学与工程专业系列教材

给水排水工程结构

（第三版）

湖 南 大 学　廖　莎
重 庆 大 学　余　瑜　姬淑艳　编著
太原理工大学　康锦霞

刘健行　　　　主审

中国建筑工业出版社

图书在版编目（CIP）数据

给水排水工程结构 / 廖莎等编著. —3 版. —北京：
中国建筑工业出版社，2020.10
高等学校土建类学科专业"十三五"系列教材 高等
学校给排水科学与工程专业系列教材
ISBN 978-7-112-25449-1

Ⅰ. ①给… Ⅱ. ①廖… Ⅲ. ①给水工程－工程结构－
高等学校－教材②排水工程－工程结构－高等学校－教材
Ⅳ. ①TU991

中国版本图书馆 CIP 数据核字（2020）第 174733 号

本书为高等学校给水排水工程专业用教材，是在 1981 年试用教材《给水排水工程结构》的
基础上经几度修订形成的。本版为第三版，内容根据《工程结构可靠性设计统一标准》GB
50153—2008、《建筑结构可靠性设计统一标准》GB 50068—2018、《建筑结构荷载规范》GB
50009—2012、《混凝土结构设计规范》GB 50010—2010（考虑 2015 局部修订）、《给水排水工程
构筑物结构设计规范》GB 50069（送审稿）、《给水排水工程钢筋混凝土水池结构设计规程》
CECS 138：2002 等新规范、规程重新订正。

本书共九章，内容包括：钢筋和混凝土的力学性能，钢筋混凝土结构的基本计算原则，钢筋
混凝土受弯、受压、受拉构件承载力计算，受弯构件的裂缝与变形验算，钢筋混凝土梁板结构设
计，钢筋混凝土柱下基础设计，钢筋混凝土水池设计等。

本书也可供给水排水专业和土建类工程技术人员参考。

**为便于教学，作者特别制作了配套课件，如有需求，请发邮件至 cab-
plvna@qq.com 索取。**

责任编辑：吕　娜　王　跃　齐庆梅
责任校对：党　蕾

高等学校土建类学科专业"十三五"系列教材
高等学校给排水科学与工程专业系列教材
给水排水工程结构
（第三版）
湖 南 大 学　廖　莎
重 庆 大 学　余　瑜　姬淑艳　编著
太原理工大学　康锦霞
刘健行　　　　主审

*

中国建筑工业出版社出版、发行（北京海淀三里河路 9 号）
各地新华书店、建筑书店经销
北京红光制版公司制版
北京建筑工业印刷厂印刷

*

开本：787 毫米×1092 毫米　1/16　印张：28　字数：658 千字
2020 年 12 月第三版　　2020 年 12 月第二十九次印刷
定价：**68.00** 元（赠课件）
ISBN 978-7-112-25449-1
（36438）

第 三 版 前 言

《给水排水工程结构》一书，多年来一直是高等学校给排水科学与工程专业结构类教材。从1981年第一版至目前修订的第三版，本教材一直紧跟我们国家的经济政策、法律法规，紧密联系工程结构领域的科学研究和实践的最新成果，反映国家技术规范体系的适时变更，从而保证学生走出校园参加国家建设的无缝对接。

本版内容的基本构架仍按原书未作大的改变。具体内容则根据相关新规范的内容作了全面的改写和增删。涉及的相关规范有：《建筑结构可靠性设计统一标准》GB 50068—2018、《工程结构可靠性设计统一标准》GB 50153—2008、《给水排水工程构筑物结构设计规范》GB 50069（特别说明：修订过程中参考了送审稿。若本书内容和发布后的正式版不吻合，请以正式版内容为准）、《混凝土结构设计规范》GB 50010—2010（2015年版）、《给水排水工程钢筋混凝土水池结构设计规程（附条文说明）》CECS 138-2002等。

根据给排水科学与工程专业对该课程教学的要求，本书安排了材性、设计原则、钢筋混凝土受弯、受压、受拉构件的承载力计算、受弯构件的裂缝和挠度验算、柱下基础、梁板结构和水池结构设计等内容。由于各校在给排水科学与工程专业学生的培养方向上各有特色和侧重，建议"给水排水工程结构"课程的讲授学时为30~60学时。按此，我们在编写本教材时，力求做到基本概念明确、设计思路清晰、计算例题经典和实用设计实例规范。随着电算在给水排水工程结构设计中的普及，教师更要侧重引导学生对给水排水工程结构的选型特点、荷载特点、内力分布特点和构造特点等方面的把握，为正确判断电算结果，合理调整计算参数和切实可行的构造措施打下坚实的基础。

本书作为给排水科学与工程专业本科生教材，也可作为土木工程专业选修"特种结构"的参考书及供工程设计人员参考使用。

本书的编写分工为：绪论、第9章由湖南大学廖莎执笔；第1、2章由重庆大学余瑜执笔；第3、4、5章由重庆大学姬淑艳执笔；第6、7、8章由太原理工大学康锦霞执笔。全书由廖莎主编并统稿，刘健行主审。湖南大学土木工程学院的施周教授等对本书的修订做了许多组织和联系工作，在此表示衷心感谢。

限于编者的水平，书中缺点和错误在所难免，请读者批评指出。

第 二 版 前 言

由重庆大学、太原工学院、湖南大学三校合编的高等学校试用教材《给水排水工程结构》第一版自1981年出版以来，在各高校的给水排水专业教学中使用了20余年。在此期间，工程结构领域的科学研究和实践都有了很大的进展，有关的专业设计规范也作了相应的更新。该书曾于1993年根据《建筑结构设计统一标准》（GBJ 68—1984）、《混凝土结构设计规范》（GBJ 10—1989）、《砌体结构设计规范》（GBJ 3—1988）及《给水排水工程结构设计规范》（GBJ 69—1984），对已显过时的部分作了一次大的修订，使近十多年来给排水专业学生在工程结构设计领域的知识基本与国家有关设计规范相适应。随着2002年前后有关工程结构设计规范体系的变化和内容的再次扩展与更新，本书感陈旧，为了满足当前教学的迫切要求，并与新一轮修订后的国家工程结构设计规范的规定相统一，我们重新编写了本书。

本书内容的基本构架仍按原书未作大的改变。具体内容则根据《工程结构可靠性设计统一标准》GB 50153—1992、《建筑结构可靠性设计统一标准》GB 50068—2001、《混凝土结构设计规范》GB 50010—2002、《给水排水工程构筑物结构设计规范》GB 50069—2002、《给水排水工程钢筋混凝土水池结构设计规程》CECS138：2002等新的规范规程的内容作了全面的改写和增删。

根据给排水专业对该课程的教学大纲要求，在本书中安排了混凝土结构材料的基本性能、钢筋混凝土结构设计的基本计算原则、钢筋混凝土受弯构件正截面承载力计算、钢筋混凝土受弯构件斜截面承载力计算、钢筋混凝土受弯构件的裂缝和挠度验算、钢筋混凝土受压构件及柱下基础、钢筋混凝土受拉构件、钢筋混凝土梁板结构设计、钢筋混凝土水池结构设计等内容。由于各个学校在给水排水专业学生的培养方向上有各自的侧重，《给水排水工程结构》课程的讲授学时并不统一，大体在30～60学时的范围内变化。按此，我们在编写本教材时，力求做到基本概念明确、设计思路清晰、计算例题经典和实用设计示例规范。各校可根据自己的学时情况进行取舍，重点概念内容在课堂讲授，设计实例可留给学生自学掌握。为弥补第一版中无习题带来的教学不便，这次修订在各章节后附有习题。

本书作为给水排水专业本科生教材，也可作为土木工程专业选修"特种结构"的参考书及供工程设计人员参考使用。本书的编写分工为：绪论、第九章由湖南大学廖莎执笔；第一，二章由重庆大学余瑜执笔，第三、四、五章由重庆大学姬淑艳执笔；第六、七、八章由太原理工大学武军执笔。全书由廖莎主编并统稿，刘健行主审。湖南大学土木工程学院尚守平院长、重庆大学土木工程学院张永光院长、结构教研室主任支运芳教授、太原理工大学土木工程学院雷宏刚院长对本书的修订作了许多组织和联系工作，特在此对他们表示衷心感谢。

限于编者的水平，书中缺点和错误在所难免，尚请读者批评指正。

第 一 版 前 言

由重庆建筑工程学院、太原工学院（现太原工业大学）、湖南大学三院校合编的高等学校试用教材《给水排水工程结构》自1981年出版以来，至今已使用十年有余。在此期间，工程结构领域的科学研究和实践都有了很大的进展，有关的专业设计规范几乎都已更新，因此，原书已感陈旧而不再适用，为满足当前教学的迫切需要，我们重新编写了本书。

本书内容的基本构架仍按原书未作大的改变。具体内容则根据我国近几年陆续颁布施行的《建筑结构设计统一标准》GBJ 68—1984、《混凝土结构设计规范》GBJ 10—1989及《砌体结构设计规范》GBJ 3—1988等新规范作了全面的改写和增删。在编写过程中还参考了《给水排水工程结构设计规范》GBJ 69—1984，同时注意到这本规范的部分内容已经过时。

本书内容的安排在原则上参照了1983年全国高等院校给水排水专业教学大纲会议制订的四年制本科用《给水排水工程结构》课程教学大纲，但目前各高等院校对这一课程的讲授学时并不统一，大体上在60～96学时的范围内变化。故在编写本教材时，考虑到了适应各种学时安排的内容选择问题。例如第九章中标有"＊"号的节、段及第十章、第十一章（砌体结构部分）都可以作为不在课堂讲授的参考内容，其他各章也可根据具体情况在讲授时作适当的删节。

本书的编写分工：绪论、第九章由湖南大学刘健行执笔；第一至第五章和第十、十一章由重庆建筑工程学院郭先瑜执笔；第六、七、八章由太原工业大学苏景春执笔。全书由刘健行主编，天津大学于庆荣主审。重庆建筑工程学院建工系主任白绍良教授为重编本书作了许多前期的组织和联系工作，并对本书的内容提出了宝贵意见，特在此对他表示衷心感谢。

限于编者的水平，书中缺点和错误在所难免，尚希读者批评指正。

编　者

1993年10月

目　录

绪　　论

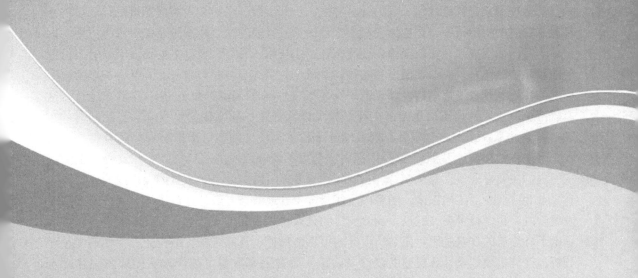

给水排水工程的生产流水线总是由各种功能的构筑物如泵站、水池等用管、渠联系并配置以管理和辅助建筑组成的。这些构筑物和建筑物的功用、生产能力及相互配合，由工艺设计来确定，但是，任何一项工程设计，只有工艺设计还不足以付诸实施，必须进行建筑和结构设计。

在给水和排水工程中，构筑物和建筑物的结构部分往往占用相当一部分建设投资，而结构设计的质量又直接关系到给水排水工程的安全性、适用性和耐久性。结构设计的任务，就是要根据技术先进、经济合理、安全适用、确保质量的原则，合理的选择材料和结构形式，进行结构布置，确定结构构件的截面和构造等。学习"给水排水工程结构"这门课程的目的，就是使学生掌握给水排水工程结构的设计基本知识。

（一）

给水排水工程结构作为结构工程中的一个专门领域，在我国是中华人民共和国成立后才形成的。出于大规模基本建设的需要，在 20 世纪 50 年代我国成立了一批专门从事市政工程或给水排水工程设计与科研的设计院和研究所，促使给水排水工程结构的设计与研究走向专业化。

给水排水工程结构无论从使用要求、结构形式、作用荷载及施工方法等方面来说，都有其特殊性。给水、排水构筑物大多是形状比较复杂的空间薄壁结构，对抗裂抗渗漏、防冻保温及防腐等有较严格的要求；在荷载方面，除一般工程结构可能遇到的重力荷载、风荷载、雪荷载及水压力、土压力外，给水、排水构筑物还常须对温度作用、混凝土收缩及地基不均匀沉陷等引起的外加变形或约束变形进行较缜密的考虑。针对给水排水工程结构的特殊性，半个世纪以来，我国以各专业设计院、科研单位和部分高等院校为骨干，对给水排水工程结构的设计计算理论和方法，进行了系统的研究和经验积累。特别是在结构及构件的合理型式、荷载取值、内力计算方法、钢筋混凝土的抗裂及裂缝宽度的计算、防止和限制裂缝的构造措施、预应力混凝土水池的设计计算方法、软弱地基的处理等方面，取得了丰富的研究成果和实践经验，使我国在给水排水工程结构设计方面形成了具有自己特色的较完整的体系。在长期研究和实践的基础上，我国于 1984 年完成了第一本作为国家标准的《给水排水工程结构设计规范》GBJ 69—1984 的编制，并于 1985 年颁布施行。这本规范可以认为是我国给水排水工程结构设计专业化、标准化的里程碑。与此同时，在 1984 年还出版了由国内七家具有权威性的市政工程设计院和给水排水设计院合编的《给水排水工程结构设计手册》。这是一部内容浩繁、篇幅巨大的工具书，在一定程度上反映了国内的主要专业设计院从 20 世纪 50 年代至 80 年代初 30 余年宝贵的设计经验。

自 20 世纪 80 年代以来，随着国家实行改革开放政策，经济建设进入了一个新的高速发展阶段，科学技术突飞猛进，国际交流频繁，也大大促进了结构工程技术的进步。特别是电子计算机的普遍应用，使结构设计的可靠度理论、计算力学、结构受力工作的全过程分析、计算机模拟及计算机辅助设计（CAD）等方面都取得了前所未有的成就，并进入了工程应用中，使设计工作面貌为之一新。目前在给水排水工程设计和研究领域，应用有限单元法或其他较精确的计算力学方法对复杂结构进行分析及应用计算机辅助设计已相当普及，在很大程度上提高了设计的质量和效率。

给水排水工程结构作为结构工程的一个专门领域，其设计理论模式和方法固然有其特殊性，但它的基本设计原则与整个结构工程的要求是一致的，它既反映一定阶段上国内外该领域最新的科学研究成果和技术进步，又充分体现国家的技术和经济政策。我国于1992年颁布的《工程结构可靠度统一标准》GB 50153—1992，2001年修订的《建筑结构可靠度设计统一标准》GB 50068—2001，对建筑结构设计的基本原则、主要是结构可靠度和极限状态设计原则作出了统一规定。规定了结构设计均采用以概率理论为基础的极限状态设计方法，替代了原规范GBJ 69—1984采用的单一安全系数极限状态设计方法。据此，有关结构设计的各种标准、规范均作了修订，如《建筑结构荷载规范》GB 50009—2001、《混凝土结构设计规范》GB 50010—2002、《地基基础设计规范》GB 50007—2002等。在此基础上原《给水排水工程结构设计规范》GBJ 69—1984也相应地进行了必要的修订，形成新的《给水排水工程构筑物结构设计规范》GB 50069—2002。

新修订的"规范"在体系上也作了一些改变，与国际上的规范系统更加统一，减少了综合性，方便对内容进行修订和增补，有利于及时吸收最新的技术成果，实现国际交流和引进国外先进技术。新的规范体系将给水排水工程结构设计的规范分为两个层次，共10本标准，其中两本为国家标准，即：《给水排水工程构筑物结构设计规范》GB 50069、《给水排水工程管道结构设计规范》GB 50332。其余为协会标准，如：《给水排水工程钢筋混凝土水池结构设计规程》CECS 138、《给水排水工程水塔结构设计规程》CECS 139、《给水排水工程埋地矩形管管道结构设计规程》CECS 145等。两个层次规范之间的关系是：国家标准主要是针对给水排水工程结构设计中的一些共性要求作出原则性的规定，而协会标准则针对各具特点的构筑物和管道的具体设计内容作出更具体的规定，通过具体的规定来贯彻国家标准的原则。在规范实施期内，给水排水工程结构设计的主要依据就是遵循这些标准和规程的要求，特别是那些强制性条文的相关规定。

近20年，国家对环境保护和生态文明建设更加重视，对给水排水工程应用的广泛性和复杂性也提出了更高的要求。随着工程结构中新材料、新工艺、新技术、新方法的出现，原有的设计规范系统也与时俱进地进行了调整，与给水排水相关的结构规范也采用了反映国内外新的科研成果和工程应用经验的新版本。如《工程结构可靠性设计统一标准》GB 50153—2008、《建筑结构荷载规范》GB 50009—2012、《混凝土结构设计规范》GB 50010—2010、《建筑地基基础设计规范》GB 50007—2011等，特别是新的《建筑结构可靠性设计统一标准》GB 50068—2018，调整了建筑结构安全度的设置水平，提高了相关作用分项系数的取值。《给水排水工程构筑物结构设计规范》GB 50069—2002也在实行17年后，与国家设计标准体系相协调作了修订。目前《给水排水工程构筑物结构设计规范》GB 50069正在编辑出版过程中，为了能及时反映最新的规范成果，本书从原理到工程实例均参照最新修订的规范执行。

我们正处于一个科技迅猛发展的时代，"给水排水工程结构"作为一门应用学科的课程，学习时必须随时注意本学科及相关学科的最新发展。

（二）

我国的给水排水工程构筑物主要采用混凝土结构。所谓混凝土结构，包括素混凝土结构、钢筋混凝土结构和预应力混凝土结构，但主要是钢筋混凝土结构和预应力混凝土结构。不配置钢筋的素混凝土结构由于抗拉能力差，通常只用于以受压为主的基础、支墩及必须依靠自身的重量来保持稳定性的重力式支挡结构（如挡土墙、挡水墙）等。

钢筋混凝土是将混凝土和钢筋这两种性能不同的材料结合起来共同工作，互相取长补短的很理想的现代结构材料。混凝土是一种抗压强度较高而抗拉强度很低的脆性材料，但具有很好的耐久性，而且制作混凝土的原料（水泥、石子和砂子）来源广泛，价格低廉。钢材是一种抗拉（和抗压）强度很高的延性材料，但价格较贵，且易于锈蚀。如果在混凝土中适当配置钢筋，让压力主要由混凝土来承担，拉力主要由钢筋来承担，混凝土又可以保护钢筋免遭锈蚀，则可以达到降低造价、节约钢材、获得性能良好结构的目的。

对图1所示的两根梁进行对比，可以说明钢筋混凝土结构的基本概念。图1（a）是一根未配置钢筋的素混凝土梁，如果在梁上施加逐步增大的荷载，则随着荷载的加大，梁截面中由于弯矩引起的拉、压应力也逐渐增大。由于混凝土的抗拉强度远低于其抗压强度，故当梁的荷载尚小时，最大弯矩所在截面中受拉边缘的拉应力就将达到混凝土的抗拉强度而导致开裂，使梁立即折断。这种梁不仅承载能力低，混凝土的抗压强度未能被充分利用，而且其破坏是一种很危险的、突然发生的脆性断裂，因此，素混凝土梁在工程中没有什么实用价值。

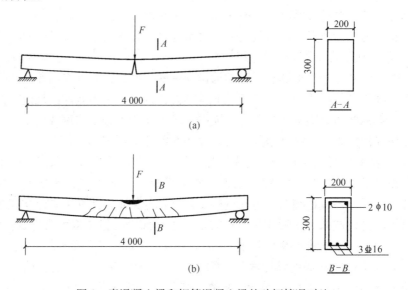

图1　素混凝土梁和钢筋混凝土梁的破坏情况对比

如果在混凝土梁的受拉区配置一定数量的纵向钢筋，梁的承载能力和工作性能就会得到明显的提高和改善。如图1（b）所示，梁在达到比素混凝土梁的破坏荷载稍大的荷载时，受拉区也会由于混凝土应力超过抗拉强度而出现裂缝，但梁不会破坏而能继续加大荷载。钢筋混凝土梁开裂以后，裂缝截面的受拉区混凝土退出工作，荷载引起的拉应力将全部由钢筋承担。由于钢筋具有很高的强度和弹性模量，在钢筋应力没有达到屈服点以前，它能有效地限制混凝土裂缝的开展，使梁能继续承受增大的荷载，只有当荷载增大到使钢筋应力达到屈服点以后，受压区混凝土被压坏时，梁的承载能力才告耗竭。可以说明，由于配置了钢筋，混凝土的抗压强度能够得到充分利用，构件的承载能力显著提高，构件破坏以前将发生较大的变形而具有预兆，即破坏不再是脆性的。

对受力不同的其他各类结构构件，同样可以通过在适当部位配置钢筋来改善构件的受力工作性能，提高构件的承载能力，这包括在构件内配置受压钢筋。因此，各种不同的受力构件都可以采用钢筋混凝土。

总的来说，钢筋混凝土是一种比较优越的结构材料，主要具有以下优点：

（1）便于就地取材　与钢结构比较，能节约钢材，降低造价。

（2）便于造型　混凝土可以浇筑成各种形状的结构和构件；给水排水工程构筑物常具有造型复杂的特点，采用钢筋混凝土结构尤为适宜。

（3）耐久性好。

（4）耐火性好。

（5）整体性好，抗震能力强。

当然，钢筋混凝土结构也存在一些缺点，主要是自重大（$25kN/m^3$）、抗裂性较差、加固和改建比较困难以及在低温条件下施工时需要采取专门的保温防冻措施等。此外，现浇钢筋混凝土结构模板木材的消耗量大，施工周期也较长。近年来已经采取了不少措施来克服上述缺点，并取得了显著的成效。例如采用工具式滑动模板等来降低木模消耗和施工成本，加快施工速度。采用轻骨料混凝土减轻自重（$14\sim18kN/m^3$）。采用预应力混凝土可以改善构件的抗裂性，有效地利用高强钢材以降低钢材消耗，减小截面尺寸，减轻构件自重。所谓预应力混凝土，就是在承受外荷载以前已建立有内应力的混凝土。通常是使外荷载可能引起拉应力的区域建立预压应力，这样就可以推迟因外荷载而引起的开裂，因为外荷载必须先抵消混凝土的预压应力，才能使混凝土进入受拉状态。在钢筋混凝土结构中，预应力一般是用张拉高强钢筋并将其锚固于混凝土，利用被张拉钢筋的回弹使混凝土受压而建立起来的。我国在大型圆形水池中采用预应力混凝土池壁已积累了丰富的实践经验，建立了较完善的设计方法和施工工艺。在大型矩形水池中采用预应力混凝土也取得了一定的成绩。

（三）

本书的内容大体上可以划分为两大部分；第一部分第 1 章到第 7 章，为钢筋混凝土基本理论部分，包括混凝土结构材料的物理力学性能、钢筋混凝土结构的基本计算原则和各类基本构件（拉、压、剪、弯）的计算方法和构造要求。这部分内容是以我国现行《建筑结构可靠性设计统一标准》GB 50068—2018 和《混凝土结构设计规范》GB 50010—2010 为主要依据编写的。第二部分第 8 章和第 9 两章，为钢筋混凝土结构设计部分，介绍了钢筋混凝土梁、板结构及水池结构设计。第 8 章虽然具体讨论的是梁、板结构，但这一章的内容实际上是设计各类现浇混凝土结构的通用知识。由于给水排水构筑物种类繁多，不可能在书中一一加以介绍，故在第 9 章中仅以应用最多的具有一定典型性的构筑物——水池为例，对构筑物结构设计的全过程作了比较全面的介绍，以便学生对这类构筑物的设计方法、计算步骤和构造原则获得一个比较完整的概念。这一章是结合《给水排水工程构筑物结构设计规范》GB 50069—2020 和《给水排水工程钢筋混凝土水池结构设计规程》CECS138：2002 的要求编写的。

学习本课程时，希望学生能注意以下特点：

（1）由于材料物理力学性能的复杂性，混凝土结构基本计算理论是以试验为基础的。在钢筋混凝土基本构件计算公式中有相当一部分是根据试验研究获得的半理论半经验公式，对这些公式，应特别注意其试验基础、简化的物理力学模型、适用条件和应用方法。

（2）结构设计是一种富有创造性的劳动，如果将一项设计任务看成一个命题，则其解答不是唯一的。任何一项设计都有多种方案可供选择。在结构设计的全过程中，材料和结构类型的选择及结构布置等决策性步骤，对结构的安全适用、经济合理往往比个别截面的设计计算具有更大的影响，因此，尽管本书对这些方面的论述所占的篇幅较少，但应充分认识其重要性，并注意培养自己在结构设计工作中的决策能力。

（3）构造设计是结构设计的重要内容之一。结构计算只是结构设计的手段之一，并不是所有的问题都能通过计算来解决。构造设计的基本原则大体上可以归纳为：保证结构的实际工作尽可能与计算假定相符合；采用构造措施来保证结构足以抵抗计算中忽略了而实际上可能存在的内力；采用构造措施避免发生不希望的破坏状态，例如增加结构的延性；采用构造措施来保证结构在灾害或偶然事故发生时的稳定性，避免因结构的局部破损而造成连锁倒塌；采用构造措施来增强结构的抗裂性、抗渗漏性和耐久性等。构造设计的大部分工作是在绘制施工图的过程中完成的，构造设计更多地依赖于经验。本书所介绍的构造知识，部分为规范所规定，部分为行之有效的常规做法。学生在学习构造知识时往往感到烦琐枯燥，经常有所偏废，这种现象应该克服。在工程事故中，由于构造不当而酿成灾害屡见不鲜，因此，对构造问题不能掉以轻心。在学习构造知识时，应注重对构造原则的理解和掌握，对所采用的构造措施，应明确认识其目的，对一些基本的构造规定，应加强记忆。

第 1 章　钢筋和混凝土的力学性能

钢筋和混凝土这两种材料的力学性能以及它们的共同工作特性，是学习钢筋混凝土结构理论所必须具备的基础知识。这是因为钢筋混凝土结构的计算理论、计算方法和构造措施都是以这两种材料所具有的特定力学性能为依据的；另一方面，只有全面了解这两种材料的品种、性能和生产供应情况，才能在设计中根据每个工程的具体条件正确选择材料。

1.1 钢 筋

钢筋所用的原材料主要是碳素钢和普通低合金钢。其主要性能与含碳量的多少有密切关系：含碳量增加，钢材强度随之提高，塑性随之降低；含碳量减少，钢材强度随之降低，塑性性能却随之得到改善。碳素钢除含有铁元素外，还含有少量的碳、硅、硫、磷等元素。含碳量小于 0.25% 的碳素钢称为低碳钢；含碳量为 0.25%～0.6% 的碳素钢称为中碳钢，含碳量大于 0.6% 的碳素钢称为高碳钢。

在钢的冶炼过程中有目的地加入一定量的一种或几种合金元素（如硅、锰、钒、钛等），以改善钢筋的某些性能（如强度、塑性、抗腐蚀性、可焊性、抗冲击韧性等），所获钢材称为合金钢。若所加合金元素的总含量在 3%～5% 以下，则称为低合金钢。

为了节约合金资源，冶金行业近年来研制开发出细晶粒钢筋，这种钢筋不需要添加或者只需要添加很少的合金元素，通过控制轧钢的温度形成细晶粒的金相组织，达到与添加合金元素相同的效果，其强度和延性完全满足混凝土结构对钢筋性能的要求。

在钢筋的化学成分中，磷和硫是有害的元素，磷、硫含量多的钢筋塑性就大为降低，容易脆断，而且影响焊接质量，所以对其含量要予以限制。

1.1.1 钢筋的品种和级别

我国用于混凝土结构的钢筋以热轧钢筋为主，也可采用余热处理钢筋。在预应力混凝土结构中宜采用预应力钢丝、钢绞线和预应力螺纹钢筋。

1. 热轧钢筋

热轧钢筋是低碳钢、普通低合金钢或细晶粒钢在高温状态下轧制并自然冷却而成，是我国钢筋混凝土结构中使用量最大的钢筋品种之一，其横截面通常为圆形，根据表面形状的不同，可以分为表面光滑的光圆钢筋和表面带有肋纹的带肋钢筋。带肋钢筋表面有两条纵向凸缘（纵肋），两侧有等距离的斜向凸缘（横肋）。根据其斜向凸缘的方向和形状，分螺纹、人字纹、月牙纹几种形式（图 1-1）。带肋钢筋通过表面凹凸加强了与混凝土的粘结，大大提高了其锚固性能。

常用的品种按力学指标从低到高主要有 HPB300 级（符号为Φ）、HRB335 级（符号为Φ）、HRB400 级（符号为Φ）、HRBF400 级（符号为Φ^F）、HRB500 级（符号为Φ），HRBF500 级（符号为Φ^F）。HPB（Hot-rolled Plain Bars），即热轧光圆钢筋；HRB（Hot-rolled Ribbed Bars），即热轧带肋钢筋；HRBF（Hot-rolled Ribbed Bars Fine），即细晶粒热轧带肋钢筋。其英文字母后面的数字代表钢筋的屈服强度标准值。

HPB300 级为低碳一级钢，强度低，且表面光圆，作受力钢筋使用时末端须设置弯钩以增强其与混凝土的粘结，由此加大了钢筋用量和施工成本，目前使用中将其直径限制在6～14mm，主要用于小规格梁柱的箍筋与其他混凝土构件的构造钢筋。

HRB335级为合金二级钢，HRB400级、HRBF400级分别为合金三级钢、细晶粒三级钢。HRB500级、HRBF500级分别为合金四级钢、细晶粒四级钢。目前，400MPa、500MPa级高强热轧带肋钢筋作为纵向受力的主导钢筋推广应用，尤其是主要承重构件的纵向受力钢筋宜优先采用。

2. 余热处理钢筋

余热处理钢筋是指将钢材热轧成型后立即穿水，进行表面冷却控制，然后利用芯部余热自身完成回火处理所得，它也是带肋钢筋，代号为RRB（Remained heat treatment Ribbed steel Bars）。余热处理钢筋按强度特征值分为400级和500级，按用途分为可焊和非可焊。余热处理钢筋不需要添加合金元素即可大幅度提高强度，节约资源、生产成本低，性能稳定。但其延性、可焊性、机械连接性能及施工适应性降低，一般可用于对变形性能及加工性能要求不高的构件中。混凝土结构中常用的品种为RRB400级（符号为Φ^R）。

3. 预应力钢丝

预应力钢丝按强度等级可以分为中强度钢丝和高强度钢丝；按表面状态可分为光圆（Φ^P）、螺旋肋（Φ^H）、刻痕（Φ^I）三种，如图1-1所示。螺旋肋钢丝表面沿着长度方向上具有连续、规则的螺旋肋条，刻痕钢丝表面上进行了机械刻痕处理，以增强其锚固性能。预应力钢丝按工艺主要分为冷拉钢丝（WCD）和消除应力钢丝；冷拉钢丝是热轧盘条通过拔丝等减径工艺经冷加工而形成的。消除应力钢丝是将钢筋拉拔后，校直，经中温回火消除应力并稳定化处理的钢丝，消除应力钢丝按松弛性能又分为普通松弛钢丝（WNR）和低松弛钢丝（WLR）。

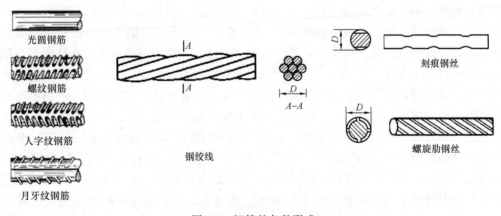

图1-1 钢筋的各种形式

4. 钢绞线

钢绞线（Φ^s）是以热轧盘条为原料，冷拔后，根据钢绞线结构将一定数量的钢丝捻制成股，再经过消除应力稳定化处理而成，有普通松弛和低松弛两种。钢绞线按捻制结构可以分为2股、3股、7股、19股等类别。图1-1中所示为按7股钢丝捻制的钢绞线示意图。

5. 预应力螺纹钢筋

预应力螺纹钢筋也称精轧螺纹钢筋，是一种热轧成带有不连续的外螺纹的直条钢筋，该钢筋在任意截面处，均可用带有匹配形状的内螺纹的连接器或锚具进行连接或锚固。其代号为 PSB（Prestressing Screw Bars），符号为Φ^{T}，以屈服强度划分级别。例如 PSB930 表示屈服强度为 930MPa 的预应力螺纹钢筋。

1.1.2　钢筋的强度与变形

1. 钢筋的应力应变曲线

钢筋的力学性能有强度、变形（包括弹性变形和塑性变形）等。单向拉伸试验是确定钢筋性能的主要手段。经过钢筋的拉伸试验可以看到，钢筋的拉伸应力-应变关系曲线可分为两类：有明显流幅（图 1-2）和没有明显流幅（图 1-3）。

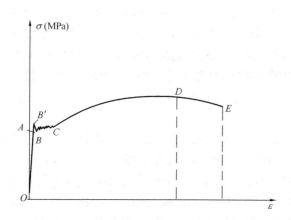

图 1-2　有明显流幅的钢筋应力-应变曲线　　图 1-3　无明显流幅的钢筋应力-应变曲线

图 1-2 表示了一条有明显流幅的典型的钢筋应力-应变曲线。在图 1-2 中：OA 为一段斜直线，其应力与应变之比为常数，应变在卸荷后能完全消失，称为弹性阶段，与 A 点相应的应力称为比例极限（或弹性极限）。应力超过 A 点之后，钢筋中晶粒开始产生相互滑移错位，应变较应力增长稍快，除弹性应变外，还有卸荷后不能消失的塑性变形。到达 B' 点后，钢筋开始屈服，B' 点称为屈服上限，它与加载速度、截面形式、试件表面光洁度等因素有关，通常 B' 点是不稳定的，待 B' 点降至屈服下限 B 点，这时，应力不增加而应变急剧增长，出现水平段 BC。BC 即称之为流幅或屈服台阶，B 点则称屈服点，与 B 点相应的应力称为屈服应力或屈服强度。经过屈服阶段之后，钢筋内部晶粒经调整重新排列，抵抗外荷载的能力又有所提高，CD 段即称为强化阶段，D 点叫作钢筋的极限抗拉强度，而与 D 点应力相应的荷载是试件所能承受的最大荷载称为极限荷载。过 D 点之后，在试件最薄弱处的截面出现横向收缩，截面突然显著缩小，塑性变形迅速增大，即出现"颈缩现象"，此时应力随之降低，直至 E 点试件断裂。

各级热轧钢筋均有明显的屈服点和屈服台阶，随着强度等级的提高，钢筋的屈服强度和极限抗拉强度越高，屈服台阶缩短。对于有明显流幅的钢筋，一般取屈服强度作为钢筋强度设计值的依据。因为当构件某一截面的钢筋应力达到屈服强度后，其塑性变形将急剧增加，构件将出现很大的变形和过宽的裂缝，以致不能正常使用。另外，钢筋的极限抗拉强度不能过低，若与屈服强度太接近则是危险的，应该使极限抗拉强度与屈服强度之间具有足够大的差值，以保证钢筋混凝土构件在其受力钢筋屈服后，不致因钢筋很快达到极限抗拉强度被拉断而造成结构倒塌。

无明显流幅和屈服点的钢筋的应力-应变曲线（图 1-3）也有明显的弹性阶段，其比例极限约相当于极限抗拉强度的 0.65 倍。当应力超过比例极限后随即出现越来越明显的塑性而弯曲，直到经历极限抗拉强度后被拉断为止。对于这样的硬钢，通常以应力-应变曲线上对应于残余应变为 0.2％的应力值 $\sigma_{0.2}$ 作为其屈服极限，称为"条件屈服极限"。《混凝土结构设计规范》GB 50010（以下简称《规范》）中预应力钢筋的抗拉强度设计值就是以条件屈服极限为基准确定的，并根据国家标准对消除应力钢丝及钢绞线等预应力钢筋的条件屈服极限应力值的最低限值，统一取 $\sigma_{0.2} = 0.85\sigma_b$，$\sigma_b$ 为国家标准规定的极限抗拉强度。

钢筋应力-应变曲线的弹性阶段的斜率即弹性模量，是一个相当稳定的物理常数，不同种类钢筋的弹性模量变化不大，其具体数值见附表 1-9。

2. 钢筋的塑性性能

钢筋的塑性变形性能可以通过伸长率和冷弯性能来衡量。

（1）伸长率

钢筋伸长率是衡量钢筋塑性性能的主要指标。伸长率的大小因钢筋的品种而异，与材质含碳量成反比。含碳量愈低，钢筋的伸长率愈大，标志着钢筋的塑性愈好。这样的钢筋不致发生突然的脆性断裂，因为钢筋断裂前有相当大的变形，足够给出构件即将破坏的预示。这里介绍断后伸长率和最大力总延伸率两个指标。

一定标距长度的钢筋试件在拉断后所残留的塑性应变称为钢筋的断后伸长率，通常用百分率表示，若取钢筋试件拉伸前的应变量测标距为 L_0，拉断后试件拼接后的标距增大为 L_u（图 1-4），则断后伸长率 A 为：

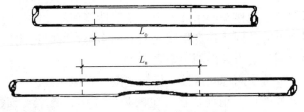

图 1-4　钢筋的拉伸断裂示意

$$A = \frac{L_u - L_0}{L_0} \times 100\% \qquad (1-1)$$

同一试件如果基本标距 L_0 取值不同，则按上述方法确定的伸长率将存在差异。这是因为在量测范围内残留应变的分布是不均匀的，残留伸长的大部分集中在颈缩区段内，颈缩区段外则较小，而按式（1-1）计算的是平均值，标距 L_0 越大，得到的伸长率将越小。为了使结果具有可比性，应规定统一的标距长度。例如对热轧钢筋，通常规定 L_0 为试件直径的 5 倍。

如图 1-5 所示，最大力时原始标距的总延伸（包括弹性延伸与塑性延伸）与引伸计标距

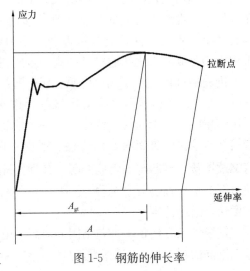

图 1-5　钢筋的伸长率

之比的百分率叫作最大力总延伸率 A_{gt}，在用引伸计得到的力-延伸曲线图上按下式进行计算：

$$A_{gt} = \frac{\Delta L_m}{L_e} \times 100\% \qquad (1\text{-}2)$$

式中　L_e——引伸计标距；

　　　ΔL_m——最大力时的延伸。

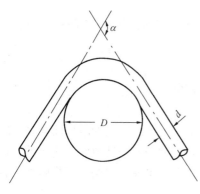

图 1-6　钢筋的冷弯试验

国家标准《钢筋混凝土用钢　第一部分：热轧光圆钢筋》GB 1499.1 和《钢筋混凝土用钢　第二部分：热轧带肋钢筋》GB 1499.2 对断后伸长率和最大力总延伸率两个指标作了规定。

（2）冷弯性能

冷弯是将钢筋在常温下围绕一个规定直径为 D 的辊轴（弯心）弯转（图 1-6），要求在达到规定的冷弯角度时，钢筋外侧不发生裂纹。冷弯试验中弯转角度愈大、弯心直径 D 愈小，钢筋的塑性就愈好。冷弯试验较受力均匀的拉伸试验能更有效地揭示材质的缺陷，它是比伸长率试验更为严格的检验。

1.1.3　钢筋的连接

钢筋在工程应用中常常需要接长，即钢筋的连接。钢筋的连接必须满足被连接钢筋所承担的功能要求。即钢筋连接接头的承载能力、变形性能不能比被连接的钢筋差，接头的存在不应对钢筋与混凝土的共同工作产生明显的不利影响，同时还应便于施工制作等。因此，钢筋的连接是影响钢筋受力性能的因素之一。

钢筋需要接长时，常常采用绑扎搭接、机械连接或焊接连接。

绑扎搭接是将两根被连接的钢筋搭接一定的长度并用细钢丝捆绑成型后置于混凝土中，承受荷载后，一根钢筋中的力传递给附近混凝土，再由混凝土传递给另一根钢筋，依靠钢筋与混凝土之间的粘结力来传递内力。这种连接的构造简单，施工方便，对其机理和应用原则，将在第 1.3 节中钢筋与混凝土之间的粘结中进一步阐述。

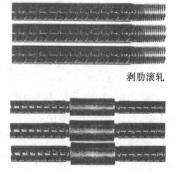

剥肋滚轧

套筒连接

图 1-7　钢筋的机械连接

钢筋的机械连接是用套筒将两根钢筋连接起来（图 1-7）。通过套筒和钢筋之间的机械咬合作用或钢筋端面的承压作用将一根钢筋的力传递至另一根钢筋。主要形式有：套筒挤压连接、锥螺纹套筒连接、墩粗直螺纹连接、辊轧直螺纹连接（剥肋与不剥肋）等。普通热轧钢筋机械连接形式的选用及质量控制要求应遵照《钢筋机械连接技术规程》JGJ 107 的规定。这种连接质量稳定可靠，操作简单，施工速度快，适用范围广。

钢筋焊接方法很多，包括闪光对焊、电弧焊、电渣压力焊、气压焊等。焊接的选择应考虑钢筋的可焊性。钢筋的可焊性是指钢筋是否适应通常的焊接方法与工艺的性能。钢筋的可焊性取决于钢材中碳及各种合金元素的含量。碳当量较高时,可焊性就差,碳当量超过 0.55% 的钢筋就难以焊接。前面所述的钢筋品种,普通热轧钢筋可焊,而细晶粒热轧带肋钢筋以及直径大于 28mm 的带肋钢筋,其焊接应经试验确定;余热处理钢筋则有可焊和非可焊两种。即使是可焊的钢筋,也应根据不同品种钢筋可焊性的差别,满足《钢筋焊接及验收规程》JGJ 18 的要求,选择合适的焊接工艺、焊接接头类型和质量控制体系。焊接连接的优点是传力直接,节省钢材、成本低。在质量有保证的前提下,焊接是一种性能很好的连接方法。但焊接的缺点恰恰是影响焊接质量的因素多,保证质量的难度较大。例如,焊工的技艺水平、施焊时的气候条件、施工环境、质量管理水平及检测手段都会对焊接质量产生明显的影响。焊接常见的施工缺陷有虚焊、夹渣、气泡、焊接裂纹等,如不能在钢筋被混凝土隐蔽之前及时检验发现并处理矫正,则势必成为工程的危险隐患。因此,对焊接连接采取严格有效的质量保证体系尤为重要。

必须注意,不论采用何种连接方式,接头的受力性能都难以做到和被连接钢筋的性能完全一致,同时,接头的存在可能影响结构构件在接头处的截面状态,如钢筋净距减小,影响混凝土浇筑振捣的密实性,钢筋保护层厚度变小,钢筋的粘结锚固性能受影响等,从而使接头处可能成为薄弱环节。因此在设计和施工中,对于钢筋接头必须注意:尽可能将接头布置在结构构件的受力较小处,并将钢筋接头错开,以及必要时对钢筋接头比较集中的区段采取增设构造钢筋以减少接头的不利影响等。这些方面,针对不同的连接方式,有关规范都有详尽的构造规定,应注意遵守执行。

以上所述的连接方法,都不适用于消除应力钢丝、钢绞线等高强度预应力钢筋。这些预应力钢筋需要连接时,必须采用专门的连接器。

1.1.4 混凝土结构对钢筋性能的要求

以上内容,从钢筋的品种和形式,主要力学性能到钢筋连接,对钢筋的基本性能已经作了比较全面的论述。概括起来,钢筋的性能包括强度(屈服强度和极限抗拉强度)、塑性性能(伸长率和冷弯性能)、锚固性能(表面形状)、连接性能(可焊性等)。此外,前面没有论及的还有疲劳性能、抗腐蚀性能和热稳定性等,在选择钢筋时,根据工程的实际情况,也应予以关注。

混凝土对钢筋性能的最基本的要求是强度和塑性,应在保证强度和塑性性能的前提下综合考虑其他需要考虑的各项性能。有效地利用高强度钢筋可以减小钢筋用量,节约钢材,而且方便构造与施工,同时高强度钢筋的强度价格比往往较高,可取得较好的综合经济效益。

在结构设计中通常将结构或材料的变形和耗能能力称为结构或材料的延性。延性好的结构或材料在破坏以前会产生很明显的变形而使破坏具有预兆,因此比较安全。反之延性差的结构或材料的破坏往往是在没有明显变形的情况下突然发生的。对材料来说,这种破坏是脆性的,对结构来说可能发生突然倒塌,因此比较危险。对钢筋来说,伸长率是代表其延性好坏的主要指标。伸长率大则延性好。对混凝土结构来说,钢筋的延性对结构或构件的破坏形态具有重要影响,因此对反映钢筋延性的伸长率等指标有一定的要求(附表 1-8)。

常用钢筋的主要力学指标 表 1-1

钢筋级别	公称直径 d (mm)	屈服强度 (N/mm²)	抗拉强度 (N/mm²)	断后伸长率 A (%)	最大力总延伸率 (%)	冷弯试验指标	
						冷弯角度	弯心直径
HPB300	6～14	300	420	25	10.0	180°	1d
HRB400 HRBF400	6～25	400	540	16	7.5	180°	4d
	28～40					180°	5d
HRB500	6～25	500	630	15	7.5	180°	6d
HRBF500	28～40					180°	7d
RRB400	8～25	400	540	14	5.0	180°	4d
	28～40					180°	5d

钢筋的冷弯性能和伸长率是相互关联的。伸长率大的钢筋，冷弯性能也好。但冷弯试验对于了解钢筋加工性能比伸长率更为重要。钢筋常需在常温下弯转或弯折成一定的形状，因此要求钢筋具有一定的冷弯性能以免在加工时出现裂纹甚至折断。对于使用者来说，了解不同钢筋的冷弯性能，才能正确掌握合适的加工形状和方法。

表 1-1 列出了国家标准对常用钢筋的力学性能要求达到的指标。可以看出热轧钢筋都具有良好的延性和冷弯性能。根据前面的论述再比较表中各种钢筋的性能指标，可见《混凝土结构设计规范》提倡用 HRB400 级和 HRB500 级钢筋作为我国钢筋混凝土结构的主力钢筋是很有道理的。同时该规范也提倡用高强度的预应力钢绞线、钢丝作为我国预应力混凝土结构的主力钢筋。

1.2 混 凝 土

混凝土是由骨料（砂和石子）、水泥和水搅拌而成。当采用硅酸盐水泥时，水泥熟料中的硅酸三钙和硅酸二钙等在混凝土拌合后经过水化生成一种胶质钙硅酸盐水化物凝胶体。正是这种凝胶体在其硬化过程中将骨料颗粒粘结在一起。在电子显微镜下观察到硅酸盐水泥的水化过程大致经历了图 1-8 所示的几个阶段。首先在各水泥颗粒表面形成一层凝胶体包覆层，包覆层外面的水分不断渗透到包覆层内，并使里面的水泥继续水化。新生成的凝胶体增加了包覆层内的压力，直到将包覆层多处胀裂，凝胶体自裂口处向外溢出并逐渐长成放射状的管状原纤维。这种原纤维不断加长，并与相邻水泥颗粒上生出的管状原纤维贯穿交织在一起，固结成网络状。这种结构在受压时由于原纤维相互抵紧而宏观地呈现出较大的抗压强度，受拉时则由于交织在一起的管状原纤维不长，很易拉断或拉脱，因此宏观表现出抗拉强度很弱。

对于骨料，除了要求石子应有足够的强度外，主要应设法改善骨料级配，即颗粒大小搭配适当，使其在混凝土中占有尽可能大的体积百分比，这不仅有助于减少水泥用量，而且将增加混凝土的密实性。

水对水泥的水化是必不可少的，但如果水过多，则多余的水由于不能参与水泥的水化

14

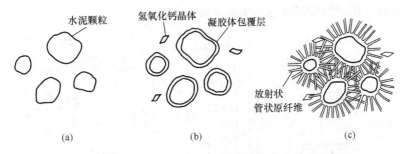

水泥颗粒　　　氢氧化钙晶体　　凝胶体包覆层

放射状
管状原纤维

(a)　　　　　　　　(b)　　　　　　　　(c)

图 1-8　硅酸盐水泥水化物凝胶体的结构发育过程示意图

而以游离水的形式保存在混凝土中，其中一部分将陆续蒸发，并在混凝土中留下大量微孔，这些微孔不仅将降低混凝土的强度和密实性，而且会使混凝土产生更大的体积收缩，这对于钢筋混凝土结构及预应力混凝土结构都是很不利的。因此在施工中应特别注意控制用水量，防止水灰比过高。

1.2.1　混凝土强度

1. 混凝土的抗压强度

混凝土的抗压强度比抗拉强度大很多倍，故在钢筋混凝土结构中，混凝土主要用于抗压，而拉力主要由抗拉强度很高的钢筋承担，所以混凝土的抗压强度是其最重要的强度指标。

影响混凝土抗压强度的因素很多，其中主要有水泥的强度等级和用量、骨料的级配、水灰比、龄期以及捣制方法和养护温、湿度等，除此以外，试验方法、加荷速度以及试件形状不同时，也会测得不同的强度值。在测定混凝土的抗压强度时，混凝土试块的尺寸和横向变形的约束条件是影响试验结果的主要因素。图 1-9 是三种同盘混凝土轴心受压试块，承压面均为 150mm×150mm。试验结果表明：高宽比 $\frac{h}{b} = 3$ 的棱柱体试块（图 1-9b）比立方体试块（图 1-9a）的抗压强度低 20% 左右，而局部承压试块（图 1-9c）又约为立方体试块抗压强度的三倍，且三种试块的破坏形态亦各不相同。

在压力作用下，压力机承压钢板或垫板的横向变形比破坏阶段混凝土试块的横向变形小得多，因此将通过未涂润滑剂的承压钢板或垫板与混凝土的接触界面产生摩擦阻力对混凝土试块的横向变形形成约束。此横向约束力的大小随离界面的垂直距离的增大而递减。在图 1-9（a）的立方体试块中，因试块高度较小，这种水平横向约束影响可以一直达到试件高度中部。从试块受压破坏时中部混凝土剥落后所剩两个对顶棱锥台（图 1-9a）的形状可明显地看出这种水平约束影响向高度中部递减的规律。在图 1-9（b）中，由于试块高度增大，上下承压钢板端面上摩擦阻力的影响已达不到试件高度中部，故中部混凝土未受到水平约束而处于横向可自由变形状态。在一定范围内，高宽比越大，中部自由变形区高度也就越大，因此测得的受压强度也将随高宽比增大而减小。图 1-9（c）的局部受压试块，不但受到承压面上摩擦阻力的约束影响，更主要地还受到承压面以外未直接受压混凝土的横向约束作用，故其抗压强度比其他两种试块都高出甚多。以上三种试块的对比说明，混凝土的抗压强度与其横向变形的约束条件有密切关系。在实际工程中，还可利用上述特性，有意识地加强对受压构件混凝土的横向约束，以提高抗压强度，从而提高其承载力，例如，在柱中配置螺旋箍筋或采用钢管混凝土等。

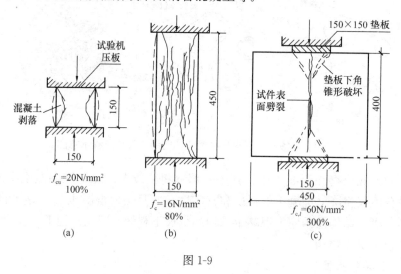

图 1-9

（1）混凝土的立方体抗压强度和强度等级

我国现行《混凝土结构设计规范》GB 50010 规定，混凝土强度等级应按立方体抗压强度标准值确定。立方体抗压强度标准值指按照标准方法制作养护的边长为 150mm 的立方体试件，在 28 天龄期用标准试验方法测得的具有 95％保证率的抗压强度，单位为 N/mm^2，用符号 $f_{cu,k}$ 表示。按立方体抗压强度将混凝土划分为 14 个强度等级，即：C15、C20、C25、C30、C35、C40、C45、C50、C55、C60、C65、C70、C75、和 C80。C 表示混凝土强度等级，C 后面的数字表示以单位 N/mm^2 计的混凝土立方体抗压强度标准值。例如，C30 表示立方体抗压强度标准值为 $30N/mm^2$。

在实际工程中，应根据各种结构构件的施工条件、工作条件和对混凝土强度的要求，分别选用不同强度等级的混凝土。为了保证钢筋不受侵蚀以及在钢筋和混凝土之间具有足够的粘结强度，在任何情况下，钢筋混凝土结构的混凝土强度等级不应低于 C20；当采用强度等级 400MPa 及以上的钢筋时，混凝土强度等级不应低于 C25。预应力混凝土结构的混凝土强度等级不宜低于 C40，且不应低于 C30；在现浇钢筋混凝土结构中，水池、水塔、渠道以及其他地下和水中的结构，应采用不低于 C25 的混凝土。

（2）混凝土的轴心抗压强度

混凝土的抗压强度与试件形状有关，在实际工程中，一般的受压构件不是立方体而是棱柱体，即构件的高度要比截面的宽度或长度大。如果以立方体抗压强度作为实际构件中混凝土抗压强度的设计取值，则将过高而偏于不安全。因此采用棱柱体比立方体能更好地反映混凝土结构实际抗压能力。

我国《混凝土物理力学性能试验方法标准》GB/T 50081 规定以 150mm×150mm×300mm 的棱柱体作为混凝土轴心抗压强度试验的标准试件。棱柱体试件与立方体试件的制作养护条件和试验方法相同。

根据各种不同强度混凝土棱柱体试件和立方体试件受压试验分析，结果表明：混凝土轴心抗压强度试验值的统计平均值与混凝土立方体抗压强度试验值的统计平均值之间存在线性关系，它们的比值大致在 0.7～0.92 的范围内变化，强度大的比值大些。再考虑到实际结构构件制作、养护和受力情况，以及实际构件强度与试件强度之间存在差异，《混凝土结构设计规范》GB 50010 基于安全取偏低值，轴心抗压强度标准值 f_{ck} 与立方体抗压强度标准值 $f_{cu,k}$ 的关系按下式确定：

$$f_{ck} = 0.88\alpha_{c1}\alpha_{c2}f_{cu,k} \tag{1-3}$$

式中　α_{c1}——棱柱体强度与立方体强度之比，对混凝土强度等级为 C50 及以下的取 $\alpha_{c1}=0.76$，对 C80 取 $\alpha_{c1}=0.82$，在此之间按直线规律变化取值。α_{c2} 为高强度混凝土的脆性折减系数，对 C40 及以下取 $\alpha_{c2}=1.00$，对 C80 取 $\alpha_{c2}=0.87$，中间按直线规律变化取值。0.88 为考虑实际构件与试件混凝土强度之间的差异，根据以往的经验，并结合试验数据分析，以及参考其他国家有关规定而取用的修正系数。

2. 混凝土的轴心抗拉强度

混凝土的抗拉强度很低，一般只有其立方体抗压强度的 $1/17\sim1/8$，混凝土强度等级越高，这个比值越小。混凝土拉、压强度巨大差别的部分原因是混凝土内部组织的不均匀性以及初始微裂缝的存在。它们的存在，不但使混凝土传递拉力的有效面积减小，而且使内部产生应力集中而形成比受压时更为复杂的应力状态，致使受拉时混凝土内部裂缝的发展比受压时要快得多，造成混凝土的抗拉强度降低。

我国混凝规范对混凝土的轴心抗拉强度是根据棱柱体试件的轴心受拉试验确定的。受拉棱柱体试件如图 1-10 所示，在标准条件下养护 28 天后，通过试件两端埋置的短钢筋对试件施加轴向拉力至破坏时测得的抗拉强度，即为试件混凝土的轴心抗拉强度。根据试验结果的统计分析，取混凝土轴心抗拉强度试验平均值与立方体抗压强度试验平均值的关系为：

$$f_{t,m} = 0.395 f_{cu,m}^{0.55} \tag{1-4}$$

根据上式，并考虑与轴心抗压强度取值时统一的理由也引用修正系数 0.88 及脆性折减系数，规范按下式确定确定混凝土抗拉强度标准值 f_{tk}：

$$f_{tk} = 0.88 \times 0.395 f_{cu,k}^{0.55}(1-1.645\delta)^{0.45} \times \alpha_{c2} \tag{1-5}$$

式中　δ——混凝土强度变异系数。

以上对混凝土的强度等级、轴心抗压强度及轴心抗拉强度的论述中，均涉及混凝土强度的标准值。关于材料强度标准值的基本概念，可参阅本书第 2 章 2.4 节。

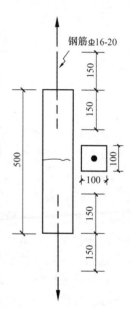

图 1-10　混凝土棱柱体轴心受拉试验

1.2.2　混凝土的变形

混凝土的变形性能比较复杂，试验研究表明，在荷载作用下，混凝土一般将产生非线性的弹塑性变形，而且变形性能与混凝土的组成、龄期、荷载的大小和持续时间、加荷速度以及荷载循环次数等因素有关；另一方面，混凝土还将产生与荷载无关的体积收缩和膨胀变形。混凝土的这些变形性能对结构构件的工作具有很重要的影响，因此对混凝土的变形性能应有足够的认识。

1. 混凝土在荷载作用下的变形

（1）混凝土在短期一次加荷时的应力-应变关系

混凝土是以受压为主的材料，混凝土单轴受压时的应力-应变关系是混凝土最基本的力学性能之一。一次短期加载是指荷载从零开始单调增至试件破坏，也称单调加载。

混凝土单轴受压时的应力-应变关系曲线常采用棱柱体试件来测定。当在普通试验机

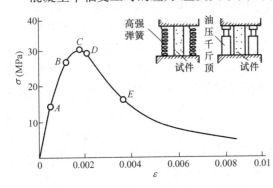

图 1-11　混凝土单轴受压应力-应变关系

上采用等应力速度加载，到达混凝土轴心抗压强度 f_c 时，试验机中积聚的弹性应变能大于试件所能吸收的应变能，会导致试件产生突然的脆性破坏，试验只能测得应力-应变曲线的上升段。采用等应变速度加载，或在试件旁附设高弹性元件与试件一同受压，以吸收试验机内积聚的应变能，可以测得应力-应变曲线的下降段。典型的混凝土单轴受压应力-应变全曲线如图 1-11 所示。

在上升 OC 段：起初压应力较小，当应力 $\sigma \leqslant 0.3f_c$ 时（OA 段），变形主要取决于混凝土内部骨料和水泥结晶体的弹性变形，应力应变关系呈直线变化。当应力 σ 在 $(0.3 \sim 0.8)f_c$ 时（AB 段），由于混凝土内部水泥凝胶体的黏性流动，以及各种原因形成的微裂缝亦渐处于稳态的发展中，致使应变的增长较应力为快，表现了材料的弹塑性性质。当应力 $\sigma > 0.8f_c$ 之后（BC 段），混凝土内部微裂缝进入非稳态发展阶段，塑性变形急剧增大，曲线斜率显著减小。当应力到达峰值时，混凝土内部粘结力破坏，随着微裂缝的延伸和扩展，试件形成若干贯通的纵裂缝，混凝土应力达到受压时最大承压应力 σ_{max}（C 点），即轴心抗压强度 f_c。

在下降 CE 段：当试件应力达到 f_c（C 点）后，随着裂缝的贯通，试件的承载能力开始下降。在峰值应力以后，裂缝迅速发展，内部结构的整体受到越来越严重的破坏，赖以传递荷载的传力路线不断减少，试件的平均应力强度下降，所以，应力-应变曲线向下弯曲，直到凹向发生改变，曲线出现"拐点"。超过"拐点"，曲线开始凸向应变轴，这时，只靠骨料间的咬合及摩擦力与残余承压面来承受荷载。随着变形的增加，应力-应变曲线逐渐凸向水平轴方向发展，此段曲线中曲率最大的一点 E 称为"收敛点"。从收敛点 E 点开始以后的曲线称为收敛段，这时贯通的主裂缝已很宽，内聚力几乎耗尽，对无侧向约束的混凝土，收敛段 EF 已失去结构意义。

应力-应变曲线中最大应力值 f_c 与其相应的应变值 ε_0（C 点），以及破坏时的极限应变值 ε_{cu}（E 点）是曲线的三个特征值。最大应变值 ε_{cu} 包括弹性应变和塑性应变两部分，塑性部分愈长，变形能力愈大，其延性愈好。对于均匀受压的棱柱体试件，其压应力达到 f_c 后，混凝土就不能承受更大的荷载，此时 ε_0 就成为计算结构构件时的主要指标。在应力-应变曲线图中，相应于 f_c 的应变 ε_0 随混凝土的强度等级而异，约在 $1.5 \times 10^{-3} \sim 2.5 \times 10^{-3}$ 间变动。我国规范对混凝土轴心受压时统一取 $\varepsilon_0 = 2.0 \times 10^{-3}$。不过，对于非均匀受压的情况，譬如弯曲受压或大偏心受压构件截面的受压区，混凝土所受压力是不均匀的，其应变也是不均匀的。在这种情况下，受压区最外层纤维达到最大应力后，附近受压较小

的内层纤维会协助外层纤维受压，对外层起卸荷作用，直至最外层纤维的应变到达受压极限应变 ε_{cu} 时，截面才破坏，此时压应变值约为 $0.002\sim0.006$，甚至达到 0.008 或者更高。我国规范规定，对于非均匀受压构件，则统一取最大受压边缘混凝土的极限压应变 $\varepsilon_{cu} = 3.3\times10^{-3}$。

强度等级不同的混凝土，有着相似的受压应力-应变曲线。图 1-12 为圆柱体试件试验结果，由图可知，随着 f_c 的提高，其相应的峰值应变 ε_0 也略增加。曲线的上升段形状都是相似的，但曲线的下降段形状迥异，强度等级高的混凝土下降段顶部陡峭，应力急剧下降，曲线较短，残余应力相对较低；而强度等级低的混凝土，其下降段顶部宽坦，应力下降甚缓，曲线较长，残余应力相对较高，其延性较好。另外，如果加荷速度不同，虽然混凝土的强度等级相同，而所得应力-应变全曲线也是不同的。随着

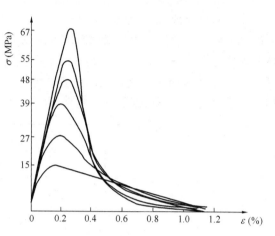

图 1-12 不同强度混凝土的受压应力-应变曲线

加荷应变速度的降低，应力峰值 f_c 也略有降低，相应于峰值的应变 ε_0 却增加了，而下降段曲线的坡度更趋缓和。

混凝土受拉与受压类似，表现出随拉应力增大而愈加明显的弹塑性性质，不同等级混凝土其受拉应力-应变曲线如图 1-13 所示。对应于轴心抗拉强度 f_t 的应变 ε_{t0} 很小，仅有 $0.15\times10^{-3}\sim0.2\times10^{-3}$ 左右，计算时一般可取 $\varepsilon_{t0} = 0.15\times10^{-3}$。

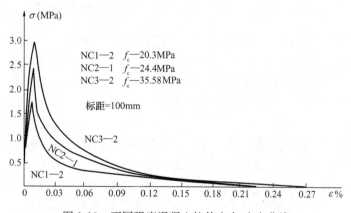

图 1-13 不同强度混凝土拉伸应力-应变曲线

为了适应混凝土结构较精确分析的需要，国内外对混凝土应力-应变关系的数学模型（常称为本构方程）进行过大量研究。我国《规范》采用了在峰点连续的分段（上升段和下降段）曲线方程来拟合混凝土的应力-应变关系曲线。例如，将在第 3 章中介绍的用于正截面承载力计算的混凝土受压应力-应变曲线方程。

（2）混凝土在荷载长期作用下的变形性能

在荷载的长期作用下，即荷载维持不变，混凝土的变形随时间而增长的现象称为徐变。混凝土的典型徐变曲线如图 1-14 所示。可以看出，当对棱柱体试件加载，应力达到 $0.5f_c$ 时，其加载瞬间产生的应变为瞬时应变 ε_{ela}。若保持荷载不变，随着加载作用时间的增加，应变也将继续增加，这就是混凝土的徐变变形 ε_{cr}。徐变在开始的前 4 个月增长甚快，半年后可完成总徐变量的大部分（70%～80%），其后逐渐缓慢，趋于稳定。经过两年时间之后，徐变量约为加荷时瞬时变形的 2～4 倍，此时若卸去荷载，一部分应变立即恢复，称为瞬时恢复应变 ε'_{ela}，其数值略小于加荷时的瞬时变形。再过 20 天左右，又有一部分变形 ε''_{ela} 得以恢复，这就是卸荷后的弹性后效，弹性后效约为徐变变形的 1/12。其余很大一部分变形是不可恢复的，将残存在试件中，称为残余变形 ε'_{cr}。

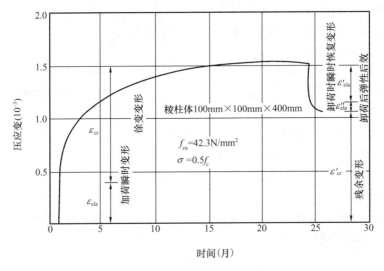

图 1-14　混凝土的徐变（加荷卸荷应变与时间的关系曲线）

混凝土产生徐变的原因，一般而言，归因于混凝土中未晶体化的水泥凝胶体，在持续的外荷载作用下产生黏性流动，压应力逐渐转移给骨料，骨料应力增大试件变形也随之增大。卸荷后，水泥胶凝体又渐恢复原状，骨料遂将这部分应力逐渐转回给凝胶体，于是产生弹性后效。另外，当压应力较大时，在荷载的长期作用下，混凝土内部裂缝不断发展，也致使应变增加。

影响混凝土徐变的因素很多，其中主要是持续作用应力大小，加荷时混凝土的龄期，混凝土的水泥用量、水灰比、密实性和环境条件等。

当其他条件相同时，持续作用应力值越大，则徐变将越大（图 1-15）。图 1-15 表明当应力 $\sigma \leqslant 0.5f_c$ 时，徐变与应力成正比，各条徐变曲线的间距差不多是相等的，此时可称之为线性徐变。图 1-14 所示的徐变即为线性徐变，线性徐变的最基本特点之一是其收敛性，即应变随时间增长而趋于某一定值（图 1-16 中的曲线 a）。当 $\sigma = 0.5 \sim 0.8f_c$ 时，由于微裂缝在长期荷载作用下不断地发展，塑性变形剧增，徐变与应力就不再保持线性关系，而是徐变的增长速度变得比应力增长速度为快，这时，虽徐变-时间曲线仍然是收敛的，但其收敛性随应力增高而越来越差（图 1-16 中的曲线 b）。当应力更高到 $\sigma > 0.8f_c$ 时，试件内部裂缝进入非稳态发展，非线性徐变变形骤然增加，变形是不收敛的（图 1-16 中的曲线 c），在这种情况下，徐变的发展最终将导致混凝土破坏。所以应用上取 $\sigma =$

$0.8f_c$ 作为混凝土的长期抗压强度。在工程实际中，荐构件长期处于不变的高应力作用下是不安全的，设计时要给予注意。

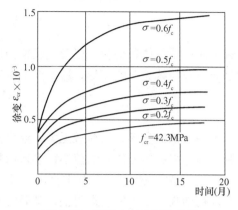

图 1-15　压应力与徐变的关系

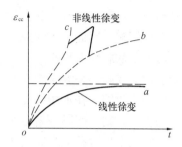

图 1-16　线性徐变与非线性徐变

徐变与构件开始受力时混凝土的龄期的关系如图 1-17 所示。开始受压时混凝土的龄期越长，硬结程度越好，混凝土产生的徐变就越小；反之则徐变就越大。

在混凝土的组成成分中，水灰比越大，徐变越大；水泥用量越多，徐变也愈大；水泥品种不同对徐变也有影响，用普通硅酸盐水泥制成的混凝土，其徐变要较火山灰质水泥或矿碴水泥制成的大；骨料的力学性质也影响徐变变形，骨料越坚硬、弹性模量越大，对水泥石徐变的约束作用越大，混凝土的徐变越小。骨料所占体积比越大，徐变就越小。

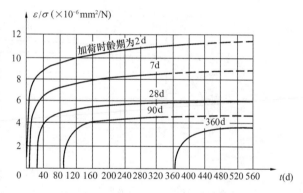

图 1-17　徐变与混凝土龄期的关系

混凝土的制作、养护都对徐变有影响。养护环境湿度越大、温度越高，徐变就越小，因此加强混凝土的养护，促使水泥水化作用充分，尽早尽多结硬，尽量减少不转化为结晶体的水泥胶凝体的成分，是减少徐变的有效措施，对混凝土加以蒸气养护，可使徐变减少 20%～35%。但在使用期处于高温、干燥条件下，则构件的徐变将增大。由于混凝土中水分的挥发逸散和构件的体积与其表面积之比有关，故而构件的尺寸越大，则徐变就越小。

混凝土的徐变，对钢筋混凝土构件的内力分布及其受力性能有重要影响，其中不利影响是主要的，表现在下述几方面：受弯构件在荷载长期作用下，由于压区混凝土产生徐变，可使长期挠度增大为短期挠度的两倍或更大；长细比较大的偏心受压构件，由于压区混凝土徐变引起侧向挠度增加而使偏心距增大，从而使构件承载力降低；在预应力混凝土构件中，由于混凝土徐变引起的预应力损失是预应力总损失的主要部分等。因此一般应尽量减少混凝土的徐变以避免其不利影响。混凝土的徐变也有有利影响，如引起构件截面应力重分布或结构内力重分布，使构件截面应力分布或结构内力分布趋向均匀。例如钢筋混凝土轴心受压构件由于混凝土的徐变，使截面中混凝土的应力逐渐减小，而纵向受力钢筋的应力则逐渐增大，这种截面应力重分布使两种材料的强度都得到充分利用。又如徐变可使结构因温差或湿差引起的内力降低等。

2. 与荷载无关的混凝土体积变形

在钢筋混凝土结构中，混凝土在结硬过程中所产生的体积变化，以及在长期使用过程中由于外界温、湿度变化所引起的体积变化都属于与荷载无关的变形，这些变形对结构的工作都会产生影响，因此应予注意。

（1）混凝土的收缩和膨胀

混凝土收缩和膨胀是混凝土在结硬过程中本身体积的变形，与荷载无关。混凝土在空气中结硬体积会收缩，在水中结硬体积要膨胀，但是膨胀值要比收缩值小很多，而且膨胀往往对结构受力有利，所以一般对膨胀可不予考虑。图 1-18 为一混凝土自由收缩的试验曲线，可见收缩变形也是随时间而增长的。结硬初期收缩变形发展得很快，其后发展趋缓最后趋于某一数值。混凝土在空气中结硬的收缩值变化范围很大，最终收缩值一般约为 $2.0 \times 10^{-4} \sim 4.5 \times 10^{-4}$。

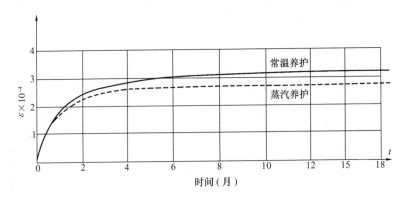

试件尺寸（mm）$100 \times 100 \times 400$，$f_{cu}=40.3$MPa，水灰比$=0.45$，用 42.5 级硅酸盐水泥，恒温 $20\pm1℃$，恒湿 $65\pm5\%$，量测标距 200mm

图 1-18　混凝土的收缩

一般认为，混凝土结硬过程中特别是结硬初期，水泥水化凝结作用引起体积的凝缩，以及混凝土内游离水分蒸发逸散引起的干缩，是产生收缩变形的主要原因。

混凝土的制作方法和组成是影响收缩的重要原因，密实的混凝土收缩小；水泥用量多、水灰比大、收缩就大；用强度高的水泥制成的混凝土收缩较大；骨料的弹性模量高、粒径大、所占体积比大，收缩就小。养护条件和外界条件的湿度也是影响收缩值的一个很重要的因素，注意养护，在湿度大、温度高的环境中结硬则收缩小，蒸汽养护不但加快水化作用，而且减少混凝土中的游离水分，故而收缩减少；体表比直接涉及混凝土中水分蒸发的速度，体表比比值大，水分蒸发慢，收缩就小。

当混凝土受到各种制约不能自由收缩时，将在混凝土中产生拉应力，继而导致混凝土产生收缩裂缝。细长构件和薄壁结构对此尤为敏感。

工程中常见的混凝土条形基础、钢筋混凝土挡土墙和矩形水池池壁等（图 1-19a），往往长度大，截面尺寸或厚度小，而下面的地基或相连的池底等将对这些部件沿长度方向的变形起比较明显的约束作用。当混凝土养护较差，而在设计中又未设置必要的变形缝时，就有可能在拆模后不久即沿长度方向每隔一定距离出现一条竖向裂缝，裂缝通常是上宽下窄，此即收缩裂缝。

为了避免这种质量事故，除应在施工中防止盲目提高水泥用量和水灰比，并加强对混凝土的振捣和养护以减小其收缩外，通常应设置伸缩缝；也可以采用图 1-19（b）所示的分段施工法，即首先浇筑阴影区段的混凝土，待完成相当一部分收缩以后，再浇筑无阴影区段的混凝土。但应注意通过打毛结合面或预留插筋的办法来保证新旧混凝土的可靠结合。此外，还可以采用设置"诱发缝"，即在某些部位事先削弱池壁截面，如预留凹槽等办法（1-19c），使裂缝在截面被削弱处集中出现，待混凝土硬结过程中的收缩大部分完成后，再用合成树脂和防水混凝土填补缺口。

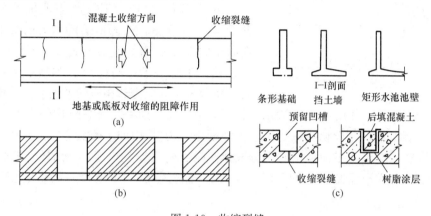

图 1-19　收缩裂缝

（2）混凝土的温度和湿度变形

结构在正常使用过程中，已经结硬的混凝土由于温度和湿度的变化，还会产生体积变化，即热胀冷缩和湿胀干缩，这虽然是两种不同的物理效应，但给结构带来的影响却是相同的。也和前面所说的收缩一样，当温度和湿度变化引起的变形受到约束时，就会产生内力，如果不采取必要的措施就可能导致结构开裂甚至破坏。前面所述设置伸缩缝等构造措施对于减小季节温差和湿度变形的不利影响同样有效，但在正常使用过程中由于结构表面存在温差或湿差，例如水池内外介质温度不同而引起的壁面温差，其所引起的结构约束变形和内力往往必须进行计算。

混凝土的温度线膨胀系数比较稳定，当温度不超过 100℃时，混凝土的线膨胀系数可采用 1.0×10^{-5}/℃，当混凝土表面温度可能超过 100℃时，应采取适当的隔热措施。对于湿差，由于其所引起的结构效应与温差相似，故常将湿差换算成等效温差进行计算。对水池等构筑物，温差和湿差引起的结构效应计算方法将在第 9 章中介绍。

还应指出，因为钢筋不会产生明显徐变，也不会因外部介质湿度变化而产生收缩或膨胀，故结构中的钢筋会对其周围混凝土的徐变和收缩产生阻遏作用，从而使混凝土构件的徐变和收缩比素混凝土构件小，因此适当的配筋可以减小徐变、收缩的不利影响，但钢筋使徐变和收缩减小是以使混凝土产生"强制拉应力"为代价的，如果配置过多钢筋，可能使混凝土产生过大的强制拉应力而引起开裂，则效果适得其反。

1.2.3 混凝土的弹性模量和变形模量

混凝土应力-应变曲线上任一点所对应的应力和应变之比称为混凝土的变形模量，也可称为弹塑性模量，用符号 E_c' 表示。如图 1-20 所示，E_c' 的几何意义为应力-应变曲线上任一点与坐标原点 O 所连割线与横坐标轴夹角 α_1 的正切。因此 E_c' 也称为混凝土的割线模量，其表达式为：

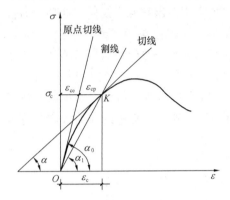

图 1-20　混凝土的弹性模量、变形模量和切线模量

$$E_c' = \tan\alpha_1 = \frac{\sigma_c}{\varepsilon_c} \tag{1-6}$$

式中　σ_c——混凝土的压应力；

ε_c——与 σ_c 相对应的应变。

由于混凝土的应力-应变关系是非线性的，因此 E_c' 是一个变量，E_c' 随应力的增大而减小。但是混凝土的应变 ε_c 由弹性应变 ε_{ce} 和塑性应变 ε_{cp} 组成，其中弹性应变 ε_{ce} 与应力 σ_c 呈线性关系，因此我们将混凝土的应力和相应的弹性应变之比定义为混凝土的弹性模量，并用符号 E_c 表示。根据以上定义，如果在图 1-20 中作应力-应变曲线在原点 O 处的切线，则此切线正是代表了混凝土应力和相应的弹性应变的关系，也正是通过此切线将相应于 σ_c 的总应变 ε_c 划分成弹性应变 ε_{ce} 和塑性应变 ε_{cp} 两部分。E_c 的几何意义则是此切线与横坐标夹角 α_0 的正切，因此 E_c 也称为混凝土的原点切线模量，E_c 的表达式为：

$$E_c = \tan\alpha_0 = \frac{\sigma_c}{\varepsilon_{ce}} \tag{1-7}$$

显然，E_c 是一个常量，它可以通过试验来确定。变形模量 E_c' 和弹性模量 E_c 之间的关系可以用下式表达：

$$E_c' = \frac{\sigma_c}{\varepsilon_c} = \frac{\varepsilon_{ce}}{\varepsilon_c} \cdot \frac{\sigma_c}{\varepsilon_{ce}} = \nu \frac{\sigma_c}{\varepsilon_{ce}} = \nu E_c \tag{1-8}$$

式中　$\nu = \varepsilon_{ce}/\varepsilon_c$——混凝土弹性应变与总应变之比，称为混凝土的弹性系数，其值不大于 1.0，且随应力 σ_c 的增大而减小。

在钢筋混凝土结构设计中，将根据不同情况分别使用混凝土的弹性模量 E_c 或变形模量 E_c'。

当我们将超静定结构或空间结构中的混凝土近似看成弹性体，并用一般结构力学或弹性力学方法求解内力时；或者由于构件截面的应力相对比较低，因而可以将其近似作为弹性材料组合截面来计算钢筋应力和混凝土应力时，则应在计算中使用混凝土的弹性模量 E_c。

在计算钢筋混凝土构件使用阶段的变形（如梁的挠度）时，一般应采用变形模量 E_c'，只是在实用公式中，由于利用了式（1-8）所表达的关系而不直接出现 E_c'，这将在第 5 章中详细讨论。因此，在规范中只给出了混凝土的弹性模量 E_c。

影响混凝土弹性模量的因素很多，其中最主要的是混凝土的抗压强度。若忽略其他次要因素，则可以根据试验测定结果。用数理统计方法求出混凝土弹性模量与其立方体抗压强度 f_{cu} 之间的关系。根据国内试验结果所确定的这种关系为：

$$E_c = \frac{10^5}{2.2 + \frac{34.7}{f_{cu,k}}} \tag{1-9}$$

规范对各强度等级混凝土所确定的弹性模量值就是根据上式计算出来的，具体数值见附录 1 中的附表 1-3。

混凝土的抗拉能力虽然很差，但其受拉的应力-应变关系与受压类似，通常取混凝土的受拉弹性模量与受压时相同。受拉时的变形模量可表达为：

$$E'_{ct} = \nu_t E_c \tag{1-10}$$

式中 ν_t——受拉时的弹性特征系数。试验表明，对各种强度等级的混凝土，相应于应力达到抗拉强度 f_t 时的 ν_t 均可取为 0.5。即相应于 f_t 的混凝土受拉变形模量可取为 $E'_{ct} = 0.5E_c$，这一取值在钢筋混凝土构件的抗裂验算中具有重要意义。

在用弹性力学方法计算钢筋混凝土双向板及水池等薄壁空间结构的内力时，常需要用到混凝土的泊松比。试验表明，混凝土的泊松比是一个比较稳定的物理参数，一般在 0.15~0.2 之间变化，《混凝土结构设计规范》GB 50010 规定混凝土的泊松比可采用 0.2，但在给水排水相关规范和计算手册中，采用了 $\nu_c = \frac{1}{6}$。分析表明，采用上述不同泊松比值计算内力所得结果相差甚微。

1.2.4 混凝土的耐久性要求

结构的耐久性是对结构的功能要求之一，且与结构安全的安全性和适用性密切相关。对于混凝土结构，混凝土的耐久性能是保证结构耐久性的前提条件。在混凝土结构设计时，应根据结构所处的环境条件和规定的设计使用年限采取一定的措施以保证混凝土满足耐久性要求。

《建筑结构可靠性设计统一标准》GB 50068 对结构的设计使用年限作了强制性规定，详见本书第 2 章表 2-2。《混凝土结构设计规范》GB 50010 将混凝土结构所处的环境分为五类。在一类、二类和三类环境中，设计使用年限为 50 年的混凝土，其耐久性必须满足表 1-2 规定的基本要求。

控制混凝土中的氯离子的含量主要是为了避免游离的氯离子破坏钢筋表面的钝化膜而促使钢筋锈蚀。氯离子还会使混凝土的冻融破坏加剧，故对水池及水处理构筑物还规定不得用氯盐作为防冻、早强掺合料。控制混凝土的碱含量是为了防止碱骨料反应造成混凝土破坏。所谓碱骨料反应是指水泥水化过程中释放出来的碱与骨料中的碱活性成分发生化学反应形成一种在吸水后会产生体积膨胀的混合物，从而使混凝土开裂。给水排水工程中的贮水或水处理构筑物、地下构筑物由于直接与水、土接触，更易遭受碱骨料反应危害，故应特别注意。

结构混凝土材料的耐久性基本要求　　　　　　　　　　　表 1-2

环境类别	最大水胶比	最低强度等级	最大氯离子含量（%）	最大碱含量（kg/m³）
一	0.60	C20	0.30	不限制
二 a	0.55	C25	0.20	
二 b	0.50（0.55）	C30（C25）	0.15	
三 a	0.45（0.50）	C35（C30）	0.15	3.0
三 b	0.40	C40	0.10	

混凝土的抗渗性能、抗冻性能及抗化学腐蚀性能，都是保证混凝土耐久性的重要方面。给水排水工程结构由于其使用功能和所处环境的特殊性，对这几方面的性能要求尤显重要。下面对这方面的有关规定作一些扼要介绍。

1. 抗渗性

混凝土抵抗压力水渗透的性能称为混凝土的抗渗性或不透水性。

钢筋混凝土贮水或水处理构筑物，地下构筑物如水池、管道、渠道和井筒等，一般宜用混凝土本身的密实性满足抗渗要求。混凝土的密实性主要与骨料级配、水泥用量、水灰比及振捣等因素有关，对有抗渗要求的混凝土，应选择良好的级配，严格控制水泥用量和水灰比（不应大于 0.5），并应用机械振捣密实和注意养护。

混凝土的抗渗能力用抗渗等级表示，并以符号 Pi 表示。抗渗等级 Pi 系指龄期为 28d 的混凝土试件，施加 $i×0.1$MPa 水压后能满足不渗水指标。例如，抗渗等级为 P4 的混凝土能在 0.4N/mm² 的水压作用下满足不渗水指标。给水排水工程常用的抗渗等级为 P4，P6，P8。

构筑物所用混凝土的抗渗等级应根据最大作用水头（m）与混凝土壁、板厚度（m）之比 i_w 按表 1-3 选用。

混凝土抗渗等级 Pi 的规定　　　　　　　　　　　表 1-3

最大作用水头与混凝土壁、板厚度之比值 i_w	抗渗等级 Pi
＜10	P4
10～30	P6
＞30	P8

2. 抗冻性

混凝土的抗冻性是指混凝土在吸水饱和状态下，抵抗多次冻结和融化循环作用而不破坏，也不严重降低混凝土强度的性能。在寒冷地区，外露的给水排水构筑物若处于冻融交替条件下，则对混凝土应有一定的抗冻性要求，以免混凝土强度降低过多而造成构筑物损坏。

混凝土抗冻等级 Fi 的规定　　　　　　　　　　　表 1-4

	地表水取水头部		其他
	冻融循环次数		地表水取水头部的水位涨落区以上部位及外露的水池等
	≥100	＜100	
最冷月平均气温低于−10℃	F300	F250	F200
最冷月平均气温低在−3℃～−10℃	F250	F200	F150

注：气温应根据连续 5 年以上的实测资料，统计其平均值确定。

混凝土的抗冻能力一般用抗冻等级来衡量，并以符号 Fi 表示。抗冻等级 Fi 系指龄期为 28d 的混凝土试件，在进行相应要求冻融循环总次数 i 次作用后，其强度降低不大于 25%，重量损失不超过 5%。冻融循环总次数系指一年内气温从 +3℃ 以上降至 -3℃ 以下，然后回升至 +3℃ 以上的交替次数；对于地表水取水头部，尚应考虑一年中月平均气温低于 -3℃ 期间，因水位涨落而产生的冻融交替次数，此时水位每涨落一次应按一次冻融计算。

最冷月平均气温低于 -3℃ 的地区，外露的钢筋混凝土构筑物的混凝土应具有良好的抗冻性能，并应按表 1-4 的要求采用。混凝土的抗冻等级应进行试验确定。

在冻融循环过程中，混凝土表层的剥落和抗压强度的降低，主要是由于侵入混凝土孔隙和裂缝中的水分受冻后体积膨胀，对混凝土产生涨裂作用而引起的。因此，所有能提高混凝土密实性的措施，几乎都能提高混凝土的抗冻性。混凝土的强度等级越高，抗冻性也越好。强度等级相同的混凝土，其抗冻性能与水泥品种有关，其中以硅酸盐水泥的抗冻性最好，矿渣水泥次之，不得采用火山灰质硅酸盐水泥和粉煤灰硅酸盐水泥。

3. 抗腐蚀性

酸、碱、盐都有程度不同的腐蚀性。酸性介质对混凝土的腐蚀是一种化学腐蚀过程，由于酸同水泥中的硅酸三钙以及游离氢氧化钙化合而生成可溶性盐，因此混凝土抵抗各种酸（如硫酸、亚硫酸、盐酸、硝酸、铬酸、氢氟酸等）腐蚀的能力很差。

苛性碱对混凝土也有明显的化学腐蚀作用，这是因为苛性碱能与水泥中的硅酸钙和铝酸钙作用而生成胶结力不强的氢氧化钙和易溶于碱性溶液的硅酸盐和铝酸盐的缘故。当苛性碱溶液浓度低于 15% 时，这种腐蚀过程进展较慢，浓度超过 20% 后，进程将明显加快。对于其他碱性介质，如氨水、氢氧化钙等，混凝土则有一定的抵抗能力。

此外，由于混凝土内部普遍存在小孔和裂隙，酸、碱、盐浸入后，如干湿变化频繁，就将在孔隙内生成盐类结晶。随着结晶不断增大，将对孔壁产生很大的膨胀力，从而使混凝土表层逐渐粉碎、剥落。这是一种物理腐蚀过程，称为结晶腐蚀，这种现象在贮液池水位变化部位的混凝土池壁内表面上表现得最为突出。

在给水排水工程中，混凝土的腐蚀问题主要出现在某些工业污水处理池中。工业污水中可能含有腐蚀混凝土的各种介质，其中除酸性特别强的少量污水可用耐腐蚀材料建造专用小型容池外，一般大量工业污水的处理池仍采用钢筋混凝土结构。当介质侵蚀性很弱时，对混凝土可不采取专门的防护措施，而用增加密实性的办法来提高混凝土的抗腐蚀能力。若介质的腐蚀性较强，则必须在池底和池壁内侧，采取专门的防腐蚀措施。此外，当地下水含有侵蚀性介质时，埋入地下水位以下的构筑物部分，包括池壁和池底的外表面也应采取防腐措施。

1.3　钢筋和混凝土共同工作

1.3.1　共同工作的基本条件

在钢筋混凝土结构中，钢筋和混凝土这两种性质不同的材料之所以能结合成一个整体共同工作，是以下面三个条件为前提的：

（1）混凝土在结硬过程中能与埋在其中的钢筋粘结在一起。若构件的构造处理得当，它们之间的粘结强度足以承担作用在钢筋和混凝土界面上的剪应力。

（2）混凝土与钢筋具有大致相同的线膨胀系数（混凝土平均为 $1.0 \times 10^{-5}/℃$；钢筋为 $1.2 \times 10^{-5}/℃$），故不致因两种材料的温度变形不同而产生过大的温度应力。

（3）混凝土包裹着钢筋，由于混凝土具有弱碱性，故可以保护钢筋不锈蚀。

其中，第一个条件最为主要，第二个条件则是材料本身所固有的，第三个条件能够保证对结构构件耐久性的要求。

1.3.2 钢筋与混凝土之间的粘结

钢筋与混凝土之间的粘结是保证这两种力学性能不同的材料在结构构件中形成整体而变形协调地共同工作的重要条件。实质上，粘结所反映的是钢筋与混凝土接触界面上沿钢筋纵向的抗剪能力，粘结应力就是此界面上的纵向剪应力，而界面上所能承担的最大纵向剪应力即称为粘结强度。粘结应力在钢筋和混凝土之间起到传递内力，保证两者变形一致，使两种材料的强度都能获得充分利用的作用。粘结性能的好坏，对钢筋混凝土构件的承载能力、刚度和裂缝控制等都有明显影响。

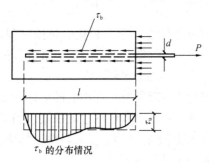

图 1-21 拔出试验（光圆钢筋）

钢筋与混凝土的作用主要由以下几部分组成：（1）水泥胶体使钢筋和混凝土在接触面上产生的胶结力；（2）由于混凝土凝固时收缩，握裹住钢筋，在发生相互滑动时产生的摩阻力；（3）钢筋表面粗糙不平或带肋钢筋凸起的肋纹与混凝土的咬合力。

钢筋与混凝土之间的粘结强度可以通过图 1-21 所示的拔出试验来测定，但在拔出试验的各个阶段中，由于作用于钢筋表面的粘结应力 τ_b 沿埋入长度方向并不是均匀分布的，因此从拔出拉力 P 只能算出平均粘结强度 τ_u

$$\tau_u = \frac{F}{\pi d l} \tag{1-11}$$

式中　F——拉拔力；

　　　d——钢筋直径；

　　　l——钢筋埋置长度。

根据拔出试验可知，粘结强度主要取决于混凝土强度等级和钢筋表面形状。混凝土强度等级越高，粘结强度也越高。但粘结强度的增长速度随混凝土强度等级的提高而逐渐减缓。带肋钢筋比光面钢筋的实测粘结强度高出很多。

粘结强度还与钢筋的受力情况有关，当钢筋受拉时，其横向收缩起着使钢筋与混凝土分离的作用，这将降低它们之间的粘结强度；反之，当钢筋受压时，钢筋的横向膨胀将增大钢筋与混凝土之间的摩擦力，从而提高其之间的粘结强度。

粘结强度跟钢筋埋置长度有关，埋置长度越大，粘结强度越小；但是埋置长度过大，粘结应力沿钢筋全长分布就越不均匀，其过长的部分粘结应力很小甚至为零。

试验还表明，钢筋与混凝土之间的粘结强度与钢筋周围混凝土的厚度有密切关系，因为钢筋表面凹凸不平，当钢筋受到拔（推）出作用时，除了钢筋与混凝土的界面上存在纵向剪应力外，往往还存在钢筋使周围混凝土横向扩张的作用，当采用变形钢筋时，这种作用尤为显著（图1-22）。变形钢筋受力时，其表面的横肋将挤压周围混凝土，此挤压力沿钢筋径向的分力很可能超过混凝土的抗拉强度，而使混凝土沿钢筋纵向劈裂，使钢筋与周围混凝土分离而完全丧失粘结

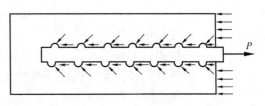

图1-22　拔出试验（变形钢筋，肋纹的咬合作用）

强度。这种劈裂破坏具有突然性，因此只有在钢筋周围混凝土足够厚的条件下，粘结强度才能得到保证。在实际工程中，钢筋周围混凝土最薄的部位就是混凝土的保护层，因此为了保证可靠的粘结，钢筋混凝土的净保护层厚度不应小于钢筋直径，并不小于规定的混凝土保护层厚度。

1.3.3　保证钢筋与混凝土之间可靠粘结的措施

1. 钢筋的锚固长度

图1-23表示的是一根从钢筋混凝土柱上伸出的悬臂梁，在梁固定端的I-I截面中，上部纵向受力钢筋的数量是根据I-I截面的负弯矩通过计算确定的，也就是说，I-I截面中钢

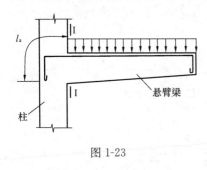

图1-23

筋的强度是被充分利用了的。为了确保钢筋在I-I截面中充分发挥作用，必须使纵筋继续伸入支座（柱）内一定长度，以便通过这段长度内钢筋与柱子混凝土之间的粘结力将钢筋可靠地锚固在柱内。这段长度称为受力钢筋伸入支座的"锚固长度"。所有埋设在混凝土内的钢筋，都只有离开端部一定长度后才能开始充分受力。对于不伸入支座内的钢筋，其端部这段长度也称为传递长度。

（1）受拉钢筋基本锚固长度

当计算中充分利用钢筋的抗拉强度时，普通受拉钢筋的基本锚固长度为：

$$l_{ab} = \alpha \frac{f_y}{f_t} d \tag{1-12}$$

式中　l_{ab} ——受拉钢筋的基本锚固长度；

　　　f_y ——钢筋的抗拉强度设计值，按附录1-1采用；

　　　f_t ——混凝土轴心抗拉强度设计值，按附录1-1采用；当混凝土强度等级高于C60时，按C60取值；

　　　d ——锚固钢筋的直径；

　　　α ——钢筋的外形系数，按表1-5取用。

钢筋的外形系数　　　　　　　　　　　　　　　　　　　　　表 1-5

钢筋类型	光面钢筋	带肋钢筋	螺旋肋钢丝	三股钢绞线	七股钢绞线
α	0.16	0.14	0.13	0.16	0.17

（2）受拉钢筋锚固长度

受拉钢筋的锚固长度应根据锚固条件按下列公式计算：

$$l_a = \zeta_a l_{ab} \tag{1-13}$$

式中 l_{ab} ——受拉钢筋的基本锚固长度;

  ζ_a ——锚固长度修正系数。当带肋钢筋的公称直径大于25mm时,考虑到这种钢筋在直径较大时相对肋高减小,锚固作用将降低,修正系数取1.1;环氧树脂涂层带肋钢筋修正系数取1.25;当钢筋在混凝土施工过程中易受扰动(如滑模施工)时,修正取1.1;当纵向受力钢筋的实际配筋面积大于其设计计算面积时,修正系数取设计计算面积与实际配筋面积的比值,但对有抗震设防要求及直接承受动力荷载的结构构件,不得采用此项修正;锚固钢筋的混凝土保护层厚度为3d时,修正系数可取0.8;保护层厚度为5d时可取0.7,中间按内插取值,d为锚固钢筋直径。上述规定当多于一项时,可按连乘计算,但不应小于0.6;对预应力筋,修正系数取1.0。经上述修正后的锚固长度不应小于200mm。

(3)钢筋的弯钩或机械锚固

在纵向受拉钢筋末端配置弯钩和机械锚固,如图1-24所示,是减小锚固长度的有效方式,其原理是利用受力钢筋端部锚头对混凝土的局部挤压作用加大锚固承载力。当纵向受拉普通钢筋末端采用弯钩或机械锚固措施时,包括弯钩或锚固端头在内的锚固长度(投影长度)可取为基本锚固长度 l_{ab} 的0.6倍。

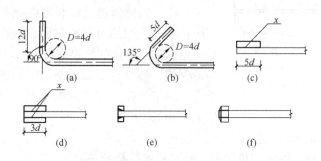

图1-24 钢筋机械锚固形式

(a)90°弯钩;(b)135°弯钩;(c)一侧贴焊锚筋;(d)两侧贴焊锚筋;
(e)穿孔塞焊锚板;(f)螺栓锚头

(4)受压钢筋锚固长度

当计算中充分利用钢筋的抗压强度时,其锚固长度不应小于式(1-13)规定的受拉锚固长度的0.7倍。受压钢筋不应采用末端弯钩和一侧贴焊的锚固措施。

2. 横向构造钢筋措施

对纵向受拉钢筋和受压钢筋,当锚固钢筋的保护层厚度不大于5d时,锚固长度范围内应配置横向构造钢筋,以防止保护层混凝土劈裂时钢筋突然失锚。其构造钢筋直径不应小于d/4,此时d为最大锚固钢筋的直径;其间距,对梁、柱、斜撑等构件不应大于5d,对板、墙等平面构件间距不应大于10d,且均不应大于100mm,此时d为最小锚固钢筋直径。

1.3.4 钢筋的绑扎搭接接头

本章1.1节对钢筋的接头类型作了简要介绍,由于钢筋的绑扎接头是依靠钢筋与混凝土之间的粘结力来传递的，故钢筋与混凝土的粘结强度是决定钢筋搭接长度的重要因素。这里对绑扎搭接接头的要求做进一步阐述。

为了避免搭接端面引起应力集中和局部裂缝，同一构件中相邻纵向受力钢筋的绑扎搭接接头宜相互错开，如图 1-25 所示。定义绑扎搭接接头连接区段长度为1.3 倍搭接长度，凡搭接接头中点位于该连接区段长度内的搭接接头均属于同一连接区段。位于同一连接区段内的受拉钢筋搭接接头面积百分率为该区段内有搭接头的纵向受力钢筋截面面积与全部纵向受

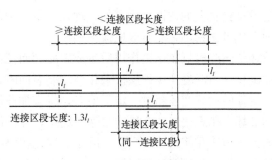

图 1-25　钢筋绑扎搭接接头

力钢筋截面面积的比值，当直径不同的钢筋搭接时，按直径较小的钢筋计算。位于同一连接区段内的受拉钢筋搭接接头面积百分率：对梁类、板类及墙类构件，不宜大于 25%；对柱类构件，不宜大于 50%。当工程中确有必要增大受拉钢筋搭接接头面积百分率时，对梁类构件，不应大于 50%；对板类、墙类及柱类构件，可根据实际情况放宽。

为保证受力钢筋的传力性能，纵向受拉钢筋绑扎搭接接头的搭接长度应根据位于同一连接区段内的钢筋搭接接头面积百分率按下列公式计算：

$$l_l = \zeta_L \, l_a \tag{1-14}$$

式中　l_l ——纵向受拉钢筋的搭接长度；

　　　l_a ——纵向受拉钢筋的锚固长度，按式（1-13）确定；

　　　ζ_L ——纵向受拉钢筋搭接长度修正系数，按表 1-6 取用。

且在任何情况下，纵向受拉钢筋绑扎搭接接头的搭接长度均不应小于 300mm。

纵向受拉钢筋搭接长度修正系数　　　　　　　　　　　　表 1-6

纵向钢筋搭接接头面积百分率（%）	≤25	50	100
ζ_L	1.2	1.4	1.6

构件中的纵向受压钢筋，当采用搭接连接时，其受压搭接长度不应小于式（1-14）纵向受拉钢筋搭接长度的 0.7 倍，且在任何情况下不应小于 200mm。

在纵向受力钢筋搭接长度范围内应配置箍筋，其要求同前述锚固长度范围内的横向构造钢筋措施。当受压钢筋直径 $d > 25$mm 时，尚应在搭接接头两个端面外 100mm 范围内各设置两道箍筋。

考虑到绑扎搭接的受力性能不如焊接或机械连接，对绑扎搭接的使用作了一定的限制，其中主要有：轴心受拉及小偏心受拉杆件（如桁架和拱的拉杆）的纵向受力钢筋不得采用绑扎搭接接头。当受拉钢筋的直径 $d > 25$mm 及受压钢筋的直径 $d > 28$mm 时，不宜采用绑扎搭接接头。

1.3.5　钢筋混凝土的保护层厚度

混凝土保护层的最小厚度的取值主要取决于构件的耐久性要求和前面所述受力钢筋锚

固性能的要求。

耐久性要求的混凝土保护层最小厚度是按照构件在设计使用年限内能保护钢筋不发生危及结构安全的锈蚀来确定的。埋在混凝土中的钢筋，由于混凝土的高碱性，会在钢筋表面形成氧化膜，它能有效地保护钢筋。然而，大气中的二氧化碳或其他酸性气体能与水泥胶体中的游离氢氧化钙作用后生成碳酸钙而使混凝土失去碱性，这种化学反应称为混凝土的碳化。当混凝土保护层被碳化至钢筋表面时，将破坏钢筋表面的氧化膜。此外，当混凝土构件的裂缝宽度超过一定限值时，将会加速混凝土的碳化，使钢筋表面的氧化膜更易遭到破坏。在无侵蚀性介质的常遇环境中，保护层混凝土的完全碳化是混凝土中钢筋锈蚀的前提。构件在使用过程中，混凝土的碳化将以一定速度由表面向内部发展，一旦碳化深度超过保护层厚度而达到钢筋表面，混凝土就会由于碳化而失去碱性，从而丧失对钢筋的保护作用，因此保护层厚度应大于构件在设计使用年限内混凝土的碳化深度。《混凝土结构设计规范》GB 50010 规定设计使用年限为 50 年的混凝土结构，从钢筋外边缘算起到混凝土表面的混凝土保护层最小厚度应根据建筑物所处环境类别按照表 1-7 确定。设计年限为 100 年的混凝土结构，最外侧钢筋的保护层厚度不应小于表 1-7 中数值的 1.4 倍。此外，《给水排水工程构筑物设计规范》GB 50069 根据给水排水构筑物的特点，对钢筋的混凝土保护层最小厚度也有规定，见表 1-8。在设计给水排水构筑物时，保护层最小厚度还应符合该规范的要求。

钢筋粘结锚固性能要求的保护层最小厚度是为了保证握裹层混凝土对受力钢筋的锚固，鉴于对基本锚固长度 l_{ab} 的规定是以保护层相对厚度 $\frac{c}{d}$（c 为保护层厚度；d 为钢筋直径）不小于 1.0 为前提确定的，故保护层厚度除应满足上述耐久性要求所规定的最小厚度外，尚应不小于受力钢筋的直径。

《混凝土结构设计规范》规定受力钢筋的混凝土保护层最小厚度（mm）　　表 1-7

环境类别	板、墙、壳	梁、柱、杆
一	15	20
二 a	20	25
二 b	25	35
三 a	30	40
三 b	40	50

注：1. 混凝土强度等级不大于 C25 时，表中保护层厚度数值应增加 5mm；

　　2. 钢筋混凝土基础宜设置混凝土垫层，基础中钢筋的混凝土保护层厚度应从垫层顶面算起，且不应小于 40mm。

《给水排水工程构筑物设计规范》规定的受力钢筋的

混凝土保护层最小厚度（mm）　　表 1-8

构件类别	工作条件	保护层最小厚度
墙、板、壳	与水、土接触或高湿度	30
	与污水接触或受水气影响	35
梁、柱	与水、土接触或高湿度	35
	与污水接触或受水气影响	40

构件类别	工作条件	保护层最小厚度
基础、底板	有垫层的下层筋	40
	无垫层的下层筋	70

注：1. 墙、板、壳内的分布筋的混凝土净保护层最小厚度不应小于 20mm；梁、柱内箍筋的混凝土净保护层最小厚度不应小于 25mm；

　　2. 表列保护层厚度系按混凝土等级不低于 C25 给出，当采用混凝土等级低于 C25 时，保护层厚度尚应增加 5mm；

　　3. 不与水、土接触或不受水气影响的构件，其钢筋的混凝土保护层的最小厚度，应按现行的《混凝土结构设计规范》GB 50010 的有关规定采用；

　　4. 当构筑物位于沿海环境，受盐雾侵蚀显著时，构件的最外层钢筋的混凝土最小保护层厚度不应少于 45mm；

　　5. 当构筑物的构件外表设有水泥砂浆抹面或其他涂料等质量确有保证的保护措施时，表列要求的钢筋的混凝土保护层厚度可酌量减小，但不得低于处于正常环境的要求。

思　考　题

1. 我国钢筋混凝土结构用钢筋有哪几种类型？各有什么特点？

2. 钢筋连接方法主要有哪几种？

3. 混凝土的强度指标有哪几种？各用什么符号表示？各有何作用？它们之间有何关系？

4. 混凝土的弹性模量如何测定？什么是变形模量？变形模量与弹性模量有什么关系？

5. 什么叫混凝土的徐变与收缩？影响徐变和收缩的主要因素有哪些？

6. 钢筋与混凝土的粘结力主要由哪几部分组成？影响粘结强度的因素是什么？

第 2 章 结构设计方法

任何一项结构设计都面临可靠性和经济性两方面的问题，一般地说，结构的可靠性和经济性是相互矛盾的，结构设计的目的就是要使所设计的结构在可靠性和经济性之间达到最佳平衡。度量结构可靠性的指标称为可靠性。从概率的观点来看，结构的可靠与否是一个随机事件，总会存在一定的失效概率，因此不可避免地存在着风险（比如引起生命及财产损失，对社会及环境产生不利影响），结构设计只能做到将风险控制在可接受的范围内。在经济发展水平较低的阶段，受到经济水平制约，可靠性选择较低，不得不接受较高的风险；而在经济发展水平较高的条件下，大多会选择更高的可靠性投入而降低风险。因此结构设计方法不仅是一个理论问题，还与国家的技术经济政策密切相关。

随着生产和科学试验的发展，结构设计方法经历了以弹性理论为基础的容许应力计算法、考虑钢筋混凝土塑性性能的破坏阶段计算法、极限状态计算法几个阶段，得到了不断的更新和完善。在总结试验研究、工程实践经验和学习国外科技成果的基础上，我国颁布了《建筑结构可靠性设计统一标准》GB 50068，规定采用以概率理论为基础的极限状态设计方法，并对极限状态设计原则和设计表达式等作出了统一规定。这使我国的建筑结构设计基本原则更趋合理。我国现行的《混凝土结构设计规范》GB 50010 就是根据该标准规定的原则制定的。本章将结合混凝土结构简要地阐述以概率理论为基础的极限状态设计方法。

2.1 结构的功能要求和极限状态

2.1.1 结构的功能要求

1. 结构的安全等级

建筑物的重要程度是根据其用途决定的。例如，设计一个大型体育馆和设计一个普通仓库，大型体育馆一旦发生破坏引起的生命财产损失要比普通仓库大得多，所以对它们的安全度的要求应该不同。建筑结构设计时，应根据结构破坏可能产生的后果即危及人的生命、造成经济损失、产生社会影响等的严重性，采用不同的安全等级。建筑结构安全等级的划分应符合表 2-1 的规定。同一建筑结构内的各种结构构件宜与结构采用相同的安全等级，同时允许对部分结构构件根据其重要程度和综合效益进行适当调整。例如，提高某一结构构件的安全等级所需费用很少，又能减轻整个结构的破坏从而大大减少人员伤亡和财物损失，则可将该结构构件的安全等级比整个结构的安全等级提高一级；相反，某一结构构件的破坏并不影响整个结构或其他结构构件，则可将该构件安全等级降低一级，但不得低于三级。

建筑结构的安全等级

表 2-1

安全等级	破坏后果	建筑物类型
一级	很严重：对人的生命、经济、社会或环境影响很大	重要的结构，例如大型的公共建筑等
二级	严重：对人的生命、经济、社会或环境影响较大	一般的结构，例如住宅和办公楼
三级	不严重：对人的生命、经济、社会或环境影响较小	次要的结构，例如小型或临时性贮存建筑

2. 结构的设计使用年限

结构的设计使用年限是指设计规定的结构或结构构件不需进行大修即可按预定目的使用的年限。结构的设计使用年限可按表2-2确定。就总体而言，桥梁应比房屋的设计使用年限长，大坝的设计使用年限更长。

注意，结构的设计使用年限虽与其使用寿命有一定的联系，但不等同。超过设计使用年限的结构并不是一定不能继续使用，而是指结构失效概率可能较设计预期值增大，需要继续使用时，应根据结构的实际状态对其可靠性进行重新评估鉴定，并根据鉴定结果进行必要的维修加固及重新界定使用年限。

设计使用年限和设计基准期也不等同。进行结构可靠分析时，考虑各项基本变量与时间关系所取用的基准时间，称为设计基准期。《建筑结构可靠性设计统一标准》GB 50068规定房屋建筑结构的设计基准期为50年，即房屋建筑结构的荷载统计参数按设计基准期50年确定。《建筑结构荷载规范》GB 50009提供的荷载统计参数，除风、雪荷载分别提供了设计基准期为10年、50年、100年的数值外，其余荷载都是按设计基准期为50年确定的。

设计使用年限分类 表 2-2

类别	设计使用年限（年）	示　　　例
1	5	临时性结构
2	25	易于替换的结构构件
3	50	普通房屋和构筑物
4	100	纪念性建筑和特别重要的建筑物

3. 建筑结构的功能

根据我国《建筑结构可靠性设计统一标准》GB 50068，结构的设计、施工和维护应使结构在规定的设计使用年限内以适当的可靠性满足规定的各项功能要求：

（1）能承受在施工和使用期间可能出现的各种作用。

（2）保持良好的使用性能。如不产生影响使用的过大变形或振幅，不发生足以让使用者不安的过宽的裂缝，贮液构筑物如水池、水塔、管道及井筒等不应出现导致漏水的贯通裂缝和应具有必要的抗渗性等。

（3）具有足够的耐久性能。

所谓足够的耐久性能，系指结构在规定的工作环境中，在预定时期内，其材料性能的劣化不致导致结构出现不可接受的失效概率。从工程概念上讲，足够的耐久性能就是指在正常维护条件下结构能够正常使用到规定的设计使用年限。例如，防止混凝土保护层碳化深度达到钢筋表面，或者裂缝宽度过大而使钢筋锈蚀；合理选择材料或采取防护措施以防止混凝土严重风化腐蚀等，因为这些都将使结构的安全性和适用性逐渐下降而影响结构的使用年限。

（4）当发生火灾时，在规定的时间内可保持足够的承载力。

（5）当发生爆炸、撞击、人为错误等偶然事件时，结构能保持必需的整体稳固性，不出现与起因不相称的破坏后果，防止出现结构的连续倒塌。纽约世界贸易中心双塔大厦遭恐怖分子驾机撞击，产生爆炸、燃烧使结构的一些关键构件受损，而最终导致建筑整体倒塌，是一个非常典型的事例。

上述（1）、（4）、（5）三项是对结构安全性的要求。第（2）项是对结构适用性的要求，第（3）项是对结构耐久性的要求。安全性、适用性和耐久性总称为结构的可靠性。

2.1.2　结构的极限状态

结构的极限状态是指整个结构或结构的一部分超过某一特定状态就不能满足设计规定的某一功能要求，此特定状态为该功能的极限状态。极限状态是区分结构工作状态是否可靠的标志。

根据结构的功能要求，结构的极限状态可分为下列三类：

1. 承载能力极限状态

结构或结构构件达到最大承载能力或者不适于继续承载的变形状态，称为承载能力极限状态。当结构或结构构件出现下列状态之一时，应认为超过了承载能力极限状态：

（1）结构构件或连接因超过材料强度而破坏，或因过度变形而不适于继续承载；

（2）整个结构或结构的一部分作为刚体失去平衡（如倾覆等）；

（3）结构转变为机动体系；

（4）结构或构件丧失稳定（如压屈等）；

（5）结构因局部破坏而发生连续倒塌；

（6）地基丧失承载能力而破坏（如失稳等）；

（7）结构或构件的疲劳破坏。

疲劳破坏是结构或构件（例如吊车梁等）在使用中由于荷载多次重复作用而使构件丧失承载能力。结构构件由于塑性变形过大而使其几何形状发生显著改变，虽未达到最大承载能力，但已彻底不能使用。这两种情况均属于达到承载能力极限状态。

结构或构件超过了承载能力极限状态，说明其安全性不够。很明显，一旦出现了上述任一极限状态，就会造成结构严重破坏，甚至导致结构整体倒塌，造成人身伤亡及重大经济损失，因而应将出现承载能力极限状态的概率控制在很小范围内。鉴于其重要性，在设计中对所有结构或构件均应根据承载能力极限状态进行计算。

2. 正常使用极限状态

结构或结构构件达到正常使用的某项规定限值的状态。当结构或结构构件出现下列状态之一时，应认为超过了正常使用极限状态：

（1）影响正常使用或外观的变形；

（2）影响正常使用的局部损坏；

（3）影响正常使用的振动；

（4）影响正常使用的其他特定状态。

结构或构件超过了这一极限状态后，就满足不了适用性的要求，但其后果一般不如超过承载能力极限状态的后果严重，因此，可以允许正常使用极限状态出现的概率高于承载能力极限状态。

3. 耐久性极限状态

随着混凝土结构服役年限的增加，构件表面混凝土开始出现酥裂、粉化、锈胀裂缝，钢筋锈蚀，材料性能劣化等导致构件适用性下降，甚至影响到结构的安全性。耐久性极限状态是指结构或结构构件在环境影响下出现的劣化达到耐久性的某项规定限值或标志的状态。当结构或结构构件出现下列状态之一时，应认为超过了耐久性极限状态：

（1）影响承载能力和正常使用的材料性能劣化；

（2）影响耐久性的裂缝、变形、缺口、外观、材料削弱等；

（3）影响耐久性的其他特定状态。

影响混凝土结构耐久性的因素有很多，主要包括工作环境、材料质量、构造要求、施工质量等，耐久性设计即是上述各方面均需满足规范要求的各项耐久性规定。

以上针对三种极限状态进行了阐述，结构设计时应对结构的不同极限状态进行计算或验算；当某一极限状态的计算或验算其控制作用时，可仅对该极限状态进行计算或验算。

2.1.3 结构的设计状况

设计状况代表一定时段内实际情况的一组设计条件，设计应做到在该组条件下结构不超越有关的极限状态。建筑结构设计时应区分下列设计状况：

（1）持久设计状况，是在结构使用过程中一定出现，且持续很长的时间状况，其持续期一般与设计使用年限为同一数量级。适用于结构使用时的正常情况，例如房屋结构承受家具和人员荷载的情况；

（2）短暂设计状况，在结构施工和使用过程中出现概率较大，而与设计使用年限相比，其持续期很短的设计状况。适用于结构出现的临时情况，包括施工和维修时的情况等；

（3）偶然设计状况，在结构使用过程中出现概率很小，且持续期很短的设计状况。适用于结构出现的异常情况，包括结构遭受火灾、爆炸、撞击时的情况等；

（4）地震设计状况，适用于结构遭受地震时的情况，在抗震设防地区必须考虑地震设计状况。

2.2 结构上的作用、作用效应及结构抗力和功能函数

2.2.1 结构上的作用和作用效应

施加在结构上的集中力或分布力称为直接作用，也叫荷载；引起结构外加变形或约束变形的原因称为间接作用；直接作用和间接作用总称为作用。

外加变形是指结构在地震、不均匀沉降等因素作用下，边界条件发生变化而产生的位移和变形。约束变形是指结构在温度变化、湿度变化及混凝土收缩等因素作用下，由于存在外部约束而产生的内部变形。引起结构外加变形或约束变形的原因，比如混凝土的收缩、温度变化、基础沉降、地震等，都属于间接作用。间接作用不仅与外界因素有关，还与结构本身的特性有关。例如，地震对结构物的作用，不仅与地震加速度有关，还与结构自身的动力特性有关，所以不能把地震作用称为地震荷载。

结构上的作用可按下列性质分类：

1. 按随时间的变化

（1）永久作用，例如结构自重、土压力、预应力等。是指在结构使用期间，其值不随时间变化，或其变化与平均值相比可以忽略不计，或其变化是单调的并能趋于限值的作用。

（2）可变作用，例如楼面活荷载、屋面活荷载和积灰荷载、吊车荷载、风荷载、雪荷载等。是指在结构使用年限内，其值随时间变化，且其变化与平均值相比不可以忽略不计的作用。

（3）偶然作用，例如爆炸力、撞击力等。是指在结构使用期间不一定出现，一旦出现，其值很大且持续时间很短的荷载。

2. 按随空间的变化

（1）固定作用，例如结构构件自重、楼面上的固定设备等。它在结构空间位置上具有固定的分布。

（2）自由作用，例如楼面上的人群荷载、厂房结构上的吊车荷载等。它在结构空间位置上的一定范围内可以任意分布。

3. 按结构的反应特点分类

（1）静态作用，例如结构自重、一般民用建筑的楼面活荷载等。它不使结构或构件产生加速度或产生的加速度可以忽略不计。

（2）动态作用，例如吊车荷载、设备振动、作用在高耸结构如高层建筑、烟囱或水塔上的风荷载等。它使结构或构件产生不可忽略的加速度。

由作用引起的结构或结构构件的反应，例如内力、变形和裂缝等统称为作用效应。内力包括轴力、弯矩、剪力和扭矩等。变形包括挠度、侧移、转角等。当作用为荷载时，其效应常称为荷载效应。作用与作用效应之间通常按某种关系相联系。在极限状态设计的一般表达式中，作用效应可用作用乘以作用效应系数来表达。例如，简支梁在均布荷载作用下的跨中弯矩可以表达为 $M = \frac{1}{8}ql_0{}^2 = Cq$，式中，$M$ 为作用效应；q 为作用；$C = \frac{1}{8}l_0{}^2$ 即为作用效应系数。作用效应系数也就是作用效应与该作用的比值，它由力学关系确定。

2.2.2 结构的抗力及功能函数

结构的抗力是指结构或结构构件承受作用效应的能力，如结构或构件的各种承载能力（受弯、受剪、受扭、受压、受拉承载能力等）、刚度、抗裂度等。结构抗力是由材料性能、截面几何参数等因素构成的。例如，构件的受拉承载能力是由材料抗拉强度与构件截面面积的乘积；受弯承载力是材料强度与截面抵抗矩的乘积等。结构的抗力也可以采用应力允许值、变形允许值、裂缝宽度允许值等限值来表达，对正常使用极限状态，常采用这种表达方式。

综上所述，如果说结构上的作用效应是结构的预定使用功能所赋予结构的任务，则结构的抗力是结构本身所固有的完成任务的能力。

结构的工作状态可以用作用效应和结构抗力的关系式来描述，这种关系式称为结构的功能函数。如果用 S 表示作用效应，用 R 表示结构抗力，用 $Z = g(S,R)$ 表示功能函数，则最简单的功能函数为：

$$Z = g(S,R) = R - S \tag{2-1}$$

当：$Z = R - S > 0$ 时，结构处于可靠状态；

$Z = R - S = 0$ 时，结构处于极限状态；

$Z = R - S < 0$ 时，结构处于失效状态；

这就是用功能函数所描述的结构工作状态。其中

$$Z = R - S = 0 \tag{2-2}$$

称为结构的极限状态方程。超过这一界限，结构就不能满足设计规定的某一功能要求。结构按极限状态设计应符合：

$$Z = R - S \geqslant 0 \tag{2-3}$$

结构设计中经常考虑的不仅是结构对荷载的承载能力，有时还需要考虑结构对变形或裂缝开展等的抵抗能力，亦即需包括结构功能中关于适用性和耐久性的要求。因此，结构抗力是一个广义的概念，包括了抵抗荷载、变形、裂缝开展等的能力。

结构的极限状态可推广为用下列极限状态方程描述。

$$g(X_1, X_2, \cdots, X_n) = 0 \tag{2-4}$$

式中　　　$g(\cdot)$——结构的功能函数。由所研究的结构功能而定，可以是承载能力，也可以是变形或裂缝宽度等；

$X_i (i = 1, 2, \cdots n)$——基本变量，系指结构上的各种作用和材料性能、几何参数等；进行结构可靠性分析时，也可采用作用效应和结构抗力作为综合的基本变量；基本变量应作为随机变量考虑。

结构按极限状态设计应符合：

$$g(X_1, X_2, \cdots, X_n) \geqslant 0 \tag{2-5}$$

当仅有作用效应和结构抗力两个基本变量时，该方程即变为上述式（2-3）。

2.3 结构的可靠度和可靠指标

2.3.1 结构的可靠度

结构的安全性、适用性和耐久性总称为结构的可靠性，也就是结构在规定的时间内，在规定的条件下，完成预定功能的能力。这里所说的规定时间是指设计使用年限。规定条件是指设计时所确定的正常设计、正常施工、正常使用的条件，不考虑人为过失的影响。预定功能是以结构是否达到极限状态为标志的。

结构可靠度是对结构可靠性的定量描述，即结构在规定的时间内，在规定的条件下，完成预定功能的概率。前面已经提出了结构的功能函数式（2-1），由于结构抗力 R 和作用效应 S 都是随机变量，所以结构功能函数 Z 也是一个随机变量，而且是抗力 R 和作用效应 S 两个随机变量的函数。因此要求 Z 绝对保证只出现 $Z \geqslant 0$ 而不出现 $Z < 0$ 是不可能的，这就是为什么结构可靠度只宜定义为结构完成预定功能的概率的基本道理。

我们将结构完成预定功能的概率，即满足式（2-3）的概率称为可靠概率 p_s；而结构不能完成预定功能的概率，即 $Z < 0$ 的概率称为失效概率 p_f。显然：

$$p_s = P(Z = R - S \geqslant 0) = 1 - p_f = 1 - P(Z = R - S < 0) \tag{2-6}$$

结构可靠性既可以采用可靠概率 p_s 来度量，也可采用失效概率 p_f 来度量，即 p_f 越小，可靠度越大。国外大多采用失效概率来度量结构的可靠度，我国也采用这种度量方法。它通常是综合考虑结构的风险和经济效果，定出一个小到人们可以接受的失效概率限值 $[p_f]$，只要结构实际可能的失效概率不超过这个限值，即：

$$p_f \leqslant [p_f] \tag{2-7}$$

就可以认为所设计的结构是可靠的。

从概率论知道，p_f 应为：

$$p_f = P(Z < 0) = \int_{-\infty}^{0} f(Z) \mathrm{d}Z \tag{2-8}$$

式中 $f(z)$ 为功能函数 Z 的概率密度函数。由于 Z 至少是结构抗力 R 和作用效应 S 两个相互独立的随机变量的函数，因此在计算 p_f 时，实际上必须进行多维积分，即至少是：

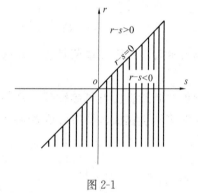

$$p_f = \iint_{r-s<0} f(r,s) \mathrm{d}r \mathrm{d}s = \iint_{r-s<0} f_R(r) \cdot f_S(s) \mathrm{d}r \mathrm{d}s \tag{2-9}$$

式中 $f(r,s)$ 为 (R,S) 的联合概率密度函数；$f_R(r)$ 和 $f_S(s)$ 分别为 R 和 S 的概率密度函数。这里的积分区域 $r-s<0$ 是图 2-1 所示直线 $r-s=0$ 右边的半平面。

图 2-1

实际上影响结构功能函数的因素常常多于两个，例如结构上同时施加有多个不同类型的荷载时，影响功能函数的随机变量 S 就不是单一的。可见 p_f 的计算在数学上比较复杂，因而目前国内外都采用可靠指标 β 代替 p_f 来度量结构的可靠性。

2.3.2 结构构件的可靠指标

设构件的荷载效应 S、抗力 R，都是服从正态分布的随机变量且二者为线性关系。S、R 的平均值分别为 μ_S、μ_R，标准差分别为 σ_R、σ_S，荷载效应为 S 和抗力为 R 的概率密度曲线如图 2-2 所示。按照结构设计的要求，显然 μ_R 应该大于 μ_S。从图中可以看到，在多数情况下构件的抗力 R 大于荷载效应 S。但是，由于离散性，在 S、R 的概率密度曲线的重叠区（阴影部分），仍有可能出现构件的抗力 R 小于荷载效应 S 的情况。重叠区的大小与 μ_R、μ_S 以及 σ_R、σ_S 有关。μ_R 比 μ_S 大的越多（μ_R 远离 μ_S），或者 σ_R 和 σ_S 越小（曲线高而窄），都会使重叠的范围减少。所以，重叠区的大小反映了抗力 R 和荷载效应 S 之间的概率关系，即结构的失效概率。重叠的范围越小，结构的失效概率越低。从结构安全的角度可知，提高结构构件的抗力（例如提高承载能力），减小抗力 R 和荷载效应 S 的离散程度（例如减小不定因素的影响），可以提高结构构件的可靠程度。所以，加大平均值之差 $\mu_R - \mu_S$，减小标准差 σ_R 和 σ_S 可以使失效概率越低。

同前，令 $Z = R - S$，功能函数 Z 不是独立的随机变量，而是随机变量 R、S 的函数，也应该是服从正态分布的随机变量。功能函数 Z 的统计参数可以根据以下法则确定：

Z 的平均值： $$\mu_Z = \mu_R - \mu_S \tag{2-10}$$

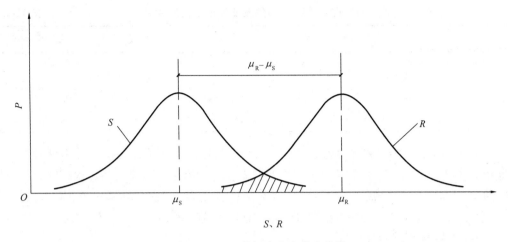

图 2-2　R、S 的概率密度分布曲线

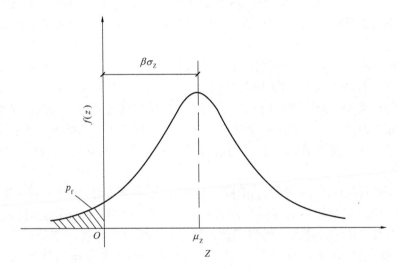

图 2-3　可靠指标与失效概率关系示意图

Z 的标准差：
$$\sigma_Z = \sqrt{\sigma_R^2 + \sigma_S^2} \tag{2-11}$$

图 2-3 表示 Z 的概率密度分布曲线。结构的失效概率 p_f 可直接通过 $Z < 0$ 的概率来表达：

$$p_f = P(Z < 0) = \int_{-\infty}^{0} f(Z)\mathrm{d}Z = \int_{-\infty}^{0} \frac{1}{\sigma_Z \sqrt{2\pi}} \exp\left[-\frac{1}{2}\left(\frac{Z - \mu_Z}{\sigma_Z}\right)^2\right]\mathrm{d}Z \tag{2-12}$$

按上式用失效概率度量结构可靠性具有明确的物理意义，能较好地反映问题的实质。但 p_f 的计算比较复杂，因而国际标准和我国标准目前都采用可靠指标 β 来度量结构的可靠性。

从图 2-3 可以看到，取

$$\mu_z = \beta \sigma_z \tag{2-13}$$

则
$$\beta = \frac{\mu_z}{\sigma_z} = \frac{\mu_R - \mu_S}{\sqrt{\sigma_R^2 + \sigma_S^2}} \tag{2-14}$$

［*β*］	p_f	［*β*］	p_f	［*β*］	p_f
1.0	1.59×10^{-1}	2.7	3.47×10^{-3}	3.7	1.08×10^{5}
1.5	6.68×10^{-2}	3.0	1.35×10^{-3}	4.0	3.17×10^{5}
2.0	2.28×10^{-2}	3.2	6.87×10^{-4}	4.2	1.33×10^{6}
2.5	6.21×10^{-3}	3.5	2.33×10^{-4}	4.5	3.40×10^{6}

可以看出，*β* 大则失效概率小。所以，*β* 和失效概率一样可作为衡量结构可靠性的一个指标，称为可靠指标。可靠指标 *β* 与失效概率 p_f 之间有一一对应关系。现将部分特殊值的关系列于表 2-3。由公式（2-14）可知，在随机变量 *R*、*S* 服从正态分布时，只要知道 μ_s、μ_R、σ_R、σ_s 就可以求出可靠指标 *β*，从而得到失效概率 p_f。

2.3.3 目标可靠指标

结构的失效概率 p_f 越低，结构就越安全可靠，但是所付出的经济代价就越大。所以我们在确定失效概率限值［p_f］的时候，既要考虑安全可靠因素，也要考虑经济节约因素，使之更为合理。

与失效概率限值［p_f］相对应的可靠指标 *β* 称为目标可靠指标［*β*］。我国《建筑结构可靠性设计统一标准》GB 50068 根据结构的安全等级和破坏类型规定了结构按承载能力极限状态设计时的目标可靠指标［*β*］，见表 2-4。结构和结构构件的破坏类型分为延性破坏和脆性破坏两类。延性破坏有明显的预兆，可及时采取补救措施，所有目标可靠指标可以定得低一些。脆性破坏是突发的没有预兆的，所以目标可靠指标就可以定得高一些。

对于正常使用极限状态，其可靠指标一般应根据结构构件作用效应的可逆程度选取，宜取 0～1.5。可逆程度较高的结构构件取较低值；可逆程度较低的结构构件取较高值。不可逆极限状态指产生超越状态的作用被移掉后，仍将永久保持超越状态的一种极限状态；可逆极限状态指产生超越状态的作用被移掉后，将不再保持超越状态的一种极限状态。

结构构件承载能力极限状态的目标可靠指标 表 2-4

破坏类型	安全等级		
	一级	二级	三级
延性破坏	3.7	3.2	2.7
脆性破坏	4.2	3.7	3.2

2.4 荷载代表值和材料性能标准值

2.4.1 荷载代表值

荷载代表值是指设计中用以验算极限状态所采用的荷载量值，例如标准值、组合值、频遇值和准永久值。《建筑结构荷载规范》GB 50009 规定，对不同荷载应采用不同的代表值。对永久荷载应采用标准值作为代表值。对可变荷载应根据设计要求采用标准值、组合值、频遇值或准永久值作为代表值。对偶然荷载应按建筑结构使用的特点确定其代表值。

1. 荷载标准值

荷载标准值是指其在结构的使用期间可能出现的最大荷载值。确定荷载的大小是一件复杂的工作，因为荷载的大小具有不定性。例如，对于结构自重等恒荷载，虽可事先根据结构的设计尺寸和材料单位重量得出其自重，但由于施工时的尺寸偏差，材料重度的变异性等原因，以致实际自重并不完全与计算结果相吻合。至于可变荷载的大小，其中的不定因素则更多。这种具有不定性的问题，应当作为随机变量，采用数理统计的方法加以处理。具体来说，是根据大量荷载统计资料，运用数理统计的方法确定具有一定保证率（例如 95%）的统计特征值。即：

$$Q_k = \mu_Q + \alpha \sigma_Q \tag{2-15}$$

式中　Q_k——某一种荷载的标准值；

μ_Q——该种荷载在设计基准期内最大值的统计平均值；

σ_Q——该种荷载在设计基准期内最大值的标准差；

α——保证率系数。

例如，当荷载最大值按正态分布，对应保证率为 95% 时的 $\alpha = 1.645$，得出的 Q_k 即为 95% 的分位值。即荷载标准值由设计基准期（50 年）内最大荷载统计分布的某一分位值来确定。但由于有些荷载不具备充分的统计参数，只能根据已有的工程经验确定，故荷载标准值取值的分位数并不统一。因此，对某类荷载，当有足够资料而有可能对其统计分布作出合理估计时，则在其设计基准期最大荷载的分布上，可根据协议的百分位，取其分位值作为该荷载的代表值，原则上可取分布的特征值（例如均值、众值、中值），国际上习惯称之为荷载的特征值。实际上，对于大部分自然荷载，包括风雪荷载，习惯上都以规定的平均重现期来定义标准值，也即相当于以重现期内最大荷载的分布的众值为标准值。另一方面，目前并非所有荷载都能取得充分的资料，为此，不得不从实际出发，根据已有的工程经验，通过分析判断后，协议一个公称值作为代表值。按上述两种方法规定的代表值统称为荷载标准值。

2. 荷载组合值

当有两种或两种以上的可变荷载在结构上要求同时考虑时，由于所有可变荷载同时达到其单独出现时可能达到的最大值的概率极小，因此，除主导荷载（产生最大效应的荷载）仍可以其标准值为代表值外，其他伴随荷载均应采用某一小于其标准值的组合值为荷载代表值。荷载组合值可用其标准值 Q_k 乘以不大于 1 的荷载组合系数 ψ_c 来表达，即组合值为 $\psi_c \cdot Q_k$。组合系数 ψ_c 可根据荷载在组合后产生的总作用效应值在设计基准期内的超越概率与考虑单一作用时相应概率趋于一致的原则确定，其实质是要求结构在单一可变荷载作用下的可靠性与在两个及以上可变荷载作用下的可靠性保持一致。ψ_c 的具体取值将在后面的荷载效应组合章节进行介绍。

3. 荷载准永久值

荷载准永久值是指可变荷载在设计基准期内具有较长的总持续期的代表值，其对结构的影响有如永久荷载。国际标准 ISO 2394 中建议，准永久值根据在设计基准期内荷载达到和超过该值的总持续时间与设计基准期的比值为 0.5 确定。根据这一原则，对住宅、办公楼楼面活荷载及风雪荷载等，其准永久值相当于取其任意时点荷载概率分布的 0.5 分位值。

荷载准永久值采用荷载标准值乘以荷载准永久值系数来表达，即 $\psi_q \cdot Q_k$，ψ_q 为准永久值系数。如：住宅、办公楼等楼面活荷载的准永久值系数 ψ_q 取 0.4，教室、会议室、阅览室、商店等取 0.5；藏书库、档案库取 0.8；风荷载 ψ_q 取 0。其他的可变荷载准永久值系数可参阅《建筑结构荷载规范》GB 50009。结构设计时，准永久值主要用于考虑荷载长期效应的影响。

4. 荷载频遇值

荷载频遇值是指可变荷载在设计基准期内被超越的总时间仅为设计基准期一小部分的作用值；或在设计基准期内其超越频率为某一给定频率的作用值。国际标准 ISO 2394 建议，频遇值取设计基准期内荷载达到和超过该值的总持续时间与设计基准期的比值小于 0.1 的荷载代表值。

频遇荷载值采用荷载标准值乘以荷载频遇值系数来表达，即 $\psi_f \cdot Q_k$，ψ_f 为频遇值系数。具体的可变荷载频遇值系数可参阅《建筑结构荷载规范》GB 50009。频遇值主要用于正常使用极限状态的频遇组合中。

2.4.2 材料性能标准值

材料强度标准值是极限状态设计表达式中所取材料性能的基本代表值。极限状态设计表达式中的材料性能标准值包括材料强度、变形模量等物理力学性能的标准值。《建筑结构可靠性设计统一标准》GB 50068 规定，材料强度的概率分布宜采用正态分布或对数正态分布。材料强度标准值可取其概率分布的 0.05 分位值确定。材料弹性模量、泊松比等物理性能的标准值可取其概率分布的 0.5 分位值确定。

试验实测值的统计分析表明：钢筋混凝土结构的钢筋和混凝土的强度概率分布都可以采用正态分布，其强度标准取实测值概率分布的 0.05 分位数确定时，可用下式表达：

$$f_k = \mu_f - 1.645\sigma_f \tag{2-16}$$

式中 f_k——材料强度标准值；

μ_f——材料强度统计平均值；

σ_f——材料强度标准差。

混凝土的立方体抗压强度标准值 $f_{cu,k}$ 就是按式（2-16）确定的，由该式定义的混凝土立方体抗压强度标准值具有 95% 的保证率。混凝土强度标准值 f_{ck}、f_{tk} 则根据第 1 章给出的混凝土强度标准值与立方体抗压强度标准值之间的关系式（1-3）、式（1-5）确定。各种强度等级的混凝土 f_{ck}、f_{tk} 列于附录 1 附表 1-1，设计时可直接查用。

钢筋的强度标准值原则上也按式（2-16）确定，应具有不小于 95% 的保证率。普通钢筋采用屈服强度标志 f_{yk} 表示，相当于钢筋标准中的屈服强度特征值 R_{eL}。由于结构抗倒塌设计的需要，还规定了钢筋极限强度（即钢筋拉断前相应于最大拉力下的强度）的标准值 f_{stk}，相当于钢筋标准中的抗拉强度特征值 R_m。预应力筋没有明显的屈服点，其极限强度标准值 f_{ptk} 相当于钢筋标准中的钢筋抗拉强度 σ_b。取 0.002 残余应变所对应的应力 $\sigma_{p0.2}$ 作为其条件屈服强度标准值 f_{pyk}。各种钢筋强度标准值详见附录 1 附表 1-4、附表 1-5。

2.5 极限状态设计表达式

在概率极限状态方法中，如果采用可靠指标 β 进行设计，不仅需要大量的统计数据，可靠指标的计算也比较复杂。目前，对于大量的一般常见结构构件直接根据给定 β 进行设计尚不现实。考虑到工程设计人员长期以来习惯于采用设计变量（如作用、材料强度等）和各种系数进行结构设计，国际上普遍采用多系数表达的方法，即：将以可靠指标 β 表达的极限状态设计方程转化为以基本设计变量和相应的分项系数表达的概率极限状态设计式。该设计式在形式上与以往的设计式相似，其中的分项系数按照目标可靠指标 $[\beta]$ 值，并考虑已有工程经验优选确定，起着与可靠指标相同的作用。这种以概率理论为基础，以分项系数表达的极限状态设计方法，将对结构可靠性的要求分解到各种分项系数设计取值中，按照这种方法进行设计，既可以使工程结构满足可靠性的要求，又延续了结构设计的传统方式，避免直接进行概率的计算。

2.5.1 承载能力极限状态设计表达式

前述持久设计状况、短暂设计状况、偶然设计状况、地震设计状况四种设计状况下均应进行承载能力极限状态设计。

1. 基本表达式

令 S_k 为作用效应的标准值（下标 k 意指标准值），γ_S（≥ 1）为作用的分项系数，二者乘积为作用效应的设计值。

$$S = \gamma_S S_k \tag{2-17}$$

同样，令 R_k 为结构抗力标准值，γ_R（> 1）为抗力分项系数，二者之商为抗力的设计值。

$$R = R_k / \gamma_R \tag{2-18}$$

式中的作用分项系数和抗力分项系数，其来源与目标可靠指标 $[\beta]$ 有关，这样可保证结构的各个构件之间的可靠性水平或各种结构之间的可靠性水平基本上比较一致。

此外，考虑到结构安全等级的差异，引入结构重要性系数 γ_0，采用下列极限状态表达式：

$$\gamma_0 S \leqslant R \tag{2-19}$$

式中　γ_0——结构重要性系数，跟设计状况有关。对偶然设计状况和地震设计状况，γ_0 取 1；对持久设计状况和短暂设计状况，γ_0 取值与安全等级对应，对安全等级为一级的结构，其值不应小于 1.1；对安全等级为二级的结构不应小于 1.0；对安全等级为三级的结构不应小于 0.9；

式（2-19）是承载能力极限状态设计的基本表达式。

2. 荷载效应组合的设计值 S

（1）基本组合

进行承载能力极限状态设计时，应根据不同的设计状况采用不同的组合。对于持久设计状况和短暂设计状况，应采用作用的基本组合。

当作用与作用效应按线性关系考虑时，基本组合的效应设计值 S 按下式中最不利值计算：

$$S = \sum_{i \geqslant 1} \gamma_{G_i} S_{G_{ik}} + \gamma_{Q_1} \gamma_{L1} S_{Q1k} + \sum_{j>1} \gamma_{Q_j} \psi_{cj} \gamma_{Lj} S_{Q_{jk}} \qquad (2\text{-}20)$$

式中　γ_{G_i}——第 i 个永久作用的分项系数，当作用效应对承载能力不利时，一般取 1.3，当作用效应对承载能力有利时，取值不得大于 1；

γ_{Q_1}、γ_{Q_j}——第 1 个和第 i 个可变作用的分项系数，当作用效应对承载能力不利时，一般取 1.5，当作用效应对承载能力有利时，取为 0；

$S_{G_{ik}}$——第 i 个永久作用标准值的效应；

S_{Q1k}、$S_{Q_{jk}}$——第 1 个和第 j 个可变作用标准值的效应；

ψ_{cj}——第 j 个可变作用的组合值系数，其值不应大于 1.0。应按《建筑结构荷载规范》GB 50009 的规定取用；

γ_{L1}、γ_{Lj}——第 1 个和第 j 个考虑结构使用年限的荷载调整系数；当结构设计使用年限为 5 年、50 年、100 年时，对应的调整系数分别取 0.9、1.0、1.1。当设计使用年限不为上述数值时，可按线性内插确定调整系数。

（2）偶然组合

对偶然设计状况，应采用作用的偶然组合。当作用与作用效应按线性关系考虑时，其效应设计值可按下式确定：

$$S_d = \sum_{i \geqslant 1} S_{G_{ik}} + S_{A_d} + \psi_{f1}(\text{或 } \psi_{q1}) S_{Q1k} + \sum_{j>1} \psi_{qj} S_{Q_{jk}} \qquad (2\text{-}21)$$

式中　S_{A_d}——偶然作用设计值的效应；

ψ_{f1}——第 1 个可变作用的频遇值系数；

ψ_{q1}、ψ_{qj}——第 1 个和第 j 个可变作用的准永久值系数。

对于地震设计状况，应采用作用的地震组合。地震组合的效应设计值参见相关规范。

3. 抗力设计值 R

式（2-18）中的承载力设计值 R，对于钢筋混凝土构件可采用下式表达：

$$R = R(f_c, f_s, \alpha_k \cdots) = R\left(\frac{f_{ck}}{\gamma_c}, \frac{f_{sk}}{\gamma_s}, \alpha_k \cdots\right) \qquad (2\text{-}22)$$

式中　$R(\cdot)$——结构构件的承载力函数；

f_{ck}、f_{sk}——混凝土、钢筋的强度标准值；

γ_c、γ_s——分别为混凝土和钢筋的材料分项系数。混凝土材料分项系数 $\gamma_c = 1.4$；对于延性较好的热轧钢筋（包括 HPB300、HRB335、HRB400 和 RRB400 级钢筋），其材料分项系数 γ_s 取为 1.1；对 500MPa 级高强钢筋，为了适当提高安全储备，γ_s 取为 1.15；对预应力钢筋，由于其延性稍差，γ_s 取 1.2；上述钢筋和混凝土强度的分项系数时根据轴心受拉构件和轴心受压构件按照目标可靠指标经过可靠性分析而确定的，当缺乏统计资料时，也可按工程经验确定；

f_c、f_s——混凝土、钢筋的强度设计值；为了充分考虑材料的离散性和施工中不可避免的偏差带来的不利影响，将材料强度标准值除以一个大于 1 的系数，即得材料强度设计值，相应的系数称为材料的分项系数，即 $f_c = \dfrac{f_{ck}}{\gamma_c}$，$f_s = \dfrac{f_{sk}}{\gamma_s}$。各种混凝土和钢筋强度设计值列于附录1-1，设计时可直接查用。

α_k——几何参数的标准值，当几何参数的变异性对结构性能有明显的不利影响时，可另增减一个附加值。

2.5.2 正常使用极限状态设计表达式

对持久设计状况，应进行正常使用极限状态设计，此外，对短暂设计状况和地震设计状况，可根据需要进行正常使用极限状态设计。对偶然设计状况，可不进行正常使用极限状态设计。

按正常使用极限状态设计时，应验算结构构件的变形、抗裂度或裂缝宽度。由于结构构件达到或超过正常使用极限状态时的危害程度不如承载力不足引起结构破坏时大，故对其可靠性的要求可适当降低。因此，按正常使用极限状态设计时，对于荷载组合值，不需再乘以荷载分项系数，也不再考虑结构的重要性系数 γ_0。同时，由于荷载短期作用和长期作用对于结构构件正常使用性能的影响不同，对于正常使用极限状态，应根据不同的设计目的，分别按荷载效应的标准组合和准永久组合，或标准组合并考虑长期作用影响，采用下列极限状态表达式：

$$S_d \leqslant C \tag{2-23}$$

式中 C——结构构件达到正常使用要求所规定的限值，例如变形、裂缝和应力等限值；

S_d——正常使用极限状态的荷载效应（变形、裂缝和应力等）组合设计值。

1. 荷载效应组合

对于正常使用极限状态，应根据不同的设计要求，采用荷载的标准组合、频遇组合，或准永久组合。在计算正常使用极限状态的荷载效应组合值 S_d 时，需首先确定荷载效应的标准组合、频遇组合和准永久组合。

（1）标准组合

当作用与作用效应按线性关系考虑时，标准组合效应设计值可按下式计算：

$$S_d = \sum_{i \geqslant 1} S_{G_{ik}} + S_{Q_{1k}} + \sum_{j>1} \psi_{cj} S_{Q_{jk}} \tag{2-24}$$

（2）频遇组合

对于频遇组合，当作用与作用效应按线性关系考虑时，作用效应组合的设计值应按下式计算：

$$S_d = \sum_{i \geqslant 1} S_{G_{ik}} + \psi_{f1} S_{Q_{1k}} + \sum_{j>1} \psi_{qj} S_{Q_{jk}} \tag{2-25}$$

（3）准永久组合

对于准永久组合，当作用与作用效应按线性关系考虑时，作用效应组合的设计值应按下式计算：

$$S_d = \sum_{i \geqslant 1} S_{G_{ik}} + \sum_{j>1} \psi_{qj} S_{Q_{jk}} \tag{2-26}$$

式中 ψ_{cj}、ψ_{qj}——分别为第 j 个可变荷载的组合值系数和准永久值系数；

ψ_{f1}——为可变荷载 Q_1 的频遇值系数。

2. 验算内容

对结构构件正常使用极限状态的验算包括变形验算和裂缝控制验算。

（1）变形验算

钢筋混凝土受弯构件的最大挠度应按荷载的准永久组合，预应力混凝土受弯构件的最大挠度应按荷载的标准组合，并均应考虑荷载长期作用的影响进行计算。其计算值 Δ 不应超过受弯构件的挠度限值 $\Delta_{\lim}$，挠度限值规定参见附表 2-1。钢筋混凝土和预应力混凝土受弯构件的挠度 Δ 可按照结构力学方法计算，其主要取决于构件的刚度。但是钢筋混凝土和预应力混凝土受弯构件的刚度却不是常量，其具体计算将在第 5 章 5.2 节详细阐述。

（2）裂缝控制验算

对预应力混凝土和钢筋混凝土构件的裂缝控制是通过对构件受拉边缘应力或正截面裂缝宽度验算来进行的。按三个裂缝控制等级，分别规定了控制条件：

① 一级——严格要求不出现裂缝的构件

按荷载效应的标准组合计算，构件受拉边缘混凝土不应产生拉应力。即：

$$\sigma_{ck} - \sigma_{pc} \leqslant 0 \qquad (2-27)$$

② 二级——一般要求不出现裂缝的构件

按荷载效应标准组合计算时，构件受拉边缘混凝土拉应力不应大于混凝土轴心抗拉强度标准值。即：

$$\sigma_{ck} - \sigma_{pc} \leqslant f_{tk} \qquad (2-28)$$

③ 三级——允许出现裂缝的构件

钢筋混凝土构件的最大裂缝宽度可按荷载准永久组合并考虑长期作用影响的效应计算，预应力混凝土构件的最大裂缝宽度可按荷载标准组合并考虑长期作用影响的效应计算。最大裂缝宽度 ω_{max} 不应超过裂缝宽度限值 $\omega_{\lim}$，即：

$$\omega_{max} \leqslant \omega_{\lim} \qquad (2-29)$$

对环境类别为二 a 类的预应力混凝土构件，在荷载准永久组合下，受拉边缘应力还应符合下列规定：

$$\sigma_{cq} - \sigma_{pc} \leqslant f_{tk} \qquad (2-30)$$

式中　σ_{ck}、σ_{cq}——荷载标准组合、准永久组合下抗裂验算边缘的混凝土法向应力；

σ_{pc}——扣除全部预应力损失后在抗裂验算边缘混凝土的预压应力；

f_{tk}——混凝土轴心抗拉强度标准值，按附表 1-1 采用。

最大裂缝宽度 ω_{max} 的计算将在第 5 章 5.1 节中详细介绍。

在进行结构构件设计时，应首先根据其所处环境和结构类别由附表 2-2（1）和附表 2-2（2）确定相应的裂缝控制等级和最大裂缝宽度限值 $\omega_{\lim}$，再按上述规定进行验算。从以上规定可以看出，在正常使用状态下钢筋混凝土构件一般都开裂，而且带裂缝工作。预应力混凝土构件才可能达到一级或二级裂缝控制等级。

必须指出，以上的规定主要是针对房屋建筑结构，其裂缝控制主要是为了保证结构构件的耐久性。对给水排水工程结构，除了耐久性外，还有抗渗要求。从耐久性的角度来说，给水排水工程结构的工作条件与房屋建筑结构有明显的差别，裂缝控制要求必须比房屋建筑结构更为严格。从抗渗角度来说，裂缝宽度越大，则一般裂缝深度也越大，从而使截面的剩余厚度，即有效抗渗厚度减小，因此必须对裂缝宽度允许值作更严格的限制。对有抗渗要求的给水排水构筑物如水池等，更不允许出现贯通裂缝。水池池壁、管道壁等构件，如处于轴心受拉或小偏心受拉，一旦开裂就必然出现贯通裂缝，因此对这类构件，即使是普通钢筋混凝土，也必须按不允许开裂构件加以控制。对于给水排水工程构筑物和管道的最大裂缝宽度允许值可参见相关规范。

思 考 题

1. 什么是结构上的作用？荷载属于哪种作用？作用效应与荷载效应有什么区别？

2. 什么是结构抗力？影响结构抗力的主要因素有哪些？

3. 什么是结构的可靠性，建筑结构应该满足哪些功能要求？结构的设计工作寿命如何确定？结构超过其设计工作寿命是否意味着不能再使用？为什么？

4. 什么是失效概率？什么是可靠指标？什么是目标可靠指标？几者之间有何联系？

5. 什么是材料强度标准值？混凝土的强度标准值是怎样确定的？混凝土的强度设计值是如何确定的？

6. 什么是荷载标准值？什么是活荷载的频遇值和准永久值？什么是荷载的组合值？

7. 什么是结构的极限状态？结构的极限状态分为几类，其含义各是什么？

第 3 章　钢筋混凝土受弯构件正截面承载力计算

工程中广泛应用的钢筋混凝土梁、板大都属于受弯构件。在荷载作用下，受弯构件的截面将承受弯矩 M 和剪力 V 的作用，因此，对受弯构件进行承载力极限状态计算时，一般应分别满足下列两方面的要求：(1) 由于弯矩 M 的作用，构件可能沿某个正截面（即垂直于构件纵轴的截面）发生破坏，故需要对受弯构件进行正截面受弯承载力计算；(2) 由于剪力 V 和弯矩 M 的共同作用，构件还可能沿剪弯区段内的某个斜截面发生破坏，故还需要对受弯构件进行斜截面受剪承载力计算。

本章主要讨论最常见的单筋矩形截面、双筋矩形截面和单筋 T 形截面受弯构件的正截面受弯承载力计算，同时介绍钢筋混凝土梁、板中与正截面受弯承载力设计有关的一部分构造要求。至于受弯构件斜截面受剪承载力的计算及有关构造措施，将在第 4 章中讨论。

3.1 单筋矩形梁正截面承载力计算

单筋矩形截面是受弯构件最基本的截面形式。所谓"单筋"，是指仅在截面的受拉区配置有按计算确定的纵向受拉钢筋。本节所述的"单筋矩形梁"正截面受弯承载力计算的各项原则，适用于所有的单筋矩形截面受弯构件。

在第 2 章中已给出结构构件承载能力极限状态设计表达式，而一般工业与民用建筑（即安全等级为二级）的结构构件取结构重要性系数 $\gamma_0 = 1.0$，这样对于钢筋混凝土受弯构件正截面受弯承载力计算，结构构件承载能力极限状态设计表达式就具体化为：

$$M \leqslant M_u \tag{3-1}$$

式中　M——由外荷载在受弯构件正截面上产生的荷载效应设计值（弯矩设计值）；

　　　M_u——构件正截面抗力设计值（受弯承载力设计值，亦称截面的破坏弯矩）。

如何确定正截面的受弯承载力，即破坏弯矩 M_u，是正截面承载力计算中所要讨论的关键问题。由于钢筋混凝土是由两种材料组成的，其中混凝土是一种非匀质、非弹性材料，所以钢筋混凝土受弯构件的受力性能不同于匀质弹性体受弯构件。在这种情况下，为了确定 M_u 的计算原则，就需要通过试验来掌握钢筋混凝土梁在荷载作用下的截面应力-应变分布规律和破坏特征。

3.1.1 钢筋混凝土梁正截面受弯性能的试验研究

为了研究受弯构件正截面的受弯性能，常采用图 3-1 所示的试验方案，即在一根简支梁上对称施加两个集中荷载 P。如果不考虑梁自重的影响，则在两个集中荷载之间的 CD 区段内梁的剪力为零，弯矩为一常量，即 $M = Pa$。我们称 CD 区段为纯弯区段。采用这种荷载布置方案是为了在研究 CD 区段受弯性能时排除剪力干扰。

在梁的纯弯区段两侧布置测点，用应变仪量测沿截面高度混凝土各纤维层的平均应变，在梁跨中的钢筋表面用电阻应变片量测钢筋应变；同时，在梁底设百（千）分表测量梁的挠度。试验常采用分级加载，每级加载后观察梁的裂缝出现和发展情况，读测应变和挠度值，直到梁破坏为止。

通过试验，我们可以观察梁的整个受力过程和变形发展情况，测定正截面的应变分布，并在此基础上分析确定截面的应力分布规律，用以作为建立计算公式的依据。现将试

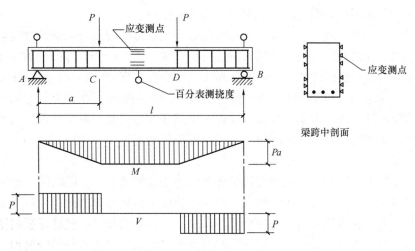

图 3-1　梁的受弯试验示意图

验分析结果介绍如下：

1. 钢筋混凝土梁正截面受力过程的三个阶段

大量试验研究表明，当配筋量适当时，钢筋混凝土梁从开始加荷直至破坏，其正截面的受力过程可以分为如下三个阶段（图 3-2）。

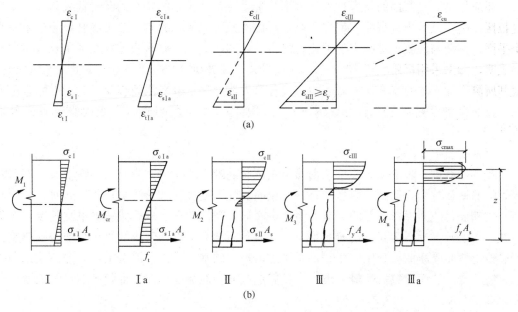

图 3-2　钢筋混凝土梁各受力阶段的截面应力、应变分布规律
（a）应变分布；（b）应力分布

第 I 阶段：

当荷载很小，梁内尚未出现裂缝时，正截面的受力过程处于第 I 阶段。此时，截面受压区的压力由混凝土承担，而受拉区的拉力则由混凝土和钢筋共同承担。由于截面上的拉、压应力较小，钢筋和混凝土都处于弹性工作阶段，梁的工作性能与匀质弹性材料梁相似。因此，梁的挠度与荷载成正比，应变沿截面高度呈直线分布（即符合平截面假定），

相应地受压区和受拉区混凝土的应力图形均为三角形。

随着荷载的增加，截面上的应力和应变逐渐增大。由于混凝土的抗拉强度较低，受拉区混凝土首先表现出塑性特征，应变比应力增长得快，因此应力分布由三角形逐渐变为曲线形。当截面受拉边缘纤维的应变达到混凝土的极限拉应变时，相应的拉应力也达到其抗拉强度，受拉区混凝土即将开裂，截面的受力状态便达到第 I 阶段末，或称为 Ia 阶段。此时，在截面的受压区，由于压应变还远远小于混凝土弯曲受压时的极限压应变，混凝土基本上仍处于弹性状态，故其压应力分布仍接近于三角形。

第 II 阶段：

受拉区混凝土一旦开裂，正截面的受力过程便进入第 II 阶段。梁的第一根垂直裂缝一般出现在纯弯区段（弯矩最大的区段）受拉边缘混凝土强度最弱的部位。只要荷载稍有增加，在整个纯弯区段内将陆续出现多根垂直裂缝。在裂缝截面中，已经开裂的受拉区混凝土退出工作，拉力转由钢筋承担，致使钢筋应力突然增大。随着荷载继续增加，钢筋的应力和应变不断增长，裂缝逐渐开展，中和轴随之上升；同时受压区混凝土的应力和应变也不断加大，受压区混凝土的塑性性质越来越明显，应变的增长速度较应力为快，故受压区混凝土的应力图形由三角形逐渐变为较平缓的曲线形。

在这一阶段，由于裂缝的出现和开展以及受压区混凝土弹塑性性能的影响，梁的刚度逐渐降低，挠度与荷载不再成正比，而是挠度比荷载增加得更快。

还应指出，当截面的受力过程进入第 II 阶段后，受压区的应变仍保持直线分布。但在受拉区，由于已经出现裂缝，就裂缝所在的截面而言，原来的同一平面现已部分分裂成两个平面，钢筋与混凝土之间产生了相对滑移。显然，这与平截面假定发生了矛盾。但是试验表明，如果采用标距大于 $10 \sim 12.5 \mathrm{cm}$，并大于裂缝间距的应变仪来量测受拉区应变时，就其所测得的平均应变来说，截面的应变分布大体上仍符合平截面假定。这个近似假定可以一直适用到第 III 阶段。因此，图 3-2（a）中各受力阶段的截面应变均假定呈三角形分布。

第 III 阶段：

随着荷载进一步增加，受拉区钢筋和受压区混凝土的应力、应变也不断增大。当裂缝截面中的钢筋拉应力达到屈服强度时，正截面的受力过程就进入第 III 阶段。这时，裂缝截面处的钢筋在应力保持不变的情况下将产生明显的塑性伸长，从而使裂缝急剧开展，中和轴进一步上升，受压区高度迅速减小，压应力不断增大，直到受压区边缘纤维的压应变达到混凝土弯曲受压的极限压应变时，受压区出现纵向水平裂缝，混凝土在一个不太长的范围内被压碎，从而导致截面最终破坏。我们把截面临破坏前（即第 III 阶段末）的受力状态称为 IIIa 阶段。

在第 III 阶段，由于受压区混凝土已充分显示出塑性特性，故应力图形呈更丰满的曲线形。在截面临近破坏的 IIIa 阶段，受压区的最大压应力不在压应变最大的受压区边缘，而在离开受压区边缘一定距离的某一纤维层上，这和混凝土轴心受压在临近破坏时应力应变曲线具有"下降段"的性质是类似的。至于受拉钢筋，当采用具有明显流幅的普通热轧钢筋时，在整个第 III 阶段，其应力均等于屈服强度。

从上述分析可以看出，由于混凝土是一种弹塑性材料，应力应变不呈直线关系，因此钢筋混凝土梁从加荷到破坏，虽然截面的平均应变始终接近于直线分布，但截面上的应力图形在各个受力阶段却不断变化。应着重指出：Ⅰa 阶段的截面应力分布图形是计算开裂弯矩 M_{cr} 的依据；第Ⅱ阶段的截面应力分布图形是受弯构件在使用阶段的情况，是受弯构件计算挠度和裂缝宽度的依据；Ⅲa 阶段的截面应力分布图形则是受弯构件正截面受弯承载力计算的依据。

以上正截面受力的三个阶段只是对裂缝处的截面而言，而相邻裂缝间未开裂各截面的混凝土应力分布：在受拉区始终处于第Ⅰ阶段；在受压区则与裂缝截面类似。承载力计算问题只涉及裂缝截面。

2. 配筋率对梁破坏性质的影响

上述正截面三个受力阶段的应力应变分布规律和破坏特征是根据具有正常配筋率的"适筋梁"的试验结果得出的；反过来说，凡具有上述三个受力阶段的钢筋混凝土梁，均属于适筋梁。

配筋率 ρ 是指受拉钢筋截面面积 A_s 与梁截面有效面积 bh_0 之比（图 3-3），即

$$\rho = \frac{A_s}{bh_0} \qquad (3\text{-}2)$$

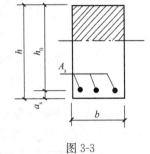

图 3-3

式中　A_s——受拉钢筋截面面积；

　　　b——梁截面宽度；

　　　h_0——梁截面有效高度，$h_0 = h - a_s$；

　　　h——梁截面高度；

　　　a_s——纵向受拉钢筋合力点至截面受拉边缘的距离。

试验表明，当梁的配筋率 ρ 超过或低于适筋梁的正常配筋率范围时，梁正截面的受力性能和破坏特征将发生显著变化。因此，随着配筋率的不同，钢筋混凝土梁可能出现下面三种不同的破坏形式：

（1）适筋破坏

适筋梁从开始加荷直至破坏，截面的受力过程符合前面所述的三个阶段。这种适筋梁的破坏特点是：受拉钢筋首先达到屈服强度，维持应力不变而发生显著的塑性变形，直到受压区边缘纤维的应变到达混凝土弯曲受压的极限压应变时，受压区混凝土被压碎，截面即告破坏，其破坏类型属延性破坏。试验表明，适筋梁在从受拉钢筋开始屈服到截面完全破坏的这个过程中，虽然截面所能承担的弯矩增加甚微，但承受变形的能力却较强，截面的塑性转动较大，即具有较好的延性，使梁在破坏时裂缝开展较宽，挠度较大，而具有明显的破坏预兆（图 3-4a）。除此以外，钢筋和混凝土这两种材料的强度都能得到充分利用，符合安全、经济的要求，故在实际工程中，受弯构件都应设计成适筋梁。

（2）超筋破坏

配筋率过大的梁称为"超筋梁"。试验表明，由于超筋梁内钢筋配置过多，抗拉能力过强，当荷载加到一定程度后，在钢筋的拉应力尚未达到屈服强度之前，受压区混凝土先被压碎，致使构件破坏（图 3-4b）。由于超筋梁在破坏前钢筋尚未屈服而仍处于弹性工作阶段，其延伸较小，因此梁的裂缝较细，挠度较小，破坏突然，其破坏类型属脆性破坏。超筋梁虽然配置有很多受拉钢筋，但其强度不能充分利用，这是不经济的，同时破坏前又无明显预兆，所以在实际工程中应避免设计成超筋梁。

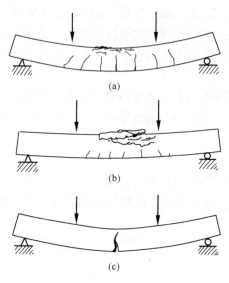

图 3-4 梁正截面的三种破坏形式

(a) 适筋梁；(b) 超筋梁；(c) 少筋梁

（3）少筋破坏

配筋率过低的梁称为"少筋梁"。这种梁在开裂以前受拉区的拉力主要由混凝土承担，钢筋承担的拉力占很少一部分。到了第Ⅰ阶段末，受拉区一旦开裂，拉力就几乎全部转由钢筋承担。由于钢筋数量太少，使裂缝截面的钢筋拉应力突然剧增至超过屈服强度而进入强化阶段，此时钢筋塑性伸长已很大，裂缝开展过宽，梁将严重下垂，即使受压区混凝土暂未压碎，但过大的变形及裂缝已经不适于继续承载，从而标志着梁的破坏（图 3-4c）。上述破坏过程一般是在梁出现第一条裂缝后突然发生，所以也属脆性破坏。因此，少筋梁也是不安全的。少筋梁虽然配了钢筋，但不能起到提高纯混凝土梁承载能力的作用，同时混凝土的抗压强度也不能充分利用，因此在实际工程设计中也应避免。

由此可见，当截面配筋率变化到一定程度时，将引起梁破坏性质的改变。既然在实际工程中不允许设计成超筋梁或少筋梁，就必须在设计中对适筋梁的配筋率范围作出规定。

3.1.2 单筋矩形梁的基本计算公式

1. 正截面承载力计算的基本假定

根据近年来所做的大量试验研究，我国《混凝土结构设计规范》GB 50010 对混凝土结构构件（包括受弯、轴心受压、偏心受压、轴心受拉、偏心受拉等不同受力类型的构件）的正截面承载力计算统一采用下列四项基本假定：

（1）平截面假定—截面应变保持平面。对有弯曲变形的构件，弯曲变形后截面上任一点的应变与该点到中和轴的距离成正比。

（2）不考虑混凝土的抗拉强度。对处于承载能力极限状态下的正截面，其受拉区混凝土的绝大部分因开裂已经退出工作，而中和轴以下可能残留很小的未开裂部分，作用相对很小，为简化计算，完全可以忽略其抗拉强度的影响。

（3）混凝土受压的应力与应变关系曲线按下列规定取用：

当 $\varepsilon_c \leqslant \varepsilon_0$ 时（上升段）， $\sigma_c = f_c \left[1 - \left(1 - \dfrac{\varepsilon_c}{\varepsilon_0} \right)^n \right]$ （3-3）

当 $\varepsilon_0 < \varepsilon_c \leqslant \varepsilon_{cu}$ 时（水平段）， $\sigma_c = f_c$ （3-4）

n、ε_0、ε_{cu} 的取值如下：

$$n = 2 - \frac{1}{60}(f_{cu,k} - 50) \leqslant 2.0 \tag{3-5}$$

$$\varepsilon_0 = 0.002 + 0.5 \times (f_{cu,k} - 50) \times 10^{-5} \geqslant 0.002 \tag{3-6}$$

$$\varepsilon_{cu} = 0.0033 - (f_{cu,k} - 50) \times 10^{-5} \leqslant 0.0033 \tag{3-7}$$

式中 σ_c ——混凝土压应变为 ε_c 的混凝土压应力；

f_c——混凝土轴心抗压强度设计值；

ε_0——混凝土压应力刚达到 f_c 时的混凝土压应变；

$\varepsilon_{\mathrm{cu}}$——正截面的混凝土极限压应变，当处于非均匀受压时，按公式（3-7）计算，如计算的 $\varepsilon_{\mathrm{cu}}$ 值大于 0.0033，取为 0.0033；当处于轴心受压时取为 ε_0；

$f_\mathrm{cu,k}$——混凝土立方体抗压强度标准值；

n——系数，当计算的值大于 2.0 时，取为 2.0。

上述假定对混凝土应力应变关系采用了理想化曲线，如图 3-5 所示。

（4）纵向钢筋的应力取钢筋应变与其弹性模量的乘积，但其绝对值不应大于其相应的强度设计值。纵向受拉钢筋的极限拉应变取为 0.01。

这一假定对钢筋的应力-应变曲线采用了简化的理想化曲线，如图 3-6 所示。曲线亦由两段组成，即：

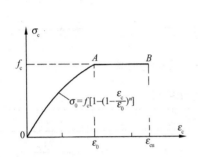
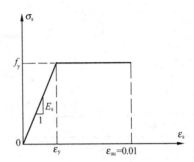

图 3-5　理想化的混凝土应力-应变曲线　　图 3-6　理想化的钢筋应力-应变曲线

第一段，当 $0 \leqslant \varepsilon_\mathrm{s} \leqslant \varepsilon_\mathrm{y}$ 时：

$$\sigma_\mathrm{s} = \varepsilon_\mathrm{s} E_\mathrm{s} \tag{3-8}$$

第二段，当 $\varepsilon_\mathrm{s} > \varepsilon_\mathrm{y}$ 时：

$$\sigma_\mathrm{s} = f_\mathrm{y} \tag{3-9}$$

2. 受压区应力图形的简化

在承载能力极限状态下，受弯构件压区混凝土的实际应力图形如图 3-2 中Ⅲa 阶段的应力图所示。为了便于进行理论分析，通过上述基本假定已对其作了理想化处理。根据平截面假定，构件截面应变如图 3-7（a）所示。破坏时，压区边缘达到混凝土极限压应变 $\varepsilon_{\mathrm{cu}}$，中和轴处 $\varepsilon_\mathrm{c} = 0$，这之间呈直线变化。而应力分布则根据第 3 项基本假定，在 $\varepsilon_\mathrm{c} \leqslant \varepsilon_0$ 时，为按式（3-3）的抛物线分布；在 $\varepsilon_0 < \varepsilon_\mathrm{c} \leqslant \varepsilon_{\mathrm{cu}}$ 时，应力为常数，即按平行于截面高度方向的直线分布。于是得到图 3-7（b）所示的理论曲线应力分布图形。

因图 3-7（b）的曲线应力图形的曲线函数为已知，故可用积分法求得压区合力 C 及其作用点位置。但计算过于复杂，不便于设计应用，因此需对压区混凝土曲线应力分布图形作进一步简化。通常是用一等效矩形应力图形（图 3-7c）来代替曲线应力分布图形，等效矩形应力分布图必须符合下面两个条件，才不致影响正截面受弯承载力的计算结果，而与图 3-7（b）的曲线应力分布图形等效。

（1）等效矩形应力图的合力应等于曲线应力图的合力；

（2）等效矩形应力图的合力作用点应与曲线应力图的合力作用点重合。

设曲线应力图形的高度为 x_c，等效矩形应力图形的高度为 $x = \beta_1 x_c$，β_1 是等效矩形应力图形受压区高度 x 与曲线应力图形的高度 x_c 的比值。设曲线应力图形的峰值应力为 f_c，等效矩形应力图形的应力为 $\alpha_1 f_c$。α_1 和 β_1 称为等效矩形应力图形的系数。这两个系数仅与混凝土的应力-应变曲线有关。α_1 和 β_1 的取值见表 3-1。由表 3-1 可知，混凝土强度等级小于等于 C50 的，其 $\alpha_1 = 1.0$，$\beta_1 = 0.8$。

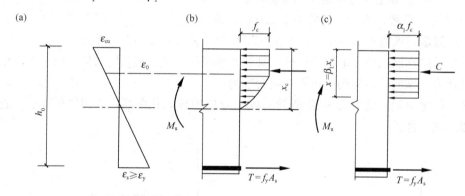

图 3-7　理想化的钢筋的应力-应变曲线

混凝土受压等效矩形应力图形的系数　　　　　表 3-1

	≤C50	C55	C60	C65	C70	C75	C80
α_1	1.0	0.99	0.98	0.97	0.96	0.95	0.94
β_1	0.8	0.79	0.78	0.77	0.76	0.75	0.74

3. 基本计算公式

根据前述基本假定及简化的受压区等效矩形应力图形，单筋矩形截面梁受弯承载力的计算简图如图 3-8 所示。

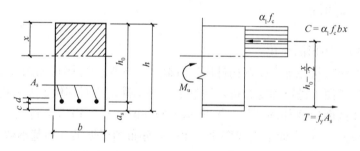

图 3-8　单筋矩形梁正截面强度计算图式

计算简图确定后，根据截面上力的平衡条件，即可建立梁的正截面受弯承载力计算公式。由截面上各力在水平方向的投影之和为零（即 $\Sigma X = 0$）的条件可得：

$$\alpha_1 f_c b x = f_y A_s \tag{3-10}$$

由截面上各力对受拉钢筋合力作用点或对混凝土受压区合力作用点的力矩之和为零（即 $\Sigma M = 0$）的条件可得：

$$M_u = \alpha_1 f_c b x \left(h_0 - \frac{x}{2} \right) \tag{3-11}$$

或
$$M_u = f_y A_s \left(h_0 - \frac{x}{2} \right) \tag{3-12}$$

在设计中，根据式（3-1）的要求，式（3-11）和式（3-12）应满足：

$$M \leqslant M_u = \alpha_1 f_c bx \left(h_0 - \frac{x}{2} \right) \tag{3-13}$$

或
$$M \leqslant M_u = f_y A_s \left(h_0 - \frac{x}{2} \right) \tag{3-14}$$

式中　M——弯矩设计值；

M_u——受弯承载力设计值，即破坏弯矩设计值；

f_c——混凝土轴心抗压强度设计值；

f_y——钢筋抗拉强度设计值；

A_s——受拉钢筋截面面积，

b——梁截面宽度；

x——混凝土受压区高度；

h_0——截面有效高度，即截面受压边缘到受拉钢筋合力点的距离，$h_0 = h - a_s$；

a_s——受拉钢筋合力点到梁受拉边缘的距离，当受拉钢筋为一排时，$a_s = c + \dfrac{d}{2}$；

c——混凝土保护层厚度；

d——受拉钢筋直径。

式（3-10）、式（3-13）及式（3-14）即为单筋矩形梁正截面受弯承载力计算的三个基本公式。

3.1.3　基本公式的适用条件

基本公式（3-10）、式（3-13）及式（3-14）是根据适筋梁Ⅲa阶段的应力状态推导而得的，故它们不适用于超筋梁和少筋梁。因此，必须确定适筋梁的最大配筋率和最小配筋率限值，并据此建立基本公式的适用条件。

1. 适筋梁的最大配筋率及相对界限受压区高度

如前所述，适筋梁与超筋梁破坏的本质区别在于，前者受拉钢筋首先屈服，经过一段塑性变形后，受压区混凝土才被压碎；而后者在钢筋屈服前，受压区边缘纤维的压应变首先达到混凝土受弯时的极限压应变，导致构件破坏。显然，当梁的钢筋等级和混凝土强度等级确定以后，我们总可以找到某一个特定的配筋率，使具有这个配筋率的梁，当其受拉钢筋开始屈服时，受压区边缘也刚好达到混凝土受弯时的极限压应变。也就是说，钢筋屈服与受压区混凝土被压碎同时发生。我们把具有这种配筋率的梁称作"平衡配筋梁"，是适筋梁与超筋梁的界限，其破坏特征称为"界限破坏"。这个特定的配筋率就是适筋梁的最大配筋率 ρ_{max}，即当梁的配筋率 $\rho \leqslant \rho_{max}$ 时，属于适筋梁，而当 $\rho > \rho_{max}$ 时，则属于超筋梁。

我们还可以利用图3-9来说明这一点。在图3-9中，ab 线表示梁处于界限破坏时对截面的应变分布，当钢筋的应变 ε_s 等于它开始屈服时的应变值 ε_y 时（即 $\varepsilon_s = \varepsilon_y$），受压区上边缘的应变也刚好达到混凝土受弯时的极限应变值 ε_{cu}，此时，梁的配筋率为 ρ_{max}，相应的受压区高度为 x_b，x_b 称为界限受压区高度，图3-9中的 x_{cb} 则是压区为曲线应力图时的界限受压区高度。

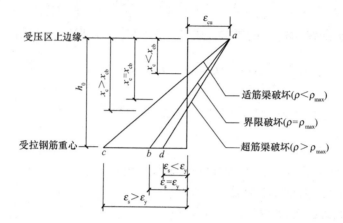

图 3-9 适筋梁破坏、超筋梁破坏和界限破坏时的截面平均应变图

由截面破坏时的内力平衡条件式（3-10）$\alpha_1 f_c bx = f_y A_s$ 可得：

$$\rho = \frac{A_s}{bh_0} = \frac{x}{h_0} \frac{\alpha_1 f_c}{f_y} \qquad (3\text{-}15)$$

上式表明，当材料强度一定时，配筋率 ρ 与相对受压区高度 x/h_0 成正比。如果梁的实际配筋率 $\rho < \rho_{max}$，则相应的 $x < x_b$。根据平截面假定，此时的钢筋应变 ε_s 必然大于 ε_y，即 $\varepsilon_s > \varepsilon_y$，截面应变分布如图 3-9 中 ac 线所示。这说明在混凝土被压碎前，钢筋已经屈服，即属于适筋梁的破坏情况；反之，如果 $\rho > \rho_{max}$，则相应的 $x > x_b$。按平截面假定，此时钢筋应变 $\varepsilon_s < \varepsilon_y$，截面应变分布如图 3-9 中 ad 线所示。这说明受压区混凝土破坏时钢筋尚未屈服，即属于超筋梁的破坏情况。通过上述分析可以看出，梁的破坏特征直接与截面破坏时的相对受压区高度 x/h_0 有关。令相对受压区高度为 $\xi = x/h_0$，则式（3-15）可以改写成：

$$\rho = \xi \frac{\alpha_1 f_c}{f_y} \qquad (3\text{-}16)$$

或

$$\xi = \frac{x}{h_0} = \rho \frac{f_y}{\alpha_1 f_c} = \frac{A_s}{bh_0} \frac{f_y}{\alpha_1 f_c} \qquad (3\text{-}17)$$

ξ 称为相对受压区高度，是一个反映梁基本性能的重要设计参数。

由图 3-9 的几何关系可得：

$$\frac{x_c}{h_0} = \frac{\varepsilon_{cu}}{\varepsilon_{cu} + \varepsilon_s}$$

式中 x_c 是由平截面假定确定的中和轴到受压边缘的距离，简称中和轴高度，而等效矩形应力图的压区高度为 $x = \beta_1 x_c$，即 $x_c = x/\beta_1$，代入上式得：

$$\xi = \frac{x}{h_0} = \frac{\beta_1 \varepsilon_{cu}}{\varepsilon_{cu} + \varepsilon_s} = \frac{\beta_1}{1 + \dfrac{\varepsilon_s}{\varepsilon_{cu}}} \qquad (3\text{-}18)$$

将界限破坏时的 $\varepsilon_{cu} = 0.0033$ 和 $\varepsilon_s = \varepsilon_y$ 代入式（3-15），对有明显屈服点的钢筋，$\varepsilon_y = f_y/E_s$。因此，可求得配置有屈服点钢筋（热轧钢筋及冷拉钢筋）时的相对界限受压区高度 ξ_b 为：

$$\xi_b = \frac{x_b}{h_0} = \frac{\beta_1}{1 + \frac{f_y}{0.0033E_s}} \qquad (3\text{-}19)$$

在普通钢筋混凝土结构中,通常只采用热轧钢筋作为纵向受力钢筋,故式(3-19)已足够应用。

将不同等级的混凝土的 β_1(表 3-1)及 ε_{cu}(按式 3-7 取值)和不同等级钢筋的 f_y 和 E_s 代入式(3-19),即可求得配置各级钢筋时钢筋混凝土构件的相对界限受压区高度 ξ_b,现列于表 3-2 中,可供查用。

相对界限受压区高度 ξ_b 取值　　　　　　　　　　　表 3-2

钢筋级别 ＼ 混凝土强度等级	≤C50	C60	C70	C80
HPB300	0.576	0.556	0.537	0.518
HRB335、HRBF335	0.550	0.531	0.512	0.493
HRB400、HRBF400	0.518	0.499	0.481	0.463
HRB500、HRBF500	0.482	0.464	0.447	0.429

当 $\xi = \xi_b$ 时,相应的 ρ 即为 ρ_{max}。由式(3-16)有:

$$\rho_{max} = \xi_b \frac{\alpha_1 f_c}{f_y} \qquad (3\text{-}20)$$

设计时,为使所设计的梁保持在适筋范围内而不致成为超筋梁,基本公式(3-10)、式(3-13)和式(3-14)的适用条件为:

$$\left.\begin{array}{l}
\xi \leqslant \xi_b \\[4pt]
x \leqslant x_b = \xi_b h_0 \\[4pt]
\rho \leqslant \rho_{max} = \xi_b \dfrac{\alpha_1 f_c}{f_y} \\[4pt]
M \leqslant M_{umax} = \alpha_1 f_c b x_b \left(h_0 - \dfrac{x_b}{2}\right)
\end{array}\right\} \qquad (3\text{-}21)$$

式(3-21)中的第四个表达式意味着超过最大配筋率的用钢量并不能提高梁的承载力,M_{umax} 为单筋矩形截面受弯承载力的上限值,这表明超筋梁是不经济的。

将 $x_b = \xi_b h_0$ 代入式(3-21)中的 M_{umax} 表达式,可得 M_{umax} 的另一种有用的表达式:

$$M_{umax} = \alpha_1 f_c b h_0^2 \xi_b (1 - 0.5\xi_b) \qquad (3\text{-}22)$$

2. 适筋梁的最小配筋率

限制受弯构件的配筋率不低于最小配筋率是为了使构件不出现少筋梁的破坏现象。我们知道,梁在即将出现裂缝前(即在 Ⅰa 阶段),截面受拉区的拉力由混凝土和钢筋共同承担,此时截面所能抵抗的弯矩为 M_{cr}。如果梁内钢筋配置过少,钢筋所承担的那部分拉力也就很小,M_{cr} 就接近于纯混凝土梁的破坏弯矩 M_{cu},即 $M_{cr} \approx M_{cu}$。裂缝出现后,在裂缝截面处,受拉区混凝土原承担的拉力转交给钢筋承担,由于钢筋数量过少,即使全部钢筋立即达到屈服强度,也承担不了由混凝土转交来的拉力,致使构件迅速破坏。这时,如按基本公式(Ⅲa 阶段)计算梁的破坏弯矩 M_u,必将小于 M_{cr} 或者说小于 M_{cu},这说明梁内虽然配了钢筋，但由于数量太少，既不能改善纯混凝土梁的脆性破坏性质，又不能起到提高纯混凝土梁承载能力的作用。为了避免出现这种情况，原则上可以用 $M_u = M_{cu}$ 的条件来确定适筋梁的最小配筋率 $\rho_{\min}$，即按最小配筋率配筋的梁，用基本公式所算得的破坏弯矩不应小于同截面、同强度等级的纯混凝土梁所能承担的弯矩。

但确定 $\rho_{\min}$ 值是一个较复杂的问题，除上述原则外，它还涉及其他诸多因素，如裂缝控制，抵抗温、湿度变化以及收缩、徐变等引起的次应力等。规范根据国内外的经验，对各种构件的最小配筋率作了规定，可由附录 2-5 查得。

设计时，为避免设计成少筋梁，基本公式（3-10）、式（3-13）和式（3-14）的适用条件为：

$$\rho \geqslant \rho_{\min} \tag{3-23}$$

$\rho_{\min}$ 取 0.2% 和 $\rho_{\min} = 45\dfrac{f_t}{f_y}\%$ 中的较大值，当 $\rho < \rho_{\min}\dfrac{h}{h_0}$ 时，应按 $\rho = \rho_{\min}\dfrac{h}{h_0}$ 配筋。

3.1.4 基本公式的应用

在实际设计中，基本公式的应用主要有两种情况，即截面设计及截面复核。下面举例说明其设计计算步骤。

1. 截面设计

截面设计是在已知弯矩设计值 M 的条件下，要求确定截面的尺寸及配筋。在这种情况下应先选择混凝土及钢筋的强度等级，然后假定截面尺寸 b、h，再利用基本公式（3-10）和式（3-13）或式（3-14）计算受拉钢筋面积 A_s，最后利用附录 2-4 的钢筋表选出应配钢筋的直径和根数。

【例 3-1】图 3-10（a）所示的钢筋混凝土简支梁的计算跨度 $l = 5.7$m，承受均布荷载设计值 22kN/m（包括梁自重），环境类别为一类，设计使用年限为 50 年。试确定梁截面尺寸和配筋。

【解】

（1）选择材料

梁、板混凝土及钢筋的强度等级应根据构件的使用要求、受力特点、施工方法和材料供应情况，参考第 1 章所述原则确定。本例采用 C20 混凝土及 HRB400 级钢筋。查附录 1 附表 1-2 和附表 1-6 得 $f_c = 9.6$N/mm²，$f_y = 360$N/mm²。

（2）假定截面尺寸

梁、板截面高度一般可根据以往设计经验和梁的刚度要求按高跨比 h/l 来确定（见本章 3.4 节截面构造要求）。

本例采用：

$$h = \frac{l}{12} = \frac{5700}{12} = 475\text{mm} \quad 取\ h = 500\text{mm}$$

$$b = \left[\frac{1}{3.5} \sim \frac{1}{2}\right]h = 143 \sim 250\text{mm} \quad 取\ b = 200\text{mm}$$

（3）内力计算

梁的跨中最大弯矩设计值为 $M_{\max} = \dfrac{1}{8}(g+q)l^2 = \dfrac{1}{8} \times 22 \times 5.7^2 = 89.35\text{kN} \cdot \text{m} = 89.35 \times 10^6 \text{N} \cdot \text{mm}$

（4）配筋计算

在钢筋未选定之前必须知道 h_0 值，h_0 可预先估计。在一般情况下梁的混凝土保护层厚度为 c（见第 1 章表 1-7），钢筋直径可假定为 20mm 左右，故当梁内布置一排受拉钢筋时，取 $h_0 = h - a_s$，布置两排钢筋时，取 $h_0 = h - (60 \sim 75)$mm。最后选定的钢筋直径可能大于或小于 20mm，只要差别不是过大，均不必再确定 h_0 重新计算。本例取：

$$h_0 = 500 - 40 = 460mm$$

另查表得：$\alpha_1 = 1.0$，将各已知值代入式（3-13），得：

$$89.35 \times 10^6 = 1.0 \times 9.6 \times 200x\left(460 - \frac{x}{2}\right)$$

解得 $x = 115.7$mm。通常由式（3-13）所得 x 的二次方程可解得 2 个正根，应取其中较小者作为受压区高度。

在 x 确定之后，最好立即验算是否满足不成为超筋梁的适用条件。当采用 HRB400 级钢筋时，由表 3-2 查得 $\xi_b = 0.518$，则 x：

$x = 115.7$mm $< \xi_b h_0 = 0.518 \times 460 = 238.28$mm，满足要求。

将所得 x 代入式（3-10），可解得 A_s：

$$A_s = \frac{\alpha_1 f_c b x}{f_y} = \frac{1.0 \times 9.6 \times 200 \times 115.7}{360} = 617 \ mm^2$$

配筋率 $\rho = \dfrac{A_s}{bh_0} = \dfrac{740.5}{200 \times 460} = 0.805\% > \rho_{min} \dfrac{h}{h_0} =$

$45 \dfrac{f_t}{f_y}\% \dfrac{h}{h_0} = 45 \dfrac{1.1}{300}\% \times \dfrac{500}{460} = 0.179\%$，同时

$$\rho = 0.805\% > \rho_{min} \frac{h}{h_0} = 0.2\% \times \frac{500}{460} = 0.22\%$$

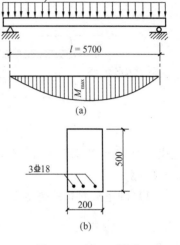

图 3-10　例 3-1 附图

满足最小配筋率要求，以上计算结果成立。

由附录 2-4 附表 2-4（1）选用 3 Φ 18，实际的 $A_s = 763mm^2$。

从本例可见，截面设计并非单一解，当 M、f_c、和 f_y 已定时，可选择不同的截面尺寸，得出相应的不同配筋量。截面尺寸越大（尤其是 h 越大），所需的钢筋就越少，反之就越多。根据实际工程经验，在满足适筋梁要求的条件下，截面选择过大或过小都会提高造价。为了获得较好经济效果，在梁的高宽比适宜的情况下，应尽可能控制梁的配筋率在下列经济配筋率范围内：

板　　　　　　　　$0.3\% \sim 0.8\%$

矩形截面梁　　　　$0.6\% \sim 1.5\%$

T 形截面梁　　　　$0.9\% \sim 1.8\%$

本例 $\rho = 0.793\%$，在 $0.6\% \sim 1.5\%$ 范围内，可认为截面设计是合适的。

如果按初选的截面尺寸算出的 $x > x_b$ 或 $\rho > \rho_{max}$，则说明所选尺寸过小，这时应加大截面尺寸重新计算。若因其他原因不可能增大截面尺寸时，则可提高混凝土强度等级重新

计算，或采用本章 3.2 节所述的双筋矩形梁。如初选截面算得的 $\rho < \rho_{\min}$，而又因其他原因不能减小截面尺寸时，则应按 $\rho = \rho_{\min}$ 来配置钢筋。

2. 截面复核

实际工程中往往要求对设计图纸上的或已建成的结构构件作承载力复核，这时一般是已知材料强度等级（f_c、f_y）、截面尺寸（b、h）及配筋量 A_s。若设计弯矩 M 为未知，则可理解为求构件的抗力 M_u；若设计弯矩 M 也为已知。则可理解为求出 M_u 后与 M 比较，看是否能满足式（3-1）。

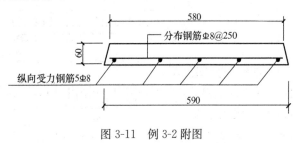

图 3-11　例 3-2 附图

【例 3-2】一块预制钢筋混凝土平板，截面尺寸及配筋如图 3-11 所示。混凝土 C25（$f_c = 11.9\text{N/mm}^2$，$f_t = 1.27\text{N/mm}^2$），纵向受力钢筋为 HRB335 级钢筋 5 Φ 8（$f_y = 300\text{N/mm}^2$，$A_s = 251\text{mm}^2$），钢筋净保护层厚 $c = 15\text{mm}$，问此平板能否承担弯矩设计值 $M = 2.4\text{kN} \cdot \text{m}$，环境类别为一类，设计使用年限为 50 年。

【解】

（1）确定截面有效高度 h_0：

$$h_0 = h - a_s = h - \left(c + \frac{d}{2}\right) = 60 - \left(15 + \frac{8}{2}\right) = 60 - 19 = 41\text{mm}$$

（2）验算适用条件：

$$\rho = \frac{A_s}{bh_0} = \frac{251}{580 \times 41} = 1.06\% > \rho_{\min}\frac{h}{h_0} = 0.293\%，式中 \rho_{\min} 取 0.20\% 与 45\frac{f_t}{f_y}\% 的$$

较大值，$\rho_{\min} = 0.20\%$

由表 3-2 查得 $\xi_b = 0.550$，

则 $\rho_{\max} = \xi_b \dfrac{\alpha_1 f_c}{f_y} = 0.550 \times \dfrac{1.0 \times 11.9}{300} = 2.18\%$，

故 $\rho = 1.06\% < \rho_{\max} = 2.18\%$，截面配筋率满足适筋条件。

（3）由式（3-10）计算 x：

$$x = \frac{f_y A_s}{\alpha_1 f_c b} = \frac{300 \times 251}{1.0 \times 11.9 \times 580} = 10.90\text{mm}$$

（4）由式（3-11）计算 M_u 并判断是否安全：

$$M_u = \alpha_1 f_c bx \left(h_0 - \frac{x}{2}\right) = 1.0 \times 11.9 \times 580 \times 10.90 \times \left(41 - \frac{10.90}{2}\right)$$

$$= 2.67 \times 10^6 \text{N} \cdot \text{mm} = 2.67\text{kN} \cdot \text{m} > M = 2.4\text{kN} \cdot \text{m}$$

截面安全。

3.1.5　用系数法计算正截面受弯承载力

从以上例题可见，设计截面必须求解二次方程，这虽无困难，但毕竟麻烦费时，为了简化计算，可根据基本公式推导计算系数，再进行受弯构件正截面受弯承载力计算。也可查表获得计算系数（参见附录 2-3）。

将 $x = \xi h_0$ 代入式（3-13），将其改写成：

$$M = \alpha_1 f_c b h_0^2 \xi (1 - 0.5\xi) \tag{3-24}$$

而式（3-11）则可改写成：

$$M = f_y A_s h_0 (1 - 0.5\xi) \tag{3-25}$$

取计算系数：

$$\alpha_s = \xi(1 - 0.5\xi) \tag{3-26}$$

$$\gamma_s = 1 - 0.5\xi \tag{3-27}$$

则式（3-24）和式（3-25）即化为：

$$M = \alpha_s b h_0^2 \alpha_1 f_c \tag{3-28}$$

$$M = \gamma_s h_0 f_y A_s \tag{3-29}$$

在式（3-28）中，$\alpha_s b h_0^2$ 相当于梁的截面抵抗矩，因此 α_s 称为截面抵抗矩系数。在适筋梁范围内，配筋率愈高，$\xi = \rho f_y / \alpha_1 f_c$ 越大，α_s 值也就越大，截面的受弯承载力也越大。而从式（3-29）中则可看出 $\gamma_s h_0$ 相当于内力臂，因此 γ_s 称为内力臂系数。γ_s 越大，意味着内力臂越大，截面的受弯承载力也越大。

在截面设计时，可由式（3-28）先算出 α_s：

$$\alpha_s = \frac{M}{\alpha_1 f_c b h_0^2} \tag{3-30}$$

然后根据 α_s 由式（3-26）计算得：

$$\xi = 1 - \sqrt{1 - 2\alpha_s} \tag{3-31}$$

将式（3-30）代入式（3-27）得：

$$\gamma_s = \frac{1 + \sqrt{1 - 2\alpha_s}}{2} \tag{3-32}$$

求出 ξ 或 γ_s 后，即可由式（3-17）或式（3-29）算出 A_s。

利用系数 ξ、γ_s 和 α_s 作单筋矩形梁截面设计和截面复核的步骤可用图 3-12 所示框图清楚表示。

【例 3-3】用系数表计算例题 3-1。

【解】

按【例 3-1】的步骤确定 α_1、f_c、f_y、b、h 和 M，然后由式（3-30）、式（3-32）得：

$$\alpha_s = \frac{M}{\alpha_1 f_c b h_0^2} = \frac{89.35 \times 10^6}{1.0 \times 9.6 \times 200 \times 460^2} = 0.22$$

$$\gamma_s = \frac{1 + \sqrt{1 - 2\alpha_s}}{2} = \frac{1 + \sqrt{1 - 2 \times 0.22}}{2} = 0.874$$

代入式（3-26）得：

$$A_s = \frac{M}{\gamma_s h_0 f_y} = \frac{89.35 \times 10^6}{0.874 \times 460 \times 360} = 617 \text{mm}^2$$

计算结果与【例 3-1】一致。

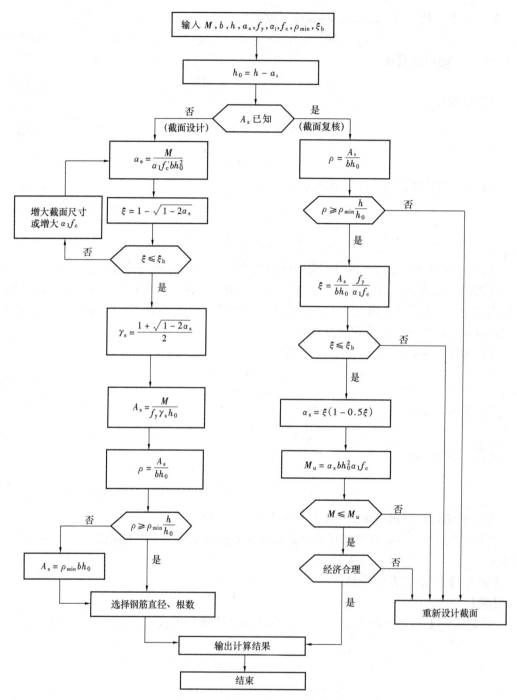

图 3-12　单筋矩形截面受弯构件计算框图

【例 3-4】用系数表计算例题 3-2。

【解】

由式（3-17）得：

$$\xi = \frac{A_s}{bh_0}\frac{f_y}{\alpha_1 f_c} = \frac{252 \times 300}{580 \times 41 \times 1.0 \times 11.9} = 0.267$$

由式（3-31）得：

$$\alpha_s = \xi(1 - 0.5\xi) = 0.267(1 - 0.5 \times 0.267) = 0.23$$

由式（3-28）得：

$$M_u = \alpha_s b h_0^2 \alpha_1 f_c = 0.23 \times 580 \times 41^2 \times 11.9 = 2.67 \times 10^6 \,\text{N} \cdot \text{mm} = 2.67 \text{kN} \cdot \text{m}$$

计算结果与【例 3-2】相同。

3.2 双筋矩形梁正截面承载力计算

截面的受拉区和受压区都配有纵向受力钢筋的梁称为双筋梁。在梁内利用钢筋来帮助混凝土承担压力，虽然可以进一步提高截面的抗弯能力，但是并不经济，一般不宜采用。因此，只有在某些特殊情况下方采用双筋梁，例如，当构件承担的弯矩过大，而截面尺寸受建筑净空限制不能增大，混凝土强度等级也不宜再提高，采用单筋截面将无法满足 $x \leqslant \xi_b h_0$ 的条件时，则可考虑采用双筋梁。此外，当梁需要承担正负弯矩或在截面受压区由于其他原因配置有纵向钢筋时，也可按双筋截面计算。

3.2.1 基本计算公式和适用条件

单筋矩形截面正截面受弯承载力计算的基本理论同样适用于双筋矩形截面，在此不再赘述。在双筋截面中必须注意的是受压钢筋的受力工作状态。在设计双筋梁时，应使受压钢筋的抗压强度得到充分利用。由于受压钢筋和其周围的受压混凝土的应变应该一致，故当截面到达破坏时受压钢筋的应力能够达到它的抗压强度的必要条件是受压钢筋及与其高度相同处的混凝土的压应变不小于 f'_y/E_s（f'_y 和 E_s 分别为受压钢筋的抗压强度设计值和弹性模量），满足这一条件的前提是受压钢筋的位置离截面中和轴的距离必须足够大，即 $x_c - a'_s$ 的值或者相应的 $x - a'_s$ 的值必须足够大（a'_s 为受压钢筋截面重心至混凝土受压区最外边缘的距离，见图 3-14）。当 a'_s 为确定值时，则 x_c 或 x 必须足够大，根据平截面假定及混凝土受压应力应变关系，对各种等级的混凝土和钢筋，都可推导得 x_c 或 x 的最小限值。为了简化计算，《混凝土结构设计规范》不论混凝土和钢筋的级别，统一规定 $x \geqslant 2a'_s$。推导表明，不论何种级别的混凝土和钢筋，当满足这一条件时，受压钢筋的应力均可达到其抗压强度设计值。但还必须注意到应采取必要的构造措施，保证受压钢筋不会在其应力达到抗压强度以前即被压屈而失效。由试验可知，当梁内布置有适当的封闭箍筋时（箍筋直径不小于受压钢筋直径 d 的 $1/4$，而间距 s 不应大于 $15d$ 或 400mm，图 3-13），可以防止受压钢筋被压屈而向外凸出，从而使受压钢筋和混凝土能够共同变形。

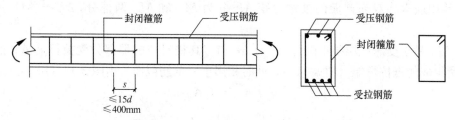

图 3-13 双筋矩形截面梁中布置封闭箍筋的构造要求

根据以上所述，双筋矩形梁正截面受弯承载力的计算图式可取如图 3-14（a）所示。

由平衡条件可写出以下两个基本计算公式:

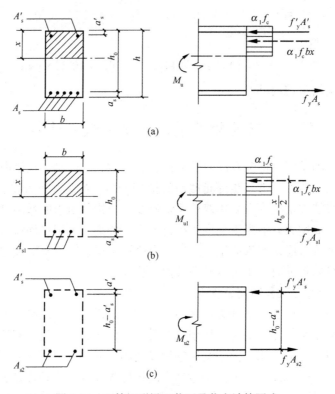

图 3-14　双筋矩形梁正截面承载力计算图式

由 $\sum X = 0$ 得:

$$\alpha_1 f_c bx + f'_y A'_s = f_y A_s \tag{3-33}$$

由 $\sum M = 0$ 得:

$$M \leqslant M_u = \alpha_1 f_c bx \left(h_0 - \frac{x}{2} \right) + f'_y A'_s (h_0 - a'_s) \tag{3-34}$$

式中　f'_y——钢筋的抗压强度设计值;

　　　A'_s——受压钢筋截面面积;

　　　a'_s——受压钢筋合力点到截面受压边缘的距离。

其他符号意义同前。

为了便于利用单筋矩形梁的 ξ、γ_s、α_s 系数表来计算双筋矩形梁正截面受弯承载力,在实际计算中通常将双筋截面的抵抗弯矩 M_u 分为 M_{u1} 和 M_{u2} 两部分,$M_u = M_{u1} + M_{u2}$,其中:

1. M_{u1} 是由受压区混凝土的合力 $\alpha_1 f_c bx$ 和与其相对应的那部分受拉钢筋 A_{s1} 的合力 $f_y A_{s1}$ 所组成的抵抗弯矩(图 3-14b),此时相当于一单筋截面。由图 3-14(b)可写出:

$$\alpha_1 f_c bx = f_y A_{s1} \tag{3-35}$$

及
$$M_{u1} = \alpha_1 f_c bx \left(h_0 - \frac{x}{2} \right) = f_y A_{s1} \left(h_0 - \frac{x}{2} \right) \tag{3-36}$$

2. M_{u2} 则是由全部受压钢筋 A'_s 的合力 $f'_y A'_s$ 及与其相对应的那部分受拉钢筋 A_{s2} 的合力 $f_y A_{s2}$ 所组成的抵抗弯矩(图 3-14c),于是可写出:

$$f'_y A'_s = f_y A_{s2} \tag{3-37}$$

及
$$M_{u2} = f'_y A'_s (h_0 - a'_s) = f_y A_{s2} (h_0 - a'_s) \tag{3-38}$$

于是，正截面受弯承载力的设计表达式即为：

$$M \leqslant M_u = M_{u1} + M_{u2} \tag{3-39}$$

受拉钢筋总面积即为：

$$A_s = A_{s1} + A_{s2} \tag{3-40}$$

上述基本公式应满足下面两个适用条件，为了防止构件发生超筋破坏，应满足：

$$\left.\begin{array}{l} \xi \leqslant \xi_b \\ x \leqslant x_b = \xi_b h_0 \\ \rho_1 = \dfrac{A_{s1}}{b h_0} \leqslant \xi_b \dfrac{\alpha_1 f_c}{f_y} \\ M_{u1} \leqslant \alpha_1 f_c b h_0^2 \xi_b (1 - 0.5\xi_b) \end{array}\right\} \tag{3-41}$$

3. 为了保证受压钢筋在截面破坏时能达到抗压强度设计值，应满足：

$$x \geqslant 2a'_s \tag{3-42}$$

或
$$z \leqslant h_0 - a'_s \tag{3-42a}$$

式中　z——内力臂，即受压区混凝土和受压钢筋的合力作用点至受拉钢筋合力作用点的距离。

双筋矩形梁不会成为少筋梁，故可不验算最小配筋率。

如果不能满足式（3-42）的要求，即 $x < 2a'_s$ 时，可近似取 $x = 2a'_s$（即 $z = h_0 - a'_s$），这时受压钢筋的合力将与受压区混凝土压应力的合力相重合，如对受压钢筋合力点取矩，即可得到正截面受弯承载力的计算公式为：

$$M \leqslant f_y A_s (h_0 - a'_s) \tag{3-43}$$

这种简化计算方法回避了受压钢筋应力 $\sigma'_s (< f'_y)$ 为未知量的问题，且偏于安全。

当 $\xi \leqslant \xi_b$ 的条件未能满足时，原则上仍以增大截面尺寸或提高混凝土强度等级为好。只有在这两种措施都受到限制时，才可考虑用增大受压钢筋用量的办法来减小 ξ。在设计中必须注意到过多地配置受压钢筋将使总的用钢量过大，钢筋排列过密，而使施工质量难以保证且不经济。

3.2.2　截面设计和截面复核

1. 截面设计

设计双筋矩形梁截面时，A_s 总是未知量，而 A'_s 则可能遇到为未知或已知这两种不同情况。下面分别介绍这两种情况下的截面设计方法。

（1）已知 M、b、h 和材料强度等级，计算所需 A_s 和 A'_s

在两个基本公式式（3-33）和式（3-34）中共有三个未知数，即 A_s、A'_s 和 x，需再补充一个条件方能求解。在实际工程设计中，为了减少受压钢筋面积，使总用钢量 $A_s + A'_s$ 最省，应充分利用压区混凝土承担压力，因此，可先假设受压区高度 $x = x_b = \xi_b h_0$ 或 $\xi = \xi_b$，这就使 x 或 ξ 成为已知，而只需求算 A_s 和 A'_s。具体计算步骤详见图 3-15 的框图和【例 3-5】。

（2）已知 M、b、h 和材料强度以及 A'_s，计算所需 A_s

此时，A'_s 既然已知，即可按式（3-38）求出 M_{u2}。而 $M_{u1} = M_u - M_{u2}$。M_{u1} 确定后，

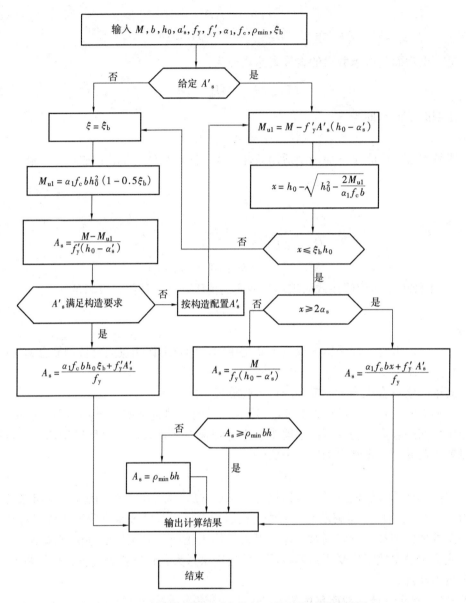

图 3-15　双筋矩形截面受弯构件正截面设计计算框图

即可按单筋矩形截面求解 x 或 ξ 并可利用 ξ、γ_s、α_s、ξ 确定以后，即不难求出 A_{s1} 或直接求出 A_s。具体计算步骤详见图 3-15 框图和【例 3-5】。

　　2. 截面复核

　　已知截面尺寸 b、h、材料强度等级以及 A_s' 和 A_s，需复核构件正截面的受弯承载力，即求截面所能承担的弯矩。

　　此时可首先由式（3-33）求得 x。当符合 $2a_s' \leqslant x \leqslant \xi_b h_0$ 时，可将 x 值代入式（3-34），便可求得正截面承载力 M_u。

　　若 $x < 2a_s'$，则近似地按式（3-43）计算 M_u，即 $M_u = f_y A_s (h_0 - a_s')$；

　　若 $x > \xi_b h_0$，则说明已为超筋截面。对于已建成的结构构件，其承载力只能按

$x=\xi_b h_0$ 计算，此时，将 $x=\xi_b h_0$ 代入式（3-34），所得 M_u 即为此梁的极限承载力。如果所复核的梁尚处于设计阶段，则应重新设计使之不成为超筋梁。

双筋矩形梁正截面受弯承载力的复核步骤见图 3-16 的框图。

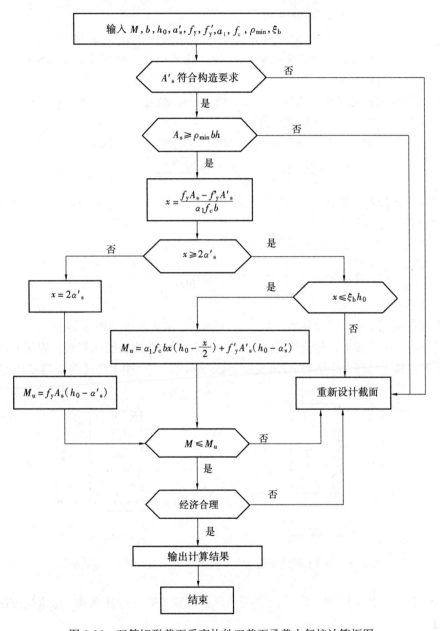

图 3-16　双筋矩形截面受弯构件正截面承载力复核计算框图

【例 3-5】已知梁截面尺寸 $b=200\text{mm}$，$h=450\text{mm}$，混凝土采用 C20，钢筋采用 HRB400。梁承担的弯矩设计值 $M=169.56\text{kN·m}$。环境类别为一类，设计使用年限为 50 年。试计算所需的纵向受力钢筋。

【解】

（1）查附录 1 得：$f_c=11.9\text{N/mm}^2$，$f_y=360\text{N/mm}^2$。

（2）验算是否需用双筋截面

由于梁承担的弯矩相对较大，截面相对较小，估计受拉钢筋较多，需布置两排，故取 $h_0 = 450 - 65 = 385\text{mm}$。查表 3-2，$\xi_b = 0.518$，则单筋矩形截面所能承担的最大弯矩为：

$$M_{\text{ulmax}} = \alpha_1 f_c b h_0^2 \xi_b (1 - 0.5\xi_b)$$
$$= 1.0 \times 9.6 \times 200 \times 385^2 \times 0.518 \times (1 - 0.5 \times 0.518)$$
$$= 109.24 \times 10^6 \text{N} \cdot \text{mm} = 109.24\text{kN} \cdot \text{m} < M = 169.56\text{kN} \cdot \text{m}$$

说明需用双筋截面。

（3）为使总用钢量最小，取 $x = \xi_b h_0$，则 $M_{\text{ul}} = M_{\text{ulmax}} = 109.24\text{kN} \cdot \text{m}$。

（4）由式（3-39）和式（3-38）得：

$$M_{\text{u2}} = M - M_{\text{ul}} = 169.56 - 109.24 = 60.32\text{kN} \cdot \text{m}$$
$$A_s' = \frac{M_{\text{u2}}}{f_y'(h_0 - a_s')} = \frac{60.32 \times 10^6}{360 \times (385 - 40)} = 485.7\text{mm}^2$$

受压区钢筋选配 2Φ18，即 $A_s' = 509\text{mm}^2$，$A_s' = 509\text{mm}^2 > 485.7\text{mm}^2$，故满足计算需求，同时也满足构造要求。

（5）由式（3-33）求得受拉钢筋总面积为：

$$A_s = \frac{\alpha_1 f_c b \xi_b h_0 + f_y' A_s'}{f_y} = \frac{1.0 \times 9.6 \times 200 \times 0.518 \times 385 + 360 \times 509}{360} = 1572.6\text{mm}^2$$

（6）实选钢筋

受拉钢筋选用 2Φ18+3Φ22，$A_s = 1649\text{mm}^2$。截面配筋如图 3-17 所示。

需要指出：如果按上述步骤算得的 A_s' 小于按构造要求的压筋面积时，则压筋应按构造配置，此时便属于已知受压钢筋 A_s' 求受拉钢筋的情况，应改用下面【例 3-6】的步骤计算。

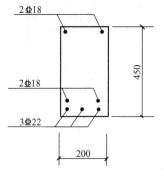

图 3-17 例 3-5 截面配筋

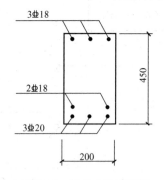

图 3-18 例 3-6 截面配筋

【例 3-6】已知数据同例 3-5，但梁的受压区已配置 3Φ18 受压钢筋，试求受拉钢筋 A_s。

【解】

（1）充分发挥已配 A_s' 的作用。3Φ18 的 $A_s' = 763\text{mm}^2$。按式（3-37）和式（3-38）有：

$$A_{s2} = A_s' \frac{f_y'}{f_y} = A_s' = 763\text{mm}^2$$
$$M_{\text{u2}} = f_y' A_s'(h_0 - a_s') = 360 \times 763 \times (385 - 40)$$
$$= 94.76 \times 10^6 \text{N} \cdot \text{mm} = 94.76\text{kN} \cdot \text{m}$$

（2）求 M_{ul}，并由 M_{ul} 按单筋矩形截面求 A_{s1}。

$$M_{u1} = M - M_{u2} = 169.56 - 94.76 = 74.8 \text{kN} \cdot \text{m}$$

$$\alpha_s = \frac{M_{u1}}{\alpha_1 f_c b h_0^2} = \frac{74.8 \times 10^6}{1.0 \times 9.6 \times 200 \times 385^2} = 0.263$$

根据 $\alpha_s = 0.281$ 得：

$$\xi = 1 - \sqrt{1 - 2\alpha_s} = 1 - \sqrt{1 - 2 \times 0.263} = 0.312 \leqslant \xi_b = 0.518$$

$$\gamma_s = \frac{1 + \sqrt{1 - 2\alpha_s}}{2} = \frac{1 + \sqrt{1 - 2 \times 0.263}}{2} = 0.844$$

$$x = \xi h_0 = 0.312 \times 385 = 120.12 \text{mm} > 2a_s' = 2 \times 40 = 80 \text{mm}$$

$$A_{s1} = \frac{M_{u1}}{f_y \gamma_s h_0} = \frac{74.8 \times 10^6}{360 \times 0.844 \times 385} = 639.4 \text{mm}^2$$

（3）受拉钢筋总面积为：

$$A_s = A_{s1} + A_{s2} = 639.4 + 763 = 1402 \text{mm}^2$$

实际选用 2 Φ 18 + 3 Φ 20，$A_s = 1451 \text{mm}^2$，截面配筋见图 3-18。

3.3 单筋 T 形梁正截面承载力计算

在本章 3.1 节中已经指出，受弯构件破坏截面受拉区混凝土因开裂而不参加工作，对于截面的受弯承载力几乎不起作用。从正截面受弯承载力计算的角度来说，这部分材料是多余的。如果把受拉区混凝土挖去一部分，将受拉钢筋集中布置，使之形成 T 形截面（图 3-19），并不会降低截面的受弯承载能力却可以节省混凝土，减轻构件自重，材料的利用也比矩形截面更为合理。在实际工程中，T 形截面应用十分广泛，图 3-20 是几种常见的构件截面形式，其中除独立 T 形梁外，其他几种截面都不是典型的 T 形梁，但都可按 T 形梁计算，其中的整浇梁板结构，由于板、梁连在一起共同工作，因而梁在跨中正弯矩作用下应按 T 形截面计算。至于薄腹梁和空心板虽属 I 形截面，因在正截面计算中不考虑受拉区混凝土的作用，故也应按 T 形截面计算。

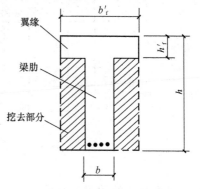

图 3-19 T 形截面的形成

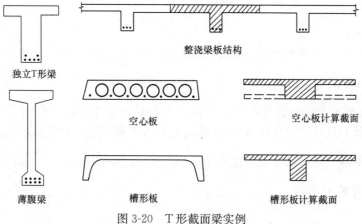

图 3-20 T 形截面梁实例

3.3.1 基本计算公式

如图 3-19 所示，T 形截面由受压翼缘和梁肋（腹板）两部分组成。b_f' 和 h_f' 表示受压翼缘的宽度和厚度，b 和 h 表示肋宽和梁高。由于 T 形截面受压区面积较大，混凝土足以承担压力，因此一般的 T 形梁都设计成单筋截面。根据截面破坏时中和轴的位置不同，T 形梁的计算可分为以下两种类型：

1. 第一类 T 形梁（图 3-21）

这一类梁的截面虽为 T 形，但由于中和轴通过翼缘，即 $x \leqslant h_f'$，而计算时不考虑中和轴以下混凝土的作用，故受压区仍为矩形，因此可按 $b_f' \times h$ 的矩形截面计算其正截面受弯承载力，这时，只要将单筋矩形梁基本计算公式中的 b 改为 b_f'，就可得到第一类 T 形梁的基本计算公式，即：

$$\alpha_1 f_c b_f' x = f_y A_s \tag{3-44}$$

$$M \leqslant M_u = \alpha_1 f_c b_f' x \left(h_0 - \frac{x}{2}\right) \tag{3-45}$$

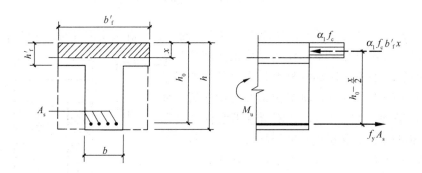

图 3-21　第一类 T 形梁正截面承载力计算图式

基本公式的适用条件是：

（1）$x \leqslant \xi_b h_0$

由于 T 形截面的翼缘厚度 h_f' 一般都比较小，既然 $x \leqslant h_f'$，因此这个条件通常都能满足，不必验算。

（2）$\rho \geqslant \rho_{\min} \dfrac{h}{h_0}$

必须强调指出，此处配筋率 ρ 应按肋部有效面积 bh 计算，而不是按 $b_f' h$ 计算；$\rho_{\min}$ 仍按附录 2-5 的规定采用。由于规定 $\rho \geqslant \rho_{\min} \dfrac{h}{h_0}$ 的本意是要避免少筋破坏，亦即避免梁开裂后的承载力 M_u 低于梁的开裂弯矩 M_{cr}，当混凝土强度一定时，梁的开裂弯矩主要取决于受拉区的截面形状和尺寸，对于肋宽为 b、梁高为 h 的 T 形截面，其受拉区和宽度为 b、高度为 h 的矩形梁基本一样，都可近似地取为 $0.5bh$，因此在验算 $\rho \geqslant \rho_{\min} \dfrac{h}{h_0}$ 的条件时，T 形梁的配筋率也应按 bh 计算。

2. 第二类 T 形梁（图 3-22）

这一类梁截面的中和轴通过肋部，即 $x > h'_f$，故受压区为 T 形。我们可以仿照双筋矩形梁的计算方法，将截面分为如下两部分（图 3-22b 和 c）：

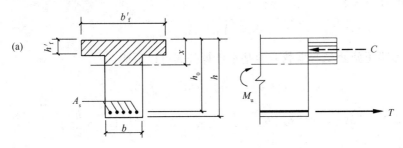

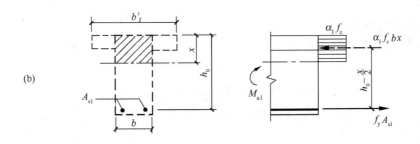

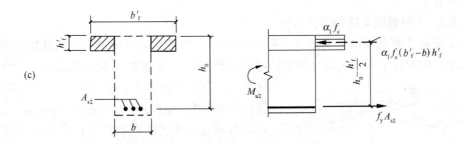

图 3-22 第二类 T 形梁正截面承载力计算图式

（1）由肋部受压区与相应受拉钢筋 A_{s1} 组成，其计算公式与单筋矩形截面相同，即：

$$\alpha_1 f_c bx = f_y A_{s1} \tag{3-46}$$

$$M_{u1} = \alpha_1 f_c bx \left(h_0 - \frac{x}{2} \right) = f_y A_{s1} \left(h_0 - \frac{x}{2} \right) \tag{3-47}$$

（2）由挑出翼缘部分的受压混凝土与相应的另一部分受拉钢筋 A_{s2} 组成，其计算公式为：

$$\alpha_1 f_c (b'_f - b) h'_f = f_y A_{s2} \tag{3-48}$$

$$M_{u2} = \alpha_1 f_c (b'_f - b) h'_f \left(h_0 - \frac{h'_f}{2} \right) = f_y A_{s2} \left(h_0 - \frac{h'_f}{2} \right) \tag{3-49}$$

77

整个 T 形截面的正截面受弯承载力即为：

$$M_u = M_{u1} + M_{u2} \tag{3-50}$$

受拉钢筋总面积为：

$$A_s = A_{s1} + A_{s2} \tag{3-51}$$

于是第二类 T 形梁正截面受弯承载力的基本计算公式可以写成：

$$\alpha_1 f_c bx + \alpha_1 f_c (b'_f - b) h'_f = f_y A_s \tag{3-52}$$

$$M \leqslant M_u = \alpha_1 f_c bx \left(h_0 - \frac{x}{2} \right) + \alpha_1 f_c (b'_f - b) h'_f \left(h_0 - \frac{h'_f}{2} \right) \tag{3-53}$$

两个基本公式式（3-52）和式（3-53）也可以由图 3-22（a）的计算图式中用 $\Sigma X = 0$ 和 $\Sigma M = 0$ 直接导出。

基本公式的适用条件为：

① 为防止发生超筋破坏，应当满足：

$$x \leqslant \xi_b h_0$$

或

$$\rho_1 = A_{s1} / bh_0 \leqslant \alpha_1 \xi_b f_c / f_y$$

或

$$M_{u1} \leqslant \alpha_1 f_c bh_0^2 \xi_b (1 - 0.5 \xi_b)$$

② $\rho \geqslant \rho_{\min} \dfrac{h}{h_0}$

由于第二类 T 形梁受压区较大，相应受拉钢筋也就较多，故一般均能满足此条件，可不必验算。

3.3.2 T 形截面翼缘的计算宽度

为了发挥 T 形截面的受力特点，可适当加大 T 形截面的翼缘宽度，这样能使受压区高度减小，内力臂增大，从而减少钢筋用量。但是对 T 形梁的试验研究表明，梁受弯后

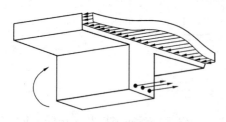

图 3-23 T 形梁翼缘中压应力沿
宽度方向的分布

翼缘的压应力分布并不是均匀的。如图 3-23 所示，靠近肋部翼缘压应力最大，离肋部越远，压应力则逐渐减小，在一定距离以外，翼缘将不能充分发挥其受力作用。考虑到翼缘的上述受力特点，设计时应对 T 形梁的翼缘宽度加以限制，即对实际翼缘很宽的梁，例如现浇梁板结构中的梁，需要规定翼缘的计算宽度。假定计算宽度内翼缘的应力为均匀分布，并使按计算宽度算得的梁受弯承载力与梁的实际受弯承载力接近。通过试验及理论分析，设计规范规定，T 形及倒 L 形截面受弯构件受压区的翼缘计算宽度 b'_f 应按表 3-3 各项中的最小值取用。

T 形、I 形及倒 L 形截面受弯构件翼缘计算宽度 b'_f　　　　　　表 3-3

情况		T 形、I 形截面		倒 L 形截面
		肋形梁（板）	独立梁	肋形梁（板）
1	按计算跨度 l_0 考虑	$l_0/3$	$l_0/3$	$l_0/6$

情况		T形、I形截面		倒L形截面
		肋形梁（板）	独立梁	肋形梁（板）
2	按梁（纵肋）净距 s_n 考虑	$b+s_n$	—	$b+s_n/2$
3	按翼缘高度 h'_f 考虑 $\quad h'_f/l_0 \geqslant 0.1$	—	$b+12h'_f$	—
	$0.1 > h'_f/h_0 \geqslant 0.05$	$b+12h'_f$	$b+6h'_f$	$b+5h'_f$
	$h'_f/h_0 < 0.05$	$b+12h'_f$	b	$b+5h'_f$

注：1. 表中 b 为梁的腹板宽度；h_0、s_n、b'_f 和 h'_f 如图 3-24 所示。

2. 如肋形梁在梁跨内设有间距小于纵肋间距的横肋时，则可不遵守表列第三种情况的规定。

3. 对有加腋的 T形、I形截面和倒 L形截面（图 3-24c），当受压区加腋的高度 $h_h \geqslant h'_f$，且加腋的宽度 $b_h \leqslant 3h_h$ 时，则其翼缘计算宽度可按表列第三种情况规定分别增加 $2b_h$（T形、I形截面）和 b_h（倒 L形截面）采用。

4. 独立梁受压区的翼缘板在荷载作用下经验算沿纵肋方向可能产生裂缝时，其计算宽度应取用腹板宽度 b。

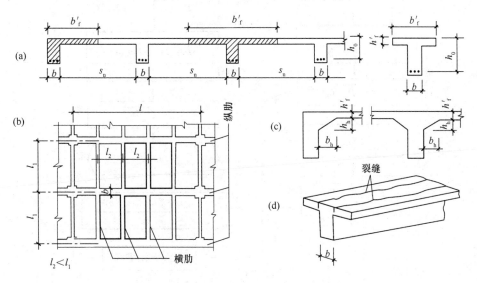

图 3-24　表 3-3 附图

3.3.3　截面设计和截面复核

T形梁正截面受弯承载力计算包括截面设计和截面复核两种情况。其具体计算步骤与矩形梁相似，可以参照图 3-26 及图 3-27 的框图进行，但由于两类 T形截面的计算公式不同，因此必须首先判别构件属于哪一类型。判别的方法是，先假定中和轴正好通过翼缘下边线，即 "$x=h'_f$"（图 3-25），这是两种类型的界限状态，此界限状态截面所能承担的弯矩为：

$\alpha_1 f_c b'_f h'_f \left(h_0 - \dfrac{h'_f}{2} \right)$，受压区混凝土压应力合力为 $\alpha_1 f_c b'_f h'_f$。

在截面设计时，弯矩设计值 M 为已知，故：

当 $\alpha_1 f_c b'_f h'_f \left(h_0 - \dfrac{h'_f}{2} \right) \geqslant M$ 时，属于第一类 T形截面；

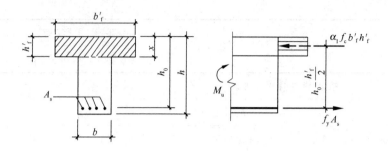

图 3-25　中和轴通过翼缘下边缘的 T 形截面

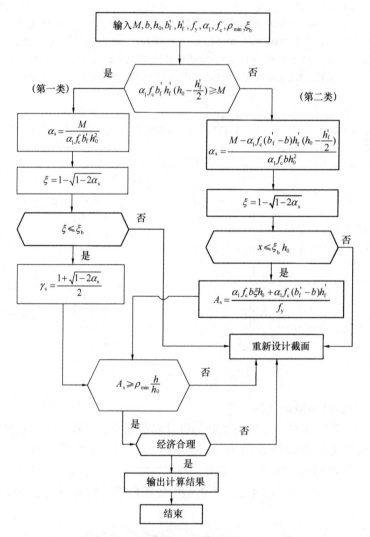

图 3-26　T 形截面受弯构件正截面设计计算框图

当 $\alpha_1 f_c b'_f h'_f \left(h_0 - \dfrac{h'_f}{2}\right) < M$ 时，属于第二类 T 形截面。

在复核截面时，由于受拉钢筋面积 A_s 为已知，故

当 $\alpha_1 f_c b'_f h'_f \geqslant f_y A_s$ 时，属于第一类 T 形截面；

当 $\alpha_1 f_c b'_f h'_f < f_y A_s$ 时，属于第二类 T 形截面。

T 形梁的类型确定后，便可按相应公式计算钢筋数量或复核截面的承载力，其计算步骤见图 3-26 和图 3-27 的框图及【例 3-7】和【例 3-8】。

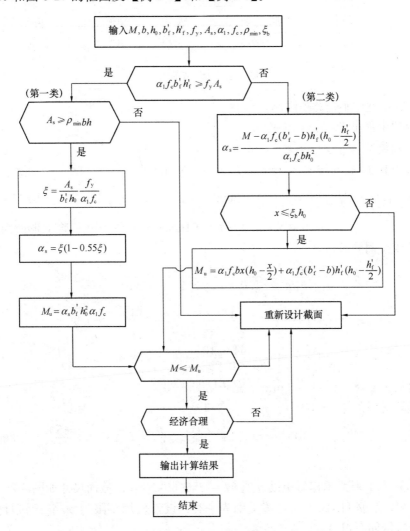

图 3-27 T 形截面受弯构件正截面承载力复核计算框图

【例 3-7】某整浇梁板结构的次梁，计算跨度 6m；次梁间距 2.4m，截面尺寸如图 3-28 所示。跨中最大弯矩设计值 $M = 64\mathrm{kN \cdot m}$，混凝土采用 C20，钢筋采用 HRB400，环境类别为一类，设计使用年限为 50 年。试计算次梁受拉钢筋面积 A_s。

【解】

(1) 根据表 3-3 确定翼缘计算宽度 b'_f：

按梁的计算跨度 l 考虑：$b'_f = \dfrac{l_0}{3} = \dfrac{6000}{3} = 2000\mathrm{mm}$

按梁（肋）净距 s_n 考虑：$b'_f = b + s_n = 200 + 2200 = 2400\mathrm{mm}$

按梁翼缘高度 h'_f 考虑：$h'_f / h_0 = 70/410 = 0.17 > 0.1$，式中 $h_0 = h - a_s = 450 - 40 =$

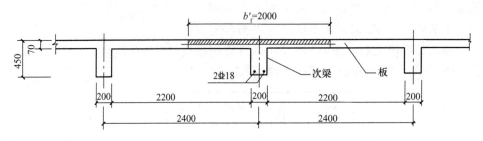

图 3-28　例 3-7 附图

410mm，故翼缘宽度不受此项限制。

取前两项中最小者：$b'_f = 2000$mm

（2）判别类型

查附录 1-1 得：$f_c = 9.6$N/ mm^2，$f_y = 360$N/ mm^2

$$\alpha_1 f_c b'_f h'_f \left(h_0 - \frac{h'_f}{2}\right) = 1.0 \times 9.6 \times 2000 \times 70 \times \left(410 - \frac{70}{2}\right) = 504 \times 10^6 \text{N} \cdot \text{mm}$$

$$= 504 \text{kN} \cdot \text{m} > M = 64 \text{kN} \cdot \text{m} \text{ 故属于第一类 T 形截面。}$$

（3）求受拉钢筋面积 A_s

$$\alpha_s = \frac{M}{\alpha_1 f_c b'_f h_0^2} = \frac{64 \times 10^6}{1.0 \times 9.6 \times 2000 \times 410^2} = 0.0198$$

$$\gamma_s = \frac{1 + \sqrt{1 - 2\alpha_s}}{2} = \frac{1 + \sqrt{1 - 2 \times 0.0198}}{2} = 0.99$$

$$A_s = \frac{M}{f_y \gamma_s h_0} = \frac{64 \times 10^6}{360 \times 0.99 \times 410} = 438 \text{ mm}^2$$

实选钢筋 2 Φ 18，$A_s = 509$ mm^2，配筋见图 3-28。

（4）验算适用条件

$\rho = \dfrac{A_s}{bh_0} = \dfrac{509}{200 \times 410} \times 100\% = 0.621\% > \rho_{min} \dfrac{h}{h_0} = 0.237\% \times \dfrac{450}{410} = 0.260\%$，满足

要求。

【例 3-8】某 T 形梁承担弯矩设计值 $M = 350.60$kN·m，截面尺寸如图 3-29 所示。混凝土采用 C40，钢筋 HRB500，环境类别为一类，设计使用年限为 50 年。试计算该梁所需的底部受拉钢筋面积 A_s。

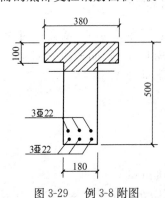

图 3-29　例 3-8 附图

【解】

（1）判别类型

估计钢筋需布置两排，取 $h_0 = 500 - 65 = 435$mm。查附录 1-1 得：$f_c = 19.1$N/ mm^2，$f_y = 435$N/ mm^2

$$\alpha_1 f_c b'_f h'_f \left(h_0 - \frac{h'_f}{2}\right) = 1.0 \times 19.1 \times 380 \times 100 \times \left(435 - \frac{100}{2}\right)$$

$$= 279.4 \times 10^6 \text{N} \cdot \text{mm} = 279.4 \text{kN} \cdot \text{m}$$

$$< M = 350.60 \text{kN} \cdot \text{m}$$

故属于第二类 T 形截面。

（2）计算 A_{s2} 和 M_{u2}

由式（3-43）及式（3-44）：

$$A_{s2} = \frac{\alpha_1 f_c (b_f' - b) h_f'}{f_y} = \frac{1.0 \times 19.1 \times (380 - 180) \times 100}{435} = 878 \text{ mm}^2$$

$$M_{u2} = f_y A_{s2} \left(h_0 - \frac{h_f'}{2} \right) = 435 \times 878 \times \left(435 - \frac{100}{2} \right) = 147.04 \times 10^6 \text{ N} \cdot \text{mm}$$

$$= 147.04 \text{kN} \cdot \text{m}$$

（3）计算 A_{s1} 和 M_{u1}：

$$M_{u1} = M - M_{u2} = 350.60 - 147.04 = 203.56 \text{kN} \cdot \text{m}$$

$$\alpha_s = \frac{M_{u1}}{\alpha_1 f_c b h_0^2} = \frac{203.56 \times 10^6}{1.0 \times 19.1 \times 180 \times 435^2} = 0.313$$

$$\xi = 1 - \sqrt{1 - 2\alpha_s} = 1 - \sqrt{1 - 2 \times 0.313} = 0.388$$

$$< \xi_b = 0.482$$

$$\gamma_s = \frac{1 + \sqrt{1 - 2\alpha_s}}{2} = \frac{1 + \sqrt{1 - 2 \times 0.313}}{2} = 0.806$$

$$A_{s1} = \frac{M_{u1}}{f_y \gamma_s h_0} = \frac{203.56 \times 10^6}{435 \times 0.806 \times 435} = 1334.7 \text{mm}^2$$

（4）受拉钢筋总面积为：

$$A_s = A_{s1} + A_{s2} = 1335 + 878 = 2213 \text{mm}^2$$

实际选用 6 Φ 22，$A_s = 2280 \text{mm}^2$，截面配筋见图 3-29。

3.4 截面构造规定

设计钢筋混凝土结构构件，除了需要通过计算确定主要截面尺寸和配筋数量之外，还必须满足必要的构造规定。结构构件的构造规定，是根据长期生产实践经验和科学试验结果总结出来的。它主要考虑那些不需要或不可能通过计算来确定的问题。构造措施是否合理，对工程质量影响很大，对此决不应忽视。本节仅就与受弯构件正截面受弯承载力设计有关的一些构造问题进行说明。

3.4.1 梁、板的截面尺寸

梁的截面高度，在初选截面尺寸时，可参考表 3-4 估算。梁的宽度可根据截面的高宽比 h/b 确定。对于矩形截面梁一般取 $h/b = 2.0 \sim 3.5$；T 形截面梁一般取 $h/b = 2.5 \sim 4.0$。为了便于施工，梁的截面尺寸宜取整数，一般以 50mm 作为级差（较小的梁可用 20mm，较大的梁可用 100mm），故梁高 h 常采用 200mm、250mm、300mm、350mm、400mm……750mm、800mm、900mm、1000mm 等。梁宽 b 常采用 120mm、150mm、180mm、200mm、220mm、250mm、300mm、350mm 等。现浇板的厚度以 10mm 作为级差，常用的厚度有 60mm、70mm、80mm、90mm、100mm 等，可参考表 3-5 估算。随着生产的发展和各种新型构件的使用，构件的截面形状和尺寸也必然有所变化，上面提到的数字并非严格规定，设计时可根据施工条件和使用要求灵活掌握。

现浇钢筋混凝土梁的最小高度（mm） 表 3-4

构件种类		h/l
整体肋形梁	次梁	$1/18 \sim 1/12$
	主梁	$1/14 \sim 1/8$
矩形截面独立梁	简支梁	$\geqslant 1/14$
	连续梁	$\geqslant 1/18$

现浇钢筋混凝土板的最小厚度（mm） 表 3-5

板的类别		厚度
单向板	屋面板	60
	民用建筑楼板	60
	工业建筑楼板	70
	行车道下的楼板	80
双向板		80
密肋板	肋间距小于或等于700mm	40
	肋间距大于700mm	50
悬臂板	板的悬臂长度小于或等于500mm	60
	板的悬臂长度大于500mm	80
无梁楼盖		150

注：悬臂板的厚度是指悬臂根部的厚度。

3.4.2 混凝土保护层

1. 混凝土保护层是指钢筋外边缘到构件混凝土外边缘的距离。其主要作用有：

（1）保护钢筋不被锈蚀。

（2）在火灾等情况下，延缓钢筋的温度上升。

（3）使钢筋与混凝土之间具有足够黏结力。

梁、板受力钢筋的混凝土保护层厚度（图 3-30 中的 c 值）

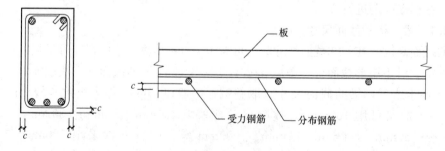

图 3-30　混凝土保护层

2. 构件中普通钢筋及预应力筋的混凝土保护层厚度应满足下列要求。

（1）构件中受力钢筋的保护层厚度不应小于钢筋的公称直径 d。

（2）设计使用年限为 50 年的混凝土结构，最外层钢筋的保护层厚度应符合表 3-6 的规定；设计使用年限为 100 年的混凝土结构，最外层钢筋的保护层厚度不应小于表 3-6 中数值的 1.4 倍

混凝土保护层的最小厚度 c（单位：mm）　　　　　　表 3-6

环境类别	板、墙、壳	梁、柱、杆
一	15	20
二 a	20	25
二 b	25	35
三 a	30	40
三 b	40	50

注：1. 混凝土强度等级不大于 C25 时，表中保护层厚度数值应增加 5mm。
　　2. 钢筋混凝土基础宜设置混凝土垫层，基础中钢筋的混凝土保护层厚度应从垫层顶面算起，且不应小于 40mm。

对于给水排水构筑物，梁的最小保护层厚度为 35mm，板的最小保护层厚度为 30mm。

3.4.3　受力钢筋

梁、板受力钢筋的面积由计算确定，但其直径、间距、根数和排数应符合下述规定：

1. 梁

梁内纵向受力钢筋常用级别：HRB335（公称直径 6～14mm）、HRB400 和 HRB500（热轧带肋钢筋，公称直径均为 6～50mm）HRBF400 和 HRBF500（细晶粒热轧钢筋，公称直径 6～50mm）。梁内纵向受力钢筋的直径 d：当梁高 $h \geq 300$mm 时，d 不小于 10mm；当梁高 $h < 300$mm 时，d 不宜小于 6mm。在同一根梁中，钢筋直径的种类不宜太多，且两种钢筋直径的差应大于或等于 2mm，以便由肉眼辨别。

布置间距：为了保证混凝土的浇筑质量和便于绑扎钢筋，梁内下部纵向钢筋的净距不应小于钢筋的直径 d，也不得小于 25mm，构件上部钢筋的净距不得小于 $1.5d$ 及 30mm，如图 3-31 所示。

梁受拉区和受压区纵向受力钢筋的数目：当 $b \geq 150$mm 时应不少于 2 根；当梁宽 $b < 150$mm 时可为 1 根。钢筋应沿梁宽均匀排列，一般排成一排；当根数较多，按一排布置不能满足保护层和钢筋净距要求时，可排成两排。在一般梁内最好不要布置第三排，以免内力臂减小太多，影响经济效果。对纵向受拉钢筋必须排成三排的大型梁，第三排钢筋的净距应比下面两排扩大 1 倍。

梁的纵向受力钢筋伸入支座内的数量：当梁宽 $b \geq 150$mm 时，不应少于 2 根；当梁宽 $b < 150$mm 时可为 1 根。

2. 板

板中受力钢筋的直径通常采用 6mm、8mm、10mm 等。

当预制板的厚度 $h \leq 40$mm 时，可采用直径为 3mm、4mm、5mm 的冷拔低碳钢丝。当采用绑扎网时，板中受力钢筋的间距不宜小于 70mm。同时，为了分散集中荷载，使板

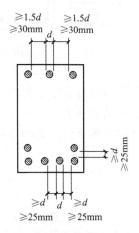

图 3-31　梁内受力钢筋间距的构造规定

受力均匀，钢筋间距又不宜过大。当板厚 $h \leqslant 150mm$ 时，不应大于 200mm；当板厚 $h >$ 150mm 时，不应大于 1.5h，且不应大于 300mm。

板中伸入支座的钢筋，其间距不应大于 400mm，其截面面积不应小于跨中受力钢筋截面面积的 1/3。

3.4.4 板的分布钢筋

板内在垂直于受力钢筋的方向还应按构造要求配置分布钢筋。分布钢筋的作用是将板面上的集中荷载（或局部荷载）更均匀地传递给受力钢筋，并在施工时固定受力钢筋的位置，此外，分布钢筋还可承担由于混凝土的收缩和外界温度变化在结构中所引起的附加应力。

规范规定：单向板中垂直于受力方向单位宽度内的分布钢筋的截面面积不应小于单位宽度内受力钢筋截面面积的 15%，且不宜小于该方向板截面面积的 0.15%，其间距不应大于 250mm。分布钢筋的直径不宜小于 6mm。但对于预制板，当有实践经验或可靠措施时，其分布钢筋的间距和数量可不受此限。如果钢筋混凝土板处于温度变化频繁且变化幅度较大的环境中，则其分布钢筋数量应适当增加。

3.4.5 梁的纵向构造钢筋

1. 架立钢筋

为了将受力钢筋和箍筋连接成骨架，并在施工中保持钢筋的正确位置，凡箍筋转角没

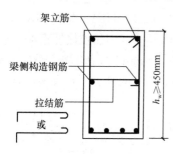

图 3-32 梁内纵向构造钢筋

有纵向受力钢筋的地方都应沿梁长方向设置架立钢筋。如图 3-32 所示。架立钢筋的直径，当梁的跨度小于 4m 时，不宜小于 8mm；当梁的跨度为 4～6mm 时，不宜小于 10mm；当梁的跨度大于 6m 时，不宜小于 12mm。

2. 梁侧构造钢筋及拉结筋

当梁高 $h_w \geqslant 450mm$ 时，在梁的两个侧面应沿高度配置纵向构造钢筋，每侧纵向构造钢筋（不包括梁上、下部受力钢筋及架立钢筋）的截面面积不应小于腹板截面面积 bh_w 的 0.1%，且其间距不宜大于 200mm，用以加强钢筋骨架的刚度，承受构件中部由于混凝土收缩及温度变化所引起的拉应力。梁侧构造钢筋应以拉结筋相连（图 3-32），拉结筋直径一般与箍筋相同，间距为 500～700mm，常取为箍筋间距的 2 倍。梁内箍筋的构造要求详见第 4 章第 4.4 节。

思 考 题

1. 受弯构件进行承载力极限状态计算时，一般应分别满足哪两方面的要求？
2. 什么是少筋梁、适筋梁、超筋梁？在实际工程中为什么应避免把梁设计成少筋梁、超筋梁？
3. 简述少筋梁、超筋梁的受力过程及破坏特征。
4. 适筋梁从加载到破坏经历哪几个阶段？各阶段有什么特点？
5. 进行正截面承载力计算时引入了哪些基本假设？
6. 什么是单筋截面？单筋矩形截面受弯构件正截面承载力的基本计算公式是如何建立的？
7. 单筋矩形截面梁的正截面受弯承载力的最大值如何计算？与哪些因素有关？
8. 什么是双筋截面？双筋矩形截面受弯构件正截面承载力如何计算？

9. 双筋矩形截面梁计算公式中为什么要引入 $x \geqslant 2a'_s$ 的适用条件？

10. 怎样计算 T 形截面翼缘宽度？

11. T 形截面如何分类？怎样判别第一类 T 形截面和第二类 T 形截面？

12. 怎样计算第一类 T 形截面和第二类 T 形截面的正截面承载力？

习　题

1. 某办公楼楼面梁的截面尺寸 $b \times h = 250\text{mm} \times 500\text{mm}$，跨中最大弯矩设计值为 $M = 180\text{kN} \cdot \text{m}$，混凝土强度等级为 C30，钢筋为 HRB400 级，求所需纵向受力钢筋面积。

2. 已知一矩形截面梁所承担的最大弯矩设计值为 $M = 170\text{kN} \cdot \text{m}$，混凝土强度等级为 C30，钢筋为 HRB400 级，试确定该梁截面尺寸并求所需纵向受力钢筋面积。

3. 已知某梁的截面尺寸 $b \times h = 250\text{mm} \times 650\text{mm}$，最大弯矩设计值为 $M = 420\text{kN} \cdot \text{m}$，混凝土强度等级为 C35，钢筋为 HRB500 级，求所需纵向受力钢筋面积。

4. 某梁的截面尺寸 $b \times h = 250\text{mm} \times 500\text{mm}$，所承担的弯矩设计值为 $M = 175\text{kN} \cdot \text{m}$，混凝土强度等级为 C30，钢筋为 HRB400 级，在梁的受压区已配置 2Φ22 的受力钢筋，求所需受拉钢筋面积。

5. T 形截面梁，$b'_f = 500\text{mm}$，$b = 200\text{mm}$，$h'_f = 100\text{mm}$，$h = 500\text{mm}$，混凝土强度等级为 C35，钢筋为 HRB400 级，$M = 200\text{kN} \cdot \text{m}$，求所需纵向受力钢筋截面面积。

6. 某 T 形截面梁的截面尺寸及配筋情况如图 3-33 所示，混凝土采用 C40，钢筋为 HRB500 级，截面承受弯矩 $M = 455\text{kN} \cdot \text{m}$，验算该截面承载力是否足够。

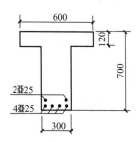

图 3-33　习题 6 附图

第4章　钢筋混凝土受弯构件斜截面承载力计算

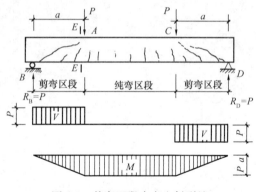

图 4-1　剪弯区段内产生斜裂缝

在外荷载作用下，钢筋混凝土梁除产生弯矩外，还伴随有剪力作用。剪力和弯矩同时作用的区段称为梁的"剪弯区段"。试验表明，梁不仅在纯弯区段和剪力较小的剪弯区段内产生垂直裂缝，而且还在剪力较大的剪弯区段内产生斜裂缝（图 4-1）。

一根由匀质弹性材料做成的梁，受外荷载作用后，剪弯区段的截面上都作用有正应力和剪应力，在正应力和剪应力共同作用下，梁截面上各点将产生方向和大小各不相同的主拉应力 σ_{tp} 和主压应力 σ_{cp}。梁的主应力轨迹线（图 4-2）表示了梁内各点主应力作用方向的变化情况。混凝土在未开裂前，其受力情况接近于匀质弹性材料，故图 4-2 能够近似地反映混凝土开裂前梁内主应力的实际作用情况。由于混凝土的抗拉强度很低，因此，只要主拉应力超过了混凝土的抗拉强度，就将在垂直于主拉应力轨迹线的方向产生斜向裂缝。

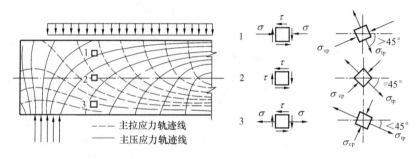

图 4-2　主应力轨迹线

钢筋混凝土梁的破坏试验结果表明，如果梁的正截面已具有足够的受弯承载力，但其斜截面承载力不足时，梁就可能沿某条斜裂缝破坏。斜截面既可能是受剪破坏，也可能是受弯破坏。本章的内容就是讨论如何保证梁的斜截面具有足够的受剪和受弯承载力。

为了避免沿斜截面破坏，除了要求梁具有合理的截面尺寸外，通常还需要在梁内配置一定数量的箍筋和弯起钢筋，这些钢筋统称为"腹筋"。箍筋一般均与梁轴线垂直，弯起钢筋则与梁轴线斜交，一般在梁高 $h \leqslant 800\text{mm}$ 时，弯筋角度用 $45°$；$h > 800\text{mm}$ 时，宜用 $60°$。弯筋通常由纵向受拉钢筋弯起而成，由于箍筋和弯起钢筋均与斜裂缝相交，因而能够有效地承担斜截面中的拉力，提高斜截面承载力。同时，箍筋、弯起钢筋还与梁内纵向受力钢筋和架立钢筋等绑扎或电焊在一起，构成了梁的钢筋骨架，如图 4-3 所示。

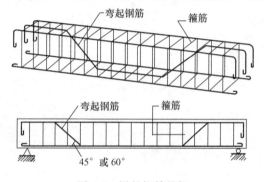

图 4-3　梁的钢筋骨架

4.1 斜截面的受剪破坏形态及受力特点

影响斜截面受剪破坏形态和受力特点的因素比较复杂。但试验表明，如果在剪切破坏的同时不致发生纵筋屈服（斜截面受弯破坏）和粘结锚固破坏，则影响斜截面受剪破坏形态的主要因素是剪跨比和箍筋配筋率（以下简称配箍率）。对无腹筋梁主要是剪跨比，对有腹筋梁：剪跨比的影响减弱，而配箍率成为主要影响因素之一。因此，在介绍受剪破坏之前，先介绍剪跨比和配箍率的概念。

剪跨比 λ 是指如图 4-1 所示的剪弯区段中某一计算垂直截面的弯矩 M 与同一截面的剪力 V 和有效高度 h_0 乘积之比，即：

$$\lambda = \frac{M}{Vh_0} \tag{4-1}$$

从本质上说，剪跨比是代表同一计算截面上正应力与剪应力之比。从材料力学可知，对于矩形截面的弹性匀质材料梁，边缘正应力为 $\sigma = M/W = 6M/bh^2$；中和轴处的最大剪应力为 $\tau = 1.5V/bh$，则正应力与剪应力的比值为 $\sigma/\tau = 4M/Vh = 4\lambda$。对于钢筋混凝土梁，在出现斜裂缝以前，可能产生剪切破坏的剪弯区段的受力状态接近于弹性匀质材料梁的受力状态。斜裂缝的出现及其特征与主应力状态有密切关系，而 σ/τ 是反映主应力状态的一个特征值，这也说明了剪跨比 λ 的物理意义。

对于图 4-1 所示的对称集中荷载作用下的简支梁，弯矩和剪力都达到最大值的截面为集中荷载作用点靠剪弯一侧的截面（图 4-1 中的 E-E 截面），该截面的弯矩为 $M = Pa$，剪力为 $V = P$，故根据式（4-1），剪跨比可表达为：

$$\lambda = \frac{M}{Vh_0} = \frac{Pa}{Ph_0} = \frac{a}{h_0} \tag{4-2}$$

参照式（4-2），我国规范规定，在所有以承受集中荷载为主的矩形截面独立梁，在其受剪承载力计算中，都取计算截面（计算截面取集中荷载作用点处的截面）至支座的距离 a（称为"剪跨"）与截面有效高度 h_0 的比值 $\lambda = a/h_0$ 近似地代替 $\lambda = M/Vh_0$。通常将 $\lambda = M/Vh_0$ 称为"广义剪跨比"，$\lambda = a/h_0$ 则称为"计算剪跨比"，只有在图 4-1 中那样的特殊情况，计算剪跨比才等于广义剪跨比。一般情况下，二者往往并不相等。

对于承受均布荷载的梁，广义剪跨比可用跨高比 l/h_0 来近似表达，例如承受均布荷载的简支梁，距支座为 x 的任一截面的弯矩为 $M = \frac{1}{2}ql^2(\alpha - \alpha^2)$，剪力为 $V = \frac{1}{2}ql(1-2\alpha)$，其中 $\alpha = x/l$，则该截面的剪跨比可表达为：

$$\lambda = \frac{M}{Vh_0} = \frac{\alpha - \alpha^2}{1 - 2\alpha} \cdot \frac{l}{h_0}$$

可见广义剪跨比 λ 与跨高比 l/h_0 具有对应关系。

梁的配箍率是指梁的纵向水平截面（图 4-4 中的 2-2 截面）中单位面积的箍筋含量，通常用百分率表示，即：

$$\rho_{sv} = \frac{nA_{sv1}}{bs} \times 100\% \tag{4-3}$$

式中 ρ_{sv} ——配箍率；

A_{sv1} ——箍筋单肢的截面积；

n ——箍筋的肢数；

b ——梁的截面宽度，对于 T 形、I 形截面，应取肋宽；

s ——箍筋间距。

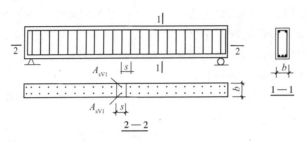

图 4-4　简支梁的横截面（1-1）和纵向水平截面（2-2）

通过梁的斜截面受剪承载力试验可以发现，由于梁的受力情况和配筋情况不同，主要是剪跨比和配箍率的不同，斜截面的受剪破坏可能出现三种不同的形态：剪压破坏、斜拉破坏和斜压破坏。现将三种破坏形态的受力特点分述如下：

4.1.1　剪压破坏

剪压破坏主要发生在剪跨比适中，腹筋配置适当时钢筋混凝土梁的剪弯区段，发生剪压破坏的梁，在荷载较小且尚未出现斜裂缝之前，箍筋中的拉应力很小，剪弯区段内的应力几乎全部由混凝土承担。随着荷载的增加，剪弯区段内的主应力不断增大。当主应力达到了混凝土抗拉强度时，就将在剪弯区段出现第一条斜裂缝。斜裂缝的形成有两种方式：一种是斜裂缝首先在梁腹板中部出现，然后向斜上方和斜下方发展。这种方式常发生在薄腹梁的支座附近和连续梁反弯点处以及预应力混凝土梁中；另一种形成方式是最常见的，首先由剪弯区段受拉边缘出现垂直裂缝，随即向斜上方发展而成为第一条斜裂缝。在第一条斜裂缝出现后，随着荷载的增加，又会有若干条斜裂缝相继出现。当荷载增加到一定程度后，在多条斜裂缝中将有一条明显加宽而形成所谓的"临界斜裂缝"，梁最终就将沿这条斜裂缝发生剪切破坏（图 4-5b）。

临界斜裂缝出现后，梁内产生了明显的应力重分布现象，这种现象表现为：在斜裂缝中混凝土退出受拉工作，从而使箍筋的拉应力显著增长。剪压破坏的一个重要特点是临界斜裂缝并不会贯通整个截面高度，而在临界斜裂缝末端存在一个混凝土剪压区。这一剪压区混凝土既负担弯矩引起的压应力 σ_x，又承担剪应力 τ_{xy}，有时还存在荷载直接作用引起的压应力 σ_y，从而处于既受压又受剪的复合应力状态。

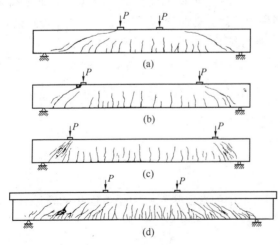

图 4-5　梁的受剪与破坏形态
（a）斜拉；（b）剪压；（c）斜压；（d）腹板斜压破坏

当荷载继续增加时，与斜裂缝相交的箍筋和纵向钢筋的应力迅速增大，斜裂缝不断开展，剪压区进一步缩小，最后，与斜裂缝相交的大部分箍筋的应力达到了屈服极限，剪压区混凝土在剪应力和压应力共同作用下也达到极限强度而破坏。

综上所述，斜截面剪压破坏发生在临界斜裂缝形成之后，破坏开始于箍筋的屈服，随后剪压区混凝土被压坏。剪压破坏时的受剪承载力主要取决于剪压区混凝土和与临界斜裂缝相交的箍筋和纵筋的抗剪能力。

4.1.2 斜拉破坏

当梁的剪跨比较大，且配箍率过低时，斜截面受剪将发生斜拉破坏。

这种梁一旦出现斜裂缝，就会很快形成临界斜裂缝，并迅速伸展到受压边缘，使构件沿临界斜裂缝拉成两部分而破坏（图 4-5a）。出现斜裂缝时的荷载与破坏荷载之间的差距很小，临界斜裂缝的坡度较缓，伸展的范围较长，基本上不存在剪压区。由于这种破坏带有突然性，且混凝土的抗压强度得不到利用，故在设计中应避免设计成可能产生这种破坏的梁。

4.1.3 斜压破坏

这种破坏主要发生在剪跨比很小或剪跨比虽然适中但箍筋配置过多的情况，这种破坏是由主压应力超过混凝土的抗压强度而引起，它的破坏特点是：随着荷载的增加和梁腹中主压应力的增大，梁腹被一系列平行的斜裂缝分割成许多倾斜的受压柱体，最后由于柱体中的混凝土被压碎而造成梁的破坏（图 4-5c）。破坏时腹筋中的应力一般均未达到屈服强度，故腹筋未能充分利用。同时，这种破坏没有明显的临界斜裂缝，破坏的发生带有突然性。因此，在设计中也应避免设计成这种可能发生斜压破坏的梁。在 T 形或 I 形截面梁中，由于腹板较薄，相对来说更容易发生这种破坏形态（图 4-5d），故尤应引起注意。

以上所述梁的斜截面受剪三种破坏形态，如果与正截面受弯的三种破坏相类比，则剪压破坏相当于适筋破坏；斜拉破坏相当于少筋破坏；斜压破坏相当于超筋破坏。但必须注意，试验结果说明，梁斜截面受剪破坏时，无论发生哪种破坏形态，破坏前都没有明显的预兆性塑性变形，因此，总的来说，剪切破坏都属于脆性破坏，而只能说剪压破坏的延性相对于其他两种破坏形态要好一些而已。根据剪切破坏的脆性性质，规范在建立梁的斜截面受剪承载力设计公式时，采用了比正截面受弯承载力设计公式要大的目标可靠指标。

4.2 斜截面受剪承载力计算

4.2.1 斜截面受剪承载力计算公式

在前面介绍的斜截面三种主要受剪破坏形态中，剪压破坏是常见的破坏形态，剪压破坏的梁，由于与临界斜裂缝相交的大部分箍筋的应力首先达到屈服强度，经过一段流幅，而后混凝土剪压区才达到在剪应力和压应力共同作用下的极限强度而破坏，因而剪压破坏的延性较好；通过改变配箍率来调整的受剪承载力的变化幅度也较大。我们希望梁的受剪破坏具有这一形态。因此，我们将以斜截面剪压破坏的受力特点作为建立梁的受剪承载力计算公式的依据。

斜拉破坏可以通过规定最小配箍率的办法加以防止；斜压破坏则可通过限制截面最小

尺寸或者限制最大配箍率的办法加以控制。

由于受力状态及影响因素相当复杂，对斜截面受剪承载力的计算，目前尚未形成国内外统一的计算理论和方法，世界各国大多采用简化的假想模型加上试验修正的计算方法。我国现行规范所采用的计算方法是以国内大量试验结果为依据，在考虑主要影响因素的基础上建立起来的经验公式。

1. 影响斜截面受剪承载力的主要因素

我国目前所采用的受弯构件斜截面受剪承载力计算公式，根据试验分析，考虑了以下几方面影响斜截面受剪承载力的主要因素：

（1）混凝土强度等级的影响

斜截面破坏是因混凝土到达极限强度而发生的，故混凝土的强度对梁的受剪承载力影响很大。

梁斜压破坏时，受剪承载力取决于混凝土的抗压强度。梁为斜拉破坏时，受剪承载力取决于混凝土的抗拉强度，而抗拉强度的增加较抗压强度来得缓慢，故混凝土强度的影响就略小。剪压破坏时，混凝土强度的影响居于上述两者之间。

（2）配箍率和箍筋强度的影响

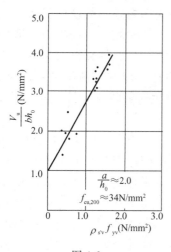

图 4-6

梁的抗剪试验结果表明，在临界斜裂缝出现以前，箍筋的应力很小，它对阻止斜裂缝的出现几乎没有什么作用。在临界斜裂缝出现以后，与斜裂缝相交的箍筋一方面直接参与抗剪；一方面将阻止斜裂缝的开展，从而相对增大了剪压区混凝土的面积，使梁的受剪承载力有较大提高。梁的受剪承载力随着配箍率及箍筋抗拉强度的增大而增大，试验资料的分析表明，当其他条件相同时，可以认为梁的受剪承载力 V_u 与配箍率 ρ_{sv} 及箍筋抗拉强度 f_{yv} 的乘积 $\rho_{sv} \cdot f_{yv}$ 之间具有线性关系（图 4-6）。

（3）剪跨比的影响

剪跨比对受剪承载力影响的规律性比较复杂，试验表明，剪跨比对整个荷载作用下的无腹筋梁影响最为显著。当剪跨比 $\lambda < 3.0$ 时，剪跨比越小，梁的受剪承载力越高；当 $\lambda > 3.0$ 时，受剪承载力趋于稳定，剪跨比的影响不再明显。对于均布荷载作用下的无腹筋梁，剪跨比应用跨高比 l/h_0 来表达。试验表明，均布荷载作用时受剪承载力随跨高比的增大而降低，当 $l/h_0 > 15$ 时，受剪承载力趋于稳定。总的说来均布荷载时受剪承载力随跨高比增大而下降的程度，比集中荷载时受剪承载力随剪跨比增大而下降的程度要小一些。

在有腹筋梁中，剪跨比的影响不及无腹筋梁那么显著，其影响程度与配箍率的大小有关，当配箍率较小时，剪跨比的影响较大；随配箍率的增大，剪跨比的影响逐渐减弱。

严格意义的剪跨比应该是广义剪跨比 $\lambda = M/Vh_0$，它与荷载的分布状态及构件的支承条件有关。在实际工程中，结构上的荷载情况是很复杂的，到目前为止，复杂荷载作用下的受剪试验资料还很少，关于剪跨比对梁受剪承载力影响的研究仍然不够充分，考虑到这种因素，同时也为了简化计算，规范所采用的计算方法只对集中荷载作用下的截面独立梁才考虑计算剪跨比对受剪承载力的影响。除此以外的其他情况，则均不考虑剪跨比变化的影响。

除上述三个主要影响因素外，纵筋配筋率 ρ、加载方式及截面高度等因素对受剪承载力也有一定影响。纵筋的"销栓作用"有利于抗剪；另一方面，纵筋配筋率的大小将影响混凝土剪压区高度的大小：纵筋配筋率大时，剪压区高度会相应加大，这就间接地提高了梁的受剪承载力。但纵筋的影响程度与剪跨比有关，剪跨比小时，纵筋影响较明显；剪跨比大时，纵筋的影响程度下降。加荷方式是指荷载作用于梁的面（称"直接加载"）还是通过梁侧面作用于梁的高度范围内（称"间接加载"）。其他条件相同时，直接加载梁的受剪承载力高于间接加载梁。截面高度的影响是一种尺寸效应，试验表明，当其他条件相同时，梁的受剪承载力随梁高的加大而有所降低，其原因是梁高很大时在斜裂缝的起始端常有较明显的沿纵筋发展的撕裂裂缝而使纵筋的销栓作用明显降低。此外，大尺寸梁破坏时斜裂缝宽度也较大，裂缝处骨料咬合力的抗剪作用因而降低。这些影响因素由于影响程度相对较小，同时也很难一一作出定量分析，因此没有将其引入计算公式，而是在确定梁的受剪承载力的经验公式时，采用大量试验受剪承载力实测值分布的偏下线作为设计计算的受剪承载力，以适当考虑这些在公式中未得到反映因素的影响。

2. 受剪承载力计算公式

（1）仅配置箍筋的梁的计算公式

对于未配置弯起钢筋，或虽配置弯起钢筋但不考虑其参与抗剪的有箍筋梁，如果以符号 V_{cs} 表示破坏斜截面上混凝土和箍筋的受剪承载力设计值，则由前述主要影响因素的分析可知，V_{cs}/bh_0 和 $\rho_{sv}f_{yv}$（图 4-6）及 V_{cs}/bh_0 和 f_t 之间均为线性关系，故当不考虑剪跨比影响时，可用下列两项和的线性表达式表达它们间的关系：

$$\frac{V_{cs}}{bh_0} = \alpha_c f_t + \rho_{sv} f_{yv} \tag{4-4}$$

式中，α_c 为待定系数。式（4-4）也可改写为：

$$\frac{V_{cs}}{f_t bh_0} = \alpha_c + \frac{\rho_{sv} f_{yv}}{f_t} \tag{4-5}$$

其中，$V_{cs}/f_t bh_0$ 称为"剪切特征值"，它反映了极限平均（名义）剪应力 V_{cs}/bh_0 与混凝土轴心抗拉强度 f_t 的相对关系。

① 均布荷载下矩形、T 形和 I 形截面的简支梁，当仅配箍筋时，斜截面受剪承载力的计算公式，根据大量受剪破坏试验实测结果，并经过可靠性分析，确定 $\alpha_c = 0.7$。于是可得：

$$\frac{V_{cs}}{f_t bh_0} = 0.7 + \frac{\rho_{sv} f_{yv}}{f_t} \tag{4-6}$$

将式（4-6）乘以 $f_t bh_0$，并将式（4-3）代入，且取 $nA_{sv1} = A_{sv}$，就得到仅配有箍筋梁的受剪承载力 V_{cs} 为：

$$V_{cs} = 0.7 f_t bh_0 + f_{yv} \frac{A_{sv}}{s} h_0$$

又按第 2 章规定的承载能力极限状态设计基本表达式，则得到梁斜截面受剪承载力设计计算公式：

$$V \leqslant V_{cs} = 0.7f_t bh_0 + f_{yv} \frac{A_{sv}}{s} h_0 \qquad (4-7)$$

式中　V——在所验算斜截面起始点处垂直截面中的剪力设计值；

　　f_t、f_{yv}——分别为混凝土轴心抗拉强度设计值及箍筋抗拉强度设计值。

式（4-7）等号右边的第一项，即 $0.7f_t bh_0$，实际上是根据均布荷载作用下的无腹筋梁的试验结果确定的，因此，可以说 $0.7f_t bh_0$ 就是承受均布荷载为主的无腹筋梁的斜截面受剪承载力设计值。式（4-7）中等号右边的第二项应理解为在配有箍筋的条件下，梁的受剪承载力设计值相对于无腹筋时可以提高的程度。

② 对集中荷载作用下的矩形梁、T 形和 I 形截面的独立简支梁，当仅配箍筋时，斜截面受剪承载力的计算公式：

式（4-7）中的两个系数是根据均布荷载作用下的简支梁、连续梁和约束梁的试验结果确定的。对于集中荷载作用下的独立梁，特别是当这种梁的剪跨比较大时，按式（4-7）计算是偏于不安全的，因而规范规定对集中荷载作用下的独立梁〔包括作用有多种荷载，且其中集中荷载对支座截面或节点边缘所产生的剪力值占总剪力值的 75% 以上的情况，以后由式（4-8）衍化的公式，适用范围均同此〕，则应考虑剪跨比的影响，并按下式计算：

$$V \leqslant V_{cs} = \frac{1.75}{\lambda + 1.0} f_t bh_0 + f_{yv} \frac{A_{sv}}{s} h_0 \qquad (4-8)$$

式中　λ——计算截面的剪跨比。可取 $\lambda = a/h_0$，a 为计算截面至支座截面或节点边缘的距离。计算截面取集中荷载作用处的截面。当 $\lambda < 1.5$ 时，取 $\lambda = 1.5$；当 $\lambda > 3$ 时，取 $\lambda = 3$。计算截面至支座截面间的箍筋应均匀配置。以后凡需考虑剪跨比时，λ 的取值原则均同此。

比较式（4-7）和式（4-8）可以看出，对集中荷载作用下的独立梁，由于必须考虑剪跨比的影响，系数 α_c 不再是常数 0.7 而是变量 $1.75/(\lambda + 1.0)$。

式（4-7）和式（4-8）所代表的斜截面受剪承载力设计值，都是实测结果的偏下限。采用这些公式计算梁的受剪承载力时，不但可以满足承载力极限状态的可靠性要求，而且由试验证明还能基本上控制使用阶段的斜裂缝宽度小于 0.2mm。

式（4-7）和式（4-8）主要依据矩形截面构件的试验结果。对 T 形、I 形截面梁的试验较少，但试验表明，由于受压翼缘的存在，增大了混凝土剪压区面积，因而可提高这类梁的受剪承载力，但提高不多。由于试验数据不足，故规范规定，对 T 形和 I 形截面梁不考虑翼缘对抗剪的有利作用，而仍按其肋部的矩形截面计算其受剪承载力。

从式（4-7）和式（4-8）可看出，对一钢筋混凝土梁，当：

$$V \leqslant 0.7f_t bh_0 \qquad (4-9)$$

以及对承受集中荷载为主的矩形截面独立梁，当：

$$V \leqslant \frac{1.75}{\lambda + 1.0} f_t bh_0 \qquad (4-10)$$

时，意味着在使用阶段一般不会出现斜裂缝，因而在理论上可采用无腹筋梁而不必配置箍筋。但在实际工程中，考虑到剪切破坏有明显的脆性，特别是斜拉破坏，斜裂缝一出现梁即告剪坏，故单靠混凝土承受剪力是不安全的。因而规范规定：仅对高度 $h < 150\text{mm}$ 的梁当满足式（4-9）或式（4-10）时，允许采用无腹筋梁而可不设置箍筋外，对其他情况，虽满足式（4-9）或式（4-10），仍应按构造要求配置箍筋。

对于钢筋混凝土板，通常不配置腹筋，如其不能满足式（4-9），则应增大板厚。由于板通常跨高（厚）比较大，起控制作用的总是正截面受弯承载力，式（4-9）总能得到满足，所以，对房屋结构的楼板、屋面板一般不必验算斜截面受剪承载力，只在楼面荷载相当大时，才进行验算。这时，因板一般都承受分布荷载，故不必考虑剪跨比影响而按式（4-9)验算。

（2）必须利用弯起钢筋抗剪的梁的计算公式

梁的跨中正弯矩在接近支座时逐渐减小，所需受拉钢筋也可减少，故常在支座附近将部分多余正弯矩钢筋弯起以抵抗剪力而节约抗剪箍筋。当支座处剪力较大，仅用箍筋抗剪会形成箍筋过密时，也可设置专门的抗剪弯筋以分担剪力。此时，斜截面受剪承载力应按下式计算：

$$V \leqslant V_{cs} + V_{sb} \tag{4-11}$$

式中　V_{sb}——与破坏斜截面相交的弯起钢筋所能承担的剪力设计值。

试验表明，V_{sb}随弯筋截面积的增大而增大，二者成线性关系。斜截面受剪破坏时，弯筋可能达到的应力与弯筋和斜裂缝相交交点的位置有关：当弯筋与临界斜裂缝的交点交于临界斜裂缝起始端时，弯筋将达到其抗拉强度设计值；当交点位于临界斜裂缝末端时，则会因接近受压区，弯筋应力将达不到其抗拉强度设计值。故弯筋在受剪破坏时的应力是不均匀的，公式中应当反映这一情况。

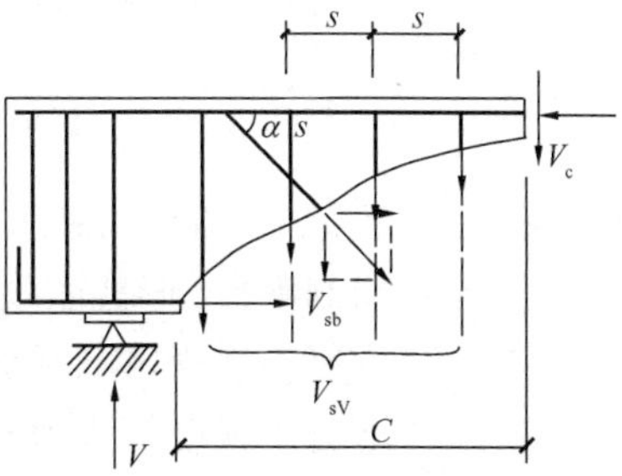

弯筋的抗剪作用如图 4-7 所示，它所能承担的剪力设计值可按下式计算：

图 4-7　斜截面上的抗剪作用

$$V_{sb} = 0.8 f_v A_{sb} \sin\alpha_s \tag{4-12}$$

式中　A_{sb}——与所验算斜截面相交的同一弯起平面内弯起钢筋的截面面积；

　　　α_s——弯起钢筋与梁纵向轴线的夹角，在一般梁中用 $\alpha_s = 45°$；当梁高 $h > 800mm$ 时，宜用 $\alpha_s = 60°$；

　　　f_v——弯起钢筋的抗拉强度设计值；

　　　0.8——弯起钢筋的应力不均匀系数。

将式（4-12）及式（4-7）或式（4-8）所确定的 V_{cs} 代入式（4-11），可得到既配置箍筋又配置弯起钢筋共同抗剪的梁的斜截面受剪承载力设计公式：

对一般梁：

$$V \leqslant 0.7 f_t b h_0 + f_{yv} \frac{A_{sv}}{s} h_0 + 0.8 f_y A_{sb} \sin\alpha_s \tag{4-13}$$

对于承受集中荷载的独立梁：

$$V \leqslant \frac{1.75}{\lambda + 1.0} f_t b h_0 + f_{yv} \frac{A_{sv}}{s} h_0 + 0.8 f_y A_{sb} \sin\alpha_s \tag{4-14}$$

4.2.2　受剪承载力计算公式的适用范围

如前所述，以上斜截面受剪承载力设计公式是以剪压破坏为依据建立起来的，因此不适用于斜压破坏和斜拉破坏。为了避免设计成这两种可能出现的破坏形态的梁，在运用前述设计公式时，必须符合以下两方面的限制条件：

1. 最小截面尺寸

规定最小截面尺寸的目的主要是防止斜压破坏，另外也可防止构件在使用阶段斜裂缝过大和腹筋布置过多过密不便于施工等情况的发生。

规范规定，矩形、T形和I形截面的受弯构件，其受剪截面应符合下列条件：

当 $\frac{h_w}{b} \leqslant 4$ 时：

$$V \leqslant 0.25\beta_c f_c b h_0 \tag{4-15}$$

当 $\frac{h_w}{b} \geqslant 6$ 时：

$$V \leqslant 0.2\beta_c f_c b h_0 \tag{4-16}$$

当 $4 < \frac{h_w}{b} < 6$ 时，按直线内插法取用，也可按下式计算：

$$V \leqslant 0.025\left(14 - \frac{h_w}{b}\right)\beta_c f_c b h_0 \tag{4-17}$$

式中　h_w——梁截面的腹板高度，矩形截面取有效高度 h_0；T形截面取有效高度减去翼缘高度；I形截面取腹板净高；

β_c——混凝土强度影响系数，当混凝土强度等级不超过C50时，取 $\beta_c = 1.0$；当混凝土强度等级为C80时，取 $\beta_c = 0.8$，其间按直线内插法取用；

f_c——混凝土轴心抗压强度设计值。

规定最小截面尺寸实际上相当于规定了腹筋数量的上限值。例如，对均布荷载作用的常用普通矩形梁 $\left(\frac{h_w}{b} < 4\right)$，当仅配置箍筋时，满足式（4-15）就相当于其配箍必须满足：

$$\rho_{sv} \leqslant \rho_{sv,max} = \frac{0.25\beta_c f_c - 0.7f_t}{f_{yv}} \tag{4-18}$$

如不能满足式（4-15）～式（4-17）的要求时，则应加大梁截面尺寸，直到满足为止。

2. 最小配箍率

为防止在剪跨比较大的梁中出现突然发生的斜拉破坏，以及使梁的实际受剪承载力，特别是截面高度较大梁的受剪承载力不低于按基本计算公式求得的受剪承载力，当梁不能满足式（4-9）或式（4-10）的要求，而需通过受剪承载力计算来确定腹筋用量时，计算所得的箍筋用量应满足下列条件：

$$\rho_{sv} \geqslant \rho_{sv,min} = 0.24\frac{f_t}{f_{yv}} \tag{4-19}$$

当一般梁按 $\rho_{sv} = \rho_{sv,min}$ 配箍时，其剪切特征值可将式（4-19）代入式（4-6）得到 $V_{cs}/f_t b h_0 = 1.0$；对于集中荷载作用下的矩形截面独立梁，则可得 $V_{cs}/f_t b h_0 = 1.75/(\lambda + 1.0) + 0.24$。这说明对一般钢筋混凝土梁，如果不满足式（4-9），但能满足：

$$V_{cs} \leqslant 1.0f_t b h_0 \tag{4-20}$$

对集中荷载作用下的独立梁，如果不满足式（4-10），但能满足：

$$V \leqslant \left(\frac{1.75}{\lambda + 1.0} + 0.24 \right) f_t b h_0 \qquad (4\text{-}21)$$

则可直接按最小配箍率配置箍筋，并且同时还应满足箍筋最小直径和最大间距的构造规定。

单纯用最小配箍率来控制箍筋的最低用量是不够的，还必须对箍筋最小直径和最大间距规定出限制条件，因为当箍筋间距过大时，如图 4-8（a）所示，斜裂缝将有可能不与箍筋相交或相交在箍筋不能充分发挥作用的部位，这时箍筋将无法起到有效提高梁受剪承载力的作用。此外，在梁内设置较密的箍筋还能减小斜裂缝宽度和增强纵向钢筋在支座处的锚固。为了使钢筋骨架具有足够的刚度，箍筋直径也不应过小。综合考虑以上因素后，规范对箍筋的最大间距和最小直径作了具体规定，箍筋的最大容许间距 s_{max} 详见 4.4 节表 4-1 及有关说明，对箍筋直径的要求则详见 4.4 节。

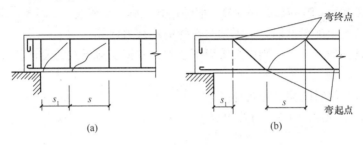

图 4-8

（a）箍筋的最小间距；（b）弯起钢筋的弯起点弯终点位置

还需指出，当梁内配置有弯起钢筋时，如图 4-8（b）所示，前一排弯起钢筋的弯起点至后一排弯起钢筋弯终点之间的水平距离 s 以及第一排弯起钢筋的弯终点至梁支座边缘的水平距离 s_1 也不得大于表 4-1 中 $V > 0.7 f_t b h_0$ 一栏里规定的箍筋最大容许间距 s_{max}。

规范规定，除去高度在 150mm 以下的梁可以不设箍筋，以及高度在 150～300mm 之间的梁，当其中部 1/2 跨度范围内没有集中荷载作用时，可在其中部 1/2 跨度范围内不设箍筋外，在其他各种形式的梁内，都必须沿梁全长设置箍筋。

4.2.3 斜截面受剪承载力计算步骤

1. 受剪承载力的设计步骤

一般是已知截面的剪力设计值、构件截面尺寸及混凝土强度等级，求箍筋用量或求箍筋和弯起钢筋用量。

首先必须确定应进行斜截面受剪承载力计算的部位。在计算斜截面受剪承载力时，一般是取作用在该斜截面范围内的最大剪力，即斜截面起始端的剪力作为剪力设计值，这是偏于安全的。一般应对以下部位为起始端的斜截面进行受剪承载力计算：

① 支座边缘处的截面（图 4-9a、b 中的 1-1 截面）；

② 受拉区弯起钢筋弯起点处的截面（图 4-9b 中的 2-2 和 3-3 截面）；

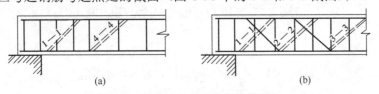

图 4-9 斜截面受剪承载力计算部位

③ 箍筋截面面积或间距改变处的截面（图 4-9a 中的 4-4 截面）；

④ 腹板（梁肋）宽度改变处的截面。

对上述部位的斜截面，可按下列步骤进行斜截面受剪承载力计算：

（1）梁截面尺寸复核

梁的截面尺寸一般是根据正截面承载力和刚度等要求（刚度要求见第 5 章）确定的。从斜截面受剪承载力方面还应按式（4-15）～式（4-17）验算截面尺寸，如不满足式（4-15）～式（4-17），则应加大截面尺寸或提高混凝土强度等级，直到满足为止。

（2）决定是否需要进行斜截面承载力计算

若梁所承受的剪力较小，而截面尺寸又较大，能满足式（4-9）或式（4-10）时，则可按前述有关箍筋直径和间距的构造要求配置箍筋，而无须再作受剪承载力计算。

如果不满足式（4-9）或式（4-10），但满足式（4-20）或式（2-21），则可按最小配箍率和相应的构造要求配置箍筋，也无须再作受剪承载力计算。

如果上述条件均不满足，则应继续以下步骤，根据受剪承载力设计公式计算所需腹筋数量。

（3）仅配置箍筋时的箍筋数量计算

根据式（4-7）或式（4-8）可算出要求的 A_{sv}/s，即：

对一般梁：

$$\frac{A_{sv}}{s} = \frac{V - 0.7 f_t b h_0}{f_{yv} h_0} \tag{4-22}$$

对集中荷载作用下的矩形截面独立梁：

$$\frac{A_{sv}}{s} = \frac{V - \dfrac{1.75}{\lambda + 1.0} f_t b h_0}{f_{yv} h_0} \tag{4-23}$$

A_{sv}/s 值确定后，即可选择一合适的箍筋直径和肢数以确定 A_{sv}，再由 A_{sv}/s 值算出 s，并参照构造要求和尾数取整原则确定实用的 s 值。应在满足构造要求的原则下使实际采用的 A_{sv}/s 值尽量接近上列公式计算的 A_{sv}/s 值。

如其在不宜再增大箍筋直径的情况下所得箍筋间距过密，则宜考虑采用弯起钢筋与箍筋共同抗剪。

（4）采用弯起钢筋与箍筋共同抗剪，确定腹筋用量

此时有两种计算方法。一种是先选定箍筋数量（包括箍筋肢数、直径和间距），然后计算所需弯起钢筋数量。箍筋既已选定，就可利用公式（4-7）或式（4-8）算出 V_{cs} 值，需要的弯起钢筋截面面积则可由公式（4-13）或式（4-14）算出：

$$A_{sb} = \frac{V - V_{cs}}{0.8 f_y \sin\alpha_s} \tag{4-24}$$

另一种计算方法是先选定弯起钢筋截面面积，然后计算箍筋，箍筋用量可按下列公式确定：

$$\frac{A_{sv}}{s} = \frac{V - 0.7 f_t b h_0 - 0.8 f_y A_{sb} \sin\alpha_s}{f_{yv} h_0} \tag{4-25}$$

或：

$$\frac{A_{sv}}{s} = \frac{V - \dfrac{1.75}{\lambda + 1.0} f_t b h_0 - 0.8 f_y A_{sb} \sin\alpha_s}{f_{yv} h_0} \tag{4-26}$$

后一种方法宜用于跨中正弯矩钢筋较富裕，可以弯起一部分用来抵抗剪力时。

若剪力图为三角形（均布荷载作用时）或梯形（集中荷载和均布荷载共同作用时），则弯起钢筋的计算应从支座边缘截面开始向跨中逐排计算（图4-9b），直至不需要弯起钢筋为止，见【例4-1】。当剪力图为矩形时（集中荷载作用时），则在每一等剪力区段内只需计算一个截面，然后按允许最大间距 s_{max} 在所计算的等剪力区段内确定所需弯起钢筋排数，每排弯起钢筋的截面面积均不应小于计算值。

以上所述计算步骤，可用图4-10所示的框图来表示（图4-10以 $h_w/b \leqslant 4.0$ 且可不考虑剪跨比影响的普通钢筋混凝土梁为例）。

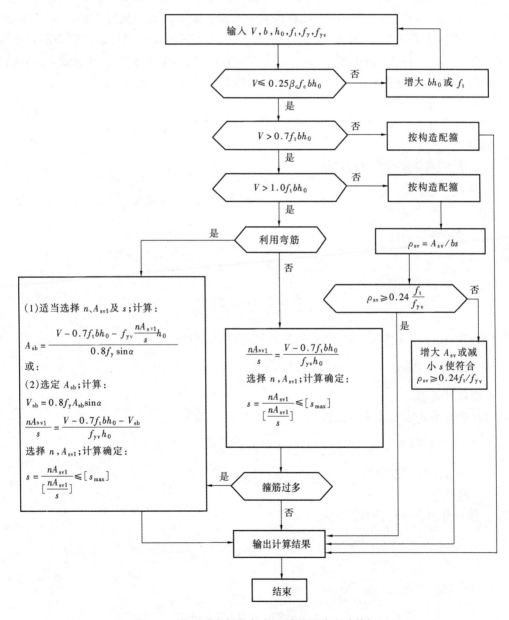

图 4-10　普通受弯构件斜截面受剪承载力计算框图

2. 受剪承载力的校核步骤

受剪承载力校核是指已知构件的截面尺寸、混凝土强度等级、箍筋和弯起钢筋的级别和配置数量，反过来确定斜截面所能承担的剪力。此时可首先计算配箍率 ρ_{sv}，如有 $\rho_{sv} \leqslant \rho_{sv,min}$，则受剪承载力应按式（4-9）或式（4-10）确定；如其 $\rho_{sv} > \rho_{sv,min}$，则应按式（4-15）～式（4-17）确定受剪承载力上限值 $V_{u,max}$，然后区别只配置箍筋或同时配有箍筋和弯起钢筋的两种不同情况，分别利用式（4-7）或式（4-8）、式（4-13）或式（4-14）计算斜截面受剪承载力 V_u，如果 $V_u \leqslant V_{u,max}$，则 V_u 即为梁所能承受的剪力设计值；若 $V_u > V_{u,max}$，则应取 $V_{u,max}$ 作为所验算梁能够承受的剪力设计值。

【例 4-1】已知钢筋混凝土矩形截面简支梁，作用有均布荷载设计值 136kN/m（已包括梁自重）。梁净跨 $l_0 = 5300mm$，计算跨度 $l = 5500mm$；截面尺寸 $b \times h = 250mm \times 550mm$。混凝土采用 C30，$f_c = 14.3N/mm^2$，$f_t = 1.43N/mm^2$；受拉钢筋用 HRB400 级，$f_y = 360N/mm^2$；箍筋用 HRB335 级，$f_{yv} = 300N/mm^2$。根据正截面受弯承载力计算已配有 6$\Phi$22 拉筋，按两排布置。分别按下列两种情况计算其受剪承载力：

（1）由混凝土和箍筋抗剪；

（2）由混凝土、箍筋和弯起钢筋共同抗剪。

【解】

（1）求支座边缘的剪力设计值

$$V_A = \frac{1}{2}ql_n = \frac{1}{2} \times 136 \times 5.3 = 360.4kN$$

（2）截面尺寸校核

$$h_w = h_0 = 550 - 65 = 485mm$$

$$\frac{h_w}{b} = \frac{485}{250} = 1.94 < 4$$

应按式（4-15）验算，因混凝土强度等级为 C30，故取 $\beta_c = 1$，

$$0.25\beta_c f_c b h_0 = 0.25 \times 1 \times 14.3 \times 250 \times 485 = 433469N > 360400N$$

截面尺寸足够。

（3）验算是否需要计算配置腹筋：应按式（4-9）验算

$$0.7f_t b h_0 = 0.7 \times 1.43 \times 250 \times 485 = 121371N < 360400N$$

故必须按计算配置腹筋。

（4）腹筋计算

① 第一种情况：梁中仅配箍筋。

$$\frac{A_{sv}}{s} = \frac{V - 0.7f_t b h_0}{f_{yv}h_0} = \frac{360400 - 0.7 \times 1.43 \times 250 \times 485}{300 \times 485} = 1.642$$

采用双肢Φ12 箍筋，$A_{sv1} = 113mm^2$。

$$s = \frac{2 \times 113}{1.642} = 137.6mm$$

取 $s = 130\text{mm}$。由 4.4 节表 4-1 查得 $V > 0.7f_tbh_0$，$500\text{mm} < h \leqslant 800\text{mm}$ 时，$[s_{\max}]$ $= 250\text{mm}$，故所取 s 满足要求。

② 第二种情况：梁中用箍筋和弯起钢筋共同抗剪。

可先按构造配置箍筋，初步选用 Φ 10@200 双肢箍筋，$A_{\text{sv1}} = 78.5\text{mm}^2$。

$$\rho_{\text{sv}} = \frac{nA_{\text{sv1}}}{bs} = \frac{2 \times 78.5}{250 \times 200} = 0.314\%$$

而

$$\rho_{\text{sv,min}} = 0.24 \frac{f_t}{f_{yv}} = \frac{0.24 \times 1.43}{300} = 0.114\% < \rho_{\text{sv}}，满足要求。$$

取弯起钢筋弯起角 $\alpha_s = 45°$，计算第一排弯起钢筋的需要量：按式（4-13）

$$A_{\text{sb1}} = \frac{V_A - 0.7f_tbh_0 - f_{yv}\dfrac{nA_{\text{sv1}}}{s}h_0}{0.8f_y\sin\alpha_s}$$

$$= \frac{360400 - 0.7 \times 1.43 \times 250 \times 485 - 300 \times \dfrac{2 \times 78.5}{200} \times 485}{0.8 \times 360 \times \sin45°}$$

$$= 612.9\text{mm}^2$$

由跨中已配拉筋中弯起 2Φ22，$A_{\text{sb1}} = 760\text{mm}^2$，满足计算所需的 A_{sb1}。

验算是否需要第二排弯起钢筋。如图 4-11 所示，第二排弯起钢筋的面积应根据第一排弯起钢筋弯起点 B 处的 V_B 计算。由于纵向拉筋混凝土保护层为 30mm，故第一排弯起钢筋弯起点和弯终点间的水平距离为 $550 - 30 \times 2 = 490\text{mm}$，于是 B 点距支座边缘的水平距离即为 $50 + 490 = 540\text{mm}$。求 B 截面剪力设计值 V_B：

$$V_B = 360.4 - 136 \times 0.54 = 287.0\text{kN}$$

而 B 截面的 V_{cs} 为：

$$V_{\text{cs}} = 0.7f_tbh_0 + f_{yv}\frac{A_{\text{sv}}}{s}h_0$$

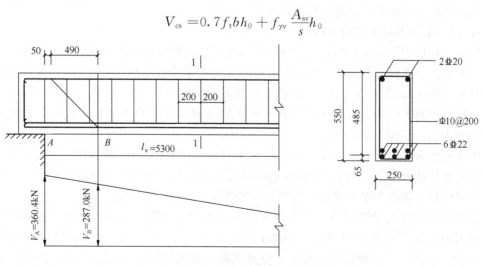

图 4-11　例 4-1 图

$$=0.7 \times 1.43 \times 250 \times 485 + 300 \times \frac{2 \times 78.5}{200} \times 485$$

$$=235588\text{N} < V_\text{B} = 287000\text{N}$$

故仍需第二排弯起钢筋，需要弯起几根钢筋的进一步计算此处略去。

4.3 斜截面受弯承载力

4.3.1 斜截面受弯承载力验算的基本条件

在梁的斜截面承载力计算中，除必须满足受剪承载力要求外，还必须使斜截面具有足够的受弯承载力。从有腹筋梁中沿临界斜裂缝切出一个脱离体如图 4-12 所示。根据平衡条件可以写出斜截面受弯承载力计算所应满足的基本条件为：

$$M \leqslant N_\text{s} z_\text{s} + \sum_{i=1}^{n} N_\text{svi} z_\text{svi} + N_\text{sb} z_\text{sb} \quad (4\text{-}27)$$

式中　　N_s、N_sb——分别为与斜裂缝相交的纵向受拉钢筋和弯起钢筋的拉力；

z_s、z_sb——分别为纵向受拉钢筋和弯起钢筋合力作用点至剪压区压力合力作用点之间的距离；

N_svi——与斜裂缝相交的第 i 排箍筋所能承担的拉力；

图 4-12　有腹筋梁沿临界斜裂缝脱离体

z_svi——第 i 箍筋合力作用点至剪压区压力合力作用点的水平距离；

M——斜裂缝末端处垂直截面上的弯矩设计值。

从式（4-27）可以看出，在斜截面中除纵向钢筋外，箍筋和弯起钢筋也将参与承担弯矩。对于一般等截面梁，只要能保证纵向钢筋不过早地切断和弯起以及保证纵向钢筋的锚固，则斜截面受弯承载力就能得到保证而不必验算。

4.3.2 钢筋混凝土梁的材料图

所谓"材料图"系指根据受力主筋的实际配置情况所绘制的正截面抵抗弯矩图。

一根梁各个正截面的抵抗弯矩，可按实际配置的受拉钢筋数量用第 3 章中复核截面的方法算得。图 4-13 所示简支梁中，纵向受拉钢筋是按跨中最大弯矩 M_max 确定的，由于这根梁实际配置的 4 根主筋的截面面积略大于按 M_max 计算出的钢筋面积，故跨中正截面的抵抗弯矩 M_umax 也就稍大于 M_max。

如果全部纵向钢筋向梁两端一直伸入支座，则由于沿梁长各正截面配筋数量相同，其抵抗弯矩也就彼此相等，亦即表示各正截面抵抗弯矩的材料图纵坐标沿梁长处处等于 M_umax。梁的材料图即为水平线 dd' 与弯矩图基线 oo' 之间的矩形图形。

若受拉纵筋强度等级相同，则可按钢筋截面面积比将纵坐标 M_umax 划分成每根钢筋所能承担的弯矩。如图 4-13 所示，纵坐标 $o'a'$、$o'b'$、$o'c'$ 和 $o'd'$ 就将分别表示正截面配有一根、二根、三根和四根主筋时，截面所能承担的弯矩。过 a'、b' 和 c' 各作一条水平线，它们与弯矩包络图（见第 8 章）各有左、右两个交点，例如，cc' 与弯矩包络图交

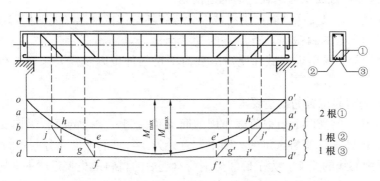

图 4-13　简支梁正截面的设计弯矩图和抵抗弯矩图

于 e 和 e' 点。在 e 点以左及 e' 点以右的正截面中的弯矩设计值已小于 e 和 e' 处正截面的弯矩设计值，故已不再需要③号钢筋来承担弯矩，因此，e 和 e' 点处的正截面即为按计算不需要③号钢筋的截面。若反过来由支座向跨中方向观察，则可看出，②号钢筋只有到达同一 e 和 e' 点后，其正截面承载力才被充分利用，故 e 和 e' 点处的正截面也就是②号钢筋强度充分利用的截面。同理，h 和 h' 点处的正截面既为按计算不需要②号钢筋的截面，也是①号钢筋（纵坐标 ab 间的一根）强度充分利用的截面。其他点处的正截面可以此类推。

1. 梁中受拉钢筋截断后的材料图

在图 4-13 中，设若将从跨中伸来的③号钢筋在按计算不需要的 e 和 e' 截面处截断，则在 e 和 e' 截面以外已无③号钢筋，故在 e 和 e' 处出现跳跃的阶梯形折线 $ceff'e'c'$，图形 $oceff'e'c'o'$ 即为在 e 和 e' 截面处截断③号钢筋后的材料图。截断其他钢筋时的阶梯形材料图可以此类推。

2. 梁中受拉钢筋弯起后的材料图

如果将梁内某些纵向受拉钢筋在适当部位弯起，则可加强梁内在此部位的斜截面受剪承载力。例如，在图 4-13 中，将③号钢筋在某个部位，比如分别在其两端计算不需要截面 e 和 e' 的对应点 f 和 f' 处弯起。在上弯过程中，随着离弯起点 f 和 f' 水平距离的逐渐增大，由于③号钢筋在正截面中的内力臂不断减小，所以梁在弯起后所能承担的弯矩也随之不断降低，直至③号钢筋弯起段穿过梁中心线后，即可认为包括交点在内的后一弯起段中的内力臂已减小至零，而不能再承担正截面中的弯矩，这样假定是偏于安全的。因此，从弯起点 f 和 f' 至弯起钢筋与梁中心线的交点对应点 g 和 g' 之间所连接的直线段 fg 和 $f'g'$，就表示了弯起钢筋弯起段所能承担正截面中弯矩的变化全过程。只要弯起钢筋弯起段与梁中心线的交点所对应的 g 和 g' 点落在按计算不需要③号钢筋的 e 和 e' 截面之外，则梁各个正截面的受弯承载力就可得到保证，于是，折线图形 $ocgff'g'c'o'$ 即为③号钢筋在 e 和 e' 截面处弯起后的材料图。

综上所述，为了保证受弯构件各个正截面都有足够的受弯承载力，就必须使梁按实际布置的钢筋（含截断及弯起钢筋）所确定出的材料图将弯矩包络图包络在内，即要求梁按实际布置的钢筋所确定的抵抗弯矩值大于或等于同一截面中的弯矩设计值。此外，材料图越接近弯矩包络图，就说明纵向钢筋的利用越充分。

4.3.3 保证斜截面受弯承载力的构造措施

根据设计经验，只要在可能产生斜截面受弯破坏的部位采取必要的构造措施，就能保证一般钢筋混凝土梁的斜截面具有足够的受弯承载力，而不必再按公式（4-27）进行验算。现将几个比较容易出现斜截面受弯承载力不足的部位以及需要采取的构造措施分述如下：

1. 弯起钢筋弯起位置的构造要求

取图 4-14 所示的受两个集中荷载作用的简支梁为例，梁内的三根纵向受力钢筋是根据跨中最大弯矩 M_{max} 计算后选定的，图中 a 点处为③号钢筋强度充分利用的截面，c 点为弯起钢筋与梁中心线的交点。为了使③号钢筋弯起后的材料图更接近梁的弯矩包络图，可将③号钢筋在按正截面受弯承载力计算中不需要其截面面积之前，离 a 点一定距离的 b 点处弯起。如前所述，只要 c 点位于不需要③号钢筋的截面之外，则梁各个正截面的受弯承载力就必然足够。

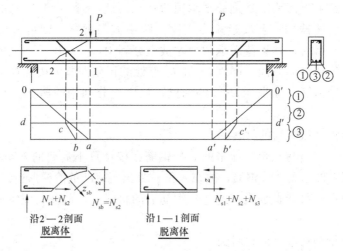

图 4-14　集中荷载作用下简支梁正截面的设计弯矩图和抵抗弯矩图

另一方面，比较图 4-14 中的正截面 1-1 和斜截面 2-2，两截面的弯矩设计值相同，而抵抗弯矩值则分别为 $M_{u1} = (N_{s1} + N_{s2} + N_{s3})z_s$、$M_{u2} = (N_{s1} + N_{s2})z_s + N_{sb}z_{sb}$。其中 N_{s1}、N_{s2} 和 N_{s3} 分别为①、②和③号钢筋所能承担的拉力。正截面 1-1 中的抵抗弯矩足够。若③号钢筋过早弯起，即弯起点 b 到 a 点强度充分利用截面的距离过小，则将使斜截面 2-2 中的内力臂 $z_{sb} < z_s$，因而斜截面 2-2 中的抵抗弯矩 M_{u2} 将小于 M_{u1}，这就会使梁由于斜截面 2-2 的抵抗弯矩不足而发生斜截面受弯破坏。为了保证斜截面 2-2 有足够的受弯承载力，应使③号钢筋弯起点 b 到 a 点的强度充分利用截面的距离足够大，而能满足条件 $z_{sb} \geqslant z_s$，当取等号，即 $z_{sb} = z_s$ 时，此距离 ab 即为保证斜截面 2-2 受弯承载力的最小距离，它与弯起钢筋弯起段同梁轴线间的夹角 α_s 和梁的有效高度 h_0 有关，经计算，此最小距离可近似取为 $h_0/2$。

综上所述，规范对弯起钢筋作了如下规定：在梁的受拉区，弯起钢筋的弯起点，可在按正截面受弯承载力计算不需要该钢筋截面面积之前弯起，但弯起钢筋与梁中心线的交点，应在不需要该钢筋的截面之外（图 4-14 及图 4-16）；同时，弯起点与按计算充分利用该钢筋的截面之间的距离，不应小于 $h_0/2$（图 4-16）。

2. 纵向受拉钢筋在梁受拉区截断的构造要求

梁内纵向受拉钢筋一般不宜在受拉区截断。因为在部分钢筋截断处，特别是当一次截断的钢筋根数较多时，有可能出现过宽的裂缝，但在连续梁支座附近的负弯矩区段内，往往由于配置在上部受拉区的纵向受拉钢筋较多，不可能全部向下弯折作为弯起钢筋使用，也不适于将向下弯折后的较大部分拉筋在梁上部全部拉通作为构造的架立钢筋使用，故必然有一部分纵向受拉钢筋需在受拉区截断。这时除要求一次截断的钢筋根数一般不多于 2 根外，还应考虑斜截面的受弯承载力。

以图 4-15 所示的连续梁为例来说明应如何考虑受拉钢筋在拉区截断后的受弯承载力。在图示的负弯矩区段内，按最大负弯矩设计值计算配有 4 根受拉主筋，其中的①、②号钢筋如果在不需要②号钢筋的 a 截面处截断，则正截面 1-1 虽然有足够的抵抗弯矩，但斜截面 2-2 却可能受弯承载力不足，因为斜截面 2-2 中的弯矩设计值 M_2 大于截面 1-1 中的弯矩设计值 M_1。在斜截面 2-2 中除③、④号纵筋承担了弯矩设计值 M_1 外，大于 M_1 的那部分弯矩设计值 $(M_2 - M_1)$ 就只能由与斜截面 2-2 相交的几根箍筋承担，而这几根箍筋有可能不足以承担 $(M_2 - M_1)$，于是斜截面 2-2 的受弯承载力就将不够。为了防止这一类情况出现，就有必要将所要截断的纵向受拉钢筋伸过其不需要的截面一定长度后方可截断，以便在可能出现的斜裂缝 2-2 中有足够数量的纵筋参与承担 M_2。

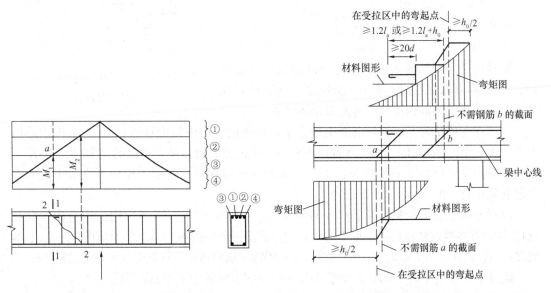

图 4-15　受拉钢筋在拉区截断后的受弯承载力　　图 4-16　梁支座截面负弯矩纵向受拉钢筋截断时
　　　　　　　　　　　　　　　　　　　　　　　　　　　　　　的锚固长度

梁支座截面负弯矩纵向受拉钢筋当必须截断时，规范规定应符合：

（1）当 $V \leqslant 0.7 f_t b h_0$ 时，应延伸至按正截面受弯承载力计算不需要该钢筋的截面以外不小于 $20d$ 处截断，且从该钢筋强度充分利用截面伸出的长度不应小于 $1.2 l_a$（图 4-16）。

（2）当 $V > 0.7 f_t b h_0$ 时，应延伸至按正截面受弯承载力计算不需要该钢筋的截面以外不小于 h_0 且不小于 $20d$ 处截断，且从该钢筋强度充分利用截面伸出的长度不应小于

$1.2l_a + h_0$（图 4-16）。

（3）若按上述规定的截断点仍位于负弯矩受拉区内，则应延伸至按正截面受弯承载力计算不需要该钢筋的截面以外不小于 $1.3h_0$ 且不小于 $20d$ 处截断，且从该钢筋强度充分利用截面伸出的延伸长度不应小于 $1.2l_a + 1.7h_0$。

在悬臂梁中，应有不少于 2 根上部钢筋伸至悬臂梁外端，并向下弯折不小于 $12d$；其余钢筋不应在梁的上部截断，而应按前面所述满足斜截面受弯承载力规定的弯起点位置向下弯折，并在梁的下边锚固，弯终点外的锚固长度在受压区不应小于 $10d$。

3. 钢筋混凝土梁纵向钢筋伸入支座的锚固长度

如图 4-12 所示，若在简支支座边缘附近出现斜裂缝，则斜裂缝末端垂直截面上的弯矩比支座边缘附近垂直截面上的弯矩大得多，因而与此斜裂缝相交的下部纵向受拉钢筋中的拉应力往往较大，若这些钢筋伸入支座的锚固长度不够，则可能因其被拔出而造成斜截面破坏。为了保证下部纵向受拉钢筋的可靠锚固，规范规定，钢筋混凝土简支梁的下部纵向受拉钢筋伸入梁支座范围内从支座边缘算起的锚固长度 l_{as} 应符合下列条件（图 4-17）：

当 $V \leqslant 0.7f_t bh_0$ 时：

$$l_{as} \geqslant 5d$$

当 $V > 0.7f_t bh_0$ 时：

带肋钢筋　　　$l_{as} \geqslant 12d$

光面钢筋　　　$l_{as} \geqslant 15d$

如纵向受力钢筋伸入梁支座范围内的锚固长度不符合上述规定时，应采取钢筋上加焊锚固钢筋或将纵筋端部焊接在梁端的预埋件上等有效锚固措施。

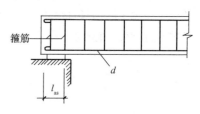

图 4-17　简支梁下部纵向钢筋伸入支座的锚固长度

支承在砌体结构上的钢筋混凝土独立梁，在纵向受力钢筋的锚固长度 l_{as} 范围内应配置不少于 2 个箍筋（图 4-17），其直径不宜小于纵向受力钢筋最大直径的 0.25 倍，间距不宜大于纵向受力钢筋最小直径的 10 倍；当采取机械锚固时，箍筋间距尚不宜大于纵向受力钢筋最小直径的 5 倍。

混凝土强度等级小于或等于 C25 的简支梁，在距支座边 $1.5h$ 范围内作用有集中荷载（包括作用有多种荷载，且其中集中荷载对支座截面所产生的剪力占总剪力值的 75% 以上的情况），且 $V > 0.7f_t bh_0$ 时，对带肋钢筋宜采用附加锚固措施，或取锚固长度 $l_{as} \geqslant 15d$。

连续梁或框架梁的上部纵向钢筋应贯穿其中间支座或中间节点范围。

连续梁或框架梁的下部钢筋伸入中间支座或中间节点范围内的锚固长度应按下列规定取用：

（1）当计算中不利用其强度时，其伸入的锚固长度应符合上述 $V > 0.7f_t bh_0$ 时的规定。

（2）当计算中充分利用钢筋的抗拉强度时，钢筋可采用直线方式锚固在节点或支座内，锚固长度不应小于钢筋的受拉锚固长度 l_a；当柱截面不足时，可采用钢筋端部加锚头的机械锚固措施，也可采用 90° 弯折锚固的方式。

（3）当计算中充分利用钢筋的抗压强度时，钢筋应按受压钢筋锚固在中间节点或中间支座内，其直线锚固长度不应小于 $0.7l_a$。

锚固的其他规定详见规范。

4.4　箍筋及弯起钢筋的其他构造要求

4.4.1　箍筋的构造要求

1. 箍筋的直径

梁中箍筋最小直径，当截面高度 $h > 800$mm 时，不宜小于 8mm；当截面高度 $h \leqslant 800$mm 时，不宜小于 6mm。

当梁中配有按计算的受压钢筋时，箍筋的直径还不应小于 $d/4$（d 为受压钢筋的最大直径）。

2. 箍筋的肢数和形式

箍筋的肢数决定于梁宽及一排纵向钢筋的根数：当梁宽 $b \leqslant 400$mm 且一层内的纵向受压钢筋不多于 4 根或一层内的纵向受拉钢筋不多于 5 根时，常用双肢箍筋（图 4-18a，b）；当梁宽 $b > 400$mm 且一层内的纵向受压钢筋多于 3 根时，或梁宽 $b \leqslant 400$mm 但一层内的纵向受压钢筋多于 4 根时，应采用四肢箍筋（图 4-18c）。四肢箍筋是由 2 个双肢箍筋套叠组成。

箍筋一般都做成封闭式，其形式见图 4-18。

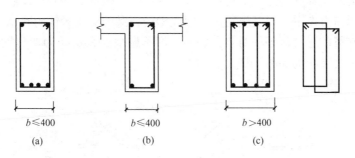

图 4-18　箍筋的形式

3. 箍筋的间距

梁内箍筋间距不宜过密，否则不便于施工。一般箍筋间距不小于100mm。箍筋间距也不应过大，其最大间距应符合表 4-1 的规定。当梁内配置有受压钢筋时，在绑扎骨架中，箍筋间距不应大于 15d（d 为受压钢筋的最小直径），同时不应大于 400mm；当一层内的纵向受压钢筋多于 5 根且直径大于 18mm 时，箍筋间距不应大于 10d，以防止受压钢筋在临近破坏时失稳。在绑扎骨架中纵向受力钢筋的非焊接搭接接头长度范围内，应配置直径不小于搭接钢筋较大直径的 0.25 倍的箍筋，当搭接钢筋为受拉时，其箍筋间距不应大于 5d 且不应大于 100mm；当搭接钢筋为受压时，其箍筋间距不应大于 10d 且不应大于 200mm（d 为受力钢筋的最小直径）。当受压钢筋直径 $d > 25$mm 时，尚应在搭接接头两个端面处 100mm 范围内各设置 2 个箍筋。

梁中箍筋的最大间距 s_{max}（mm）　　　　　　　　　　表 4-1

梁高 h	$V > 0.7 f_t b h_0$	$V \leqslant 0.7 f_t b h_0$
$150 < h \leqslant 300$	150	200

梁高 h	$V > 0.7f_tbh_0$	$V \leqslant 0.7f_tbh_0$
$300 < h \leqslant 500$	200	300
$500 < h \leqslant 800$	250	350
$h > 800$	300	400

4.4.2 弯起钢筋的构造要求

1. 弯起钢筋的直径和根数

弯起钢筋一般是由纵向受力钢筋弯起而成，故其直径与纵向受力钢筋相同。为了保证有足够的纵向钢筋伸入支座，梁跨中纵向钢筋最多弯起 2/3、至少应有 1/3 且不少于 2 根沿梁底伸入支座，位于梁底两侧的纵筋不应弯起。

2. 弯起钢筋的位置

弯起钢筋的位置（排数）和根数是按斜截面受剪承载力计算确定的，弯起钢筋的位置还应符合本章 4.3 节中保证斜截面受弯承载力的构造要求和图 4-8（b）的规定。

梁中弯起钢筋的弯起角度一般取 45°。当梁高大于 800mm 时，可取为 60°。

3. 弯起钢筋的锚固

如果弯起钢筋在其弯终点处不需再继续延伸，则必须留够锚固长度后方可截断，以保证弯起钢筋起到受力作用，规范规定，当弯起钢筋在梁的受压区锚固时，其锚固长度不应小于 10d；当在梁的受拉区锚固时，其锚固长度不应小于 20d（d 为弯起钢筋的直径）。光面钢筋末端尚应设置弯钩（图 4-19）。

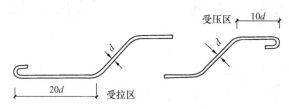

图 4-19 光面弯起钢筋末端构造

思 考 题

1. 受弯构件为什么会出现斜向裂缝？
2. 影响斜截面受力性能的主要因素有哪些？
3. 受弯构件斜截面有哪几种主要破坏形态？
4. 防止斜截面破坏的承载力条件是什么？
5. 怎样计算矩形、T 形和 I 形截面受弯构件斜截面抗剪承载力？
6. 梁在什么情况下才可以采用集中荷载作用下的斜截面抗剪承载力公式？
7. 如何防止斜拉破坏和斜压破坏？
8. 什么情况下可以按构造要求配置箍筋？
9. 哪些截面需要进行斜截面抗剪承载力计算？
10. 斜截面抗剪承载力的计算步骤是什么？
11. 保证斜截面抗弯承载力的构造措施是什么？

12. 纵向受力钢筋可以在哪里弯起?

13. 纵向受力钢筋可以在哪里截断?

习　题

1. 钢筋混凝土简支梁,截面尺寸为 $b \times h = 200\text{mm} \times 500\text{mm}$,$a_s = 35\text{mm}$,混凝土为 C30,承受剪力设计值 $V = 1.4 \times 10^5 \text{N}$,箍筋为 HRB335 级钢筋,求所需受剪箍筋。

2. 梁截面尺寸同习题 1,但 $V = 6.2 \times 10^4 \text{N}$ 及 $V = 3.8 \times 10^5 \text{N}$,应如何处理?

3. 一简支梁如图 4-20 所示,混凝土为 C30,荷载设计值为两个集中力 $P = 100\text{kN}$(不计自重),环境类别为一类,试求:

(1) 所需纵向受拉钢筋(纵筋用 HRB400 级钢筋);

(2) 求受剪箍筋(无弯起钢筋)(箍筋用 HRB335 级钢筋);

(3) 利用受拉纵筋为弯起钢筋时,求所需箍筋。

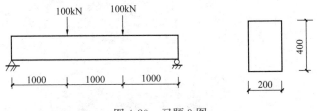

图 4-20　习题 3 图

4. 图 4-21 所示为一钢筋混凝土简支梁,环境类别为一类。采用 C30 混凝土,纵筋为 HRB400 级钢筋,箍筋为 HRB335 级钢筋,如果忽略自重及架立钢筋的作用,试求此梁所能承受的最大荷载设计值 P,此时该梁为正截面抗弯承载力控制还是斜截面抗剪承载力控制?

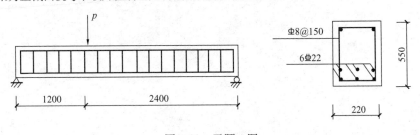

图 4-21　习题 4 图

第 5 章　钢筋混凝土受弯构件的裂缝宽度和挠度验算

5.1 钢筋混凝土受弯构件的裂缝宽度验算

混凝土的抗拉强度很低，当构件某些部位的拉应力尚不大时，就可能超过混凝土的抗拉强度而出现垂直于拉应力方向的裂缝，因此，钢筋混凝土构件在使用阶段时受拉区混凝土一般都处于已开裂的带裂缝工作状态，在剪力较大区段，也可由主拉应力超过混凝土抗拉强度而引起斜裂缝。除这些由于荷载效应（如弯矩、剪力、扭矩及拉力等）引起的裂缝外，外加变形或约束变形常常也会引起裂缝，例如构件由于收缩或温、湿度变化引起的变形受到约束而产生的强制拉应力超过混凝土抗拉强度，也会在构件中引起裂缝。

裂缝开展过宽是引起钢筋锈蚀的原因之一，钢筋锈蚀将使钢筋截面面积逐渐减小，从而使构件的承载力逐渐降低，严重的锈蚀还会因锈铁的体积膨胀而使混凝土保护层被胀裂甚至剥落，因而难以保证结构的安全性和耐久性功能。承受水压力的给水排水结构，裂缝过宽还会降低结构的抗渗性和抗冻性，或造成漏水而影响结构的适用性。此外，过宽的裂缝还会影响建筑外观并引起使用者心理上的不安全感，故对裂缝必须加以控制。

混凝土结构的裂缝控制是一个复杂的问题。目前的做法还只能对直接作用（即荷载）引起的垂直裂缝（垂直于构件纵轴的裂缝）通过计算来加以控制。对其他原因引起的裂缝则主要是通过采取合适的施工措施和构造措施来避免其出现或过度地开展，因此，本节以及以后各章中凡讨论裂缝宽度验算，均指荷载引起的垂直裂缝。

国内外对钢筋混凝土构件由于荷载引起的垂直裂缝的形成规律、影响因素和计算方法都已作了广泛研究。规范根据这些研究成果，给出了计算垂直裂缝宽度的方法。对剪弯区段内斜裂缝宽度的研究迄今还很不够，但试验结果表明，只要按规范规定的方法作了斜截面承载力计算，并相应配置了符合计算及构造规定的腹筋，则构件在荷载短期作用下的斜裂缝宽度一般都不致超过 0.2mm。即便再考虑一部分荷载的长期作用影响，斜裂缝宽度也不会太大，所以我国规范没有对斜裂缝宽度的计算和要求作出专门规定。

我国规范将混凝土构件的裂缝控制等级分为三级。对允许出现裂缝的钢筋混凝土构件，必须满足式（2-29）的要求，即：

$$w_{max} \leqslant w_{lim}$$

本节主要介绍如何计算受弯构件的 w_{max} 值。本节所介绍的裂缝出现和开展的机理，以及计算 w_{max} 值的基本表达式，同样适用于轴心受拉、偏心受拉以及偏心受压构件。在《混凝土结构设计规范》GB 50010 中，对上述几种构件的裂缝宽度采用了统一的计算公式，只是有关系数对不同构件取不同值而已。对于给水排水工程结构，在裂缝控制的机理与原则上与建筑工程相同，但根据多年的工程经验及给水排水工程结构裂缝控制的特点，《给水排水工程钢筋混凝土水池结构设计规程》CECS 138：2002 对水池结构的裂缝宽度计算作了相应的规定，具体计算方法见附录 5。相应的计算应用见第 9 章设计实例。本书考虑到教学的特点，将各类构件的裂缝宽度验算与各类构件承载力计算相结合一同介绍。

5.1.1 裂缝的形成和开展

为了探讨钢筋混凝土受弯构件裂缝的形成和开展规律，到目前为止已做过不少试验，其中多数结果是从简支梁纯弯区段中得出的。

试验表明：在裂缝出现之前，受拉区混凝土和钢筋共同承担拉力；在纯弯区段内，各截面受拉区混凝土的拉应力大致相同，但混凝土的实际抗拉强度却是不均匀的，因此在混凝土最薄弱处（例如图 5-1 中的 1-1 截面）将首先出现第一条裂缝，也可能一次同时出现一批裂缝。

第一条（批）裂缝出现后，裂缝截面上的混凝土不再承担拉力，而钢筋所承担的拉应力则因混凝土脱离工作将其所承担的拉力转嫁给钢筋而突然增高，应力分布发生了图 5-1 (b) 所示的变化。受拉张紧的混凝土一旦出现裂缝后即向裂缝两边回缩，使混凝土与钢筋表面产生相对滑移，由于混凝土与钢筋之间存在着粘结力，混凝土的回缩受到钢筋的约束。距离裂缝截面越远，混凝土的回缩越小，当达到某一距离时，混凝土不再回缩，这个截面的应力状态也就与裂缝即将出现前的应力状态相同，因此，如图 5-1 (b) 所示，随着离开裂缝距离的增加，钢筋应力逐渐下降，混凝土应力逐渐增加。在裂缝两侧，沿钢筋长度方向粘结应力的分布也是不均匀的，其变化情况大致如图 5-1 (b) 中最下图所示。当在混凝土应力重新增加到等于其抗拉强度处（例如图 5-1b 中的 2-2 截面），就将会出现第二条（批）裂缝。

第二条（批）裂缝出现后，退出工作的混凝土也将向裂缝两边回缩，钢筋和混凝土的应力变化以及粘结应力的分布即如图 5-1 (c) 所示。同理，其余裂缝将陆续出现，直到裂缝的间距小到两条裂缝之间的受拉区混凝土拉应力不可能到达混凝土的抗拉强度，才不会再产生新裂缝，从而裂缝数量和间距趋于稳定。

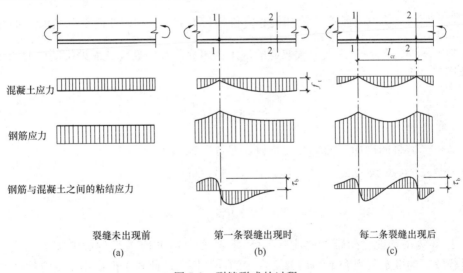

混凝土应力

钢筋应力

钢筋与混凝土之间的粘结应力

裂缝未出现前	第一条裂缝出现时	每二条裂缝出现后
(a)	(b)	(c)

图 5-1　裂缝形成的过程

裂缝出现后，随着荷载的不断增加，钢筋的拉伸应变将大大超过混凝土的拉伸应变，两者之间的相对滑移逐步增大，从而使裂缝不断开展。在裂缝间距较大的构件中，特别是采用规律变形钢筋（月牙纹钢筋）时，在两条裂缝之间还可能出现新的裂缝。试验表明，虽然梁中的裂缝是不断发生和发展的，但对于具有中等或较高配筋率的梁，在使用荷载作用下，裂缝的出现一般已趋于稳定。

对受拉和有拉区的构件，其裂缝形成和开展都基本符合上述规律。由于混凝土材料本身的不均匀性，在纯弯区段内最终出现的各条裂缝之间的距离并不完全相同，但从总的趋势看，它们的分布基本上还是均匀的。为了便于研究，下面一律取用平均裂缝间距和平均裂缝宽度。

5.1.2 按荷载效应的准永久组合计算平均裂缝宽度 w_m 的计算模式

通常所验算的裂缝宽度是指裂缝在纵向受拉钢筋重心水平处的宽度。如图 5-2 所示，裂缝间纵向受拉钢筋的伸长与混凝土的伸长之间的差值，就是平均裂缝宽度 w_m，即：

$$w_m = \bar{\varepsilon}_{sq} l_{cr} - \bar{\varepsilon}_{ctq} l_{cr} = \bar{\varepsilon}_{sq} l_{cr} \left(1 - \frac{\bar{\varepsilon}_{ctq}}{\bar{\varepsilon}_{sq}} \right) \tag{5-1}$$

式中　l_{cr}——平均裂缝间距；

　　　$\bar{\varepsilon}_{sq}$——在 l_{cr} 范围内，按荷载效应的准永久组合计算的受拉钢筋平均应变；

　　　$\bar{\varepsilon}_{ctq}$——在 l_{cr} 范围内，在受拉钢筋重心水平处，按荷载效应的准永久组合计算的受拉混凝土平均应变。

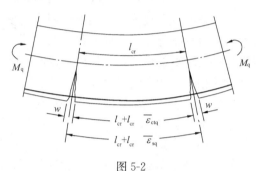

图 5-2

裂缝间受拉混凝土平均应变 $\bar{\varepsilon}_{ctq}$ 与钢筋平均应变 $\bar{\varepsilon}_{sq}$ 比较起来是一个很小的值，根据试验资料分析，可对受弯构件和偏心受压构件统一取 $\frac{\bar{\varepsilon}_{ctq}}{\bar{\varepsilon}_{sq}} = 0.23$（对轴心受拉和偏心受拉构件取 0.15）。另外设裂缝截面处钢筋应变为 ε_{sq}，则 $\varepsilon_{sq} = \sigma_{sq}/E_s$，$\sigma_{sq}$ 为按荷载效应的准永久组合计算的裂缝截面处钢筋应力，E_s 为钢筋弹性模量。令：

$$\bar{\varepsilon}_{sq} = \psi \varepsilon_{sq} = \psi \frac{\sigma_{sq}}{E_s} \tag{5-2}$$

式中　ψ——裂缝间钢筋应变不均匀系数，即 $\psi = \bar{\varepsilon}_{sq}/\varepsilon_{sq}$。

将 $\bar{\varepsilon}_{ctq}/\bar{\varepsilon}_{sq} = 0.23$ 及式（5-2）代入式（5-1），可得：

$$w_m = 0.77 \psi \frac{\sigma_{sq}}{E_s} l_{cr} \tag{5-3}$$

由于 l_{cr} 为平均裂缝间距，故式（5-3）所表示的 w 亦应为平均裂缝宽度。式（5-3）就是荷载效应的准永久组合下平均裂缝宽度的计算模式，此式不但适用于受弯构件，同时也适用于轴心受拉、偏心受拉及偏心受压等构件。

式（5-3）要能具体应用，还需解决如何计算确定 σ_{sq}、l_{cr} 及 ψ 的问题。下面将逐一讨论这些问题。

5.1.3 裂缝截面钢筋应力 σ_{sq} 的计算

根据第 3 章图 3-2 所示的受弯构件各阶段的截面应力状态，验算裂缝宽度时裂缝截面的应力应属于第 Ⅱ 阶段。裂缝截面受拉钢筋的应力原则上可近似地按第 3 章正截面承载力计算的基本假定计算，但这将过于复杂，故规范规定按下列近似公式计算：

$$\sigma_{sq} = \frac{M_q}{0.87A_s h_0} \tag{5-4}$$

式中　M_q——按荷载效应的准永久组合计算的弯矩值；

$0.87h_0$——内力臂长的近似值。

5.1.4　平均裂缝间距 l_{cr} 的计算

如图 5-3 所示，设 1-1 截面已经开裂，距 1-1 截面为 l_{cr} 处的 2-2 截面即将开裂，则 1-1 截面应力状态处于图 3-2 的第 Ⅱ 阶段，2-2 截面应力状态处于图 3-2 的第 Ⅰ 阶段。对 2-2 截面，假设混凝土受压区应力按三角形分布，受拉区应力按矩形分布，且混凝土拉应力等于混凝土抗拉强度 f_{tk}。1-1 截面已经开裂，故拉力全部由钢筋承担，2-2 截面尚未开裂，受拉区混凝土仍参与受拉，而在纯弯区段 1-1 截面与 2-2 截面的弯矩同为 M_q，因此 1-1 截面钢筋应力 σ_{sq1} 将大于 2-2 截面的钢筋应力 σ_{sq2}。取 1-1 截面与 2-2 截面间的钢筋为脱离体时，使脱离体满足平衡条件的必要条件是钢筋表面存在剪应力（即粘结应力）。当钢筋由 n 根级别和直径都相同的钢筋组成时，脱离体的平衡方程为：

$$\sigma_{sq1} \cdot A_s = \sigma_{sq2}A_s + \bar{\tau}_b \nu u l_{cr} \tag{5-5}$$

式中　$\bar{\tau}_b$——钢筋与混凝土之间的平均粘结应力；

　　　ν——钢筋的相对粘结特性系数，与钢筋的表面形状有关；

　　　u——钢筋的总周长。

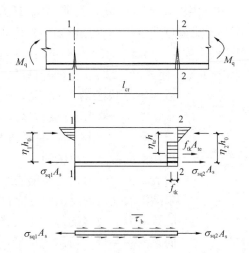

截面 1-1：已经开裂的截面
截面 2-2：即将开裂的截面

图 5-3　确定 l_{cr} 的计算图式

由图 5-3 所示 1-1 截面和 2-2 截面的应力状态可知：

$$\sigma_{sq1} = \frac{M_q}{\eta_1 h_0 A_s} \tag{5-6}$$

$$\sigma_{sq2} = \frac{M_q - f_{tk}A_{te}\eta_{te}h}{\eta_2 h_0 A_s} \tag{5-7}$$

式中 $\eta_1 h_0$、$\eta_2 h_0$ ——分别为截面 1-1 和截面 2-2 钢筋重心至混凝土受压区合力作用点的距离；

A_{te} ——混凝土有效受拉区面积；

$\eta_{te} h$ —— A_{te} 重心至混凝土受压区合力作用点的距离（其中 h 为截面高度，η_{te} 为力臂系数）。

将式（5-6）和式（5-7）代入式（5-5），并近似地取 $\eta_1 h_0 = \eta_2 h_0$，可得：

$$l_{cr} = \frac{f_{tk}}{\tau_b} \cdot \frac{\eta_{te} h}{\eta_2 h_0} \cdot \frac{A_{te}}{A_s} \cdot \frac{A_s}{\nu u}$$

试验表明，当钢筋表面形状确定时，τ_b 与 f_{tk} 基本上成正比，即 f_{tk}/τ_b 值与混凝土强度等级无关，可取为常数。$\eta_{te} h / \eta_2 h_0$ 也可近似地取为常数。当 A_s 由相同直径的钢筋组成时，则 $A_s/u = \frac{1}{4}\pi d^2 / \pi d = \frac{d}{4}$，因此上式可以表达为：

$$l_{cr} = k_1 \frac{d}{\rho_{te}} \tag{5-8}$$

式中 $k_1 = \frac{1}{4} \cdot \frac{f_{tk}}{\tau_b} \cdot \frac{\eta_{te} h}{\eta_2 h_0}$ ——常数；

$\rho_{te} = \frac{A_s}{A_{te}}$ ——受拉钢筋对有效受拉混凝土截面积的配筋率。

式（5-8）表明，平均裂缝间距与钢筋直径 d 及配筋率 ρ_{te} 有关，钢筋直径越大，l_{cr} 越大；配筋率 ρ_{te} 越大则 l_{cr} 越小，试验证明这一结论是正确的。但是，试验也证明，式（5-8）这样的计算模式并不完全符合实际，如果按式（5-8）计算，当 d/ρ_{te} 趋近于零时，l_{cr} 也应趋近于零，但试验结果并非如此，使式（5-8）不能符合试验结果的主要原因是对 2-2 截面应力状态的假设不完全符合实际。如图 5-3 所示，2-2 截面混凝土受拉区应力被假设成均匀分布的，但实际上由于钢筋和混凝土相互之间的粘结约束作用，使混凝土受拉区的应力为非均匀分布，离钢筋近的混凝土拉应力大，离钢筋远的混凝土拉应力小，即紧贴钢筋处的混凝土拉应力将大于受拉区边缘混凝土的拉应力。裂缝的形式不是图 5-4（a）所示的楔形，而是图 5-4（b）所示的钟形，这种非均匀的拉应力分

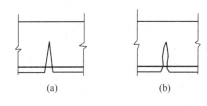

图 5-4
(a) 粘结滑移理论的裂缝形式；
(b) 实际可能的裂缝形式

布使 l_{cr} 比按式（5-8）确定的要大。如果钢筋的保护层厚度越大，则拉应力分布越不均匀，l_{cr} 也就越大。试验表明，当 d/ρ_{te} 为定值时，l_{cr} 与受拉钢筋净保护层厚度 c 基本上成正比，因此 l_{cr} 可以采用如下的计算模式：

$$l_{cr} = k_2 c + k_1 \frac{d}{\rho_{te} \nu}$$

根据实验资料分析，可取 $k_1 = 0.08$，$k_2 = 1.9$。当采用不同粘结特性和不同直径的钢筋时，式中的 $\frac{d}{\nu}$ 可用钢筋等效直径 d_{eq} 代替。d_{eq} 可按照粘结力等效的原则导得。即当采用不同粘结特性和不同直径钢筋时，$A_s/\nu u$ 可表达为：

$$\frac{A_{\mathrm{s}}}{\nu u} = \frac{\sum n_i \frac{\pi}{4} d_i^2}{\sum n_i \nu_i \pi d_i} = \frac{1}{4} \frac{\sum n_i d_i^2}{\sum n_i \nu_i d_i} = \frac{1}{4} d_{\mathrm{eq}}$$

即：
$$d_{\mathrm{eq}} = \sum n_i d_i^2 / \sum n_i \nu_i d_i \tag{5-9}$$

式中 n_i、d_i ——分别为受拉区第 i 种纵向钢筋根数及公称直径（mm）；

ν_i ——为第 i 种纵向钢筋的相对粘结特征系数，光圆钢筋 $\nu_i = 0.7$，带肋钢筋 $\nu_i = 1.0$。

由上所述，可得受弯构件平均裂缝间距 l_{cr} 的计算公式为：

$$l_{\mathrm{cr}} = 1.9c + 0.08 \frac{d_{\mathrm{eq}}}{\rho_{\mathrm{te}}} \tag{5-10}$$

式中 c ——最外层纵向受拉钢筋外边缘至受拉区底边的距离，即净保护层厚度（mm）：

当 $c<20\mathrm{mm}$ 时，取 $c=20\mathrm{mm}$；当 $c>65\mathrm{mm}$ 时，取 $c=65\mathrm{mm}$。

在式（5-10）中，$\rho_{\mathrm{te}} = A_{\mathrm{s}}/A_{\mathrm{te}}$，其中有效受拉混凝土截面面积 A_{te} 应根据图 5-5 所示各种截面的阴影线部分计算，即统一取有效受拉区高度为 $0.5h$，按下式计算：

$$A_{\mathrm{te}} = 0.5bh + (b_{\mathrm{f}} - b)h_{\mathrm{f}} \tag{5-11}$$

当 $\rho_{\mathrm{te}} < 0.01$ 时，取 $\rho_{\mathrm{te}} = 0.01$。

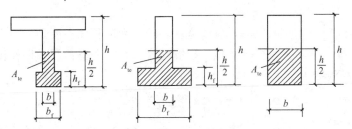

图 5-5 有效受拉区混凝土截面面积

5.1.5 钢筋应变不均匀系数 ψ 的计算

图 5-1（c）所示裂缝间的钢筋应力分布也可代表钢筋应变分布。理论上 $l_{\mathrm{cr}}/2$ 处钢筋应变达到最小值，且：

$$\varepsilon_{\mathrm{sq,min}} \geqslant \frac{M_{\mathrm{q}} - M_{\mathrm{cr}}^{\mathrm{c}}}{\eta_2 h_0 A_{\mathrm{s}} E_{\mathrm{s}}}$$

式中 $M_{\mathrm{cr}}^{\mathrm{c}}$ ——截面混凝土所能抵抗的开裂弯矩，可按下式计算：

$$M_{\mathrm{cr}}^{\mathrm{c}} = 0.8 f_{\mathrm{tk}} A_{\mathrm{te}} \eta_{\mathrm{te}} h \tag{5-12}$$

式中 0.8 为考虑混凝土收缩可能使截面提前开裂而乘的降低系数。

钢筋应变不均匀系数也可以表达为：

$$\psi = \frac{\bar{\varepsilon}_{\mathrm{sq}}}{\varepsilon_{\mathrm{sq}}} = k \frac{M_{\mathrm{q}} - M_{\mathrm{cr}}^{\mathrm{c}}}{\eta_2 h_0 A_{\mathrm{s}} E_{\mathrm{s}}} \Big/ \frac{M_{\mathrm{q}}}{\eta_1 h_0 A_{\mathrm{s}} E_{\mathrm{s}}}$$

如果近似地取 $\eta_1 h_0 = \eta_2 h_0$，则上式可写为：

$$\psi = k\left(1 - \frac{M_{cr}^{c}}{M_q}\right) \tag{5-13}$$

式中系数 k 根据大量试验结果分析确定为 1.1。如以式（5-12）及 $M_q = \eta_1 h_0 \sigma_{sq} A_s$ 代入，并近似地取 $\eta_{te}/\eta_1 = 0.67$，$h/h_0 = 1.1$，则可得：

$$\psi = 1.1\left(1 - \frac{0.8 f_{tk} A_{te} \eta_{te} h}{\sigma_{sq} A_s \cdot \eta_1 h_0}\right) = 1.1\left(1 - \frac{0.59 f_{tk}}{\sigma_{sq} \rho_{te}}\right) = 1.1 - \frac{0.65 f_{tk}}{\rho_{te} \sigma_{sq}} \tag{5-14}$$

式（5-14）即为 ψ 的计算公式，并规定当 $\psi < 0.2$ 时，取 $\psi = 0.2$；当 $\psi > 1.0$ 时，取 $\psi = 1.0$。对直接承受重复荷载的构件，直接取 $\psi = 1.0$。

至此，σ_{sq}、l_{cr} 和 ψ 均有了具体计算公式、平均裂缝宽度也就完全可以利用式（5-3）计算确定。

5.1.6 最大裂缝宽度 w_{max} 的计算

按式（5-3）算得平均裂缝宽度 w_m 后，构件的最大裂缝宽度还应考虑以下使裂缝进一步加宽的因素：

（1）由于裂缝发生和发展的随机性，实际裂缝宽度是不均匀的。构件在荷载效应的准永久组合下的最大裂缝宽度应在平均裂缝宽度的基础上乘以一个大于 1.0 的扩大系数 τ_s（根据试验结果的统计分析，对受弯构件和偏心受压构件取 1.66，对偏心受拉和轴心受拉构件取 1.9）；

（2）由于荷载长期效应的影响，裂缝宽度会随时间增长而有所加大，因此最大裂缝宽度还应以荷载效应的准永久组合下的最大裂缝宽度再乘以考虑荷载长期作用影响的扩大系数 τ_l（根据以往经验取 1.5）。

即 $w_{max} = \tau_s \tau_l w_m = (\tau_s \tau_l \times 0.77)\psi \dfrac{\sigma_{sq}}{E_s} l_{cr} = \alpha_{cr} \psi \dfrac{\sigma_{sq}}{E_s} l_{cr}$

其中，α_{cr} 为构件受力特征系数，对受弯构件和偏心受压构件：$\alpha_{cr} = \tau_s \times \tau_l \times 0.77 = 1.66 \times 1.5 \times 0.77 = 1.9$。

综上所述，再将式（5-9）的 l_{cr} 代入，即可得出考虑了裂缝宽度分布的不均匀性和荷载长期效应组合影响的最大裂缝宽度计算公式：

$$w_{max} = \alpha_{cr} \psi \frac{\sigma_{sq}}{E_s}\left(1.9c + 0.08\frac{d_{eq}}{\rho_{te}}\right) \tag{5-15}$$

受弯构件的最大裂缝宽度计算公式的最终形式为：

$$w_{max} = 1.9\psi \frac{\sigma_{sq}}{E_s}\left(1.9c + 0.08\frac{d_{eq}}{\rho_{te}}\right) \tag{5-16}$$

当采用 RRB400 级钢筋作为纵向受拉钢筋，且其强度设计值取为 360N/mm^2 时，应将按式（5-16）计算求得的最大裂缝宽度再乘以系数 1.1 采用。

按以上方法计算确定的 w_{max} 应满足式（2-31）的要求。若不能满足，可采用下列任一方法，直至满足为止：

（1）在钢筋总截面面积不变条件下，减小钢筋直径，增加根数；

（2）将光面钢筋改用变形钢筋；

（3）增大钢筋用量。

裂缝宽度验算步骤见图 5-6。

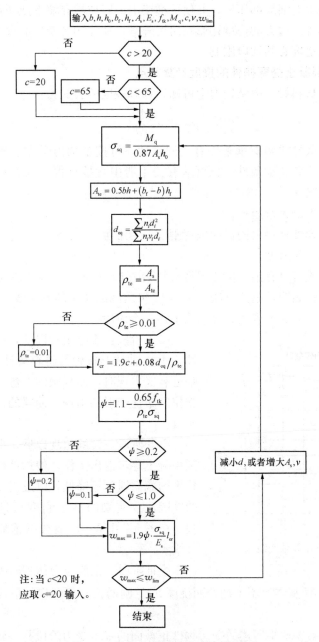

图 5-6 受弯构件裂缝宽度计算框图

5.2 钢筋混凝土受弯构件的挠度验算

受弯构件过大的挠度将损害或完全丧失构件的适用性功能，如楼盖构件挠度过大将造成楼面凹凸不平而影响正常使用；屋面或水池顶盖构件的挠度过大会排水不畅，造成积水及增加渗漏的可能性；吊车梁的挠度过大会妨碍吊车的正常运行；挠度过大的过梁会影响门窗开启等。其次，过大的挠度会造成非承重构件的损坏，如框架横梁的挠度过大，可能将下层非承重轻质填充墙局部压碎，并使此横梁上的轻质填充墙形成两点支承而造成支承处墙体的局部损坏等。过大的挠度还影响房屋外观，使使用者产生心理上的不安全感。因此，对受弯构件的挠度必须加以限制。

5.2.1　钢筋混凝土受弯构件的挠度计算特点

对于匀质弹性材料梁，由结构力学可知，计算挠度的公式为：

$$a_f = a \frac{Ml^2}{EI} \tag{5-17}$$

式中　　a——与荷载形式和支承条件有关的系数，可按结构力学方法确定；对于常见荷载形式和支承条件，也可从有关手册中直接查得；例如对承受均布荷载的简支梁 $a = 5/48$；

　　　　M——梁跨中最大弯矩；

　　　　EI——匀质弹性材料梁的截面抗弯刚度，为常量；

　　　　l——梁的计算跨度。

从上述挠度公式可以看出，由于弹性材料梁的 EI 为常量，所以 a_f 与 M 之间存在着线性关系。但是，试验表明，钢筋混凝土梁 a_f 与 M 之间的关系却是非线性的，一般呈图 5-7 所示的曲线规律，变形的发展大致可分为下述三个阶段：

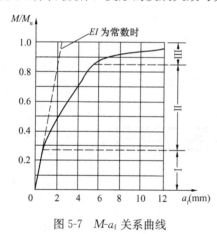

图 5-7　$M\text{-}a_f$ 关系曲线

第 I 阶段：裂缝出现以前，梁的工作接近于弹性，$M\text{-}a_f$ 曲线与按弹性材料梁计算的结果很接近。临近裂缝出现时，曲线微向右弯，这是由于混凝土受拉区塑性变形的出现；使梁的抗弯刚度开始降低所致。

第 II 阶段：裂缝出现以后，由于裂缝截面受拉区混凝土逐步退出工作，使构件截面有所削弱，导致平均截面惯性矩降低，以及受压混凝土塑性变形的发展，致使梁的抗弯刚度明显降低，a_f 增加较快。在图 5-7 中 $M\text{-}a_f$ 曲线以越来越大的幅度偏离直线。

第 III 阶段：钢筋应力达到屈服极限时，抗弯刚度急剧下降，弯矩 M 基本上不增加，而挠度 a_f 急剧增长，直到构件最终失去抵抗变形的能力。

这三个阶段与第 3 章中所述的受弯构件正截面的三个受力阶段是一致的。

根据上面的分析可知，钢筋混凝土梁的抗弯刚度不是常量，而是随作用弯矩的增加不断降低的变量，因此，钢筋混凝土受弯构件的挠度计算归结为抗弯刚度计算问题，抗弯刚度确定以后，挠度即可按结构力学方法计算。

此外，上述刚度变化特点是从短期荷载试验中得出的。由于混凝土的徐变性质，在长期荷载作用下梁的刚度还会进一步降低。钢筋混凝土受弯构件的这一特点，也必须在变形计算中加以考虑。

5.2.2　在荷载效应的准永久组合作用下，受弯构件的短期刚度 B_s

由于钢筋混凝土受弯构件是允许开裂的，因此我们只研究第 II 阶段的刚度。首先研究梁在荷载效应的准永久组合作用下的刚度，简称"短期刚度"，用符号 B_s 表示。

为排除剪切变形影响，我们研究图 5-8（a）所示作用两个集中荷载的简支梁中纯弯区段的弯曲变形性能。纯弯段开裂后的变形状态如图 5-8（b）所示，根据试验结果，我们采用下列简化处理和基本假定将 B_s 的计算公式推导如下。

（1）如图 5-8（b）所示，沿梁长度方向实际中和轴呈波浪形。为了计算方便，我们取各个截面受压区高度的平均值所确定的中和轴作为平均中和轴。

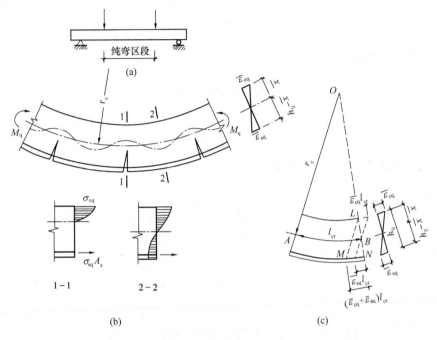

图 5-8

（2）由于梁已开裂，受拉钢筋和受压区混凝土的应变是不均匀的，受拉钢筋的平均应变 $\bar{\varepsilon}_{sq}$ 仍然用式（5-2）表达，且钢筋应变不均匀系数 ψ 可按式（5-14）和相应的规定确定，而混凝土受压区边缘的平均压应变 $\bar{\varepsilon}_{cq}$ 可用下式表达：

$$\bar{\varepsilon}_{cq} = \psi_c \varepsilon_{cq} = \psi_c \frac{\sigma_{cq}}{E'_c} = \psi_c \frac{\sigma_{cq}}{v E_c} \tag{5-18}$$

式中　ε_{cq}——裂缝截面混凝土受压区边缘应变；

　　　ψ_c——裂缝之间混凝土受压区边缘应变不均匀系数；

　　　σ_{cq}——裂缝截面混凝土受压区边缘压应力；

E'_c、E_c、v——混凝土的变形模量、弹性模量和弹性系数。

（3）开裂截面的应力状态如图 5-9 所示。混凝土受压区合力 C 用下式表达：

$$C = \omega \sigma_{cq} \xi b h_0 \tag{5-19}$$

式中　ω——受压区应力图形完整性系数，当应力图形为矩形时，$\omega=1.0$ 应力图形为三角形时，$\omega=0.5$。故实际的 ω 在 $0.5 \sim 1.0$ 之间变化；

　　　ξ——受压区高度系数，$\xi = \dfrac{\bar{x}}{h_0}$。

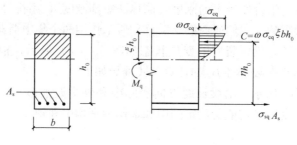

图 5-9

若对受拉钢筋合力点取矩，则得：

$$M_q = \omega\sigma_{cq}\xi b h_0 \eta h_0 = \omega\sigma_{cq}\xi\eta b h_0^2$$

因此

$$\sigma_{cq} = \frac{M_q}{\omega\xi\eta b h_0^2} \tag{5-20}$$

式中 η——裂缝截面的内力臂系数。

将式（5-21）代入式（5-19），可得：

$$\bar{\varepsilon}_{cq} = \psi_c\frac{M_q}{\omega\xi\eta b h_0^2 v E_c} = \frac{M_q}{\dfrac{\omega\xi\upsilon\eta}{\psi_c}b h_0^2 E_c}$$

或

$$\bar{\varepsilon}_{cq} = \frac{M_q}{\zeta b h_0^2 E_c} \tag{5-21}$$

式中 $\zeta = \dfrac{\omega\xi\eta\upsilon}{\psi_c}$ ——混凝土受压边缘平均应变综合系数。

同理，受拉钢筋的平均应变可以表达为：

$$\bar{\varepsilon}_{sq} = \psi\frac{M_q}{\eta h_0 A_s E_s} \tag{5-22}$$

（4）截面平均应变保持平面（平截面假定）。

如图 5-8 所示，取纯弯段平均中和轴的曲率半径为 r_c，则曲率为 $1/r_c$。由材料力学知，梁的弯矩-曲率物理关系为：

$$\frac{1}{r_c} = \frac{M_q}{EI}$$

对于荷载效应的准永久组合下的钢筋混凝土梁可表达为：

$$\frac{1}{r_c} = \frac{M_q}{B_s} \tag{5-23}$$

如果从纯弯段截取两平均裂缝间（即长度为 l_{cr} ）的一段梁作为分析单元，则根据平截面假定可作出图 5-8 （c）所示的变形几何关系图，从 ΔOAB 和 ΔLMN 相似关系可以得到：

$$\frac{l_{cr}}{r_c} = \frac{(\bar{\varepsilon}_c + \bar{\varepsilon}_s)l_{cr}}{h_0}$$

或
$$\frac{1}{r_c} = \frac{\bar{\varepsilon}_c + \bar{\varepsilon}_s}{h_0} \qquad (5\text{-}24)$$

式（5-24）即为变形的几何方程，将式（5-24）代入式（5-23），再将式（5-21）和式（5-22）代入，即可求得短期刚度 B_s 的表达式：

$$B_s = \frac{M_q h_0}{\bar{\varepsilon}_s + \bar{\varepsilon}_c} = \frac{M_q h_0}{\psi \dfrac{M_q}{\eta h_0 A_s E_s} + \dfrac{M_q}{\zeta b h_0^2 E_c}}$$

经整理后：

$$B_s = \frac{E_s A_s h_0^2}{\dfrac{\psi}{\eta} + \dfrac{\alpha_E \rho}{\zeta}} \qquad (5\text{-}25)$$

式中　α_E——钢筋弹性模量与混凝土弹性模量之比，即 $\alpha_E = E_s/E_c$；

　　　ρ——配筋率，$\rho = A_s/bh_0$。

式中 η 可取为 0.87。唯一待确定的参数是混凝土受压区边缘平均应变综合系数 ζ。试验表明，在第 II 阶段，即正常使用阶段，$\alpha_E \rho/\zeta$ 可取为与 $\alpha_E \rho$ 有关的常数。根据试验结果的回归分析，对矩形截面梁可取：

$$\frac{\alpha_E \rho}{\zeta} = 0.2 + 6\alpha_E \rho \qquad (5\text{-}26)$$

将式（5-26）代入式（5-25），并取 $\eta = 0.87$，可得矩形截面受弯构件的短期刚度计算公式：

$$B_s = \frac{E_s A_s h_0^2}{1.15\psi + 0.2 + 6\alpha_E \rho} \qquad (5\text{-}27)$$

对于 T 形、I 形和倒 L 形等截面，短期刚度的计算公式可按相同的方法导得为：

$$B_s = \frac{E_s A_s h_0^2}{1.15\psi + 0.2 + \dfrac{6\alpha_E \rho}{1 + 3.5\gamma_f'}} \qquad (5\text{-}28)$$

式中　γ_f'——受压翼缘面积与腹板有效面积之比，即：

$$\gamma_f' = \frac{(b_f' - b)h_f'}{bh_0} \qquad (5\text{-}29)$$

式（5-28）符号的意义和取值方法均同式（5-25）。

5.2.3　受弯构件按荷载效应准永久组合并考虑荷载长期作用影响的刚度 B

在长期荷载作用下，钢筋混凝土受弯构件的挠度会随时间而增大，亦即刚度随时间而降低。试验表明，前 6 个月挠度增长较快，以后逐渐减缓，一年后趋于收敛，但总体挠度增长的过程一般要持续数年之久才趋于稳定。

此种刚度降低的主要原因是材料的徐变，一方面受弯构件的受压区混凝土在压力持续作用下产生徐变；另一方面在裂缝之间的拉区混凝土也会因受拉徐变和受拉钢筋与混凝土之间的滑移徐变而进一步退出工作。受压区配置受压钢筋能减小压区混凝土徐变，从而可减小构件长期挠度。

由于徐变的影响，构件的挠度将比采用短期刚度计算的挠度大，因此引入长期刚度 B 考虑这种挠度增大。长期刚度 B 定义为：按荷载效应的准永久组合并考虑荷载长期作用影响的刚度，B 可由短期刚度 B_s 除以影响系数 θ 获得，即：

$$B = \frac{B_s}{\theta} \tag{5-30}$$

其中，θ 为考虑荷载长期作用对挠度增大的影响系数，可按下列规定取用：

当未配置受压钢筋，即 $\rho' = \dfrac{A_s'}{bh_0} = 0$ 时，$\theta = 2.0$；

当配置有受压钢筋，且 $\rho' = \rho$ 时，$\theta = 1.6$；

当 $0 < \rho' < \rho$ 时，θ 按直线内插法 $\left(\theta = 2.0 - 0.4\dfrac{\rho'}{\rho}\right)$ 确定。

对于翼缘位于受拉区的 T 形截面，由于裂缝的出现使较大部分混凝土退出工作，对截面刚度影响较大，所以 θ 值应在以上取值的基础上增加 20%。

5.2.4 挠度验算方法

刚度确定以后，挠度 a_f 即可用结构力学公式计算。当荷载效应组合中参与组合的所有荷载的分布状态均相同时，a_f 可按下式计算：

$$a_f = a\frac{M_q l_0^2}{B} \tag{5-31}$$

对于承受均布荷载的简支梁：

$$a_f = \frac{5}{384}\frac{(g_k + \psi_q q_k)l_0^4}{B} \tag{5-32}$$

式中　g_k、q_k——分别为均布恒荷载、活荷载标准值；

　　　ψ_q——活荷载的准永久值系数。

在钢筋混凝土受弯构件中，由于纵向钢筋的截断和弯起，A_s 和 A_s' 沿梁长是变化的；此外，由于弯矩沿梁长的非均匀分布，使不同区段处于不同的受力阶段。例如简支梁，即使最大弯矩截面达到破坏，两端也还有一定长度范围处于未开裂的第 I 阶段状态工作，因此，严格地说，即使是等截面的钢筋混凝土梁，其在使用阶段的刚度也是不等的，为了简化计算，规范规定在等截面构件中，可假定各同号弯矩区段内的刚度相等，并取用该区段内最大弯矩处的刚度为全区段的刚度。对于简支梁，取最大弯矩截面的刚度按等刚度梁计算，对于连续梁和框架梁，则各跨中正弯矩区段和各支座负弯矩区段将取不同的刚度，此时挠度计算以采用图乘法或共轭梁法较为简便。

a_f 确定以后，应验算是否满足式（2-24）的要求，如不满足，则应采取措施增大构件的刚度，最有效的办法是增大截面高度。

受弯构件挠度验算的步骤详见图 5-10 的框图。

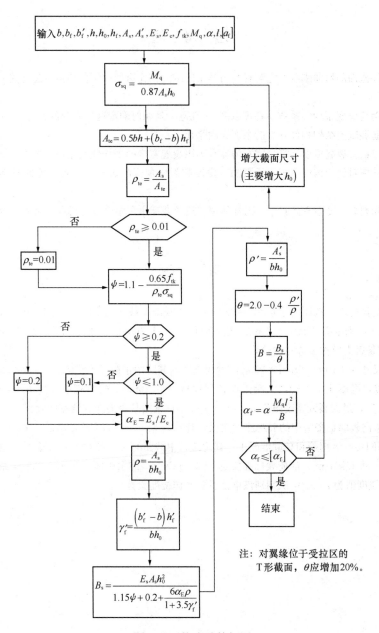

输入 $b, b_f, b_f', h, h_0, h_f, A_s, A_s', E_s, E_c, f_{tk}, M_q, \alpha, l, [a_f]$

$$\sigma_{sq} = \frac{M_q}{0.87 A_s h_0}$$

$$A_{te} = 0.5bh + (b_f - b)h_f$$

$$\rho_{te} = \frac{A_s}{A_{te}}$$

$\rho_{te} \geqslant 0.01$ 否 — $\rho_{te} = 0.01$

是

$$\psi = 1.1 - \frac{0.65 f_{tk}}{\rho_{te} \sigma_{sq}}$$

$\psi \geqslant 0.2$ 否 — $\psi = 0.2$

是

$\psi \leqslant 1.0$ 否 — $\psi = 0.1$

是

$$\alpha_E = E_s / E_c$$

$$\rho = \frac{A_s}{bh_0}$$

$$\gamma_f' = \frac{(b_f' - b)h_f'}{bh_0}$$

$$B_s = \frac{E_s A_s h_0^2}{1.15\psi + 0.2 + \dfrac{6\alpha_E \rho}{1 + 3.5\gamma_f'}}$$

增大截面尺寸
(主要增大 h_0)

$$\rho' = \frac{A_s'}{bh_0}$$

$$\theta = 2.0 - 0.4 \ \frac{\rho'}{\rho}$$

$$B = \frac{B_s}{\theta}$$

$$\alpha_f = \alpha \ \frac{M_q l^2}{B}$$

$\alpha_f \leqslant [\alpha_f]$ 否

是

结束

注：对翼缘位于受拉区的
T形截面，θ 应增加20%。

图 5-10 挠度验算框图

思 考 题

1. 何谓构件截面的弯曲刚度？它与材料力学中的刚度相比有何区别何特点？怎样建立受弯构件刚度计算公式？

2. 裂缝间钢筋应变布均匀系数 ψ 物理意义？《规范》是如何确定这个系数的？

3. 影响钢筋混凝土结构构件开裂的主要原因是什么？

4. 如何建立最大裂缝宽度计算公式？为什么不用裂缝宽度的平均值而用最大值作为评价标准？

5. 简述配筋率对受弯构件正截面承载力、挠度和裂缝宽度的影响。三者不能同时满足时采用什么措施？

6. 在挠度和裂缝宽度验算公式中，怎样体现"按荷载准永久组合并考虑荷载准永久组合影响"进行计算的？

习 题

1. 某轴心受拉构件，截面尺寸 $b \times h = 200mm \times 140mm$，截面承受的 $N_q = 198kN$，钢筋为 HRB400 级，混凝土为 C30，保护层厚度 $c = 25mm$，截面面积 $A_s = 1026mm^2$（6 Φ 16），最大裂缝宽度限值 $w_{lim} = 0.2mm$，试确定是否需要作裂缝宽度验算。

2. 某截面尺寸 $b \times h = 250mm \times 700mm$ 的简支梁，其跨中正截面承受的 $M_q = 185.22kN \cdot m$，钢筋采用 HRB400 级，混凝土为 C30，混凝土保护层厚度 $c = 25mm$，截面有效高度 $h_0 = 660mm$，$A_s = 1964mm^2$（4 Φ 25），最大裂缝宽度限值 $w_{lim} = 0.2mm$，试确定是否需作裂缝宽度验算。

3. 某现浇单向板肋形楼盖中的五跨连续次梁，计算跨长 $l_0 = 5.875m$，截面尺寸 $b \times h = 200mm \times 450mm$，采用 HRB400 级钢筋和 C30 混凝土，其边跨跨中截面的 $A_s = 829mm^2$（2 Φ 20+1 Φ 16），均布恒荷载标准值 $g_k = 9.43kN/m$、活荷载标准值 $q_k = 23.4kN/m$（准永久值系数 $\varphi_q = 0.4$），结构重要性系数 $\gamma_0 = 1.0$，允许挠度值为 $l_0/200$，试判别该梁是否需要作挠度验算。

第 6 章　钢筋混凝土受压
构件及柱下基础

钢筋混凝土受压构件分为轴心受压构件和偏心受压构件。

均匀材料做成的构件，当轴向压力作用线与构件的计算轴线（截面形心轴线）相重合时，称为轴心受压构件；当轴向压力作用线与构件的计算轴线（截面形心轴线）不相重合时或者截面上同时作用有轴向压力和弯矩时，称为偏心受压构件。

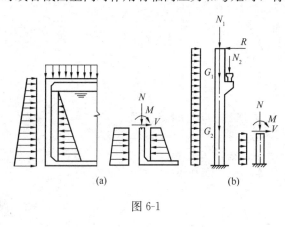

图 6-1

在实际结构中，由于存在着混凝土浇筑不均匀、构件截面尺寸和钢筋位置的偏差以及荷载作用位置不准确等因素，真正的轴心受压构件几乎是不存在的。但是，当偏心很小时，为了便于计算，可将构件近似地看作轴心受压构件。例如，大型水池中无梁顶盖的支柱或一般对称框架的中柱，当仅有垂直荷载作用时，可按轴心受压柱进行计算。

在实际工程中，偏心受压构件是很常见的。例如，钢筋混凝土框架中的框架柱，拱形屋架的上弦杆；有顶盖的矩形水池池壁（图 6-1a）；大型二级泵房的钢筋混凝土柱（图 6-1b），都属于偏心受压构件。

6.1 轴心受压构件

6.1.1 轴心受压短柱的破坏特征

实验表明，当短柱承受荷载后，柱截面中的钢筋和混凝土同时受压，截面中的应变是均匀的；随着荷载的增加，柱截面中的钢筋和混凝土的应力不断加大。在临近破坏时，柱出现纵向裂缝，混凝土保护层剥落，最后，破坏部位的纵向钢筋被局部压屈并向外凸出，箍筋所包围的核心部分混凝土被压碎而使柱子破坏（图 6-2）。

由于钢筋和混凝土之间存在着粘结力，故从开始加载到破坏的整个过程中，钢筋和混凝土的应变始终相同，即 $\varepsilon'_s = \varepsilon_c$，而 $\sigma_s = \varepsilon'_s E_s$，$\sigma_c = \varepsilon_c E'_c$。因为 $E_s > E'_c$，所以 $\sigma_s > \sigma_c$，即钢筋和混凝土的应变相等而应力不同。正如前面已经指出的，随着荷载的增加，混凝土的弹塑性性能表现得逐渐明显，塑性应变在总应变中所占比例不断增大，混凝土变形模量逐渐降低，从而使柱中混凝土压应变的增长速度随荷载的增加而逐渐变快。但混凝土应力的增长速度却逐渐变慢，这是因为，钢筋这时处于弹性阶段，它的应力增长速度必将随着柱中混凝土压应变的增长而加快，从而，在荷载逐步增大的过程

图 6-2　钢筋混凝土短柱的破坏特征

中，混凝土承担压力的比例不断减小，而钢筋承担压力的比例则不断增加。这就是在轴心受压构件中，随着荷载不断增大，混凝土塑性性能引起的钢筋与混凝土之间应力重分布的现象。

6.1.2 长细比的影响

钢筋混凝土柱子都不可避免地具有初始偏心（图 6-3）。因此，在轴心压力作用下，柱子不仅发生轴向压缩变形，同时还发生横向弯曲变形（或横向挠度）；也就是说，除承受轴力外，柱子还承受一个由初始偏心引起的附加弯矩。我们用长细比来表征附加弯矩的影响。长细比是指构件的计算长度 l_0 与其截面回转半径 i 的比值。对于矩形截面，长细比可用 l_0/b 代替，b 为截面的短边尺寸；对于圆形截面，长细比可用 l_0/d 代替，d 为直径。

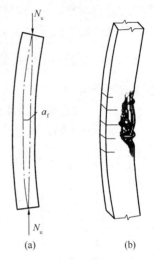

当柱子的长细比很小时，由于侧向挠曲所引起的附加弯矩很小，故长细比对承载力的影响可以略去不计，此时可按理想轴心受压短柱进行柱的承载力计算。当长细比较大时，附加弯矩也较大，柱子承载力将降低，此时在承载力计算中就必须考虑长细比的影响。长细比较大的柱子的破坏特征如图 6-3 所示。破坏时，柱子已经产生了较大的侧向挠曲，柱子中部弯曲外侧受拉而出现了水平裂缝，内侧纵向钢筋局部压曲，混凝土被压碎。长细比特别大的柱子还有可能发生"失稳破坏"现象，其承载力比按材料破坏计算出的承载力更低。通常，我们把必须考虑长细比影响的柱子称为长柱。

图 6-3　长柱的纵向弯曲及其破坏特征

试验表明，在其他条件相同的情况下，长柱的承载力低于短柱的承载力；长细比越大，长柱的承载力降低越多。长柱最终在轴力和弯矩的共同作用下发生破坏。《混凝土结构设计规范》GB 50010 采用稳定系数 φ 来反映长柱承载力随长细比增大而降低的程度。稳定系数 φ 定义为：

$$\varphi = \frac{N_u^l}{N_u^s}$$

式中，N_u^l，N_u^s 分别为长柱和短柱的承载力。根据试验结果和数理统计，《规范》采用的稳定系数 φ 见表 6-1。

钢筋混凝土构件的稳定系数 φ　　　　　　　　　　　　表 6-1

l_0/b	≤8	10	12	14	16	18	20	22	24	26	28
l_0/d	≤7	8.5	10.5	12	14	15.5	17	19	21	22.5	24
l_0/i	≤28	35	42	48	55	62	69	76	83	90	97
φ	1.0	0.98	0.95	0.92	0.87	0.81	0.75	0.70	0.65	0.60	0.56
l_0/b	30	32	34	36	38	40	42	44	46	48	50
l_0/d	26	28	29.5	31	33	34.5	36.5	38	40	41.5	43
l_0/i	104	111	118	125	132	139	146	153	160	167	174
φ	0.52	0.48	0.44	0.40	0.36	0.32	0.29	0.26	0.23	0.21	0.19

注：表中 l_0 为构件计算长度，按《混凝土结构设计规范》GB 50010 第 6.2.20 条规定取用。

轴心受压构件的计算长度 l_0 与其实际长度和两端支承情况有关。当两端铰支时，取

为 $l_0 = l$；当两端固定时，取为 $l_0 = 0.5l$；当一端固定，一端铰支时，取为 $l_0 = 0.7l$；当一端固定，一端自由时，取为 $l_0 = 2l$。

在实际工程中，端部支承条件常常不是理想固定或铰支，故应根据具体情况对上述计算长度进行调整。例如，对于水池顶盖的支柱，当顶盖为装配式时，取为 $l_0 = 1.0H$，H 为支柱从基础顶面至池顶梁底面的高度；当顶盖为整体式时，取为 $l_0 = 0.7H$，H 为支柱从基础顶面至池顶梁轴线的高度；当采用无梁顶盖时，取为 $l_0 = H - \dfrac{C_t + C_b}{2}$，其中 H 为水池内部净高，C_t、C_b 分别为上、下柱帽的计算宽度。

6.1.3 轴心受压构件承载力计算

根据短柱的破坏特征，可绘出钢筋混凝土轴心受压柱的计算简图，如图 6-4 所示。再以稳定系数 φ 来反映横向挠度对长柱承载力的影响，可得到轴心受压构件承载力计算公式：

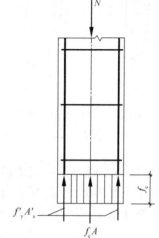

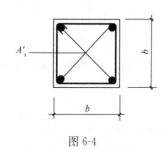

图 6-4

$$N \leqslant N_u = 0.9\varphi(f_c A + f'_y A'_s) \tag{6-1}$$

式中　N ——轴向压力设计值；

φ ——钢筋混凝土构件的稳定系数，按表 6-1 采用；

f_c ——混凝土轴心抗压强度设计值；

A ——构件截面面积；

A'_s ——全部纵向钢筋的截面面积；

f'_y ——纵向钢筋的抗压强度设计值，当采用 HRB500、HRBF500 钢筋时，钢筋的抗压强度设计值 f'_y 应取 400N/mm²。

式中 0.9 是为了保持与偏心受压构件正截面承载力计算具有相近的可靠度而采用的折减系数。

当纵向钢筋配筋率大于 3% 时，式（6-1）中的 A 应改用 $(A - A'_s)$。

在工程设计中，一般有两种情况：

1. 截面设计

已知轴向压力设计值、柱的计算长度和材料强度等级，要求设计截面尺寸和配筋。此时，可先假定稳定系数 $\varphi = 1.0$，并选取适当的配筋率，通常取为 $\rho' = 1.0\%$ 左右，然后由式（6-1）计算出所需要的截面面积 A，由此选定截面尺寸，再以实选的截面短边尺寸 b 和计算长度 l_0 查表 6-1 得稳定系数 φ 值。将有关数据代入式（6-2），即可求得所需要的纵向钢筋截面面积，即：

$$A'_s = \frac{\dfrac{N}{0.9\varphi} - f_c A}{f'_y} \tag{6-2}$$

2. 截面复核

已知柱的截面尺寸、配筋数量、材料强度等级以及计算长度，求轴心受压构件所能承担的纵向压力。这时，可由表 6-1 查得稳定系数 φ 值，再按下面的式（6-3）得到承载力

N_u 值，即

$$N_u = 0.9\varphi(f_cA + f'_yA'_s) \tag{6-3}$$

【例 6-1】 某钢筋混凝土轴心受压构件，截面尺寸 450mm×450mm，承受轴向力设计值 $N = 3000$kN。构件的计算长度 $l_0 = 6.0$m，混凝土 C30，纵筋采用 HRB400 级钢筋，试确定截面配筋。

【解】 C30 混凝土：$f_c = 14.3$N/mm²；HRB400 钢筋：$f'_y = 360$N/mm²。

长细比 $\dfrac{l_0}{b} = \dfrac{6000}{450} = 13.3$，查表 6-1 得：$\varphi = 0.93$。

由式（6-2）得：

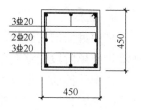

$$A'_s = \frac{\dfrac{N}{0.9\varphi} - f_cA}{f'_y} = \frac{\dfrac{3000000}{0.9 \times 0.93} - 14.3 \times 450 \times 450}{360}$$

$$= 1912.4 \text{mm}^2$$

截面选配 8 ⌀ 20 $A'_s = 2036$mm²，配筋图如图 6-5 所示。

图 6-5 例 6-1 图

配筋率 $\rho' = \dfrac{A'_s}{b \times h} = \dfrac{2513}{450 \times 450} = 1.24\% > \rho_{min} = 0.55\%$

一侧的配筋率 $\rho' = \dfrac{A'_s}{b \times h} = \dfrac{942}{450 \times 450} = 0.465\% > \rho_{min} = 0.2\%$ 符合要求，配筋合适。

6.1.4 构造要求

1. 材料强度等级

钢筋混凝土受压柱的混凝土强度等级一般采用 C25、C30、C35、C40，必要时可采用强度等级较高的混凝土，以节约钢筋，减小构件截面尺寸。

纵向钢筋宜采用 HRB400 级、HRB500 级、HRBF400 级、HRBF500 级，不宜采用高强钢筋。

2. 截面形状和尺寸

轴心受压柱的截面多采用正方形，也可采用矩形、圆形和多边形截面。采用矩形截面时，长、短边尺寸不宜相差过于悬殊，以免短边方向长细比过大。

截面尺寸不宜选得过小，以免由于长细比过大而使材料强度得不到充分利用，在一般情况下，柱的长细比 $l_0/b \leqslant 30$ 及 $l_0/h \leqslant 25$（b 为矩形短边尺寸，h 为矩形长边尺寸）。承重柱的尺寸不宜小于 250mm×250mm。此外，为了便于支模，柱截面尺寸，小于 800mm 者应取 50mm 的倍数；大于 800mm 者应取 100mm 的倍数。

3. 纵向钢筋

纵向钢筋除承担压力外，还能够使构件在破坏阶段的延性有所提高；此外，它还将抵抗由于混凝土收缩、温度变化以及荷载偶然偏心等作用可能引起的拉应力，因此《规范》规定了受压构件的全部配筋率不应小于 0.6%（当采用强度 400MPa 时，不应小于 0.55%；当采用强度 500MPa 时，不应小于 0.50%；当混凝土强度等级为 C60 以上时，应比上述规定增加 0.10），一侧钢筋的配筋率不应小于 0.2%。为便于施工和保证受力性能，全部纵向钢筋配筋率不宜超过 5%（配筋过多的柱在长期受压混凝土徐变后卸载，钢筋弹性回复会在柱中引起拉裂，故应对柱的最大配筋率作出限制）。为了使钢筋骨架具有必要的刚度，纵向钢筋直径不宜小于12mm，在满足其他构造条件的情况下，宜选用直径较粗的纵向钢筋，这可以减小钢筋在施工阶段的纵向弯曲，节省箍筋用量。在一般的矩形截面中，纵向钢筋根数不应少于4根，且沿截面周边均匀布置；在圆形截面中，纵向钢筋宜沿截面周边均匀布置，根数不宜少于8根，且不应少于6根。在柱中纵向钢筋的净间距不得小于50mm，而在水平浇筑的预制柱中，纵向钢筋的最小净间距要求则与梁相同。此外，纵向钢筋的中距不宜大于300mm。

纵向钢筋的混凝土保护层厚度应满足第1章第1.3节的要求。

4. 箍筋

柱中箍筋的主要作用是固定纵向钢筋的位置和防止纵向钢筋被压屈从而保证纵向钢筋在临近破坏阶段能够充分发挥作用。

柱中的箍筋应做成封闭式；对圆柱中的箍筋，搭接长度应不小于按第1章式（1-11）计算的锚固长度，且末端应做成135°弯钩，弯钩末端平直长度不应小于箍筋直径的5倍。

对于受压构件，箍筋直径不应小于 $d/4$，且不应小于6mm（d 为纵向钢筋的最大直径）。箍筋的间距不应大于400mm及构件截面的短边尺寸，且不应大于 $15d$（d 为纵向钢筋的最小直径）。当柱中全部纵向钢筋配筋率超过3%时，箍筋直径不应小于8mm，其间距不应大于 $10d$（d 为纵向钢筋的最小直径），也不应大于200mm，且末端应做成135°弯钩，弯钩末端平直段长度不应小于箍筋直径的10倍；箍筋也可焊成封闭环式。

当柱截面短边尺寸大于400mm且各边纵向钢筋多于3根时，或当柱截面短边尺寸不大于400mm但各边纵向钢筋多于4根时，尚应设置复合箍筋（可参照图6-6）。

在纵向钢筋的搭接长度范围内，箍筋的间距应加密；箍筋间距不应大于 $10d$，且不应大于200mm（d 为搭接钢筋中的最小直径）。当受压钢筋直径 $d > 25$mm 时，尚应在搭接接头两个端面外100mm范围内各设两个箍筋。

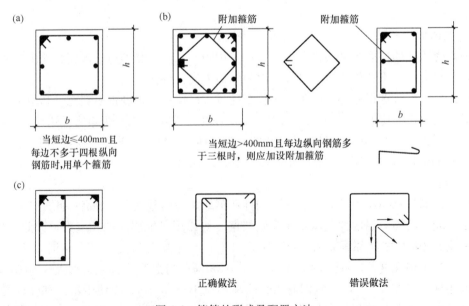

图6-6 箍筋的形式及配置方法

6.2 偏 心 受 压 构 件

6.2.1 矩形截面偏心受压构件正截面承载力计算

1. 偏心受压构件的破坏形态

试验表明，由于偏心距和纵向钢筋配筋率的不同，偏心受压短柱的破坏形态有两种情形：受拉破坏和受压破坏。

（1）受拉破坏（或大偏心受压破坏）

当偏心距较大，且受拉钢筋配置不太多时（图 6-7d），靠近轴向力的一侧受压，而远侧受拉。随着荷载的逐渐增加，受拉区混凝土首先出现横向裂缝而退出工作，随着荷载的进一步增加，裂缝向截面内部发展，受压区高度逐渐缩小。当荷载增加到一定值时，受拉区钢筋首先达到屈服强度，随着钢筋屈服后的塑性伸长，受压区高度进一步缩小，最后当受压区混凝土达到其极限压应变而被压碎，从而导致构件最终破坏。此时，受压区的钢筋也能达到抗压屈服强度。

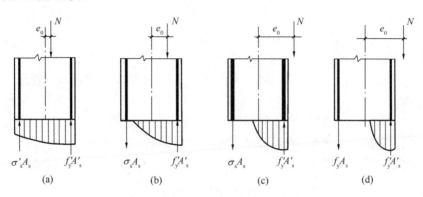

图 6-7

（a）e_0 较小，压应力较大一侧混凝土及钢筋先压坏；（b）e_0 稍大，受压区混凝土及钢筋先压坏；

（c）e_0 较大，但受拉钢筋过多，受压区混凝土及钢筋先压坏；（d）e_0 较大，受拉钢筋不过多，

受拉钢筋先达到屈服强度，然后受压区混凝土及钢筋压坏

（a）、（b）、（c）是"小偏心受压情况"；（d）是"大偏心受压情况"

由于破坏开始于受拉钢筋的屈服，故称为"受拉破坏"或大偏心受压破坏。这种破坏类似于双筋梁的适筋破坏，属于延性破坏类型。

（2）受压破坏（或小偏心受压破坏）

有两种情形：

1）当偏心距较小时，截面全部受压或大部分受压（图 6-7a、b），靠近轴向力的一侧压应力较大，而远侧压应力较小或受拉。破坏开始于靠近轴向力的一侧，该处边缘的应变达到混凝土极限压应变，同时该处的钢筋达到抗压屈服强度。而最终破坏时，一般情况下，远离轴向力的一侧，钢筋可能受拉也可能受压，但都不屈服，混凝土也不会被压碎；在某些情况下（例如，当偏心距很小时），该侧钢筋和混凝土也可能会被压坏（称为"反向破坏"）。

2）偏心距较大，但配置了很多受拉钢筋（图 6-7c）。此时，构件大部分截面受压，破

坏仍然开始于靠近轴向力的一侧,该处边缘的应变达到混凝土极限压应变,同时该处的钢筋达到抗压屈服强度,但在远离轴向力的一侧钢筋受拉但不屈服。

由于上述两种情形的破坏都开始于受压混凝土被压碎,故统称为"受压破坏"或小偏心受压破坏。这种破坏属于脆性破坏。

以下,我们把远离轴向力的钢筋称为受拉钢筋,靠近轴向力的钢筋称为受压钢筋。

在受拉破坏和受压破坏之间存在着一种"界限破坏",即在受拉钢筋达到屈服应变的同时,受压区混凝土边缘应变也达到极限压应变。与判别受弯构件适筋与超筋破坏一样,可以根据相对界限受压区高度 ξ_b 来判别大、小偏心状态。即:

当 $\xi \leqslant \xi_b$ 或 $x \leqslant x_b$ 时,为大偏心受压;

当 $\xi > \xi_b$ 或 $x > x_b$ 时,为小偏心受压。

其中各符号的意义与受弯构件正截面承载力计算中相应符号的意义相同。

2. 轴向压力在纵向弯曲构件中产生的二阶效应—— $P\text{-}\delta$ 效应

结构中的二阶效应是指作用在结构上的重力或构件中的轴向压力在变形后的结构或构件中引起的附加内力和附加变形。其中,由结构侧移产生的二阶效应(即重力二阶效应),习称 $P\text{-}\Delta$ 效应;由轴向压力在纵向弯曲构件中产生的二阶效应,习称 $P\text{-}\delta$ 效应。$P\text{-}\Delta$ 效应是在结构内力计算中考虑;$P\text{-}\delta$ 效应必须在截面承载力计算中予以考虑。下面主要讨论 $P\text{-}\delta$ 效应的计算。

偏心受压构件在杆端同号弯矩 M_1、$M_2(M_2 > M_1)$ 和轴向力 P 的共同作用下将产生单曲率弯曲,如图 6-8(a)所示。杆件在荷载作用下的弯矩图,即一阶弯矩图如图 6-8(b)所示,此时控制截面位于杆端截面 M_2 处。当构件产生纵向弯曲后,应考虑二阶效应。轴向压力 P 对杆件中部任一截面产生附加弯矩 $P\delta$(二阶效应)如图 6-8(c)所示,与一阶弯矩 M_0 叠加后,得合成弯矩

$$M = M_0 + P\delta \tag{6-4}$$

式中　δ——任一截面的挠度值;

M_0——为相应截面的一阶弯矩。

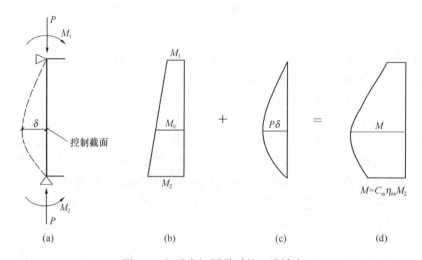

图 6-8　杆端弯矩同号时的二阶效应

图 6-8（d）所示为叠加后的弯矩图，由此可见，在杆件中部总有一个截面，它的弯矩 M 是最大的。当 $M_1 = M_2$ 时，弯矩最大截面就在杆件长度的中点即控制截面由 M_2 截面转移到中点截面。

偏心受压构件在杆端异号弯矩 M_1、M_2 和轴向力 P 的共同作用下将产生双曲率弯曲，如图 6-9（a）所示。此时，杆件的弯矩图如图 6-9（b）所示，杆件纵向弯曲产生二阶弯矩如图 6-9（c）所示，叠加后弯矩图如图 6-9（d）所示。由此可知，虽然轴向压力对杆件长度中部的截面将产生二阶弯矩，但弯矩增大后还是比不过杆端截面的弯矩值，即控制截面不会发生转移，故不必考虑二阶效应。

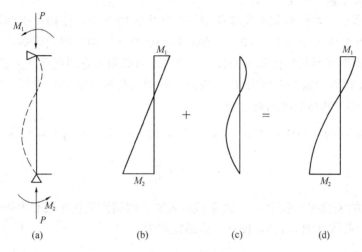

图 6-9　杆端弯矩异号时的二阶效应

因此，《混凝土结构设计规范》GB 50010（以下简称《规范》）规定，当满足下述条件之一时，就必须考虑二阶效应：

① 弯矩比 $M_1/M_2 > 0.9$ （6-5）

② 轴压比 $N/f_c A > 0.9$ （6-6）

③ 长细比 $l_c/i > 34 - 12(M_1/M_2)$ （6-7）

式中　M_1、M_2 ——分别为已考虑侧移影响的偏心受压构件两端截面按结构弹性分析确定的对同一主轴的组合弯矩设计值，绝对值较大端为 M_2，绝对值较小端为 M_1，当构件按单曲率弯曲时，M_1/M_2 取正值，否则取负值；

　　　　l_c ——构件的计算长度，可近似取偏心受压构件相应主轴方向上下支撑点之间的距离；

　　　　i ——偏心方向的截面回转半径。

《规范》规定，当同时满足下述三个条件时，则不考虑二阶效应：

① 弯矩比 $M_1/M_2 \leqslant 0.9$ （6-5a）

② 轴压比 $N/f_c A \leqslant 0.9$ （6-6a）

③ 长细比 $l_c/i \leqslant 34 - 12(M_1/M_2)$ （6-7a）

3. 考虑 $P\text{-}\delta$ 二阶效应后控制截面的弯矩设计值

《混凝土结构设计规范》GB 50010 规定，除排架结构柱外，其他偏心受压构件考虑 $P\text{-}\delta$ 二阶效应后控制截面的弯矩设计值，应按下列公式计算：

$$M = C_m \eta_{ns} M_2 \tag{6-8}$$

式中　C_m——构件端截面偏心距调节系数，按下式计算

$$C_m = 0.7 + 0.3 \frac{M_1}{M_2} \geqslant 0.7 \tag{6-9}$$

　　η_{ns}——弯矩增大系数。

当 $C_m \eta_{ns}$ 小于 1.0 时，取 1.0；对剪力墙及核心筒墙肢，因其 $P\text{-}\delta$ 响应不明显，可取 $C_m \eta_{ns}$ 等于 1.0。

4. 弯矩增大系数——η_{ns} 计算

如图 6-10 所示，构件在偏心荷载作用下会产生纵向弯曲，使构件中间截面的弯矩由初始弯矩 Ne_i 增大到 $N(e_i + a_f)$。对于长细比较小的柱子，由于纵向弯曲小，设计时可忽略 a_f 的影响。但对于当长细比较大的柱子，设计时就必须考虑纵向弯曲的影响。

对于长细比较大的偏心受压构件，《规范》采用把初始弯矩 Ne_i 乘以一个大于 1 的系数 η_{ns} 来解决纵向弯曲影响的问题，即

$$M = M_0 + P\delta = N(e_i + a_f) = Ne_i \left(1 + \frac{a_f}{e_i}\right) = Ne_i \eta_{ns} = M_2 \eta_{ns}$$

$$\eta_{ns} = 1 + \frac{a_f}{e_i}$$

确定 η_{ns} 值的关键在于确定 a_f。大量试验表明，两端铰接柱在偏心力作用下的挠曲线近似地符合正弦曲线（图 6-11），即任一点的位移为：

$$y = a_f \sin \frac{\pi x}{l_0}$$

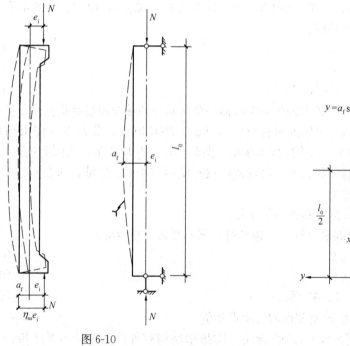

图 6-10

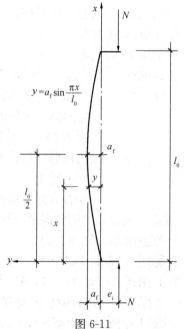

图 6-11

则中点的曲率为：

$$\phi = -\frac{\mathrm{d}^2 y}{\mathrm{d}x^2}\Big|_{x=\frac{l_0}{2}} = a_\mathrm{f}\Big(\frac{\pi}{l_0}\Big)^2 \sin\frac{\pi x}{l_0}\Big|_{x=\frac{l_0}{2}} = a_\mathrm{f}\Big(\frac{\pi}{l_0}\Big)^2 \approx 10\frac{a_\mathrm{f}}{l_0^2}$$

由此可得：

$$a_\mathrm{f} = \frac{\phi l_0^2}{10}$$

则得：

$$\eta_\mathrm{ns} = 1 + \frac{\phi l_0^2}{10e_i}$$

当界限破坏时，根据平截面假定，可得破坏截面曲率为：

$$\phi_\mathrm{b} = \frac{\varepsilon_\mathrm{cu} + \varepsilon_\mathrm{y}}{h_0}$$

上式中 $\varepsilon_\mathrm{cu} = 0.0033 \times 1.25$（此处的系数 1.25 是考虑柱子在长期荷载作用下，由混凝土徐变引起的应变增大系数），$\varepsilon_\mathrm{y} = \dfrac{f_\mathrm{y}}{E_\mathrm{s}} = \dfrac{435}{2 \times 10^5} = 0.00218$，则：

$$\phi_\mathrm{b} = \frac{0.0033 \times 1.25 + 0.00218}{h_0} = \frac{1}{158.478 h_0}$$

在设计时，偏心受压构件包括大偏心和小偏心受压两种破坏类型，构件破坏时，不一定正好处于界限状态，而且构件的实际曲率不但与偏心受压性质有关，还与长细比等因素有关。因此，偏心受压构件的破坏曲率取为：

$$\phi = \phi_\mathrm{b}\zeta_\mathrm{c} = \frac{1}{158.478 h_0}\zeta_\mathrm{c}$$

将此式代入前面 η_ns 的表达式，并取 $h = 1.1h_0$，可得 η_ns 的如下表达式：

$$\eta_\mathrm{ns} = 1 + \frac{1}{1300\dfrac{e_i}{h_0}}\Big(\frac{l_0}{h}\Big)^2 \zeta_\mathrm{c} \tag{6-10}$$

其中，ζ_c 为截面曲率的修正系数。

下面给出 ζ_c、e_i 的取值方法。

（1）截面曲率修正系数 ζ_c

《规范》采用下式计算 ζ_c：

$$\zeta_\mathrm{c} = \frac{0.5 f_\mathrm{c} A}{N} \tag{6-11}$$

式中　f_c——混凝土的轴心抗压强度设计值；

　　　A——构件的截面面积；

　　　N——轴向压力设计值。

当 $\zeta_\mathrm{c} > 1.0$ 时，取 $\zeta_\mathrm{c}=1.0$。

（2）初始偏心距 e_i

初始偏心距 e_i 为：

$$e_i = e_0 + e_\mathrm{a} \tag{6-12}$$

其中，$e_0 = \dfrac{M_2}{N}$，M_2 为构件两端较大弯矩设计值，N 为相应轴向力设计值；e_a 为附加偏心距。由于工程中实际存在着荷载作用位置的不确定性、混凝土质量的不均匀性及施工质量的偏差等因素，都可能产生附加偏心距。很多国家的规范中都有关于附加偏心距的具体规定，因此，参照国外规范的经验，《规范》规定附加偏心距 e_a 取为偏心方向截面尺寸的 $\frac{1}{30}$（即 $\frac{h}{30}$）和 20mm 两者中的较大者。

因此，《规范》规定 η_{ns} 的计算公式如下：

$$\eta_{ns} = 1 + \frac{1}{1300\left(\frac{M_2}{N} + e_a\right)/h_0}\left(\frac{l_0}{h}\right)^2 \zeta_c \tag{6-13}$$

5. 偏心受压构件的计算公式

此处的基本假定与前面受弯构件正截面承载力计算中的基本假定完全相同。

（1）大偏心受压构件的计算公式

1）基本计算公式

如前所述，大偏心受压构件最终破坏时，远侧的受拉钢筋达到抗拉屈服强度，近侧的受压钢筋达到抗压屈服强度且混凝土达到极限压应变，因此，可得大偏心受压构件的计算简图，如图 6-12 所示。根据平衡条件，可得大偏心受压构件的基本计算公式：

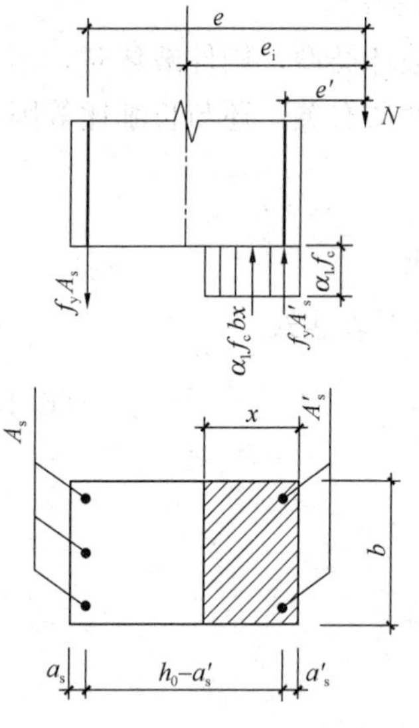

$$N \leqslant N_u = \alpha_1 f_c bx + f'_y A'_s - f_y A_s \tag{6-14}$$

$$Ne \leqslant N_u e = \alpha_1 f_c bx\left(h_0 - \frac{x}{2}\right) + f'_y A'_s(h_0 - a'_s) \tag{6-15}$$

式中　N——轴向压力设计值；

N_u——受压承载力设计值；

α_1——系数，与受弯构件相同；

e——轴向压力至受拉钢筋 A_s 合力作用点的距离，按下式计算

$$e = e_i + \frac{h}{2} - a_s \tag{6-16}$$

e_i——初始偏心距，按式（6-12）计算；

x——受压区高度，$x = \xi h_0$。

图 6-12

2）适用条件

公式（6-14）和式（6-15）的适用条件为 $x \leqslant x_b$ 或 $\xi \leqslant \xi_b$。这是为了保证构件破坏时受拉钢筋应力先达到屈服强度。当 $\xi > \xi_b$ 时，应按小偏心受压构件计算。

$x \geqslant 2a'_s$。这是为了保证构件破坏时受压钢筋应力能达到抗压屈服强度。当 $x < 2a'_s$，此时可取 $x = 2a'_s$，并按下式计算正截面受压承载力：

$$Ne' \leqslant f_y A_s(h_0 - a'_s) \tag{6-17}$$

式中 e'——轴向压力至受压钢筋 A'_s 合力作用点的距离，按下式计算：

$$e' = e_i - \frac{h}{2} + a'_s = e - h_0 + a'_s \tag{6-18}$$

（2）小偏心受压构件（$\xi > \xi_b$）

1）基本计算公式

如前所述，小偏心受压构件最终破坏时，近侧的混凝土达到极限压应变且受压钢筋达到抗压屈服强度，而远侧的受拉钢筋可能受拉也可能受压，但都不屈服，因此，可得小偏心受压构件的计算简图，如图 6-13 所示。根据平衡条件，可得小偏心受压构件的基本计算公式

$$N \leqslant N_u = \alpha_1 f_c bx + f'_y A'_s - \sigma_s A_s \qquad (6\text{-}19)$$

$$Ne \leqslant N_u e = \alpha_1 f_c bx \left(h_0 - \frac{x}{2}\right) + f'_y A'_s (h_0 - a'_s) \qquad (6\text{-}20)$$

或 $$Ne' \leqslant N_u e' = \alpha_1 f_c bx \left(\frac{x}{2} - a'_s\right) - \sigma_s A_s (h_0 - a'_s) \qquad (6\text{-}20a)$$

式中 σ_s——受拉钢筋 A_s 的应力值，

$$\sigma_s = \frac{\xi - \beta_1}{\xi_b - \beta_1} f_y \qquad (6\text{-}21)$$

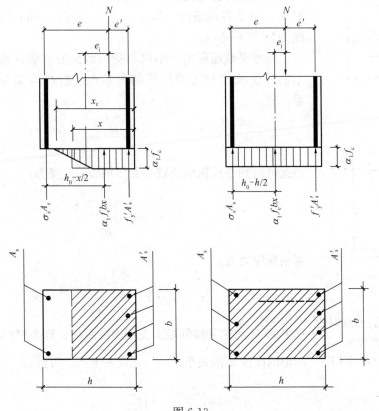

图 6-13

计算结果应满足 $-f'_y \leqslant \sigma_s \leqslant f_y$。计算所得 σ_s 为拉应力且其值大于 f_y 时，取 $\sigma_s = f_y$；当 σ_s 为压应力且其绝对值大于 f'_y 时，取 $\sigma_s = -f'_y$。式中 β_1 见表 3-1，当混凝土强度等级不超过 C50 时，β_1 取为 0.8；当混凝土强度等级为 C80 时，β_1 取为 0.94，其间按线性内插法确定。

x ——受压区高度，当 $x > h$ 时，取 $x = h$，此时可近似地取 $\sigma_s = -f'_y$。

当 $x \leqslant h$ 时，可认为 $\sigma_s \geqslant -f'_y$。而 $\sigma_s \leqslant f_y$ 的条件，小偏心受压构件总能满足。

e' ——轴向压力至受压钢筋 A'_s 合力作用点的距离，按下式计算

$$e' = \frac{h}{2} - e_i - a'_s \tag{6-22}$$

《规范》规定，对采用矩形截面非对称配筋的小偏心受压构件，当 $N > f_c bh$ 时，为防止 A_s 产生受压破坏（即防止前述"反向破坏"），除了按式（6-19）和式（6-20）或式（6-20a）计算外，尚应按下列公式进行验算：

$$N\left[\frac{h}{2} - a'_s - (e_0 - e_a)\right] \leqslant \alpha_1 f_c bh\left(h'_0 - \frac{h}{2}\right) + f'_y A_s(h'_0 - a_s) \tag{6-23}$$

式中　h'_0 ——受压钢筋 A'_s 合力作用点至远离轴向力一侧边缘的距离，即 $h'_0 = h - a'_s$。

2）关于 σ_s 计算公式的说明

前面已经指明 σ_s 的计算公式（6-21）是近似公式。根据我国大量试验资料及计算分析

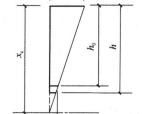

表明，小偏心受压情况下受拉边或受压较小边的钢筋应力 σ_s 的实测值与 ξ 接近直线关系。因此，如果以 $\xi = \xi_b$ 时 $\sigma_s = f_y$；$\xi = \beta_1$ 时 $\sigma_s = 0$ 为界限条件，当 $\beta_1 > \xi > \xi_b$ 时，σ_s 用直线插入法计算，即为公式（6-21）。

根据平截面假定，小偏心受压截面的应变分布为图 6-14 所示的有受拉区和无受拉区两种情况。按照应变分布的几何关系，有：

$$\frac{\varepsilon_s}{\varepsilon_{cu}} = \frac{h_0 - x_c}{x_c}$$

由此可得到受拉钢筋或较小受压钢筋的应变为：

$$\varepsilon_s = \varepsilon_{cu}\left(\frac{1}{\dfrac{x_c}{h_0}} - 1\right)$$

则钢筋应力为：

$$\sigma_s = \varepsilon_s \cdot E_s = \varepsilon_{cu}\left(\frac{1}{\dfrac{x_c}{h_0}} - 1\right) \cdot E_s$$

图 6-14　小偏心受压时的截面应变分布

（a）有受拉区；（b）无受拉区

式中的 x_c 为中和轴到最大受压边的距离。以 x_c 与等效矩形应力图形的高度 x 的关系 $x_c = \dfrac{x}{\beta_1}$ 代入上式，可得：

$$\sigma_s = \varepsilon_{cu}\left(\frac{\beta_1 h_0}{x} - 1\right)E_s \tag{6-24}$$

计算结果也应满足 $-f'_y \leqslant \sigma_s \leqslant f_y$。

若用式（6-24）与基本方程联立求解小偏心受压构件，则需要解一个关于 x（或 ξ）的三次方程，计算比较复杂。如果采用式（6-21），则一般情况下可以简化为二次方程。因此，《规范》列出式（6-21）的同时，也列出了式（6-21）以便简化计算。

（3）大小偏心受压的判别

前面已经明确指出 $x \leqslant x_b$（或 $\xi \leqslant \xi_b$）为大偏受压，$x > x_b$（或 $\xi > \xi_b$）为小偏受压的判别条件。但是截面计算前 x 是未知的，故不便用 x 来判别以选择用何种偏心受压公式进行计算。通常截面计算的已知条件是构件截面尺寸（$b \times h$）、计算长度 l_0、混凝土强度等级、钢筋级别及轴向压力设计值（N）和弯矩设计值（M）等，则偏心距 e_i 将是确定的。因此，通常的方法是利用偏心距（或相对偏心距 e_i/h_0）来对大小偏心受压进行初步的判别。

取界限破坏情况的受压区高度 $x_b = \xi_b h_0$ 代入大偏心受压时的轴向力平衡条件（即式 6-14）和对截面几何中心轴取力矩的平衡条件，并取 $a_s = a'_s$，可得界限破坏时的轴向力 N_b 和弯矩 M_b：

$$N_b = \alpha_1 f_c b \xi_b h_0 + f'_y A'_s - f_y A_s$$

$$M_b = 0.5 \alpha_1 f_c b \xi_b h_0 (h - \xi_b h_0) + 0.5(f_y A_s + f'_y A'_s)(h_0 - a'_s)$$

如果定义 $e_{0b}/h_0 = M_b/N_b h_0$ 为"相对界限偏心距"，则由以上两式可得：

$$\frac{e_{0b}}{h_0} = \frac{M_b}{N_b h_0} = \frac{0.5 \alpha_1 f_c b \xi_b h_0 (h - \xi_b h_0) + 0.5(f_y A_s + f'_y A'_s)(h_0 - a'_s)}{(\alpha_1 f_c b \xi_b h_0 + f'_y A'_s - f_y A_s)h_0} \tag{6-25}$$

分析式（6-25）可知，当截面尺寸和材料均确定时，ξ_b 亦为确定值，则相对界限偏心距 e_{0b}/h_0 取决于 A_s 和 A'_s。随着 A_s 和 A'_s 的减小，e_{0b}/h_0 亦减小。故当 A_s 和 A'_s 按最小配筋率配筋时，将得到 e_{0b}/h_0 的最小值 $e_{0b,min}/h_0$。根据《规范》对构件最小配筋率的规定，取 A_s 和 A'_s 均为 $0.002\,bh$；并近似取 $h = 1.05h_0$，$a'_s = 0.05h_0$，对各种常用的混凝土强度等级和 HRB335 级、HRB400 级、HRB500 级钢筋按式（6-25）算得 $e_{0b,min}/h_0$ 值列于表 6-2 中。截面设计时，可根据所选定的材料强度按表中 $e_{0b,min}/h_0$ 来初步判别大小偏心受压，即当 $\dfrac{e_i}{h_0} \leqslant \dfrac{e_{0b,min}}{h_0}$ 时，按小偏心受压计算；当 $\dfrac{e_i}{h_0} > \dfrac{e_{0b,min}}{h_0}$ 时，先按大偏心受压计算，然后根据计算结果再验算是否符合 $x \leqslant x_b$（或 $\xi \leqslant \xi_b$）。

最小相对界限偏心距 $e_{0b,min}/h_0$ 表 6-2

钢筋 ＼ 混凝土	C20	C25	C30	C35	C40	C45	C50	C60	C70	C80
HRB335	0.363	0.341	0.326	0.315	0.307	0.302	0.297	0.301	0.307	0.314
HRB400	0.410	0.383	0.363	0.349	0.339	0.332	0.326	0.329	0.333	0.339
HRB500	0.472	0.435	0.409	0.391	0.378	0.369	0.361	0.362	0.365	0.370

从表 6-2 可知，相对偏心距均在 $0.3h_0$ 左右，故也可按以下方法初步判断大、小偏心：

当 $e_i > 0.3h_0$ 时，为大偏心受压；

当 $e_i \leqslant 0.3h_0$ 时，为小偏心受压。

然后按相应情况的基本公式计算 x，用 $x \leqslant x_b$，$x > x_b$ 来检验最初所选公式是否正确，若不正确，则应按另一情况的基本公式重新计算。最后，要按轴心受压构件验算垂直于弯矩作用平面的受压承载力。

6. 偏心受压构件计算公式的应用

（1）矩形截面不对称配筋

1）截面设计

已知截面尺寸 $b \times h$、计算长度 l_0、混凝土强度等级、钢筋级别、弯矩设计值 M 及轴向压力设计值 N（M、N 是考虑二阶效应后的弯矩值和轴向力值），要求计算钢筋截面积 A_s 及 A'_s。

注意，A_s 和 A'_s 均应满足最小配筋率的要求，即 $A_s \geqslant \rho_{\min}bh$ 或（$A'_s \geqslant \rho'_{\min}bh$）。在截面设计时，取 $N = N_u$。

① 大偏心受压构件的计算

情形 1 　　求 A_s 及 A'_s。

在公式（6-14）和式（6-15）中，有 x、A_s 及 A'_s 三个未知量，而仅两个方程是不能求解的。因此，仿照双筋梁的做法，为使受拉和受压钢筋总量最小，应尽可能充分发挥受压区混凝土的作用，故取 $x = x_b = \xi_b h_0$，代入公式（6-15）可得 A'_s，然后由公式（6-14）得到 A_s。具体步骤如下：

令 $x = x_b = \xi_b h_0$，代入公式（6-15）得 A'_s：

$$A'_s = \frac{Ne - \alpha_1 f_c b x_b (h_0 - 0.5 x_b)}{f'_y (h_0 - a'_s)} = \frac{Ne - \alpha_1 f_c b h_0^2 \xi_b (1 - 0.5\xi_b)}{f'_y (h_0 - a'_s)} \tag{6-26}$$

若 A'_s 满足最小配筋率的要求（即 $A'_s \geqslant \rho'_{\min}bh$），则将 A'_s 及 $x = x_b = \xi_b h_0$ 代入公式（6-14）得到 A_s：

$$A_s = \frac{\alpha_1 f_c b \xi_b h_0 + f'_y A'_s - N}{f_y} \tag{6-27}$$

求得的 A_s 应满足 $A_s \geqslant \rho_{\min}bh$。若不满足，则按最小配筋率确定 A_s，即 $A_s = \rho_{\min}bh$ 且应按小偏心受压情况进行验算。

若按式（6-26）求得的 A'_s 不满足最小配筋率的要求，则令 $A'_s = \rho'_{\min}bh$，按下面的"情形 2"计算 A_s。

情形 2 　　已知 A'_s，求 A_s。

此时，在公式（6-14）和式（6-15）的两个方程中，仅有 x 和 A_s 两个未知量，故可直接求解。具体步骤如下：

由公式（6-15）得 x。

$$x = h_0 \left[1 - \sqrt{1 - \frac{2\left[Ne - f'_y A'_s (h_0 - a'_s)\right]}{\alpha_1 f_c b h_0^2}} \right] \tag{6-28}$$

若 $2a'_s \leqslant x \leqslant x_b = \xi_b h_0$，则将 x 代入公式（6-14）得 A_s。

$$A_s = \frac{\alpha_1 f_c b x + f'_y A'_s - N}{f_y} \tag{6-29}$$

若 $x > x_b = \xi_b h_0$，则说明已知的 A'_s 过小，应取 $x = x_b = \xi_b h_0$ 按"情形 1"重新计算 A_s 和 A'_s。

若 $x < 2a'_s$，则取 $x = 2a'_s$，按式（6-17）求 A_s，即：

$$A_s = \frac{N\left(e_i - \dfrac{h}{2} + a'_s\right)}{f_y(h_0 - a'_s)} = \frac{N(e - h_0 + a'_s)}{f_y(h_0 - a'_s)} \tag{6-30}$$

不论按式（6-29）或式（6-30）求得的中 A_s，均应满足最小配筋率要求。

② 小偏心受压构件的计算

在式（6-19）、式（6-20a）和式（6-20）中，有 σ_s、x、A_s 及 A_s' 四个未知量，而三个方程不能求解，需补充一个条件。较简便的方法是先假定 A_s 的值。由于小偏心受压构件在多数情况下离轴向力较远一侧的钢筋应力 σ_s 小于强度设计值，A_s 的需要量小，故可初步按最小配筋率确定一个 A_s 值，即 $A_s = 0.002bh$。同时，当 $N > f_c bh$ 由式（6-23）还可得一个为 A_s 值，即：

$$A_s = \frac{N\left[\dfrac{h}{2} - a_s' - (e_0 - e_a)\right] - \alpha_1 f_c bh\left(h_0' - \dfrac{h}{2}\right)}{f_y'(h_0' - a_s)} \tag{6-31}$$

在这两个 A_s 值中，取较大者作为 A_s。当 A_s 为已知时，将式（6-20a）且与式（6-21）联立可得 x 的二次方程：

$$\frac{1}{2}x^2 - \left[a_s' + \frac{f_y A_s(h_0 - a_s')}{(\xi_b - \beta_1)\alpha_1 f_c bh_0}\right]x + \frac{1}{\alpha_1 f_c b}\left[\frac{\beta_1}{\xi_b - \beta_1}f_y A_s(h_0 - a_s') - Ne'\right] = 0 \tag{6-32}$$

如果将式中的系数表示为：

$$\left.\begin{array}{l} a = 0.5 \\[2mm] b = -\left[a_s' + \dfrac{f_y A_s(h_0 - a_s')}{(\xi_b - \beta_1)\alpha_1 f_c bh_0}\right] \\[4mm] c = \dfrac{1}{\alpha_1 f_c b}\left[\dfrac{\beta_1}{\xi_b - \beta_1}f_y A_s(h_0 - a_s') - Ne'\right] \end{array}\right\} \tag{6-33}$$

可解得：

$$x = \frac{-b + \sqrt{b^2 - 4ac}}{2a} = -b + \sqrt{b^2 - 2c} \tag{6-34}$$

x 求得以后，若 $x_b < x \leqslant h$，则将此 x 代入公式（6-20）得 A_s'。若此 $x > h$，则取 $x = h$ 代入公式（6-20）得 A_s'。若此 $x \leqslant x_b$，则按大偏心受压进行计算。

2）截面复核

已知材料强度等级、截面尺寸 $b \times h$、计算长度 l_0、A_s 和 A_s' 及偏心距 e_0（或弯矩设计值 M 及轴向压力设计值 N），要求复核截面是否安全。

此处的目的是求出 N_u 和 M_u，然后判断：若 $N \leqslant N_u$ 且 $M \leqslant M_u$，则是安全的，否则不安全。

N_u 和 M_u 的计算，关键在于计算 x。从前面的叙述可知，实际上大、小偏心受压的基本公式完全可以用小偏心受压时式（6-19）、式（6-20）或式（6-20a）这组公式来统一表达，只要在这组公式中取 $\sigma_s = f_y$，就变成了大偏心受压的基本公式。故为了简化论述，我们用式（6-19）～式（6-20a），这组公式来推导 x 的计算公式。

将式（6-19）代入式（6-20）以消去 N_u，并经整理后可得 x 的二次方程：

$$\frac{1}{2}x^2 - (e - h_0)x - \frac{[\sigma_s A_s e + f_y' A_s'(h_0 - e - a_s')]}{\alpha_1 f_c b} = 0$$

统一按式（6-22）计算 e'，并注意到 e' 与 e 具有关系 $e' = h_0 - e - a_s'$，则上式还可以表达为：

$$\frac{1}{2}x^2 - (e - h_0)x - \frac{[\sigma_s A_s e + f_y' A_s' e']}{\alpha_1 f_c b} = 0 \tag{6-35}$$

上面已经统一规定了 e' 必须按式（6-22）计算，即应特别注意 e' 值的正负号，当 $e_i < \dfrac{h}{2} - a'_s$ 或 $e < h_0 - a'_s$ 时，e' 为 "+" 号，表示 N 作用在 A'_s 和 A_s 之间；当 $e_i > \dfrac{h}{2} - a'_s$ 或 $e > h_0 - a'_s$ 时，e' 为 "−" 号，表示 N 作用在 A'_s 以外。

以 $\sigma_s = f_y$ 代入式（6-35），即可解得大偏心受压时 x：

$$x = (h_0 - e) + \sqrt{(h_0 - e)^2 + \dfrac{2(f_y A_s e + f'_y A'_s e')}{\alpha_1 f_c b}} \tag{6-36}$$

对于小偏心受压的情况，将式（6-21）即 $\sigma_s = \dfrac{\xi - 0.8}{\xi_b - 0.8} f_y$，代入式（6-35）得以下关于 x 的一元二次方程

$$\dfrac{1}{2} x^2 + \left[\left(1 - \dfrac{1}{\xi_b - \beta_1} \cdot \dfrac{f_y A_s}{\alpha_1 f_c b h_0}\right) e - h_0\right] x + \dfrac{1}{\alpha_1 f_c b}\left(\dfrac{\beta_1}{\xi_b - \beta_1} f_y A_s e - f'_y A'_s e'\right) = 0$$

令

$$A = \dfrac{1}{2}$$

$$B = \left(1 - \dfrac{1}{\xi_b - \beta_1} \cdot \dfrac{f_y A_s}{\alpha_1 f_c b h_0}\right) e - h_0$$

$$C = \dfrac{1}{\alpha_1 f_c b}\left(\dfrac{\beta_1}{\xi_b - \beta_1} f_y A_s e - f'_y A'_s e'\right)$$

于是，可得

$$x = \dfrac{-B + \sqrt{B^2 - 4AC}}{2A} = -B + \sqrt{B^2 - 2C} \tag{6-37}$$

下面叙述截面复核的步骤。

首先用 $\dfrac{e_i}{h_0}$ 与 $\dfrac{e_{0b,min}}{h_0}$ 进行比较以初步判别大、小偏心受压，当为大偏心受压时，按式（6-36）求出 x，若 $2a'_s \leqslant x \leqslant x_b = \xi_b h_0$，则将此有 x 代入公式（6-14）计算 N_u；若 $x < 2a'_s$，则由公式（6-17）可得

$$N_u = \dfrac{f_y A_s (h_0 - a'_s)}{e_i - \dfrac{h}{2} + a'_s} = \dfrac{f_y A_s (h_0 - a'_s)}{e - h_0 + a'_s}$$

由 N_u 可得 $M_u = N_u e_0 \left(\text{其中，} e_0 = \dfrac{M}{N}\right)$。

若 $x > x_b = \xi_b h_0$，则说明先前假定是不正确的，应按小偏心受压重新计算，如果初步判别为小偏心受压，则按式（6-37）求出 x，并按以下可能的两种情形处理：

情形 1　若 $x < h$，则由公式（6-21）计算 $\sigma_s (\sigma_s \geqslant - f'_y)$，然后将 σ_s 代入式（6-19）求得 N_u。

情形 2　若 $x > h$，则取 $x = h$ 且 $\sigma_s = - f'_y$，由公式（6-19）得 N_u。

同时还应考虑反向破坏的可能性，再由公式（6-23）得到一个 N_u，与情形 1 或情形 2 得到的 N_u 进行比较，取较小者作为最后的 N_u。

在进行截面校核时，当 N 已知时，也可按 N 与 N_b 的关系进行判断。N_b 可由下式计算：

$$N_b = \alpha_1 f_c b \xi_b h_0 + f'_y A'_s - f_y A_s \tag{6-38}$$

当 $N > N_b$ 时，为小偏心受压；当 $N \leqslant N_b$ 时，为大偏心受压。

（2）矩形截面对称配筋

所谓对称配筋，就是截面受拉和受压侧的纵向钢筋完全相同（钢筋的种类、直径、根数都相同）。

在不同的荷载组合下，偏心受压构件可能会受到异号弯矩的作用，使截面两侧的钢筋既可能受拉也可能受压，故宜采用对称配筋。对称配筋比不对称配筋的总纵向钢筋量增加不多时，为方便施工，也宜采用对称配筋。为了保证装配式柱子不会出现吊装方向的错误，宜采用对称配筋。

若采用对称配筋，则有 $A_s = A'_s$，$f_y = f'_y$。利用此关系，按不对称配筋的步骤可进行截面复核，详细过程，此处从略。下面介绍对称配筋时的截面设计。

由式（6-38）可知，对称配筋时，可得 $N_b = \alpha_1 f_c b \xi_b h_0$。故 $N > N_b$ 时，为小偏心受压；$N \leqslant N_b$ 时，为大偏心受压。

对于大偏心受压构件的情况，将对称配筋的关系 $A_s = A'_s$，$f_y = f'_y$ 代入公式（6-14），可得：

$$N \leqslant N_u = \alpha_1 f_c b x$$

于是，令 $N = N_u$，可得：

$$x = \frac{N}{\alpha_1 f_c b} \tag{6-39}$$

若 $2a'_s \leqslant x \leqslant x_b = \xi_b h_0$，则由式（6-15）可得：

$$A_s = A'_s = \frac{Ne - \alpha_1 f_c b x \left(h_0 - \dfrac{x}{2}\right)}{f'_y (h_0 - a'_s)} \tag{6-40}$$

若 $x < 2a'_s$，则由式（6-17）可得：

$$A_s = A'_s = \frac{N \left(e_i - \dfrac{h}{2} + a'_s\right)}{f_y (h_0 - a'_s)} \tag{6-41}$$

若 $x > x_b = \xi_b h_0$，则应按小偏心受压公式计算。

对于小偏心受压构件的情况，将对称配筋的关系 $A_s = A'_s$，$f_y = f'_y$ 代入公式（6-19）、式（6-20）和式（6-21），并令其中的 $N = N_u$，$x = \xi_b h_0$，得：

$$N = \alpha_1 f_c b \xi h_0 + (f_y - \sigma_s) A_s$$

$$Ne = \alpha_1 f_c b h_0^2 \xi (1 - 0.5\xi) + f_y A_s (h_0 - a'_s)$$

$$\sigma_s = \frac{\xi - \beta_1}{\xi_b - \beta_1} f_y$$

这三个方程只含 ξ、A_s 和 σ_s 三个未知量，故可以直接求解。为求解 A_s，我们从这三个方程中消去 ξ 和 σ_s。为消去 ξ 和 σ_s，将上述第三式代入第一式得到：

$$f_y A_s = \frac{N - \alpha_1 f_c b h_0 \xi}{\dfrac{\xi_b - \xi}{\xi_b - \beta_1}}$$

再代入上述第二式，即可得关于 ξ 的三次方程：

$$Ne\frac{\xi_b-\xi}{\xi_b-\beta_1}=\alpha_1 f_c b h_0 \xi(1-0.5\xi)\frac{\xi_b-\xi}{\xi_b-\beta_1}+(N-\alpha_1 f_c b h_0 \xi)(h_0-a'_s) \tag{6-42}$$

此方程的求解十分不便。我们采用两种近似方法求解：迭代法和简化法。

在迭代法中，用如下公式进行迭代来计算 $A_s(=A'_s)$。

$$x=\frac{N}{\alpha_1 f_c b} \tag{6-39}$$

$$N\leqslant N_u=\alpha_1 f_c b x+f'_y A'_s-\sigma_s A_s \tag{6-19}$$

$$Ne\leqslant N_u e=\alpha_1 f_c b x\left(h_0-\frac{x}{2}\right)+f'_y A'_s(h_0-a'_s) \tag{6-20}$$

$$\sigma_s=\frac{\xi-\beta_1}{\xi_b-\beta_1}f_y \tag{6-21}$$

迭代步骤如下：

① 由式（6-39）求得 x（若 $x\leqslant x_b=\xi_b h_0$，则按大偏心受压计算），若 $x>x_b=\xi_b h_0$，则按小偏心受压计算。令 $x_1=\dfrac{x+\xi_b h_0}{2}$；

② 用 x_1 代替式（6-20）中的 x，求得 A'_s；

③ 将求得的 A'_s 代入式（6-19）后，与式（6-21）联立，可以求出 x，将此 x 代入式（6-20），求出 A'_s；

④ 比较两次得到的 A'_s，如果二者相差不大于 5%，则认为最后一次得到的 A'_s 即达到精度要求。如果二者相差大于 5%，那么，将最后一次得到的 A'_s 代入式（6-19）后，与式（6-21）联立，求出 x，将此 x 代入式（6-20），求出 A'_s，再比较最后两次得到的 A'_s，直到满足精度要求。

在简化法中，《规范》建议取 $\xi(1-0.5\xi)=0.43$，这样，式（6-42）就成为 ξ 关于的一次方程，由此方程解得：

$$\xi=\frac{N-\alpha_1 f_c b h_0 \xi_b}{\dfrac{Ne-0.43\alpha_1 f_c b h_0^2}{(\beta_1-\xi_b)(h_0-a'_s)}+\alpha_1 f_c b h_0}+\xi_b \tag{6-43}$$

于是，将 $x=\xi h_0$ 代入式（6-20）即得：

$$A_s=A'_s=\frac{Ne-\alpha_1 f_c b x\left(h_0-\dfrac{x}{2}\right)}{f'_y(h_0-a'_s)} \tag{6-44}$$

【例 6-2】已知一偏心受压柱：截面尺寸为 $b\times h=300mm\times500mm$，计算长度 $l_0=7.2m$，混凝土采用 C30（$f_c=14.3N/mm^2$，$\alpha_1=1.0$），钢筋采用 HRB400 级（$f_y=f'_y=360N/mm^2$，$\xi_b=0.518$），杆端弯矩设计值 $M_1=0.92M_2$，$M_2=230kN\cdot m$，轴力设计值 $N=630kN$。

求：钢筋截面面积 A_s 和 A'_s。

【解】因 $\dfrac{M_1}{M_2}=0.92>0.9$，故需要考虑 P-δ 效应。取 $a'_s=a_s=40mm$

$$C_m=0.7+0.3\frac{M_1}{M_2}=0.7+0.3\times0.92=0.976$$

$$\zeta_c=\frac{0.5f_c A}{N}=\frac{0.5\times14.3\times300\times500}{630000}=1.702>1,\text{取 }\zeta_c=1$$

附加偏心距 $e_a = 20\text{mm}$ 和 $e_a = \dfrac{h}{30} = 16.67\text{mm}$ 中的较大值，故 $e_a = 20\text{mm}$

$$h_0 = h - a_s = 500 - 40 = 460\text{mm}$$

$$\eta_{ns} = 1 + \frac{1}{1300\left(\dfrac{M_2}{N} + e_a\right)/h_0}\left(\frac{l_0}{h}\right)^2 \zeta_c$$

$$= 1 + \frac{1}{1300 \times \left(\dfrac{230 \times 10^6}{630 \times 10^3} + 20\right)/460}\left(\frac{7200}{500}\right)^2 \times 1$$

$$= 1.191$$

$C_m \eta_{ns} = 0.976 \times 1.191 = 1.162$，故 $M_2 = C_m \eta_{ns} \times 230 = 1.162 \times 230 = 267.26\text{kN} \cdot \text{m}$

由 C30 及 HRB400 级钢筋，按表 6-2 确定最小相对界限偏心距 $e_{0b,min} = 0.363h_0$

$$e_0 = \frac{M_2}{N} = \frac{267.26 \times 10^6}{630 \times 10^3} = 424\text{mm} > e_{0b,min} = 0.363h_0 = 0.363 \times 460 = 166.98\text{mm}$$

故初步判别为大偏心受压：

$$e = e_i + \frac{h}{2} - a_s = 424 + 20 + \frac{500}{2} - 40 = 654\text{mm}$$

由于 A_s 及 A_s' 均未知，令 $x = x_b = \xi_b h_0$，按式 (6-26) 求 A_s'：

$$A_s' = \frac{Ne - \alpha_1 f_c b x_b (h_0 - 0.5 x_b)}{f_y'(h_0 - a_s')} = \frac{Ne - \alpha_1 f_c b h_0^2 \xi_b (1 - 0.5\xi_b)}{f_y'(h_0 - a_s')}$$

$$= \frac{630 \times 10^3 \times 654 - 1.0 \times 14.3 \times 300 \times 460^2 \times 0.518 \times (1 - 0.5 \times 0.518)}{360 \times (460 - 40)}$$

$$= 420.54\text{mm}^2$$

$A_s' > A_{s,min}' = 0.002 \times 300 \times 500 = 300\text{mm}^2$ 满足最小配筋率的要求。

再由式 (6-27) 求 A_s：

$$A_s = \frac{\alpha_1 f_c b \xi_b h_0 + f_y' A_s' - N}{f_y}$$

$$= \frac{1.0 \times 14.3 \times 300 \times 0.518 \times 460 + 420.54 \times 360 - 630000}{360}$$

$$= 1510\text{mm}^2 > 300\text{mm}^2，满足最小配筋率的要求。$$

最后选择钢筋：受拉钢筋为 5 Φ 22，$A_s = 1570\text{mm}^2$，受压钢筋为 2 Φ 18，$A_s' = 509\text{mm}^2$ 全部纵向钢筋的配筋率为：

$$\rho = \frac{A_s + A_s'}{bh} = \frac{1570 + 509}{300 \times 500} = 1.38\% > 0.55\% 且 < 5\%，符合要求。$$

【例 6-3】已知一偏心受压柱的截面尺寸为 $b \times h = 400\text{mm} \times 600\text{mm}$，计算长度 $l_0 = 7.2\text{m}$，混凝土采用 C30 ($f_c = 14.3\text{N/mm}^2$)，钢筋采用 HRB400 级 ($f_y = f_y' = 360\text{N/mm}^2$)，考虑二阶效应后的弯矩设计值 $M = 300\text{kN} \cdot \text{m}$，轴力设计值 $N = 3000\text{kN}$。环境为二类 a。

求：钢筋截面面积 A_s 和 A_s'。

【解】环境为二类 a，C30 时柱的混凝土保护层最小厚度为 25mm。

因此，设 $a_s' = a_s = 40\text{mm}$，则：

$$h_0 = h - a_s = 600 - 40 = 560\text{mm}，h_0' = h - a_s' = 600 - 40 = 560\text{mm}。$$

查表得 $\xi_b = 0.518$，故 $x = x_b = \xi_b h_0 = 0.518 \times 560 = 290\text{mm}$。

令 $N_u = N$，$M_u = M$。

$$e_0 = \frac{M}{N} = \frac{300 \times 1000}{3000} = 100\text{mm}$$

由于 $\frac{h}{30} = \frac{600}{30} = 20\text{mm}$，故取 $e_a = 20\text{mm}$，则：

$$e_i = e_0 + e_a = 100 + 20 = 120\text{mm}$$

$$e = e_i + \frac{h}{2} - a_s = 120 + \frac{600}{2} - 35 = 385\text{mm}$$

由 C30 及 HRB400 级钢筋，按表 6-2 确定最小相对界限偏心距 $e_{0b,min} = 0.363 h_0$

$e_{0b,min} = 0.363 h_0 = 0.363 \times 560 = 203\text{mm} > e_i = 120\text{mm}$，故初步判别为小偏心受压。

首先确定 A_s。取 $A_s = \rho_{min} bh = 0.002 \times 400 \times 600 = 480\text{mm}^2$；再由式（6-23）得另一个 A_s：

$$A_s = \frac{N\left[\dfrac{h}{2} - a_s' - (e_0 - e_a)\right] - \alpha_1 f_c bh\left(h_0' - \dfrac{h}{2}\right)}{f_y'(h_0' - a_s)}$$

$$= \frac{3000 \times 10^3 \left(\dfrac{600}{2} - 40 - (100 - 20)\right) - 1.0 \times 14.3 \times 400 \times 600(560 - 0.5 \times 600)}{360 \times (560 - 40)}$$

$$< 0$$

取这两个 A_s 中较大者，即取定 $A_s = 480\text{mm}^2$。选用 2 Φ 18，则 $A_s = 509\text{mm}^2$。

A_s 确定后，利用公式（6-34）求解 x。此时 $\alpha_1 = 1.0$，$\beta_1 = 0.8$，$e' = h_0 - e - a_s' = 560 - 380 - 40 = 140\text{mm}$。求 x 必需的常数项（6-33）为：

$$b = -\left[a_s' + \frac{f_y A_s(h_0 - a_s')}{(\xi_b - \beta_1)\alpha_1 f_c b h_0}\right] = -\left[40 + \frac{360 \times 509 \times (560 - 40)}{(0.55 - 0.8) \times 1.0 \times 14.3 \times 400 \times 560}\right]$$

$$= 78.99\text{mm}$$

$$c = \frac{1}{\alpha_1 f_c b}\left[\frac{\beta_1}{\xi_b - \beta_1} f_y A_s(h_0 - a_s') - Ne'\right]$$

$$= \frac{1}{1.0 \times 14.3 \times 400} \times \left[\frac{0.8}{0.55 - 0.8} \times 360 \times 509 \times (560 - 40) - 3 \times 10^6 \times 140\right]$$

$$= -126732.8\text{mm}^2$$

则：

$$x = -b + \sqrt{b^2 - 2c} = -78.99 + \sqrt{78.99^2 + 2 \times 126732.8} = 430.6\text{mm}$$

故 $308\text{mm} = x_b < x < h = 600\text{mm}$，于是，将得到的 x 代入公式（6-20）可得：

$$A_s' = \frac{Ne - \alpha_1 f_c bx\left(h_0 - \dfrac{x}{2}\right)}{f_y'(h_0 - a_s')}$$

$$= \frac{3000 \times 10^3 \times 380 - 1.0 \times 14.3 \times 400 \times 430.6 \times \left(560 - \dfrac{430.6}{2}\right)}{360 \times (560 - 40)}$$

$$= 1554\text{mm}^2 > \rho_{min}' bh = 0.2\% \times 400 \times 600 = 480\text{mm}^2$$

选用 5 Φ 20（$A_s' = 1570\text{mm}^2$）。将实际的 A_s' 代入公式（6-20），可解得 x：

$$x = h_0\left\{1 - \sqrt{1 - \frac{2\left[Ne - f_y' A_s'(h_0 - a_s')\right]}{\alpha_1 f_c b h_0^2}}\right\}$$

$$= 560 \times \left\{ 1 - \sqrt{1 - \frac{2 \times [3000 \times 10^3 \times 380 - 360 \times 1570 \times (560 - 40)]}{1.0 \times 14.3 \times 400 \times 560^2}} \right\}$$

$$= 426.7\text{mm} > x_\text{b} = 308\text{mm}$$

故先前假定为小偏心是正确的。

【例 6-4】已知一偏心受压柱的截面尺寸为 $b \times h = 500\text{mm} \times 700\text{mm}$，计算长度 $l_0 = 3.5\text{m}$，混凝土采用 C35（$f_\text{c} = 16.7\text{N/mm}^2$），钢筋采用 HRB400 级（$f_\text{y} = f_\text{y}' = 360\text{N/mm}^2$），已选用 $A_\text{s} = 2945\text{mm}^2$（6 Φ 25），$A_\text{s}' = 1964\text{mm}^2$（4 Φ 25），偏心距 $e_0 = 460\text{mm}$。环境为二类 a。

求：此柱所能承担的轴向力 N_u。

【解】环境为二类 a，C35 时柱的混凝土保护层最小厚度为 25mm。

因此，假设箍筋直径为 10mm，则设 $a_\text{s}' = a_\text{s} = 25 + 10 + \frac{25}{2} = 47.5\text{mm}$，取 48mm。故

$$h_0 = h - a_\text{s} = 700 - 48 = 652\text{mm}, \quad h_0' = h - a_\text{s}' = 700 - 48 = 652\text{mm}$$

查表得 $\xi_\text{b} = 0.518$，得 $x_\text{b} = \xi_\text{b} h_0 = 0.518 \times 652 = 337.7\text{mm}$。

由于 $\frac{h}{30} = \frac{700}{30} = 23\text{mm} > 20\text{mm}$，故取 $e_\text{a} = 23\text{mm}$，则：

$$e_\text{i} = e_0 + e_\text{a} = 460 + 23 = 483\text{mm}$$

$$e = e_\text{i} + \frac{h}{2} - a_\text{s} = 483 + \frac{700}{2} - 45 = 785\text{mm}$$

$$e' = \frac{h}{2} - e_\text{i} - a_\text{s}' = \frac{700}{2} - 483 - 45 = -181\text{mm}$$

当采用 C35 混凝土、HRB400 级钢筋时，可由表 6-2 查得最小界限偏心距 $e_\text{0b,min} = 0.349 h_0 = 0.349 \times 652 = 227.5\text{mm} < e_\text{i} = 483\text{mm}$，故初步判别为大偏心受压。

由式（6-36），可得：

$$x = (h_0 - e) + \sqrt{(h_0 - e)^2 + \frac{2(f_\text{y} A_\text{s} e + f_\text{y}' A_\text{s}' e')}{\alpha_1 f_\text{c} b}}$$

$$= (652 - 785) + \sqrt{(652 - 785)^2 + \frac{2 \times (360 \times 2945 \times 785 - 1964 \times 178)}{1.0 \times 16.7 \times 500}}$$

$$= 298.7\text{mm}$$

因 $2a_\text{s}' = 96\text{mm} \leqslant x \leqslant x_\text{b} = 337.7\text{mm}$ 满足大偏压的条件，故将此 x 代入公式（6-14）得 N_u：

$$N_\text{u} = \alpha_1 f_\text{c} b x + f_\text{y}' A_\text{s}' - f_\text{s} A_\text{s}$$
$$= 1.0 \times 16.7 \times 500 \times 298.7 + 360 \times (1964 - 2945)$$
$$= 2141\text{kN}$$

【例 6-5】已知条件【例 6-2】相同，试按对称配筋方式确定钢筋截面面积 A_s 及 A_s'。

【解】对称配筋：$f_\text{y} = f_\text{y}'$，$A_\text{s} = A_\text{s}'$ 且 $a_\text{s}' = a_\text{s}$

由【例 6-2】已求得相关数据：取 $a_\text{s}' = a_\text{s} = 40\text{mm}$

$$h_0 = h - a_\text{s} = 500 - 40 = 460\text{mm}$$

$$M_2 = C_m \eta_{ns} \times 230 = 1.162 \times 230 = 267.26 \text{kN} \cdot \text{m}$$

由式（6-39）求 x：

$$x = \frac{N}{\alpha_1 f_c b} = \frac{630 \times 10^3}{1.0 \times 14.3 \times 300} = 146.8 \text{mm}$$

将 x 与 $\xi_b h_0 = 0.518 \times 460 = 238.3 \text{mm}$ 及 $2a_s' = 2 \times 40 = 80 \text{mm}$ 比较得：

$$2a_s' \leqslant x \leqslant x_b = \xi_b h_0$$

满足大偏心受压的条件，故代入式（6-40）求 A_s 及 A_s'

$$A_s = A_s' = \frac{Ne - \alpha_1 f_c bx \left(h_0 - \dfrac{x}{2}\right)}{f_y'(h_0 - a_s')}$$

$$= \frac{630 \times 10^3 \times 654 - 1.0 \times 14.3 \times 300 \times 146.8 \times (460 - 0.5 \times 146.8)}{360 \times (460 - 40)}$$

$$= 1114.7 \text{mm}^2$$

$A_s = A_s' > \rho_{min} bh = 0.2\% \times 300 \times 500 = 300 \text{mm}^2$，满足最小配筋率的要求。

最后选配钢筋：$A_s = A_s' = 1140 \text{mm}^2$（3 Φ 22）

$$\rho = \frac{A_s + A_s'}{bh} = \frac{1140 + 1140}{300 \times 500} = 1.52\% > 0.55\%，符合要求。$$

将【例 6-2】和【例 6-5】的计算结果进行比较得：在其他条件相同的前提下，对称配筋的总用钢量（$2 \times 1140 = 2280 \text{mm}^2$）比非对称配筋的总用钢量（$1570 + 509 = 2079 \text{mm}^2$）大。

【例 6-6】与一偏心受压柱的截面尺寸为 $b \times h = 400 \text{mm} \times 700 \text{mm}$，计算长度 $l_0 = 2.5 \text{m}$，混凝土采用 C25（$f_c = 11.9 \text{N/mm}^2$），钢筋采用 HRB335 级（$f_y = f_y' = 300 \text{N/mm}^2$），考虑二阶效应后的弯矩设计值 $M = 240 \text{kN} \cdot \text{m}$，轴力设计值 $N = 2400 \text{kN}$。环境为二类 a。

求：对称配筋时的钢筋截面面积 A_s 及 A_s'。

【解】环境为二类 a，C25 时柱的混凝土保护层最小厚度为 25mm。

因此，设 $a_s' = a_s = 40 \text{mm}$，则

$$h_0 = h - a_s = 700 - 40 = 660 \text{mm}，$$

查表得 $\xi_b = 0.550$，故 $x_b = \xi_b h_0 = 0.55 \times 660 = 363 \text{mm}$。

$$e_0 = \frac{M}{N} = \frac{240}{2400} = 0.1 \text{m} = 100 \text{mm}$$

由于 $\dfrac{h}{30} = \dfrac{700}{30} = 23 \text{mm} > 20 \text{mm}$，故取 $e_a = 23 \text{mm}$，则：

$$e_i = e_0 + e_a = 100 + 23 = 123 \text{mm}$$

当采用 C25 混凝土、HRB335 级钢筋时，可由表 6-2 查得最小界限偏心距 $e_{0b,min} = 0.342 h_0 = 0.342 \times 660 = 225.7 \text{mm} > e_i = 123 \text{mm}$，故初步判别为小偏心受压。

$$e = e_i + \frac{h}{2} - a_s = 123 + \frac{700}{2} - 40 = 433 \text{mm}$$

用简化法。由式（6-43）计算 ξ：

$$\xi = \frac{N - \alpha_1 f_c b h_0 \xi_b}{\dfrac{Ne - 0.43\alpha_1 f_c b h_0^2}{(\beta_1 - \xi_b)(h_0 - a'_s)} + \alpha_1 f_c b h_0} + \xi_b$$

$$= \frac{2400 \times 10^3 - 0.55 \times 1.0 \times 11.9 \times 400 \times 660}{\dfrac{2400 \times 10^3 \times 433 - 0.43 \times 1.0 \times 11.9 \times 400 \times 660^2}{(0.8 - 0.55)(660 - 40)} + 1.0 \times 11.9 \times 400 \times 660} + 0.55$$

$$= 0.714$$

于是，将 $x = \xi h_0 = 0.714 \times 660 = 471\text{mm}$ 代入式（6-44）即得：

$$A_s = A'_s = \frac{Ne - \alpha_1 f_c b x \left(h_0 - \dfrac{x}{2} \right)}{f'_y (h_0 - a'_s)}$$

$$= \frac{2400 \times 10^3 \times 433 - 1.0 \times 11.9 \times 400 \times 471 \times \left(660 - \dfrac{471}{2} \right)}{300 \times (660 - 40)}$$

$$= 470.37\text{mm}^2 < \rho_{\min} bh = 0.2\% \times 400 \times 700 = 560\text{mm}^2$$

所以，应按最小配筋率计算 A_s：$A_s = 560\text{mm}^2$。按对称配筋，取 $A_s = A'_s = 560\text{mm}^2$。

用公式（6-20）解得 x：

$$x = h_0 \left(1 - \sqrt{1 - \frac{2\left[Ne - f'_y A'_s (h_0 - a'_s) \right]}{\alpha_1 f_c b h_0^2}} \right)$$

$$= 660 \left(1 - \sqrt{1 - \frac{2\left[2400 \times 10^3 \times 433 - 300 \times 560 \times (660 - 40) \right]}{1.0 \times 11.9 \times 400 \times 660^2}} \right)$$

$$= 453\text{mm} > x_b = 253\text{mm}$$

故前面假定小偏心受压是正确的。

7. 排架结构柱考虑二阶效应的弯矩值

由前所述，结构侧移产生的二阶效应，习称 $P\text{-}\Delta$ 效应。排架柱是偏心受压构件，在轴向荷载 P 和水平荷载 F 共同作用下如图 6-15(a) 所示。在水平荷载作用下，其柱顶的

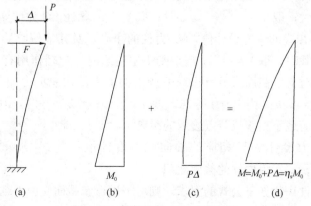

图 6-15 排架柱的 $P\text{-}\Delta$ 二阶效应

水平位移为 Δ，柱的各个截面产生的一阶弹性弯矩图如图 6-15（b）所示，柱底弯矩为 M_0。由于轴向荷载 P，则由侧移对柱的各个截面产生的二阶弯矩等于 P 与各截面水平位移的乘积，如图 6-15（c）所示。因此，考虑二阶效应后，总弯矩图如图 6-15（d）所示，柱底截面为控制截面，弯矩值：

$$M = M_0 + p\Delta$$

《规范》规定采用弯矩增大系数法来计算 P-Δ 二阶效应，即令控制截面的弯矩值等于柱底弯矩值乘弯矩增大系数，可得：

$$M = M_0 + p\Delta = \eta_s M_0 \tag{6-45}$$

$$\eta_s = 1 + \frac{1}{1500 e_i / h_0} \left(\frac{l_0}{h} \right)^2 \zeta_c$$

式中各符号的意义与前述式（6-13）的弯矩增大系数 η_{ns} 相同，此处不再累述。排架结构柱的配筋计算可按偏压柱的方法进行。

8. 垂直弯矩方向承载力的验算

偏心受压构件除了在弯矩作用平面内按上述方法进行计算外，垂直弯矩方向即 b 方向应按轴心受压计算验算。此时，应考虑 φ 值，并取 b 作为截面高度。

6.2.2 偏心受压构件斜截面承载力计算

偏心受压构件中除了作用有弯矩和轴向压力外尚作用有剪力，则也应进行斜截面受剪承载力计算，其计算方法与受弯构件相同。但与受弯构件相比，轴向压力的存在有利于斜截面的承载力。试验表明，轴向压力对受剪承载力的影响程度，与轴向压力的大小有关，当轴压比 $\frac{N}{f_c b h} = 0.3 \sim 0.5$ 时，轴向压力对构件受剪承载力的有利影响达到最大。当轴向压力更大时，它对构件受剪承载力的有利影响随轴向压力的增大而逐渐降低，因此，《规范》给出如下偏心受压构件斜截面承载力计算公式：

$$V \leqslant V_u = \frac{1.75}{\lambda + 1.0} f_t b h_0 + f_{yv} \frac{A_{sv}}{s} h_0 + 0.07N \tag{6-46}$$

式中　λ——偏心受压构件计算截面的剪跨比。对各类结构的框架，取 $\lambda = M/Vh_0$；对框架结构中的框架柱，当其反弯点在层高范围内时，可取 $\lambda = H_n/(2h_0)$；当 λ ＜ 1 时，取 $\lambda = 1$；当 λ ＞ 3 时，取 $\lambda = 3$；此处，M 为计算截面上与剪力设计值 V 相应的弯矩设计值，H_n 为柱的净高。对其他偏心受压构件，当承受均布荷载时，取 $\lambda = 1.5$；当承受集中荷载时（包括作用有多种荷载，且集中荷载对支座截面或节点边缘所产生的剪力值占总剪力的 75％以上的情况），取 $\lambda = a/h_0$；当 λ ＜ 1.5 时，取 $\lambda = 1.5$；当 λ ＞ 3 时，取 $\lambda = 3$；此处，a 为集中荷载至支座或节点边缘的距离。

　N——与剪力设计值 V 相应的轴向压力设计值，当 N ＞ $0.3 f_c A$ 时，取 $N = 0.3 f_c A$，A 为构件的截面面积。

若偏心受压构件满足如下公式的要求，则可不进行斜截面受剪承载力计算，而仅需按构造配置箍筋。

$$V \leqslant \frac{1.75}{\lambda + 1.0} f_t b h_0 + 0.07N \tag{6-47}$$

和受弯构件一样，偏心受压构件受剪截面尺寸也必须满足式(4-15)～式(4-17)。

6.2.3 偏心受压构件的裂缝宽度验算

对 $e_0/h_0 > 0.55$ 偏心受压构件，应进行裂缝宽度验算。偏心受压构件的最大裂缝宽度可按下列公式计算：

$$w_{max} = 2.1 \psi \frac{\sigma_{sq}}{E_s} \left(1.9 c_s + 0.08 \frac{d_{eq}}{\rho_{te}}\right)(mm) \tag{6-48}$$

式中各符号的意义及 ψ、c_s、d_{eq} 及 ρ_{te} 的取值方法与第 5 章受弯构件最大裂缝宽度 w_{max} 中的计算方法相同。偏心受压构件的 σ_{sq} 按下列公式计算：

$$\sigma_{sq} = \frac{N_q(e - z)}{A_s z} \tag{6-49}$$

$$z = \left[0.87 - 0.12(1 - \gamma'_f)\left(\frac{h_0}{e}\right)^2\right] h_0 \tag{6-50}$$

$$e = \eta_s e_0 + y_s \tag{6-51}$$

$$\eta_s = 1 + \frac{1}{4000 e_0/h_0}\left(\frac{l_0}{h}\right)^2 \tag{6-52}$$

式中　　N_q、M_q ——按荷载准永久组合计算的轴向压力值、弯矩值；

z ——纵向受力钢筋合力点至截面受压区合力点的距离，且不大于 $0.87h_0$；

η_s ——使用阶段的轴向压力偏心距增大系数，当 $l/h_0 \leqslant 14$ 时，取 $\eta_s = 1.0$；

y_s ——截面重心至纵向受拉钢筋合力点的距离；

e_0 ——荷载准永久组合下的初始偏心距，取 $e_0 = M_q/N_q$；

γ'_f ——受压翼缘截面面积与腹板有效截面面积的比值，$\gamma'_f = \frac{(b'_f - b)h'_f}{b h_0}$，其中，$b'_f$ 和 h'_f 分别为受压区翼缘的宽度和高度，当 $h'_f > 0.2 h_0$ 时，取 $h'_f = 0.2 h_0$。

6.2.4 偏心受压柱的构造要求

6.1 节中轴心受压柱的构造要求均适用于偏心受压柱。此外，偏心受压柱还应满足以下构造要求：

1. 截面形式及尺寸

偏心受压柱多采用矩形截面，且将长边布置在弯矩作用方向。长短边的比值 h/b 一般应在 1.0～2.0 范围内，当偏心距较大时，可适当加大，但最大不宜超过 3.0。正方形柱网无梁顶盖中的支柱，由于弯矩可能作用在两个相互垂直方向中的任意一向，故可采用正方形截面，应在相互垂直的方向均采用对称配筋。一般，柱截面短边不宜小于 250mm。

2. 纵向钢筋的布置

偏心受压柱中的受压和受拉钢筋应分别沿垂直于弯矩作用方向的短边放置，钢筋中距不应大于 300mm，当截面高度 $h \geqslant 600mm$ 时，在每侧还应加设纵向构造钢筋，其直径为 10～16mm，并相应地设置复合箍筋或拉筋（图 6-16）。

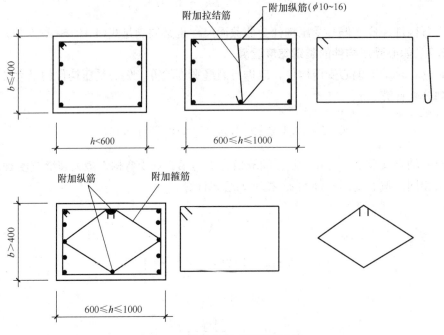

图 6-16　箍筋的形式及配置方法

6.3　钢筋混凝土柱下基础设计

在给水排水构筑物中，常见的钢筋混凝土柱基础有整片式基础和单独柱基础。对于有地下水作用的水池，或无地下水作用但地基软弱的水池，当池内设置支柱时，常采用钢筋混凝土反无梁楼盖式底板，由于它与池壁和支柱整体连接，所以就构成了池壁和支柱所共有的整片式基础，这种整片式基础的设计计算方法将在第 8 章介绍。如果底板不受地下水压力的作用，且地基较好时，可采用条形基础（在池壁下）和柱下单独基础（图 6-17）。本节介绍钢筋混凝土柱下单独基础的设计。

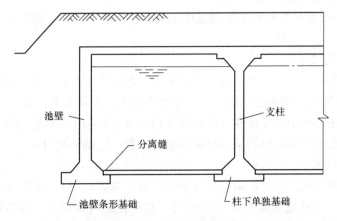

图 6-17　水池底板条形基础与柱下单独基础

6.3.1 柱下单独基础的形式

按受力形式，柱下单独基础分为轴心受压和偏心受压两种情况。

按施工方法，柱下单独基础分为预制柱基础和现浇柱基础两种。预制柱基础因与预制柱连接的部分做成杯口形，故又称为杯形基础。

柱下单独基础的外形常做成阶梯形或锥形（图 6-18）。轴心受压基础底面一般采用正方形，只有在某一个方向受到限制时，才采用矩形。偏轴心受压基础底面一般采用矩形，其长边应平行于弯矩作用方向；其长短边的比值，可随偏心距的增大而适当加大以节约基础材料，但也不宜过大。当两个垂直方向的弯矩很接近时，基础底面一般也应做成正方形。

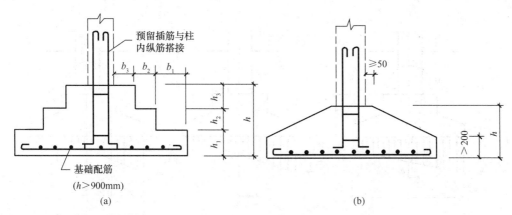

图 6-18　现浇柱基础外形形式

6.3.2 柱下单独基础的设计

柱下单独基础的设计需要进行三个方面的内容：确定基础底面尺寸、确定基础高度、计算基础底面的配筋。

1. 确定基础底面尺寸

首先确定基础底面的压力分布情况，然后由此确定基础底面尺寸。

（1）轴心受压柱下单独基础底面尺寸的确定

轴心受压时，假定基础底面的压力是均匀分布的（图 6-19），且应满足

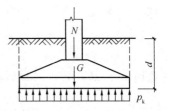

$$p_{\mathrm{k}} = \frac{N_{\mathrm{k}} + G_{\mathrm{k}}}{A} \leqslant f_{\mathrm{a}} \qquad (6\text{-}53)$$

$$G_{\mathrm{k}} = \gamma_{\mathrm{m}} A d \qquad (6\text{-}54)$$

式中　N_{k}——相应于作用的标准组合时，上部结构传至基础顶面的竖向力值（kN）；

G_{k}——基础及其上回填土的自重标准值（kN）；

A——基础底面面积（m²）；

γ_{m}——基础及其上回填土的平均重度，取 20kN/m³；

d——基础埋置深度（m）；

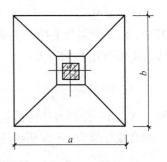

图 6-19　轴心受压基础

f_a——修正后的地基承载力特征值，按《建筑地基基础设计规范》GB 50007
采用。

由上述二式可得：

$$A = \frac{N_k}{f_a - \gamma_m d} \tag{6-55}$$

当基础底面一般采用正方形时，底边尺寸为

$$a = b = \sqrt{A} \tag{6-56}$$

（2）偏心受压柱下单独基础底面尺寸的确定

偏心受压时，假定基础底面的压力为直线分布，有三种情况（图6-20）：

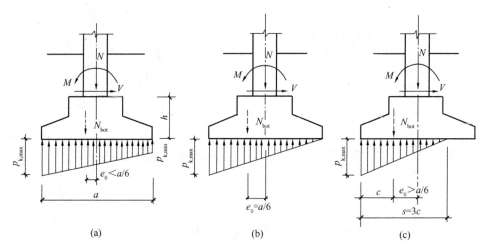

图 6-20 偏心受压柱下单独基础基底土壤反力分布

1）当 $e_0 < \dfrac{a}{6}$ 时，基础底面的压力为梯形分布（图6-20a），最大和最小压力按下式
计算

$$\begin{matrix} p_{k,max} \\ p_{k,min} \end{matrix} = \frac{N_{bot}}{A} + \frac{M_{bot}}{W}$$

注意到 $A = ab$，$W = \dfrac{1}{6}a^2 b$，则上式成为

$$\begin{matrix} p_{k,max} \\ p_{k,min} \end{matrix} = \frac{N_{bot}}{ab} \pm \frac{6M_{bot}}{a^2 b} = \frac{N_{bot}}{ab}\left(1 \pm \frac{6e_0}{a}\right) \tag{6-57}$$

其中，a、b 分别为平行于和垂直于弯矩作用面的底边长。$e_0 = M_{bot}/N_{bot}$，M_{bot}，N_{bot} 为基础
底面上的弯矩和轴向力：

$$M_{bot} = M_k \pm V_k \cdot h$$
$$N_{bot} = N_k + G_k$$

M_k、N_k、V_k 分别为柱传给基础顶面的弯矩、轴向力和剪力标准值；G_k 为基础及其上回填
土的自重标准值；h 为基础高度。

2）当 $e_0 = \dfrac{a}{6}$ 时，基础底面的压力为三角形分布（图6-20b），此时 $p_{k,min} = 0$，$p_{k,max}$
仍按式（6-57）计算。

3）当 $e_0 > \dfrac{a}{6}$ 时，基础底面的压力分布如图 6-20(c) 所示。此时按式（6-50）所得 $p_{k,\min} < 0$，表示基础底面受拉，实际上是基础底面与地基脱开。为确定 $p_{k,\max}$，先根据压力合力作用点与 N_{bot} 的作用点相重合这一条件来得到压力分布宽度 $s = 3\left(\dfrac{a}{2} - e_0\right)$，再根据压力的合力等于 N_{bot}，可得：

$$p_{k,\max} = \frac{2N_{bot}}{3b\left(\dfrac{a}{2} - e_0\right)} \tag{6-58}$$

$p_{k,\max}$ 和 $p_{k,\min}$ 确定后，由如下条件来确定偏心受压基础的底面尺寸：

$$p_{k,\max} \leqslant 1.2 f_a \tag{6-59}$$

$$p = \frac{p_{k,\max} + p_{k,\min}}{2} \leqslant f_a \tag{6-60}$$

以上二式所含未知量较多，不便于直接用来确定基础底面尺寸。实际设计中一般采用试算法：先按轴心受压基础公式（6-55）计算基础底面面积，然后乘以 $1.2 \sim 1.4$ 的扩大系数，即

$$A = a \cdot b = (1.2 \sim 1.4)\frac{N_k}{f_a - \gamma_m d} \tag{6-61}$$

长短边之比 a/b 一般在 $1.5 \sim 2.0$ 之间。由此初步选定基础底面尺寸后，按上述三种情况计算 $p_{k,\max}$ 和 $p_{k,\min}$，以验算是否满足式（6-59）和式（6-60）。

2. 确定基础高度

柱下单独基础的高度需要满足两个要求，一是柱内受力钢筋锚固长度的要求，另一个是抗冲切承载力的要求。

先按受力钢筋锚固长度的要求初步选定基础有效高度 h_0。对于现浇柱下基础，$h_0 \geqslant l_a$（l_a 为受力钢筋锚固长度）；对于预制柱下基础，如图 6-21所示，基础高度 $h \geqslant H_1 + a_1 + 50$，其中，$H_1$，$a_1$ 分别为柱插入杯口深度和杯底厚度，可分别参照后面的表 6-3 和表 6-4 确定。同时应注意到 H_1 也应满足柱内纵向钢筋的锚固长度要求和吊装稳定性要求。

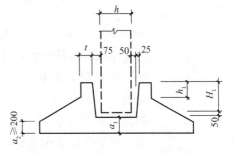

图 6-21　预制柱下基础构造要求

基础高度选定后，再验算抗冲切承载力。

试验表明，当基础高度不够时，它将发生如图 6-22 所示的冲切破坏，即沿与柱边大致成 45°的截面形成的四棱台体破坏。冲切破坏可能沿变阶处或柱与基础顶面交接处发生。为防止冲切破坏，《建筑地基基础设计规范》GB 50007 规定，对于矩形截面的阶形基础，在柱与基础交接处以及基础变阶处的受冲切承载力，应满足如下条件：

$$F_l \leqslant 0.7\beta_{hp} f_t b_m h_0 \tag{6-62}$$

$$F_l = p_j A \tag{6-63}$$

$$b_m = \frac{b_t + b_b}{2} \tag{6-64}$$

式中　　β_{hp}——受冲切承载力截面高度影响系数：当 $h \leqslant 800 \text{mm}$ 时，取 $\beta_{hp} = 1.0$；当 $h \geqslant$

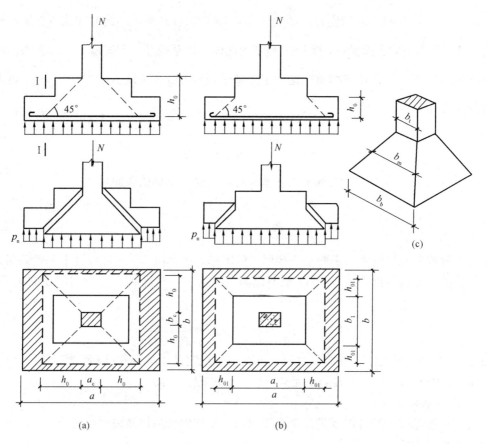

图 6-22 基础冲切破坏

800mm 时，取 $\beta_{\mathrm{hp}} = 0.9$，其间按线性内插法取用；

f_{t} ——混凝土轴心抗拉强度设计值；

h_0 ——基础冲切破坏锥体的有效高度，取两个配筋方向的截面有效高度的平均值；

p_{j} ——扣除基础自重及其上土重后相应于作用的基本组合时的地基土单位净反力，对于偏心受压基础，可取基础边缘处最大地基土单位面积净反力值；

A ——冲切验算时取用的部分基底面积，即图 6-23 中的阴影面积 $ABCDEF$；

b_{t} ——冲切破坏锥体最不利一侧斜截面的上边长；当计算柱与基础交接处的抗冲切承载力时，取柱宽；当计算基础变阶处的抗冲切承载力时，取上阶宽；

b_{b} ——柱与基础交接处或基础变阶处的冲切破坏锥体最不利一侧斜截面的下边长，$b_{\mathrm{b}} = b_{\mathrm{t}} + 2h_0$；

b_{m} ——冲切破坏锥体斜截面的上边长 b_{t} 和下边长 b_{b} 的平均值。

3. 计算基础底面的配筋

基础底面的配筋决定于基础板的受弯承载力。把柱下单独基础视为支承在柱上的倒置双向悬臂板。为简化计算，可将基础按图 6-24 划分为两个方向的单元，每个单元视为固支于柱边的悬臂板，彼此不联系，分别计算两个方向所需的钢筋。

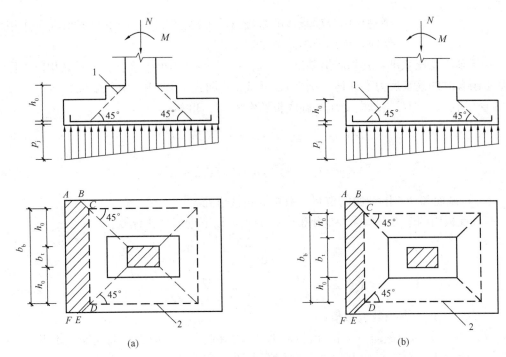

图 6-23　计算阶形基础的受冲切承载力截面位置
1—冲切破坏锥体最不利一侧的斜截面；2—冲切破坏锥体的底面线

　　在轴心荷载或单向偏心荷载作用下，当台阶的宽高比小于或等于 2.5 且偏心距小于或等于 1/6 基础宽度时，柱下矩形独立基础任意截面的底板弯矩可按下列简化方法进行计算：

$$M_{\mathrm{I}} = \frac{1}{12} a_1^2 \Big[(2b + b') \Big(p_{\max} + p - \frac{2G}{A} \Big) + (p_{\max} - p)b \Big]$$

$$\text{(6-65a)}$$

$$M_{\mathrm{II}} = \frac{1}{48} (b - b')^2 (2a + a') \Big(p_{\max} + p_{\min} - \frac{2G}{A} \Big)$$

$$\text{(6-65b)}$$

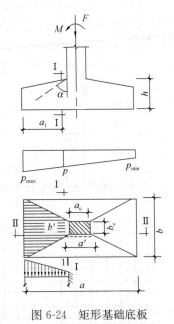

图 6-24　矩形基础底板
的计算示意图

式中　　M_{I}、M_{II}——任意截面Ⅰ-Ⅰ、Ⅱ-Ⅱ处相应于荷载效应基本组合时的弯矩设计值；

　　　　a、b——矩形基础底面的边长，a 为平行于基础偏心弯矩作用方向；

　　　　b'、a'——分别为两个方向计算单元梯形平面在Ⅰ-Ⅰ截面及Ⅱ-Ⅱ截面处的宽度（图6-24）；

　　　　$p_{\max}$、$p_{\min}$——相应于作用的基本组合时的基础底面边缘最大和最小地基反力设计值；

　　　　p——相应于作用基本组合时在任意截面Ⅰ-Ⅰ处基础底面地基反力设计值；

G——考虑作用分项系数的基础及其上的土自重；当组合值由永久作用控制时，作用分项系数可取 1.35。

对于轴心受压基础，其基底地基反力是均匀分布的。如果用符合 p 表示其相应于作用的基本组合时的地基反力设计值，则在式（6-58a）和式（6-58b）中只要以是 $p_{max} = p_{min} = p_I = p$ 代入，即可得轴向受压基础底板的弯矩 M_I 和 M_{II}：

$$M_I = \frac{p - G/A}{24} (a - a')^2 (2b + b') \tag{6-66a}$$

$$M_{II} = \frac{p - G/A}{24} (b - b')^2 (2a + a') \tag{6-66b}$$

Ⅰ-Ⅰ 截面和 Ⅱ-Ⅱ 截面的位置一般可取在柱边处。

基础底板内两个方向所需要的钢筋，可分别按以下近似公式计算：

$$A_{sI} = \frac{M_I}{0.9 h_{0I} f_y} \tag{6-67a}$$

$$A_{sII} = \frac{M_{II}}{0.9 h_{0II} f_y} = \frac{M_{II}}{0.9 (h_{0I} - d) f_y} \tag{6-67b}$$

式中 0.9——内力臂系数近似值；

h_{0I}、h_{0II} ——分别为截面 Ⅰ-Ⅰ 和截面 Ⅱ-Ⅱ 的有效高度，应将长向钢筋置于下层，故 $h_{0II} = h_{0I} - d$，d 为长向钢筋直径。

6.3.3 柱下单独基础的构造要求

基础混凝土强度不应低于 C20，基础下面通常铺设 100mm 厚混凝土垫层。垫层混凝土强度等级不宜低于 C10，垫层的厚度不宜小于 70mm。钢筋混凝土基础宜设计混凝土垫层，在设有垫层的基础中，钢筋保护层厚度应从垫层顶面算起，且不应小于 40mm；若不采用垫层，则保护层不应小于 70mm。

锥形基础的边缘高度不宜小于 200mm，且两个方向的坡度不宜大于 1：3；阶梯形基础的每阶高度，宜为 300～500mm。受力钢筋最小配筋率不应小于 0.15%。

基础中常用的受力钢筋为 HRB335 级和 HPB300 级，其受力钢筋的最小直径不应小于 10mm，间距不应大于 200mm，也不应小于 100mm。当基础宽度大于或等于 2.5m 时，底板受力钢筋的长度可取边长或宽度的 0.9 倍，并交错布置，如图 6-25 所示。

当采用现浇混凝土柱时，为保证基础与柱子的整体连接而又便于施工，如图 6-25 所示，应在基础内预留插筋。插筋的直径、根数和钢筋种类应与柱内纵向钢筋相同，插筋伸出基础顶面的长度应能保证柱内钢筋的搭接长度。插筋的锚固长度及插筋与柱的纵向受力钢筋的连接，应按现行《混凝土结构设计规范》GB 50010 确定。

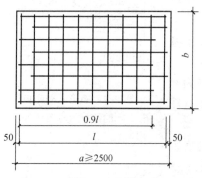

图 6-25　柱下独立基础底板受力钢筋布置及插筋构造

插筋要向下伸入到基础底面钢筋网的上表面，端部做成直钩，以便架立在钢筋网上，并与其绑扎固定。当基础高度较大，如轴心受压或小偏心受压柱基础高度 $h \geqslant 1200\text{mm}$ 时，或大偏心受压柱基础高度 $h \geqslant 1400\text{mm}$ 时，可将四角的插筋伸至基础底面钢筋网上，其余插筋只需保证在基础顶面以下的锚固长度即可。

当柱子为预制时，基础一般采用图 6-21 所示的现浇杯形基础。预制柱应插入杯口足够深度，以便将柱子可靠地锚固在基础中，插入深度 H_1 可按表 6-3 选用。此外，H_1 尚应满足柱内纵向钢筋的锚固要求和吊装稳定性要求。

基础杯底厚度和杯壁厚度可按表 6-4 选用。

当柱截面为轴心受压或小偏心受压，且 $t/h_1 \geqslant 0.65$ 时，或柱为大偏心受压，且 $t/h_1 \geqslant 0.75$ 时，杯壁一般可不配筋。当柱截面为轴心受压或小偏心受压，且 $0.5 \leqslant t/h_1 < 0.65$ 时，杯壁则可按表 6-5 及图 6-26 配筋。其他情况下，应按计算配筋。

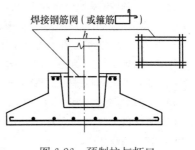

图 6-26　预制柱与杯口基础连接示意

柱的插入深度 H_1（mm）　　　　　　　　　表 6-3

矩形或 I 形柱			
$h < 500$	$500 \leqslant h < 800$	$800 \leqslant h \leqslant 1000$	$h > 1000$
$h \sim 1.2h$	h	$0.9h$ 且 $\geqslant 800$	$0.8h$ 且 $\geqslant 1000$

注：1. h 为柱截面长边尺寸。
　　2. 当轴心受压或小偏心受压时，H_1 可适当减小，偏心距大于 $2h$ 时，H_1 应适当加大。

基础的杯底厚度和杯壁厚度（mm）　　　　　　　　表 6-4

柱截面长边尺寸 h	杯底厚度 a_1	杯壁厚度 t	柱截面长边尺寸 h	杯底厚度 a_1	杯壁厚度 t
$h < 500$	$\geqslant 150$	$150 \sim 200$			
$500 \leqslant h < 800$	$\geqslant 200$	$\geqslant 200$	$1000 \leqslant h < 1500$	$\geqslant 250$	$\geqslant 350$
$800 \leqslant h < 1000$	$\geqslant 200$	$\geqslant 300$	$1500 \leqslant h < 2000$	$\geqslant 300$	$\geqslant 400$

注：1. 当有基础梁时，基础梁下的杯壁厚度，应满足其支承宽度的要求。
　　2. 柱子插入杯口部分的表面应凿毛，柱与杯口之间的空隙，应用细石混凝土（比基础所用混凝土强度等级高一级）填充密实，当达到材料设计强度的 70% 以上时，方能进行上部吊装。

杯壁配筋（mm）　　　　　　　　表 6-5

柱截面长边尺寸 h	$h < 1000$	$1000 \leqslant h < 1500$	$1500 \leqslant h < 2000$
钢筋网尺寸	$8 \sim 10$	$10 \sim 12$	$12 \sim 16$

注：表中钢筋置于杯口顶部，每侧 2 根（图 6-26）。

习　题

1. 某矩形清水池的一侧池壁长 16m，高 4.2m，壁厚 200mm。池壁与顶板为铰接，底边按固定考虑。由内力计算得到控制截面内每米池壁长度上的轴向压力设计值 $N = 120$kN，弯矩设计值 $M = 60$kN·m，混凝土为 C25，钢筋用 HRB335 级，环境为二类 a。试确定所需钢筋面积 A_s 和 A'_s。

2. 某水厂泵房钢筋混凝土柱的截面尺寸 $b = 300$mm，$h = 400$mm，混凝土为 C25，钢筋用 HRB400 级，环境为二类 a。已知考虑二阶效应后轴向压力设计值 $N = 520$kN，弯矩设计值 $M = 130$kN·m。试按对称配筋确定所需钢筋面积 A_s 和 A'_s。

3. 已知矩形截面柱尺寸 $b \times h = 400$mm$\times 600$mm，环境为二类 a，混凝土为 C25，钢筋用 HRB400 级，柱计算长度 $l_0 = 4.5$m，荷载作用偏心距 $e_0 = 140$mm，每侧配筋 $A_s = A'_s = 1017$mm^2，求截面所能承受的轴向压力设计值。

4. 有一钢筋混凝土矩形截面偏心受压框架柱，$b = 400$mm，$h = 600$mm，环境为二类 b，$H_n = 3.0$m。混凝土为 C25，箍筋用 HPB300 级，柱端作用轴向压力设计值 $N = 250$kN，剪力设计值为 $V = 320$kN。试求所需箍筋数量（采用双肢箍筋）。

第 7 章　钢筋混凝土受拉构件

7.1 轴心受拉构件

工程中常见的轴心受拉构件有圆形水池池壁（环向）、高压水管管壁（环向）以及房屋结构中的屋架或托架的受拉弦杆和腹杆。

根据不同的使用条件，钢筋混凝土受拉构件可分为允许和不允许出现裂缝两类。对于允许出现裂缝的构件，例如屋架或托架的拉杆，其构件截面尺寸及配筋应通过承载力计算和裂缝宽度验算来确定；对于不允许出现裂缝的构件，例如圆形水池池壁，其构件截面尺寸及配筋应通过承载力计算和抗裂验算来确定。

7.1.1 轴心受拉构件的承载力计算

轴心受拉构件破坏时，混凝土早已退出工作，全部拉力由钢筋来承担，直到钢筋受拉屈服，故轴心受拉构件的承载力计算公式为：

$$N \leqslant N_u = f_y A_s \tag{7-1}$$

式中　　N——轴心拉力设计值；

N_u——轴心受拉承载力设计值；

A_s——受拉钢筋的全部截面面积；

f_y——钢筋抗拉强度设计值。

7.1.2 轴心受拉构件抗裂度验算

《给水排水工程构筑物结构设计规范》GB 50069 规定：对钢筋混凝土构筑物，当其构件在标准组合作用下处于轴心受拉的受力状态时，应按下列公式进行抗裂度验算：

$$\frac{N_k}{A_0} \leqslant \alpha_{ct} f_{tk} \tag{7-2}$$

式中　　N_k——构件在标准组合下计算截面上的纵向力（N）；

f_{tk}——混凝土轴心抗拉强度标准值（N/mm^2），应按现行《混凝土结构设计规范》GB 50010 的规定采用；

A_0——计算截面的换算截面面积（mm^2），

$$A_0 = A_c + 2\alpha_E A_s,$$

其中，$A_c = bh$，$\alpha_E = \dfrac{E_s}{E_c}$；

α_{ct}——混凝土拉应力限制系数，可取 0.87。

【例 7-1】某圆形水池池壁，在池内水压作用下，池壁单位高度内产生的最大环向拉力标准值 $N_k = 340\text{kN/m}$，池壁厚 $h = 220\text{mm}$，混凝土强度等级为 C25，钢筋采用 HPB300 级。试确定环向钢筋数量并验算池壁最大裂缝宽度是否满足要求。

【解】C25 混凝土：$f_{tk} = 1.78\text{N/mm}^2$，$E_c = 2.80 \times 10^4 \text{N/mm}^2$。

HPB300 钢筋：$f_y = 270\text{N/mm}^2$，$E_s = 2.1 \times 10^5 \text{N/mm}^2$。

由式（7-1）确定钢筋截面面积。按《给水排水工程结构设计规范》GB 50069 规定取水压力的荷载分项系数 $\gamma_Q = 1.27$，则池壁的最大环向拉力设计值为

$$N = 1.27 \times N_k = 1.27 \times 340 = 432\text{kN}$$

所以，

$$A_s = \frac{N}{f_y} = \frac{432000}{270} = 1600 \text{mm}^2$$

选用 $\Phi 12@140$ 钢筋，布置在池壁内外两侧，$A_s = 2 \times 808 = 1616 \text{mm}^2$。

再按式（7-2）进行裂缝宽度验算：

$$\alpha_E = \frac{E_s}{E_c} = \frac{2.1 \times 10^5}{2.80 \times 10^4} = 7.50$$

$$A_0 = A_c + 2\alpha_E A_s = 220 \times 1000 + 2 \times 7.50 \times 1616 = 244240 \text{mm}^2$$

$$\frac{N_k}{A_0} = \frac{340000}{244240} = 1.39 \text{N/mm}^2 < \alpha_{ct} f_{tk} = 0.87 \times 1.78 = 1.55 \text{N/mm}^2$$

故池壁配筋满足承载力及抗裂要求。

7.1.3 轴心受拉构件最大裂缝宽度验算

轴心受拉构件的最大裂缝宽度可按下列公式计算：

$$w_{max} = 2.7\psi \frac{\sigma_{sq}}{E_s}\left(1.9c_s + 0.08\frac{d_{eq}}{\rho_{te}}\right)(\text{mm}) \tag{7-3}$$

式中各符号的意义及 ψ、c_s、d_{eq} 及 ρ_{te} 的取值方法与第 5 章受弯构件最大裂缝宽度 w_{max} 中的计算方法相同。轴心受拉构件的 σ_{sq} 按下列公式计算：

$$\sigma_{sq} = \frac{N_q}{A_s} \tag{7-4}$$

式中　N_q —— 按荷载准永久组合计算的轴向力值。

在设计允许开裂的轴心受拉构件时，一般是先按承载力计算确定受拉钢筋，并初步选定构件尺寸，然后再进行裂缝宽度验算。若不满足要求，则按下列途径对截面进行调整，直到满足为止。

（1）在构件截面和钢筋截面保持不变的前提下，选用直径较细的钢筋，可使裂缝间距减小，从而减小裂缝宽度。

（2）在钢筋不变的情况下，适当减小混凝土截面面积。

（3）在无法采用上述两项措施的情况下，也可通过增大钢筋用量来减小裂缝宽度。但这种方法不如前两种方法经济。

【例 7-2】有一圆形清水池，采用砖砌圆球顶盖，在顶盖的钢筋混凝土支座环梁内按荷载效应准永久组合计算的轴拉力 $N_{sq} = 140 \text{kN}$，环梁的截面尺寸为 $h = 250 \text{mm} \times 250 \text{mm}$，混凝土强度等级为 C25（$f_{tk} = 1.78 \text{N/mm}^2$，$E_c = 2.80 \times 10^4 \text{N/mm}^2$），配有 HPB300 级钢筋 $6\Phi14$，$A_s = 923 \text{mm}^2$（$f_y = 270 \text{N/mm}^2$，$E_s = 2.1 \times 10^5 \text{N/mm}^2$）。最外层纵向受拉钢筋外边缘至受拉区底边的距离 $c_s = 35 \text{mm}$。试验算此环梁裂缝宽度是否满足规范要求（$w_{lim} = 0.25 \text{mm}$）。

【解】按《混凝土结构设计规范》GB 50010—2010 求解：

截面的有效配筋率：$\rho_{te} = \frac{A_s}{A_{te}} = \frac{923}{250 \times 250} = 0.0148 > 0.01$

由式（7-4）求钢筋应力：$\sigma_{sq} = \frac{N_{sq}}{A_s} = \frac{140000}{923} = 151.68 \text{N/mm}^2$

钢筋应变不均匀系数：$\psi = 1.1 - \dfrac{0.65 f_{tk}}{\rho_{te}\sigma_{sq}} = 1.1 - \dfrac{0.65 \times 1.78}{0.0148 \times 151.68} = 0.585$

等效钢筋直径：$d_{eq} = \dfrac{d}{\nu} = \dfrac{14}{0.7} = 20\text{mm}$

最大裂缝宽度为：$w_{max} = 2.7\psi \dfrac{\sigma_{sq}}{E_s}\left(1.9c_s + 0.08\dfrac{d_{eq}}{\rho_{te}}\right)$

$$= 2.7 \times 0.585 \times \dfrac{151.68}{2.1 \times 10^5}\left(1.9 \times 35 + 0.08 \times \dfrac{20}{0.0148}\right)$$

$$= 0.20\text{mm} < 0.25\text{mm}$$

环梁的裂缝宽度满足要求。

7.2 偏心受拉构件

在给水排水工程中，常会遇到偏心受拉构件，例如平面尺寸和深度较大的矩形水池，在池内水压力作用下，其池壁就是偏心受拉构件。又如埋置在地下的压力水管，在土压力和水压力的共同作用下，其管壁也是偏心受拉构件。

7.2.1 偏心受拉构件正截面承载力计算

根据截面是否存在受压区，偏心受拉构件分为大偏心受拉构件和小偏心受拉构件两种情况。

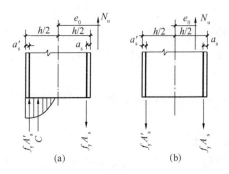

图 7-1　大、小偏心受拉的界限

（a）大偏拉 $e_0 > \dfrac{h}{2} - a_s$；

（b）小偏拉 $e_0 \leqslant \dfrac{h}{2} - a_s$

如图 7-1（a）所示，当轴向拉力 N 作用在 A_s 和 A_s' 以外时，即 $e_0 > \dfrac{h}{2} - a_s$ 时，截面部分受拉，部分受压，因为如果以受拉钢筋合力作用点为矩心，那么，只有截面左侧受压时才能保持力矩平衡，我们把这种情况称为大偏心受拉。

如图 7-1（b）所示，当轴向拉力 N 作用在 A_s 和 A_s' 以内时，即 $e_0 \leqslant \dfrac{h}{2} - a_s$ 时，截面将不存在受压区，构件中一般都将产生贯通整个截面的裂缝。截面开裂后，裂缝截面处的混凝土完全退出工作。根据平衡条件，拉力将由左右两侧的钢筋 A_s 和 A_s' 承担，它们都是受拉钢筋。我们把这种

情况称为小偏心受拉。

1. 小偏心受拉构件

在小偏心受拉的情况，不存在受压区，故混凝土退出工作，拉力完全由钢筋承担。假定破坏时，钢筋 A_s 和 A_s' 都达到抗拉屈服强度 f_y，于是，可得如图 7-2 所示的小偏心受拉构件计算简图。分别对钢筋 A_s 和 A_s' 合力作用点取力矩平衡，可得小偏心受拉构件正截面承载力计算公式：

$$Ne \leqslant N_u e = f_y' A_s'(h_0 - a_s') \tag{7-5}$$

$$Ne' \leqslant N_u e' = f_y A_s(h_0 - a_s') \tag{7-6}$$

式中
$$e = \frac{h}{2} - e_0 - a_s \qquad (7\text{-}7)$$

$$e' = \frac{h}{2} + e_0 - a'_s \qquad (7\text{-}8)$$

其中，e_0 为轴向拉力偏心距，$e_0 = \dfrac{M}{N}$；M 为弯矩设计值；N 为轴向拉力设计值。

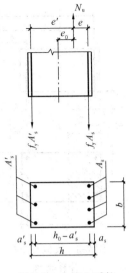

图 7-2　小偏心受拉计算简图

截面设计时，可由式（7-5）和式（7-6）直接得 A_s 和 A'_s。A_s 和 A'_s 应满足最小配筋率要求。截面复核时，可由已知的偏心距 e_0、A_s、A'_s，利用式（7-5）和式（7-6）得到两个轴向拉力 N_u，取其中较小者。

【例 7-3】某加速澄清池中的拉梁，截面尺寸为 $b \times h = 400\text{mm} \times 600\text{mm}$，梁中作用的弯矩设计值为 $M = 62\text{kN} \cdot \text{m}$，轴向拉力设计值为 $N = 580\text{kN}$，混凝土强度等级为 C25，钢筋采用 HRB400 级（$f_y = 360\text{N/mm}^2$）。（与水、土接触保护层厚度取 25mm）试确定 A_s 和 A'_s。

【解】取：$a_s = a'_s = 45\text{mm}$

$$h_0 = h - a_s = 600 - 45 = 555\text{mm}$$

$$e_0 = \frac{M}{N} = \frac{62000000}{580000} = 106\text{mm} < \frac{h}{2} - a_s = \frac{600}{2} - 45 = 255\text{mm}$$

$$e = \frac{h}{2} - e_0 - a_s = \frac{600}{2} - 106 - 45 = 149\text{mm}$$

$$e' = \frac{h}{2} + e_0 - a'_s = \frac{600}{2} + 106 - 45 = 361\text{mm}$$

由式（7-5）求 A'_s：$A'_s = \dfrac{Ne}{f_y(h_0 - a'_s)} = \dfrac{580000 \times 149}{360 \times (555 - 45)} = 471\text{mm}^2$

受拉较小一侧选 2Φ18，$A'_s = 509\text{mm}^2$

$$\rho' = \frac{A'_s}{bh} = \frac{509}{400 \times 600} = 0.212\% > \rho_{min} = 0.2\% \text{ 和 } \rho_{min} = 45\frac{f_t}{f_y}\% = 45 \times \frac{1.27}{360}\% = 0.159\%$$

由式（7-6）求 A_s：$A_s = \dfrac{Ne'}{f_y(h_0 - a'_s)} = \dfrac{580000 \times 361}{360 \times (555 - 45)} = 1140\text{mm}^2$

另一层选 3Φ22，$A_s = 1140\text{mm}^2$

$$\rho = \frac{A_s}{bh} = \frac{1140}{400 \times 600} = 0.48\% > \rho_{min} = 0.2\% \text{ 和 } \rho_{min} = 45\frac{f_t}{f_y}\% = 45 \times \frac{1.27}{360}\% = 0.159\%$$

2. 大偏心受拉构件

适筋的大偏心受拉构件的破坏特征，与适筋梁相似，破坏时，其受拉钢筋 A_s 首先屈服，随后受压区混凝土破坏。如果满足 $x \geqslant 2a'_s$ 的条件则受压钢筋 A'_s 也能达到抗压强度。大偏心受拉构件计算简图如图 7-3 所示，由此可得大偏心受拉构件正截面承载力计算公式：

$$N \leqslant N_u = f_y A_s - f'_y A'_s + \alpha_1 f_c bx \qquad (7\text{-}9)$$

$$Ne \leqslant N_u e = \alpha_1 f_c bx \left(h_0 - \frac{x}{2}\right) + f'_y A'_s (h_0 - a'_s) \qquad (7\text{-}10)$$

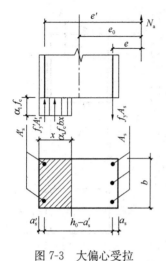

图 7-3 大偏心受拉
计算简图

其中, e 为轴向拉力 N 到 A'_s 合力作用点的距离:

$$e = e_0 - \frac{h}{2} + a_s \qquad (7\text{-}11)$$

公式 (7-9) 和式 (7-10) 的适用条件为 (1) $x \leqslant x_b = \xi h_0$; (2) $x \geqslant 2a'_s$。如果 $x < 2a'_s$ 则应取 $x = 2a'_s$ 并按下式计算承载力:

$$Ne' \leqslant N_u e' = f_y A_s (h_0 - a'_s) \qquad (7\text{-}6)\text{a}$$

显然此式与小偏心受拉时的式 (7-6) 完全相同,故编号为式 (7-6)a,式中的 e' 仍按式 (7-8) 确定。

截面设计时,与双筋梁或大偏心受压构件基本相似,取 $x = x_b = \xi_b h_0$,代入式 (7-9) 和式 (7-10) 求 A_s 和 A'_s。若 A'_s 为负值或小于最小配筋率,则按最小配筋率确定 A'_s,代入式 (7-9) 和式 (7-10) 可得 x 和 A_s。

对称配筋时,从式 (7-9) 可见所得 x 为负值,说明 A'_s 不可能达到抗压强度,式(7-9)和式 (7-10) 已不适用。此时,可取 $x = 2a'_s$ 及 $A'_s = 0$ 分别计算 A_s,取二者之较小者配筋。

截面复核的方法类似于大偏心受压构件,只是将压力换为拉力即可。

【例 7-4】某矩形水池,壁厚 200mm,混凝土强度等级为 C25 ($f_c = 11.9\text{N/mm}^2$, $\alpha_1 = 1.0$),采用 HRB335 级钢筋 ($f_y = f'_y = 300\text{N/mm}^2$),由内力计算池壁某垂直截面中的弯矩设计值为 $M = 24.2\text{kN} \cdot \text{m/m}$ (使池壁内侧受拉),轴向拉力设计值为 $N = 27.3\text{kN/m}$,试确定垂直截面中沿池壁内侧和外侧所需的 A_s 和 A'_s (与水、土接触,钢筋保护层厚度取 =20mm)。

【解】取:$a_s = a'_s = 35\text{mm}$

$$h_0 = h - a_s = 200 - 35 = 165\text{mm}$$

$$e_0 = \frac{M}{N} = \frac{24200000}{27300} = 886\text{mm} > \frac{h}{2} - a_s = \frac{200}{2} - 35 = 65\text{mm}$$

$$e = e_0 - \frac{h}{2} + a_s = 886 + \frac{200}{2} - 35 = 821\text{mm}$$

$$e' = e_0 + \frac{h}{2} - a'_s = 886 + \frac{200}{2} - 35 = 951\text{mm}$$

令 $x = \xi_b h_0$,$\xi_b = 0.550$,由式 (7-10) 求 A'_s:

$$A'_s = \frac{Ne - \alpha_1 f_c b h_0^2 \xi_b (1 - 0.5\xi_b)}{f'_y (h_0 - a'_s)}$$

$$= \frac{27300 \times 821 - 1.0 \times 11.9 \times 1000 \times 165^2 \times 0.55 \times (1 - 0.5 \times 0.55)}{300 \times (165 - 35)} < 0$$

说明按计算不需要受压钢筋,故按最小配筋率确定 A'_s。

由 $\rho_{\min} = 45 \frac{f_t}{f_y}\% = 45 \times \frac{1.27}{300}\% = 0.191\%$ 和 $\rho_{\min} = 0.2\%$,则:

$$A'_s = \rho_{\min} bh = 0.2\% \times 1000 \times 200 = 400\text{mm}^2/\text{m} \quad 选用 \Phi 8@125,A'_s = 402\text{mm}^2/\text{m}$$

如果按 $x = 2a'_s$，并用式（7-6）求 A_s，可得：

$$A_s = \frac{Ne'}{f_y(h_0 - a'_s)} = \frac{27300 \times 951}{300 \times (165 - 35)} = 665.7 \text{mm}^2 > \rho_{\min}bh = 0.2\% \times 1000 \times 200 = 400 \text{mm}^2/\text{m}$$

将 $A_s = 665.7\text{mm}^2$ 及 $A'_s = 402\text{mm}^2/\text{m}$ 代入式（7-9）的 x：

$$x = \frac{f_y A_s - f'_y A'_s - N}{\alpha_1 f_c b} = \frac{300 \times 665.7 - 300 \times 402 - 27300}{1.0 \times 11.9 \times 1000}$$

$$= 6.6\text{mm} < 2a'_s = 2 \times 35 = 70\text{mm}，说明取 x = 2a'_s 计算 A_s 是可行的。$$

如果不考虑 A'_s 的作用，即取 $A'_s = 0$，则由式（7-10）可建立 x 的二次方程：

$$\frac{x^2}{2} - h_0 x + \frac{Ne}{\alpha_1 fb} = 0$$

可解得：$x = h_0 - \sqrt{h_0^2 - 2\dfrac{Ne}{\alpha_1 f_c b}} = 165 - \sqrt{165^2 - 2 \times \dfrac{27300 \times 821}{1.0 \times 11.9 \times 1000}} = 11.84\text{mm}$

将 x 代入式（7-9），并取式中 $A'_s = 0$，可得：

$$A_s = \frac{N + \alpha_1 f_c b}{f_y} = \frac{27300 + 1.0 \times 11.9 \times 1000 \times 11.84}{300} = 561\text{mm}^2 > \rho_{\min}bh = 400\text{mm}^2$$

故可按 $A_s = 561\text{mm}^2$ 配筋，可选用Φ 10@140，$A_s = 561\text{mm}^2$。

7.2.2　偏心受拉构件斜截面承载力计算

试验表明，轴向拉力的存在，使斜截面承载力有所降低，因此，偏心受拉构件斜截面承载力应按下式计算：

$$V \leqslant V_u = \frac{1.75}{\lambda + 1.0} f_t b h_0 + f_{yv} \frac{A_{sv}}{s} h_0 - 0.2N \tag{7-12}$$

式中　N——与剪力设计值 V 相应的轴向拉力设计值；

　　　　λ——计算截面的剪跨比，与式（6-46）的规定相同。

当上式右边的计算值小于 $f_{yv}\dfrac{A_{sv}}{s}h_0$ 时，应取等于 $f_{yv}\dfrac{A_{sv}}{s}h_0$，且 $f_{yv}\dfrac{A_{sv}}{s}h_0$ 的值不应小于 $0.36f_t b h_0$。

7.2.3　偏心受拉构件抗裂度验算

《给水排水工程构筑物结构设计规范》GB 50069 规定：对钢筋混凝土构筑物，当其构件在标准组合作用下处于小偏心受拉的受力状态时，应按下列公式进行抗裂度验算：

$$N_k \left(\frac{e_0}{\gamma W_0} + \frac{1}{A_0} \right) \leqslant \alpha_{ct} f_{tk} \tag{7-13}$$

式中　N_k——按荷载效应的标准组合计算的轴向力值；

　　　　e_0——纵向力对截面重心的偏心距（mm）；

　　　　A_0——换算截面面积，按下式计算，

$$A_0 = A_c + \alpha_E (A_s + A'_s) \tag{7-14}$$

　　　　A_c 为混凝土截面面积，对矩形截面 $A_c = bh$；

　　　　α_E——钢筋弹性模量与混凝土弹性模量之比，即 $\alpha_E = \dfrac{E_s}{E_c}$；

　　　　γ——截面抵抗矩塑性系数，对矩形截面取为 1.75；

　　　　W_0——构件换算截面受拉边缘的弹性截面模量（mm^2）。

所谓换算截面，是将钢筋和混凝土均视为弹性材料，按等效原则将钢筋混凝土截面换算成纯混凝土截面。换算的原则是：

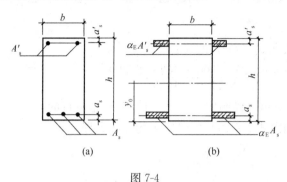

图 7-4
（a）实际截面；（b）换算截面

（1）将钢筋换算成混凝土后，它所承担的内力不变，应变相等，根据这一原则，面积为 A_s 的钢筋换算成混凝土后的面积为 $\alpha_E A_s$；严格意义上应为 $(\alpha_E - 1)A_s$，当 A_s 较小近似取 $\alpha_E A_s$；

（2）将钢筋换算成混凝土后，其形心应与原钢筋截面的形心重合，且对本身形心轴的惯性矩可以忽略不计，根据这一原则，例如图 7-4（a）所示的实际钢筋混凝土截面，其换算截面将如图 7-4（b）所示。

为了确定换算截面受拉边缘的弹性抵抗矩，必须先确定换算截面的几何形心轴位置及对几何形心轴的惯性矩。设 y_0 为换算截面最大受拉边至形心轴的距离（图 7-4），则：

$$y_0 = \frac{\frac{1}{2}bh^2 + \alpha_E A'_s(h - a'_s) + \alpha_E A_s a_s}{bh + \alpha_E A'_s + \alpha_E A_s} \tag{7-15}$$

惯性矩为：

$$I_0 = \frac{bh^3}{12} + bh\left(\frac{h}{2} - y\right)^2 + \alpha_E A'_s(h - a'_s - y)^2 + \alpha_E A_S(y - a_s)^2 \tag{7-16}$$

则换算截面最大受拉边缘的弹性截面模量为：

$$W_0 = \frac{I_0}{y_0} \tag{7-17}$$

当抗裂未能满足要求时，最有效的办法是增大截面尺寸。

【例 7-5】 已知某矩形水池，壁厚 300mm，池壁垂直截面内作用有由荷载标准组合引起的轴向拉力值 $N_k = 170$kN/m，弯矩值 $M_k = 11.9$kN·m/m。在池壁内外侧配置了钢筋 $A_s = A'_s = 1131$ mm²（HRB335 级钢筋），混凝土采用 C25。试验算使用时，池壁是否开裂。

【解】 受力钢筋的混凝土保护层最小厚度取为 30mm。

因此，取 $a_s = a'_s = 35$mm，$e_0 = \frac{M_k}{N_k} = \frac{11900}{170} = 70$mm $< \frac{h}{2} - a'_s = 150 - 35 = 115$mm，故属于小偏心受拉。

计算 A_0 和 W_0：

$$\alpha_E = \frac{E_s}{E_c} = \frac{2.0 \times 10^5}{2.80 \times 10^4} = 7.14$$

$$A_0 = A_c + \alpha_E(A_s + A'_s) = 300 \times 1000 + 2 \times 7.14 \times 1131 = 316151 \text{mm}^2$$

由于对称配筋，故 $y_0 = \frac{1}{2}h = 150$mm，则：

$$I_0 = \frac{1000 \times 300^3}{12} + 2 \times 7.14 \times 1131 \times (150 - 30)^2 = 24.64 \times 10^8 \text{mm}^4$$

得：

$$W_0 = \frac{I_0}{y_0} = \frac{24.64 \times 10^8}{150} = 16.43 \times 10^8 \, \text{mm}^3$$

于是，按式（7-13）有：

$$N_k \left(\frac{e_0}{\gamma W_0} + \frac{1}{A_0} \right) = 170 \times 10^3 \times \left(\frac{70}{1.75 \times 16.7 \times 10^8} + \frac{1}{316151} \right)$$
$$= 0.952 \text{N/mm}^2 \leqslant \alpha_{ct} f_{tk} = 0.87 \times 1.78 = 1.55 \text{N/mm}^2$$

故池壁在使用阶段不会开裂。

7.2.4　偏心受拉构件裂缝宽度验算

偏心受拉构件的最大裂缝宽度可按式（7-18）计算：

$$w_{max} = 2.4 \psi \frac{\sigma_{sq}}{E_s} \left(1.9 c_s + 0.08 \frac{d_{eq}}{\rho_{te}} \right) (\text{mm}) \tag{7-18}$$

式中各符号的意义及 ψ、c_s、d_{eq} 及 ρ_{te} 的取值方法与第5章受弯构件最大裂缝 w_{max} 中的计算方法相同。偏心受拉构件的 σ_{sq} 按下式（7-19）计算：

$$\sigma_{sq} = \frac{N_q e'}{A_s (h_0 - a'_s)} \tag{7-19}$$

式中　N_q ——按荷载准永久组合计算的轴向力值；

　　　 e' ——轴向拉力 N_q 作用点至 A'_s 合力作用点的距离，即 $e' = e_0 + \frac{h}{2} - a'_s$；

　　　 e_0 ——轴向拉力 N_q 对截面几何重心轴的偏心距，$e_0 = \frac{M_q}{N_q}$；

　　　 M_q ——按荷载准永久组合计算的弯矩值。

对于小偏心受拉构件，式（7-19）是精确公式，即内力臂为 $h_0 - a'_s$；对于截面有受压区的大偏心受拉构件，式（7-19）是近似的，此时同样取内力臂为 $h_0 - a'_s$，相当于近似地取混凝土受压区合力作用点与受压钢筋合力点重合，这样做是偏于安全的。

按照《给水排水工程钢筋混凝土水池结构设计规程》CECS138，偏心受拉构件的最大裂缝宽度可按本教材附录5计算。

【例7-6】一矩形水池池壁，某1m高垂直截面上按荷载效应准永久组合的弯矩值为 $M_q = 16.6 \text{kN} \cdot \text{m/m}$ 轴向拉力值 $N_q = 170 \text{kN/m}$，池壁厚度为200mm，混凝土强度等级 C25（$f_{tk} = 1.78 \text{N/mm}^2$），钢筋为HRB335级（$E_s = 2.0 \times 10^5 \text{N/mm}^2$），沿池壁内、外侧均匀配置钢筋为 $\Phi 10@160$（$A_s = A'_s = 491 \text{mm}^2$）最外层纵向钢筋外边缘至受拉区底面的距离 $c_s = 20 \text{mm}$。试验算裂缝宽度。

【解】按现行《混凝土结构设计规范》GB 50010—2010计算：

取：$a_s = a'_s = 35 \text{mm}$，$h_0 = h - a_s = 200 - 35 = 165 \text{mm}$

$$e_0 = \frac{M_q}{N_q} = \frac{16600000}{21000} = 790 \text{mm}$$

$$e' = e_0 + \frac{h}{2} - a'_s = 790 + \frac{200}{2} - 35 = 855 \text{mm}$$

$$\sigma_{sq} = \frac{N_q e'}{A_s (h_0 - a'_s)} = \frac{21000 \times 855}{491 \times (165 - 35)} = 281.3 \text{N/mm}^2$$

$$\rho_{te} = \frac{A_s}{A_{te}} = \frac{491}{0.5 \times 1000 \times 200} = 0.00491 < 0.01, \text{故取} \ \rho_{te} = 0.01$$

$$\psi = 1.1 - \frac{0.65 f_{tk}}{\rho_{te} \sigma_{sq}} = 1.1 - \frac{0.65 \times 1.78}{0.01 \times 281.3} = 0.689$$

$$w_{max} = 2.4 \psi \frac{\sigma_{sq}}{E_s} \left(1.9 c_s + 0.08 \frac{d_{eq}}{\rho_{te}} \right)$$

$$= 2.4 \times 0.689 \times \frac{281.3}{2.0 \times 10^5} \left(1.9 \times 20 + 0.08 \times \frac{10}{0.01} \right) = 0.274 \text{mm} > 0.25 \text{mm},$$

超过规范限制，将钢筋改为Φ10@140（$A_s = 561 \text{mm}^2$）验算得 $w_{max} = 0.185 \text{mm} < 0.25 \text{mm}$。计算过程略。

按照《给水排水工程钢筋混凝土水池结构设计规程》即按本教材附录5计算，最大裂缝宽度的计算公式：

$$w_{max} = 1.8 \psi \frac{\sigma_{sq}}{E_s} \left(1.5 c + 0.11 \frac{d}{\rho_{te}} \right) (1 + \alpha_1) \nu$$

$$\psi = 1.1 - \frac{0.65 f_{tk}}{\rho_{te} \sigma_{sq} \alpha_2}$$

式中对大偏心受拉构件取：$\alpha_1 = 0.28 \left[\dfrac{1}{1 + \dfrac{2e_0}{h_0}} \right] = 0.28 \times \left[\dfrac{1}{1 + \dfrac{2 \times 790}{165}} \right] = 0.0264$

$$\alpha_2 = 1 + 0.35 \frac{h_0}{e_0} = 1 + 0.35 \times \frac{165}{790} = 1.073$$

ν 对于 HRB335 级钢筋取 0.7

对于大偏心受拉构件：

$$\sigma_{sq} = \frac{M_q + 0.5 N_q (h_0 - a_s')}{A_s (h_0 - a_s')} = \frac{16600000 + 0.5 \times 21000 \times (165 - 35)}{491 \times (165 - 35)} = 281.5 \text{N/mm}^2$$

《给水排水工程钢筋混凝土水池结构设计规程》的计算方法中对 ρ_{te} 没有小于 0.01 取 0.01 的规定，故：

$$\rho_{te} = \frac{A_s}{A_{te}} = \frac{491}{0.5 \times 1000 \times 200} = 0.00491$$

于是：$\psi = 1.1 - \dfrac{0.65 f_{tk}}{\rho_{te} \sigma_{sq} \alpha_2} = 1.1 - \dfrac{0.65 \times 1.78}{0.00491 \times 281.5 \times 1.073} = 0.32 < 0.4$ 取 $\psi = 0.4$

$$w_{max} = 1.8 \psi \frac{\sigma_{sq}}{E_s} \left(1.5 c + 0.11 \frac{d}{\rho_{te}} \right) (1 + \alpha_1) \nu$$

$$= 1.8 \times 0.4 \times \frac{281.5}{2.0 \times 10^5} \times \left(1.5 \times 20 + 0.11 \times \frac{10}{0.00491} \right) \times (1 + 0.0264) \times 0.7$$

$= 0.257 \text{mm} > 0.25 \text{mm}$ 超过规范的限制，需重新配筋计算，计算过程略。

习　题

1. 一矩形水池池壁，初估池壁厚度为 200mm，混凝土强度等级为 C25，采用 HRB335 级钢筋。在水压力作用下，某 1m 高度内产生的环拉力最大值为 $N_k = 170$kN/m，试按承载力极限状态（$\gamma_Q = 1.27$）和正常使用极限状态确定池壁厚度和池壁钢筋数量。

2. 某矩形水池，池壁厚度为 200mm，混凝土强度等级为 C25，采用 HRB335 级钢筋。由内力计算池壁某垂直截面中的弯矩设计值 $M = 28.8$kN・m/m（使池壁内侧受拉），轴向拉力设计值 $N = 170$kN/m，试确定垂直截面中沿池壁内侧和外侧所需的钢筋。

第 8 章　钢筋混凝土梁板结构设计

8.1 概　述

钢筋混凝土梁板结构应用十分广泛。房屋建筑中的楼盖、屋盖、阳台、雨篷、楼梯，水池中的顶盖和底板，承受侧向水平力的矩形水池池壁和挡土墙，都是梁板结构。梁板结构是建筑结构的主要组成部分，例如，对于 6～12 层的框架结构，楼盖的钢筋用量占整个结构总钢筋用量的 50%，因此，梁板结构的合理设计对于建筑结构的安全和经济具有重要意义。

8.1.1　钢筋混凝土梁板结构的分类

按施工方法，钢筋混凝土梁板结构可分为：

（1）整体式（或现浇式）梁板结构

这种结构是在现场整体浇筑混凝土。它的优点是刚度大、整体性好、抗震能力强、防水性好、结构布置灵活；它的缺点是模板用量大、施工量大、工期长、冬期施工麻烦（例如：必须采用专门的防冻防寒措施）。

（2）装配式梁板结构

这种结构是预先在施工现场以外制作梁、板构件，然后在现场装配这些预制好的构件。它的优点是有利于实现生产标准化和施工机械化、施工速度快、节约模板、施工不受季节的影响；它的缺点是整体性较差、用钢量稍大。这种形式常用于圆形水池和矩形水池装配式梁板结构顶盖，如图 8-1(a)、(b) 所示。

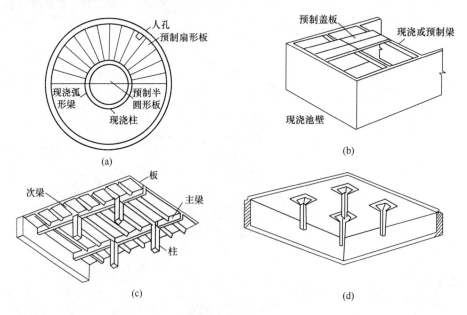

图 8-1

(a) 圆形水池预制顶盖；(b) 小型矩形水池预制顶盖；(c) 单向板肋形顶盖；(d) 无梁顶盖

（3）装配整体式梁板结构。

这种结构是一部分构件（或构件的某些部位）预制，另一部分现浇。通常是在预制部件上预留外伸钢筋，在预制部位安装就位后再通过钢筋的连接和二次浇筑混凝土使之形成整体结构。因此其整体性比装配式梁板结构有所改善，模板用量也可减少。

按结构形式，钢筋混凝土梁板结构的常见类型有：

（1）肋形梁板结构（图8-1c），由板、梁和支柱（或承重墙）组成，可用作矩形水池的顶盖或房屋结构的屋盖和楼盖。它可以分为单向板和双向板两种情况，稍后将对它们作进一步讨论。

（2）无梁楼盖（顶盖），是将板直接支承于中间支柱及周边墙壁上，而不设梁（图8-1d）。

（3）圆形平板。它多用于圆形水池的顶盖和底板。

8.1.2 单向板和双向板的基本概念

我们研究矩形板的受力特点。图8-2所示为承受竖向均布荷载 q 且四边简支的矩形板。设其长、短边跨度分别为 l_2 和 l_1。我们研究 q 沿长、短边方向的传递情况。为此，从板的中部取出两个相互垂直的单位宽板带，并设 l_2 和 l_1 方向的板带所承担的荷载分别为 q_2 和 q_1，则：

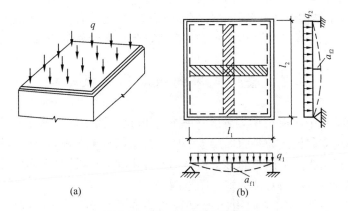

图8-2　四边支承板荷载传递

$$q = q_1 + q_2 \tag{a}$$

略去相邻板带的相互影响，上述两个板带在交点处的挠度相等，故可得：

$$\frac{5q_1 l_1^4}{384EI} = \frac{5q_2 l_2^4}{384EI}$$

即：

$$\frac{q_1}{q_2} = \left(\frac{l_2}{l_1}\right)^4 \tag{b}$$

将式（a）与式（b）联立，可得：

$$q_1 = \frac{1}{\dfrac{1}{(l_2/l_1)^4} + 1} q \tag{c}$$

$$q_2 = \frac{1}{1 + (l_2/l_1)^4} q \tag{d}$$

由此式（c）和式（d）可见，随 l_2/l_1 的增大，q_1 逐渐增大，q_2 逐渐减小。假如 $l_2/l_1 \to \infty$，则由以上二式可知，$q_1 \to q$，$q_2 \to 0$（注意，因为实际的四边有支承矩形板，不可能有

$l_2/l_1 \to \infty$，故实际不会出现 $q_1 = q$ 且 $q_2 = 0$ 的情况）。这一结果说明，l_2/l_1 越大，短边方向所承担的荷载 q_1 也越大，而长边方向所承担的荷载 q_2 越小，即 l_2/l_1 越大，沿短边方向的弯曲越大而沿长边方向的弯曲越小。

当 $l_2/l_1 = 2$ 时，

$$q_1 = \frac{16}{17}q \approx 0.94q$$

$$q_2 = \frac{1}{17}q \approx 0.06q$$

可见，当 $l_2/l_1 > 2$ 时，沿短边支承的影响很小，此时可仅考虑沿长边方向的支承，我们将这种情况的板称为单向板（图 8-3a）；当 $l_2/l_1 \leqslant 2$ 时，沿长、短边方向支承的影响相差不大，必须同时考虑沿长、短边方向的支承，我们将这种情况的板称为双向板。

单向板沿短跨方向按梁一样计算弯矩，并在这个方向配置受力钢筋。但应注意到将 $l_2/l_1 > 2$ 的四边支承板看成单向板只是一种简化计算的近似处理，客观上沿长跨方向仍然存在一定的由荷载引起的弯矩以及由温度或收缩引起的内力，故沿长跨方向应配置适量的构造钢筋。《混凝土结构设计规范》GB 50010—2010 规定将 $l_2/l_1 \geqslant 3$ 作为单向板的界限。

下面两节将分别介绍整体式单向板和双向板肋形梁板结构的设计。

8.2 整体式单向板肋形梁板结构

在肋形梁板结构中，板被梁划分为一些矩形区格（图 8-3），按上述方法可判别每个区格是单向板还是双向板。如果肋形梁板的所有区格都是单向板，那么这种肋形梁板就称为单向板肋形梁板结构。单向板肋形梁板结构设计步骤：1）结构平面布置；2）结构内力计算；3）结构配筋计算；4）结构施工图绘制。

在这一节中，将要介绍单向板肋形梁板结构的平面布置、内力计算及配筋计算和构造。

8.2.1 结构平面布置

单向板肋梁楼盖一般由板、次梁和主梁组成，如图 8-1(c) 所示。结构布置主要是确定柱网尺寸和主、次梁的间距和跨度等。其中，次梁间距决定板的跨度，主梁的间距决定次梁的跨度，柱或墙壁的间距决定主梁的跨度。结构布置的要点如下：

（1）结构平面应力求简单、整齐，以减少构件类型。同时，承重墙、柱网和梁格布置应满足建筑使用要求，柱网尺寸宜尽可能大，内柱应尽可能少设置。此外，应考虑到长期发展和变化的可能性。

（2）板的跨度一般为 $1.7 \sim 2.7\text{m}$，常用 2.0m 左右。板的厚度应尽可能接近构造要求的最小值（因为板的混凝土用量占整个楼盖的 $50\% \sim 70\%$）。按刚度要求，板厚应不小于其跨长的 $1/40$（连续板）、$1/35$（简支板）或 $1/12$（悬臂板）。对于有覆土的水池顶盖，板厚应不小于其跨长的 $1/25$ 且不小于 100mm。

（3）次梁的跨度一般为 $4.0 \sim 6.0\text{m}$，主梁的跨度一般为 $5.0 \sim 8.0\text{m}$。

（4）板和梁应尽量布置成等跨。板厚及梁的截面尺寸在各跨内应尽量统一，一般的，高跨比 h/l，次梁为 $\frac{1}{18} \sim \frac{1}{12}$，主梁为 $\frac{1}{15} \sim \frac{1}{10}$。主梁的高度应至少比次梁高 50mm，梁截面

宽高比 $\dfrac{b}{h}$ 可取 $\dfrac{1}{3}\sim\dfrac{1}{2}$。

（5）梁的布置有三种形式：

1）主、次梁分别沿横向和纵向布置，这样，主梁与柱形成横向框架，可以提高结构的横向侧移刚度，而横向框架由纵向的次梁联系在一起，使结构有较好的整体性。

2）主、次梁分别沿纵向和横向布置，可适应横向柱距较大的结构。

3）只设次梁，不设主梁。这种布置仅适用于有中间过道的砌体结构。

8.2.2 结构内力计算

1. 肋形梁板结构的计算简图

如图 8-1(c) 所示，钢筋混凝土肋形梁板结构的荷载传递途径是，荷载将通过板传给梁（对于单向板，先传给次梁，再传给主梁），再由梁传给柱或墙壁，进而传至下层或基础，直到地基。此处，次梁是板的支座，主梁是次梁的支座，柱或墙壁是主梁的支座，因此，将板、次梁和主梁简化为连续板或梁进行计算（图 8-3）。在确定计算简图时，对于涉及的支座，作如下说明：

（1）忽略次梁对板、主梁对次梁的转动约束影响、当主梁与柱的线刚度比大于 5 时，柱对主梁的转动约束影响也可忽略，相应的支座可视为不动铰支座。

（2）忽略次梁对板、主梁对次梁的转动约束影响所引起的误差，将以折算荷载的方式加以修正（详后）。

（3）水池顶板，当它与池壁整体连接时，应按端支座为弹性固定的连续板进行计算，具体详后。

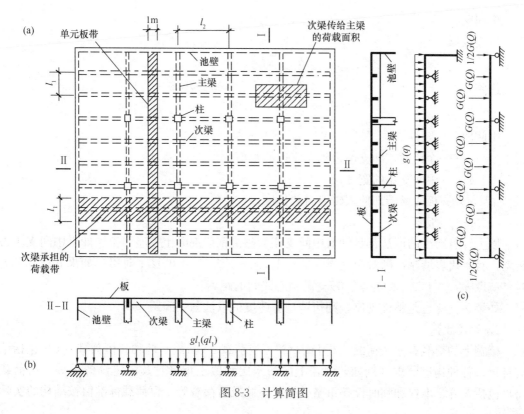

图 8-3　计算简图

181

2. 梁、板的跨数和计算跨度

为了简化计算,对连续梁板的跨数作如下处理,即不超过五跨的连续梁、板,跨数按实际考虑;超过五跨的连续梁、板,当各跨截面尺寸及荷载相同,且相邻跨长相差不超过10%时,可按五跨等跨连续梁、板计算,因为随着跨数的增多,各中间跨内力的差异越来越小,从而可以如图8-4所示,以第3跨代表所有的中间跨。

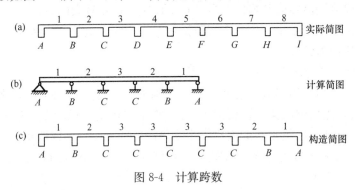

图8-4　计算跨数

计算跨度是指计算内力时所采用的跨长,也就是计算简图中支座反力之间的距离。当按弹性理论计算时,中间跨的计算跨度可近似地取为支座中心线之间的距离,边跨的计算跨度则与端支座情况有关。具体取法如下:

对连续板:

边跨:
$$l = l_n + \frac{h}{2} + \frac{b}{2}$$

中间跨:
$$l = l_n + b$$

对连续梁:

边跨:
$$\left. \begin{array}{l} l = l_n + \dfrac{b}{2} + \dfrac{a}{2} \\ l = l_n + \dfrac{b}{2} + 0.025 l_n \end{array} \right\} 取较小者$$

中间跨:
$$l = l_n + b$$

式中　　l_n——净跨度,即支座边到支座边的距离;

　　　　b——中间支座的宽度;

　　　　a——板或梁端部伸入砖墙内的长度;

　　　　h——板厚。

以上计算跨度的取法都是针对中间支座为整浇钢筋混凝土支座而言。如果中间支座为砖墙,且b代表墙厚,则对板:当$b > 0.1 l_n$时,应取$b = 0.1 l_n$;对梁:如果$b > 0.05 l_c$时,应取$b = 0.05 l_n$。l_c为梁、板支承中心线间的距离。

如果边支座也是整浇支座,则边跨计算跨度的取法与中间跨一样。

3. 荷载计算

楼盖上的荷载有永久荷载g(恒载)和可变荷载q(活载)两种。恒荷载(g)包括结构自重、各种构造层重(例如,池盖上的防水层和覆土重量)及固定设备重等。活荷载(q)包括人群、堆料和临时设备重量、施工荷载及雪荷载等。恒荷载标准值按结构的实际构造通过计算确定，活荷载标准值可以从《建筑结构荷载规范》GB 50009查到。这些荷载通常按均布荷载来考虑。对于单向板，通常沿短跨方向取1m宽板带作为板的计算单元，按连续梁进行计算，如图8-3所示。这样，板面上的均布荷载，也就是计算简图上的均布线荷载。

次梁所承受的荷载包括其本身的自重和板传来的均布荷载。前者由次梁的几何尺寸和材料重力密度来计算，后者为板面荷载与次梁间距（即板的跨度）的乘积。

主梁所承受的荷载包括其本身的自重和次梁传来的集中荷载。主梁的自重，实际上是均布荷载，但为了简化计算，也被折算成集中荷载，作用在次梁位置。次梁传来的集中荷载相当于主梁对次梁的支座反力。

4. 内力计算

钢筋混凝土连续梁、板的计算方法有两种，一种是弹性理论方法，另一种是考虑塑性内力重分布的方法。由于给水排水构筑物对裂缝宽度的控制有较高要求，故内力计算采用弹性方法。弹性方法就是用结构力学中的方法来计算弯矩、剪力。对于等跨连续梁，可采用下面介绍的内力系数法来计算跨内截面或支座处截面的最大弯矩、剪力。

均布荷载作用下：

$$M = K_1 g l^2 + K_2 q l^2 \tag{8-1}$$

$$V = K_3 g l^2 + K_4 q l^2 \tag{8-2}$$

集中荷载作用下：

$$M = K_1 G l + K_2 Q l \tag{8-3}$$

$$V = K_3 G + K_4 Q \tag{8-4}$$

式中　　g——均布恒载设计值；

q——均布活载设计值；

G——集中恒载设计值；

Q——集中活载设计值；

K_1、K_2——分别对应于恒载和活载分布状态的弯矩系数；查附表（3-2）获得；

K_3、K_4——分别对应于恒载和活载分布状态的剪力系数；查附表（3-2）获得。

5. 活荷载的最不利布置

活荷载位置是可变的。因此我们要研究活荷载怎样布置可使某一指定截面的内力绝对值最大。这就是活荷载的最不利组合问题。

下面，以五跨连续梁为例，说明活荷载最不利布置的原则。

（1）求某跨跨内最大正弯矩时，活荷载应布置在该跨，然后再隔跨布置。

图8-5（a）所示为计算第一、三、五跨跨内最大正弯矩的活荷载布置，图8-5（b）所示为计算第二、四跨跨内最大正弯矩的活荷载布置。

（2）求某跨跨内最大负弯矩时，活荷载不应布置在该跨，而应布置在其左右邻跨，然后再隔跨布置。

图8-5（a）所示为计算第二、四跨跨内最大负弯矩的活荷载布置，图8-5（b）所示为计算第一、三、五跨跨内最大负弯矩的活荷载布置。

（3）求某支座处截面最大负弯矩时，或者，求某支座处左、右截面最大剪力时，活荷载应布置在该支座左右两跨，然后再隔跨布置。

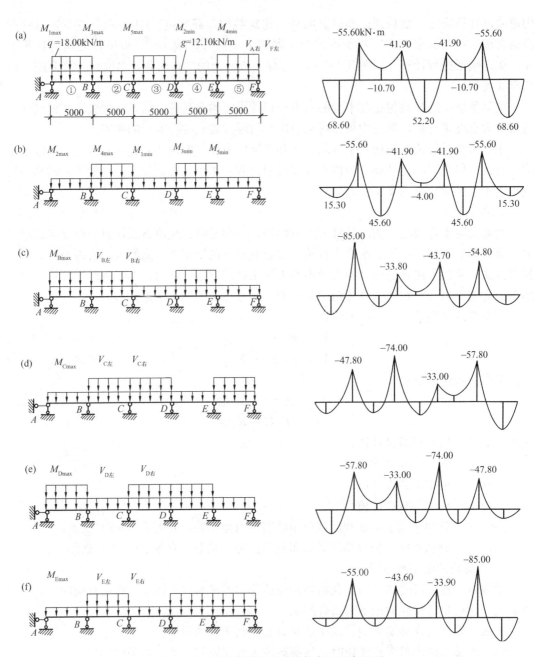

图 8-5 五跨连续梁最不利荷载布置及弯矩图

6.内力包络图

  活荷载最不利布置确定后，即可按前述内力系数法计算等跨连续梁、板的内力。某截面的最不利内力是恒荷载所引起的内力和最不利布置活荷载所引起的内力的叠加。所以，应在恒荷载和最不利布置活荷载的共同作用下，来计算连续梁、板某截面的最不利内力。在设计中，不必对每个截面进行计算，而只需对几个控制截面（即支座处截面和跨内截面）进行计算。按照前述活荷载布置原则，可以计算各控制截面的最不利内力。对于五跨连续梁，若计算各跨跨内最大正弯矩和最大负弯矩以及各支座处截面最大负弯矩，则活荷载有六种不同的布置情况，如图 8-5 所示。下面对这个图做一简要解释。首先，各跨跨内最大正弯矩对应的活荷载布置，第一、三、五跨为图 8-5（a），第二、四跨为图 8-5（b）；其次，各跨跨内最大负弯矩对应的活荷载布置，第一、三、五跨为图 8-5（b），第二、四跨为图 8-5（a）；最后，各支座处截面最大负弯矩对应的活荷载布置，B、C、D、E 四个中间支座分别为图 8-5（c）、（d）、（e）、（f）。对于剪力，可用同样的方法得到控制截面的最大剪力。得到各支座处截面和各跨跨内最大弯矩和最大剪力（这些就是前面所说的各控制截面的最不利内力）后，就可进行支座处截面和跨内截面的配筋计算。

以上仅仅是通过控制截面的最大弯矩和最大剪力进行相应截面的配筋。我们还需要确定其他截面的配筋，因而需要知道其他截面的最大弯矩和最大剪力。为了解其他截面的弯矩情况，将图 8-5 中六种情况的弯矩图绘制在同一个坐标系中，得到图 8-6 所示的弯矩叠合图，其外包线对应的弯矩值代表了连续梁、板各截面可能出现的弯矩上、下限。我们把此外包线称为弯矩包络图。用同样的方法，可以作出剪力包络图，如图 8-7 所示。

内力包络图是用来确定钢筋截断和弯起位置的依据。连续梁纵向钢筋的材料图必须根据弯矩图来绘制。当必须利用弯起钢筋抗剪时，剪力包络图是用来确定弯起钢筋需要的排数和排列位置的依据。如果不必利用弯起钢筋抗剪，则一般不必绘制剪力包络图。

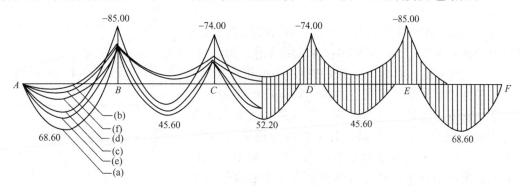

图 8-6　五跨连续梁的弯矩包络图

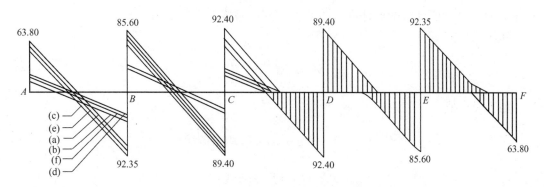

图 8-7　五跨连续梁的剪力包络图

7. 几点修正

（1）折算荷载

前面已提到，在确定肋形梁板结构的计算简图时，忽略了次梁对板、主梁对次梁的转动约束影响而将相应的支座简化为不动铰支座。在按最不利布置的荷载作用下，这种简化

185

将使跨中弯矩的计算结果偏大，而对支座弯矩没有明显影响。为使计算结果比较符合实际，我们采用保持总荷载不变而将部分活荷载计入恒荷载的方法进行修正。用这种方法调整后的恒荷载和活荷载称为折算荷载。在折算荷载中，满布荷载（恒载）增大，隔跨荷载（活载）减小，因此，这样的修正可以降低跨内的计算弯矩，且对支座处截面的弯矩没有明显影响，从而使计算结果更接近实际。次梁对板的转动约束影响比主梁对次梁的转动约束影响大一些，所以，板的荷载调整幅度大于次梁的荷载调整幅度。

折算荷载的取值为：

对于板

$$g' = g + \frac{q}{2}, \quad q' = \frac{q}{2} \tag{8-5}$$

对于次梁

$$g' = g + \frac{q}{4}, \quad q' = \frac{q}{4} \tag{8-6}$$

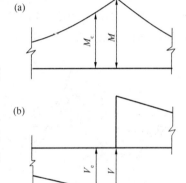

式中　g、q——实际恒载和活载；

　　　g'、q'——折算恒载和活载。

对于不与支座整体连接的板和梁（如搁置在砌体或钢结构上的梁、板），上述影响较小，故荷载不作调整。

（2）支座宽度的影响——支座边缘的弯矩和剪力

按弹性理论计算连续梁、板内力时，中间跨的计算跨度取为支座中心线之间的距离，故所得的支座弯矩和剪力都是支座中心线上的值。对于整体肋形梁板结构，支座总有一定宽度，在此宽度范围内，梁、板参与承载的截面高度明显增大，使危险截面从支座中心移至支座边缘。因此，实际控制截面应在支座边缘，故应按支座边缘的内力设计值进行配筋计算（图 8-8）。支座边缘的内力取为：

图 8-8　支座边缘的弯矩和剪力

弯矩设计值

$$M_e = M - V_0 \frac{b}{2} \tag{8-7}$$

剪力设计值

$$V_e = V - (g + q) \frac{b}{2} \text{（均布荷载）} \tag{8-8}$$

$$V_e = V \text{（集中荷载）} \tag{8-9}$$

式中　M、V——支座中心处的弯矩和剪力；

　　　V_0——按简支梁计算的支座剪力设计值（取绝对值）；

　　　b——支座宽度。

（3）端支座为弹性固定时连续板的弯矩修正

水池顶板，当它与池壁整体连接时，按端支座为弹性固定的连续板来计算内力（图

8-9)，并可用下述简化方法进行计算：

① 首先假定端支座亦为铰支，用内力系数法计算连续板的弯矩（图 8-9b）；

② 用力矩分配法对板端节点 A 进行一次弯矩分配，以求得板端弹性固定弯矩 M_A 的近似值：

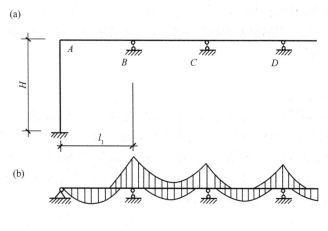

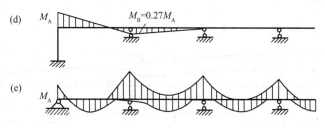

图 8-9　顶板与池壁整体连时内力计算

$$M_A = \overline{M}_A - (\overline{M}_A + \overline{M}_{WA}) \frac{K_{S1}}{K_{S1} + K_w} \qquad (8\text{-}10)$$

式中　$\overline{M}_A$ ——连续板的第一跨为两端固定单跨板时的固端弯矩（图 8-9c）；

　　　$\overline{M}_{WA}$ ——池壁顶端的固端弯矩；当求 M_A 的最大值时，$\overline{M}_{WA}$ 应按池外有土，池内无水计算；

　　　K_{S1} ——顶板第一跨的线刚度；$K_{S1} = \dfrac{EI_{S1}}{l_1}$，$I_{S1}$ 为顶板单位宽度截面的惯性矩；

　　　K_w ——池壁线刚度；$K_w = \dfrac{EI_w}{H}$，I_w 为池壁单位宽度截面的惯性矩，H 为池壁计算高度。

$\overline{M}_A$ 和 $\overline{M}_{WA}$ 的正负号应按力矩分配法的规则确定。

③ 假设 M_A 只影响板的端部两跨，即其传递状态如图 8-9(d) 所示，B 支座所产生的传递弯矩 $M_B = 0.27M_A$；

④ 将图 8-9(b) 的弯矩图与图 8-9(d) 的弯矩图叠加，即得端支座为弹性固定时连续

板的近似弯矩图。

8.2.3 单向板的配筋计算及构造

1. 配筋计算要点

按荷载最不利布置求出连续板各控制截面（支座处截面和跨内截面）的最大弯矩后，就可以确定相应截面的钢筋用量（如前所述，取1m宽板带作为一根连续梁，按单筋矩形截面计算）。可以不验算板的斜截面抗剪承载力。为满足给水排水构筑物的使用要求，需要验算裂缝宽度和挠度。

2. 构造要求

（1）受力钢筋

连续板受力钢筋的配筋方式有弯起式和分离式两种，分别如图8-10（a）、（b）所示。弯起式配筋，整体性好，节约钢材，但钢筋制作复杂；分离式配筋，整体性稍差，用钢量略高，但施工方便。弯起式钢筋的弯起角度一般为30°，当板厚 $h > 120\text{mm}$ 时，可采用45°。采用弯起式配筋时，应注意相邻两跨跨内和中间支座的钢筋直径和间距要相互配合，间距应有规律，直径种类不宜过多，以利于施工。

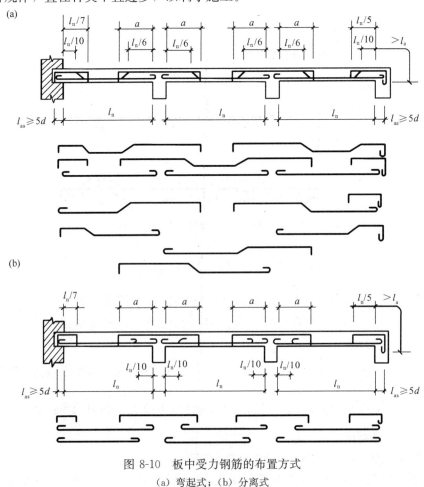

图 8-10　板中受力钢筋的布置方式

（a）弯起式；（b）分离式

当 $\dfrac{q}{g} \leqslant 3$ 时，$a = \dfrac{l_n}{4}$；当 $\dfrac{q}{g} > 3$ 时，$a = \dfrac{l_n}{3}$

连续板内受力钢筋的弯起和截断，可按图 8-10 确定，不必绘制弯矩包络图。图中的 a 值，当 $q/g \leqslant 3$ 时，为 $l_n/4$；当 $q/g > 3$ 时，为 $l_n/3$。g，q，l_n 分别为恒荷载、活荷载和板的净跨长。若板的相邻跨度之差超过 20％或各跨荷载相差较大时，宜绘制弯矩包络图以确定受力钢筋的弯起和截断。

当板端与池壁整体连接时，端支座处钢筋的弯起和截断位置，可参照图 8-10 中间支座确定。同时，负弯矩钢筋伸入池壁的锚固长度应不小于充分利用钢筋抗拉强度的最小锚固长度（图 8-11）。

板中受力钢筋的直径及间距的构造要求详见第 3 章。

（2）构造钢筋

单向板中的构造钢筋包括分布钢筋和负弯矩钢筋。

1）分布钢筋

单向板的配筋计算，仅考虑了沿短边跨的跨内和支座处的弯矩。沿长边的弯矩虽然很小可不计算，但在构造上应沿长边配置一定数量的钢筋以抵抗实际存在的弯矩。因此，在平行于单向板的长跨即垂直于受力钢筋的方向，应布置分布钢筋。分布钢筋的作用是，固定受力钢筋的位置，将集中荷载均匀地分布到受力钢筋上，承受混凝土的温度和收缩引起的应力。

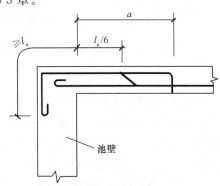

图 8-11　端支座处钢筋布置

当 $\dfrac{q}{g} \leqslant 3$ 时，$a = \dfrac{l_n}{4}$；当 $\dfrac{q}{g} > 3$ 时，$a = \dfrac{l_n}{3}$

单位宽度上的分布钢筋的配筋不宜小于单位宽度上受力钢筋截面面积的 15％，且配筋率不宜小于 0.15％；分布钢筋的直径不宜小于 6mm，间距不宜大于 250mm；当集中荷载较大时，分布钢筋的配筋面积尚应增加，且间距不宜大于 200mm。分布钢筋应放置在受力钢筋的内侧，以使受力钢筋具有尽可能大的截面有效高度 h_0。

2）负弯矩钢筋

整体式单向板实际上是周边支承板，故主梁也将对板起支承作用。而且靠近主梁的竖向荷载将直接传递给主梁。所以，主梁附近的板面会产生一定的负弯矩。此外当板边嵌固在墙内且在计算中按铰支考虑时，也应配置一定的构造钢筋以抵抗实际中可能存在的负弯矩。因此板中的负弯矩钢筋包括：垂直于主梁的板面附加钢筋、板端嵌入墙内的板面附加钢筋及嵌入墙内的板角附加钢筋。

① 垂直于主梁的板面附加钢筋

应在板面沿主梁方向配置垂直于主梁的附加钢筋。在沿主梁方向，此附加钢筋的间距应不大于 200mm，直径不宜小于 8mm，且单位长度内的总截面面积不宜少于单位长度内受力钢筋截面面积的 1/3，伸出主梁边缘的长度不宜小于板计算跨度 l_0 的 1/4（图 8-12）。

② 嵌入墙内的板面附加钢筋

当板边嵌入砖墙时，应沿砖墙配置垂直于砖墙的附加钢筋，此附加钢筋的间距应不大于 200mm，直径不宜小于 8mm，伸出墙边的长度不应小于 $l_1/7$，l_1 为板的短边跨度（图 8-13）。

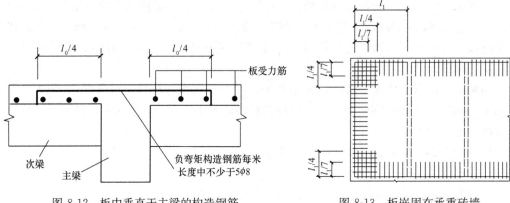

图 8-12 板中垂直于主梁的构造钢筋   图 8-13 板嵌固在承重砖墙
内时板边构造筋配置图

当单向板的长边嵌入砖墙时，垂直于长边的附件钢筋的配置原则与上相同，但配置数量不应小于板中受力钢筋截面面积的 1/3。如果受力钢筋采用弯起式，那么可将下部受力钢筋的一部分弯起以充当此处的附加钢筋，如图 8-10(a) 的左端。如果附加钢筋全部为弯起钢筋，那么弯起点到墙边的距离不应小于 $l_1/7$。

③ 嵌入墙内的板角附加钢筋

当板的周边嵌入砖墙或池壁时，在板角部的顶面将会产生斜裂缝。为限制这种裂缝，应在板角上部沿双向配置附加钢筋，其间距应不大于 200mm，直径不宜小于 8mm，伸出墙边的长度不应小于 $l_1/4$，l_1 为板的短边跨度（图 8-13）。

8.2.4 梁的配筋计算及构造

1. 梁的配筋计算要点

连续次梁和连续主梁应按正截面和斜截面承载力要求计算配筋，同时还需要验算裂缝宽度和挠度。

板和次梁、主梁是整体连接的，故板可作为梁的翼缘。在梁的正截面承载力计算和刚度计算时，跨内正弯矩区段板位于受压区，应按 T 形截面计算；在梁的支座处负弯矩区段，板位于受拉区，则应按矩形截面计算。在验算裂缝宽度时，梁的有效受拉截面面积 A_{te} 在正弯矩区段按矩形计算；在负弯矩区段按有受拉翼缘的 T 形截面计算。

在计算主梁支座处负弯矩区的正截面和斜截面承载力时，需要注意截面有效高度 h_0 的取值。在主梁支座处，如图 8-14 所示，主梁和次梁的负弯矩钢筋相互交叉重叠，主梁

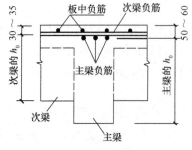

图 8-14 主梁支座处负弯矩
钢筋的布置

负弯矩钢筋一般应放在次梁负弯矩钢筋的下面（板的负弯矩钢筋位于二者之上），这就减小了主梁的有效高度。因此，计算主梁在支座处的负弯矩钢筋时，截面有效高度 h_0 的取值为：

一排钢筋时，$h_0 = h - (50 \sim 60)$mm；

两排钢筋时，$h_0 = h - (70 \sim 80)$mm。

其中，h 为主梁截面高度。

2. 梁的构造要求

梁的一般构造见第 3、4 章，以下仅补充一些与连

续梁有关的构造。

（1）纵向钢筋的切断和弯起

次梁纵向受力钢筋的切断和弯起位置，原则上应按弯矩包络图来确定。对于连续次梁，若其等跨或其相邻跨跨度相差不超过20%且均布活荷载设计值与恒荷载设计值的比值$q/g \leqslant 3$，则其纵向受力钢筋的切断和弯起位置，可参照图8-15来确定，而不必绘制弯矩包络图和材料图。

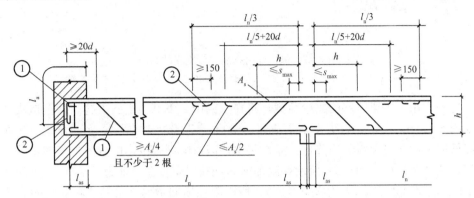

图8-15　等跨连续次梁负弯矩钢筋的弯折和切断位置（$q/g \leqslant 3$）

主梁纵向受力钢筋的切断和弯起位置，应按弯矩包络图来确定。

在梁各跨的正弯矩钢筋中，可按第4章弯起钢筋的构造要求进行弯起，以抵抗负弯矩或剪力。当需要用弯起钢筋抗剪时，第一排弯起钢筋的上弯点到支座边缘的距离不应大于允许的s_{max}，习惯做法是在距支座边缘50mm处弯下第一排弯起钢筋，在距支座边缘分别为h和$2h$处弯下第二排、第三排弯起钢筋。当抗剪弯起钢筋不能在需要的地方弯起或抗剪弯起钢筋不足以承受剪力时，可增设附加弯起钢筋（鸭筋），但不允许设置浮筋（图8-16）。

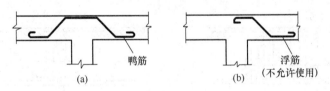

图8-16
（a）鸭筋；（b）浮筋（不应使用）

（2）梁端的构造

当梁端支承在砖墙或砖柱上且无约束时，梁端配筋构造可如图8-17（a）所示，图中②号钢筋为架立钢筋。当梁端有部分约束（如图8-17b中的三种情况）但按简支计算时，端支座出应配附加钢筋（图中②号钢筋）以抵抗实际存在的负弯矩，其截面面积应不少于跨中下部纵向钢筋面积的1/4，且不少于2根，其伸出支座内边缘的长度不应小于$l/5$（l为计算跨度）。下部纵向钢筋伸入支座的长度l_{as}应按第4章的规定采用。

（3）传递集中荷载的附加箍筋或吊筋

在主梁和次梁相交处，次梁的顶部在负弯矩作用下将产生裂缝（图8-18a），所以，次梁将通过其与主梁交接面的下部混凝土，把集中荷载传到主梁截面高度的中、下部。试验

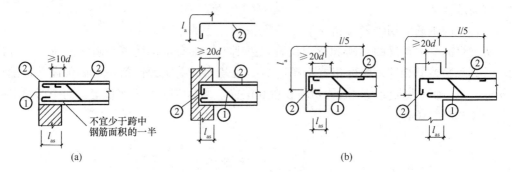

图 8-17 纵向受力钢筋在端支座的锚固

(a) 当梁支承在砖墙或砖柱上时；(b) 当梁与柱整体连接，而在计算中按简支考虑时

表明，这种作用于主梁腹部的集中荷载，将在主梁中、下部引起斜裂缝，甚至造成局部破坏，如图 8-18(b) 所示。为防止集中荷载影响区下部混凝土的撕裂及斜裂缝，并弥补间接加载导致斜截面受剪承载力降低，应在集中荷载影响区范围内配置附加横向钢筋（吊筋或箍筋）如图 8-18(c) 和（d）所示。附加横向钢筋应布置在长度为 $s = 2h_1 + 3b$ 的范围内（h_1 为主、次梁高度之差，b 为次梁宽度）。所需附加横向钢筋（吊筋或箍筋）的总截面面积按下式计算：

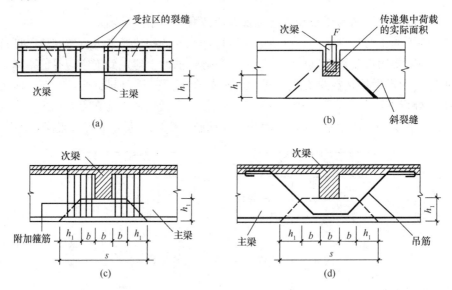

图 8-18 主次梁相交的受力及附加钢筋布置

$$F \leqslant 2f_y A_{sb} \sin\alpha + mn A_{sv1} f_{yv} \tag{8-11}$$

式中　F ——由次梁传到主梁的集中荷载设计值；

f_y ——吊筋的抗拉强度设计值；

f_{yv} ——附加箍筋的抗拉强度设计值；

A_{sb} ——吊筋的截面面积；

A_{sv1} ——附加箍筋单肢的截面面积；

m ——在 s 范围内的附加箍筋的排数；

n —— 附加箍筋的肢数；

α —— 附加吊筋弯起段与主梁轴线之间的夹角；一般取 $\alpha=45°$；当梁高 $h>800\mathrm{mm}$ 时，宜取 $\alpha=60°$；

2 —— 考虑每根吊筋都有左右两个弯起段。

8.2.5 设计实例

某 $1000\mathrm{m}^3$ 矩形水池，池高 $H=4.0\mathrm{m}$，池壁厚为 $200\mathrm{mm}$，采用现钢筋浇混凝土顶板，板与池壁的连接近似地按铰支考虑，其结构布置如图 8-19 所示。池顶覆土厚为 $300\mathrm{mm}$，使用活荷载标准值为 $9\mathrm{kN/m}^2$，活荷载准永久值系数 $\psi_q=0.1$，顶盖底面为砂浆抹面，厚 $20\mathrm{mm}$。混凝土采用 C25，梁中纵向钢筋采用 HRB400 级，梁中箍筋及板中钢筋采用 HPB300 级。结构构件的重要性系数 $\gamma_0=1.0$。试设计此水池顶盖。

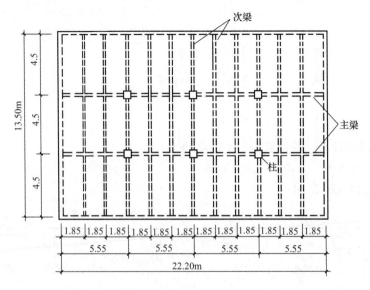

图 8-19 顶盖结构布置图

【解】

根据《混凝土结构设计规范》GB 50010—2010 规定，本例中板区格长边与短边之比：$\dfrac{4.5}{1.85}=2.43$，介于 $2\sim3$ 之间，宜按双向板进行设计。但仍可按沿短边方向受力的单向板计算，在沿长边方向布置足够数量的构造钢筋来处理。本题采用后一种方法。

（1）材料指标及梁、板截面尺寸

C25 混凝土：

$$f_c=9.6\mathrm{N/mm}^2,\ f_{tk}=1.54\mathrm{N/mm}^2,\ f_t=1.27\mathrm{N/mm}^2$$
$$E_c=2.80\times10^4\mathrm{N/mm}^2$$

HPB300 级钢筋：

$$f_y=f_y'=270\mathrm{N/mm}^2,\ E_s=2.1\times10^5\mathrm{N/mm}^2$$

HRB400 级钢筋：

$$f_y=f_y'=360\mathrm{N/mm}^2,\ E_s=2.0\times10^5\mathrm{N/mm}^2$$

混凝土重度标准值为 $25\mathrm{kN/mm}^3$，覆土重度标准值为 $18\mathrm{kN/mm}^3$，水泥砂浆抹面层重度标准值为20kN/mm³。板厚采用100mm，次梁采用$b \times h = 200\text{mm} \times 450\text{mm}$，主梁采用$b \times h = 250\text{mm} \times 650\text{mm}$。

（2）板的设计

1）荷载设计值

恒荷载分项系数$\gamma_G = 1.3$；活荷载分项系数$\gamma_Q = 1.5$。

覆土重：$\qquad 1.3 \times 18 \times 0.3 = 7.02\text{kN/m}^2$

板自重：$\qquad 1.3 \times 25 \times 0.1 = 3.25\text{kN/m}^2$

抹面重：$\qquad 1.3 \times 20 \times 0.02 = 0.52\text{kN/m}^2$

恒荷载：$\qquad g = 10.79\text{kN/m}^2$

活荷载：$\qquad q = 1.5 \times 9 = 13.5\text{kN/m}^2$

总荷载：$\qquad g + q = 10.79 + 13.5 = 24.29\text{kN/m}^2$

$$q/g = 13.5/10.79 = 1.25 < 3$$

考虑板整体性对内力的影响，计算折算荷载：

$$g' = g + \frac{1}{2}q = 10.79 + \frac{1}{2} \times 13.5 = 17.54\text{kN/m}^2$$

$$q' = \frac{1}{2}q = \frac{1}{2} \times 13.5 = 6.75\text{kN/m}^2$$

取1m宽板带进行计算，故计算单元上的荷载为：

$$g' = 17.54\text{kN/m}, \quad q' = 6.75\text{kN/m}$$

2）计算简图（图8-20）

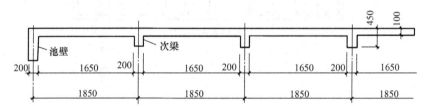

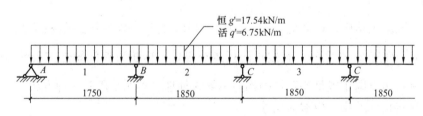

图8-20　板计算简图

计算跨度：边跨$l_1 = l_n + \dfrac{b}{2} = 1650 + 100 = 1750\text{mm}$

$\qquad\qquad\;\;$中跨$l_2 = l_n + b = 1650 + 200 = 1850\text{mm}$

3）内力计算

由于$\dfrac{l_2}{l_1} = \dfrac{4.5}{1.85} = 2.43 > 2.0$，介于2～3之间，可按单向连续板计算内力。长边方向配筋在构造要求的基础上应适当增加配筋量。连续板实际为12跨，故利用附录3-2的附

表 3-2(4) 五跨连续梁的内力系数进行计算。

跨中弯矩：

$$M_{1max} = (0.078 \times 17.54 + 0.100 \times 6.75) \times 1.75^2 = 6.26 \text{kN} \cdot \text{m}$$

$$M_{2max} = (0.033 \times 17.54 + 0.079 \times 6.75) \times 1.85^2 = 3.81 \text{kN} \cdot \text{m}$$

$$M_{3max} = (0.046 \times 17.54 + 0.086 \times 6.75) \times 1.85^2 = 4.75 \text{kN} \cdot \text{m}$$

支座弯矩：

$$M_{Bmax} = -(0.105 \times 17.54 + 0.119 \times 6.75) \times \left(\frac{1.75 + 1.85}{2}\right)^2 = -8.57 \text{kN} \cdot \text{m}$$

$$M_{Cmax} = -(0.079 \times 17.54 + 0.111 \times 6.75) \times 1.85^2 = -7.31 \text{kN} \cdot \text{m}$$

计算支座边缘处的内力：

$$M_{B,e} = M_B - V_0 \frac{b}{2} = -8.57 + \frac{24.29 \times 1.85}{2} \times \frac{0.2}{2} = -6.32 \text{kN} \cdot \text{m}$$

$$M_{C,e} = M_B - V_0 \frac{b}{2} = -7.31 + \frac{24.29 \times 1.85}{2} \times \frac{0.2}{2} = -5.06 \text{kN} \cdot \text{m}$$

4）配筋计算

板厚 $h = 100$mm。按《给水排水工程钢筋混凝土水池结构设计规程》CECS138，板中受力钢筋的混凝土保护层厚度取 30mm，$a_s = 35$mm 故 $h_0 = 100 - 35 = 65$mm，$\xi_b = 0.576$。板正截面承载力计算结果见表 8-1。

板的配筋计算 表 8-1

截面	边跨跨中	第一内支座	第二跨中	中间支座	中间跨中
$M(\text{kN} \cdot \text{m})$	6.26	−6.32	3.81	−5.06	4.75
$\alpha_s = M/\alpha_1 f_c b h_0^2$	0.125	0.126	0.076	0.101	0.094
$\xi = 1 - \sqrt{1 - 2\alpha_s}$	0.133	0.135	0.079	0.106	0.099
$\gamma_s = 0.5(1 + \sqrt{1 - 2\alpha_s})$	0.933	0.933	0.961	0.947	0.950
$A_s = M/\gamma_s h_0 f_y (\text{mm}^2)$	382	386	226	305	285
选用钢筋	Φ8@130	Φ8@130	Φ6@120	Φ8@160	Φ6@100
实际配筋面积（mm²）	387	387	236	314	283
最小配筋量 $A_{s,min} = \rho_{min} b h = 212\text{mm}^2$	$A_s > A_{s,min}$	$A_s > A_{s,min}$	$A_s > A_{s,min}$	$A_s > A_{s,min}$	$A_s > A_{s,min}$

注：1. 表中 ρ_{min} 取 0.2% 和 45(f_t/f_y)% 较大值，比较后取 $\rho_{min} = 0.212\%$；

2. 对于板：$b = 1000$mm，$h = 100$mm；

3. 表中 ξ 均小于 ξ_b，满足要求。

5）裂缝宽度验算

考虑到水池结构的功能和所处环境都具有特殊性，故本例的裂缝宽度验算采用《给水排水工程构筑物结构设计规范》GB 50069 所规定的最大裂缝宽度限值（0.25mm）及该规范附录 A（本书附录 5）的计算方法。

第一跨跨中裂缝宽度验算：

《给水排水工程构筑物结构设计规范》GB 50069 规定，构件最大裂缝宽度按荷载效应的准永久组合值计算。板的恒载标准值 $g_k = 10.79/1.3 = 8.3 \text{kN/m}^2$，活荷载准永久值 q_q

$= 0.1 \times 9 = 0.9 \ \mathrm{kN/m^2}$，则板按准永久组合计算时的折算荷载值为：

$$g'_\mathrm{q} = g + \frac{1}{2}q = 8.3 + \frac{1}{2} \times 0.9 = 8.75 \ \mathrm{kN/m^2};$$

折算活荷载 $q'_\mathrm{q} = 0.9/2 = 0.45 \ \mathrm{kN/m^2}$

由荷载准永久组合产生的跨中最大弯矩为：

$$M_{1\mathrm{q}} = (0.078 \times 8.75 + 0.100 \times 0.45) \times 1.75^2 = 2.23 \mathrm{kN \cdot m}$$

裂缝宽度验算所需的各项参数为：

$$\sigma_\mathrm{sq} = \frac{M_{1\mathrm{q}}}{0.87A_\mathrm{s}h_0} = \frac{2230000}{0.87 \times 387 \times 65} = 101.90 \mathrm{N/mm^2}$$

$$\rho_\mathrm{te} = \frac{A_\mathrm{s}}{A_\mathrm{te}} = \frac{387}{0.5 \times 1000 \times 100} = 0.00774$$

$$\psi = 1.1 - \frac{0.65f_\mathrm{tk}}{\rho_\mathrm{te}\sigma_\mathrm{sq}\alpha_2} = 1.1 - \frac{0.65 \times 1.78}{0.00774 \times 101.9 \times 1.0} = -0.367 < 0.4,\ \text{取}\ \psi = 0.4$$

最大裂缝宽度：

$$w_\mathrm{max} = 1.8\psi\frac{\sigma_\mathrm{sq}}{E_\mathrm{s}}\left(1.5c + 0.11\frac{d}{\rho_\mathrm{te}}\right)(1 + \alpha_1)\nu$$

$$= 1.8 \times 0.4 \times \frac{101.9}{2.1 \times 10^5} \times \left(1.5 \times 30 + 0.11 \times \frac{8}{0.00774}\right) \times 1 \times 1.0$$

$$= 0.055 \mathrm{mm} < 0.25 \mathrm{mm}$$

满足要求。

其他各支座及各跨中截面的最大裂缝宽度，经验算均未超过限值，验算过程从略。

6）挠度验算

给水排水工程水池结构的有关规范对一般贮水池顶盖构件的挠度限值没有明确的规定。在实际的工程设计中，通常根据经验对梁、板的跨高比设定在一定的范围内即可不验算挠度。对于初学者来说，也可参照《混凝土结构设计规范》GB 50010 对一般楼、屋盖构件的挠度限值进行验算。《混凝土结构设计规范》GB 50010 规定，一般楼、屋盖受弯构件按荷载效应准永久组合并考虑荷载长期作用的影响计算的最大挠度，当 $l < 7\mathrm{m}$ 时，应不超过 $l/200$（l 为构件的计算跨度）。本例即按此进行验算。

等截面等跨的多跨连续梁板的最大挠度一般产生在第一跨内。故本例的梁板验算只验算第一跨，且均取跨中点挠度进行验算。虽然实际的最大挠度均产生在略偏近于端支座一侧，但取跨中点挠度进行控制带来的误差甚小，可以忽略不计。

第一跨正弯矩区段的刚度计算：

按荷载准永久组合计算的第一跨跨中最大弯矩如上所述为：$M_{1\mathrm{q}} = 2.23 \mathrm{kN \cdot m}$

计算短期刚度所需的参数：$\sigma_\mathrm{sq} = 101.90 \mathrm{N/mm^2}$

$$\rho_\mathrm{te} = \frac{A_\mathrm{s}}{A_\mathrm{te}} = \frac{387}{0.5 \times 1000 \times 100} = 0.00774 < 0.01,\ \text{故取}\ \rho_\mathrm{te} = 0.01$$

$$\psi = 1.1 - \frac{0.65f_\mathrm{tk}}{\rho_\mathrm{te}\sigma_\mathrm{sq}} = 1.1 - \frac{0.65 \times 1.78}{0.01 \times 101.9} = -0.035 < 0.2,\ \text{故取}\ \psi = 0.2$$

则第一跨正弯矩区段的短期刚度为：

$$B_{1s} = \frac{E_s A_s h_0^2}{1.15\psi + 0.2 + \dfrac{6\alpha_E\rho}{1+3.5\gamma_f'}} = \frac{2.1\times10^5\times387\times65^2}{1.15\times0.2+0.2+6\times\dfrac{2.1\times10^5}{2.8\times10^4}\times0.00595}$$

$$= 4.92\times10^{11}\,\mathrm{N\cdot mm^2}$$

第一跨正弯矩区段的刚度为：

当 $\rho'=0$ 时，取 $\theta=2.0$。故 $B_1 = \dfrac{B_{1s}}{\theta} = \dfrac{4.92\times10^{11}}{2} = 2.46\times10^{11}\,\mathrm{N\cdot mm^2}$

B 支座负弯矩区段的刚度计算：

在计算第一跨的挠度时所采用的活荷载分布状态应该是使第一跨跨中产生最大正弯矩的活荷载分布状态，此时 B 支座的负弯矩也应按这种活荷载分布状态进行计算。如果用 M_{Bq}' 表示在这种活荷载分布状态下 B 支座的荷载准永久组合值，则：

$$M_{Bq}' = -(0.105\times8.75+0.053\times0.45)\times\left(\frac{1.75+1.85}{2}\right)^2 = -3.05\,\mathrm{kN\cdot m}$$

在 B 支座边缘截面相应的弯矩为：

$$M_{Bq,e}' = -3.05 + \frac{(8.75+0.45)\times1.75}{2}\times\frac{0.2}{2} = -2.25\,\mathrm{kN\cdot m}$$

计算短期刚度所需的参数：

$$\sigma_{sq} = \frac{M_{1q}}{0.87A_s h_0} = \frac{2250000}{0.87\times387\times65} = 102.81\,\mathrm{N/mm^2}$$

$$\rho_{te} = \frac{A_s}{A_{te}} = \frac{387}{0.5\times1000\times100} = 0.00774 < 0.01，故取 \rho_{te} = 0.01$$

$$\psi = 1.1 - \frac{0.65f_{tk}}{\rho_{te}\sigma_{sq}} = 1.1 - \frac{0.65\times1.78}{0.01\times102.81} = -0.025 < 0.2 \text{ 故取 } \psi = 0.2$$

则 B 支座出负弯矩区段的短期刚度为：

$$B_{Bs} = \frac{E_s A_s h_0^2}{1.15\psi + 0.2 + \dfrac{6\alpha_E\rho}{1+3.5\gamma_f'}} = \frac{2.1\times10^5\times387\times65^2}{1.15\times0.2+0.2+6\times\dfrac{2.1\times10^5}{2.8\times10^4}\times0.00595}$$

$$= 4.92\times10^{11}\,\mathrm{N\cdot mm^2}$$

B 支座出负弯矩区段的刚度为：

当 $\rho'=\rho$ 时，取 $\theta=1.6$。对翼缘位于受压区的倒 T 形截面，θ 应增加 20%。因此，$\theta = 1.6\times1.2 = 1.92$。故 $B_B = \dfrac{B_{Bs}}{\theta} = \dfrac{4.92\times10^{11}}{1.92} = 2.56\times10^{11}\,\mathrm{N\cdot mm^2}$

可见 B_B 与 B_1 非常接近，满足 $0.5B_1 < B_B < 2B_1$，按《混凝土结构设计规范》GB 50010 可取整跨刚度均为 B_1 计算挠度。这样的简化使挠度计算大为方便。

第一跨跨中挠度验算：

从附录 3-2 附表 3-4(4) 可查得五跨连续梁第一跨跨中挠度的计算系数，计算挠度取相邻两跨的平均值，即 1.8m，则第一跨的跨中挠度为：

$$\alpha_f = \frac{0.644g_k l^4}{100B_1} + \frac{0.973q_q l^4}{100B_1} = \frac{0.644\times8.75\times1800^4}{100\times2.46\times10^{11}} + \frac{0.973\times0.45\times1800^4}{100\times2.46\times10^{11}}$$

$$= 2.40 + 0.19 = 2.59\,\mathrm{mm} < \frac{l}{200} = \frac{1800}{200} = 9.0\,\mathrm{mm} \text{ 符合要求。}$$

7) 板的配筋

板的配筋如图 8-21 所示，分布钢筋采用 $\phi 8@250$，每米板宽的分布钢筋截面面积为 201mm^2，大于 $\dfrac{15A_s}{100} = \dfrac{15 \times 387}{100} = 58.05\text{mm}^2$。同时大于该方向截面面积的 0.15%，即 $1000 \times 100 \times 0.15\% = 150\text{mm}^2$。

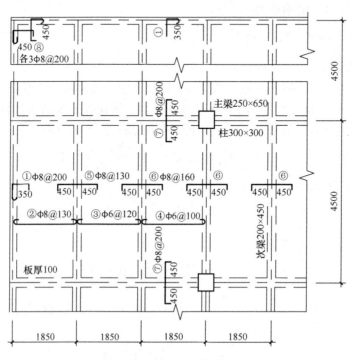

图 8-21　板配筋图

（板中分布钢筋采用 $\phi 8@250$）

（3）次梁的设计

1）荷载计算

板传来恒荷载设计值：　　　　$10.79 \times 1.85 = 19.96\text{kN/m}$

梁自重设计值：　　　　　　　$1.3 \times 25 \times 0.2 \times (0.45 - 0.1) = 2.28\text{kN/m}$

恒荷载：　　　　　　　　　　$g = 22.24\text{kN/m}$

活荷载：　　　　　　　　　　$q = 1.5 \times 9 \times 1.85 = 24.98\text{kN/m}$

总荷载：　　　　　　　　　　$g + q = 47.22\text{kN/m}$

　　　　　　　　　　　　　　$q/g = 24.98/22.24 = 1.12 < 3$

考虑主梁扭转刚度的影响，调整后的折算荷载为：

$$g' = g + \frac{q}{4} = 22.24 + \frac{1}{4} \times 24.98 = 28.49\text{kN/m}$$

$$q' = \frac{3}{4}q = \frac{3}{4} \times 24.98 = 18.74\text{kN/m}$$

2）计算简图（图 8-22）

主梁截面尺寸为 $b \times h = 250\text{mm} \times 650\text{mm}$。

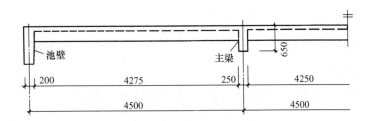

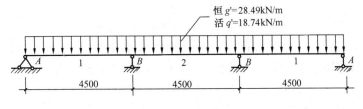

图 8-22 次梁计算简图

计算跨度：边跨 $l_1 = l_n + \dfrac{a}{2} + \dfrac{b}{2} = 4.275 + \dfrac{0.2}{2} + \dfrac{0.25}{2} = 4.5\text{m}$

中跨 $l_2 = l_n + b = 4.25 + 0.25 = 4.5\text{m}$

3）内力计算

按附录 3-2 的附表 3-2(2) 的三跨连续梁内力系数表计算跨中及支座弯矩以及各支座左右截面的剪力。

跨中弯矩：

$$M_{1\text{max}} = (0.08 \times 28.49 + 0.101 \times 18.74) \times 4.5^2 = 84.48\text{kN} \cdot \text{m}$$

$$M_{2\text{max}} = (0.025 \times 28.49 + 0.075 \times 18.74) \times 4.5^2 = 42.88\text{kN} \cdot \text{m}$$

支座弯矩：

$$M_{B\text{max}} = -(0.1 \times 28.49 + 0.117 \times 18.74) \times 4.5^2 = -102.09\text{kN} \cdot \text{m}$$

B 支座边缘处弯矩：

$$M_{B,e} = M_{B\text{max}} - V_0 \frac{b}{2}$$

$$= -102.49 + \frac{(28.49 + 18.74) \times 4.5}{2} \times \frac{0.25}{2} = -89.21\text{kN} \cdot \text{m}$$

A 支座右侧剪力：

$$V_{A\text{max}} = 0.4 \times 28.49 \times 4.5 + 0.45 \times 18.74 \times 4.5 = 89.23\text{kN}$$

A 支座右边缘剪力：

$$V_{A,e} = 89.23 - \frac{(28.49 + 18.74) \times 0.2}{2} = 84.51\text{kN}$$

B 支座左侧剪力：

$$V_{B左\text{max}} = 0.6 \times 28.49 \times 4.5 + 0.617 \times 18.74 \times 4.5 = 128.95\text{kN}$$

B 支座左边缘剪力：

$$V_{B左,e} = 128.95 - \frac{(28.49 + 18.74) \times 0.25}{2} = 123.05\text{kN}$$

B 支座右侧剪力：

$$V_{B右\text{max}} = 0.5 \times 28.49 \times 4.5 + 0.583 \times 18.74 \times 4.5 = 113.27\text{kN}$$

B 支座右边缘剪力：

$$V_{B右,e} = 113.27 - \frac{(28.49 + 18.74) \times 0.25}{2} = 107.37\text{kN}$$

4）正截面承载力计算

梁跨中按 T 形截面计算。其翼缘宽 b'_f 取下面两项中的较小者：

$$b'_f = \frac{l}{3} = \frac{4.5}{3} = 1.5\text{m}$$

$$b'_f = b + s_n = 0.2 + 1.65 = 1.85\text{m}$$

故取 $b'_f = 1.5\text{m}$。由于次梁与水接触，按《给水排水工程混凝土水池结构设计规程》CECS138 受力钢筋的混凝土保护层厚度为 35mm，故跨中 T 形截面，取 $a_s = 45\text{mm}$，有效高度 $h_0 = 450 - 45 = 405\text{mm}$（按一排钢筋考虑）。

支座处按矩形截面计算，其有效高度为 $h_0 = 450 - 70 = 380\text{mm}$（按二排钢筋考虑）。

判别各跨 T 形截面的类型：

$$\begin{aligned}
M &= \alpha_1 f_c b'_f h'_f \left(h_0 - \frac{h'_f}{2} \right) \\
&= 1.0 \times 11.9 \times 1500 \times 100 \times \left(405 - \frac{100}{2} \right) \\
&= 633.7\text{kN} \cdot \text{m} > M_{1max}
\end{aligned}$$

故第一、二跨跨中均属于第一类 T 形截面。

次梁正截面承载力计算结果见表 8-2。

次梁正截面配筋计算

表 8-2

截面	1	B	2
弯矩（kN·m）	84.48	−89.21	42.88
h_0（mm）	405	380	405
截面类型	第一类 T 形	矩形	第一类 T 形
$\alpha_s = M/\alpha_1 f_c b h_0^2$		0.260	
$\alpha_s = M/\alpha_1 f_c b'_f h_0^2$	0.029		0.015
$\xi = 1 - \sqrt{1 - 2\alpha_s}$	0.029	0.307	0.015
$\gamma_s = 0.5(1 + \sqrt{1 - 2\alpha_s})$	0.985	0.847	0.993
$A_s = M/\gamma_s h_0 f_y$（mm²）	588	770	297
选用钢筋	4 Φ 14	5 Φ 14	3 Φ 12
实际配筋面积（mm²）	615	769	339
最小配筋量 $A_{s,min} = \rho_{min} b h =$ $0.2\% \times 200 \times 450 = 180\text{mm}^2$	$A_s > A_{s,min}$	$A_s > A_{s,min}$	$A_s > A_{s,min}$

表中第一跨跨中正弯矩区段钢筋 4 Φ 14 必须布置两排，则 a_s 将增大为 70mm，h_0 减小为 380mm。经重新验算承载力不够，将跨中钢筋修改为 3 Φ 14 + 2 Φ 12（$A_s = 687\text{mm}^2$）。

5）斜截面承载力计算

次梁剪力全部由箍筋承担时，斜截面承载力计算结果见表 8-3。

截面	A	$B_{左}$	$B_{右}$
$V(\text{kN})$	84.51	123.05	107.37
$0.25 f_c b h_0 (\text{kN})$	$226.1 > V$	$226.1 > V$	$226.1 > V$
$0.7 f_t b h_0 (\text{kN})$	$67.56 < V$	$67.56 < V$	$67.56 < V$
箍筋肢数，直径	$2 \Phi 8$	$2 \Phi 8$	$2 \Phi 8$
$A_{sV} = n A_{sV1}$	100.6	100.6	100.6
$s = \dfrac{f_y n A_{sV1} h_0}{V - 0.7 f_t b h_0}(\text{mm})$	880	216	259
实际配箍间距（mm）	200	200	200
是否需配弯筋	否	否	否

由表 8-3 可知，当配置 $2 \Phi 8@200$ 的箍筋时，支座 A、B 截面均能满足抗剪承载力要求，不必配置弯起钢筋。

6）裂缝宽度验算

次梁实际恒载标准值 $g_k = 22.24/1.3 = 17.1 \text{kN/m}^2$，活荷载准永久值 $q_q = 0.1 \times 9 \times 1.85 = 1.67 \text{kN/m}^2$，则次梁按荷载准永久组合时的折算恒载值为：

$g'_q = 17.1 + 1.67 \times 1/4 = 17.52 \text{kN/m}^2$；折算活载 $q'_q = 1.67 \times 3/4 = 1.25 \text{kN/m}^2$

第 1 跨跨中的裂缝宽度验算：

① 由荷载准永久组合产生的跨中最大弯矩为：

$$M_{1q} = (0.08 \times 17.52 + 0.101 \times 1.25) \times 4.5^2 = 30.94 \text{kN} \cdot \text{m}$$

裂缝宽度验算所需的各项参数为：

$$\sigma_{sq} = \frac{M_{1q}}{0.87 A_s h_0} = \frac{30940000}{0.87 \times 687 \times 380} = 136.2 \text{N/mm}^2$$

$$\rho_{te} = \frac{A_s}{A_{te}} = \frac{687}{0.5 \times 200 \times 450} = 0.0153$$

$$d = \frac{4 A_s}{u} = \frac{4 \times 687}{\pi \times (3 \times 14 + 2 \times 12)} = 13.3 \text{mm}$$

$$\psi = 1.1 - \frac{0.65 f_{tk}}{\rho_{te} \sigma_{sq} \alpha_2} = 1.1 - \frac{0.65 \times 1.78}{0.0153 \times 136.2 \times 1.0} = 0.545$$

最大裂缝宽度：

$$w_{max} = 1.8 \psi \frac{\sigma_{sq}}{E_s} \left(1.5c + 0.11 \frac{d}{\rho_{te}} \right)(1 + \alpha_1)\nu$$

$$= 1.8 \times 0.545 \times \frac{136.2}{2.0 \times 10^5} \times \left(1.5 \times 35 + 0.11 \times \frac{13.3}{0.0153} \right) \times 1 \times 0.7$$

$$= 0.069 \text{mm} < 0.25 \text{mm}$$

满足要求。

② B 支座裂缝宽度验算：

由荷载准永久组合引起的 B 支座最大弯矩为：

$$M_{Bq} = -(0.1 \times 17.52 + 0.117 \times 1.25) \times 4.5^2 = -38.44 \text{kN} \cdot \text{m}$$

支座边弯矩为：

$$M_{Bq,e} = M_{Bq} - V_0 \frac{b}{2} = -38.44 + \frac{(17.52 + 1.25) \times 4.5}{2} \times \frac{0.25}{2} = -33.16 \text{kN} \cdot \text{m}$$

则计算裂缝宽度验算所需的各项参数为：

$$\sigma_{sq} = \frac{M_{1q}}{0.87 A_s h_0} = \frac{33.16 \times 10^6}{0.87 \times 769 \times 380} = 130.43 \text{N/mm}^2$$

$$\rho_{te} = \frac{A_s}{A_{te}} = \frac{769}{0.5 \times 200 \times 450} = 0.0171$$

$$\psi = 1.1 - \frac{0.65 f_{tk}}{\rho_{te} \sigma_{sq} \alpha_2} = 1.1 - \frac{0.65 \times 1.78}{0.0171 \times 130.43 \times 1.0} = 0.581$$

次梁负弯矩钢筋的混凝土保护层厚度为板的保护层厚度加板的负弯矩钢筋直径，即 c $=30+8=38\text{mm}$

最大裂缝宽度：

$$w_{max} = 1.8 \psi \frac{\sigma_{sq}}{E_s} \left(1.5c + 0.11 \frac{d}{\rho_{te}} \right)(1 + \alpha_1)\nu$$

$$= 1.8 \times 0.581 \times \frac{130.43}{2.0 \times 10^5} \times \left(1.5 \times 38 + 0.11 \times \frac{14}{0.0171} \right) \times 1 \times 0.7$$

$$= 0.070 \text{mm} < 0.25 \text{mm}$$

满足要求。

③ 第 2 跨跨中经过验算最大裂缝宽度亦未超过限值。验算过程从略。

7) 挠度验算

第 1 跨正弯矩区段的刚度计算：

按荷载准永久组合计算的第一跨跨中最大弯矩如上所述为：$M_{1q} = 30.94 \text{kN} \cdot \text{m}$

计算短期刚度所需的参数：$\sigma_{sq} = 136.2 \text{N/mm}^2$

$$\rho_{te} = \frac{A_s}{A_{te}} = \frac{687}{0.5 \times 200 \times 450} = 0.0153$$

$$\psi = 1.1 - \frac{0.65 f_{tk}}{\rho_{te} \sigma_{sq}} = 1.1 - \frac{0.65 \times 1.78}{0.0153 \times 136.2} = 0.545$$

$$\gamma'_f = \frac{(b'_f - b) h'_f}{b h_0} = \frac{(1500 - 200) \times 76}{200 \times 380} = 1.3$$

在 γ'_f 的计算公式中，如果 $h'_f > 0.2 h_0$ 则应取 $h'_f = 0.2 h_0$，次梁跨中截面的 $h'_f = 100\text{mm} >$ $0.2 h_0 = 0.2 \times 380 = 76\text{mm}$，故 $h'_f = 76\text{mm}$ 计算。

则第 1 跨正弯矩区段的短期刚度为：

$$B_{1s} = \frac{E_s A_s h_0^2}{1.15 \psi + 0.2 + \frac{6 \alpha_E \rho}{1 + 3.5 \gamma'_f}} = \frac{2.0 \times 10^5 \times 687 \times 380^2}{1.15 \times 0.545 + 0.2 + 6 \times \frac{2.0 \times 10^5}{2.8 \times 10^4} \times \frac{0.009}{1 + 3.5 \times 1.3}}$$

$$= 2.214 \times 10^{13} \text{N} \cdot \text{mm}^2$$

第 1 跨正弯矩区段的刚度为：

当 $\rho' = 0$ 时，取 $\theta = 2.0$。故 $B_1 = \frac{B_{1s}}{\theta} = \frac{2.214 \times 10^{13}}{2} = 1.107 \times 10^{13} \text{N} \cdot \text{mm}^2$

B 支座负弯矩区段的刚度计算：

在计算第 1 跨的挠度时所采用的活荷载分布状态应该是使第 1 跨跨中产生最大正弯矩

的活荷载分布状态，此时 B 支座的负弯矩也应按这种活荷载分布状态进行计算。如果用 M'_{Bq} 表示在这种活荷载分布状态下 B 支座的荷载准永久组合值，则：

$$M'_{Bq} = -(0.1 \times 17.52 + 0.05 \times 1.25) \times 4.5^2 = -36.74 \text{kN} \cdot \text{m}$$

在 B 支座边缘截面相应的弯矩为：

$$M'_{Bq,e} = -36.745 + \frac{(17.25 + 1.25) \times 4.5}{2} \times \frac{0.25}{2} = -31.46 \text{kN} \cdot \text{m}$$

计算短期刚度所需的参数：

$$\sigma_{sq} = \frac{M_{Bq,e}}{0.87 A_s h_0} = \frac{31.46 \times 10^6}{0.87 \times 769 \times 380} = 123.75 \text{N/mm}^2$$

$$\rho_{te} = \frac{A_s}{0.5bh + (b_f - b)h_f} = \frac{769}{0.5 \times 200 \times 450 + (1500 - 200) \times 100} = 0.0044 < 0.01$$

取：$\rho_{te} = 0.01$

$$\psi = 1.1 - \frac{0.65 f_{tk}}{\rho_{te} \sigma_{sq}} = 1.1 - \frac{0.65 \times 1.78}{0.01 \times 123.75} = 0.165 < 0.2 \text{ 取：} \psi = 0.2$$

则 B 支座出负弯矩区段的短期刚度为：

$$B_{Bs} = \frac{E_s A_s h_0^2}{1.15\psi + 0.2 + \frac{6\alpha_E \rho}{1 + 3.5\gamma'_f}} = \frac{2.0 \times 10^5 \times 769 \times 380^2}{1.15 \times 0.2 + 0.2 + 6 \times \frac{2.0 \times 10^5}{2.8 \times 10^4} \times 0.0101}$$

$$= 2.574 \times 10^{13} \text{N} \cdot \text{mm}^2$$

B 支座出负弯矩区段的刚度为：

当 $\rho' = 0$ 时，取 $\theta = 2$；当 $\rho' = \rho$ 时，取 $\theta = 1.6$；ρ' 为中间数值时，θ 按线性内插法取用。此处 $\rho' = A'_s/(bh_0)$，$\rho = A_s/(bh_0)$。当对翼缘位于受压区的倒 T 形截面，θ 应增加 20%。

$$\rho' = A'_s/(bh_0) = 687/(200 \times 380) = 0.009$$

$\rho = A_s/(bh_0) = 769/(200 \times 380) = 0.0101$ 可得 $\theta = 1.64$。因此，$\theta = 1.64 \times 1.2 = 1.968$。故 $B_B = \frac{B_{Bs}}{\theta} = \frac{2.574 \times 10^{13}}{1.968} = 1.308 \times 10^{13} \text{N} \cdot \text{mm}^2$

可见 B_B 与 B_1 非常接近，满足 $0.5B_1 < B_B < 2B_1$ 的条件，可按整跨刚度均为 B_1 的等截面梁计算挠度。

$$\alpha_f = \frac{0.677 g'_q l^4}{100 B_1} + \frac{0.990 q'_q l^4}{100 B_1} = \frac{0.677 \times 17.52 \times 4500^4}{100 \times 1.107 \times 10^{13}} + \frac{0.990 \times 1.25 \times 4500^4}{100 \times 1.107 \times 10^{13}}$$

$$= 4.39 + 0.46 = 4.85 \text{mm} < \frac{l}{200} = \frac{4500}{200} = 22.5 \text{mm 符合要求。}$$

8）次梁配筋图

根据以上计算，最后实际确定的纵向受拉钢筋为：第 1 跨跨中采用 3Φ14+2Φ12，B 支座采用 5Φ14；第 2 跨中采用 3Φ12。箍筋采用 2Φ8@200。此时纵向钢筋不需要弯起。B 支座处设置鸭筋 1Φ14，鸭筋并不为支座抗剪而设置，只为弯起的 2Φ14 作为支座负钢筋而保证构造弯起位置。由于调整后增加了钢筋面积，后面的裂缝宽度和挠度验算一定满足，此处省略。根据第 1 章式（1-12）确定受力钢筋锚固长度 $l_a = 40d$（后面的主梁亦同）。次梁配筋图见图 8-23。

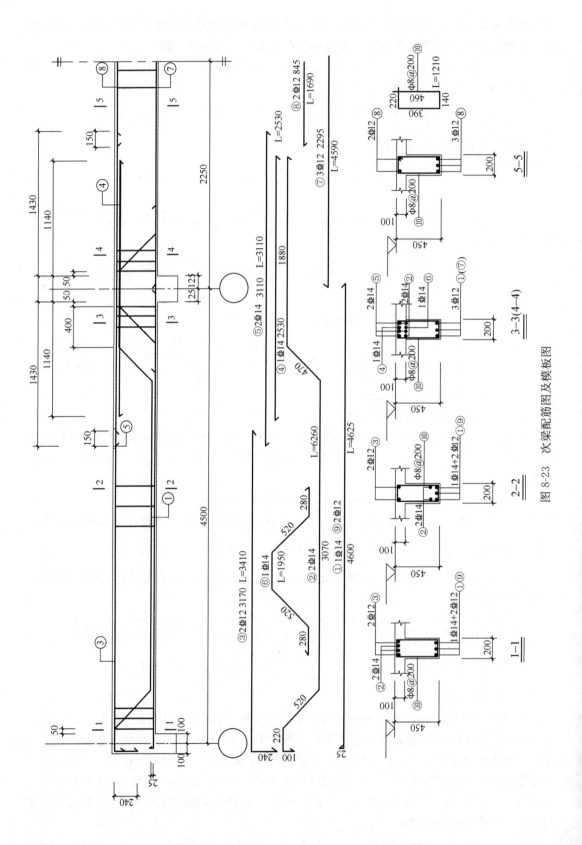

图 8-23 次梁配筋图及模板图

（4）主梁的设计

1）荷载计算

次梁传来恒荷载设计值：$22.24 \times 4.5 = 100.08$kN

主梁自重设计值：

$$1.3 \times 0.25 \times (0.65 - 0.1) \times 1.85 \times 25 = 22.24 \times 4.5 = 8.27\text{kN}$$

恒荷载：$G = 108.35$kN

次梁传来的活荷载设计值：$Q = 24.98 \times 4.5 = 112.41$kN

2）计算简图

柱截面尺寸 $300\text{mm} \times 300\text{mm}$

计算跨度 $l = l_c = 5.55\text{m}$

计算简图如图 8-24 所示。

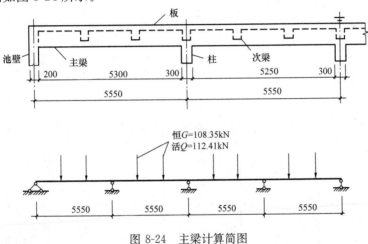

图 8-24　主梁计算简图

3）内力计算

① 弯矩设计值及包络图，根据公式（8-3）：

$$M = K_1 Gl + K_2 Ql = K_1 \times 108.35 \times 5.55 + K_2 \times 112.41 \times 5.55 = 601K_1 + 624K_2$$

具体计算见表 8-4，弯矩包络图见图 8-25。

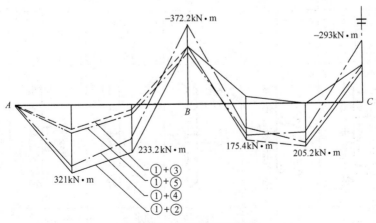

图 8-25　主梁弯矩包络图

主梁弯矩计算

表 8-4

序号	计算简图	截面	1a K₁或K₂	M_{1a}	1b K₁或K₂	M_{1b}	B K₁或K₂	M_B	2a K₁或K₂	M_{2a}	2b K₁或K₂	M_{2b}	C K₁或K₂	M_c
①	$GG\ GG\ GG\ GG$		0.238	143	0.142	85.3	−0.286	−171.9	0.078	46.9	0.111	66.7	−0.191	−115
②	QQ		0.286	178	0.237	147.9	−0.143	−89.2	−0.127	−79.2	−0.111	−69.3	−0.095	−59.3
③	QQ		−0.048	−30.0	−0.095	−59.3	−0.143	−89.2	0.206	128.5	0.222	138.5	−0.095	−59.3
④	$QQ\ QQ$		0.226	141.0	0.119	74.3	−0.321	−200.3	0.103	64.3	0.194	121.1	−0.048	−30.0
⑤	$QQ\ QQ$		−0.032	−20.0	−0.063	−39.3	−0.095	−59.3	0.174	108.6	0.111	69.3	−0.286	−178
①+②				321		233.2		−261.1		−32.3		−2.6		−174.3
①+③				113		26		−261.1		175.4		205.2		−174.3
①+④				284.0		159.6		−372.2		111.2		187.8		−145.0
①+⑤				123		46.0		−231.2		155.5		136.0		−293

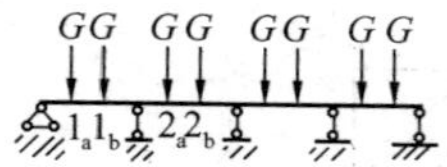

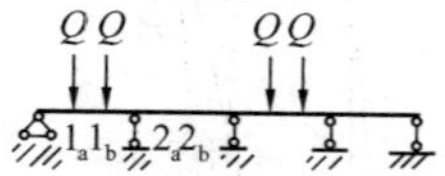

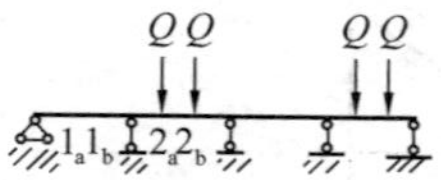

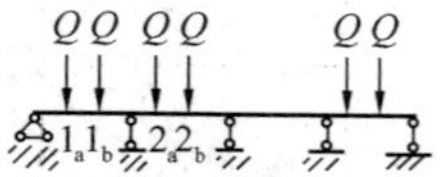

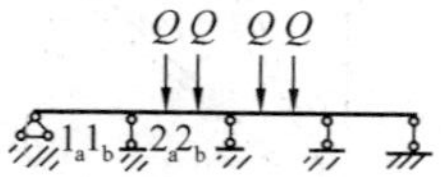

② 剪力设计值及包络图，根据公式（8-4）：

$$V = K_3 G + K_4 Q = 108.35 K_3 + 112.41 K_4$$

具体计算见表 8-5，剪力包络图见图 8-26。

主梁剪力计算

表 8-5

序号	截面 / 计算简图	A		$B_左$		$B_右$		$C_左$	
		K_3 或 K_4	V_A	K_3 或 K_4	$V_{B左}$	K_3 或 K_4	$V_{B右}$	K_3 或 K_4	$V_{C左}$
①		0.714	77.36	−1.286	−139.34	1.095	118.64	−0.905	−98.06
②		0.857	96.34	−1.143	−128.48	0.048	5.40	0.048	5.40
③		−0.143	−16.07	−0.143	−16.07	1.048	117.81	−0.952	−107.01
④		0.679	76.33	−1.321	−148.49	1.274	143.21	−0.726	−81.61
⑤		−0.095	−10.68	−0.095	−10.68	0.810	91.05	−1.190	−133.77
①+②		173.7		−267.82		124.04		−92.66	
①+③		61.29		−155.41		236.45		−205.07	
①+④		154.72		−287.83		261.85		−179.67	
①+⑤		66.68		−150.02		209.69		−231.83	

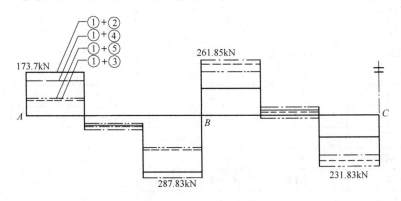

图 8-26　主梁剪力包络图

4）正截面承载力计算

各跨跨中按 T 形截面计算。其翼缘宽度 b_f' 取下面两项中的较小者：

$$b'_f = \frac{l}{3} = \frac{5.55}{3} = 1.85\text{m}$$

$$b'_f = b + s_n = 0.25 + 4.25 = 4.5\text{m}$$

取 $b'_f = 1.85\text{m}$。

第 1 跨跨中的截面有效高度按两排钢筋考虑，则：

$$h_0 = 650 - 70 = 580\text{mm}$$

第 2 跨跨中弯矩远小于第 1 跨，故第 2 跨按一排钢筋考虑，则：

$$h_0 = 650 - 45 = 605\text{mm}$$

B、C 支座按矩形截面计算，按两排钢筋考虑：

$$h_0 = 650 - 90 = 560\text{mm}$$

T 形截面类型的判别弯矩为：

$$M = \alpha_1 f_c b'_f h'_f \left(h_0 - \frac{h'_f}{2} \right) = 1.0 \times 11.9 \times 1850 \times 100 \times \left(580 - \frac{100}{2} \right) = 1166.8\text{kN} \cdot \text{m}$$

$M > M_1$ 和 M_2，故第 1、2 跨跨中均属于第一类 T 形截面。

各支座截面的配筋应按支座边缘处的弯矩计算。

在 B 支座边缘处：

$$M_{B,e} = M_B - V_0 \frac{b}{2}$$

$$= 372 - \frac{(108.35 + 112.41) \times 0.3}{2} = 338.9\text{kN} \cdot \text{m}$$

在 C 支座边缘处：

$$M_{B,e} = 293 - \frac{(108.35 + 112.41) \times 0.3}{2}$$

$$= 259.9\text{kN} \cdot \text{m}$$

计算结果见表 8-6。

主梁正截面计算 表 8-6

截面	1	B	2	C
弯矩（kN·m）	321	−338.9	205.2	−259.9
h_0（mm）	580	560	605	560
截面类型	第一类 T 形	矩形	第一类 T 形	矩形
$\alpha_s = M/\alpha_1 f_c b h_0^2$		0.363		0.279
$\alpha_s = M/\alpha_1 f_c b'_f h_0^2$	0.043		0.025	
$\xi = 1 - \sqrt{1 - 2\alpha_s}$	$0.044 < \xi_b = 0.518$	$0.477 < \xi_b = 0.518$	$0.026 < \xi_b = 0.518$	$0.335 < \xi_b = 0.518$
$\gamma_s = 0.5(1 + \sqrt{1 - 2\alpha_s})$	0.978	0.761	0.987	0.833
$A_s = M/\gamma_s h_0 f_y(\text{mm}^2)$	1573	2208	954	1548
选用钢筋	5 ⏀ 20	4 ⏀ 20+4 ⏀ 18	4 ⏀ 18	4 ⏀ 18+2 ⏀ 20
实际配筋面积（mm²）	1570	2273	1017	1645
最小配筋量 $A_{s,min} = 325\text{mm}^2$	$A_s > A_{s,min}$	$A_s > A_{s,min}$	$A_s > A_{s,min}$	$A_s > A_{s,min}$

注：$A_s = \rho_{min} b h = 0.2\% \times 250 \times 650 = 325\text{mm}^2$。

5）斜截面承载力计算

主梁所需要的箍筋计算见表 8-7。

主梁箍筋计算

表 8-7

截面	A	$B_左$	$B_右$	$C_左$
V (kN)	173.7	-287.23	261.85	-231.83
$0.25f_cbh_0$	$431.3>V$	$416.5>V$	$416.5>V$	$416.5>V$
$0.7f_tbh_0$	$129<V$	$124.4<V$	$124.4<V$	$124.4<V$
箍筋肢数，直径	$2\Phi8$	$2\Phi8$	$2\Phi8$	$2\Phi8$
$A_{sv}=nA_{sv1}$	100.6	100.6	100.6	100.6
$s=\dfrac{1.0f_{yv}nA_{sv1}h_0}{V-0.7f_tbh_0}$ (mm)	352	100	118	153
实际配箍筋间距（mm）	150	150	150	150
是否配弯筋	否	是	是	否

由第 4 章可知，允许的箍筋最大间距为 $s_{max}=250$mm，表 8-7 所用 $s<s_{max}$。箍筋配筋率 $\rho_{sv}=\dfrac{A_{sv}}{bs}=\dfrac{100.6}{250\times150}=0.0027>0.24\dfrac{f_t}{f_{yv}}=0.02\times\dfrac{1.27}{270}=1.13\times10^{-3}$。

由表 8-7 可以看出，当配置 $2\Phi8@150$ 的箍筋时，对支座 A 和支座 C 斜截面受剪均能满足要求，但对支座 B 的左侧及右侧均应设置弯起钢筋，左侧每排弯起钢筋的面积为：

$$A_{sb}=\frac{V-0.7f_tbh_0-1.0f_{yv}\dfrac{nA_{sv1}}{s}h_0}{0.8f_{yb}\sin45°}$$

$$=\frac{287230-0.7\times1.27\times250\times560-1.0\times270\times\dfrac{100.6}{150}\times560}{0.8\times360\times0.707}$$

$$=301.4\text{mm}^2$$

取 $1\Phi20$，$A_{sb}=314.2$mm^2

在支座 B 左侧，自支座边缘到第一个集中荷载作用点 l_a 之间的水平距离为 $1.80-0.15=1.70$m，在这个区间内各个截面中的剪力是相等的，故在靠近支座处布置 $1\Phi20$ 的鸭筋，然后均匀布置两排弯起钢筋。

支座 B 右侧的弯起钢筋通过计算，取每排不少于 $1\Phi18$，布置原则与支座 B 左侧相同。

表 8-7 斜截面的计算是先计算箍筋后计算弯起钢筋，但当弯起钢筋数量有限时，斜截面的计算可以先计算弯起钢筋然后计算箍筋，选择箍筋的间距来进行，详细计算过程略。

6）裂缝宽度验算

荷载标准值 $G_k=\dfrac{G}{1.3}=\dfrac{108.35}{1.3}=83.3$kN，$Q_k=\dfrac{Q}{1.5}=74.9$kN

活荷载的准永久值 $Q_q=\psi_qQ_k=0.1\times74.9=7.49$kN

第一跨跨中的裂缝宽度验算：

由荷载准永久组合产生的跨中最大弯矩为：

$$M_{1q}=(0.238\times G_k+0.286\times Q_q)\times l=(0.238\times83.3+0.286\times7.49)\times5.55$$

$$=121.9\text{kN}\cdot\text{m}$$

则，裂缝宽度验算所需的各项参数为：

$$\sigma_{sq} = \frac{M_{1q}}{0.87 A_s h_0} = \frac{121.9 \times 10^6}{0.87 \times 1570 \times 580} = 153.9 \text{N/mm}^2$$

$$\rho_{te} = \frac{A_s}{A_{te}} = \frac{1570}{0.5 \times 250 \times 650} = 0.0193$$

$$\psi = 1.1 - \frac{0.65 f_{tk}}{\rho_{te} \sigma_{sq} \alpha_2} = 1.1 - \frac{0.65 \times 1.78}{0.0193 \times 153.9 \times 1.0} = 0.710$$

最大裂缝宽度：

$$w_{max} = 1.8 \psi \frac{\sigma_{sq}}{E_s} \left(1.5c + 0.11 \frac{d}{\rho_{te}}\right)(1 + \alpha_1)\nu$$

$$= 1.8 \times 0.710 \times \frac{153.9}{2.0 \times 10^5} \times \left(1.5 \times 35 + 0.11 \times \frac{20}{0.0193}\right) \times 1 \times 0.7$$

$$= 0.115 \text{mm} < 0.25 \text{mm}$$

满足要求。

B 支座裂缝宽度验算：

由荷载准永久组合引起的 B 支座最大弯矩为：

$$M_{Bq} = -(0.286 \times G_k + 0.321 \times Q_q) \times l$$

$$= -(0.286 \times 83.3 + 0.321 \times 7.49) \times 5.55 = -145.6 \text{kN} \cdot \text{m}$$

支座边弯矩为：

$$M_{Bq,e} = M_{Bq} - V_0 \frac{b}{2} = -145.6 + \frac{(83.3 + 7.49) \times 0.3}{2} = -131.98 \text{kN} \cdot \text{m}$$

则计算裂缝宽度验算所需的各项参数为：

$$\sigma_{sq} = \frac{M_{Bq,e}}{0.87 A_s h_0} = \frac{131.98 \times 10^6}{0.87 \times 2273 \times 560} = 119.18 \text{N/mm}^2$$

$$\rho_{te} = \frac{A_s}{A_{te}} = \frac{2273}{0.5 \times 250 \times 650} = 0.028$$

$$\psi = 1.1 - \frac{0.65 f_{tk}}{\rho_{te} \sigma_{sq} \alpha_2} = 1.1 - \frac{0.65 \times 1.78}{0.028 \times 119.18 \times 1.0} = 0.753$$

$$d = \frac{4 A_s}{u} = \frac{4 \times 2273}{\pi(4 \times 20 + 4 \times 18)} = 19.04 \text{mm}$$

主梁负弯矩钢筋的混凝土保护层厚度为板的保护层厚度 30mm 加板的负弯矩钢筋直径 8mm 再加次梁负弯矩钢筋直径 14mm，即 $c = 30 + 8 + 14 = 52 \text{mm}$

最大裂缝宽度：

$$w_{max} = 1.8 \psi \frac{\sigma_{sq}}{E_s} \left(1.5c + 0.11 \frac{d}{\rho_{te}}\right)(1 + \alpha_1)\nu$$

$$= 1.8 \times 0.753 \times \frac{119.18}{2.0 \times 10^5} \times \left(1.5 \times 52 + 0.11 \times \frac{19.04}{0.028}\right) \times 1 \times 0.7$$

$$= 0.086 \text{mm} < 0.25 \text{mm} \text{ 满足要求。}$$

其他支座及跨中最大裂缝宽度经验算均未超过限值，计算过程从略。

7) 挠度验算

同样仅验算第一跨中点挠度。从裂缝验算已知由荷载准永久组合引起的跨中弯矩为：$M_{1q} = 121.9 \text{kN} \cdot \text{m}$，由同一准永久组合引起的 B 支座负弯矩为：

$$M_{Bq} = -(0.286 \times G_k + 0.143 \times Q_q) \times l$$

$$= -(0.286 \times 83.3 + 0.143 \times 7.49) \times 5.55 = -138.17 \text{kN} \cdot \text{m}$$

支座边弯矩为：

$$M_{Bq,e} = M_{Bq} - V_0 \frac{b}{2} = -138.17 + \frac{(83.3 + 7.49) \times 0.3}{2} = -124.55 \text{kN} \cdot \text{m}$$

第一跨正弯矩区段的刚度计算：

计算短期刚度所需的参数：$\sigma_{sq} = 153.9 \text{N/mm}^2$

$$\rho_{te} = \frac{A_s}{A_{te}} = \frac{1570}{0.5 \times 250 \times 650} = 0.0193, \rho = \frac{A_s}{bh_0} = \frac{1570}{250 \times 580} = 0.0108$$

$$\psi = 1.1 - \frac{0.65 f_{tk}}{\rho_{te} \sigma_{sq}} = 1.1 - \frac{0.65 \times 1.78}{0.0193 \times 153.9} = 0.710$$

$$\gamma'_f = \frac{(b'_f - b) h'_f}{bh_0} = \frac{(1850 - 250) \times 100}{250 \times 580} = 1.1$$

则第一跨正弯矩区段的短期刚度为：

$$B_{1s} = \frac{E_s A_s h_0^2}{1.15\psi + 0.2 + \frac{6\alpha_E \rho}{1 + 3.5\gamma'_f}} = \frac{2.0 \times 10^5 \times 1570 \times 580^2}{1.15 \times 0.710 + 0.2 + 6 \times \frac{2.0 \times 10^5}{2.8 \times 10^4} \times \frac{0.0108}{1 + 3.5 \times 1.1}}$$

$$= 9.50 \times 10^{13} \text{N} \cdot \text{mm}^2$$

第一跨正弯矩区段的刚度为：

当 $\rho' = 0$ 时，取 $\theta = 2.0$。故 $B_1 = \frac{B_{1s}}{\theta} = \frac{9.50 \times 10^{13}}{2} = 4.75 \times 10^{13} \text{N} \cdot \text{mm}^2$

B 支座负弯矩区段的刚度计算：

计算短期刚度所需的参数：

$$\sigma_{sq} = \frac{M_{Bq,e}}{0.87 A_s h_0} = \frac{124.55 \times 10^6}{0.87 \times 2273 \times 560} = 112.47 \text{N/mm}^2$$

$$\rho_{te} = \frac{A_s}{0.5bh + (b_f - b)h_f} = \frac{2273}{0.5 \times 250 \times 650 + (1850 - 250) \times 100} = 0.0094 < 0.01$$

取：$\rho_{te} = 0.01$

$$\psi = 1.1 - \frac{0.65 f_{tk}}{\rho_{te} \sigma_{sq}} = 1.1 - \frac{0.65 \times 1.78}{0.01 \times 112.47} = 0.07 < 0.2 \text{ 取：} \psi = 0.2$$

$$\rho = \frac{A_s}{bh_0} = \frac{2273}{250 \times 560} = 0.0162$$

则 B 支座出负弯矩区段的短期刚度为：

$$B_{Bs} = \frac{E_s A_s h_0^2}{1.15\psi + 0.2 + \frac{6\alpha_E \rho}{1 + 3.5\gamma'_f}} = \frac{2.0 \times 10^5 \times 2273 \times 560^2}{1.15 \times 0.2 + 0.2 + 6 \times \frac{2.0 \times 10^5}{2.8 \times 10^4} \times 0.0162}$$

$$= 1.268 \times 10^{14} \text{N} \cdot \text{mm}^2$$

B 支座出负弯矩区段的刚度为：

当 $\rho' = 0$ 时，取 $\theta = 2$；当 $\rho' = \rho$ 时，取 $\theta = 1.6$；ρ' 为中间数值时，θ 按线性内插法取用。此处 $\rho' = A'_s / (bh_0)$，$\rho = A_s / (bh_0)$。当对翼缘位于受压区的倒 T 形截面，θ 应增加 20%。

$\rho' = A'_s / (bh_0) = 942 / (250 \times 560) = 0.0067$（因为跨中钢筋伸入支座的钢筋减少两根，故 $A'_s = 942 \text{mm}^2$）

$\rho = \frac{A_s}{bh_0} = \frac{2273}{250 \times 560} = 0.0152$ 可得 $\theta = 1.824$。因此，$\theta = 1.824 \times 1.2 = 2.189$。

故 $B_B = \frac{B_{Bs}}{\theta} = \frac{1.268 \times 10^{14}}{2.189} = 5.79 \times 10^{13} \text{N} \cdot \text{mm}^2$

为了示范，现特按分区段刚度，并用图乘法计算主梁第一跨中点挠度。此时取主梁第一跨为脱离体，其计算简图如图 8-27（a）所示。并绘出使第一跨产生最大正弯矩准永久组合引起的弯矩图如图 8-27（b）所示，及在跨中点作用单位荷载所引起的弯矩如图 8-27

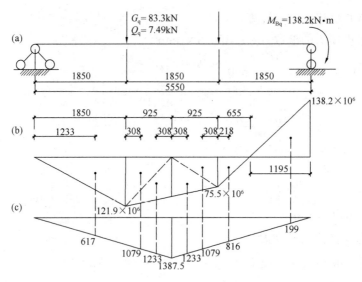

图 8-27 挠度计算

（c）所示。跨中挠度为：

$$a_f = \frac{1}{4.75 \times 10^{13}} (0.5 \times 121.9 \times 10^6 \times 1850 \times 617 + 0.5 \times 121.9 \times 10^6 \times 925 \times 1079$$

$$+ 0.5 \times 98.7 \times 10^6 \times 925 \times 1233 + 0.5 \times 98.7 \times 10^6 \times 925 \times 1233 + 0.5 \times 75.5$$

$$\times 10^6 \times 925 \times 1079 + 0.5 \times 75.5 \times 10^6 \times 655 \times 816)$$

$$- \frac{1}{5.79 \times 10^{13}} (0.5 \times 138.2 \times 10^6 \times 1195 \times 199)$$

$$= \frac{1}{4.75 \times 10^{13}} \times 3.008 \times 10^{14} - \frac{1}{5.79 \times 10^{13}} \times 1.64 \times 10^{13}$$

$$= 6.33 - 0.28 = 6.05 \text{mm}$$

$\dfrac{a_f}{l} = \dfrac{6.05}{5550} = \dfrac{1}{917} < \dfrac{1}{200}$，满足要求。

如果考虑 B_B 与 B_1 非常接近，满足 $0.5B_1 < B_B < 2B_1$ 的条件，可按整跨刚度均为 B_1 的等截面梁计算挠度。

$$\alpha_f = \frac{1.764 G_q l^3}{100 B_1} + \frac{2.657 Q_q l^3}{100 B_1} = \frac{1.764 \times 83.3 \times 10^3 \times 5550^3}{100 \times 4.75 \times 10^{13}} + \frac{2.657 \times 7.49 \times 10^3 \times 5550^3}{100 \times 4.75 \times 10^{13}}$$

$$= 5.29 + 0.72 = 6.01 \text{mm} < \frac{l}{200} = \frac{5550}{200} = 27.75 \text{mm} \text{ 符合要求。}$$

8）主梁吊筋计算

由次梁传给主梁的全部集中荷载设计值为：

$F = 108.35 + 112.41 = 220.76 \text{kN}$ 考虑此集中荷载全部由吊筋承受，所需吊筋截面面积为：

$$A_{sb} = \frac{F}{2 f_y \sin 45°} = \frac{220760}{2 \times 360 \times 0.707}$$

$$= 433 \text{mm}^2$$

吊筋采用 2 Φ 18，$A_{sb} = 509 \text{mm}^2$。

9）主梁配筋图

主梁纵向钢筋的弯起和切断应根据弯矩包络图来确定，主梁配筋图见图 8-28。

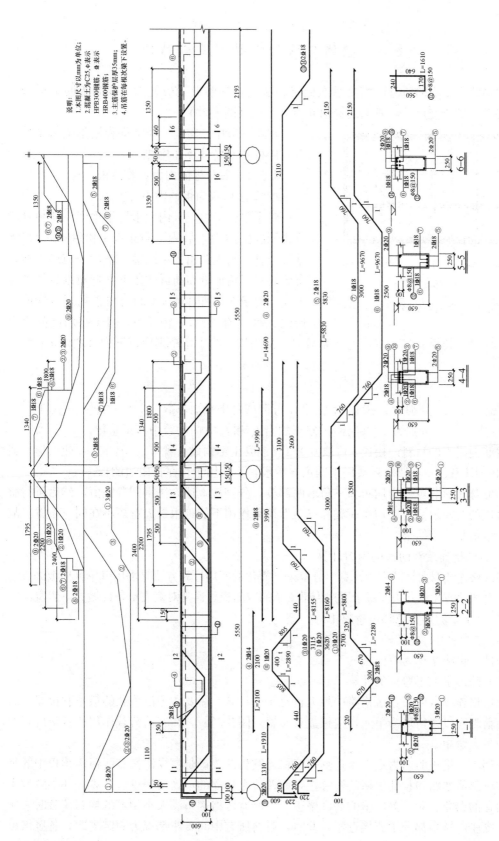

图 8-28　主梁抗弯承载力图与模板及配筋图

213

8.3 整体式双向板肋形梁板结构

如果肋形梁板的所有区格都是双向板，那么这种肋形梁板就称为双向板肋形梁板结构。其纵、横梁交点处一般都设置钢筋混凝土柱（图 8-29）。

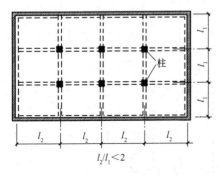

图 8-29 双向板肋形梁板

在这一节中，将要介绍双向板肋形梁板结构的内力计算及配筋计算和构造。

8.3.1 双向板的内力计算方法

1. 单区格双向板的内力计算

对于单区格板，其内力采用根据弹性薄板理论公式编制的内力系数表（附录 3-3 和附录 3-4）来进行计算。附表给出了不同边界条件的矩形板在均布荷载和三角形分布荷载作用下的弯矩系数和计算公式。附录 3-3 和附录 3-4 的内力系数表有些取泊松比 $\nu=0$，有些则取 $\nu=1/6$。用于钢筋混凝土双向板计算时，如果 $\nu=0$，支座弯矩系数可直接采用，跨中弯矩则应按下列公式修正：

$$\left.\begin{array}{l} \alpha_x^\nu = \alpha_x + \nu\alpha_y \\ \alpha_y^\nu = \alpha_y + \nu\alpha_x \end{array}\right\} \tag{8-12}$$

式中 α_x、α_y——分别为 $\nu=0$ 时沿 l_x 和 l_y 方向的跨中弯矩系数；

α_x^ν、α_y^ν——分别为 $\nu=0$ 时经过修正的沿 l_x 和 l_y 方向的跨中弯矩系数。

钢筋混凝土的材料泊松比 ν 可取 0.2（《混凝土结构设计规范》GB 50010 建议值）或 1/6。必须注意式（8-12）只适用于四边支承板，不适用于存在自由边的板。

梯形分布荷载可分为均布和三角形两部分，分别按上述方法得到弯矩值，然后进行叠加即得板的弯矩值。由于均布荷载和三角形荷载作用下的跨内最大弯矩不在同一位置，故叠加弯矩值是近似结果。

2. 多区格连续双向板的内力计算

多区格连续双向板的内力计算十分复杂。简化的实用计算方法是采用以单区格板的内力系数法为基础的计算方法。对于周边为梁支承的双向板，通常对其支承条件做如下假定：

1）支承梁的垂直位移可忽略不计；

2）支承梁可自由转动。

因此，可将梁视为双向板的不动铰支座。

（1）跨内最大正弯矩的计算

多区格连续双向板各区格跨中最大正弯矩的计算，需要考虑活荷载的最不利位置，这时，活荷载应以区格作为单元，按棋盘式布置（图 8-30a）。在有活荷载作用的区格内将产生跨中最大弯矩。

利用单区格板的内力系数来计算多区格连续板的关键是要设法使多区格连续板中的每一个区格都能忽略和相邻区格的连续性，而按一个独立的单区格板进行计算，并不致带来过于明显的误差。对于等区格的多区格板，当所有区格都布满大小相等的均布荷载时，所有中间支座的转角都等于或接近零，此时，可将所有中间支座都视为固定支座，各区格也就可以视为单区格板独立计算了。另一种荷载情况，即如果在图 8-30（a）的所有画了阴影线的区格中都作用有向下的（正的）均布荷载，在所有未画阴影线的区格中都作用有向上的（负的）均布荷载，且两个作用方向的荷载值相等，则在这样正负交替的荷载作用下，所有中间支座上的弯矩将等于或接近于零，此时，就可将所有区格板在中间支座断开并用铰相连，即将中间支座视为不连续的铰支承，各区格同样可以视为单区格板独立进行计算。这就是说，对于等区格的多区格连续板，如果我们能将其荷载处理成上述两种荷载状态，就可以不考虑连续性而按单区格板进行计算。

在图 8-30（a）所示的间隔布置活荷载的状态下，任意一个区格的各个板边既不是完全固定，也不是理想铰支，但是，为了利用单区格板的内力系数进行计算，可以将棋盘式间隔布置的活荷载（图 8-30b、e 中的活荷载 q）分解为两种分布状态，一种为所有区格满布 $+q/2$（图 8-30c、f 中的活荷载）；另一种为 $+q/2$ 和 $-q/2$ 相间布置（图 8-30d、g）。显然，这两种荷载状态的叠加和按棋盘式间隔布置总的活荷载 q 是等效的，故只要将所有中间支座视为固定支座，按单区格板计算 g（恒载）$+q/2$ 作用下的跨中弯矩，与将所有中间支座视为不连续支座，按单区格板计算 $q/2$ 作用下的跨中弯矩相叠加，即得到活荷载最不利布置下多区格连续双向板的跨中弯矩。应注意到并不需要计算作用有 $-q/2$ 的区格板的弯矩，这些反向荷载只是起到了能将正向荷载作用的区格板边视为不连续铰支承的作用，这是一种可以使计算大为简化的很巧妙的方法。还应注意到以上简化处理是对中间支座而言，对周边支座不论何种荷载状态均应按实际支承条件采用。

上述方法原则上只适用于两个方向都是等跨度的多区格板连续双向板，但当同一方向板的跨度相差不大时，也可近似采用。

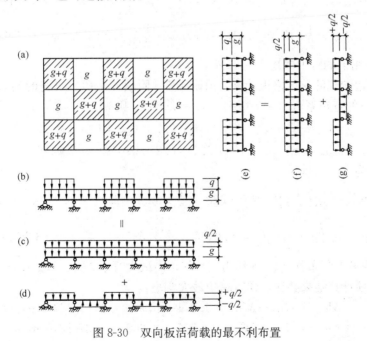

图 8-30　双向板活荷载的最不利布置

（2）支座最大负弯矩的计算

如果严格按活荷载最不利位置来计算多区格连续双向板的支座负弯矩，将过于复杂，故为了简化计算，通常按活荷载布满所有区格来计算支座负弯矩。此时，所有中间支座均可视为固定支座，也就可以不考虑连续性而按单区格板进行计算。但对于某个中间支座来说，由相邻两个区格求出的支座弯矩常常不相等，这时，可近似取平均值作为该处的支座弯矩值。

【例 8-1】 一多区格连续双向板，周边简支，区格划分如图 8-31 所示，中间支座为与板整体浇筑的梁，图中区格板即为计算跨度。板上恒载设计值 $g=3.6\text{kN/m}^2$，活荷载设计值 $q=5.2\text{kN/m}^2$。试计算 D 区格的跨中弯矩和 B、D 区格之间的支座弯矩。

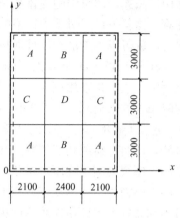

图 8-31　例 8-1 图

【解】

（1）D 区格的跨中弯矩

1）$g+q/2$ 作用下的跨中弯矩 M'_{Dx}、M'_{Dy}

此时按四边固定的单区格板计算，$l_x/l_y = 2.4/3.0 = 0.8$，由附录 3-3 附表 3-3（1）可查的 $\nu=0$ 时的跨中弯矩系数 $\alpha_x=0.0271$，$\alpha_y=0.0144$。取混凝土泊松比 $\nu=0.2$，则：

$$\alpha_x^\nu = \alpha_x + \nu\alpha_y = 0.0271 + 0.2 \times 0.0144 = 0.03$$
$$\alpha_y^\nu = \alpha_y + \nu\alpha_x = 0.0144 + 0.2 \times 0.0271 = 0.0198$$

跨中弯矩为：

$$M'_{Dx} = \alpha_x^\nu \left(g + \frac{1}{2}q\right)l^2 = 0.03 \times \left(3.6 + \frac{1}{2} \times 5.2\right) \times 2.4^2 = 1.071\text{kN}\cdot\text{m}$$

$$M'_{Dy} = \alpha_y^\nu \left(g + \frac{1}{2}q\right)l^2 = 0.0198 \times \left(3.6 + \frac{1}{2} \times 5.2\right) \times 2.4^2 = 0.707\text{kN}\cdot\text{m}$$

2）$q/2$ 作用下的跨中弯矩 M''_{Dx}、M''_{Dy}

此时按四边铰支的单区格板计算。由附录 3-3 附表 3-3（1）可查的当 $l_x/l_y = 2.4/3.0 = 0.8$，$\nu=0$ 时的弯矩系数 $\alpha_x=0.0561$，$\alpha_y=0.0334$，则：

$$\alpha_x^\nu = \alpha_x + \nu\alpha_y = 0.0561 + 0.2 \times 0.0334 = 0.0628$$
$$\alpha_y^\nu = \alpha_y + \nu\alpha_x = 0.0334 + 0.2 \times 0.0561 = 0.0446$$

跨中弯矩为：

$$M''_{Dx} = \alpha_x^\nu \left(\frac{1}{2}q\right)l^2 = 0.0628 \times \frac{1}{2} \times 5.2 \times 2.4^2 = 0.940\text{kN}\cdot\text{m}$$

$$M''_{Dy} = \alpha_y^\nu \left(g + \frac{1}{2}q\right)l^2 = 0.0446 \times \frac{1}{2} \times 5.2 \times 2.4^2 = 0.668\text{kN}\cdot\text{m}$$

3）活荷载最不利布置（$g+q$ 作用下）的跨中最大弯矩 M_{Dx}、M_{Dy}

将以上两项计算结果叠加，即得跨中最大弯矩：

$$M_{Dx} = M'_{Dx} + M''_{Dx} = 1.071 + 0.940 = 2.011\text{kN}\cdot\text{m}$$
$$M_{Dy} = M'_{Dy} + M''_{Dy} = 0.707 + 0.668 = 1.375\text{kN}\cdot\text{m}$$

（2）B、D 区格之间的支座弯矩

1）按 D 区格计算 M^0_{Dy}

在满布 $g+q$ 作用下，D 区格为四边固定板。由于固端弯矩与泊松比无关，故可直接

用附表 3-3（1）的支座弯矩系数进行计算。当 $l_x/l_y=0.8$ 时，$\alpha_y^0=-0.0559$，故：

$$M_{Dy}^0 = \alpha_y^0(g+q)l^2 = -0.0559 \times (3.6+5.2) \times 2.4^2 = -2.83\text{kN} \cdot \text{m}$$

2）按 B 区格计算 M_{By}^0

在满布 $g+q$ 作用下，B 区格为沿 x 方向两对边固定，沿 y 方向外边缘铰支，内边缘固定，即为三边固定，一边铰支的板。从附表 3-3（1）可查得 $l_x/l_y=0.8$ 时，$\alpha_y^0=-0.057$，故：

$$M_{By}^0 = \alpha_y^0(g+q)l^2 = -0.057 \times (3.6+5.2) \times 2.4^2 = -2.89\text{kN} \cdot \text{m}$$

3）求作为区格公共边的支座弯矩 $M_{BD,y}^0$

由于以上计算的 M_{Dy}^0 和 M_{By}^0 不平衡，故近似地取其平均值作为公共支座弯矩，即：

$$M_{BD,y}^0 = \frac{1}{2}(M_{By}^0 + M_{Dy}^0) = -\frac{1}{2}(2.83+2.89) = -2.86\text{kN} \cdot \text{m}$$

为了节约篇幅，本例题未算出所有区格的跨中弯矩和所有中间支座上的弯矩，如果要计算，只需要注意不同边界条件区格的划分。边界条件确定以后，计算方法是相同的。如果四条周边的支承条件相同，x 和 y 方向都是等跨，或只有边跨跨度不等，但对称时，则只有四种不同支承条件的区格，即角区格、中区格、x 方向边区格和 y 方向边区格，因此，图 8-31 的区格划分是有代表性的。

3. 双向板支承梁的计算

双向板上的荷载将传给最近的支承梁。按此原则确定支承梁上的荷载时，为简化计算，采用如下做法：在区格的四个板角各作分角线，对于矩形区格，四条分角线相交于如图 8-32 所示的两个点，连接这两点，则区格被划分成四个部分，每部分上的荷载传给最近的支承梁。于是，长边支承梁承受梯形分布荷载，短边支承梁承受三角形分布荷载，如图 8-32 所示。

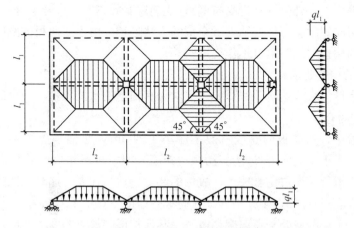

图 8-32 双向板支承梁承受的荷载

承受三角形分布荷载的连续梁可直接利用附录 3-2 附表 3-2(1)～附表 3-2(4) 的内力系数进行计算。对于承受梯形分布荷载的连续梁可先按固端弯矩等效的原则将梯形分布荷载换算成等效均布荷载 q_e（这种等效均布荷载的换算公式可从附录 3-2 附表 3-2（6）查得）。然后利用附录 3-2 附表 3-2(1)～附表 3-2(4) 的内力系数计算连续梁的支座负弯矩。

连续梁各跨的跨内弯矩则应取所计算跨为简支梁，并以所求得的该跨支座负弯矩 M_n 和 M_{n+1} 及实际的梯形分布荷载作用在该简支梁（图 8-33），用一般力学方法即可求得跨内任一截面的弯矩和剪力（包括支座剪力）。图 8-33 中表示出了跨中点弯矩的计算公式。跨中最大正弯矩应位于剪力为零的截面处。其位置和弯矩值不难导得。但对一般中间跨，可近似地取跨中点弯矩作为跨内最大弯矩的近似值。

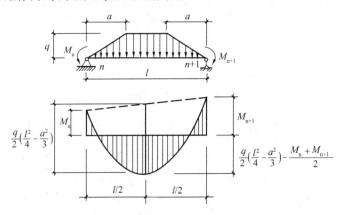

图 8-33　跨内弯矩计算示意图

多区格双向板支承梁的内力同样应考虑活荷载的最不利位置，布置原则与单向板的支承连续梁相同。

8.3.2　双向板的截面配筋计算与构造要求

1. 双向板的截面配筋计算

在设计双向板时，一般应先按经验选定板厚及材料强度等级，然后根据计算出的跨内和支座弯矩，按正截面承载力计算来求得各截面所需的钢筋面积。在计算跨内钢筋时，沿短边方向的钢筋应放在外侧（靠近受拉侧），在确定有效高度时应考虑这一点。

双向板的裂缝宽度验算可按第 5 章介绍的方法进行。由于双向板的刚度比较大，故当板厚满足下面的构造要求时，可不作挠度验算。

2. 双向板的构造要求

双向板的跨度最大可达 $5.0\sim7.0$m。但对于有覆土的水池顶盖，一个区格的平面面积以不超过 25m² 为宜。

在房屋楼盖中，双向板的厚度一般不应小于 80mm，水池顶盖则不宜小于 150mm。双向板的厚度应不小于 $l_1/40$（l_1 为板的短边跨度）时，可不作挠度验算。对于有覆土的水池顶盖，由于恒荷载所占比重较大，故板的厚度应适当加大，这时，四边简支单区格双向板的厚度不宜小于 $l_1/35$，多区格连续双向板的厚度不宜小于 $l_1/40$。

当板与水、土接触或处于高温度环境时，其保护层的最小厚度为 30mm。

双向板的配筋形式也有弯起式和分离式两种，与单向板相似。

前面按弹性方法计算出的双向板跨内弯矩，是板中间部分两个相互垂直方向上的最大正弯矩，而板两边部分的弯矩较小，所以，为了既节约钢筋又便于施工，双向板按以下方式配筋：

在两个方向上各分成三个板带（两个方向的边缘板带宽度均为 $l_1/4$，l_1 为短边跨度，具体分法如图 8-34 所示），在中间板带按计算出的跨内最大正弯矩确定钢筋数量，而边缘板带中的钢筋数量可减少一半，但每米宽度内不少于 4 根钢筋且钢筋间距不应超过允许的最大值。支座处板的负弯矩钢筋按实际计算值沿支座均匀布置，不进行折减。

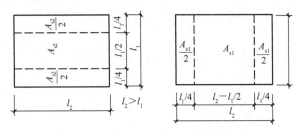

图 8-34　双向板跨中钢筋布置原则

双向板的其他构造要求与单向板相同。

双向板支承梁的截面配筋计算与构造要求，与单向板肋形梁板结构相同。

8.4　圆 形 平 板

圆形平板是沿周边支承于池壁上的等厚圆板。它可用作圆形水池和水塔、水柜的顶板和底板。当水池直径较小（一般小于 6m）时，可采用无支柱圆板；当水池直径较大时，为避免圆板过厚及配筋过多，可在圆板中心设置一支柱，即成为有中心支柱的圆形平板。

8.4.1　无中心支柱的圆板

1. 内力计算

沿周边支承的圆板，在轴对称荷载作用下，其内力和变形也具有轴对称性，图 8-35 为一半径为 r 的圆板，在均布荷载 q 的作用下，圆板内将产生两种弯矩，一种是作用在半径方向的径向弯矩，以 M_r 表示；另一种是作用在切线方向的切向弯矩，以 M_t 表示。若从圆板上由两条中心夹角为 $d\theta$ 半径和两段半径相差为 dx 的圆弧截出一个微元体 $abcd$，则其各个截面上的内力即如图 8-35 (b) 所示。由于轴对称性，半径为 x 的圆周上任一点的切向弯矩 M_t 必然相等，而且径向截面上任一点的剪力也必然为零，但是沿半径方向各点的挠度和倾角却各不相同，故作用在环形截面上的径向弯矩 M_r 和剪力 V 则随半径 x 的变化而变化。设计圆板时，需要求出圆板各处的径向弯矩 M_r、切向弯矩 M_t 和剪力 V。关于如何运用弹性力学中圆形薄板的弯曲理论求解圆板内力的问题，限于篇幅，在这里不作详细介绍，而仅列出圆板内力计算公式。

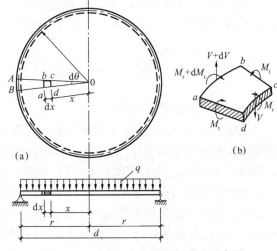

图 8-35　无中心支柱的圆板受力示意图

（1）周边铰支的圆板

铰支圆板在均布荷载作用下，半径为 x 处的径向弯矩 M_r 和切向弯矩 M_t 按下列公式计算：

$$M_r = \frac{19}{96}(1-\rho^2)qr^2 = K_r qr^2 \tag{8-13}$$

$$M_t = \frac{1}{96}(19-9\rho^2)qr^2 = K_t qr^2 \tag{8-14}$$

式中　q——单位面积上的均布荷载；

　　　r——圆板半径；

　　　ρ——距圆板中心为 x 的点的折算距离，$\rho = \dfrac{x}{r}$；

　　　K_r——径向弯矩系数，查附录 3-5 查得；

　　　K_t——切向弯矩系数，查附录 3-5 查得。

这里应注意的是，M_r 为单位弧长内的径向弯矩，M_t 为沿径向单位长度内的切向弯矩。

从附录 3-5 可看出，在圆板中心处即 $\rho = 0$ 处，径向弯矩和切向弯矩均为最大，且二者数值相等，即

$$M_r = M_t = 0.1979qr^2$$

在圆板周边处即 $\rho = 1$ 处，

$$M_r = 0, M_t = 0.1042qr^2$$

（2）周边固定的圆板

当圆板与池壁整体连接，且池壁的抗弯刚度大于圆板的抗弯刚度时，可将圆板视为周边固定，此时，径向弯矩 M_r 和切向弯矩 M_t 分别为：

$$M_r = \frac{1}{96}(7-19\rho^2)qr^2 = K_r qr^2 \tag{8-15}$$

$$M_t = \frac{1}{96}(7-9\rho^2)qr^2 = K_t qr^2 \tag{8-16}$$

式中径向弯矩系数和切向弯矩系数也由附录 3-5 查得。从附录 3-5 中可看出，在周边固定的圆板边缘处，即 $\rho = 1$ 处，径向弯矩绝对值最大，其值为：

$$M_r = -0.125qr^2$$

而在圆板中心处，即 $\rho = 0$ 处，径向弯矩和切向弯矩值相等，即：

$$M_r = M_t = 0.0729qr^2$$

（3）周边弹性固定的圆板

当池壁与圆板整体连接，且池壁的抗弯刚度与圆板的抗弯刚度相差不大时，就应该考虑池壁与圆板的变形连续性，即按周边为弹性固定的圆板进行内力计算。此时可采用叠加法，如图 8-36 所示。我们用图 8-36（a）和图 8-36（b）两种情况叠加而产生图 8-36（c）所示的弹性固定的圆板的受力状态。下面描述这个过程。

首先，假设圆板是周边铰支的，则可按式（8-13）及式（8-14）求出径向弯矩 M_{r1} 和切向弯矩 M_{t1}，两种弯矩的分布如图 8-36（a）所示（在此弯矩图中，左边部分为 M_{r1} 图，右边部分为 M_{t1} 图）。

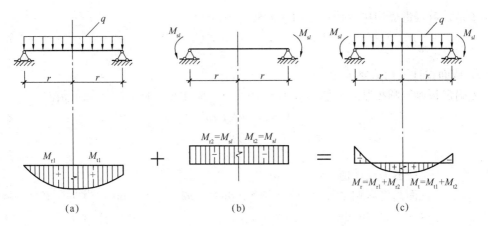

图 8-36　周边弹性固定圆板的内力

其次，假设圆板是周边固定的，求出径向固端弯矩 $\bar{M}_{sl}$，同时求出池壁顶端固端弯矩 $\bar{M}_w$，用力矩分配法进行一次弯矩分配，可得圆板支座处径向弹性固端弯矩 M_{sl}，即

$$M_{sl} = \bar{M}_{sl} - (\bar{M}_{sl} + \bar{M}_w)\frac{K_{sl}}{K_{sl} + K_w} \tag{8-17}$$

式中　$\bar{M}_{sl}$——圆板周边单位长度上的固端弯矩，

$$\bar{M}_{sl} = -0.125qr^2$$

$\bar{M}_w$——池壁顶端单位宽度上的固端弯矩，其计算方法见第 9 章；

K_{sl}——圆板沿周边单位长度的边缘抗弯刚度，

$$K_{sl} = 0.104\frac{Eh_{sl}^3}{r} \tag{8-18}$$

其中 h_{sl} 为圆板厚度，r 为圆板半径。

K_w——单位宽度池壁的边缘抗弯刚度；等厚池壁的线刚度为，

$$K_w = K_{M\beta}\frac{Eh_w^3}{H} \tag{8-19}$$

其中，$K_{M\beta}$ 为池壁的边缘刚度系数[查附表 4-1(30)]，E 为混凝土的弹性模量，h_w 为池壁厚度，H 为池壁计算高度。

将求得的 M_{sl} 作用于铰支圆板的周边，如图 8-36（b）所示，此时圆板由任一点的径向弯矩 M_{r2} 和切向弯矩 M_{t2} 为：

$$M_{r2} = M_{t2} = M_{sl} \tag{8-20}$$

最后，将上述两种情况得到的径向弯矩和切向弯矩叠加即得周边弹性固定时的圆板的径向弯矩 M_r 和切向弯矩 M_t 为：

$$\left.\begin{array}{l} M_r = M_{r1} + M_{r2} \\ M_t = M_{t1} + M_{t2} \end{array}\right\} \tag{8-21}$$

对于承受均布荷载的圆板，不论周边是铰支还是固定，最大剪力总是在周边支座处，根据平衡条件，沿周边总剪力等于板上的总荷载，即：

$$V_{max} \cdot 2\pi r = \pi r^2 q$$

于是，可得沿周边单位弧长上的最大剪力为：

$$V_{\max} = \frac{qr}{2} \tag{8-22}$$

2. 截面设计及构造要求

先确定板厚。圆板厚度一般不应小于100mm，且支座截面应满足如下条件：

$$V \leqslant 0.7\beta_h f_t b h_0 \tag{8-23}$$

$$\beta_h = \left(\frac{800}{h_0}\right)^{1/4}$$

式中　V——支座剪力设计值；

β_h——截面高度影响系数：当$h_0 < 800\mathrm{mm}$时，取$h_0 = 800\mathrm{mm}$；当$h_0 > 2000\mathrm{mm}$时，取$h_0 = 2000\mathrm{mm}$；

f_t——混凝土轴心抗拉强度设计值；

b——由于V一般为沿周边每米弧长上的剪力设计值，故取$b = 1000\mathrm{mm}$；

h_0——板截面有效高度。

若不能满足式（8-23）的要求，则应加大板厚。

再确定受力钢筋。如图8-37所示，圆板中的受力钢筋由辐射钢筋和环形钢筋组成。辐射钢筋由径向弯矩确定。环形钢筋由切向弯矩确定。

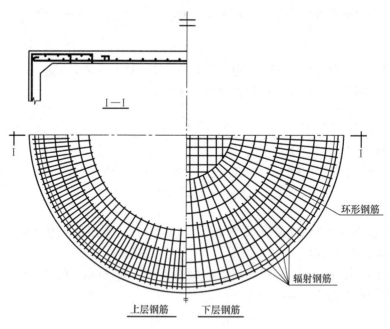

图 8-37　无中心支柱圆板的钢筋布置图

为便于布置，辐射钢筋通常按环向整圈需要量计算。半径为x的整圈所需要的辐射钢筋截面面积为：

$$A_{sr} = \frac{2\pi x M_r}{f_y \gamma_s h_0} \tag{8-24}$$

式中　M_r——半径为x处每米弧长上的径向弯矩；

γ_s——内力臂系数，可根据 $\alpha_s = \dfrac{M_r}{\alpha_1 f_c b h_0^2}$ 查表确定，式中 $b = 1000\text{mm}$。

根据式（8-24）所计算的 A_{sr}，可以确定辐射钢筋的直径和整圈所需的根数，但是辐射钢筋的直径和根数并不能随 x 的变化而随意改变，整个圆板的正弯矩辐射钢筋和负弯矩辐射钢筋各只能采用一种直径的钢筋或两种不同直径的钢筋间隔布置，而根数则只能随着 x 的减小（即由外向内）分 2～3 次有规律地切断，因此，通常的做法是：按 $x = 0.2r$、$0.4r$、$0.6r$……处的径向弯矩计算该出在直径一致时所需的钢筋根数，然后按根数最多处布置钢筋，再向内分批切断减少，使各处的根数均能满足计算和构造要求。辐射钢筋根数宜采用双数。周边处负弯矩辐射钢筋宜与池壁内抵抗同一弯矩的竖向钢筋连续配置。

跨内径向弯矩的变化规律为圆心处（$x = 0$）最大，随着 x 的增大而减小。但由式（8-24）可以看出，辐射钢筋的全圈需要量却不是圆心处最多，因为 $x = 0$ 时，$2\pi x M_r = 0$，故该处需要的辐射钢筋为零。由 M_r 的基本公式（8-13）及式（8-15）可知，$2\pi x M_r$ 是 x 的三次函数，由此不难确定 $2\pi x M_r$ 取得最大值时的 x 值。对于周边铰支的圆板，在 $x = 0.6r$ 处，$2\pi x M_r$ 取得最大值；对于周边固定的圆板，在 $x = 0.3r$ 处，$2\pi x M_r$ 取得最大值。

对于周边固定的圆板，负弯矩的范围为 $x > 0.6r$。负弯矩辐射钢筋总是由支座截面确定的。

辐射钢筋根数宜采用双数，周边处负弯矩辐射钢筋宜与池壁内抵抗同一弯矩的竖向钢筋连续配置。

沿半径方向每米长度上所需的环形钢筋截面面积由切向弯矩 M_t 的设计值确定，即

$$A_{st} = \frac{M_t}{f_y \gamma_s h_0} \tag{8-25}$$

式中　M_t——沿径向单位长度内的切向弯矩；

γ_s——内力臂系数，可根据 $\alpha_s = \dfrac{M_t}{\alpha_1 f_c b h_0^2}$ 查表确定，式中 $b = 1000\text{mm}$。

在施工中，径向和环向钢筋布置在内层还是外层，没有具体规定，故在式（8-24）和式（8-25）中，h_0 均按钢筋置于内层确定。

为避免圆心处钢筋过密，通常在距圆心 0.5m 左右范围内，可将下层辐射钢筋弯折成正方形网格（图 8-37），此正交钢筋网每一方向的钢筋间距均按圆心处的切向弯矩来确定，在正方形网格范围内不再布置环形钢筋。

为了确定正交钢筋网范围以外的环形钢筋数量，可沿径向划分若干相等的区段，再按每段中的最大切向弯矩确定该段范围内的环形钢筋数量。

圆板配筋也应遵守一般钢筋混凝土板的有关构造要求。特别是辐射钢筋的切断，必须满足最大间距和最小间距的规定。正弯矩辐射钢筋伸入支座的根数，也应符合规定。

8.4.2　有中心支柱的圆板

当水池直径较大（6～10m）时，宜在圆板中心处设置钢筋混凝土支柱，支柱的顶部扩大为柱帽（图 8-38）。水池中常用的柱帽有以下两种形式：

（1）无帽顶板柱帽（图 8-38a），主要用于荷载较轻的顶盖。

（2）有帽顶板柱帽（图 8-38b），主要用于荷载较大（例如有覆土）的顶盖。

为便于施工，中心支柱和柱帽多做成正方形截面，柱帽尺寸可参照图 8-38 确定。柱

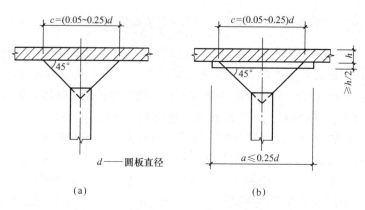

图 8-38　柱帽的形式

（a）无帽顶板柱帽；（b）有帽顶板柱帽

帽的计算宽度 c（即柱帽两斜边与圆板底面交点之间的水平距离），一般取（$0.05\sim0.25$）d，帽顶板边长 a 不宜大于 $0.25d$，其中 d 为水池直径。

柱帽的作用是增强柱子与板的连接，增大板的刚度，提高板在中间支座处的受冲切承载力，减小板的跨内弯矩和支座弯矩以节约钢筋。

1. 圆板内力计算及配筋形式

有中心支柱圆板的计算方法与无中心支柱圆板类似，在弹性力学中属于同一类问题，但有中心支柱圆板的内力计算公式十分烦琐，故此处仅介绍内力系数法，此时，板中距圆心 x 处单位长度上的径向弯矩和切向弯矩，可按以下简化公式计算：

$$M_r = \bar{K}_r q r^2 \tag{8-26}$$

$$M_t = \bar{K}_t q r^2 \tag{8-27}$$

式中　$\bar{K}_r$、$\bar{K}_t$——径向和切向弯矩系数。可根据周边支承情况与柱帽相对有效宽度 c/d 由附录3-6查得。

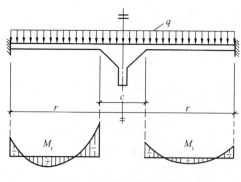

图 8-39　均布荷载作用下有中心
支柱圆板的弯矩图

周边固定的有中心支柱圆板在均布荷载作用下的径向和切向弯矩分布情况，如图8-39所示。

当圆板周边按弹性固定计算时，计算方法和步骤与无中心支柱周边弹性固定圆板的计算基本相同。求板边弹性固定弯矩 M_{sl} 的力矩分配法公式（8-17）同样适用于有中心支柱的圆板，但需注意的是，有中心支柱的圆板边缘单位弧长的抗弯刚度与无中心支柱的圆板不同，应按下式计算：

$$K_{sl} = k \frac{E h_{sl}^3}{r} \tag{8-28}$$

式中　k 为有中心支柱圆板的边缘抗弯刚度系数，由附录3-6附表3-6（4）查得。

弯矩叠加公式（8-21）也适用于有中心支柱圆板，但周边铰支，均布荷载作用下的弯

矩 M_{r1}、M_{t1} 应按式（8-26）及式（8-27）计算，周边铰支、周边在弹性固定弯矩 M_{sl} 作用下 M_{r2}、M_{t2} 则应按下列公式计算：

$$M_{r2} = \bar{K}_r M_{sl} \tag{8-29}$$

$$M_{t2} = \bar{K}_t M_{sl} \tag{8-30}$$

式中弯矩系数 $\bar{K}_r$ 及 $\bar{K}_t$ 由附录 3-6 附表 3-6（3）查得。

有中心支柱圆板的正截面承载力设计及配筋方式与无中心支柱圆板相同，但有中心支柱时，板上部产生负弯矩，故此处主要受力钢筋为上层钢筋，配筋形式如图 8-40 所示。中心支柱上辐射钢筋伸入支座的锚固长度应从以柱帽有效宽度 c 为直径的内切圆算起。

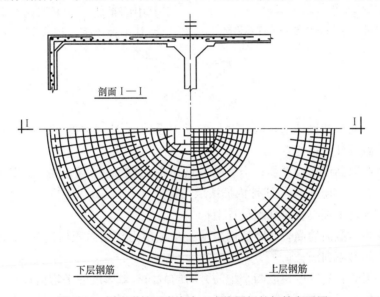

图 8-40　周边弹性固定有中心支柱圆板的钢筋布置图

2. 有中心支柱圆板的受冲切承载力计算

由于中心支柱以反力 N 向上支承圆板，在荷载作用下，圆板有可能沿柱帽周边发生冲切破坏（图 8-41a）。冲切破坏面与水平面的夹角通常假设为 45°。当柱帽没有帽顶板

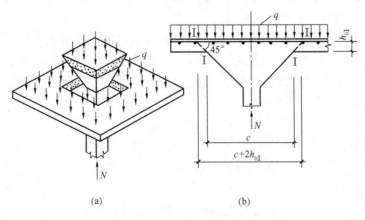

图 8-41　无帽顶板柱帽的冲切破坏

225

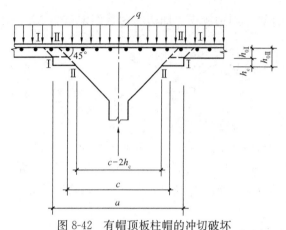

图 8-42 有帽顶板柱帽的冲切破坏

时，冲切破坏只沿图 8-41（b）中的 Ⅰ—Ⅰ 截面发生；当柱帽有帽顶板时，冲切破坏既可能沿图 8-42 中的 Ⅱ—Ⅱ 截面发生，也可能沿帽顶边缘 Ⅰ—Ⅰ 截面发生。

为保证不发生冲切破坏，对于未配置箍筋或弯起钢筋的板，其受冲切承载力应满足以下条件：

$$F_l \leqslant 0.7\beta_\mathrm{h} f_\mathrm{t} \eta u_\mathrm{m} h_0 \tag{8-31}$$

其中的系数 η 按下列两个公式计算，并取其中较小值

$$\eta_1 = 0.4 + \frac{1.2}{\beta_\mathrm{s}} \tag{8-32a}$$

$$\eta_2 = 0.5 + \frac{\alpha_\mathrm{s} h_0}{4 u_\mathrm{m}} \tag{8-32b}$$

式中　F_l——冲切荷载设计值，取柱对板的反力设计值 N 减去冲切破坏锥面范围内的荷载设计值；

　　　β_h——截面高度影响系数；当 $h \leqslant 800\mathrm{mm}$ 时，取 $\beta_\mathrm{h} = 1.0$；当 $h \geqslant 2000\mathrm{mm}$ 时，取 $\beta_\mathrm{h} = 0.9$，其间按线性内插法取用；

　　　f_t——混凝土轴心抗拉强度设计值；

　　　u_m——临界截面的周长，距离局部荷载集中反力作用面积周边 $h_0/2$ 处板垂直截面的最不利周长；

　　　h_0——板的有效厚度，取两个配筋方向的截面有效厚度的平均值；

　　　η_1——集中反力作用面积形状的影响系数；

　　　η_2——临界截面周长与板截面有效高度之比的影响系数；

　　　β_s——集中反力作用面积为矩形时的长边与短边尺寸的比值，β_s 不宜大于 4；当 $\beta_\mathrm{s} < 2$ 时，取 $\beta_\mathrm{s} = 2$；当面积为圆形时，$\beta_\mathrm{s} = 2$；

　　　α_s——板柱结构中的柱子类型的影响系数：对中柱 $\alpha_\mathrm{s} = 40$，对边柱 $\alpha_\mathrm{s} = 30$，对角柱 $\alpha_\mathrm{s} = 20$。

图 8-42 中 Ⅰ—Ⅰ 的冲切面不满足式（8-31）时，一般宜加大板厚或适当扩大帽顶板尺寸 a；若 Ⅱ—Ⅱ 的冲切面不满足式（8-31），则宜增加帽顶板厚度 h_c 或适当扩大柱帽有效宽度 c。当这些措施受到限制且板厚不小于 150mm 时，可配置受冲切箍筋或弯起钢筋，此时，受冲切截面应符合下列条件：

$$F_l \leqslant 1.2 f_\mathrm{t} \eta u_\mathrm{m} h_0 \tag{8-33}$$

当配置箍筋时

$$F_l \leqslant 0.5 f_\mathrm{t} \eta u_\mathrm{m} h_0 + 0.8 f_\mathrm{yv} A_\mathrm{svu} \tag{8-34}$$

当配置弯筋时

$$F_l \leqslant 0.5 f_\mathrm{t} \eta u_\mathrm{m} h_0 + 0.8 f_\mathrm{y} A_\mathrm{sbu} \sin\alpha \tag{8-35}$$

式中　A_svu——与呈 45° 冲切破坏锥体斜截面相交的全部箍筋截面面积；

A_{sbu}——与呈 45°冲切破坏锥体斜截面相交的全部弯起钢筋截面面积；

α——弯起钢筋与板底面的夹角。

对配置抗冲切钢筋的冲切破坏锥体以外的截面，尚应按式（8-31）受冲切承载力验算，此时，u_m 应取配置抗冲切钢筋的冲切破坏锥体以外 $0.5h_0$ 处的最不利周长。另外，当有可靠依据时，《混凝土结构设计规范》GB 50010 也允许配置其他有效形式的抗冲切钢筋（如工字钢、槽钢、抗剪栓钉和扁钢 U 形箍）。

钢筋混凝土板中配置抗冲切箍筋或弯起钢筋时，应符合下列构造要求：

（1）板的厚度不应小于 150mm。

（2）按计算所得的箍筋及相应的架立钢筋应配置在与 45°冲切破坏锥面相交的范围内，且从柱截面边缘向外的分布长度不应小于 $1.5h_0$（图 8-43a）；箍筋应做成封闭式，直径不应小于 6mm，间距不应大于 $h_0/3$。

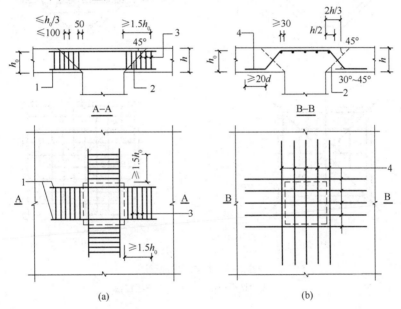

图 8-43　板中抗冲切钢筋布置

（a）用箍筋作抗冲切钢筋；（b）用弯起钢筋作抗冲切钢筋

1—架立钢筋；2—冲切破坏锥面；3—箍筋；4—弯起钢筋

（3）按计算所需弯起钢筋的弯起角可根据板的厚度在 30°～45° 之间选取；弯起钢筋的倾斜段应与冲切破坏锥面相交（图 8-43b），其交点应在柱截面边缘以外 $(1/3\sim1/2)\,h$ 的范围内。弯起钢筋直径不宜小于 12mm，且每一方向不宜少于 3 根。

3. 中心支柱的设计

中心支柱按轴心受压构件设计。

板传给中心支柱的轴向压力可按以下公式计算：

当板周边为铰支或固支，且受均布荷载作用时，

$$N = K_N q r^2 \tag{8-36}$$

当板周边铰支，且板边缘作用有均匀弯矩时，

$$N = K_N M_{sl} \tag{8-37}$$

K_N 为中心支柱的荷载系数，可查附表 3-6（4）得到。

在进行柱的截面设计时，轴向压力应包括柱的自重。柱的计算长度 l_0 可近似地按下式计算：

$$l_0 = 0.7\left(H - \frac{c_t + c_b}{2}\right) \tag{8-38}$$

式中　　H——柱在顶板和底板之间的净高；

c_t、c_b——分别为柱顶部柱帽和底部反向柱帽的有效宽度。

有中心支柱的圆形水池，其顶板和底板一般都是有中心支柱的圆板，只是二者方向相反，故柱的下端也有一柱帽。当底板为分离式时，下部柱帽实际上是一柱下锥形基础。

支柱的柱帽应按图 8-44 的规定配置构造钢筋。

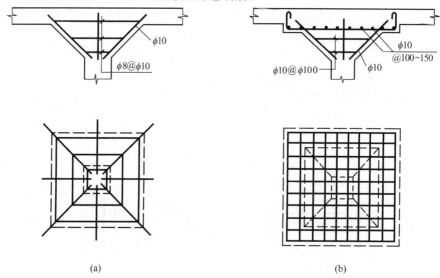

图 8-44　柱帽构造配筋
（a）无帽顶板柱帽；（b）有帽顶板柱帽

8.5　整体式无梁板结构

8.5.1　概述

无梁板结构是将钢筋混凝土板直接支承在带有柱帽的钢筋混凝土柱上，而完全不设置主梁和次梁。无梁板沿周边宜伸出边柱以外；若不伸出边柱以外，则宜设置边梁或直接支承在砖墙或混凝土壁板上；周边支承在边梁上时，边柱可不设置柱帽或设置半边柱帽。

无梁板结构的优点是，结构所占净空间小，板底面平整洁净，便于在板下安设管道。这种结构普遍用于多层厂房、多层仓库、商场等工业与民用建筑中。在大、中型贮水池结构中，无梁顶盖是一种应用最多的传统结构形式。

无梁板结构多采用正方形柱网，也可采用矩形柱网，但不如正方形经济。在有覆土的水池顶盖中，正方形柱网的轴线距离 l 以 3.5～4.5m 为宜。柱及柱帽通常采用正方形截面，柱帽形式与有中心支柱圆板的柱帽相同，柱帽尺寸参照图 8-45 来确定。有覆土水池顶盖的柱帽，宜采用有帽顶板的柱帽。

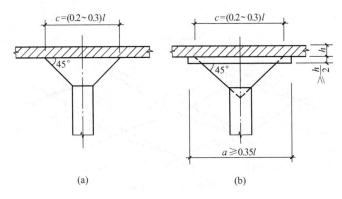

图 8-45　柱帽形式及尺寸

（a）无帽顶板柱帽；（b）有帽顶板柱帽

无梁板的厚度，当采用无帽顶板柱帽时，不宜小于 $l/30$；当采用有帽顶板柱帽时，不宜小于 $l/35$。当柱网为矩形时，l 为较大柱距，同时，在任何情况下，无梁板的厚度不应小于 150mm。

8.5.2　内力计算

1. 板的弯矩计算

首先看无梁板结构的受力特点。

图 8-46 所示为一正方形柱网无梁板在均布荷载作用下的裂缝分布状态。根据裂缝的走向可以判断，使板产生破坏的弯矩是两个正交方向上的弯矩（这两个方向都平行于柱列线）。每个方向的弯矩分布都是在跨中为正弯矩，在柱列线（支座）上为负弯矩。

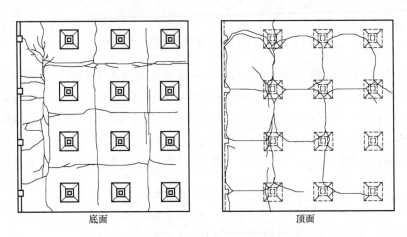

底面　　　　　　　　　　顶面

图 8-46　无梁顶盖的破坏裂缝分布情况

柱网将板分成许多区格。每个区格是由柱子在四点支承的双向板，在均布荷载作用下，其弹性变形曲线如图 8-47（a）所示。

根据以上裂缝和变形特点，在无梁板的近似计算中可将板沿两个互相正交的方向都划分为如图 8-47 所示的柱上板带和跨中板带。跨中板带支承于柱上板带，柱上板带支承于柱上。

无梁板结构按弹性理论计算内力的精确方法非常复杂，此处仅介绍两种考虑竖向荷载

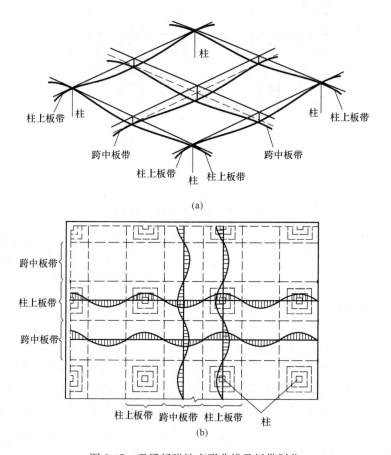

(a)

(b)

图 8-47 无梁板弹性变形曲线及板带划分

作用的近似计算方法：经验系数法和等效框架法。无论是经验系数法或等效框架法（当仅考虑竖向荷载作用），都是取一列柱上所辖的板带作为一个计算单元进行计算。如果两个方向的柱距分别为 l_1（区格的长跨）和 l_2（区格的短跨），则沿 l_1 方向的计算单元为沿 l_1 方向以一列柱为中心线的宽度为 l_2 的一条板带。这条板带包含了柱顶上的一条柱上板带和两侧各半条跨中板带（图 8-48）；沿 l_2 方向的计算单元的取法相同。无论是经验系数法

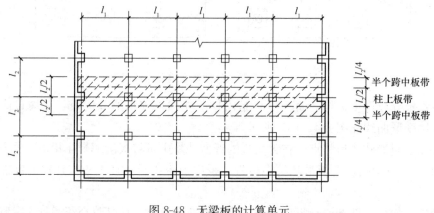

图 8-48 无梁板的计算单元

230

还是等效框架法都是将计算单元上的板当成一条梁，其计算跨度都应考虑柱帽的影响。如图 8-49 所示，假设柱帽对每侧板的反力呈分布宽度为 $c/2$ 的三角形分布，并以其合力作用点作为对该侧板的支撑点，则板的计算跨度为 $l-\dfrac{2}{3}c$（根据所计算的方向，l 为 l_1 或 l_2）。

对于边跨，如果边柱或壁板上没有半幅柱帽，则计算跨度应为 $l-\dfrac{1}{3}c$。两个方向的计算单元都按满布恒载和活载（不考虑最不利布置）进行计算。

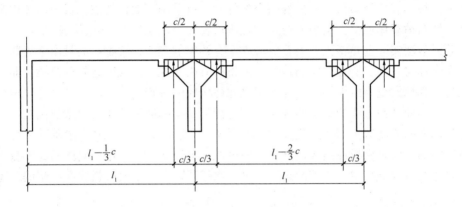

图 8-49　无梁板的计算跨度

（1）经验系数法

经验系数法又称总弯矩法。此法要求无梁板结构符合以下条件：

① 每个方向至少有三个连续跨；

② 同一方向各跨跨度相近，最大跨度与最小跨度之比应不大于 1.2，且端跨跨度不应大于相邻的内跨；

③ 任一区格长、短跨的比值 $l_1/l_2 \leqslant 1.5$；

④ 活荷载与恒荷载的比值 $q/g \leqslant 3$，且无侧向荷载作用。

这种方法的步骤是，先计算两个方向的总弯矩，然后将总弯矩分配给同一方向的柱上板带和跨中板带。

每个区格两个方向的总弯矩分别为该方向按单跨简支梁计算的跨中弯矩，即：

l_1 方向：

$$M_{01} = \frac{1}{8}(g+q)l_2\left(l_1 - \frac{2}{3}c\right)^2 \tag{8-39}$$

l_2 方向：

$$M_{02} = \frac{1}{8}(g+q)l_1\left(l_2 - \frac{2}{3}c\right)^2 \tag{8-40}$$

式中　g、q——板单位面积上作用的恒荷载和活荷载；

l_1、l_2——两个方向的柱距；

c——柱帽在计算弯矩方向的有效宽度；

将上面得到的总弯矩 M_{01} 或 M_{02} 乘以表 8-8 中的系数，就可以把每个方向的总弯矩分配给同一方向的柱上板带和跨中板带的支座截面和跨中截面。

无梁双向板的弯矩计算系数 表 8-8

截面	边跨			内跨	
	边支座	跨中	内支座	跨中	支座
柱上板带	−0.48	0.22	−0.50	0.18	−0.50
跨中板带	−0.05	0.18	−0.17	0.15	−0.17

（2）等效框架法

当无梁板不满足经验系数所需的四个条件时，可采用等效框架法。以下所述仅适用于计算竖向均布荷载作用下无梁板的弯矩，且区格长短跨之比 l_1/l_2 不宜大于 2.0。

经验系数法实际上是将无梁板看成端支座有约束的多跨连续梁，而且由于等跨且荷载满布，在计算时忽略了所有支座的转角，即将所有内跨视为两端固定的单跨梁。而等效框架法则将计算单元视为由无梁板作为框架梁和柱构成的多跨框架。内力计算与普通框架的分析一样，因此这种方法的适用性较为广泛，计算结构的准确性比经验系数法高。

等效框架的跨度应按前面所说的原则如图 8-49 所示确定。柱的计算高度，对于常见房屋建筑中的多层多跨板柱结构，对底层柱可取基础顶面至该层楼板底面的高度减去柱帽高度，对楼层可取层高减去柱帽的高度；对于水池顶盖，当水池底板为有柱帽的反无梁板时，柱的计算高度可取 $H-\dfrac{c_t+c_b}{2}$，其中，H 为柱在顶板和底板之间的净高，c_t 和 c_b 分别为柱顶柱帽和柱底柱帽的有效宽度。

无梁板按等效框架计算得知计算单元的各跨中弯矩和支座弯矩后，将其分别乘以表 8-9 的分配系数，即可获得柱上板带和跨中板带的各相应的跨中弯矩和支座弯矩。

板带弯矩分配系数 表 8-9

截面	边跨			内跨	
	边支座	跨中	内支座	跨中	支座
柱上板带	0.9	0.55	0.75	0.55	0.75
跨中板带	0.10	0.45	0.25	0.45	0.25

2. 支柱内力计算

此处，仅讨论水池中无梁顶盖的支柱。当无梁板按经验系数法计算时，无梁顶盖支柱可按轴心受压构件计算，由顶盖传给每根柱子的轴心压力可取为：

$$N = (g+q)l_1 l_2 \tag{8-41}$$

式中，g 和 q 分别为板面恒荷载和活荷载设计值，在柱子截面设计时，尚应计入柱子的自重设计值。

当无梁板按等效框架法计算时，原则上应按框架计算结果确定柱的轴向压力和弯矩值，并按偏心受压柱计算柱的承载力。只有当柱的弯矩小到可以忽略不计时，才宜按轴向受压计算。

8.5.3 截面设计及构造要求

各板带支座及跨中的钢筋截面面积，可近似地按下式计算：

$$A_s = \frac{0.8M}{f_y h_0} \tag{8-42}$$

式中　M——各板带的弯矩设计值，按前述方法计算所得弯矩是柱上板带或跨中板带整个宽度范围内的弯矩，因此 A_s 也应该是板带整个宽度范围内所需的钢筋截面积；

h_0——板的有效高度；对于外排钢筋，$h_0 = h - \dfrac{d}{2} - c$；对于内排钢筋，$h_0 = h -$

$1.5d - c$，其中 h 为板厚，d 为钢筋直径，c 为混凝土净保护层。

当有帽顶板时，柱上板带的支座截面有效高度取为板的有效高度加帽顶板的厚度。

由于无梁板的钢筋数量是柱上板带和跨中板带分别计算的，所以实际配筋也要按柱上板带和跨中板带分别配置。

一般情况下，柱上板带由于支座负弯矩钢筋比跨中正弯矩钢筋多，故通常采用分离式配筋（图 8-50a）；为使施工时支座负弯矩钢筋具有一定的刚度，其直径不宜小于 12mm。

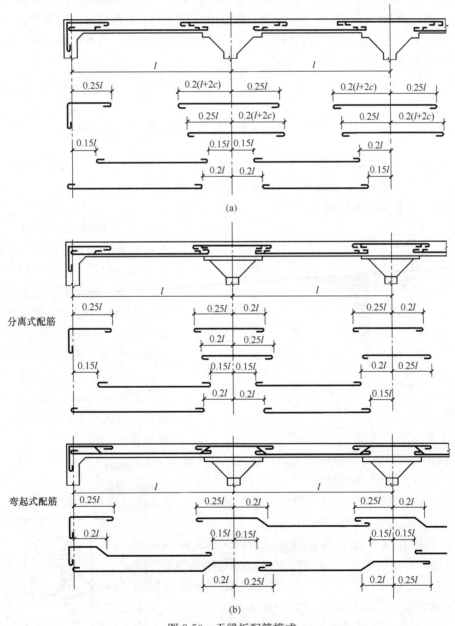

图 8-50 无梁板配筋模式
(a) 柱上板带；(b) 跨中板带

跨中板带负弯矩钢筋与正弯矩钢筋的数量基本相同，故既可采用分离式配筋，也可采用弯起式配筋（图 8-50b）。在同一区格内，两个方向弯矩同号时，应将较大弯矩方向的受力钢筋布置在外层。

受力钢筋的弯起和截断位置可按图 8-50 确定。还应注意分布钢筋的配置。在一个方向的柱上板带与另一个方向的跨中板带相交的部位，两个方向的受力钢筋不在同一水平处，柱上板带在该处为跨中，受力钢筋在下部；与之相交的另一方向的跨中板带在该处为支座，受力钢筋在上部，故都布置为分离式钢筋。对于柱上板带与柱上板带相交的部位，两个方向的受力钢筋都在上部；对于跨中板带与跨中板带相交的部位，两个方向的受力钢筋都在下部，故都可以由两个方向的受力钢筋形成网片而不需设置专门的分布钢筋。

另外，无梁板结构也应进行柱帽及板的抗冲切承载力验算，与有中心支柱圆板的抗冲切承载力的验算方法完全相同。

无梁板结构的柱帽配筋及构造要求，与有中心支柱圆板的柱帽完全相同。

8.6　板上开孔的构造处理

在水池顶盖、底板和池壁上经常要求开洞，如顶板上的检修孔、通风管道孔、池壁上的大小管道孔、池底的集水坑等。对这些开洞应采取构造措施来加以处理。

8.6.1　对孔洞位置的限制

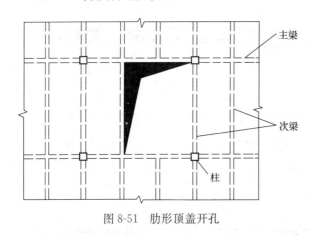

图 8-51　肋形顶盖开孔

在整体式肋形顶盖中，只要不影响梁的截面，孔洞在板上的位置和大小一般不受限制。但是，在一些情况下，较大的孔洞也可以截断单向板肋形顶盖的某根次梁而形成如图 8-51 所示的情况，此时，被截断的次梁的跨数和内力相应发生变化，计算中应予以考虑。在整体式无梁顶盖中，孔洞直径应不大于板带宽度的一半，并且最好设置在区格中间部位。

池壁上的开洞应尽可能做成圆形，且直径不能太大。

8.6.2　孔洞处的构造措施

（1）当圆孔直径或矩形孔宽度不大于 300mm 时，板上的受力钢筋可绕过孔边，一般不需截断，在孔边也不需采取其他措施（图 8-52）。

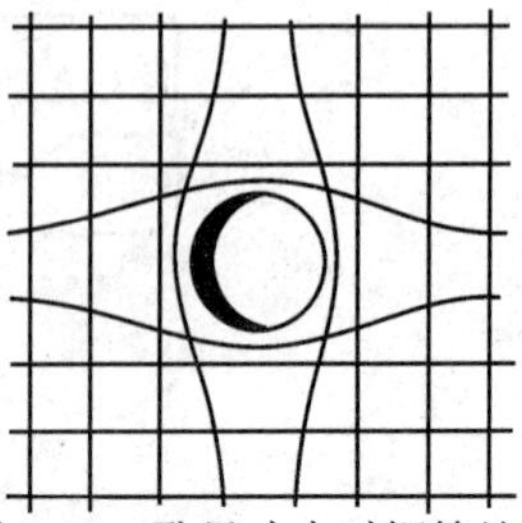

（2）当圆孔直径或矩形孔宽度大于 300mm 但不超过 1000mm 时，孔口每侧沿受力钢筋方向应配置加强钢筋，其钢筋截面面积不应小于开孔切断的受力钢筋截面面积的 75%；对水池池壁上的矩形孔口的四角尚应加设斜筋（不少于 2Φ12）；对矩形孔口的四周应加设斜筋；对圆形孔口尚应加设环筋（图 8-53）。

图 8-52　孔尺寸小时钢筋处理

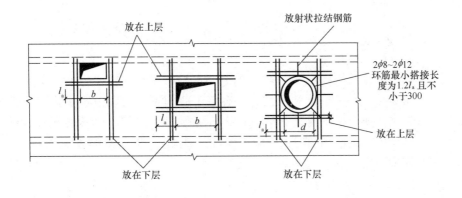

图 8-53　孔口直径较大时，加强钢筋布置

（3）当圆孔直径或矩形孔宽度大于 1000mm 时，宜对孔边加设肋梁；当开孔的直径或宽度大于壁、板计算跨度的 1/4 时，宜对孔口设置边梁（图 8-54），梁内配筋应按计算确定。

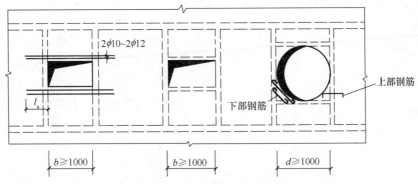

图 8-54　孔口设置边梁的形式

（4）刚性连接的管道穿过钢筋混凝土壁板时，应视管道可能产生变位的条件，对孔口周边进行适当的加固。当管道直径 $d \leqslant$ 300mm 时，可仅在孔边设置不少于 $2\phi12$ 的加固环筋；管道直径 $d > 300$mm，壁板厚不小于 300mm 时，除加固环筋外，尚应设置放射状拉结筋；当管道直径 $d > 300$mm，壁板厚小于 300mm 时，应在孔边壁厚局部加厚的基础上再设置孔边加固钢筋。孔边加劲肋的尺寸及构造形式如图 8-55 所示。

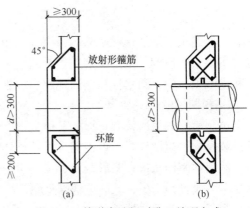

图 8-55　管道穿壁板时孔口处理方式

8.7 装配式梁板结构

装配式钢筋混凝土结构具有施工速度快，节约材料，降低造价，构件质量易于保证等优点，利于建筑标准化、工厂化和机械化，有鉴于此国家提出大力发展装配式建筑。目前，装配式结构在工业与民用建筑中广泛采用，如单层厂房几乎全部采用装配式结构。在给水排水工程结构中，矩形和圆形水池的顶盖、大型预应力圆水池的池壁以及管道、沟渠等也常采用装配式结构。

8.7.1 装配式梁板结构的构件

装配式梁板结构的构件包括预制板和预制梁。

1. 预制板的形式与构造

预制板的截面形式有平板、空心板和槽形板三种类型。

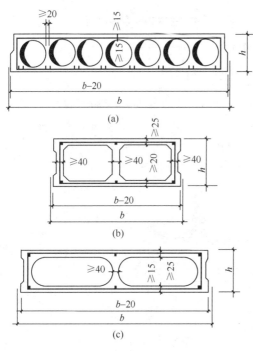

图 8-56 空心板类型

（1）平板

平板是最简单的预制板，它的上下表面平整，制作简单，但材料用量多。常用跨度 $l=1.2\sim2.4$m，板厚 $h\geqslant1/30$，常用板厚为 $50\sim100$mm，常用板宽为 $500\sim1000$m。在圆形水池顶盖中，平板的形式可以做成圆形、半圆形、扇形以及其他特殊形状。

（2）空心板

空心板的常用截面形式如图 8-56 所示。空心板的材料用量省、自重轻、隔声与隔热效果好，其缺点是板面开洞受限，自重仍较大。

图 8-56 所示为三种常见孔洞的空心板：（a）预应力圆孔板；（b）有矩形孔的空心板；（c）预应力椭圆形空心板。

（3）槽形板

常用的槽形板如图 8-57 所示。槽形板有正槽形板及倒槽形板两种。正槽形板可以较好利用板面混凝土受压来节省材料而且便于开洞，但建筑上不能提供平整的顶棚。倒槽形板混凝土位于受拉区，因此受力性能差，但能提供平整的顶棚。槽形板多用于荷载较大、对底板平整要求不高的厂房、仓库的楼、屋盖和水池顶盖中。圆水池顶盖的预制扇形板也可采用槽形板。

2. 预制梁的形式和构造

预制梁的截面形式有矩形、T形、十字形（或花篮形）以及倒 T 形等（图 8-58）。在进行装配式顶盖设计时，可根据工程的具体情况和使用要求选择合理的截面形式。例如，矩形截面梁制作简单；T 形截面梁受力合理；倒 T 形和十字形（或花篮形）截面梁，其翼缘上可放置预制板，从而能够降低结构的高度。

为了加强装配式楼盖的整体刚度，可以先预制十字形截面梁下面的 T 形截面部分，

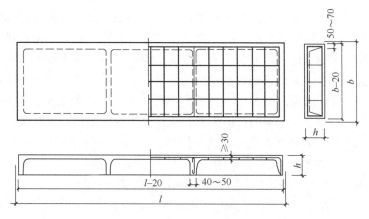

图 8-57　槽形板外形及配筋示意

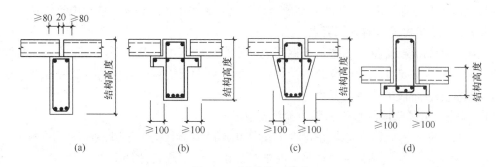

图 8-58　梁的截面形式

（a）矩形梁；（b）十字形梁；（c）花篮梁；（d）倒 T 形梁

并使箍筋伸出梁顶面，待预制板安装就绪后，将预制板伸出的钢筋与梁上的架立筋和所伸出的箍筋相互绑扎，然后再浇筑梁上部板端之间的混凝土，使梁板连成整体，如图 8-59 所示。梁的预制部分可以是普通钢筋混凝土，也可以是预应力混凝土，这种梁称为叠合梁，其设计计算和构造应遵守《混凝土结构设计规范》GB 50010 的有关专门规定。

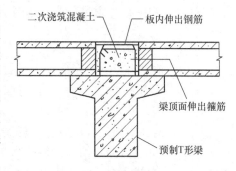

图 8-59　叠合梁

8.7.2　装配式梁板结构的布置

装配式梁板结构的布置原则与现浇整体式肋形梁板结构基本相同，主要根据建筑平面、承重方案，同时考虑结构简单，经济合理和施工方便等要求确定。通常布置方案主要与所采用预制板的截面形式有关：平板适用跨度较小的走廊等位置；空心板适用民用建筑；槽形板主要适用单层工业厂房。

装配式梁板结构可以采用预制板、预制梁全装配式方案；也可采用预制板、现浇梁方案；还可采用装配整体式梁板结构。

装配整体式梁板结构较常用的做法是首先将预制的简支梁板构件安装定位，然后采取措施使梁、板在接头处形成能抵抗弯矩的整体。使梁形成整体的常用做法是将接头处预留的钢筋焊接起来，再二次浇筑混凝土。使板形成整体的常用做法很多，一种做法是在预制板的接缝中增设钢筋，并在板面上增设能抵抗负弯矩的钢筋网，再灌缝并浇筑混凝土后浇层。水池顶盖中的装配整体式梁板结构，通常采用槽形板或平板；对平面尺寸较大的矩形水池，可采用方形或矩形柱网，并在一个方向设置梁，然后在梁上铺设槽形板；而梁是沿横向还是纵向设置，原则是使梁的数量最少。当具备必要的起重运输条件时，可采用预制梁、柱；否则，可设计成现浇梁、柱。当覆土厚度不大时，预制梁可设计成单跨简支梁；当覆土厚度较大时，为了减小梁的截面高度，也可采用装配整体式连续梁。

在平面尺寸较小的矩形水池中，可以采用图 8-1（b）所示的布置方案，即将单跨梁沿短边方向布置，直接支承于长向池壁上，再在梁上铺设预制板。

圆形水池中的装配式顶盖，常采用扇形板和环形梁体系（图 8-1a），在圆心处可采用整块圆形平板或两半块预制平板支承在最内一圈环梁上，在最内一圈环梁以外则采用扇形板。直径较小的圆形水池，也可采用在具有柱帽的现浇中心支柱上架设预制扇形板的做法，扇形板的截面以槽形为宜。圆环梁宜设计成整体连续的，可采用装配整体式或现浇整体式。

8.7.3 装配式梁板的计算要点

装配式钢筋混凝土梁板与整体式钢筋混凝土梁板的基本计算原理是一致的，但装配式梁板结构，除应满足使用阶段承载力计算、变形验算和裂缝宽度验算的各项要求外，还需进行运输和吊装阶段的承载力验算。

1. 运输、吊装阶段的截面承载力验算要点

（1）按构件自重验算，但应考虑运输、吊装时的动力影响，构件自重应乘以动力系数 1.5。

（2）应按构件在运输、堆放和吊装时的吊点确定该阶段的计算简图。

（3）构件重要性系数 γ_0 可较使用阶段降低一个安全等级，但不得低于三级。

2. 吊环的计算和构造

在吊装过程中，每个吊环可考虑两个截面受力，故吊环截面面积可按下式计算确定：

$$A_s = \frac{G}{2m[\sigma_s]} \tag{8-43}$$

式中　G——构件自重（不考虑动力系数）的标准值；

　　　m——受力吊环数，当构件设有四个吊环时，计算中只能考虑其中三个同时发挥作用，取 $m=3$；

　　　$[\sigma_s]$——吊环钢筋的容许应力，且 $[\sigma_s]=65\mathrm{N/mm^2}$（已将动力系数考虑在内）。

吊环应采用 HPB300 钢筋，严禁使用冷加工钢筋，以保证吊环具有良好的延性，防止起吊时脆断。吊环锚入构件的深度不应小于 $30d$ 并应焊接或绑扎在构件的钢筋骨架上，d 为吊环钢筋的直径。

8.7.4 装配式梁板的连接构造

为了加强装配式梁板结构的整体刚度，板与板的连接可采用不低于 C20 的细石混凝土或 M15 的水泥砂浆灌缝（图 8-60a）；若考虑抗震设防时，可在板缝内设置拉筋（图 8-60b）。预制板支承在梁（或池壁）上，应坐浆 10～20mm，其支承长度不宜小于 60～80mm。预制板支承在砖墙上，支承长度不宜小于 100mm。预制梁在墙上的支承长度不宜小于 180mm，且应在支承处坐浆 10～20mm，必要时还应设置混凝土垫块。

当考虑装配式顶盖结构对水池池壁的侧向支承作用时，梁与柱、板与梁、板与池壁的连接，可采用预埋铁件焊接，或在板、梁、柱及池壁顶部预留插筋，然后用不低于 C20

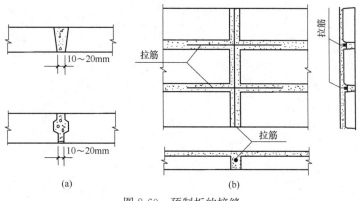

图 8-60 预制板的接缝

的混凝土浇筑，以保证连接能够抵抗侧向力，具体作法可参阅有关构造手册。

在装配式梁板结构顶盖中，孔洞位置应与预制构件的布置相协调，即孔洞不得影响梁的布置，而且应位于一块预制板的适宜位置。例如孔洞边缘离板边的距离不宜过小，以便主肋通过；槽形板上的孔洞应尽可能不影响横肋。如果孔洞尺寸超过了一块板的宽度，则应设置专门的带孔洞的异形板。

习　题

单向板结构布置如图 8-61 所示。使用活荷载设计值为 $7kN/m^2$，其他条件与 8.2.5 节设计实例相同。试设计此水池顶盖。

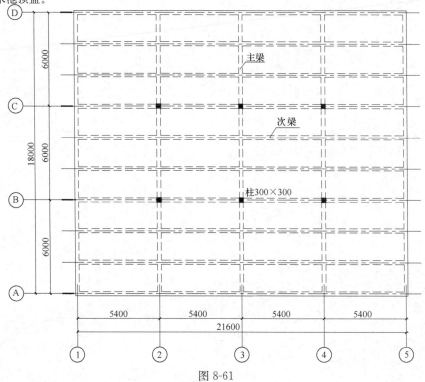

图 8-61

第 9 章　钢筋混凝土水池设计

9.1 水池的结构形式

给水排水工程中的水池，从用途上可以分为两大类：一类是水处理用池，如沉淀池、滤池、曝气池等；另一类是贮水池，如清水池、高位水池、调节池。前一类池的容量、形式和空间尺寸主要由工艺设计决定；后一类池的容量、标高和水深由工艺确定，而池型及尺寸则主要由结构的经济性和场地、施工条件等因素来确定。

水池常用的平面形状为圆形或矩形，其池体结构一般是由池壁、顶盖和底板三部分组成。按照工艺上需不需要封闭，又可分为有顶盖（封闭水池）和无顶盖（开敞水池）两类。给水工程中的贮水池多数是有顶盖的（图 9-1），而其他池子则多不设顶盖。

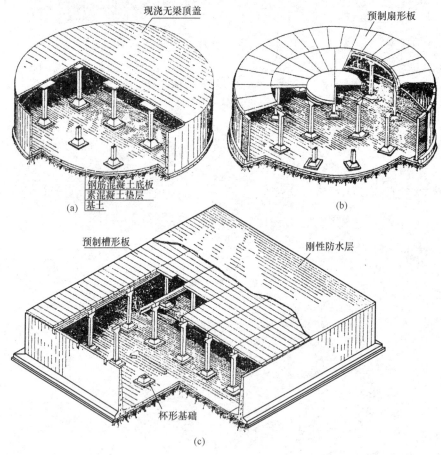

图 9-1　水池的形式
（a）采用整体式无梁顶盖的圆形水池；（b）采用装配式扇形板、弧形梁顶盖的装
配式预应力圆形水池；（c）采用装配式肋形梁板顶盖的矩形水池

就贮水池来说，实践经验表明，当容量在 3000m³ 以内时，一般以圆形水池比容量相同的矩形水池具有更好的技术经济指标。圆形水池在池内水压力或池外土压力作用下，池壁在环向处于轴心受拉或轴心受压状态，在竖向则处于受弯状态，受力比较均匀明确。而矩形水池的池壁则为受弯为主的拉弯或压弯构件，当容量在 200m³ 以上时，池壁的长高比

将超过 2 而主要靠竖向受弯来传递侧压力，因此池壁厚度常比圆形水池大。贮水池的设计水深变化范围不大，一般为 3.5～5.0m，故容量的增大主要使水池平面尺寸增大。当水池容量超过 3000m³ 时，圆形水池的直径将超过 30m，水压力将使池壁产生过大的环拉力，此时除非对池壁施加环向预应力，否则将导致过厚的池壁而不经济。对大容量的矩形水池来说，壁厚取决于水深，当水深一定时，水池平面尺寸的扩大不会影响池壁厚度。所以，容量大于 3000m³ 的水池，矩形比圆形经济。经济分析还表明，就每立方米容量的造价、水泥用量和钢材用量等经济指标来说，当水池容量大约在 3000m³ 以内时，不论圆池或矩形池，上述各项经济指标都随容量增大而降低，当容量超过约 3000m³ 时，矩形池的各项经济指标基本趋于稳定。

就场地布置来说，矩形水池对场地地形的适应性较强，便于节约用地及减少场地开挖的土方量。在山区狭长地带建造水池以及在城市大型给水工程中，矩形水池的这一优越性具有重要意义。自 20 世纪 80 年代以来，随着水池容量向大型发展，用地矛盾加剧，使矩形水池更加受到重视。例如，北京市水源九厂净配水厂一期工程的调节水池，采用平面尺寸 255.9m×90.9m、池高 5m 的矩形水池，容量达 10.7 万 m³。如果与采用多个万吨级预应力圆形水池达到相同总容量的方案相比较，其节约用地和降低造价的效果都是肯定的。

水池池壁根据其内力大小及其分布情况，可以做成等厚的或变厚的。变厚池壁的厚度按直线变化，变化率以 2%～5%（每米高增厚 20～50mm）为宜。无顶盖水池壁厚的变化率可以适当加大。现浇整体式钢筋混凝土圆水池容量在 1000m³ 以下，可采用等厚池壁；容量在 1000m³ 及 1000m³ 以上，用变厚池壁较经济，装配式预应力混凝土圆形水池的池壁通常都采用等厚度。

目前，国内除预应力圆水池有采用装配式池壁者外，一般钢筋混凝土圆水池都采用现浇整体式池壁。矩形水池的池壁绝大多数采用现浇整体式，也有少数工程采用装配整体式池壁。采用装配整体式池壁可以节约模板，使壁板生产工厂化和加快施工进度。缺点是壁板接缝处水平钢筋焊接工作量大，二次混凝土灌缝施工不便，连接部位施工质量难以保证，因此，设计时应特别慎重。

按照建造在地面上下位置的不同，水池又可分为地下式、半地下式及地上式。为了尽量缩小水池的温度变化幅度，降低温度变形的影响，水池应优先采用地下式或半地下式。对于有顶盖的水池，顶盖以上应覆土保温。另一方面，水池的底面标高应尽可能高于地下水位，以避免地下水对水池的浮托作用。当必须建造在地下水位以下时，池顶覆土又是一种最简便有效的抗浮措施。

贮水池的顶盖和底板大多采用平顶和平底。第 8 章介绍的各种结构形式中，整体式无梁顶盖和无梁底板应用较广。工程实践表明，对有覆土的水池顶盖，整体式无梁顶盖的造价和材料用量都比一般梁板体系为低。装配式梁板结构的优点是能够节约模板和加快工程进度，但经济指标不如现浇整体式无梁顶盖。从 20 世纪 80 年代以来，由于工具化钢模在混凝土工程中的应用越来越普遍，使现浇混凝土结构得以扬长避短，在水池结构设计中优先采用全现浇混凝土结构已成为主流。

当水池底板位于地下水位以下或地基较弱时，贮水池的底板通常做成整体式反无梁底板。当底板位于地下水位以上，且基土较坚实、持力层承载力特征值不低于 100kN/m² 时，底板和池壁支柱基础则可以分开考虑。此时池壁、支柱基础按独立基础设计，底板的厚度和配筋均由构造确定,这种底板称为分离式(或铺砌式)底板。分离式底板可设置分离缝,也可不设分离缝,后者在外观上与整体式反无梁底板无异,但计算时不考虑底板的作用,柱下基础及池壁基础均单独计算。有分离缝时,分离缝处应有止水措施。圆形水池的顶盖和底板也可以采用球形或锥形薄壳结构,这类结构的特点是可以跨越很大的空间而不必设置中间支柱。由于壳体厚度可以做得很薄,在混凝土和钢材用量上往往比平面结构经济。缺点是模板制作费工费料,施工要求较高,而且水池净空高度不必要地增大。当水池为地下式或半地下式时,土方开挖和池顶覆土的工作量也因而增大,为了克服后一缺点,可以尽量压低池壁的高度,甚至完全不用直线形池壁而由薄壳池顶和池底直接相接组成蚌壳式水池。图 9-2 为某石油化工厂 10000m³ 地下式原油罐,就是用两个扁球壳正反相

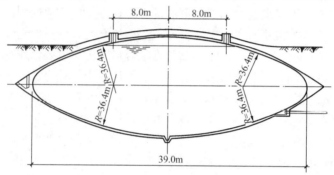

图 9-2 薄壳结构形式

扣而成,内径达 39m,池中心净高 14.5m,但顶壳厚仅 100mm,底壳厚仅 60mm。其造价、混凝土和钢筋用量均低于同容量的预应力混凝土圆柱形罐,但模板用量则较大。

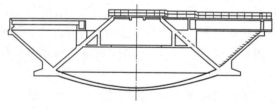

图 9-3 倒锥壳和倒球壳组合池底

在水处理用池中,由于工艺的特殊要求,池底常做成倒锥壳、倒球壳或多个旋转壳体组成的复杂池形。图 9-3 为采用倒锥壳和倒球壳组合池底的加速澄清池。

在本章以后各节中,将重点介绍平底水池的设计计算方法和构造原则。

9.2 水池上的作用

水池上的作用有永久作用和可变作用。其中永久作用包括:结构和永久设备的自重、土的竖向压力和侧向压力、构筑物内部的盛水压力、结构的预加应力、地基的不均匀沉降。可变作用应包括:地面上的活荷载、堆积荷重、雪荷载、地表或地下水的压力(侧压力、浮托力)、结构构件的温度、湿度变化作用等。图 9-4 所示为水池最常见的荷载,池顶、池底及池壁的各种荷载必须分别进行计算。

1. 池顶荷载

作用在水池顶板上的竖向荷载,包括顶板自重、防水层重、覆土重、雪荷载和活荷载。顶板自重及防水层重按实际计算。一般现浇整体式池顶的防水层只需用冷底子油打底

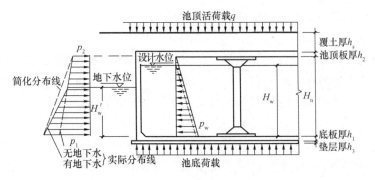

图 9-4 水池的荷载

再刷一道热沥青即可，其重量甚微，可以略去不计。池顶覆土的作用主要是保温与抗浮。保温要求的覆土厚度根据室外计算最低气温来确定。当计算最低气温在 $-10℃$ 以上时，覆土厚可取 0.3m；$-10\sim -20℃$ 时，可取 0.5m；$-20\sim -30℃$ 时，可取 0.7m，低于 $-30℃$ 时应取 1.0m。覆土重力密度标准值一般取 18kN/m³。

雪荷载标准值应根据《建筑结构荷载规范》GB 50009—2012 的全国基本雪压分布图及计算雪荷载的有关规定来确定。

活荷载是考虑上人、临时堆放少量材料等的重量，活荷载标准值要按附录 3-1 的规定取用。建造在靠近道路处的地下式水池，应使覆土顶面高出附近地面至少 300~500mm，或采取其他措施以避免车辆开上池顶。

雪荷载和活荷载不同时考虑，即仅在这两种荷载中选择数值较大的一种进行结构计算。我国除新疆最北部少数地区的基本雪压值可能超过 1.0kN/m² 外，其他广大地区均在 0.8kN/m² 以内，故一般都取活荷载进行计算。

2. 池底荷载

当采用整体式底板时，底板就相当于一个筏板基础。如前所述，水池的整体式底板通常采用反无梁板，其设计计算方法与一般无梁板相同。池底荷载就是指将使底板产生弯矩和剪力的那一部分地基反力或地下水浮力。水池的地基反力一般可按直线分布计算，因此直接作用于底板上的池内水重和底板自重将与其引起的部分地基反力直接抵消而不会使底板产生弯曲内力。只有由池壁和池顶支柱作用在底板上的集中力所引起的地基反力才会使底板产生弯曲内力，这部分地基反力由下列三项组成，即

(1) 由池顶活荷载引起的，可直接取池顶活荷载值；

(2) 由池顶覆土引起的，可直接取池顶单位面积覆土重；

(3) 由池顶板自重、池壁自重及支柱自重引起的，可将池壁和所有支柱的总重除以池底面积再加上单位面积顶板自重。

当底板向池壁外挑出一定长度时，池底面积将大于池顶面积，上述的荷载取值方法带有近似性，但偏于安全。较精确的计算方法是对池顶活荷载、覆土重及顶板自重均应取整个池顶上的总重再除以池底面积。

当池壁与底板按弹性固定设计时，为了便于进行最不利内力组合，池底荷载的上述三个分项应分别单独计算。

不论有无地下水浮力，池底荷载的计算方法相同。当有地下水浮力时，地基土的应力

将减小，但作用于底板上的总的反力不变。

3. 池壁荷载

池壁承受的荷载除池壁自重和池顶荷载引起的竖向压力和可能的端弯矩外，主要是作用于水平方向的水压力和土压力。

水压力按三角形分布，池内底面处的最大水压力标准值为：

$$p_{wk} = \gamma_w H_w (kN/m^2) \tag{9-1}$$

式中 p_{wk} ——池底处的水压力标准值；

γ_w ——水的重度标准值，对于给水处理构筑物可取 $10kN/m^3$，对于污水处理构筑物可取 $10 \sim 10.8kN/m^3$；

H_w ——设计水深（m）。

虽然设计水位一般在池内顶面以下 $200 \sim 300mm$，但为简化计算，计算时常取水压力的分布高度等于池壁的计算高度。

池壁外侧的侧压力包括土压力，地面活荷载引起的附加侧压力及有地下水时的地下水压力。当无地下水时，池壁外侧压力按梯形分布；当有地下水且地下水位在池顶以下时，以地下水位为界，分两段按梯形分布。在地下水位以下，除必须考虑地下水压力外，还应考虑地下水位以下的土由于水的浮力而使其有效重度降低对土压力的影响。为了简化计算，通常将有地下水时按折线分布的侧压力图形取成直线分布图形，如图9-4所示。因此，不论有无地下水，只需将池壁上、下两端的侧压力值算出来就可以了。

池壁土压力按主动土压力计算，顶端土压力标准值按下式计算：

$$p_{epk2} = \gamma_s (h_s + h_2) K_a \tag{9-2}$$

池壁底端土压力标准值，当无地下水时为：

$$p_{epk1} = \gamma_s (h_s + h_2 + H_n) K_a \tag{9-3}$$

当有地下水时为：

$$p'_{epk1} = [\gamma_s (h_s + h_2 + H_n - H'_w) + \gamma'_s H'_w] K_a \tag{9-4}$$

地面活荷载引起的附加侧压力沿池壁高度为一常数，其标准值可按下式计算：

$$p_{qk} = q_k K_a \tag{9-5}$$

地下水压力按三角形分布，池壁底端处的地下水压力标准值为：

$$p'_{wk} = \gamma_w H'_w \tag{9-6}$$

公式（9-2）～公式（9-6）中：

γ_s ——回填土重度，一般可取 $18kN/m^3$；

γ'_s ——地下水位以下回填土的有效重度，一般可取 $10kN/m^3$；

K_a ——主动土压力系数，应根据土的抗剪强度确定，当缺乏试验资料时，对砂类土或粉土可取 $\frac{1}{3}$；对黏性土可取 $\frac{1}{4} \sim \frac{1}{3}$；

q_k ——地面活荷载标准值，一般取 $2.0kN/m^2$，当池壁外侧地面可能有堆积荷载时，应取堆积荷载标准值，一般可取 $10kN/m^2$；

h_s、h_2、H_n ——分别为池顶覆土厚、顶板厚和池壁净高；

H'_w ——地下水位至池壁底部的距离（m）。

池壁两端的外部侧压力应根据实际情况取上述各种侧压力的组合值。对于大多数水池，池顶处于地下水位以上，则顶端外侧压力组合标准值为：

$$p_{k2} = p_{qk} + p_{epk2} \qquad (9-7)$$

如果底端也处于地下水位以上，则底端侧压力组合标准值为：

$$p_{k1} = p_{qk} + p_{epk1} \qquad (9-8)$$

当底端处于地下水位以下时，底端侧压力组合标准值应为：

$$p_{k1} = p_{qk} + p'_{epk1} + p'_{wk} \qquad (9-9)$$

4. 其他作用对水池结构的影响

除上述荷载的作用以外，温度和湿度变化、地震作用等也将在水池结构中引起附加内力，在设计时必须予以考虑。

温度和湿度的变化会使混凝土产生收缩和膨胀，当这种变形受到结构外部或内部的约束而不能自由发展时，就会在结构中引起附加应力，称为温度应力和湿度应力。根据成因的不同，这种应力一般可以分为下列两种情况来进行分析。就温度变化而言，一种情况是由于池内水温与池外气温或土温的不同而形成的壁面温差，另一种是水池施工期间混凝土浇筑完毕时的温度与使用期间的季节最高或最低温度之差，这种温差沿壁厚不变，可用池壁中面处的温差来代表，故称为中面季节平均温差。至于湿差，也可分为壁面湿差和中面平均湿差两种情况。壁面湿差是指水池开始装水或放空一段时间后再装水时，池壁内、外侧混凝土的湿度差，而中面平均湿差则是指在水池尚未装水或放空一段时间后，相对于池内有水时池壁混凝土中面平均湿度的降低值。湿差和温差对结构的作用是类似的，故可以将湿差换算成等效温差（或称"当量温差"）来进行计算。

在水池结构设计中，主要采取以下措施来消除或控制温差和湿差造成的不利影响：

（1）设置伸缩缝或后浇带，以减少对温度或湿度变形的约束；

（2）配置适量的构造钢筋，以抵抗可能出现的温度或湿度应力；

（3）通过计算来确定温差和湿差造成的内力，在承载力和抗裂计算中加以考虑。

此外，合理地选择结构形式；采用保温隔热措施，如用水泥砂浆护面、用轻质保温材料或覆土保温，对地面式水池的外壁面涂以白色反射层；注意水泥品种和集料性质，如选用水化热低的水泥和热膨胀系数较低的集料，避免使用收缩性集料；严格控制水泥用量和水灰比，保证混凝土施工质量，特别是加强养护，避免混凝土干燥失水等等。所有这些都可以减少温度和湿度变形的不利影响。

通常采用的设缝方法主要是减少中面季节温差和中面湿差对矩形水池的影响，以避免因水池平面尺寸过大而可能出现的温度和收缩裂缝。对于壁面温（湿）差所引起的内力则一般通过计算加以考虑。当壁面温差（或壁面湿差的等效温差）超过 5℃ 时，即宜进行温度内力计算。

圆形水池不宜设置伸缩缝，其中面平均温（湿）差和壁面温（湿）差的作用原则上都应通过计算来解决。但设计经验表明，在一般情况下中面温（湿）差引起的内力在最不利内力组合中并不起控制作用，因此圆形水池也可以只考虑壁面温（湿）差引起的内力。

对于地下式水池或采用了保温措施的地面水池，一般可不考虑温（湿）度作用，对于直接暴露在大气中的水池池壁应考虑壁面温差或湿度当量温差的作用。池壁壁面温差可按下式计算：

$$\Delta t = \frac{\dfrac{h}{\lambda_c}}{\dfrac{1}{\beta_c} + \dfrac{h}{\lambda_c}} (T_m - T_a) \tag{9-10}$$

式中　Δt——池壁内外侧壁面温差标准值（℃）；

　　　h——壁板厚度（m）；

　　　λ_c——壁板导热系数，单位：W/（m·K），两侧表面与空气接触时取 1.55；一侧表面与空气接触，另一侧表面与水接触时取 2.03；

　　　β_c——壁板与空气间的热交换系数，单位：W/（m²·K），冬季混凝土表面与空气之间取 23.26，夏季混凝土表面与空气之间取 17.44；

　　　T_m——池内水的计算温度（℃），可按年最低月的平均水温采用；

　　　T_a——壁板外侧的大气温度（℃），可按当地年最低月的统计平均温度采用。

暴露在大气中的水池池壁的壁面湿度当量温差 Δt 可按 10℃ 采用。实际壁面温差和壁面湿差引起的当量温差不需同时考虑，应取较大值进行计算。

地面堆积荷载的标准值可取 10kN/m²，其准永久值系数 ψ_q 可取 0.5。

建设在地震区的水池，应根据所在地区的抗震设防烈度进行必要的抗震设计。对水池具有破坏性的地震作用主要是水平地震作用。一般地说，钢筋混凝土水池本身具有相当好的抗震能力。因此，对于设防烈度为 7 度的地面式及地下式水池，设防烈度为 8 度的地下式钢筋混凝土圆形水池，设防烈度为 8 度的平面长宽比小于 1.5，无变形缝的有顶盖地下式钢筋混凝土矩形水池，只需采取一定的抗震构造措施，而可不作抗震计算。只有不属于上述情况的，才应作抗震计算。水池的抗震设计已不属于本书讨论的范畴，可参阅有关专门资料及工程抗震设计规范。

5. 荷载分项系数及荷载组合

以上所述各项荷载的取值，均指标准值。在按荷载效应的基本组合进行承载能力极限状态设计时，各项荷载的标准值也就是它的代表值，而荷载设计值则是荷载代表值与荷载分项系数的乘积。水池荷载分项系数，对于在《建筑结构荷载规范》GBJ 50009—2012 中已有明确规定的荷载，可按该规范的规定取值。例如结构自重、土压力属于永久荷载（恒载），当其效应对结构不利时，荷载分项系数取 1.3；当其效应对结构有利时，取 1.0。在验算上浮、倾覆和滑移时，对抗浮、抗倾覆和抗滑移有利的永久荷载，其分项系数取 0.9。由池顶活荷载引起的池底可变荷载与一般建筑的楼面活荷载具有相同的性质，其荷载分项系数一般情况下应取 1.5；当可变荷载标准值大于 4kN/m² 时取 1.3。水压力是水池的主要使用荷载，池内水压力根据《给水排水工程构筑物结构设计规范》GB 50069 视为永久荷载，地表或地下水的压力（侧压力、浮托力）则视为可变作用，但其分项系数均取为 1.27。

地下式水池在进行承载能力极限状态设计时，一般应根据下列三种不同的荷载组合分别计算内力：

（1）池内满水，池外无土；

（2）池内无水，池外有土；

（3）池内满水，池外有土。

第一种荷载组合出现在回填土以前的试水阶段，第二、三两种组合是使用阶段的放空和满池时的荷载状态。在任何一种荷载组合中，结构自重总是存在的。对第二、三两种荷载组合，应考虑活荷载和池外地下水压力。

一般来说，第一、二两种荷载组合是引起相反的最大内力的两种最不利状态。但是，如果绘制池壁最不利内力包络图，则在包络图极值点以外的某些区段内，第三种荷载组合很可能起控制作用，这对池壁的配筋会有影响。而这种情况常常发生在池壁两端为弹性嵌固的水池中。若能判断出第三种荷载组合在池壁的任何部位均不会引起最不利内力，则在计算中可以不考虑这种荷载组合。池壁两端支承条件为自由、铰支或固定时，往往就属于这种情况。

对于无保温措施的地面式水池，在承载能力极限状态设计时应该考虑下列两种荷载组合：

（1）池内满水；

（2）池内满水及温（湿）差作用。

第二种荷载组合中的温（湿）差作用应取壁面温差和湿度当量温差中的较大者进行计算。对于有顶盖的地面式水池，应该考虑池顶活荷载参与组合。对于有保温措施的地面式水池，只需考虑第一种荷载组合。对于水池的底板，不论水池是否采取了保温措施，都可不计温度作用。

水池结构按正常使用极限状态设计时应考虑哪些荷载组合可根据正常使用极限状态的设计要求来决定。水池结构构件正常使用极限状态的设计要求主要是裂缝控制。当荷载效应为轴心受拉或小偏心受拉时，其裂缝控制应按不允许开裂考虑，此时，凡承载能力极限状态设计时必须考虑的各种荷载组合，在抗裂验算时都应予以考虑；当荷载效应为受弯、大偏心受压或大偏心受拉时，裂缝控制按限制最大裂缝宽度考虑，此时，只考虑使用阶段的荷载组合，但可不计入活荷载短期作用的影响，即最大裂缝宽度应按荷载效应的准永久组合值计算。正常使用极限状态设计所采用的荷载组合均以各种荷载的标准值计算，即不考虑荷载分项系数。在计算荷载效应准永久组合值时，池顶活荷载的准永久值系数取 0.4；温度、湿度变化作用的准永久值系数宜取 1.0；地面堆积荷载的标准值可取 $10kN/m^2$，其准永久值系数可取 0.5。

对于多格的矩形水池，还必须考虑可能某些格充水，某些格放空，类似于连续梁活荷载最不利布置的荷载组合。

9.3 地基承载力及抗浮稳定性验算

1. 地基承载力验算

当采用分离式底板时，地基承载力按池壁下条形基础及柱下单独基础验算；当采用整体式底板时，应按筏板基础验算。除了比较大型的无中间支柱水池，在地基土比较软弱的情况下宜按弹性地基上的板考虑外，一般可假设地基反力为均匀分布，此时底板底面处的地基应力（即单位面积上的地基反力）应根据不同计算内容采取不同的取值。在确定基底面积时，按荷载基本组合的标准值计算，荷载基本组合所包括的荷载为水池结构自重、池顶活荷载、池内满水重及基底面积范围内基底以上的土重（包括池顶覆土），所算得的地基应力标准值 p_k 应满足 $p_k \leqslant f_a$，f_a 为地基承载力特征值，按《建筑地基基础设计规范》

GBJ 50007—2011 的规定确定。在进行基础的抗冲切、抗弯、抗剪计算时，按荷载基本组合的设计值计算，其分项系数按第二节的规定取值。

2. 水池的抗浮稳定性验算

当水池底面标高在地下水位以下，或位于地表滞水层内而又无排除上层滞水措施时，地下水或地表滞水就会对水池产生浮力。当水池处于空池状态时就有被浮托起来或池底板和顶板被浮力顶裂的危险，此时，应对水池进行抗浮稳定性验算。

水池的抗浮稳定性验算一般包括整体抗浮和抗浮力分布均匀性（局部抗浮）两个方面。进行水池整体抗浮稳定性验算是为了使水池不至于整体向上浮动。其验算公式为：

$$\frac{0.9\,(G_{tk}+G_{sk})}{p_{buo}\cdot A} \geqslant 1.05 \tag{9-11}$$

式中 G_{tk}——水池自重标准值；

G_{sk}——池顶覆土重标准值；

0.9——荷载分项系数；

A——算至池壁外周边的水池底面积；

p_{buo}——水池底面单位面积上的地下水浮托力，按下式计算：

$$p_{buo} = \gamma_w \cdot (H'_w + h_1) \cdot \eta_{red} \tag{9-12}$$

η_{red}——浮托力折减系数，对非岩质地基取 1.0；对岩石地基应按其破碎程度确定；

$H'_w + h_1$——由池底面算起的地下水高度，见图 9-4。

关于岩石地基浮托力折减系数 η_{red} 的取值，目前尚无统一规定，有些资料提出根据岩基破碎程度，η_{red} 约在 0.35~0.95 范围内，在缺乏经验时，宜取较大值以策安全。

对有中间支柱的封闭式水池，如果公式（9-11）得到满足，但抗浮力分布不够均匀，

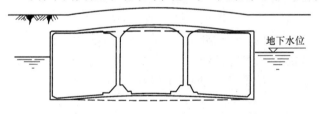

图 9-5   局部抗浮不够时水池的变形

通过池壁传递的抗浮力在总抗浮力中所占比例过大，每个支柱所传递的抗浮力过小，则均匀分布在底板下的地下水浮力有可能使中间支柱发生轴向上移而形成图9-5所示的变形。这就相当于顶板和底板的中间支座产生了位移，必将引起计算中未曾考虑的附加内力，很可能使底板和顶板被顶裂甚至破坏。为了避免这种危险，对有中间支柱的封闭式水池，除了按公式（9-11）验算整体抗浮稳定性以外，尚应按下式验算抗浮力分配的均匀性：

$$\frac{0.9\left(g_{sk}+g_{s/1k}+g_{s/2k}+\dfrac{G_{ck}}{A_{cal}}\right)}{p_{bou}} \geqslant 1.05 \tag{9-13}$$

式中 g_{sk}——池顶单位面积覆土重标准值；

$g_{s/1k}, g_{s/2k}$——分别为底板和顶板单位面积自重标准值；

G_{ck}——单根支柱自重标准值；

A_{cal}——单根柱所辖的计算板单元面积，对两个方向柱距为 l_x 和 l_y 的正交柱网，

$$A_{cal} = l_x \cdot l_y$$

其余符号的意义同式（9-11）。

此项抗浮力分配均匀性的验算习惯上称为局部抗浮验算。开敞式水池和无中间支柱的封闭式水池不必验算局部抗浮。

封闭式水池的抗浮稳定性不够时，可以用增加池顶覆土厚度的办法来解决。开敞式水池的抗浮稳定性不够时，则采用增加水池自重；将底板悬伸出池壁以外，并在上面压土或块石；或在底板下设置锚桩等办法来解决。凡采用覆土抗浮的水池，在施工阶段尚未覆土以前，应采取降低地下水位或排除地表滞水的措施；也可采用将水池临时灌满水的办法，以避免可能发生的空池浮起，但后一种方法只宜在闭水试验之后采用。

9.4　钢筋混凝土圆形水池设计

从本节开始至第六节，分别介绍钢筋混凝土圆形水池、矩形水池和预应力混凝土圆形水池的设计方法，但仅限于平顶和平底水池。由于顶盖和底板的设计已在第 8 章中作了介绍，本节及下面两节的重点就将放在池壁的计算和构造方面，包括如何考虑池壁与顶盖和底板的共同工作等问题。在圆形水池中则只讨论等厚池壁的情况。

9.4.1　圆水池主要尺寸及计算简图

圆形水池的主要尺寸包括直径、高度、池壁厚度及顶盖、底板的结构尺寸等，这些尺寸都必须在水池结构的内力计算以前初步确定。圆形贮水池的高度一般为 $3.5 \sim 6.0 \mathrm{m}$。

容量为 $50 \sim 500 \mathrm{m}^3$ 时，高度常取为 $3.5 \sim 4.0 \mathrm{m}$；容量为 $600 \sim 2000 \mathrm{m}^3$ 时，常取 $4.0 \sim 4.5 \mathrm{m}$。高度确定以后，即可由容量推算直径。池壁厚度主要决定于环向拉力作用下的抗裂要求。混凝土受力壁板与底板厚度不宜小于 $200 \mathrm{mm}$，预制壁板的厚度可采用 $150 \mathrm{mm}$。顶板厚度不宜小于 $150 \mathrm{mm}$。至于柱网尺寸及柱的截面尺寸，则应根据前几章所提出的原则，通过初步估算确定。

计算池壁内力时，水池的计算直径 d 应按池壁截面轴线确定；池壁的计算高度 H 则应根据池壁与顶盖和底板的连接方式来确定。当上、下端均为整体连接，上端按弹性固定，下端按固定计算时，H 取池壁净高 H_n 加顶板厚度的一半（图 9-6a）；当两端均按弹性固定计算

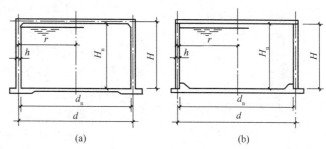

图 9-6　池壁的计算尺寸

时，H 取池壁净高加顶板厚度的一半及底板厚度的一半；当池壁与顶板和底板采用非整体连接时，H 应取至连接面处（图 9-6b），当采用图 9-19（b）及图 9-20（a）、(b) 的铰接构造时，计算高度取至铰接中心处。

池壁两端的支承条件，应根据实际采用的连接构造方案（参阅图 9-19 及图 9-20）确定。

池壁底端如与底板整体连接，又能满足下面三个条件时，则可作为固定支承计算。这些条件是：

（1）如图 9-7 所示 $h_1 \geqslant h$；

(2) $a_1 > h$ 且 $a_2 > a_1$；

(3) 地基良好，地基土壤为低压缩性或中压缩性（压缩系数 $a_{1-2} < 0.5$）。

当为整体连接而不能满足上述要求时，应按弹性固定计算，即考虑池壁与底板的变形连续性，将池壁与底板的连接看成可以产生弹性转动的刚性节点。

池壁顶端通常只有自由，铰接或弹性固定三种边界条件。无顶盖或顶板自由搁置于池壁上时，属于自由边界。但如搁置情况如图 9-8 所示，则在池内水压力作用下按自由端计算，在池外土压力作用下按铰支计算。池壁与顶板整体连接，且配筋可以承受端弯矩时，应按弹性固定计算；如果只配置了抗剪钢筋，则应按铰接计算。

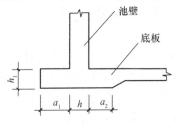

图 9-7 池壁与底板的关系

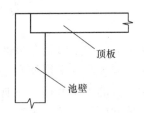

图 9-8 池壁与顶板的关系

9.4.2 池壁内力计算

1. 圆水池池壁内力计算的基本原理

由于池壁厚度 h 远小于水池的半径 r，圆水池池壁可以看成一圆柱形薄壳，在计算它的内力和变形时，忽略混凝土材料的非匀质性、塑性和裂缝的影响，假设壳体材料是各向同性的匀质连续弹性体。

如前所述，直接作用在池壁上的荷载，主要是侧向水压力和土压力。由顶盖传来的竖向压力对池壁在侧向压力下的内力不会产生影响，因此在分析侧压力引起的池壁内力时不考虑竖向压力。

在正常情况下，圆水池所承受的侧压力是轴对称的。在这种轴对称荷载作用下，池壁只会产生轴对称的变形和内力。这使圆水池池壁计算成为圆柱壳计算中最简单的一类问题。

在各种边界条件和荷载分布状态下的池壁中，承受线性分布荷载的两端自由的池壁（图 9-9）又是最简单的一种。这种池壁是一静定圆筒，筒中除了环向力以外，不会产生任何其他内力。离壁顶为 x 高度处的环向力 $\overline{N}_\theta$ 可以通过静力平衡条件求得。取如图 9-9（b）的单位高度的半圆环作为脱离体，作用在此半圆环上的外力和内力的平衡条件可以写成下列方程式：

$$\overline{N}_\theta = \int_0^{\frac{\pi}{2}} p_x r \sin\theta d\theta = p_x r \int_0^{\frac{\pi}{2}} \sin\theta d\theta = p_x r$$

即：

$$\overline{N}_\theta = p_x r \tag{9-14}$$

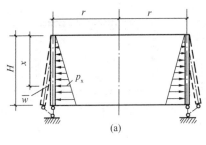

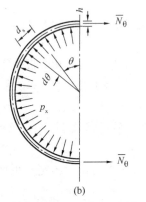

图 9-9 两端自由的池壁计算简图

式中　　$\overline{N}_\theta$——两端自由时，池壁任意高度处的环向力（kN/m），以受拉为正；

　　　　p_x——任意高度处的侧向荷载（kN/m²），以由内向外压为正；

　　　　r——池壁的计算半径（m）。

离壁顶 x 处的池壁径向位移 $\overline{w}$（图 9-9a）可以根据应力应变关系和几何关系确定，在 $\overline{N}_\theta$ 作用下池壁的环向伸长（或缩短）为：

$$\Delta l = 2\pi r \frac{\overline{N}_\theta}{Eh}$$

径向位移 $\overline{w}$ 与 Δl 具有以下几何关系：

故
$$\overline{w} = \frac{\Delta l}{2\pi} = \frac{\overline{N}_\theta r}{Eh} = \frac{p_x r^2}{Eh} \tag{9-15}$$

式中　　h——池壁厚度；

　　　　E——弹性模量。

当池壁边界受有某种约束时，其变形和内力就将变得复杂得多，而必须用弹性力学的方法来求解。如图 9-10（a）所示，我们以边界力来代替支承条件，并假设受力后的变形如图中的虚线所示，离壁顶 x 处的池壁径向位移力 w，转角为 β。如果我们取一高度为 dx，环向为单位弧长的微分体作为脱离体，根据对称性原理，可以确定在微分体各截面上只有以下内力作用：在垂直截面上只有环向力 N_θ 和环向弯矩 M_θ；在水平截面上只有竖向弯矩 M_x 和剪力 V_x（图 9-10b），且这些内力只沿池壁高度方向变化，而沿圆周的分布则是均匀不变的。或者说这些内力只是 x 的函数，而与极坐标角 θ 无关。

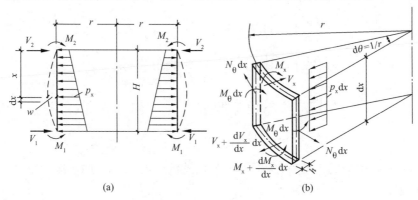

(a)　　　　　　　　　　　　　　(b)

图 9-10　两端约束池壁的内力分析图

现对荷载及内力的符号作如下规定：p_x 以指向朝外为正；N_θ 以受拉为正；M_x 和 M_θ 以使池壁外侧受拉为正；V_x 以指向朝外为正。

根据微分体的静力平衡条件、变形和位移之间的几何关系及应力和应变间的物理关系，可以建立下列关系式：

$$N_\theta = \frac{Eh}{r} w \tag{9-16}$$

$$M_x = -D \frac{d^2 w}{dx^2} \tag{9-17}$$

$$M_\theta = \nu M_x \tag{9-18}$$

$$V_x = -D \frac{\mathrm{d}^3 w}{\mathrm{d}x^3} \tag{9-19}$$

及
$$\frac{\mathrm{d}^4 w}{\mathrm{d}x^4} + \frac{Eh}{Dr^2} w = \frac{p_x}{D}$$

或
$$\frac{\mathrm{d}^4 w}{\mathrm{d}x^4} + \frac{4}{S^4} w = \frac{p_x}{D} \tag{9-20}$$

式中 D——壳板的抗弯刚度，即

$$D = \frac{Eh^3}{12(1-\nu^2)} \tag{9-21}$$

ν——材料的泊松比，对混凝土取为 1/6；

S——圆柱壳的弹性特征值，按下式计算确定：

$$S = \sqrt[4]{\frac{r^2 h^2}{3(1-\nu^2)}} = 0.765 \sqrt{rh} \tag{9-22}$$

在以上各式中，式（9-20）为圆柱壳在轴对称荷载作用下弹性曲面基本微分方程式，它的解为：

$$w = C_1 A\left(\frac{x}{S}\right) + C_2 B\left(\frac{x}{S}\right) + C_3 C\left(\frac{x}{S}\right) + C_4 D\left(\frac{x}{S}\right) + \overline{w} \tag{9-23}$$

式中，C_1、C_2、C_3 和 C_4 为积分常数，可根据已知的边界条件来确定；$A\left(\frac{x}{S}\right)$、$B\left(\frac{x}{S}\right)$、$C\left(\frac{x}{S}\right)$ 和 $D\left(\frac{x}{S}\right)$ 为以 $\frac{x}{S}$ 为自变量的双曲函数和三角函数的积，其表达式为：

$$\left.\begin{aligned}
A\left(\frac{x}{S}\right) &= \mathrm{ch}\,\frac{x}{S}\cos\frac{x}{S} \\
B\left(\frac{x}{S}\right) &= \frac{1}{2}\left(\mathrm{ch}\,\frac{x}{S}\sin\frac{x}{S} + \mathrm{sh}\,\frac{x}{S}\cos\frac{x}{S}\right) \\
C\left(\frac{x}{S}\right) &= \frac{1}{2}\,\mathrm{sh}\,\frac{x}{S}\sin\frac{x}{S} \\
D\left(\frac{x}{S}\right) &= \frac{1}{4}\left(\mathrm{ch}\,\frac{x}{S}\sin\frac{x}{S} - \mathrm{sh}\,\frac{x}{S}\cos\frac{x}{S}\right)
\end{aligned}\right\} \tag{9-24}$$

公式（9-23）中最后一项为方程（9-20）的特解。当 p_x 为 x 的一次函数时，此特解可取为下式之解：

$$\frac{4}{S^4} w = \frac{p_x}{D}$$

即两端自由时径向位移：

$$\overline{w} = \frac{p_x r^2}{Eh}$$

以此代入公式（9-23）得：

$$w = C_1 A\left(\frac{x}{S}\right) + C_2 B\left(\frac{x}{S}\right) + C_3 C\left(\frac{x}{S}\right) + C_4 D\left(\frac{x}{S}\right) + \frac{p_x r^2}{Eh} \tag{9-23a}$$

将公式（9-23a）及其对 x 的逐次微分分别代入式（9-16）～式（9-19）中，即可得到池壁内力计算的一般公式：

$$N_\theta = \frac{Eh}{r}\left[C_1 A\left(\frac{x}{S}\right) + C_2 B\left(\frac{x}{S}\right) + C_3 C\left(\frac{x}{S}\right) + C_4 D\left(\frac{x}{S}\right)\right] + p_x r \tag{9-25}$$

$$M_x = -D\frac{d^2w}{dx^2} = -D\left\{\frac{1}{S^2}\left[-4C_1C\left(\frac{x}{S}\right) - 4C_2D\left(\frac{x}{S}\right) + C_3A\left(\frac{x}{S}\right) + C_4B\left(\frac{x}{S}\right)\right]\right\}$$

$$(9-26)$$

$$V_x = -D\frac{d^3w}{dx^3} = -D\left\{\frac{1}{S^3}\left[-4C_1B\left(\frac{x}{S}\right) - 4C_2C\left(\frac{x}{S}\right) - 4C_3D\left(\frac{x}{S}\right) + C_4A\left(\frac{x}{S}\right)\right]\right\}$$

$$(9-27)$$

公式（9-23a）对 x 的一次微分即为池壁任一点的竖向转角，即：

$$\beta = \frac{dw}{dx} = \frac{1}{S}\left[-4C_1D\left(\frac{x}{S}\right) + C_2A\left(\frac{x}{S}\right) + C_3B\left(\frac{x}{S}\right) + C_4C\left(\frac{x}{S}\right)\right] + \frac{r^2dp_x}{Ehdx}$$

$$(9-28)$$

分析以上各式可以看出：作用有轴对称的线性分布侧压力的圆柱壳池壁，如果将边界约束力也看成是外力，则池壁径向位移 w、转角 β 和环向力 N_θ 都可以看成是由两部分叠加而成的。一部分为侧压力在两端自由的圆筒中引起的位移 $\overline{w}$、转角 $\frac{d\overline{w}}{dx}$ 和环向力 $\overline{N}_\theta$；另一部分为各边界约束力所引起的，即式（9-23a）、式（9-25）和式（9-28）中的双曲三角函数所代表的部分。而池壁中的弯矩 M_x 和剪力 V_x 则完全是由边界约束力引起的。当然，边界约束力本身取决于支承条件和荷载，这一结论有助于理解后面将要论述的边界为弹性固定池壁的内力计算。

对于某一特定边界条件的池壁，在某种确定轴对称线性分布荷载作用下，只需要根据已知边界条件确定积分常数 C_1、C_2、C_3 和 C_4 就可以导出池壁内力的具体计算公式。

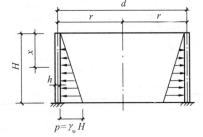

图 9-11 底端固定、顶端
自由的圆形水池

现以顶端自由，底端固定，承受池内水压力的池壁（图 9-11）为例来说明这一问题。此时，已知边界条件为：

$$x = 0 \text{ 时}, M_{x=0} = M_2 = 0$$
$$V_{x=0} = V_2 = 0$$
$$x = H \text{ 时}, w_{x=H} = 0$$
$$\beta_{x=H} = 0$$

将以上边界条件代入式（9-23a）、式（9-26）～式（9-28），并令 $p_x = \gamma_w x$，可以解得积分常数：

$$C_1 = \frac{\frac{S}{H}B\left(\frac{H}{S}\right) - A\left(\frac{H}{S}\right)}{A^2\left(\frac{H}{S}\right) + 4B\left(\frac{H}{S}\right)D\left(\frac{H}{S}\right)} \cdot \frac{\gamma_w r^2 H}{Eh} = G_1\frac{\gamma_w r^2 H}{Eh}$$

$$(9-29)$$

$$C_2 = -\frac{4D\left(\frac{H}{S}\right) + \frac{S}{H}A\left(\frac{H}{S}\right)}{A^2\left(\frac{H}{S}\right) + 4B\left(\frac{H}{S}\right)D\left(\frac{H}{S}\right)} \cdot \frac{\gamma_w r^2 H}{Eh} = G_2\frac{\gamma_w r^2 H}{Eh}$$

$$(9-30)$$

$$C_3 = C_4 = 0$$

式中

$$G_1 = \frac{\frac{S}{H} B\left(\frac{H}{S}\right) - A\left(\frac{H}{S}\right)}{A^2\left(\frac{H}{S}\right) + 4B\left(\frac{H}{S}\right)D\left(\frac{H}{S}\right)}$$

$$G_2 = -\frac{4D\left(\frac{H}{S}\right) + \frac{S}{H} A\left(\frac{H}{S}\right)}{A^2\left(\frac{H}{S}\right) + 4B\left(\frac{H}{S}\right)D\left(\frac{H}{S}\right)}$$

将解得的积分常数代入内力计算的一般公式（9-25）～式（9-27），即得到顶端自由、底端固定时水压力作用下内力计算的具体公式：

$$N_\theta = \left[G_1 A\left(\frac{x}{S}\right) + G_2 B\left(\frac{x}{S}\right) + \frac{x}{H} \right] pr \tag{9-31}$$

$$M_x = \frac{1}{\sqrt{12\left(1-\nu^2\right)}\frac{H^2}{dh}} \left[G_1 C\left(\frac{x}{S}\right) + G_2 D\left(\frac{x}{S}\right) \right] pH^2 \tag{9-32}$$

$$V_x = \frac{1}{\sqrt[4]{12\left(1-\nu^2\right)}\sqrt{\frac{H^2}{dh}}} \left[G_1 B\left(\frac{x}{S}\right) + G_2 C\left(\frac{x}{S}\right) \right] pH \tag{9-33}$$

如令

$$k_{N_\theta} = G_1 A\left(\frac{x}{S}\right) + G_2 B\left(\frac{x}{S}\right) + \frac{x}{H} \tag{9-34}$$

$$k_{Mx} = \frac{1}{\sqrt{12\left(1-\nu^2\right)}\frac{H^2}{dh}} \left[G_1 C\left(\frac{x}{S}\right) + G_2 D\left(\frac{x}{S}\right) \right] \tag{9-35}$$

$$k_{Vx} = \frac{1}{\sqrt[4]{12\left(1-\nu^2\right)}\sqrt{\frac{H^2}{dh}}} \left[G_1 B\left(\frac{x}{S}\right) + G_2 C\left(\frac{x}{S}\right) \right] \tag{9-36}$$

则式（9-31）～式（9-33）可写成：

环向力 $\qquad\qquad\qquad N_\theta = k_{N_\theta} pr \tag{9-31a}$

竖向弯矩 $\qquad\qquad\qquad M_x = k_{Mx} pH^2 \tag{9-32a}$

剪力 $\qquad\qquad\qquad V_x = k_{Vx} pH \tag{9-33a}$

k_{N_θ}、k_{Mx} 和 k_{Vx} 为池壁的内力系数，p 为壁底处的最大水压力，即 $p = \gamma_w H$。

上述过程表明，池壁内力的计算步骤是相当烦琐的。但如果将内力系数编制成表，就可以在相当大的程度上简化计算。

公式（9-34）～公式（9-36）中的 $\frac{H}{S}$（包含在 G_1、G_2 中）和 $\frac{x}{S}$ 可以表达为：

$$\left. \begin{array}{l} \dfrac{H}{S} = \sqrt[4]{12\left(1-\nu^2\right)}\sqrt{\dfrac{H^2}{dh}} \\[3mm] \dfrac{x}{S} = \sqrt[4]{12\left(1-\nu^2\right)}\sqrt{\dfrac{H^2}{dh}}\dfrac{x}{H} \end{array} \right\} \tag{9-37}$$

式中　d——水池的计算直径。

上式表明，在水池尺寸确定以后，即 $\frac{H^2}{dh}$ 为确定值时，所有内力系数都是 $\frac{x}{H}$ 的函数。

$\dfrac{H^2}{dh}$ 为池壁的特征常数；$\dfrac{x}{H}$ 则为所取计算点的相对纵坐标（以壁顶为原点）。实践表明，利用这样的函数关系编制的内力系数表，在设计中应用起来相当方便。附录 4-1 中的附表 4-1（1）和附表 4-1（2）就是上述顶端自由、底端固定时池内水压力作用下的内力系数表。

用同样的方法可以推导出其他边界条件和荷载状态下的内力计算公式，并编制成内力系数表，附录 4-1 就是常用的圆水池池壁内力系数表。

仔细研究一下附录 4-1 的各内力系数表，可以发现内力沿池壁高度方向的分布具有一个共同特点，即边缘约束力的影响区域随着 $\dfrac{H^2}{dh}$ 值的增大而迅速缩小，这对于设计实践中简化内力计算具有重要意义。下面以两种情况为例说明这一规律。

首先以顶端自由、底端固定，顶端作用有沿圆周均布的边缘力矩 M_0 的池壁为例，此边缘力矩实际上就是一种支承约束力，在 M_0 作用下池壁内所产生的竖向弯矩相对值 $\dfrac{M_x}{M_0}$ 的分布图形，可以根据附录 4-1 中附表 4-1（26）的系数画出来。图 9-12 画出了几种不同 $\dfrac{H^2}{dh}$ 的值时池壁 $\dfrac{M_x}{M_0}$ 的分布曲线，从图中可以看出，当 $\dfrac{H^2}{dh} \geqslant 8$ 时，M_0 的主要影响区在 M_0 作用端的约 $0.4H$ 范围以内，而远端弯矩接近于零，说明 M_0 基本上不会传递到另一端去。

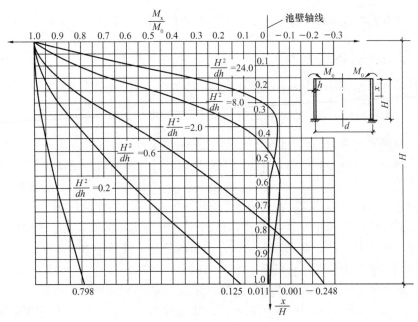

图 9-12　不同 $\dfrac{H^2}{dh}$ 值时池壁 $\dfrac{M_x}{M_0}$ 的分布曲线

我们再来看图 9-13 的情况。这是顶端自由，底端固定，池内水压力作用下的池壁环向力相对值 $\dfrac{N_\theta}{pr}$ 分布曲线，图中虚线为两端自由时环向力分布线，将底端固定时的各条分布曲线与这条虚线比较，可以看出底部固定约束的影响区域同样表现出随 $\dfrac{H^2}{dh}$ 值的增大而

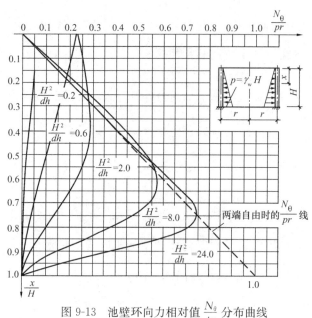

图 9-13 池壁环向力相对值 $\frac{N_\theta}{pr}$ 分布曲线

缩小的趋势。当 $\frac{H^2}{dh} = 8$ 时，底部固定的影响仅及下端约 $0.4H$ 的范围内，而上端 $0.6H$ 范围内的环向力分布曲线非常接近于两端自由时的分布线，说明在这一区段内的环向力并不（或很少）受底端固定的影响。当 $\frac{H^2}{dh} = 24$ 时，固定端的影响区更进一步缩小到 $0.25H$ 的范围内，反之，当 $\frac{H^2}{dh}$ 值很小时（如 $= 0.2$），端部约束将影响到池壁整个高度范围而使环向力大为减小，竖向弯矩则相应增大，可见此时荷载主要将由竖向承受，环向的作用则明显减弱。

根据上述分析，在工程实践中，对端部有约束的池壁，可根据 $\frac{H}{S}$ 或 $\frac{H^2}{dh}$ 值的大小分为两类，以便于进一步简化计算。即当 $\frac{H}{S} > 2.65 \left(约相当于 \frac{H^2}{dh} > 2.0\right)$ 时，通常称为长壁圆水池，计算时可以忽略两端约束力的相互影响，即计算一端约束力作用时，不管另一端为何种支承条件，均可将另一端假设为自由端；当 $\frac{H}{S} \leqslant 2.65 \left(\frac{H^2}{dh} \leqslant 2.0\right)$ 时，称为短壁圆水池，这时不能忽略两端约束力的相互影响，必须按精确理论计算。

当然，对于可以直接利用附录 4-1 内力系数表进行计算的水池，这种划分没有什么意义，但对于支承条件超出了附录 4-1 范围的水池，例如端部为弹性固定的水池，如果为长壁水池，则计算可以大为简化。况且在工程实际中，大多数圆水池均属于长壁水池。

附录 4-1 包括底端固定、顶端自由；底铰支、顶自由；两端固定；两端铰支和底固定、顶铰支五种边界条件，在三角形荷载、矩形荷载和几种常见边缘力作用下的池壁内力系数表。对于梯形分布荷载，可将荷载分为两部分，一部分为三角形荷载，一部分为矩形荷载，利用附录 4-1 分别计算这两部分荷载引起的内力，然后再叠加起来，就是梯形荷载引起的池壁内力。此外，所有边缘约束都可以用边缘约束力来代替，并将边缘约束力视为外力来分析池壁内力。因此，工程中可能遇到的各种边界条件和荷载状态的等厚壁圆柱形水池的池壁内力，基本上都可以利用附录 4-1 的内力系数来解决。

附录 4-1 的内力系数表只列出了 $\frac{H^2}{dh} \leqslant 56$ 的内力系数，习惯上将 $\frac{H^2}{dh} > 56$ 的圆形水池称为深池，以往有不少文献认为深池可以忽略端部约束影响，只需按静定圆环（即按两端自由）计算环向力，而边缘竖向约束力只需配置构造钢筋即足以抵抗，但是分析表明，这样做的结果对端部竖向弯矩的承载能力有可能不够，可能导致端部出现过大的水平裂缝而影响使用，因此，建议对深池仍应作比较精确的计算。深池的内力也可以利用附录 4-1 的内力系数表进行计算。分析附录 4-1 的内力系数可以发现，对 $\dfrac{H^2}{dh}=28\sim56$ 的池壁，约束端的影响已相当稳定地局限于离约束端 $0.25H$ 的高度范围内。在此范围以外，侧压力引起的环向力基本上等于静定圆环的环向力，竖向弯矩则等于或接近于零。由此可以推知，$\dfrac{H^2}{dh}>56$ 的池壁，端部约束的影响也不会超出 $0.25H$ 的范围，在此范围以外，可以只按静定圆环计算环向力；在此范围以内则应按约束端的实际边界条件计算池壁内力。这一部分池壁内力可取靠约束端高度为 $H'=\sqrt{56dh}$ 的一段水池，按一端有约束，另一端为自由的池壁，用附录 4-1 中相应边界条件和荷载状态下 $\dfrac{H^2}{dh}=56$ 的内力系数进行计算，具体方法可通过下面的例题来说明。

【例 9-1】一敞口圆水池，池壁高 $H=23\text{m}$，直径 $d=9.75\text{m}$，壁厚 $h=500\text{mm}$。池壁与底板按固定计算。试计算池壁在池内水压力作用下的内力标准值。

【解】

池壁特征常数 $\dfrac{H^2}{dh}=\dfrac{23^2}{9.75\times0.5}=108.5>56$

故此水池为深池，在离底端 $0.25H=0.25\times23=5.75\text{m}$ 范围以上可只按静定圆环计算由水压力引起的环向拉力，离池顶任意高度 x（$x<H-0.25H=17.25\text{m}$）处的环向拉力标准值按下式计算：

$$N_{\theta k,x}=p_{wk,x}\dfrac{d}{2}=\gamma_w x\dfrac{d}{2}$$

$$=10\times\dfrac{9.75}{2}\times x=48.75x\ \text{kN/m}$$

此部分的环向拉力计算过程从略，计算结果见图 9-15（a）。

下部 $0.25H=5.75\text{m}$ 高度范围内的内力按高度为：

$H'=\sqrt{56dh}=\sqrt{56\times9.75\times0.5}=16.52\text{m}$，顶端自由，底端固定的水池计算。此水池的池壁侧压力标准值，

顶端为：$p_{wk,2}=10\times(23-16.52)=64.8\text{kN/m}^2$

底端为：$p_{wk,1}=10\times23=230\text{kN/m}^2$

水池计算图形如图 9-14 所示。

$H'=16.52\text{m}$ 段的顶点为原点，任一计算点至原点的坐标为 x'。由于只需计算底部 5.75m 高度范围内的内力，故实际计算 $x'=0.6H'\sim1.0H'$（相当于底部 6.608m 范围）的一段。由于荷载为梯形分布，应分解为三角形和矩形，三角形分布荷载的最大值为 $p=p_{wk,1}-p_{wk,2}=165.2\ \text{kN/m}^2$，矩形分布荷载为 $p=p_{wk,2}=64.8\text{kN/m}^2$。内力系数由附录 4-1 附表 4-1（1）、附表4-1（2）、附表 4-1（12）和附表 4-1

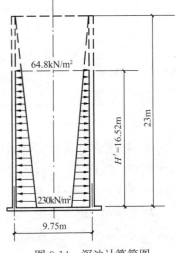

图 9-14 深池计算简图

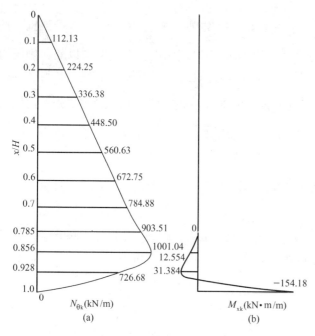

图 9-15 深池的内力分布图

(13) 查得。各坐标点的内力见表 9-1。

整个池壁的环向拉力标准值 $N_{\theta k}$ 和竖向弯矩标准值 M_{xk} 的分布如图 9-15 所示,如果按较精确的方法计算,可得边缘弯矩 $M_{xk} = -153.56\text{kN} \cdot \text{m/m}$。可见按上述近似方法计算可得相当精确的边缘弯矩值。本例表明,深池的边缘约束影响范围不大,但边缘弯矩值不小,一般仍应按计算配置钢筋。

2. 壁端弹性固定时的内力计算

弹性固定不同于固定之处,在于前者的端节点可以产生一定的弹性转动,此时,池壁弹性固定端的边界力不但和池壁所直接承受的侧向荷载有关,而且和与之连接的顶板或底板所承受的垂直荷载以及池壁及顶板或底板的抗弯刚度有关。因此,边端为弹性固定的池壁内力计算,关键在于如何确定其边界力。边界力确定以后,就可以视之为外力,分别计算边界力和侧向荷载所引起的内力,叠加后就得到了在侧向荷载作用下,边端为弹性固定的池壁内力。下面说明其具体计算方法。

底端弯矩 $0.6H' \sim 1.0H'$ 范围的内力计算　　　　表 9-1

$\dfrac{x}{H}$	$\dfrac{x'}{H'}$	三角形荷载作用				矩形荷载作用				$N_{\theta k}$ (kN/m)	M_{xk} (kN·m/m)
		k_{N_θ}	$k_{N_\theta} pr$	k_{Mx}	$k_{Mx} pH'^2$	k_{N_θ}	$k_{N_\theta} pr$	k_{Mx}	$k_{Mx} pH'^2$		
		①	②	③	④	⑤	⑥	⑦	⑧	②+⑥	④+⑧
0.713	0.6	0.600	483.21	0.0000	0	1.000	315.90	0.0000	0	799.11	0
0.785	0.7	0.721	580.66	0.0000	0	1.022	322.85	0.0000	0	903.51	0
0.856	0.8	0.837	674.08	0.0002	9.017	1.035	326.96	0.0002	3.537	1001.04	12.554
0.928	0.9	0.625	503.34	0.0005	22.542	0.707	223.34	0.0005	8.842	726.68	31.384
1.0	1.0	0.000	0	−0.0024	−108.20	0.000	0	−0.0026	−45.98	0	−154.18

1. 弹性固定端边界力的确定

弹性固定端的边界力包括边界弯矩和边界剪力两项。对平顶和平底圆水池,可以认为节点无侧移,边界弯矩可以用力矩分配法进行计算。

池壁两端都是弹性固定的有盖圆水池,绝大部分为长壁圆水池,此时可以忽略两端边界力的相互影响,即在力矩分配法中,不必考虑节点间的传递,这就使力矩分配法的整个过程简化为只需对各个节点的不平衡弯矩进行一次分配。因此,池壁边界力可按下列公式计算:

$$M_i = \overline{M}_i - (\overline{M}_i + \overline{M}_{sl,i}) \frac{K_w}{K_w + K_{sl,i}} \qquad (9\text{-}38)$$

式中　　M_i——池壁底端（$i=1$）或顶端（$i=2$）的边缘弯矩；

　　　　$\overline{M}_i$——池壁底端或顶端的固端弯矩，可利用附录 4-1 中端部为固定时在池壁侧压力作用下的弯矩系数确定；对底端 M_1，取 $x=1.0H$，对顶端 M_2，取 $x=0.0H$；

　　　$\overline{M}_{sl,i}$——底板（$i=1$）或顶板（$i=2$）的固端弯矩；

　　　$K_{sl,i}$——底板或顶板沿周边单位弧长的边缘抗弯刚度（见第 8 章）；

　　　K_w——池壁单位宽度的边缘抗弯刚度，按下式计算：

$$K_w = k_{M\beta} \frac{Eh^3}{H} \qquad (9\text{-}39)$$

　　　$k_{M\beta}$——池壁刚度系数，由附录 4-1 中的附表 4-1（30）查得。

公式（9-38）中各项弯矩的符号均以使节点反时针方向转动为正。

利用附录 4-1 的内力系数计算长壁圆水池时，不必在内力计算以前算出边界剪力。

2. 池壁内力计算

边界弯矩确定以后，可将弹性支承取消，代之以铰接和边界弯矩，池壁内力即可用叠加法求得。

现以两端均为弹性固定，池内作用有水压力的长壁圆水池为例，其内力计算过程可用图 9-16 来表示。

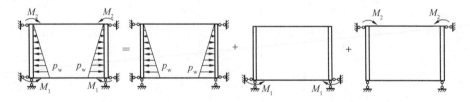

图 9-16　壁端弹性固定时的内力分析

在图 9-16 等号右边的第二、三两项中，根据长壁圆水池的特点，忽略了远端影响，因此把没有边界力作用的一端看成是自由端。第一、二两项计算简图在附录 4-1 中均有现成的内力系数可以直接利用，第三项计算简图只要将附录 4-1 中附表 4-1（24）和附表 4-1（25）倒转使用，即 x 由底端起向上量。

必须注意，在用力矩分配法计算边界力矩时，力矩的符号是以使节点反时针转动为正，现在计算内力时，必须回复到以使池壁外侧受拉为正。

两端都是弹性固定的短壁圆水池，边界力的相互影响使计算复杂化，但这种情况很少遇到。

3. 壁面温差作用下的池壁内力计算

计算池壁由于壁面温差作用引起的内力时，除了前面计算由于侧压力引起的内力所采用的基本假设外，还基于下列假设，即

（1）池壁处于稳定温度场，即池壁内外介质温度为恒定而与时间无关，且内部或外部介质的温度处处相同；

（2）温度沿池壁厚度的分布为线性；

（3）不考虑可能同时存在的季节温差作用所引起的变形和内力。

根据以上假定，作为池壁的圆柱壳仍具有轴对称的变形与内力状态，如图 9-10 所示，只是不存在侧向荷载 p_x。此时根据静力平衡条件、应变和位移之间的几何关系及应力和应变之间的物理关系建立的内力和位移的关系式，以及壳体弹性曲面的基本微分方程为：

$$N_\theta = \frac{Eh}{r}w \tag{9-40}$$

$$M_x = -D\left[\frac{d^2w}{dx^2} + (1+\nu)\alpha_T\frac{\Delta T}{h}\right] \tag{9-41}$$

$$M_\theta = -D\left[\nu\frac{d^2w}{dx^2} + (1+\nu)\alpha_T\frac{\Delta T}{h}\right] \tag{9-42}$$

$$V_x = -D\frac{d^3w}{dx^3} \tag{9-43}$$

及
$$\frac{d^4w}{dx^4} + \frac{4}{S^4}w = 0 \tag{9-44}$$

式中　ΔT——壁面温差或壁面湿度当量温差；

　　　α_T——材料的线膨胀系数，对混凝土可取 $\alpha_T = 1.0 \times 10^{-5}\left(\frac{1}{℃}\right)$

其余符号的意义同前。

方程（9-44）的解为：

$$w = C_1 A\left(\frac{x}{S}\right) + C_2 B\left(\frac{x}{S}\right) + C_3 C\left(\frac{x}{S}\right) + C_4 D\left(\frac{x}{S}\right) \tag{9-45}$$

对上式进行逐次微分，并利用式（9-40）～式（9-44），可得池壁转角和内力的一般表达式：

$$\beta = \frac{1}{S}\left[-4C_1 D\left(\frac{x}{S}\right) + C_2 A\left(\frac{x}{S}\right) + C_3 B\left(\frac{x}{S}\right) + C_4 C\left(\frac{x}{S}\right)\right] \tag{9-46}$$

$$N_\theta = \frac{Eh}{r}\left[C_1 A\left(\frac{x}{S}\right) + C_2 B\left(\frac{x}{S}\right) + C_3 C\left(\frac{x}{S}\right) + C_4 D\left(\frac{x}{S}\right)\right] \tag{9-47}$$

$$M_x = -D\left\{\frac{1}{S^2}\left[-4C_1 C\left(\frac{x}{S}\right) - 4C_2 D\left(\frac{x}{S}\right) + C_3 A\left(\frac{x}{S}\right) + C_4 B\left(\frac{x}{S}\right)\right] + (1+\nu)\alpha_T\frac{\Delta T}{h}\right\} \tag{9-48}$$

$$M_\theta = -D\left\{\frac{\nu}{S^2}\left[-4C_1 C\left(\frac{x}{S}\right) - 4C_2 D\left(\frac{x}{S}\right) + C_3 A\left(\frac{x}{S}\right) + C_4 B\left(\frac{x}{S}\right)\right] + (1+\nu)\alpha_T\frac{\Delta T}{h}\right\} \tag{9-49}$$

$$V_x = -\frac{D}{S^3}\left[-4C_1 B\left(\frac{x}{S}\right) - 4C_2 C\left(\frac{x}{S}\right) - 4C_3 D\left(\frac{x}{S}\right) + C_4 A\left(\frac{x}{S}\right)\right] \tag{9-50}$$

利用边界条件求出积分常数 C_1、C_2、C_3 和 C_4，就可得到各种特定边界条件下的位移和内力计算公式。对于常见的边界条件，从设计实用出发，只要建立了两端固定池壁在壁面温差作用下的内力计算公式，其他边界条件的池壁就可以利用这些公式和附录 4-1 的有关内力系数表进行计算，而不必将每种边界条件的池壁计算公式都推导出来。因此，下面仅推导两端固定池壁的计算公式和如何利用这些公式及附录 4-1 的内力系数表来计算几种其他边界条件的池壁内力。

1. 两端固定的池壁在壁面温差作用下的内力计算

两端固定时池壁的边界条件为：

$x = 0$ 时, $w = 0, \beta = 0$

$x = H$ 时, $w = 0, \beta = 0$

将其代入式（9-45）和式（9-46），很容易解得积分常数 $C_1 = C_2 = C_3 = C_4 = 0$，因此，由式（9-47）～式（9-50）可知，池壁沿高度任一点处的环向力 N_θ 和剪力 V_x 均为零，而竖向弯矩和环向弯矩则为：

$$M_x = M_\theta = -D(1+\nu)\alpha_T \frac{\Delta T}{h} \tag{9-51a}$$

如果将 D 以式（9-21）代入，并取 $\nu = \frac{1}{6}$ ，则上式可变化为：

$$M_x = M_\theta = -0.1Eh^2\alpha_T \Delta T = -M_T \tag{9-51}$$

式中　$M_T = 0.1Eh^2\alpha_T \Delta T$ 。当壁外表面温度高于壁内表面温度时，ΔT 取正值，反之，取负值。即 ΔT 当为正值时，M_x 和 M_θ 将为使壁内受拉的负弯矩。这一符号规则是与池壁在侧压力作用下的内力符号规则一致的。

以上推导和所建立的公式表明，两端固定的圆柱壳在轴对称的壁面温差作用下处于完全约束状态，不可能产生任何变形（径向位移 $w = 0$；转角 $\beta = 0$），而使筒壁产生纯弯温度内力。如果说在线性分布侧压力作用下，两端自由的池壁处于最简单的内力状态，则在壁面温差作用下，两端固定的池壁处于最简单的内力状态。在侧压力作用下，两端有约束的池壁内力，可以用两端自由的池壁在侧压力作用下的内力叠加上两端在约束力作用下的内力来解决；在壁面温差作用下，两端有非固定约束或自由端的池壁内力，则可以用两端固定的池壁在壁面温差作用下的内力叠加上在非固定约束端或自由端作用有与固定端弯矩方向相反的边缘弯矩时的内力。由此可见，在壁面温差作用下的圆柱壳内力计算方法中，两端固定的圆柱壳是一种基本结构。

2. 具有非固定端的池壁在壁面温差作用下的内力计算

本书所采用的对具有非固定端的池壁在壁面温差作用下的内力计算方法，其基本原理已在上面作了介绍，下面就来介绍具体方法。

这里所指的非固定端包括自由、铰支和弹性固定三种情况。下面介绍几种常见边界条件的池壁计算方法。

（1）两端自由

两端自由池壁由壁面温差引起的内力可按下列公式计算：

$$M_x = -M_T + k_{Mx,1}M_T + k_{Mx,2}M_T = (k_{Mx,1} + k_{Mx,2} - 1)M_T \tag{9-52}$$

$$M_\theta = -M_T + \nu(k_{Mx,1} + k_{Mx,2})M_T = \frac{1}{6}(k_{Mx,1} + k_{Mx,2} - 6)M_T \tag{9-53}$$

$$N_\theta = (k_{N_\theta,1} + k_{N_\theta,2})\frac{M_T}{h} \tag{9-54}$$

式中　$k_{Mx,1}$、$k_{Mx,2}$ ——分别为底端和顶端作用有 M_T 时池壁的弯矩系数，由附录 4-1 附表 4-1（20）查得；

$k_{N_\theta,1}$、$k_{N_\theta,2}$——分别为底端和顶端作用有 M_T 时的池壁环向力系数，由附表 4-1（21）查得。

注意附表 4-1（20）和表 4-1（21）是弯矩作用在底端的内力系数，$k_{Mx,1}$ 和 $k_{N_\theta,1}$ 可以直接查用，$k_{Mx,2}$ 和 $k_{N_\theta,2}$ 则应将坐标倒转，即以底端为 $0.0H$。如果以顶端为 $0.0H$ 时某一点的坐标为 x，则该点对底端为 $0.0H$ 时的坐标为 $x' = H - x$。

（2）顶端自由、底端固定

此时池壁的弯矩和环向力仍可按式（9-52）～式（9-54）计算，但应取 $k_{Mx,1}$ 及 $k_{N_\theta,1}$ 为零，$k_{Mx,2}$ 及 $k_{N_\theta,2}$ 则可直接从附表 4-1（26）和附表 4-1（27）查用。池壁底端的剪力可按下式计算：

$$V_x = k_{Vx} M_T / H \qquad (9\text{-}55)$$

式中剪力系数可从附表 4-1（27）查得。

（3）顶端自由、底端铰接；顶端铰接、底端固定；两端铰接

对这三种边界条件的池壁，在理论上也可以利用式（9-52）～式（9-54）来计算池壁弯矩和环向力，只是附录 4-1 没有列入这三种边界条件的池壁在边界力作用下的内力系数表。

只有对长壁圆水池才可以利用附录 4-1 附表 4-1（20）～附表 4-1（25）的内力系数来进行计算。以顶端自由、底端铰接的长壁圆水池为例，利用式（9-52）～式（9-54）计算池壁内力所反映的内力叠加过程如图 9-17 所示。

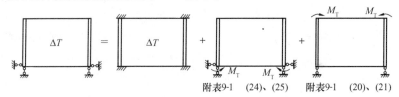

图 9-17　顶端自由、底端铰接池壁内力叠加过程

顶端或底端的剪力可按下式计算：

$$V_x = (k_{Vx,1} + k_{Vx,2}) \frac{M_T}{H} \qquad (9\text{-}56)$$

（4）具有弹性固定端的池壁

具有弹性固定端的池壁仍可采用上述叠加法进行计算。例如两端都为弹性固定的长壁圆水池，其叠加过程如图 9-18 所示。

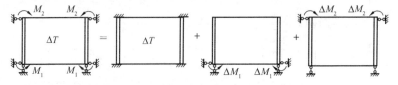

图 9-18　弹性固定端池壁内力叠加过程

在图 9-18 中等号左边的计算简图中，用作用有弹性约束弯矩 $M_i (i = 1,2)$ 的铰支座代替实际的弹性固定支座，边缘弯矩仍然可用力矩分配法，即式（9-38）确定。此时池壁固端弯矩的绝对值为 $|M_T|$，其正负号应按力矩分配法的符号规则来确定；底板不考虑板面温差，故底板的固端弯矩为零，顶板宜按与池壁相同的壁面温差确定固端弯矩。从

弹性力学中类似于前面圆柱壳的基本方程的推导可知，顶板在板面温差作用下的固端弯矩为：

$$\overline{M}_{sl,2} = -M_{T,sl,2} = 0.1Eh_2^2\alpha_T\Delta T \qquad (9\text{-}57)$$

式中　h_2 为顶板的厚度；其余符号的意义同式（9-51）。式中的"－"号只是表示弯矩的作用方向与温度应变引起的弯曲方向相反。在力矩分配法中，其正负号应按力矩分配法的符号规则来确定。由式（9-51）与式（9-57）可知，当顶板与池壁所采用的材料相同，且截面厚度相同时，池壁与顶板具有大小相等、方向相反的固端弯矩，此时可将壁顶视为固定。

在图 9-18 中等号右边三项叠加的结果应满足实际的边界条件，故第二项和第三项中的边界力 ΔM_1 和 ΔM_2 应分别为通过力矩分配法分配给池壁底端或顶端的节点不平衡力矩，即式（9-38）中等号右边的第二项。

综上所述，对两端为弹性固定的池壁，其在壁面温差作用下的池壁内力可按下列公式计算：

$$M_x = -M_T + k_{Mx,1}\Delta M_1 + k_{Mx,2}\Delta M_2 \qquad (9\text{-}58)$$

$$M_\theta = -M_T + \frac{1}{6}(k_{Mx,1}\Delta M_1 + k_{Mx,2}\Delta M_2) \qquad (9\text{-}59)$$

$$N_\theta = k_{N_\theta,1}\frac{\Delta M_1}{h} + k_{N_\theta,2}\frac{\Delta M_2}{h} \qquad (9\text{-}60)$$

$$V_x = k_{Vx,1}\frac{\Delta M_1}{H} + k_{Vx,2}\frac{\Delta M_2}{H} \qquad (9\text{-}61)$$

式中 ΔM_i（$i = 1,2$）按下式计算：

$$\Delta M_i = (M_T - M_{T,sl,i})\frac{K_w}{K_w + K_{sl,i}} \qquad (9\text{-}62)$$

对底板取 $M_{T,sl,i} = M_{T,sl,1} = 0$。其余符号同前。

对只有一端为弹性固定，另一端为其他边界条件的池壁，读者可以举一反三，不难自行推出计算方法。

以上所有计算公式都是基于结构为匀质弹性连续体，这与混凝土不尽相符，特别是混凝土的徐变和裂缝将使构件的刚度降低，温度内力松弛。因此，按上面方法计算的温度内力均应乘以折减系数 η_{red}，可按 0.65 采用。

在承载力极限状态计算时，以上温度内力尚应乘以荷载分项系数 1.5。

9.4.3　池壁截面设计

池壁截面设计包括：

（1）计算所需的环向钢筋和竖向钢筋；

（2）按环拉力作用下不允许出现裂缝的要求验算池壁厚度；

（3）验算竖向弯矩作用下的裂缝宽度；

（4）按斜截面受剪承载力要求验算池壁厚度。

池壁环向钢筋应根据最不利荷载组合所引起的环向内力计算确定。严格地说，这些内力包括环拉力和环向弯矩两项，但当不考虑温（湿）差引起的内力时，环向弯矩 $\left(M_\theta = \nu M_x = \frac{1}{6}M_x\right)$ 的数值通常很小，可以忽略不计，故环向钢筋仅根据环拉力按轴心受拉构件的承载力公式计算确定。由于环拉力沿壁高变化，计算时可将池壁沿竖向分成若干段，每段用该段的最大环拉力来确定单位高度所需要的钢筋截面积，最后选定的钢筋应对称分布于池壁的内外两侧。当考虑温（湿）差引起的内力时，环向弯矩 M_θ 不可忽略，则环向钢筋应按偏心受拉正截面承载力公式计算确定。

竖向钢筋一般按竖向弯矩计算确定，如果池盖传给池壁的轴向压力 N_x 较大，相对偏心距 $\dfrac{e_0}{h} = \dfrac{M_x}{N_x h} < 2.0$ 时，则应考虑 N_x 的作用，并按偏心受压构件进行计算（但不考虑纵向弯曲影响，即取 $\eta = 1.0$）。池壁顶端、底端和中间应分别根据其最不利正、负弯矩计算外侧和内侧的竖向钢筋。根据弯矩分布情况，两端的竖向钢筋可在离端部一定距离处切断一部分。竖向钢筋应布置在环向钢筋的外边，以增大截面有效高度。

池壁底端如果做成滑动连接而按底端自由计算池壁内力时，考虑到实际上必然存在摩擦约束作用，可能使池壁内产生一定的竖向弯矩，故池壁仍应按底端为铰支时竖向弯矩的 $50\% \sim 70\%$（根据可滑动的程度）选择确定竖向钢筋。

池壁在环向受拉时的抗裂验算和竖向受弯（或偏压）时的裂缝宽度验算属于正常使用极限状态验算。当池壁在环向按轴心受拉或偏心受拉验算抗裂未能满足要求时，应增大池壁厚度或提高混凝土强度等级。虽然池壁斜截面受剪承载力不够时也应增大池壁厚度或提高混凝土强度等级，但这种情况很少遇到，即对池壁厚度起控制作用的主要是环向抗裂。为避免设计计算时返工，通常在设计开始阶段确定水池的结构尺寸时，就按环向抗裂要求对池壁厚度作初步估算。

池壁竖向弯矩作用下允许开裂，但最大裂缝宽度计算值应不超过附录 2 附表 2-2 (2) 的允许值。对清水池、给水处理池不应超过 0.25mm；对污水处理池不应超过 0.2mm。

9.4.4 底板设计概要

如第一节所述，水池的底板有整体式和分离式（铺砌式）两种。整体式的整个底板也就相当于水池的基础，水池的全部重量和荷载都是通过底板传给地基的。对于有支柱的水池底板，通常假设地基反力均匀分布，故其计算与顶板无异。对于无支柱的圆板，当直径不大时，也可按地基反力均布计算。但当直径较大时，则应根据有无地下水来确定计算。当无地下水时，池底荷载为土壤反力，这时应按弹性地基上的圆板来确定池底土壤反力的分布规律；当有地下水且池底荷载主要是地下水的浮力时，则应按均匀分布荷载计算，当池底处于地下水位变化幅度内时，圆板应按弹性地基（地下水位低于底板）和均布反力（地下水位最高）两种情况分别计算，并根据两种计算结果中的最不利内力来设计圆板截面。

分离式底板不参与水池主体结构的受力工作，而只是将其本身重量及直接作用在它上面的水重传给地基，通常可以认为在这种底板内不会产生弯矩和剪力，其厚度和配筋均由构造确定（参阅第 9.4 节矩形水池的底板构造）。

当采用分离式底板时，圆水池池壁的基础为一圆环，原则上应作为支承在弹性地基上的环形基础来计算。但当水池直径较大，地基良好，且分离式底板与环形基础之间未设置分离缝时，可近似地将环形基础展开成为直的条形基础进行计算，具体计算法可参阅第 9.4 节有关部分。但此时，在基础内宜按偏心受拉构件受拉钢筋的最小配筋率配置环向钢筋，且这种环向钢筋在基础截面上部及下部均应配置。

9.4.5 构造

1. 构件最小厚度

池壁厚度一般不小于200mm。现浇整体式顶板的厚度，当采用肋梁顶盖时，不宜小于100mm，采用无梁板时，不宜小于150mm。底板的厚度不宜小于200mm；由构造确定的分离式底板的厚度不宜小于120mm。

2. 池壁钢筋和保护层厚度

池壁环向钢筋的直径应不小于6mm，竖向钢筋直径应不小于8mm。每米宽度内的钢筋不应少于4根，且不宜超过10根。

池壁环向钢筋不应采用非焊接的搭接接头；受力钢筋的接头宜优先采用焊接或机械接头。受力钢筋的保护层厚度应遵守第1章表1-8的规定。

3. 池壁与顶盖和底板的连接构造

池壁两端连接的一般做法如图9-19和图9-20所示。

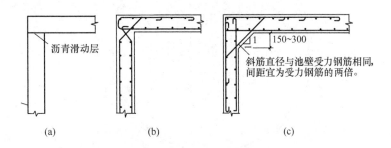

图 9-19　池壁与顶板的连接构造

（a）自由；（b）铰接；（c）弹性固定

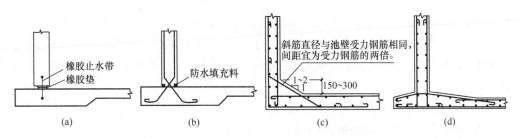

图 9-20　池壁与底板的连接构造

（a）、（b）铰接；（c）弹性固定；（d）固定

池壁和池底的连接，是一个比较重要的问题，它既要尽量符合计算假定，又要保证足够的抗渗漏能力。一般以采用固定或弹性固定较好。但对于大型水池，采用这两种连接可能使池壁产生过大的竖向弯矩，此外当地基较弱时，这两种连接的实际工作性能与计算假定的差距可能较大，因此最好采用铰接。图9-20（a）为采用橡胶垫及橡胶止水带的铰接构造，这种做法的实际工作性能与计算假定比较一致，而且其防渗漏性也比较好，但胶垫及止水带必须用抗老化橡胶（如氯丁橡胶）特制，造价较高。当地基良好，不会产生不均匀沉陷时，可不用止水带而只用橡胶垫。图9-20（b）为一种简易的铰接构造，可用于抗渗漏要求不高的水池。

9.4.6　设计实例

一容量为200m³的圆形清水池，结构方案及主要尺寸如图9-21所示。池顶覆土厚700mm，地下水位在池底以上1.8m处，地基土壤为粉土，主动土压力系数 $K_a = 0.333$，

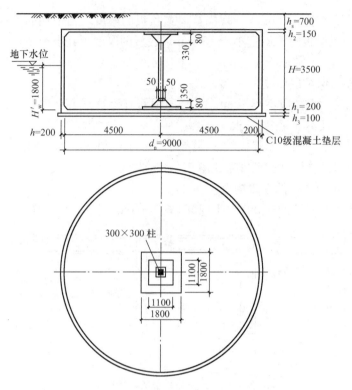

图 9-21　200m³圆形清水池结构布置图

地基承载力特征值 $f_a = 100\text{kN/m}^2$，池顶活荷载 $q_k = 2.0\text{kN/m}^2$。池体材料采用 C30 混凝土和 HRB400 级钢筋。底板下设置 C10 混凝土垫层，厚 100mm。水池内壁、顶，底板以及支柱表面均用 1：2 水泥砂浆抹面厚 20mm。水池外壁及顶面均刷冷底子油及热沥青各一道。

现根据以上资料作水池结构设计。

1. 水池自重标准值计算及抗浮验算

（1）水池自重标准值由下列各部分组成

$$\text{池盖重（包括粉刷）} = 25 \times \left(\frac{\pi}{4}d_n^2 h_2\right) + 20 \times \left(\frac{\pi}{4}d_n^2 \times 0.02\right)$$

$$= 25 \times \left(\frac{\pi}{4} \times 9.0^2 \times 0.15\right) + 20 \times \left(\frac{\pi}{4} \times 9.0^2 \times 0.02\right)$$

$$= 238.56 + 25.45 = 264.0\text{kN}$$

$$\text{池壁重（包括粉刷）} = 25 \times \left[\pi\,(d_n + h)h\,(H_n + h_1 + h_2)\right] + 20 \times (\pi d_n H_n \times 0.02)$$

$$= 25 \times \left[\pi\,(9.0 + 0.2) \times 0.2\,(3.5 + 0.15 + 0.2)\right]$$
$$+ 20 \times (\pi \times 9.0 \times 3.5 \times 0.02)$$

$$= 556.4 + 39.58 = 595.98\text{kN}$$

$$\text{池底重（包括粉刷）} = 25 \times \left(\frac{\pi}{4}d_n^2 h_1\right) + 20 \times \left(\frac{\pi}{4}d_n^2 \times 0.02\right)$$

$$= 25 \times \left(\frac{\pi}{4} \times 9.0^2 \times 0.2\right) + 20 \times \left(\frac{\pi}{4} \times 9.0^2 \times 0.02\right)$$

$$= 318 + 25.45 = 343.45 \text{kN}$$

支柱重(包括粉刷) $= 25 \times \Big[(0.08 + 0.08) \times 1.8^2 + (3.5 - 0.35 - 0.33 - 2 \times 0.08) \times 0.3^2$

$$+ \frac{0.33}{6} \times (0.3^2 + 0.96^2 + 1.26^2) + \frac{0.35}{6} \times (0.4^2 + 1.1^2 + 1.5^2) \Big] ❶$$

$$+ 20 \times \big[(3.5 - 0.35 - 0.33 - 0.08 \times 2) \times 0.30 \times 4 \times 0.02 \big] ❷$$

$$= 27.8 + 1.28 = 29.08 \text{ kN}$$

水池总自重标准值 $G_{tk} = 264.0 + 595.98 + 343.45 + 29.08 = 1232.51 \text{kN}$

（2）整体抗浮验算

总浮托力 $= \gamma_w \cdot (H'_w + h_1) \eta_{red} \cdot A$

$$= 10 \times (1.8 + 0.2) \times 1.0 \times \frac{\pi}{4} \times (9.0 + 2 \times 0.2)^2$$

$$= 1388 \text{kN}$$

式中浮托力折减系数 η_{red} 取为 1.0。

池顶覆土重标准值

$$= \gamma_s \times \frac{\pi}{4} (d_n + 2h)^2 \times h_s = 18 \times \frac{\pi}{4} (9.0 + 2 \times 0.2)^2 \times 0.7 = 874.41 \text{kN}$$

整体抗浮验算结果：

$$\frac{0.9 \, (G_{tk} + G_{sk})}{\gamma_w \cdot (H'_w + h_1) \, \eta_{red} \cdot A} = \frac{0.9 \, (1232.51 + 874.4)}{1388} = 1.37 > 1.05 \text{（满足要求）}$$

（3）局部抗浮验算

池顶单位面积覆土重标准值

$$g_{sk} = 18 \times 0.7 = 12.6 \text{ kN/m}^2$$

池底板单位面积自重标准值

$$g_{sl,1,k} = 25 \times 0.2 + 20 \times 0.02 = 5.4 \text{ kN/m}^2$$

池顶板单位面积自重标准值

$$g_{sl,2,k} = 25 \times 0.15 + 20 \times 0.02 = 4.15 \text{ kN/m}^2$$

按底面积每平方米计算的柱重标准值

$$\frac{G_{ck}}{A_{cal}} = \frac{29.08}{\frac{\pi}{4} \times 4.5^2} = 1.83 \text{ kN/m}^2$$

上式近似地取中心支柱自重分布在直径为 $\frac{d_n}{2}$ 的中心区域内。d_n 为水池内净空直径，$d_n = 9.0\text{m}$。

局部抗浮验算结果：

$$\frac{0.9 \Big(g_{sk} + g_{sl,1,k} + g_{sl,2,k} + \dfrac{G_{ck}}{A_{cal}} \Big)}{\gamma_w (H'_w + h_1) \eta_{red}}$$

注：❶ 中括号内为支柱的混凝土体积＝上、下帽顶板体积＋柱身体积＋上、下柱帽体积。

❷ 中括号内为支柱柱身的抹面砂浆体积，柱帽锥体表面的抹灰砂浆忽略不计。

$$\frac{0.9(12.6+5.4+4.15+1.83)}{10\times(1.8+0.2)1.0}=1.08>1.05(满足要求)$$

2. 地基承载力验算

覆土重、水池自重及垫层重的荷载采用标准值；当混凝土垫层的重度取 $\gamma_c=24\text{kN/m}^3$；池顶活荷载标准值 $q_k=2.0\text{kN/m}^2$，则地基土的应力为：

$$p_k=\frac{G_{tk}}{\frac{\pi}{4}(d_n+2h)^2}+\gamma_s h_s+q_k+\gamma_w H_w+\gamma_c h_3$$

$$=\frac{1232.51}{\frac{\pi}{4}(9+2\times0.2)^2}+18\times0.7+2.0+10\times3.5+24\times0.10$$

$$=17.76+12.6+2.0+35+2.4$$

$$=69.76\text{ kN/m}^2<f_a=100\text{ kN/m}^2(满足要求)$$

3. 结构内力计算

(1) 计算简图的确定

池壁和顶板及底板的连接设计成弹性固定，水池各部分的尺寸已初步确定，如图9-21所示，则池壁的计算高度为：

$$H=H_n+\frac{h_1}{2}+\frac{h_2}{2}=3.5+\frac{0.2}{2}+\frac{0.15}{2}=3.68\text{m}$$

水池的计算直径为：

$$d=d_n+h=9.0+0.2=9.2\text{m}$$

顶板及底板均按有中心支柱的圆板计算，顶板中心支柱的柱帽计算宽度为：

$$C_t=0.96+2\times0.08=1.12\text{m}$$

底板中心支柱的柱帽计算宽度为：

$$C_b=1.10+2\times0.08=1.26\text{m}$$

水池计算简图如图9-22所示。

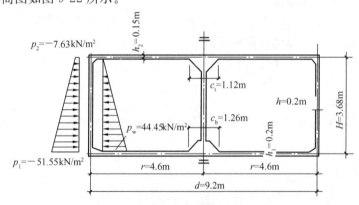

图 9-22　水池的计算简图

(2) 荷载计算

1) 池顶均布荷载设计值

板自重：　　　　　　　　　$1.3\times4.15=5.40\text{kN/m}^2$

覆土重： $1.3 \times 12.6 = 16.38 \text{kN/m}^2$

池顶活荷载： $1.5 \times 2.0 = 3.0 \text{kN/m}^2$

内力计算时必须分别考虑无覆土及覆土两种荷载组合。无覆土时，池顶荷载仅考虑上列第一项，为恒载，即

$$g_{sl,2} = 5.40 \text{kN/m}^2$$

有覆土时，应为上列各项之和，包括恒载和活荷载，即

$$g_{sl,2} + q_{sl,2} = (5.40 + 16.38) + 3.0 = 24.78 \text{kN/m}^2$$

2）池底均布荷载设计值

池顶无覆土时，池底均布荷载为：

$$g_{sl,1} = 5.40 + \frac{595.98 \times 1.3 + 29.08 \times 1.3}{\frac{\pi}{4}(9.0 + 2 \times 0.2)^2} = 5.40 + 11.71 = 17.11 \text{kN/m}^2$$

池顶有覆土时，池底均布荷载应考虑池顶活荷载及覆土重使地基土壤产生的反力，池底均布荷载为：

$$g_{sl,1} + q_{sl,1} = (5.40 + 16.38 + 11.71) + 3.0 = 36.49 \text{kN/m}^2$$

3）池壁水压力及土压力设计值

池底处的最大水压力设计值为：

$$p_w = 1.27\gamma_w H_w = 1.27 \times 10 \times 3.5 = 44.45 \text{kN/m}^2$$

池壁顶端土压力设计值为：

$$p_{ep,2} = -1.3\gamma_s (h_s + h_2) K_a$$
$$p_{ep,2} = -1.3 \times 18 \times (0.7 + 0.15) \times 0.333$$
$$= -1.3 \times 5.10 = -6.63 \text{kN/m}^2$$

底端土压力设计值为：

$$p_{ep,1} = -1.3 [\gamma_s (h_s + h_2 + H_n - H'_w) + \gamma'_s H'_w] K_a$$
$$= -1.3 \times [18 \times (0.7 + 0.15 + 3.5 - 1.8) + 10 \times 1.8] \times 0.333$$
$$= -1.3 \times 21.3 = -27.69 \text{kN/m}^2$$

地面活荷载引起的池壁附加侧压力沿池壁高度为一常数，其设计值为：

$$p_q = -1.5 \times q_k \times K_a$$
$$= -1.5 \times 2.0 \times 0.333 = -0.999 \text{kN/m}^2$$

地下水压按三角形分布，池壁底端处的地下水压力设计值为：

$$p'_w = -1.27\gamma_w H'_w = -1.27 \times 10 \times 1.8 = -22.86 \text{kN/m}^2$$

故池顶外侧的压力为：

$$p_2 = p_q + p_{ep,2} = -0.999 - 6.63 = -7.63 \text{kN/m}^2$$

池底外侧的压力为：

$$p_1 = p_q + p_{ep,1} + p'_w = -0.999 - 27.69 - 22.86 = -51.55 \text{kN/m}^2$$

（3）顶板、底板及池壁的固端弯矩设计值

1）顶板固端弯矩

由附表3-6（1）查得，当 $\beta = \dfrac{c_t}{d} = \dfrac{1.12}{9.2} = 0.122, \xi = \dfrac{x}{r} = 1.0$ 时，顶板固端弯矩系

数为－0.0518，当无覆土时，顶板固端弯矩为：

$$\overline{M}_{sl,2} = -0.0518 g_{sl,2} r^2 = -0.0518 \times 5.40 \times 4.6^2$$
$$= -5.92 \text{kN} \cdot \text{m/m}$$

有覆土时的固端弯矩为：

$$\overline{M}_{sl,2} = -0.0518 (g_{sl,2} + q_{sl,2}) r^2 = -0.0518 \times 24.78 \times 4.6^2$$
$$= -27.16 \text{kN} \cdot \text{m/m}$$

2）底板固端弯矩

由 $\beta = \dfrac{c_b}{d} = \dfrac{1.26}{9.2} = 0.137$，$\xi = \dfrac{x}{r} = 1.0$ 查得底板固端弯矩系数为－0.0503。无覆土时，底板固端弯矩为：

$$\overline{M}_{sl,1} = -0.0503 g_{sl,1} r^2 = -0.0503 \times 17.11 \times 4.6^2 = -18.21 \text{kN} \cdot \text{m/m}$$

有覆土的固端弯矩为：

$$\overline{M}_{sl,1} = -0.0503 (g_{sl,1} + q_{sl,1}) r^2 = -0.0503 \times 36.49 \times 4.6^2$$
$$= -38.83 \text{kN} \cdot \text{m/m}$$

3）池壁固端弯矩

池壁特征常数为：

$$\frac{H^2}{dh} = \frac{3.68^2}{9.2 \times 0.2} = 7.36$$

当池内满水，池外无土时，池壁固端弯矩可利用附录 4-1 中附表 4-1（3）进行计算，即

底端（$x = 1.0H$）：

$$\overline{M}_1 = -0.0161 p_w H^2 = -0.0161 \times 44.45 \times 3.68^2$$
$$= -9.69 \text{kN} \cdot \text{m/m（壁内受拉）}$$

顶端（$x = 0.0H$）：

$$\overline{M}_2 = -0.0044 p_w H^2 = -0.0044 \times 44.45 \times 3.68^2$$
$$= -2.65 \text{kN} \cdot \text{m/m（壁内受拉）}$$

当池内无水，池外有土时，将梯形分布的外侧压力分解成两部分，一部分为三角形荷载，一部分为矩形荷载，然后利用附表 4-1（3）和附表 4-1（14），用叠加法计算池壁固端弯矩，即

底端（$x = 1.0H$）：

$$\overline{M}_1 = -0.0161 (p_1 - p_2) H^2 - 0.0205 p_2 H^2$$
$$= -0.0161 (-51.55 + 7.63) \times 3.68^2 + 0.0205 \times 7.63 \times 3.68^2$$
$$= 11.69 \text{kN} \cdot \text{m/m（壁外受拉）}$$

顶端（$x = 0.0H$）：

$$\overline{M}_2 = -0.0044 (p_1 - p_2) H^2 - 0.0205 p_2 H^2$$
$$= -0.0044 (-51.55 + 7.63) \times 3.68^2 + 0.0205 \times 7.63 \times 3.68^2$$
$$= 4.74 \text{kN} \cdot \text{m/m（壁外受拉）}$$

将上述两种荷载组合的固端弯矩叠加，即可得到池内满水、池外有土时的固端弯矩，即

底端：
$$\overline{M}_1 = -9.69 + 11.69 = 2.0 \text{kN} \cdot \text{m/m}（壁外受拉）$$

顶端：
$$\overline{M}_2 = -2.65 + 4.74 = 2.09 \text{kN} \cdot \text{m/m}（壁外受拉）$$

（4）顶板、底板及池壁的弹性固定边界力矩

池壁特征常数 $\dfrac{H^2}{dh} = 7.36$，故属于长壁圆水池范畴，计算边界弯矩时，可忽略两端边界力的相互影响。边界弯矩用公式（9-38）计算确定。

各构件的边缘抗弯刚度为：

底板：$K_{sl,1} = k_{sl,1} \dfrac{Eh_1{}^3}{r} = 0.327 \times \dfrac{E \times 0.2^3}{4.6} = 5.69E \times 10^{-4}$

顶板：$K_{sl,2} = k_{sl,2} \dfrac{Eh_2{}^3}{r} = 0.320 \times \dfrac{E \times 0.15^3}{4.6} = 2.34E \times 10^{-4}$

式中系数 $k_{sl,1}$、$k_{sl,2}$ 分别由 $\dfrac{c_b}{d} = 0.137$ 及 $\dfrac{c_t}{d} = 0.122$ 从附录3-6附表3-6（4）查得。

池壁：$K_w = k_{M\beta} \dfrac{Eh^3}{H} = 0.8593 \times \dfrac{E \times 0.2^3}{3.68} = 1.868E \times 10^{-3}$

式中系数 $k_{M\beta}$ 由 $\dfrac{H^2}{dh} = 7.36$ 从附录4-1附表4-1（30）两端固定栏查得。

1）第一种荷载组合（池内满水、池外无土）时的边界弯矩

各构件固端弯矩为：
$$\overline{M}_1 = +9.69 \text{kN} \cdot \text{m/m}; \overline{M}_2 = -2.65 \text{kN} \cdot \text{m/m}$$
$$\overline{M}_{sl,1} = +18.21 \text{kN} \cdot \text{m/m}; \overline{M}_{sl,2} = -5.92 \text{kN} \cdot \text{m/m}$$

注意上列弯矩符号已按力矩分配法的规则作了调整，即以使节点反时针转动为正。于是各构件的弹性固定边界弯矩可计算如下：

底端：$\quad M_1 = \overline{M}_1 - (\overline{M}_1 + \overline{M}_{sl,1}) \dfrac{K_w}{K_w + K_{sl,1}}$

$$= 9.69 - (9.69 + 18.21) \dfrac{1.868E \times 10^{-3}}{1.868E \times 10^{-3} + 5.69E \times 10^{-4}}$$

$$= -11.71 \text{kN} \cdot \text{m/m}（壁外受拉）$$

$\quad M_{sl,1} = \overline{M}_{sl,1} - (\overline{M}_{sl,1} + \overline{M}_1) \dfrac{K_{sl,1}}{K_{sl,1} + K_w}$

$$= 18.21 - (18.21 + 9.69) \dfrac{5.69E \times 10^{-4}}{5.69E \times 10^{-4} + 1.868E \times 10^{-3}}$$

$$= +11.71 \text{kN} \cdot \text{m/m}（板外受拉）$$

顶端：$\quad M_2 = \overline{M}_2 - (\overline{M}_2 + \overline{M}_{sl,2}) \dfrac{K_w}{K_w + K_{sl,2}}$

$$= -2.65 - (-2.65 - 5.92) \dfrac{1.868E \times 10^{-3}}{1.868E \times 10^{-3} + 2.34E \times 10^{-4}}$$

$$= +3.92 \text{kN} \cdot \text{m/m}（壁外受拉）$$

$$M_{sl,2} = \overline{M}_{sl,2} - (\overline{M}_{sl,2} + \overline{M}_2)\frac{K_{sl,2}}{K_{sl,2} + K_w}$$

$$= -5.92 - (-5.92 - 2.65)\frac{2.34E \times 10^{-4}}{2.34E \times 10^{-4} + 1.868E \times 10^{-3}}$$

$$= -3.92 \text{kN·m/m（板外受拉）}$$

2）第二种荷载组合（池内无水、池外有土）时的边界弯矩

此时各构件的固端弯矩为：

$$\overline{M}_1 = -11.69 \text{kN·m/m} \qquad \overline{M}_2 = 4.74 \text{kN·m/m}$$

$$\overline{M}_{sl,1} = 38.83 \text{kN·m/m} \qquad \overline{M}_{sl,2} = -27.16 \text{kN·m/m}$$

计算得各构件的弹性固定边界弯矩如下（计算过程从略）：

底端： $\qquad M_1 = -32.5 \text{kN·m/m（壁外受拉）}$

$\qquad\qquad M_{sl,1} = +32.5 \text{kN·m/m（板外受拉）}$

顶端： $\qquad M_2 = +21.94 \text{kN·m/m（壁外受拉）}$

$\qquad\qquad M_{sl,2} = -21.94 \text{kN·m/m（板外受拉）}$

3）第三种荷载组合（池内有水、池外有土）时的边界弯矩

各构件的固端弯矩为：

$$\overline{M}_1 = -2.0 \text{kN·m/m} \qquad \overline{M}_2 = +2.09 \text{N·m/m}$$

$$\overline{M}_{sl,1} = 38.83 \text{kN·m/m} \qquad \overline{M}_{sl,2} = -27.16 \text{kN·m/m}$$

算得各构件的弹性固定边界弯矩如下：

底端：

$$M_1 = -30.25 \text{kN·m/m（壁外受拉）}$$

$$M_{sl,1} = +30.25 \text{kN·m/m（板外受拉）}$$

顶端：

$$M_2 = +21.32 \text{kN·m/m（壁外受拉）}$$

$$M_{sl,2} = -21.32 \text{kN·m/m（板外受拉）}$$

（5）顶盖结构内力计算

1）顶板弯矩

从以上计算结果可以看出，使顶板产生最大跨中正弯矩的应是第三种荷载组合，而使顶板产生最大边缘负弯矩的应是第二种荷载组合。但是，这两种不同荷载组合下的边界弯矩非常接近，故为了简化计算，均以第二种荷载组合进行计算。

此时，顶板可取如图9-23所示的计算简图。顶板弯矩利用附录3-6附表3-6（2）和

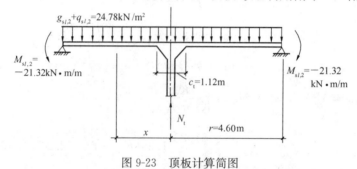

图 9-23　顶板计算简图

附表 3-6（3）以叠加法求得。径向弯矩和切向弯矩的设计值分别见表 9-2 和表 9-3，径向弯矩和切向弯矩的分布见图 9-24。

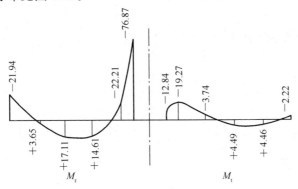

图 9-24　顶板弯矩图

顶板的径向弯矩 M_r　　　　　　　　　　　　　　　　　　　　表 9-2

计算截面 $\xi=\dfrac{x}{r}$	$g_{sl,2}+q_{sl,2}$ 作用下的 M_r (kN·m/m)		$M_{sl,2}$ 作用下的 M_r (kN·m/m)		M_r (kN·m/m)	$M_r \times 2\pi x$ (kN·m)
	$\bar{K}_r$	$\bar{K}_r \times (g_{sl,2}+q_{sl,2}) \times r^2$	$\bar{K}_r$	$\bar{K}_r \times M_{sl,2}$		
	①	②	③	④	⑤＝②＋④	⑤×2πx
0.122	−0.2224	−116.6	−1.8107	+39.73	−76.87	−271.1
0.20	−0.0729	−38.23	−0.7300	+16.02	−22.21	−128.38
0.40	+0.0341	+17.88	+0.1491	−3.27	+14.61	+168.9
0.6	+0.0554	+29.05	+0.5439	−11.94	+17.11	+296.71
0.8	+0.0406	+21.29	+0.8042	−17.64	+3.65	+84.4
1.00	0	0	+1.0000	−21.94	−21.94	−634.12

注：$(g_{sl,2}+q_{sl,2}) \times r^2 = 24.78 \times 4.6^2 = 524.4$ kN·m/m，$M_{sl,2} = -21.94$ kN·m/m。

顶板的切向弯矩 M_t　　　　　　　　　　　　　　　　　　　　表 9-3

计算截面 $\xi=\dfrac{x}{r}$	$g_{sl,2}+q_{sl,2}$ 作用下的 M_t (kN·m/m)		$M_{sl,2}$ 作用下的 M_t (kN·m/m)		M_t (kN·m/m)
	$\bar{K}_t$	$\bar{K}_t \times (g_{sl,2}+q_{sl,2}) \times r^2$	$\bar{K}_t$	$\bar{K}_t \times M_{sl,2}$	
	①	②	③	④	②＋④
0.122	−0.0371	−19.46	−0.3018	+6.62	−12.84
0.20	−0.0590	−30.94	−0.5318	+11.67	−19.27
0.40	−0.0176	−9.23	−0.2500	+5.49	−3.74
0.6	+0.0100	+5.24	+0.0343	−0.75	+4.49
0.8	+0.0192	+10.07	+0.2558	−5.61	+4.46
1.00	+0.0139	+7.29	+0.4337	−9.51	−2.22

注：同表 9-2 注。

2）顶板传给中心支柱的轴向压力

顶板传给中心支柱的轴向压力可以利用附录 3-6 附表 3-6（4）的系数按下式计算：

$$N_t = 1.42(g_{sl,2} + q_{sl,2})r^2 + 8.94M_{sl,2}$$
$$= 1.42 \times 524.4 + 8.94 \times (-21.94) = 548.5\text{kN}$$

3）顶板周边剪力

沿顶板周边单位弧长上的剪力可按下式计算：

$$V_{sl,2} = \frac{\left[(g_{sl,2} + q_{sl,2}) \times \frac{\pi d_n^2}{4} - N_t\right]}{\pi d_n}$$

$$= \frac{\left[24.78 \times \frac{\pi \times 9.0^2}{4} - 548.5\right]}{\pi \times 9.0} = 36.36\text{kN/m}$$

（6）底板内力计算

1）底板弯矩

底板的计算简图如图 9-25 所示。

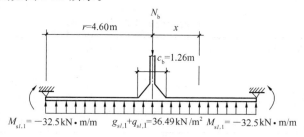

图 9-25　底板计算简图

使底端周边产生最大负弯矩的荷载组合为第二种组合，此时的荷载组合值为：
$$g_{sl,1} + q_{sl,1} = 36.49\text{kN/m}^2；M_{sl,1} = -32.5\text{kN} \cdot \text{m/m（板外受拉）}$$

使底端跨间产生最大正弯矩的荷载组合为第三种组合，此时的荷载组合值为：
$$g_{sl,1} + q_{sl,1} = 36.49\text{kN/m}^2；M_{sl,1} = -30.25\text{kN} \cdot \text{m/m（板外受拉）}$$

但两种组合仅 $M_{sl,1}$ 有微小的差别（相对差未超过 10%），故底板内力均按第二种组合计算。底板的径向弯矩和切向弯矩设计值分别见表 9-4 和表 9-5。弯矩图见图 9-26。若两种组合 $M_{sl,1}$ 相差较大时，应分别计算按内力包络图确定各截面的最不利内力。

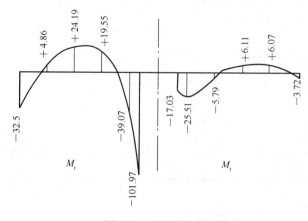

图 9-26　底板弯矩图

底板的径向弯矩 M_r 表 9-4

计算截面 $\xi = \dfrac{x}{r}$	$g_{sl,1}+q_{sl,1}$ 作用下的 M_r (kN·m/m)		$M_{sl,1}$ 作用下的 M_r (kN·m/m)		M_r (kN·m/m)	$M_r \times 2\pi x$ (kN·m)
	$\bar{K}_r$	$\bar{K}_r \times (g_{sl,1}+q_{sl,1}) \times r^2$	$\bar{K}_r$	$\bar{K}_r \times M_{sl,1}$		
	①	②	③	④	⑤=②+④	⑤×2πx
0.137	−0.2037	−157.28	−1.7019	+55.31	−101.97	−403.77
0.20	−0.0858	−66.25	−0.8364	+27.18	−39.07	−225.85
0.40	+0.0302	+23.32	+0.1161	−3.77	+19.55	+226.02
0.6	+0.0536	+41.39	+0.5293	−17.20	+24.19	+419.49
0.8	+0.0399	+30.81	+0.7985	−25.95	+4.86	+112.37
1.00	0	0	+1.0000	−32.5	−32.5	−939.3

注：$(g_{sl,1}+q_{sl,1}) \times r^2 = 36.49 \times 4.6^2 = 772.13 \text{kN·m/m}, M_{sl,1} = -32.5 \text{kN·m/m}。$

底板的切向弯矩 M_t 表 9-5

计算截面 $\xi = \dfrac{x}{r}$	$g_{sl,1}+q_{sl,1}$ 作用下的 M_t (kN·m/m)		$M_{sl,1}$ 作用下的 M_t (kN·m/m)		M_t (kN·m/m)
	$\bar{K}_t$	$\bar{K}_t \times (g_{sl,1}+q_{sl,1}) \times r^2$	$\bar{K}_t$	$\bar{K}_t \times M_{sl,1}$	
	①	②	③	④	②+④
0.137	−0.0340	−26.25	−0.2836	+9.22	−17.03
0.20	−0.0535	−41.31	−0.4862	+15.80	−25.51
0.40	−0.0182	−14.05	−0.2541	+8.26	−5.79
0.6	+0.0090	+6.95	+0.0257	−0.84	+6.11
0.8	+0.0183	+14.13	+0.2481	−8.06	+6.07
1.00	+0.0132	+10.19	+0.4280	−13.91	−3.72

注：同表 9-4 注。

2）底板周边剪力

底板周边剪力可按下式计算：

$$V_{sl,1} = \frac{\left[(g_{sl,1}+q_{sl,1}) \times \dfrac{\pi d_n^2}{4} - N_b \right]}{\pi d_n}$$

式中　N_b 为中心支柱底端对底板的压力，可按下式计算：

$$N_b = N_t + 柱自重设计值 = 548.5 + 1.3 \times 29.08 = 586.3 \text{kN}$$

于是

$$V_{sl,1} = \frac{\left[36.49 \times \dfrac{\pi \times 9.0^2}{4} - 586.3 \right]}{\pi \times 9.0} = 61.37 \text{kN/m}$$

（7）池壁内力计算

1）第一种荷载组合（池内满水、池外无土）

根据图 9-16 所示的原则进行计算。池壁承受的荷载设计值为：底端最大水压力 $p_w=44.45\text{kN/m}^2$；底端边界弯矩 $M_1=11.71\text{kN}\cdot\text{m/m}$（壁外受拉）；顶端边界弯矩 $M_2=3.92\text{kN}\cdot\text{m/m}$（壁外受拉）。

池壁环向力的计算见表 9-6，其中系数由附录 4-1、附表 4-1（6）和附表 4-1（25）查得；

池壁竖向弯矩的计算见表 9-7，其中系数由附表 4-1（5），和附表 4-1（24）查得。池壁特征常数 $\dfrac{H^2}{dh}=7.36$。

池壁两端剪力计算如下：

底端
$$V_1=-0.100p_wH+5.011\frac{M_1}{H}$$
$$=-0.100\times44.45\times3.68+5.011\times\frac{11.71}{3.68}$$
$$=-0.412\text{kN/m（向内）}$$

顶端
$$V_2=0.00164p_wH+5.011\frac{M_2}{H}$$
$$=0.00164\times44.45\times3.68+5.011\times\frac{3.92}{3.68}$$
$$=5.61\text{kN/m（向外）}$$

以上剪力计算公式及剪力系数，见附录 4-1 附表 4-1（6）和附表 4-1（25）。

2）第二种荷载组合（池内无水、池外有土）

这时池壁承受的荷载为：土压力（图 9-22）$p_1=-51.55\text{kN/m}^2$，$p_2=-7.63\text{kN/m}^2$；底端边界弯矩 $M_1=32.5\text{kN}\cdot\text{m/m}$（壁外受拉），顶端边界弯矩 $M_2=21.94\text{kN}\cdot\text{m/m}$（壁外受拉）。

根据附录 4-1 的荷载条件，必须将梯形分布荷载分解成两部分（图 9-27），其中三角形部分的底端最大值为：

$$q=p_1-p_2=-51.55-(-7.63)=-43.92\text{kN/m}^2$$

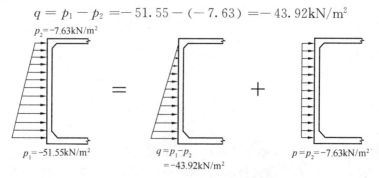

图 9-27 池壁荷载分解图

矩形部分为：

$$p=p_2=-7.63\text{kN/m}^2$$

第一种荷载组合（池内满水、池外无土）下的环向力 N_θ 表 9-6

$\dfrac{x}{H}$	x (m)	水压力作用		底端 M_1 作用		顶端 M_2 作用		N_θ (kN/m)
		k_{N_θ}	$k_{N_\theta} p_w r$	k_{N_θ}	$k_{N_\theta}\dfrac{M_1}{h}$	k_{N_θ}	$k_{N_\theta}\dfrac{M_2}{h}$	
		①	②	③	④	⑤	⑥	②+④+⑥
0.0	0.000	0.000	0	−0.032	−1.87	0	0	−1.87
0.1	0.368	0.1074	21.96	−0.044	−2.58	0.994	19.48	38.86
0.2	0.736	0.214	43.76	−0.050	−2.93	1.056	20.7	61.53
0.3	1.104	0.329	67.27	−0.037	−2.17	0.758	14.86	79.96
0.4	1.472	0.450	92.01	0.024	1.41	0.419	8.21	101.63
0.5	1.84	0.566	115.73	0.168	9.84	0.168	3.29	128.86
0.6	2.208	0.656	134.13	0.419	24.53	0.024	0.47	159.13
0.7	2.576	0.684	139.86	0.758	44.38	−0.037	−0.73	183.51
0.8	2.944	0.602	123.09	1.056	61.83	−0.050	−0.98	183.94
0.9	3.312	0.369	75.45	0.994	58.20	−0.044	−0.86	132.79
1.0	3.680	0.000	0	0.000	0	−0.032	−0.63	−0.63

注：1. x 从顶端算起。

2. 表中 $p_w r = 44.45 \times 4.6 = 204.47$ kN/m；$\dfrac{M_1}{h} = \dfrac{11.71}{0.2} = 58.55$ kN/m；$\dfrac{M_2}{h} = \dfrac{3.92}{0.2} = 19.6$ kN/m。

第一种荷载组合（池内满水、池外无土）下的竖向弯矩 M_x 表 9-7

$\dfrac{x}{H}$	x (m)	水压力作用		底端 M_1 作用		顶端 M_2 作用		M_x (kN·m/m)
		k_{Mx}	$k_{Mx} p_w H^2$	k_{Mx}	$k_{Mx} M_1$	k_{Mx}	$k_{Mx} M_2$	
		①	②	③	④	⑤	⑥	②+④+⑥
0.0	0.000	0	0	0	0	1.000	3.92	3.92
0.1	0.368	−0.00016	−0.096	−0.001	−0.012	0.531	2.08	1.972
0.2	0.736	−0.00026	−0.156	−0.011	−0.129	0.198	0.78	0.495
0.3	1.104	−0.0002	−0.12	−0.027	−0.316	0.016	0.063	−0.373
0.4	1.472	0.00013	0.078	−0.048	−0.562	−0.056	−0.22	−0.704
0.5	1.84	0.00102	0.614	−0.065	−0.76	−0.065	−0.255	−0.401
0.6	2.208	0.00245	1.475	−0.056	−0.656	−0.048	−0.188	0.631
0.7	2.576	0.0044	2.649	0.016	0.187	−0.027	−0.106	2.73
0.8	2.944	0.0062	3.73	0.198	2.319	−0.011	−0.043	6.006
0.9	3.312	0.0057	3.431	0.531	6.218	−0.001	−0.004	9.645
1.0	3.680	0	0	1.000	11.71	0	0	11.71

注：1. x 从顶端算起。

2. 表中 $p_w H^2 = 44.45 \times 3.68^2 = 602$ kN·m/m；$M_1 = 11.71$ kN·m/m；$M_2 = 3.92$ kN·m/m。

$\frac{x}{H}$	x (m)	三角形荷载作用		矩形荷载作用		底端 M_1 作用		顶端 M_2 作用		N_θ (kN/m)
		k_{N_θ}	$k_{N_\theta} pr$	k_{N_θ}	$k_{N_\theta} pr$	k_{N_θ}	$k_{N_\theta} \frac{M_1}{h}$	k_{N_θ}	$k_{N_\theta} \frac{M_2}{h}$	
		①	②	③	④	⑤	⑥	⑦	⑧	②+④+⑥+⑧
0.0	0	0	0	0	0	−0.032	−5.2	0	0	−5.20
0.1	0.368	0.1074	−21.70	0.473	−16.60	−0.044	−7.15	0.994	109.04	63.59
0.2	0.736	0.214	−43.23	0.816	−28.64	−0.05	−8.13	1.056	115.84	35.84
0.3	1.104	0.329	−66.47	1.014	−35.59	−0.037	−6.01	0.758	83.15	−24.92
0.4	1.472	0.45	−90.91	1.106	−38.82	0.024	3.9	0.419	45.96	−79.87
0.5	1.84	0.566	−114.35	1.131	−39.70	0.168	27.3	0.168	18.43	−108.32
0.6	2.208	0.656	−132.53	1.106	−38.82	0.419	68.09	0.024	2.63	−100.63
0.7	2.576	0.684	−138.19	1.014	−35.59	0.758	123.18	−0.037	−4.06	−54.66
0.8	2.944	0.602	−121.62	0.816	−28.64	1.056	171.60	−0.05	−5.49	15.85
0.9	3.312	0.369	−74.55	0.473	−16.60	0.994	161.53	−0.044	−4.83	65.55
1.0	3.68	0	0	0	0	0	0	−0.032	−3.51	−3.51

注：1. x 从顶端算起。

2. 表中 $qr = -43.92 \times 4.6 = -202.03$kN/m；$pr = -7.63 \times 4.6 = -35.10$kN/m，

$\frac{M_1}{h} = \frac{32.5}{0.2} = 162.5$kN/m；$\frac{M_2}{h} = \frac{21.94}{0.2} = 109.7$kN/m。

$\frac{x}{H}$	x (m)	三角形荷载作用		矩形荷载作用		底端 M_1 作用		顶端 M_2 作用		M_x (kN·m/m)
		k_{Mx}	$k_{Mx} qH^2$	k_{Mx}	$k_{Mx} pH^2$	k_{Mx}	$k_{Mx} M_1$	k_{Mx}	$k_{Mx} M_2$	
		①	②	③	④	⑤	⑥	⑦	⑧	②+④+⑥+⑧
0.0	0	0	0.000	0	0.00	0	0	1	21.94	21.94
0.1	0.368	0.00016	−0.095	0.00568	−0.59	−0.001	−0.033	0.531	11.650	10.94
0.2	0.736	−0.00026	0.155	0.0059	−0.61	−0.011	−0.358	0.198	4.344	3.53
0.3	1.104	−0.0002	0.119	0.0042	−0.43	−0.027	−0.878	0.016	0.351	−0.84
0.4	1.472	0.00013	−0.077	0.0026	−0.27	−0.048	−1.560	−0.056	−1.229	−3.13
0.5	1.84	0.00102	−0.607	0.0019	−0.20	−0.065	−2.113	−0.065	−1.426	−4.34
0.6	2.208	0.00245	−1.457	0.0026	−0.27	−0.056	−1.820	−0.048	−1.053	−4.60
0.7	2.576	0.0044	−2.617	0.0042	−0.43	0.016	0.520	−0.027	−0.592	−3.12
0.8	2.944	0.0062	−3.687	0.0059	−0.61	0.198	6.435	−0.011	−0.241	1.90
0.9	3.312	0.0057	−3.390	0.00568	−0.59	0.531	17.258	−0.001	−0.022	13.26
1.0	3.68	0	0.000	0	0.00	1	32.5	0	0	32.50

注：1. x 从顶端算起。

2. 表中 $qH^2 = -43.92 \times 3.68^2 = -594.78$kN·m/m；$pH^2 = -7.63 \times 3.68^2 = -103.33$kN·m/m；

$M_1 = 32.5$kN·m/m；$M_2 = 21.94$kN·m/m。

这种荷载组合下的环向力计算见表 9-8，竖向弯矩计算见表 9-9。表中矩形荷载作用下的环向力系数 k_{N_θ} 和竖向弯矩系数 k_{M_θ} ，分别由附录 4-1 中的附表 4-1（17）和附表 4-1（16）查得。

矩形荷载作用下的剪力系数由附表 4-1（17）查得。池壁两端剪力计算如下：

底端 $V_1 = -0.100qH - 0.098pH + 5.011\dfrac{M_1}{H}$

$\qquad = 0.100 \times 43.92 \times 3.68 + 0.098 \times 7.63 \times 3.68 + 5.011 \times \dfrac{32.5}{3.68}$

$\qquad = 63.17\text{kN/m}(向外)$

顶端 $\quad V_2 = -0.00164qH - 0.098pH + 5.011\dfrac{M_2}{H}$

$\qquad = 0.00164 \times 43.92 \times 3.68 + 0.098 \times 7.63 \times 3.68 + 5.011 \times \dfrac{21.94}{3.68}$

$\qquad = 32.89\text{kN/m}(向外)$

3）第三种荷载组合（池内满水、池外有土）

这时池壁同时承受水压力和土压力，其两端边界弯矩为：$M_1 = 30.25\text{kN} \cdot \text{m/m}$（壁外受拉）；$M_2 = 21.32\text{kN} \cdot \text{m/m}$（壁外受拉）。

利用图 9-16 的叠加原理计算这种荷载组合的内力时，水压力和土压力同时作用所引起的那部分内力可以利用前两种组合的计算结果，边界弯矩所引起的那部分内力则必须另行计算。

池壁环向力和竖向弯矩的计算分别见表 9-10 和表 9-11。

池壁两端剪力计算如下：

底端 $\quad V_1 = -0.100(p_w + q)H - 0.098pH + 5.011\dfrac{M_1}{H}$

$\qquad = -0.100 \times (44.45 - 43.92) \times 3.68 + 0.098 \times 7.63 \times 3.68$

$\qquad + 5.011 \times \dfrac{30.25}{3.68} = 43.75\text{kN/m}(向外)$

顶端 $\quad V_2 = -0.00164(p_w + q)H - 0.098pH + 5.011\dfrac{M_2}{H}$

$\qquad = -0.00164 \times (44.45 - 43.92) \times 3.68 + 0.098 \times 7.63 \times 3.68$

$\qquad + 5.011 \times \dfrac{21.32}{3.68} = 31.78\text{kN/m}(向外)$

4）池壁最不利内力的确定——内力叠合图的绘制

根据以上计算结果所绘出的环向力和竖向弯矩叠合图，如图 9-28 所示。叠合图的外包线即为最不利内力图，由图中可以看出，环拉力由第一、三两种荷载组合控制，竖向弯矩主要由第二种荷载组合控制。

剪力只需选择绝对值最大者作为计算依据。比较前面的计算结果，可知最大剪力产生于第二种荷载组合下的底端，即 $V_{max} = 63.17\text{kN/m}$ 。

第三种荷载组合（池内有水、池外有土）下的环向力 N_θ 　　　表 9-10

$\dfrac{x}{H}$	x (m)	水压力作用 (表9-6②)	土压力作用		底端 M_1 作用		顶端 M_2 作用		N_θ (kN/m)
			三角形荷载 (表9-8②)	矩形荷载 (表9-8④)	k_{N_θ}	$k_{N_\theta}\dfrac{M_1}{h}$	k_{N_θ}	$k_{N_\theta}\dfrac{M_2}{h}$	
		①	②	③	④	⑤	⑥	⑦	①+②+③ +⑤+⑦
0.0	0.000	0.00	0.00	0.00	−0.032	−4.84	0.000	0.00	−4.84
0.1	0.368	21.96	−21.70	−16.60	−0.044	−6.66	0.994	105.96	82.97
0.2	0.736	43.76	−43.23	−28.64	−0.05	−7.56	1.056	112.57	76.89
0.3	1.104	67.27	−66.47	−35.59	−0.037	−5.60	0.758	80.80	40.42
0.4	1.472	92.01	−90.91	−38.82	0.024	3.63	0.419	44.67	10.57
0.5	1.84	115.73	−114.35	−39.70	0.168	25.41	0.168	17.91	5.00
0.6	2.208	134.13	−132.53	−38.82	0.419	63.374	0.024	2.56	28.71
0.7	2.576	139.86	−138.19	−35.59	0.758	114.65	−0.037	−3.94	76.78
0.8	2.944	123.09	−121.62	−28.64	1.056	159.72	−0.050	−5.33	127.22
0.9	3.312	75.45	−74.55	−16.60	0.994	150.34	−0.044	−4.69	129.95
1.0	3.68	0.00	0.00	0.00	0.000	0.00	−0.032	−3.41	−3.41

注：1. x 从顶端算起。

2. 表中 $\dfrac{M_1}{h}=\dfrac{30.25}{0.2}=151.25\text{kN/m}$；$\dfrac{M_2}{h}=\dfrac{21.32}{0.2}=106.6\text{kN/m}$。

第三种荷载组合（池内有水、池外有土）下的竖向弯矩 M_x 　　　表 9-11

$\dfrac{x}{H}$	x (m)	水压力作用 (表9-7②)	土压力作用		底端 M_1 作用		顶端 M_2 作用		M_x (kN·m/m)
			三角形荷载 (表9-9②)	矩形荷载 (表9-9④)	k_{M_x}	$k_{M_x}M_1$	k_{M_x}	$k_{M_x}M_2$	
		①	②	③	④	⑤	⑥	⑦	①+②+③ +⑤+⑦
0.0	0.000	0.000	0.00	0.00	0.000	0.00	1.000	21.32	21.32
0.1	0.368	−0.096	−0.10	−0.59	−0.001	−0.03	0.531	11.32	10.51
0.2	0.736	−0.156	0.15	−0.61	−0.011	−0.33	0.198	4.22	3.28
0.3	1.104	−0.12	0.12	−0.43	−0.027	−0.82	0.016	0.34	−0.91
0.4	1.472	0.078	−0.08	−0.27	−0.048	−1.452	−0.056	−1.19	−2.91
0.5	1.84	0.614	−0.61	−0.20	−0.065	−1.9663	−0.065	−1.39	−3.54
0.6	2.208	1.475	−1.46	−0.27	−0.056	−1.694	−0.048	−1.02	−2.97
0.7	2.576	2.649	−2.62	−0.43	0.016	0.48	−0027	−0.58	−0.49
0.8	2.944	3.73	−3.69	−0.61	0.198	5.9895	−0.011	−0.23	5.19
0.9	3.312	3.431	−3.39	−0.59	0.531	16.06	−0.001	−0.02	15.50
1.0	3.68	0	0.00	0.00	1	30.25	0.000	0.00	30.25

注：1. x 从顶端算起。

2. 表中 $M_1=30.25\text{kN·m/m}$；$M_2=21.32\text{kN·m/m}$。

4. 截面设计

（1）顶盖结构

1）顶板钢筋计算

采用径向钢筋和环向钢筋来抵抗两个方向的弯矩，为了便于排列，径向钢筋按计算点处整个圆周上所需的钢筋截面积来计算。

取钢筋净保护层为 30mm。径向钢筋置于环向钢筋的外侧，则径向钢筋的 a_s 取 35mm，在顶板边缘及跨间，截面有效高度均为 $h_0 = 150 - 35 = 115$mm；在中心支柱柱帽周边处，板厚应包括帽顶板厚在内，则 $h_0 = 150 + 80 - 35 = 195$mm。

径向钢筋的计算见表 9-12，表中：

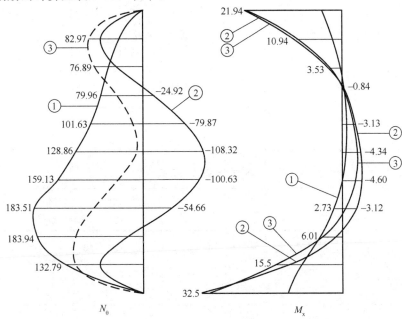

图 9-28　池壁内力叠合图

①第一种荷载组合；②第二种荷载组合；③第三种荷载组合

$$\alpha_s = \frac{M_r}{\alpha_1 f_c b h_0^2} = \frac{M_r}{1.0 \times 14.3 \times 1000 \times h_0^2} = \frac{M_r}{1.43 \times 10^4 h_0^2}$$

$$A_s = \xi b h_0 \frac{\alpha_1 f_c}{f_y} = \xi \times 2\pi x \times h_0 \times \frac{1.0 \times 14.3}{360} = 0.25 \xi x h_0$$

A_s 为半径为 x 的整个圆周上所需钢筋面积。当混凝土强度等级为 C30 时，板的最小配筋率取 $\rho_{min} = 0.2\%$ 和 $45 f_t / f_y \% = 45 \times 1.43/360\% = 0.178\%$ 中的较大值，故对应的 $A_{s,min}$ 为：

$$A_{s,min} = 0.002 \times 2\pi x \times h = 0.0126 x h$$

因此，当 $\xi < \dfrac{0.0126}{0.25} \cdot \dfrac{h}{h_0} = 0.0504 \dfrac{h}{h_0}$ 时，应按上式确定钢筋截面积。

环向钢筋的计算见表 9-13。表中 A_s 为每米宽度内的钢筋截面积。环向钢筋置于径向钢筋内侧，取 $a_s = 50$mm，各截面的有效高度 $h_0 = 150 - 50 = 100$mm，因此：

$$\alpha_s = \frac{M_t}{\alpha_1 f_c b h_0^2} = \frac{M_t}{1.0 \times 14.3 \times 1000 \times 100^2} = \frac{M_t}{1.43 \times 10^8}$$

$$A_s = \xi b h_0 \frac{\alpha_1 f_c}{f_y} = \xi \times 1000 \times 100 \times \frac{1.0 \times 14.3}{360} = 3972.2\xi$$

根据最小配筋率 $\rho_{\min} = 0.2\%$，应满足 $A_s \geqslant 0.002 \times 1000 \times 150 = 300\text{mm}^2$

径向钢筋计算表 表 9-12

截 面		M_r	h_0	$\alpha_s = \dfrac{M_r}{1.43 \times 10^4 h_0^2}$	ξ	$A_s = 0.25\xi x h_0$	配筋
x/r	x (mm)	$(10^6\text{N}\cdot\text{mm/m})$	(mm)			(mm)	
0.122	561	−76.87	195	0.141	0.153	4186.7 ⎫	30 ⏀ 14, $A_s = 4617\text{mm}^2$
0.2	920	−22.21	115	0.117	0.125	3313.9 ⎭	
0.4	1840	+14.61	115	0.077	0.0805	4258.1	58 ⏀ 10, $A_s = 4553\text{mm}^2$
0.6	2760	+17.11	115	0.090	0.095	7538.3 ⎫	
0.8	3680	+3.65	115	0.019	0.1195	2062.1 ⎭	116 ⏀ 10, $A_s = 9106\text{mm}^2$
1.0	4600	−21.94	115	0.116	0.124	16353.8	262 ⏀ 10, $A_s = 20567\text{mm}^2$

环向钢筋计算表 表 9-13

截 面		M_t	$\alpha_s = \dfrac{M_t}{1.43 \times 10^8}$	ξ	$A_s = 3972.2\xi$	配 筋
x/r	x (mm)	$(10^6\text{N}\cdot\text{mm/m})$			(mm^2/m)	
0.122	561	−12.84	0.089	0.094	374.3 ⎫	⏀ 10@130, $A_s = 604\text{mm}^2/\text{m}$
0.2	920	−19.27	0.135	0.145	576 ⎬	
0.4	1840	−3.74	0.0261	0.026	105.3 ⎭	⏀ 8@130, $A_s = 387\text{mm}^2/\text{m}$
0.6	2760	+4.49	0.0314	0.0319	126.74	⏀ 8@130, $A_s = 387\text{mm}^2/\text{m}$
0.8	3680	+4.46	0.0312	0.0317	125.9	⏀ 8@130, $A_s = 387\text{mm}^2/\text{m}$
1.0	4600	−2.22	0.0155	0.0156	62.15	⏀ 8@130, $A_s = 387\text{mm}^2/\text{m}$

2）顶板裂缝宽度验算

① 径向弯矩作用下的裂缝宽度验算

A. $x = 0.122r = 0.561\text{m}$ 处，$M_r = -76.87\text{kN}\cdot\text{m/m}$。全圈配置 30 ⏀ 14，相当于每米弧长内的钢筋截面积为：

$$A_s = \frac{4617}{2\pi \times 0.561} = 1309.8\text{mm}^2/\text{m}$$

有效受拉混凝土截面面积为：

$$A_{te} = 0.5bh = 0.5 \times 1000 \times 230 = 115000\text{mm}^2$$

按 A_{te} 计算的配筋率为：

$$\rho_{te} = \frac{A_s}{A_{te}} = \frac{1309.8}{115000} = 0.01139$$

池顶荷载设计值与准永久值的比值为:

$$\gamma_q = \frac{24.78}{4.15 + 12.6 + 2.0 \times 0.4} = 1.412$$

则用于正常使用极限状态计算的按荷载效应准永久组合计算的径向弯矩值 $M_{r,q}$ 可按下式计算:

$$M_{r,q} = \frac{M_r}{\gamma_q} = \frac{-76.87}{1.412} = -54.44 \text{kN} \cdot \text{m/m}$$

裂缝截面的钢筋拉应力为:

$$\sigma_{sq} = \frac{M_{r,q}}{0.87h_0 A_s} = \frac{54.44 \times 10^6}{0.87 \times 195 \times 1309.8} = 245 \text{ N/mm}^2$$

钢筋应变不均匀系数为:

$$\psi = 1.1 - \frac{0.65f_{tk}}{\rho_{te}\sigma_{sq}\alpha_2} = 1.1 - \frac{0.65 \times 2.01}{0.01139 \times 245 \times 1.0} = 0.632$$

裂缝宽度验算如下:

$$w_{max} = 1.8\psi\frac{\sigma_{sq}}{E_s}\left(1.5c + 0.11\frac{d}{\rho_{te}}\right)(1 + \alpha_1)\nu$$

$$= 1.8 \times 0.632 \times \frac{245}{2.0 \times 10^5} \times \left(1.5 \times 30 + 0.11 \times \frac{14}{0.01139}\right) \times (1.0 + 0)1.0$$

$$= 0.251 \text{mm} > 0.25 \text{mm}(不满足要求)$$

采用 32 Φ 14,经验算能满足要求。

B. $x = 0.4r = 1.840\text{m}$、$x = 1.0r = 4.60\text{m}$ 等截面经验算,裂缝宽度均未超过允许值,其验算过程从略。

② 切向弯矩作用下的裂缝宽度验算

从表 9-13 可以判断只需验算 $x = 0.2r = 0.920\text{m}$ 处的裂缝宽度,该处 $M_t = -19.27\text{kN} \cdot \text{m/m}$,按荷载长期效应组合计算的切向弯矩值

$M_{t,q} = \frac{M_t}{\gamma_q} = \frac{-19.27}{1.412} = -13.65\text{kN} \cdot \text{m/m}$,每米宽度内的钢筋截面积为 $A_s = 604\text{mm}^2/\text{m}(\Phi 10 @130)$,$\rho_{te} = 604/(0.5 \times 1000 \times 150) = 0.008$ 则:

$$\sigma_{sq} = \frac{M_{t,q}}{0.87h_0 A_s} = \frac{13.65 \times 10^6}{0.87 \times 100 \times 604} = 259.76\text{N/mm}^2$$

$$\psi = 1.1 - \frac{0.65f_{tk}}{\rho_{te}\sigma_{sq}\alpha_2} = 1.1 - \frac{0.65 \times 2.01}{0.008 \times 259.76 \times 1.0} = 0.471$$

$$w_{max} = 1.8\psi\frac{\sigma_{sq}}{E_s}\left(1.5c + 0.11\frac{d}{\rho_{te}}\right)(1.0 + \alpha_1)\nu$$

$$= 1.8 \times 0.471\frac{259.76}{2.0 \times 10^5} \times \left(1.5 \times 45 + 0.11\frac{10}{0.008}\right)(1.0 + 0)1.0$$

$$= 0.23 \text{mm} < 0.25 \text{mm}(满足要求)$$

3）顶板边缘受剪承载力验算

顶板边缘每米弧长的剪力设计值为 $V_{sl,2} = 36.36\text{kN/m}$，顶板边缘每米板长内的受剪承载力为：

$$V_u = 0.7 f_t b h_0 = 0.7 \times 1.43 \times 1000 \times 115 = 115115\text{N/m}$$

$$= 115.1\text{kN/m} > 36.36\text{kN/m}(满足要求)$$

4）顶板受冲切承载力验算

顶板在中心支柱的反力作用下，应按图 9-29 所示验算是否可能沿 I-I 截面或 II-II 截面发生冲切破坏。

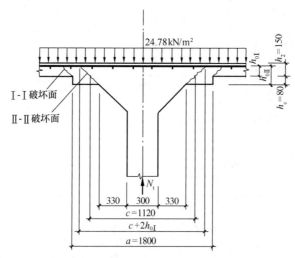

图 9-29　柱帽处受冲切承载力计算简图

① I-I 截面验算

有中心支柱圆板的受冲切承载力，当未配置抗冲切钢筋时，应按第 8 章式（8-32）进行验算。对 I-I 截面，冲切力计算公式（8-34）可具体化为：

$$F_l = N_t - (g_{sl,2} + q_{sl,2})(a + 2h_{0\,I})^2$$

前面已经算得支柱反力，即支柱顶端所承受轴向压力 $N_t = 548.5\text{kN}$，顶板荷载 $(g_{sl,2} + q_{sl,2}) = 24.78\text{kN/m}^2$，而 $a = 1800\text{mm}$，$h_{0,II} = 115\text{mm}$，则：

$$F_l = 548.5 - 24.78 \times (1.8 + 2 \times 0.115)^2 = 446.4\text{kN}$$

I-I 截面的计算周长为：

$$u_m = 4(a + h_{0\,I}) = 4 \times (1800 + 115) = 7660\text{mm}$$

I-I 截面的受冲切承载力为：

$$0.7 f_t \eta u_m h_{0\,I} = 0.7 \times 1.43 \times 0.65 \times 7660 \times 115 = 573157.5\text{N}$$

$$= 573.16\text{kN} > F_l = 446.4\text{kN}(满足要求)$$

上式中　$\eta = \eta_2 = 0.5 + \dfrac{\alpha_s h_0}{4 u_m} = 0.5 + \dfrac{40 \times 115}{4 \times 7660} = 0.65$

② Ⅱ-Ⅱ截面验算

Ⅱ-Ⅱ截面的冲切力为：

$$F_l = N_t - (g_{sl,2} + q_{sl,2}) \times (c + 2h_{0\text{I}})^2$$

$$= 548.5 - 24.78 \times (1.12 + 2 \times 0.115)^2 = 503.3\text{kN}$$

计算周长为：

$$u_m = 4(c - 2h_c + h_{0\text{Ⅱ}}) = 4 \times (1120 - 2 \times 80 + 195) = 4620\text{mm}$$

Ⅱ-Ⅱ截面的受冲切承载力为：

$$0.7 f_t \eta_t u_m h_{0\text{Ⅱ}} = 0.7 \times 1.43 \times 0.922 \times 4620 \times 195 = 831460.6\text{N}$$

$$= 831.46\text{kN} > F_l = 503.3\text{kN}$$

上式中 $\eta = \eta_2 = 0.5 + \dfrac{\alpha_s h_0}{4u_m} = 0.5 + \dfrac{40 \times 195}{4 \times 4620} = 0.922$

5）中心支柱配筋计算

中心支柱按轴心受压构件计算。轴向压力设计值为：

$$N = N_t + 柱重设计值 = 548.5 + 29.08 \times 1.3 = 586.3\text{kN}$$

式中 29.08kN 为包括上、下帽顶板及柱帽自重在内的柱重标准值。严格地说，柱重中不应包括下端柱帽及帽顶板的重量，但此项重量在 N 值中所占比率甚微，不扣除偏于安全，故为简化计算，未予扣除。

支柱计算长度近似地取为：

$$l_0 = 0.7 \left(H - \frac{c_t + c_b}{2} \right) = 0.7 \left(3.5 - \frac{1.12 + 1.26}{2} \right) = 1.62\text{m}$$

柱截面尺寸为 300mm×300mm，则柱长细比为：

$$\frac{l_0}{b} = \frac{1620}{300} = 5.4 < 8.0$$

可取 $\varphi = 1.0$，则由

$$N \leqslant 0.9\varphi(f_y' A_s' + f_c A)$$

可得

$$A_s' = \frac{N/0.9 - \varphi f_c A}{\varphi f_y'} = \frac{586.3 \times 10^3 / 0.9 - 1.0 \times 14.3 \times 300^2}{1.0 \times 360} < 0$$

故按构造配筋，选用 4 Φ 14，$A_s' = 615\text{mm}^2$；配筋率

$\rho' = \dfrac{A_s'}{bh} = \dfrac{615}{300 \times 300} = 0.00683 = 0.683\% > \rho'_{\min} = 0.6\%$，一侧纵向钢筋配筋率为：

$\dfrac{0.683}{2}\% = 0.342\% > 0.2\%$ 符合要求，箍筋用 Φ 8@200。

（2）底板的截面设计和验算

这一部分内容和方法均与顶板相同，故从略。

（3）池壁

1）环向钢筋计算

根据图 9-28 的 N_θ 叠合图，考虑环向钢筋沿池壁高度分三段配置，即：

① $0.0H \sim 0.4H$ （顶部 0～1.47m），N_θ 按 82.97kN/m 计算。每米高所需要的环向钢筋截积为：

$$A_s = \frac{N_\theta}{f_y} = \frac{82.97 \times 10^3}{360} = 230.47 \text{ mm}^2/\text{m}$$

$$< \rho_{\min} bh \times 2 = 0.002 \times 1000 \times 200 \times 2 = 800 \text{mm}^2/\text{m}$$

应取 $A_s = 800 \text{mm}^2/\text{m}$。分内外两排配置，每排用 $\Phi 10@150$，$A_s = 1047 \text{mm}^2/\text{m} > A_{s,\min} = 800 \text{mm}^2/\text{m}$

② $0.4H \sim 0.6H$ （中部 1.47～2.21m）N_θ 按 159.13kN/m 计算，则

$$A_s = \frac{N_\theta}{f_y} = \frac{159.13 \times 10^3}{360} = 442.1 \text{ mm}^2/\text{m}$$

$$< A_{s,\min} = 800 \text{mm}^2/\text{m}$$

应取 $A_s = 1088 \text{mm}^2/\text{m}$，每排用 $\Phi 10@150$，$A_s = 1047 \text{mm}^2/\text{m}$。

③ $0.6H \sim 1.0H$ （底部 2.21～3.68m）N_θ 按 183.94kN/m 计算，则

$$A_s = \frac{N_\theta}{f_y} = \frac{183.94 \times 10^3}{360} = 510.9 \text{ mm}^2/\text{m}$$

每排用 $\Phi 10@150$，$A_s = 1047 \text{ mm}^2/\text{m}$。

2）按环拉力作用下的抗裂要求验算池壁厚度

池壁的环向抗裂验算属正常使用极限状态验算，应按荷载短期效应组合计算的最大环拉力 $N_{\theta s,\max}$ 进行。$N_{\theta s,\max}$ 可用最大环拉力设计值 $N_{\theta,\max}$ 除以一个综合的荷载分项系数 γ 来确定。前面已经算得 $N_{\theta,\max} = 183.94 \text{kN/m}$，此值是由第一种荷载组合（池内满水、池外无土）引起的，根据前面的荷载分项系数取值情况，可取 $\gamma = 1.27$，则

$$N_{\theta s,\max} = \frac{183.94}{1.27} = 144.8 \text{kN/m}$$

由 $N_{\theta s,\max}$ 引起的池壁环向拉应力按第 7 章式（7-5）计算：

$$\sigma_{sc} = \frac{N_{\theta s,\max}}{A_c + 2\alpha_E A_s} = \frac{144.8 \times 10^3}{200 \times 1000 + 2 \times \frac{2.0 \times 10^5}{3.0 \times 10^4} \times 1047}$$

$$= 0.676 \text{ N/mm}^2$$

根据式（7-2）可知

$$\sigma_{sc} = 0.676 \text{ N/mm}^2 < \alpha_{ct} f_{tk} = 0.87 \times 2.01 = 1.74 \text{ N/mm}^2$$

抗裂符合要求，说明池壁厚度足够。

3）斜截面受剪承载力验算

已知 $V_{\max} = 63.17 \text{kN/m}$，池壁钢筋净保护层厚取 30mm，则对竖向钢筋可取 $a_s = 35 \text{mm}$，$h_0 = h - a_s = 200 - 35 = 165 \text{mm}$，受剪承载力为：

$$0.7 f_t bh_0 = 0.7 \times 1.43 \times 1000 \times 165 = 165165 \text{N/m}$$

$$= 165.1 \text{kN/m} > 63.17 \text{kN/m（满足要求）}$$

4）竖向钢筋计算

① 顶端 $M_2 = +21.94\text{kN} \cdot \text{m/m}$（壁外受拉），由第二种荷载组合（池内无水、池外有土）引起，相应的每米宽池壁轴向压力设计值即为顶板周边每米弧长的剪力设计值，即 $N_{x2} = V_{sl,2} = 36.36\text{kN/m}$。相对偏心距为：

$$\frac{e_0}{h} = \frac{M_2}{N_{x2} \cdot h} = \frac{21.94}{36.36 \times 0.2} = 3.02 > 2.0$$

在这种情况下，通常可以忽略轴向压力的影响，而按受弯构件计算，则：

$$\alpha_s = \frac{M_2}{\alpha_1 f_c b h_0^2} = \frac{21.94 \times 10^6}{1.0 \times 14.3 \times 1000 \times 165^2} = 0.056$$

相应的 $\gamma_s = 0.971$，则：

$$A_s = \frac{M_2}{\gamma_s h_0 f_y} = \frac{21.94 \times 10^6}{0.971 \times 165 \times 360} = 484.4 \text{ mm}^2/\text{m}$$

考虑到顶板和池壁顶端的配筋连续性，池壁顶端也和顶板边缘抗弯钢筋一样，采用 $\Phi 10@110$，$A_s = 714\text{mm}^2/\text{m} > \rho_{min}bh = 0.002 \times 1000 \times 200 = 400\text{mm}^2/\text{m}$，满足最小配筋量的要求。整个池壁的根数为 262 根，与顶板是一致的。

② 底端 $M_1 = +32.5\text{kN} \cdot \text{m/m}$（壁外受拉），由第二种荷载组合引起，相应的每米宽池壁轴向压力可按下式计算确定：

$$N_{x1} = V_{sl,2} + \text{每米宽池壁自重设计值}$$

$$= 36.36 + \frac{595.98 \times 1.3}{\pi \times 9.20} = 63.17\text{kN/m}$$

相对偏心距为：

$$\frac{e_0}{h} = \frac{M_1}{N_{x1} \cdot h} = \frac{32.5}{63.17 \times 0.2} = 2.57 > 2.0$$

故按受弯构件计算：

$$\alpha_s = \frac{M_1}{\alpha_1 f_c b h_0^2} = \frac{32.5 \times 10^6}{1.0 \times 14.3 \times 1000 \times 165^2} = 0.083$$

相应的 $\gamma_s = 0.957$
故：

$$A_s = \frac{M_1}{\gamma_s h_0 f_y} = \frac{32.5 \times 10^6}{0.957 \times 165 \times 360} = 571.7 \text{ mm}^2/\text{m}$$

选用 $\Phi 10@110$，$A_s = 714 \text{ mm}^2/\text{m} > \rho_{min}bh = 0.002 \times 1000 \times 200 = 400\text{mm}^2/\text{m}$，置于池壁外侧。

③ 外侧跨中及内侧配筋

从图 9-28 可以看出，使内侧受拉的弯矩最大值位于 $x = 0.6H (x = 2.21\text{m})$ 处，其值为 $M_x = -4.60\text{kN} \cdot \text{m/m}$。该处相应的轴向压力可取 $V_{sl,2}$ 加 $0.6H$ 的一段池壁自重设计值，

即：

$$N_x = 36.36 + \frac{595.98 \times 1.3}{\pi \times 9.20} \times 0.6 = 52.44\text{kN}$$

相对偏心距为：

$$\frac{e_0}{h} = \frac{M_x}{N_x h} = \frac{4.6}{52.44 \times 0.2} = 0.389 < 2.0$$

应按偏心受压构件计算，由于 $\frac{e_0}{h} = 0.389 > 0.3$，显然可以按大偏心受压计算。

对于 $b \times h_0 = 1000 \times 165$ 的截面来说，N_x 及 M_x 值均甚小，故可先按构造配筋，只需复核截面承载力，如果承载力足够，即证明按构造配筋成立。根据受压构件（包括偏心受压构件）全部纵向钢筋配筋率不应小于 $\rho_{min} = 0.55\%$，一侧纵向钢筋配筋率不应小于 0.2% 的要求，池壁每侧钢筋截面积应不小于：

$A_{s,min} = A'_{s,min} = 0.00275bh = 0.00275 \times 1000 \times 200 = 550\text{mm}^2/\text{m}$，故外侧采用$\Phi$10@220+$\Phi$8@220，$A'_s = 585\text{mm}^2/\text{m}$。即将池壁两端外侧正弯矩钢筋$\Phi$10@110中的一半上下拉通，另一半则按弯矩包络图切断，而池壁中部另加Φ8@220与池上下切断的搭接构成池壁外侧钢筋。池壁内侧选用Φ10@130，$A_s = 604\text{mm}^2/\text{m}$，沿全高布置。现按此配筋验算截面承载力。

将 N_x 作用点转换到能产生偏心力矩 M_x 的地方，同时考虑附加偏心距 e_a 的影响。N_x 对受拉钢筋合力作用点的偏心距为：

$$e = e_0 + e_a + \frac{h}{2} - a_s = \frac{M_x}{N_x} + e_a + \frac{h}{2} - a_s$$
$$= \frac{4.6 \times 10^6}{52.44 \times 10^3} + 20 + \frac{200}{2} - 35 = 172.72\text{mm}$$
$$e' = h_0 - e - a_s = 165 - 172.72 - 35 = -42.72\text{mm}$$

首先按公式（6-31）计算受压区高度：

$$x = (h_0 - e) + \sqrt{(h_0 - e)^2 + \frac{2(f_y A_s e + f'_y A'_s e')}{\alpha_1 f_c b}}$$

$$= (165 - 172.72) + \sqrt{(165 - 172.72)^2 + \frac{2 \times (360 \times 604 \times 172.72 - 360 \times 585 \times 42.72)}{1.0 \times 14.3 \times 1000}}$$

$$= 55.95\text{mm} < 2a'_s = 70\text{mm}$$

故按式（6-12）核算承载力，即：

$$N_u = \frac{f_y A_s (h_0 - a'_s)}{e - h_0 + a'_s} = \frac{360 \times 604 \times (165 - 35)}{172.72 - 165 + 35} = 661685\text{N/m}$$
$$= 661.7\text{kN/m} > N_x = 52.44\text{kN/m}$$

说明按构造配筋符合要求。

5）竖向弯矩作用下的裂缝宽度验算

池壁顶部弯矩与配筋均与顶板边缘相同，顶板边缘经验算裂缝宽度未超过允许值，故可以判断池壁顶部裂缝宽度也不会超过允许值。池壁中部弯矩值甚小，配筋由构造控制，超出受力甚多，裂缝宽度不必验算。

在底端，为了确定按荷载长期效应组合计算的弯矩值 M_{1q}，近似且偏于安全地取综合荷载分项系数 $\gamma_q = 1.27$，则

$$M_{1q} = \frac{M_1}{\gamma_q} = \frac{32.5}{1.27} = 25.59 \text{kN} \cdot \text{m/m}$$

裂缝截面钢筋应力

$$\sigma_{sq} = \frac{M_{1q}}{0.87 h_0 A_s} = \frac{25.59 \times 10^6}{0.87 \times 165 \times 714} = 249.7 \text{ N/mm}^2$$

按混凝土有效受拉区面积计算的受拉钢筋配筋率为：

$$\rho_{te} = \frac{A_s}{A_{te}} = \frac{714}{0.5 \times 1000 \times 200} = 0.007$$

钢筋应变不均匀系数为：

$$\psi = 1.1 - \frac{0.65 f_{tk}}{\rho_{te} \sigma_{sq} \alpha_2} = 1.1 - \frac{0.65 \times 2.01}{0.007 \times 249.7 \times 1.0} = 0.352$$

最大裂缝宽度：

$$w_{max} = 1.8 \psi \frac{\sigma_{sq}}{E_s} \left(1.5 c + 0.11 \frac{d}{\rho_{te}} \right)(1.0 + \alpha_1)\nu$$

$$= 1.8 \times 0.352 \times \frac{249.7}{2.0 \times 10^5} \left(1.5 \times 30 + 0.11 \frac{10}{0.007} \right) \times (1.0 + 0) \times 1.0$$

$$= 0.16 \text{mm} < 0.25 \text{mm}(\text{符合要求})$$

5. 绘制施工图

顶板内径向钢筋及池壁内竖向钢筋的截断点位置，可以通过绘制材料图并结合构造要求来确定。

图 9-30 是确定顶板径向钢筋截断点的材料图，必须注意，由于径向钢筋是按整个周

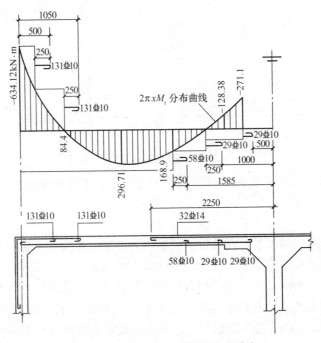

图 9-30 顶板径向钢筋切断点的确定

长上的总量考虑的，故最不利弯矩图也必须是按周长计算的全圈总径向弯矩图。即 $2\pi x M_r$ 的分布图，$2\pi x M_r$ 值已列在表 9-2 的最后一栏。

截面的抵抗弯矩可按下式确定：

$$M_u = \gamma_s h_0 A_s f_y$$

式中　A_s——半径为 x 处的圆周上实际配置的径向钢筋总截面积；

　　　　γ_s——内力臂系数，根据配筋指标值 ξ 确定，按下式计算：

$$\xi = \frac{A_s f_y}{2\pi x h_0 \alpha_1 f_c}$$

这里与普通钢筋混凝土梁不同，即纵然 A_s 不变，M_u 图也不是平行于横坐标轴的水平线。M_u 图随 x 值的减小而略有减小，M_u 分布线为略带倾斜的直线。

中心支柱顶部的径向负弯矩钢筋全部伸过负弯矩区后一次截断。这部分的材料图可以不画，但其伸过反弯点的长度，既要满足锚固长度要求，又必须达到切向弯矩分布图的弯矩变号处，以便于架立柱帽上的环向负弯矩钢筋。根据这一原则，本设计所确定的实际切断点在离柱轴线 2250mm 处。

图 9-31 为池壁 1m 宽竖条的竖向弯矩包络图及竖向钢筋材料图，其画法与普通梁没有区别。池壁内侧钢筋因不截断，故内侧钢筋的材料图不必画。在画外侧材料图时考虑因最小配筋率需要在高度中部增设的 $\phi 8@220$。

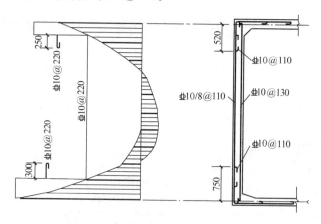

图 9-31　池壁竖向钢筋切断点的确定

图 9-32 为池壁及支柱配筋图。柱帽钢筋和池壁上、下端腋角处的钢筋是按构造配置的。图 9-33 是顶板配筋图。

6. 讨论

从以上设计计算结果来看，在计算前所确定的各部分截面尺寸基本上是合适的，但中心支柱的截面尺寸还可以减小为 250mm×250mm。

整个实例表明，圆形水池的设计相当烦琐，但对有经验的设计人员来说，其中的某些环节可以省略。例如第二种荷载组合下的池壁环向力和第三种荷载组合下的池壁竖向弯矩，通常可以不算。在确有把握的情况下，钢筋切断点也可根据经验来确定而不必绘制材料图。

钢 筋 表

构件名称	编号	简图 (mm)	直径 (mm)	长度 (mm)	根数	总长 (m)
池壁	1	565 ⌐3790⌐ 565 (320)	10	5070	131	664.2
	2	3790 (320)	10	3915	219	857.4
	3	$d=9318$	10	29753	25	743.8
	4	$d=9082$	10	29012	25	725.3
	5	即图9-33中的④号钢筋				
	6	1115 / 800	10	2095	131	274.4
	7	585 / 100	10	878	110	96.6
	8	780 100	10	1080	110	118.8
支柱	9	3195	8	3355	131	439.5
	10	290 290 240	8	1060	19	20.14
	11	1200	8	1200	4	4.80
	12	850	8	850	4	3.40
	13	620 570 2380 620	8	2380	1	2.38
	14	1410	8	1410	4	5.64
	15	1000	8	1000	4	4.00
	16	690 640 1069 / 690 640	8	2660	1	2.66
	17	200 1750 200 / 2270	8	2270	48	108.96
	18	825	14	1005	4	4.02
	19	100 3195	14	3355	4	13.42

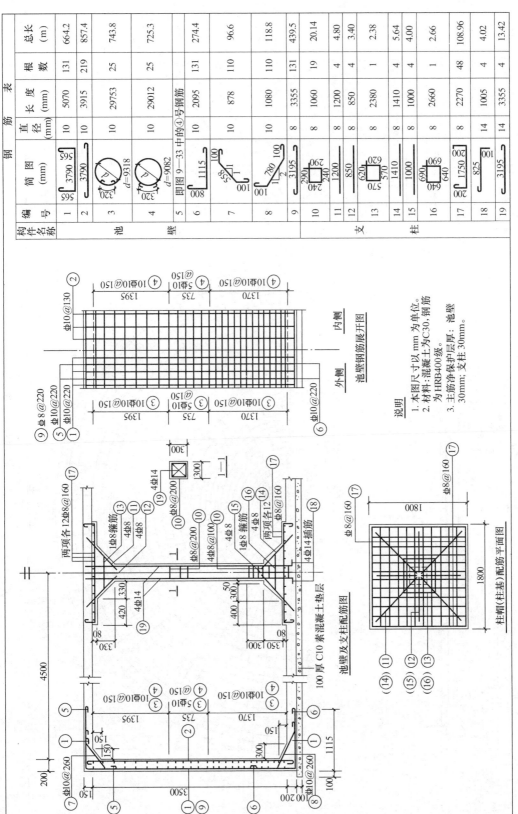

池壁钢筋展开图

池壁及支柱配筋图

100厚C10素混凝土垫层

柱帽(柱基)配筋平面图

说明

1. 本图尺寸以mm为单位。
2. 材料：混凝土为C30，钢筋为HRB400级。
3. 主筋净保护层：池壁30mm；支柱30mm。

图9-32 池壁及支柱配筋图

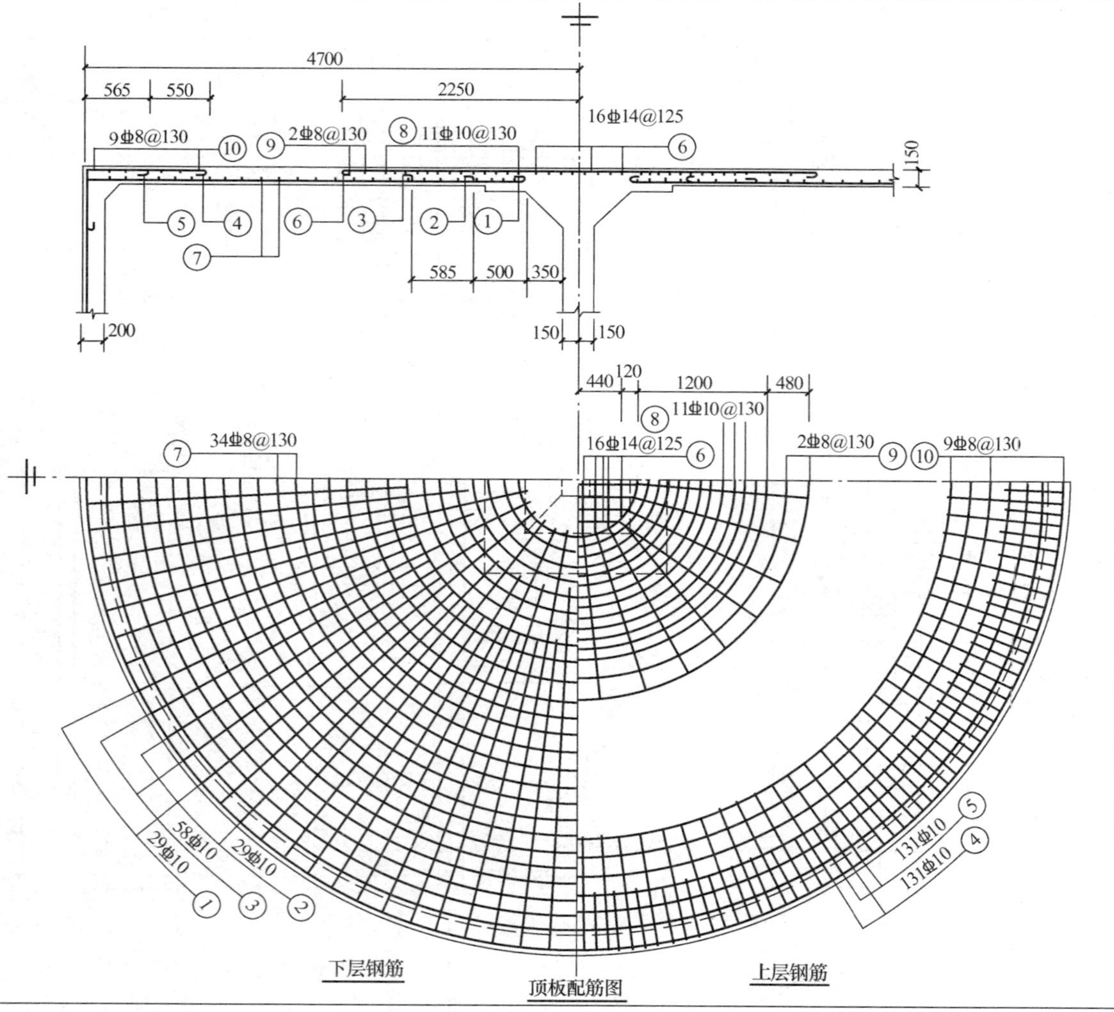

钢筋表

编号	简图 (mm)	直径 (mm)	长度 (mm)	根数	总长 (m)
1	4175	10	4335	29	125.7
2	3675	10	3835	29	111.2
3	3090	10	3250	58	188.5
4	1110 / 570	10	1840	131	241
5	即图9-32中的①号钢筋				
6	1690 / 1690 / 700~1112	14	4300~4712	16	72.77
7	d=1310~9350 320	8	4533~29779	34	583.3
8	d=1120~3520 480	10	4147~11683	11	87.07
9	d=4120~4440 320	8	13357~14362	2	27.72
10	d=7150~9350 320	8	22871~29779	9	236.93

说明:
1. 本图尺寸以 mm 为单位。
2. 材料:混凝土为C30,钢筋为HRB400级。
3. 主筋净保护层厚 30mm。

顶板配筋图

上层钢筋　　下层钢筋

图 9-33　顶板配筋图

9.5 钢筋混凝土矩形水池设计

9.5.1 矩形水池的计算简图

1. 不同长高比池壁的计算假设

矩形水池是由平板组合而成的。组成矩形水池的各单块平板，不外乎四边支承板和三边支承、一边自由的板，从严格的理论意义来说，这些板都是双向板。但是，为了简化计算，像肋形楼盖中的周边支承板一样，矩形水池的板也可根据两个方向边长比值划分成双向板和单向板来进行计算。矩形水池池壁在侧向荷载（水压力或土压力）作用下按单向或双向受力计算的区分条件，可根据表 9-14 的规定来确定。

池壁在侧向荷载作用下单、双向受力的区分条件 　　　　表 9-14

壁板的边界条件	$\dfrac{l}{H}$	板的受力情况
四边支承	$\dfrac{l}{H} < 0.5$	$H > 2l$ 部分按水平单向计算；板端 $H < 2l$ 部分按双向计算，$H = 2l$ 处可视为自由端
	$0.5 \leqslant \dfrac{l}{H} \leqslant 2$	按双向计算
	$\dfrac{l}{H} > 2$	按竖向单向计算，水平向角隅处考虑角隅效应引起的水平负弯矩
三边支承、顶端自由	$\dfrac{l}{H} < 0.5$	$H > 2l$ 部分按水平单向计算；底部 $H < 2l$ 部分按双向计算，$H = 2l$ 处可视为自由端
	$0.5 \leqslant \dfrac{l}{H} \leqslant 3$	按双向计算
	$\dfrac{l}{H} > 3$	按竖向单向计算，水平向角隅处考虑角隅效应引起的水平负弯矩

注：表中 l 为池壁长度；H 为池壁高度。

图 9-34 为开敞式矩形水池的三种典型情况。所有池壁均为三边支承、顶边自由的板。图 9-34（a）按竖向单向计算，通常称为挡土（水）墙式水池；图 9-34（b）按双向计算，通常称为双向板式水池；图 9-34（c）所示的水池，由于沿高度方向在大于 $2l$ 的部分按水平方向传力，如果四周壁板长度接近时，沿高度取 1m 作为计算单元，为一水平封闭框架，故常称为水平框架式水池。后面将以这三种水池为代表来说明矩形水池设计的一般方法。

2. 池壁边界（支承）条件的确定

开敞式挡土（水）墙式水池，应按顶端自由、底端固定的边界条件进行计算，此时应从构造上来保证底端具有足够的嵌固刚度。当底板较薄时，应将与池壁连接的部分底板局部加厚，使之形成池壁的条形基础。当有顶盖时，池壁顶端的边界条件应根据顶板与池壁的连接构造来确定。当池壁与顶板连成整体时，边界条件应根据两者线刚度的比值来确定。当池壁线刚度为顶板线刚度的五倍以上时，可假设池壁顶端为铰接，否则应按弹性固定计算。池壁底端与未局部加厚成条形基础的整体式钢筋混凝土底板整体连接时，也应根据二者的线刚度比来确定边界条件。当地基软弱时，宜按弹性固定计算。

双向板式水池的池壁，当为开敞式时，顶边按自由计算；当为封闭式时，顶边边界条

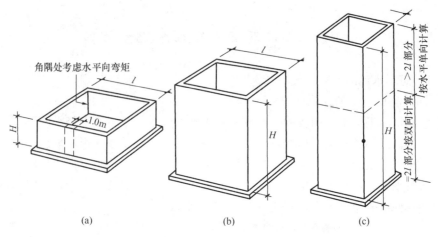

图 9-34 开敞式矩形水池

(a) $\dfrac{l}{H} > 3.0$；(b) $0.5 \leqslant \dfrac{l}{H} \leqslant 3.0$；(c) $\dfrac{l}{H} < 0.5$

件的确定原则与上述封闭式挡土（水）墙式水池相同，底边一般可视为固定支承。当地基软弱时宜按弹性固定计算。相邻池壁间的连接应按弹性固定考虑。

水平框架式水池的池壁，与相邻池壁的连接应按弹性固定考虑，与底板的连接一般可按固定考虑。当为封闭式时与顶板的连接应根据构造及刚度关系按铰接或弹性固定考虑。

9.5.2 矩形水池的结构布置原则

矩形水池的结构布置，在满足工艺要求的前提下，应注意利用地形，减少用地面积，结构方案应体现受力明确，内力分布尽可能均匀。

矩形水池对混凝土收缩及温度变化比较敏感，故当任一个方向的长度超过一定限制时，均应设置伸缩缝。对于现浇钢筋混凝土水池，当地基为土基时温度区段的长度不宜超过 20m，当地基为岩基时不宜超过 15m。当为地下式或有保温措施，且施工条件良好，施工期间外露时间不长时，上述限制可分别放宽到 30m（土基）和 20m（岩基）。

伸缩缝宜做成将池壁、基础及底板同时断开的贯通式，缝宽不宜小于 20mm。水池的

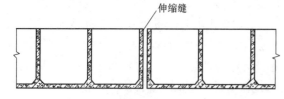

图 9-35 多格水池的双壁式变形缝

伸缩缝可采用金属、橡胶或塑胶止水带止水。但止水带终归是一个薄弱环节，故在设计时应合理布置，尽可能减少伸缩缝，并尽可能避免伸缩缝的交叉。对于多格式水池，宜将变形缝设置在分格墙处，并做成双壁式（图 9-35）。

中等容量水池的平面尺寸应尽可能控制在不需设置伸缩缝的范围内。对平面尺寸超过温度区段长度限制不太多的水池，也可采用设置后浇带的办法而不设置伸缩缝。当要求的贮水量很大时，宜采用多个水池；当受到用地限制，必须采用单个或由多个水池连成整体的大型贮水池时，宜用横向和纵向伸缩缝将水池划分成平面尺寸相同的单元，并尽可能使各单元的结构布置统一化，以减少单元的类型而有利于设计、施工和使结构的受力工作趋于一致。例如北京市水源九厂容量为 10.7 万 m³ 的矩形清水池，平面尺寸为 255.9m×90.9m。整个水池由 5 种类型的 102 个标称尺寸为 15m×15m（即温度区段长度为 15m）的平面单元组成（图 9-36），每个单元之间的底板、池壁、顶板均用橡胶止水带连接，池

高为 5m。池内设二道隔墙将水池分成可单独使用的三格。水池为地下式，池顶覆土500mm。顶盖采用无梁板，除中隔墙外，池壁与顶板不连接，即池壁为顶端自由的挡墙式，因而做到了构件种类少，截面尺寸变化小，构造简单，且模数统一，有利于机械化施工。这样的单元组合式还便于利用同样的单元组合成各种容量的水池。

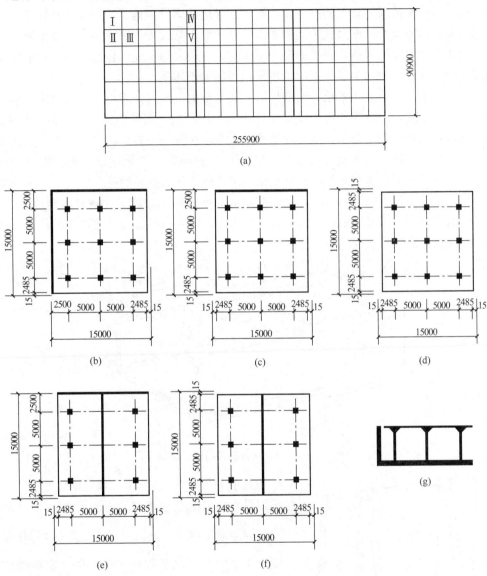

图 9-36　北京水源九厂矩形清水池

(a) 10.7万 m³ 水池平面；(b) Ⅰ单元（角单元）；(c) Ⅱ单元（边单元）；(d) Ⅲ单元（中单元）；
(e) Ⅳ单元（带中隔墙边单元）；(f) Ⅴ单元（带中隔墙中单元）；(g) 边（角）单元剖面

　　水池的埋置深度，一般为生产工艺流程对池底所要求的标高控制。从结构的观点及减少温、湿度变化对水池的不利影响及抗震的角度来说，宜优先采用地下式。但对开敞式水池的埋深应适当考虑地下水位的影响。平面尺寸较大的开敞式水池如果埋置较深，地下水位又较高时，往往为了抗浮要将底板做得很厚或需设置锚桩等，从而不经济。

挡土（水）墙式水池的平面尺寸都比较大，当地基良好，地下水位低于水池底面时，通常采用在池壁下设置条形基础，底板则做成铺砌式的结构方案。池壁基础与底板之间的连接必须是不透水的，一般可不留分离缝。当地下水位高于池底面时，如果采取有效措施来消除地下水压力，则也可以将底板做成铺砌式，否则应设计成能够承受地下水压力的整体式底板。对于平面尺寸较大的开敞式水池，这时应考虑设置地梁，即做成整体式肋形底板。双向板式水池及水平框架式水池的平面尺寸一般不会太大，底板通常做成平板。

封闭式矩形水池的顶盖，当平面尺寸不大时，一般采用现浇平板的顶盖，当平面尺寸较大时，则多采用现浇无梁板体系，也可采用预制梁板体系。

无顶盖挡土（水）墙式水池，池壁顶端一般为自由，壁内弯矩由底向顶迅速减小，故池壁宜做成变厚度，底端厚度可为顶端厚度的 1.5 倍左右。如果能在顶端增加一铰支承，则壁内弯矩可大为降低。当水池的平面尺寸不太大，或有一个方向的壁长较小（如狭长形水池）时，可以考虑在壁顶设置水平框梁和拉梁（图 9-37）。如果壁顶本来就需要设置走道板，则更可以利用走道板来形成水平框梁。水平框梁作为壁顶的抗侧移支座，可使壁底端弯矩较之顶端为自由时大为减小，壁内弯矩沿高度分布也较均匀，这样可使池壁减薄，用钢量降低。对于采用预制梁板顶盖的封闭式水池，应注意梁板与池壁的拉结及梁板间的拉结，以使顶盖能成为池壁的侧向支承。

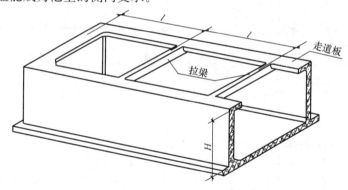

图 9-37　开敞式水池设走道板及拉梁

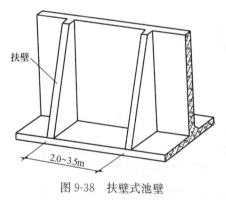

图 9-38　扶壁式池壁

对于 $H>5.0\text{m}$ 的挡土（水）墙式池壁，可以采用设置扶壁的办法来减小池壁厚度（图 9-38）。扶壁间距通常取 $\left(\dfrac{1}{3}\sim\dfrac{1}{2}\right)H$。扶壁可以看作是池壁及扶壁所在一侧基础板的支承肋，它将池壁和基础板分隔成双向板或沿池壁长度方向传力的多跨单向板，因而使池壁及基础板的弯矩大为减小。在竖向，扶壁则与池壁共同组成 T 形截面悬臂结构。对于地上式水池，为了使 T 形截面的翼缘处于受压区，宜将扶壁设置在池壁的内侧。在实际工程中，池壁的高度很少有超过6m的。

双向板式水池的池壁一般做成等厚度的。当 $\dfrac{l}{H}$ 在1.5～3.0之间，且顶边自由时，可以做成变厚度的。深度较大的水平框架式水池池壁可以沿高度方向分段改变池壁厚度，即做成阶梯形的变厚池壁。

9.5.3 矩形水池的计算

1. 概述

矩形水池计算的基本内容与圆形水池大体相同，但内力计算方法则完全不同。计算矩形水池时，对地下式水池通常只考虑池内满水、池外无土和池内无水、池外有土两种荷载组合。对无保温措施的地面式水池则只考虑池内满水及池内满水和壁面温差共同作用两种荷载组合。

挡土墙式池壁和水平框架式池壁都是单向受力，其内力可以用结构力学的方法来计算。双向板式池壁内力的计算理论，属于弹性力学的范畴，精确计算比较复杂，除非采用电子计算机，否则，目前都是采用现成的内力系数表来进行计算。

矩形水池的池壁、底板等的受力性质，不外乎受弯、偏心受拉和偏心受压三种情况，这三种受力状态下的截面设计方法，在前面有关章节中已有详细论述，本节不再重复。

矩形水池的池壁及底板处于受弯、大偏心受压或大偏心受拉状态时，允许出现裂缝，但应限制其最大裂缝宽度（允许值同圆形水池）。处于小偏心受拉状态时，不允许出现裂缝，而处于小偏心受压状态时，则不必考虑裂缝问题。

无顶盖的挡土（水）墙式水池采用分离式底板时，应验算池壁的抗倾覆稳定性及抗滑移稳定性。

采用整体式底板的地下式矩形水池，当地下水位高于底板底面时，应进行抗浮验算。

下面分述各类矩形水池的计算方法。

2. 挡土（水）墙式水池的计算

无顶盖的挡土（水）墙式水池的设计计算，可按下列步骤进行：

① 初步估算池壁底端的厚度，基础底板的厚度一般选成与池壁底端厚度相同；

② 选定基础的宽度和它伸出池壁以外的宽度；

③ 按所选的池壁及基础截面验算稳定性及基底土壤应力；

④ 计算池壁和基础的内力及配筋，并验算裂缝。

下面介绍具体计算方法。

（1）抗倾覆及抗滑移稳定性验算取 1m 宽的竖条作为计算单元，如图 9-39 所示，在第一种荷载组合（池内满水、池外无土）时，池壁对 A 点的抗倾覆稳定性按下式验算：

$$\frac{M_{AG}}{M_{AP}} \geqslant 1.5 \tag{9-63}$$

式中　M_{AG}——抗倾覆力矩，即池壁自重、基础自重（以上两项在图 9-39 中以 G_{Bk} 表示）和基础内伸长度以上的水重（在图 9-39 中以 G_{wk} 表示）等重力对 A 点所产生的力矩，其值按下式计算：

$$M_{AG} = 0.9G_{Bk} \cdot a_B + G_{Wk} \cdot a_w \tag{9-64}$$

　　　　0.9——池壁和基础自重的荷载分项系数；

　　a_B、a_w——分别为 G_{Bk} 和 G_{wk} 作用中心至 A 点的水平距离（见图 9-39）；

　　　M_{AP}——倾覆力矩，即池壁侧向推力对 A 点产生的力矩。在图 9-39 所示的水压力作用下，M_{AP} 可按下式计算：

$$M_{AP} = P_{wk} \left(\frac{H_w}{3} + h_1 \right) \tag{9-65}$$

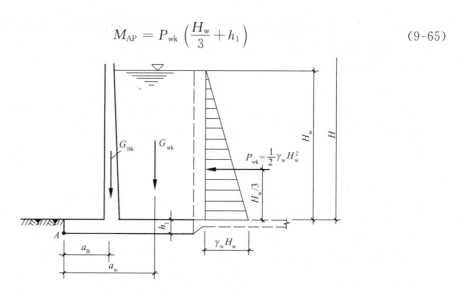

图 9-39　抗倾覆、抗滑移计算简图

公式（9-63）右边的 1.5 为倾覆抗力系数。

当水池被贯通的伸缩缝分割成若干区段，且采用分离式底板，底板与池壁基础间设有分离缝时，应按下式验算池壁的抗滑移稳定性：

$$\frac{\mu (0.9 G_{Bk} + G_{wk})}{P_{wk}} \geqslant 1.3 \tag{9-66}$$

式中　μ——基础底面摩擦系数，应根据试验资料确定。如无试验资料，基础底面与土壤间的摩擦系数可参考表 9-15；

　　　1.3——滑移抗力系数。

混凝土与地基土壤间的摩擦系数　　　　　　　　　　表 9-15

土 的 类 别		摩擦系数 μ	土 的 类 别	摩擦系数 μ
黏 性 土	可塑	0.25～0.30	砂　土	0.40～0.50
	硬塑	0.30～0.35	碎石土	0.40～0.60
	坚塑	0.35～0.45	软质岩石	0.40～0.60
粉　土		0.30～0.40	表面粗糙的硬质岩石	0.65～0.75

当基础与底板连成整体并采取了必要的拉结措施时，抗滑稳定性不必验算；或者，虽然基础与底板分离，但水池长度不大，无伸缩缝，四周基础形成水平封闭框架时，也可以不验算抗滑稳定性。

当抗倾覆稳定性不够时，可以增大池壁内侧的基础悬伸长度，以增大 $G_{wk} a_w$ 值来加强抗倾覆力矩。增大池壁和基础厚度当然也可以增加抗倾覆稳定性，但这样做并不经济，除非改为素混凝土重力式挡土（水）墙结构。

抗滑稳定性不够时，也可以采用增大基础内伸长度以加大 G_{wk} 值的办法来提高其抗滑稳定性。此外，还可以在两相对的池壁基础之间，每隔一定距离设置钢筋混凝土拉杆来避免滑移。

第二种荷载组合（池内无水、池外有土）下的抗倾覆稳定性一般没有问题，但当基础在池壁内外两侧的悬伸长度都不大且近乎相等时，则必须验算。在这种荷载组合下不必进行抗滑稳定性验算。

如上所述，由于利用了基础以上的水重来抗倾覆和抗滑移，在设计时必须特别注意池底的防渗漏措施和基土的透水性。如果池底漏水而基土又不透水，则很可能在基底形成向上的渗水压力而使稳定性不可靠。必要时，可在底板下铺设砾石透水层并用盲沟或排水管排水。

顶端有侧向支承的池壁不会有倾覆的危险，但抗滑稳定性仍需验算，此时引起滑移的力等于池壁底端必须承担的水平反力。

（2）地基承载力验算

池壁基础处于竖向压力和力矩的共同作用下，如图 9-40 所示，基底土壤应力不是均匀分布的。当 $e_0 = \sum M_k / \sum G_k \leqslant a/6$ 时，基底应力的分布图形为梯形或底宽为 a 的三角形，基底边缘处的土壤应力按下式计算：

$$\left.\begin{array}{l} p_{k\max} = \dfrac{\sum G_k}{a}\left(1 + \dfrac{6e_0}{a}\right) \\[3mm] p_{k\min} = \dfrac{\sum G_k}{a}\left(1 - \dfrac{6e_0}{a}\right) \end{array}\right\} \tag{9-67}$$

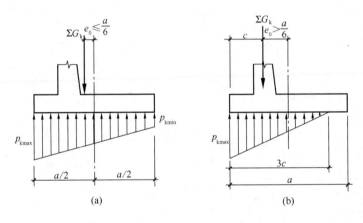

图 9-40　池壁基底应力图

当 $e_0 > \dfrac{a}{6}$ 时，基底的实际受力宽度将小于 a（图 9-40b），基底应力的分布图形为宽度等于 $3c$ 的三角形，$c = a/2 - e_0$。此时受压边最大应力按下式计算：

$$p_{k\max} = \frac{2\sum G_k}{3c} \tag{9-68}$$

$\sum G_k$ 为基底以上的总垂直荷载标准值，包括池壁和基础自重及基础以上的水重或土重等。$\sum M_k$ 为所有垂直荷载及水平荷载（水压力或土压力）对基础底面中心轴的力矩标准值。

以上算得的土壤应力满足下列条件：

$$\left. \begin{array}{c} \dfrac{p_{kmax} + p_{kmin}}{2} \leqslant f_a \\[3mm] p_{kmax} \leqslant 1.2 f_a \end{array} \right\} \tag{9-69}$$

式中，f_a 为地基承载力特征值。

（3）池壁内力计算和截面设计

1）侧压力引起的竖向弯矩和剪力

① 等厚池壁

等厚的挡土墙式池壁的竖向弯矩和剪力的计算比较简单，一般力学手册中均可找到现成的计算公式。表 9-16 中列出了顶自由、底固定和顶铰支、底固定两种常见支承条件下的池壁内力计算公式。表中顶自由、底固定时的内力计算公式也适应于变厚池壁。

挡土墙式池壁常用内力计算公式　　　　　　　　　　　　　　　表 9-16

序号	计算简图及弯矩图	计算公式
1	顶自由、底固定，三角形荷载 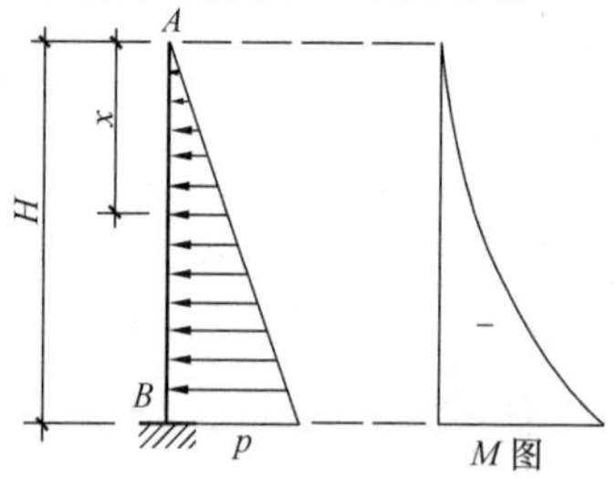 	任意点弯矩 $M_x = -\dfrac{px^3}{6H}$ 底端剪力 $V_B = -\dfrac{pH}{2}$ 底端弯矩 $M_B = -\dfrac{pH^2}{6}$
2	顶自由、底固定，梯形荷载 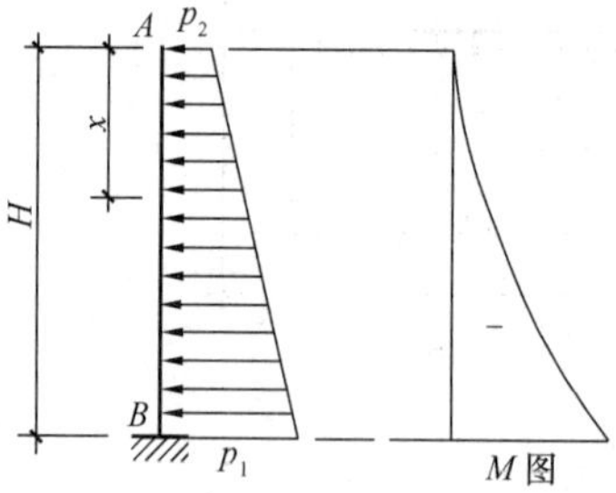 	底端剪力 $V_B = -\dfrac{1}{2}(p_1 + p_2)H$ 任意点弯矩 $M_x = -\dfrac{p_2 x^2}{2} - \dfrac{p_0 x^3}{6H}$ 底端弯矩 $M_B = -\dfrac{1}{6}(p_1 + 2p_2)H^2$ 式中 $p_0 = p_1 - p_2$
3	顶铰支、底固定，三角形荷载 $EI=$常数 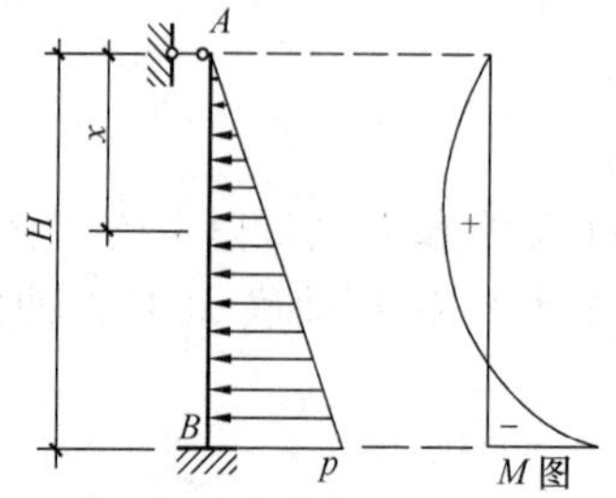 	两端剪力 $V_A = \dfrac{pH}{10}$ $V_B = -\dfrac{2pH}{5}$ 任意点弯矩 $M_x = \dfrac{pHx}{30}(3 - 5\xi^2)$ 当 $x = 0.447H$ 时，$M_{max} = 0.0298pH^2$ 底端弯矩 $M_B = -\dfrac{pH^2}{15}$ 式中 $\xi = x/H$

序号	计算简图及弯矩图	计算公式
4	顶铰支、底固定，梯形荷载 $EI=$常数	两端剪力 $V_A = \dfrac{(11p_2 + 4p_1)H}{40}$ $V_B = \dfrac{(9p_2 + 16p_1)H}{40}$ 任意点弯矩 $M_A = V_A \cdot x - \dfrac{p_2 x^2}{2} - \dfrac{p_0 x^3}{6H}$ 当 $x_0 = \dfrac{\nu - \mu}{1 - \mu}H$，$M_{\max} = V_A \cdot x_0 - \dfrac{p_2 x_0^2}{2} - \dfrac{p_0 x_0^3}{6H}$ 底端弯矩 $M_B = -\dfrac{7p_2 + 8p_1}{120}H^2$ 式中 $p_0 = p_1 - p_2$ $\mu = p_2/p_1 \quad \nu = \sqrt{\dfrac{9\mu^2 + 7\mu + 4}{20}}$

注：荷载以由内向外为正；弯矩以使壁外受拉为正；剪力以使截面顺时针旋转为正。序号 3 和 4 的公式只适合等厚池壁。

② 顶端有约束的变厚池壁

对于顶端有约束的变厚池壁，如能先求出顶端约束力，则不难计算池壁任一高度处的弯矩和剪力。利用结构力学中的力法，视顶端约束力为赘余约束，假设顶端的赘余约束力为剪力和弯矩则力法典型方程为：

$$V_A \delta_{11} + M_A \delta_{12} = \Delta_{1p}$$
$$V_A \delta_{21} + M_A \delta_{22} = \Delta_{2p}$$

$$(9\text{-}70)$$

式中 δ_{11}——顶自由、底固定池壁顶端作用单位剪力时，顶端的侧移；

δ_{12}——顶自由、底固定池壁顶端作用单位弯矩时，顶端的侧移；

δ_{21}——顶自由、底固定池壁顶端作用单位剪力时，顶端的转角；

δ_{22}——顶自由、底固定池壁顶端作用单位弯矩时，顶端的转角；

Δ_{1p}、Δ_{2p}——顶自由、底固定池壁在侧压力作用下顶端的侧移和转角。

对图 9-41 所示的变厚池壁，令 $\beta = h_2/h_1$，可用结构力学方法导得以上力法方程中的位移系数及自由项如下：

$$\delta_{11} = -\frac{1}{2(1-\beta)^3}(3 - 4\beta + \beta^2 + 2\ln\beta)\frac{H^3}{EI_1} = k_{11}\frac{H^3}{EI_1}$$

$$\delta_{12} = \delta_{21} = \frac{1}{2\beta}\frac{H^2}{EI_1} = k_{12}\frac{H^2}{EI_1}$$

$$\delta_{22} = \frac{1+\beta}{2\beta^2}\frac{H}{EI_1} = k_{22}\frac{H}{EI_1}$$

$$(9\text{-}71)$$

当侧压力按三角形分布且最大值 p 作用于底端时：

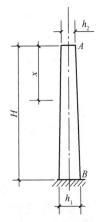

图 9-41　变厚度池壁

$$\left.\begin{aligned}\Delta_{1p} &= \frac{1}{6(1-\beta)^5}\left[\frac{1-8\beta+8\beta^3-\beta^4}{2}-6\beta^2\ln\beta\right]\frac{pH^4}{EI_1} \\ &= k_{1p}\frac{pH^4}{EI_1} \\ \Delta_{2p} &= \frac{1}{6(1-\beta)^4}\left[\frac{2+3\beta-6\beta^2+\beta^3}{2}+3\beta\ln\beta\right]\frac{pH^3}{EI_1} \\ &= k_{2p}\frac{pH^3}{EI_1}\end{aligned}\right\} \tag{9-72}$$

当侧压力按矩形分布，压力值为 P 时：

$$\left.\begin{aligned}\Delta_{1p} &= \frac{1}{2(1-\beta)^5}\left[\frac{2+\beta-9\beta^3+7\beta^3-\beta^4}{2}+3\beta(1-\beta)\ln\beta\right]\frac{pH^4}{EI_1} \\ &= k_{1p}\frac{pH^4}{EI_1} \\ \Delta_{2p} &= -\frac{1}{2(1-\beta)^2}\left[\frac{3-\beta}{2}+\frac{1}{1-\beta}\ln\beta\right]\frac{pH^3}{EI_1}=k_{2p}\frac{pH^3}{EI_1}\end{aligned}\right\} \tag{9-73}$$

式（9-71）～式（9-73）中：

I_1——池壁底端单位宽度截面惯性矩，即 $I_1=h_1^3/12$；

k_{11}、k_{12}、k_{22}、k_{1p}、k_{2p}——分别为位移 δ_{11}、$\delta_{12}=\delta_{21}$、δ_{22}、Δ_{1p}、Δ_{2p} 的位移系数。

下面分别推导几种常见顶端支承情况的约束力计算公式。

A. 两端固定

对于两端固定的变厚池壁，顶端约束力 V_A 及 M_A 的计算公式可通过联立求解方程组（9-70)，并将式（9-71)、式（9-72)或式（9-73)代入而求得，即

$$V_A=\frac{\delta_{22}\cdot\Delta_{1P}-\delta_{12}\cdot\Delta_{2P}}{\delta_{11}\cdot\delta_{22}-\delta_{12}^2}=\frac{k_{22}\cdot k_{1P}-k_{12}\cdot k_{2P}}{k_{11}\cdot k_{22}-k_{12}^2}\cdot pH=k_V pH \tag{9-74}$$

$$M_A=\frac{\delta_{11}\cdot\Delta_{2P}-\delta_{12}\cdot\Delta_{1P}}{\delta_{11}\cdot\delta_{22}-\delta_{12}^2}=\frac{k_{11}\cdot k_{2P}-k_{12}\cdot k_{1P}}{k_{11}\cdot k_{22}-k_{12}^2}\cdot pH^2=k_M pH^2 \tag{9-75}$$

式中　k_V、k_M——分别为顶端的剪力系数和弯矩系数，即

$$k_V=\frac{k_{22}\cdot k_{1P}-k_{12}\cdot k_{2P}}{k_{11}\cdot k_{22}-k_{12}^2}$$

$$k_M=\frac{k_{11}\cdot k_{2P}-k_{12}\cdot k_{1P}}{k_{11}\cdot k_{22}-k_{12}^2}$$

为了方便设计应用，在三角形或矩形分布侧压力作用下不同 β 值的 k_V、k_M 列于表 9-17 中。

$\beta = h_2/h_1$		0.2	0.3	0.4	0.5	0.6	0.7	0.8	0.9
三角形荷载	k_V	0.0833	0.0973	0.1084	0.1177	0.1257	0.1328	0.1391	0.1448
	k_M	−0.0080	−0.0119	−0.0156	−0.0190	−0.0222	−0.0252	−0.0281	−0.0308
矩形荷载	k_V	0.3465	0.3828	0.4098	0.4313	0.4492	0.4644	0.4777	0.4895
	k_M	−0.0259	−0.0361	−0.0450	−0.0529	−0.0601	−0.0666	−0.0726	−0.0782

B. 顶端弹性固定、底端固定

在实际工程中，池壁顶端一般不可能形成固定支承。对有顶盖的水池，当顶板与池壁的连接设计成刚接时，池壁顶端应按弹性固定计算。此时，顶端的弹性嵌固弯矩以采用力矩分配法计算比较方便。前面所述两端固定池壁的计算，为我们提供了此时所需的顶端固端弯矩的计算方法。池壁顶端单位宽度的边缘抗弯刚度则可以利用公式（9-75）计算确定。如果用符号 $K_{w,2}$，表示池壁顶端的边缘抗弯刚度，则只要在公式（9-75）中令 $\Delta_{1p} = 0$、$\Delta_{2p} = 1$，则所求得的 M_A 即为 $K_{w,2}$，即

$$K_{w,2} = \frac{\delta_{11}}{\delta_{11} \cdot \delta_{22} - \delta_{12}^2} = \frac{k_{11}}{k_{11} \cdot k_{22} - k_{12}^2} \cdot \frac{EI_1}{H} = k_{M\beta}\frac{EI_1}{H} \tag{9-76}$$

式中　$k_{M\beta}$ ——池壁顶端的边缘抗弯刚度系数，即

$$k_{M\beta} = \frac{k_{11}}{k_{11} \cdot k_{22} - k_{12}^2}$$

为了方便设计应用，可利用上列公式计算成表 9-18。

变厚池壁顶端边缘刚度系数 $k_{M\beta}$ 表 9-18

$\beta = h_2/h_1$	0.2	0.3	0.4	0.5	0.6	0.7	0.8	0.9
$k_{M\beta}$	0.118	0.282	0.527	0.858	1.281	1.803	2.426	3.157

C. 顶端铰接、底端固定

顶端铰接、底端固定时，只有一个赘余约束，此时可只用方程组（9-70）中的第一个方程且令其中 $M_A = 0$ 便可解得顶端约束力 V_A，即

$$V_A = \frac{\Delta_{1P}}{\delta_{11}} = \frac{k_{1p}}{k_{11}}pH = k_V pH \tag{9-77}$$

顶端约束力系数列于表 9-19 中。

顶铰支、底端固定池壁的顶端约束力系数 k_V 表 9-19

$\beta = h_2/h_1$	0.2	0.3	0.4	0.5	0.6	0.7	0.8	0.9
三角形荷载	0.0625	0.0711	0.0776	0.0829	0.0873	0.0911	0.0944	0.0974
矩形荷载	0.2788	0.3032	0.3207	0.3343	0.3453	0.3543	0.3624	0.3689

对于梯形分布侧压力作用时的顶端反力，可将梯形分布侧压力分解为三角形和矩形两部分，分别计算再叠加即成。

当池壁顶端的侧向支承为图 9-37 所示的水平框梁或利用走道板时，先应判断所提供的支承刚度能否形成不动铰支承。只有当满足下列条件时，顶端才能按不动铰支承计算，即

$$\beta_l \geqslant \psi \xi^4 H \tag{9-78}$$

式中　β_l——水平框梁截面绕竖轴的惯性矩（I_b）与 1m 宽池壁底端的截面惯性矩（I_1）之比，即　$\beta_l = I_b/I_1$；

　　　　ξ——水平框梁的计算跨度 l（见图 9-37）与池壁高度 H 的比值，即 $\xi = l/H$；

　　　　H——池壁高度，以 m 计；

　　　　ψ——与池壁顶、底端厚度比 $\beta = h_2/h_1$、侧压力分布状态及壁顶水平梁的支承状态等因素有关的系数，可从表 9-20 查得，表中包含了等厚池壁（$\beta = 1.0$）的值。

表 9-20 的系数是以水平框梁的支承条件为单跨固端导得的。池壁的荷载条件为梯形分布侧压力，顶端侧压力为 p_2，底端为 p_1。当 $p_2/p_1 = 0$ 时为三角形荷载；$p_2/p_1 = 1$ 为矩形荷载。表 9-20 对变厚池壁和等厚池壁的常遇荷载状态都适用。设计时应注意满足水平框梁的支承条件，其纵向钢筋应锚固在垂直方向的相邻池壁中。如果为了减小水平框梁的跨度而设置拉梁时（图 9-37），拉梁应等间距设置。

ψ 系 数 表　　　　　　　　　　表 9-20

p_2/p_1 / β	0.0	0.1	0.2	0.3	0.4	0.5	0.6	0.7	0.8	0.9	1.0
0.2	0.0300	0.0368	0.0424	0.0471	0.0510	0.0544	0.0573	0.0599	0.0621	0.0641	0.0659
0.3	0.0479	0.0581	0.0665	0.0736	0.0796	0.0848	0.0893	0.0933	0.0968	0.0999	0.1027
0.4	0.0678	0.0816	0.0931	0.1028	0.1111	0.1183	0.1245	0.1301	0.1350	0.1393	0.1433
0.5	0.0898	0.1075	0.1223	0.1348	0.1456	0.1550	0.1632	0.1704	0.1769	0.1827	0.1879
0.6	0.1134	0.1352	0.1536	0.1692	0.1827	0.1944	0.2047	0.2139	0.2221	0.2294	0.2360
0.7	0.1391	0.1651	0.1870	0.2058	0.2220	0.2361	0.2485	0.2596	0.2695	0.2783	0.2863
0.8	0.1664	0.1971	0.2231	0.2454	0.2648	0.2817	0.2966	0.3099	0.3218	0.3325	0.3422
0.9	0.1957	0.2310	0.2609	0.2866	0.3089	0.3285	0.3458	0.3612	0.3749	0.3874	0.3986
1.0	0.2268	0.2663	0.2996	0.3282	0.3529	0.3746	0.3936	0.4106	0.4258	0.4394	0.4517

当利用走道板作水平框梁时，走道板的厚度不宜小于走道板挑出长度的 1/6，也不宜小于 200mm。水平框梁的纵向和横向受力钢筋均应计算确定。

当式（9-78）未能满足时，壁顶端只能按弹性（可动铰）支承考虑。此时，壁顶的弹性支承反力可根据下列力法方程解出，即

$$V_A^e \cdot (\delta_{11} + \delta_{bl}) = \Delta_{1p} \tag{9-79}$$

式中，δ_{bl} 为水平框梁在单位水平均布荷载作用下的跨中挠度。当将水平框梁的每一跨均视为单跨固端梁时，

$$\delta_{bl} = \frac{1}{384} \cdot \frac{l^4}{EI_b}$$

δ_{11} 和 Δ_{1p} 的意义同前。

由式（9-79）得：

$$V_{\mathrm{A}}^{\mathrm{e}} = \frac{\Delta_{1\mathrm{p}}}{\delta_{11} + \delta_{\mathrm{b1}}} = \frac{\Delta_{1\mathrm{p}}/\delta_{11}}{1 + \frac{\delta_{\mathrm{b1}}}{\delta_{11}}} = \frac{1}{1 + \frac{\delta_{\mathrm{b1}}}{\delta_{11}}} V_{\mathrm{A}} = \eta V_{\mathrm{A}} \tag{9-80}$$

式中　V_{A}——顶端为不动铰支承时的反力，即 $V_{\mathrm{A}} = \dfrac{\Delta_{1\mathrm{P}}}{\delta_{11}}$，可按式（9-77）算得；

　　　η——顶端为弹性（可按铰）支承时的支座位移影响系数，即

$$\eta = \frac{1}{1 + \frac{\delta_{\mathrm{b1}}}{\delta_{11}}} = \frac{1}{1 + \frac{1}{384 k_{11}} \xi^4 \left(\frac{H}{\beta_{\mathrm{I}}} \right)} = \frac{1}{1 + \frac{1}{\rho} \xi^4 \left(\frac{H}{\beta_{\mathrm{I}}} \right)} \tag{9-81}$$

式中 ξ、β_{I} 的意义同式（9-78）；$\rho = 384 k_{11}$。ρ 值可由表 9-21 查得，表中包含了等厚池壁（$\beta = 1.0$）的值，故也可用来计算等厚池壁。

ρ 系 数 表　　　　　　　　　　　　　　　　表 9-21

$\beta = h_2/h_1$	0.2	0.3	0.4	0.5	0.6	0.7	0.8	0.9	1.0
ρ	367	290	242	209	185	166	151	138	128

2）壁面温差引起的竖向弯矩和剪力

按竖向单向计算的挡土墙式池壁，在壁面温差作用下，只有在顶端有约束时才会产生内力，其内力仍可用力法求解。在壁面温差作用下，求解池壁顶端赘余约束力的力法典型方程只要将方程组（9-70）中的自由项 $\Delta_{1\mathrm{p}}$ 和 $\Delta_{2\mathrm{p}}$ 换成 $\Delta_{1\mathrm{T}}$ 和 $\Delta_{2\mathrm{T}}$ 即是。$\Delta_{1\mathrm{T}}$ 和 $\Delta_{2\mathrm{T}}$ 分别为壁面温差使顶端为自由的池壁所产生的顶端侧移和转角。因此，关键问题是确定 $\Delta_{1\mathrm{T}}$ 和 $\Delta_{2\mathrm{T}}$。

首先研究等厚池壁。如果壁面温差 $\Delta T = T_1 - T_2$，则自由池壁的温度较高一侧的温度应变为 $+\dfrac{\alpha_{\mathrm{T}} \Delta T}{2}$；温度较低一侧的温度应变为 $-\dfrac{\alpha_{\mathrm{T}} \Delta T}{2}$。单位高度池壁的温度变形如图 9-42 所示，由图示几何关系可知，自由池壁任一高度处由温度变形引起的曲率为：

$$\frac{1}{\rho} = \frac{\alpha_{\mathrm{T}} \Delta T}{h} \tag{9-82}$$

式中　h——等厚池壁的壁厚；

　　　α_{T}——池壁材料的线膨胀系数。

可见变形曲线为圆弧线。利用曲率积分法可以导得 $\Delta_{1\mathrm{T}}$ 及 $\Delta_{2\mathrm{T}}$ 即

$$\left. \begin{array}{l} \Delta_{1\mathrm{T}} = \dfrac{\alpha_{\mathrm{T}} \cdot \Delta T \cdot H^2}{2h} \\[3mm] \Delta_{2\mathrm{T}} = \dfrac{\alpha_{\mathrm{T}} \cdot \Delta T \cdot H}{h} \end{array} \right\} \tag{9-83}$$

式中　H——池壁高度。

对于两端固定的池壁，在式（9-74）和式（9-75）中，分别以 $\Delta_{1\mathrm{T}}$ 和 $\Delta_{2\mathrm{T}}$ 代替 $\Delta_{1\mathrm{p}}$ 和 $\Delta_{2\mathrm{p}}$ 且对等厚壁有 $\delta_{11} = \dfrac{H^3}{3EI}$、$\delta_{12} = \dfrac{H^2}{2EI}$、$\delta_{22} = \dfrac{H}{EI}$。因此，由壁面温差引起的顶端约束力为：

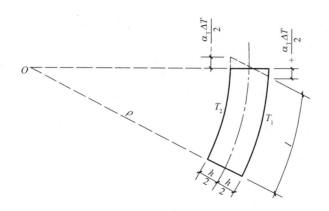

图 9-42 壁面温差计算简图

$$V_A^T = 0$$
$$M_A^T = \frac{\alpha_T \cdot \Delta T \cdot EI}{h} = \frac{\alpha_T \cdot \Delta T \cdot Eh^2}{12}$$

$$(9-84)$$

式中 V_A^T、M_A^T ——分别为壁面温差使顶端产生的剪力和弯矩。

式（9-84）说明，对于两端固定的等厚池壁，壁面温差不会使之产生剪力，池壁任意高度处的弯矩均将等于顶端约束弯矩，即

$$M_x^T = \frac{\alpha_T \cdot \Delta T \cdot Eh^2}{12}$$

$$(9-85)$$

对于顶端铰支、底端固定的等厚池壁，壁面温差使顶端产生的反力为：

$$V_A^T = \frac{\Delta_{1T}}{\delta_{11}} = \frac{3\alpha_T \cdot \Delta T \cdot EI}{2hH} = \frac{1}{8} \cdot \frac{\alpha_T \cdot \Delta T \cdot Eh^2}{H}$$

$$(9-86)$$

则离顶端为 x 处的弯矩为：

$$M_x^T = \frac{\alpha_T \cdot \Delta T \cdot Eh^2}{8} \cdot \frac{x}{H}$$

$$(9-87)$$

对于变厚池壁（图 9-41），可以导得：

$$\Delta_{1T} = \left[\frac{\beta}{(1-\beta)^2} \ln\beta + \frac{1}{1-\beta} \right] \frac{\alpha_T \cdot \Delta T \cdot H^2}{h_1} = k_{1T} \frac{\alpha_T \cdot \Delta T \cdot H^2}{h_1}$$
$$\Delta_{2T} = -\left(\frac{\ln\beta}{1-\beta} \right) \frac{\alpha_T \cdot \Delta T \cdot H}{h_1} = k_{2T} \cdot \frac{\alpha_T \cdot \Delta T \cdot H}{h_1}$$

$$(9-88)$$

式中

$$k_{1T} = \frac{\beta}{(1-\beta)^2} \ln\beta + \frac{1}{1-\beta}$$

$$k_{2T} = -\frac{\ln\beta}{1-\beta}$$

当两端固定时，壁面温差所引起的顶端约束力为：

$$V_A^T = \frac{k_{22} \cdot k_{1T} - k_{12} \cdot k_{2T}}{k_{11} \cdot k_{22} - k_{12}^2} \cdot \frac{\alpha_T \cdot \Delta T \cdot EI_1}{h_1 H} = k_V^T \frac{\alpha_T \cdot \Delta T \cdot EI_1}{h_1 H} \left.\right\}$$

$$M_A^T = \frac{k_{11} \cdot k_{2T} - k_{12} \cdot k_{1T}}{k_{11} \cdot k_{22} - k_{12}^2} \cdot \frac{\alpha_T \cdot \Delta T \cdot EI_1}{h_1} = k_M^T \frac{\alpha_T \cdot \Delta T \cdot EI_1}{h_1} \left.\right\} \tag{9-89}$$

式中
$$k_V^T = \frac{k_{22} k_{1T} - k_{12} k_{2T}}{k_{11} k_{22} - k_{12}^2}$$

$$k_M^T = \frac{k_{11} k_{2T} - k_{12} k_{1T}}{k_{11} k_{22} - k_{12}^2}$$

k_{11}、k_{12}、k_{22} 由式（9-71）确定。则离顶端为 x 的任意截面的弯矩为：

$$M_x^T = M_A^T + V_A^T \cdot x = \left(k_M^T + k_V^T \cdot \frac{x}{H}\right) \frac{\alpha_T \cdot \Delta T \cdot EI_1}{h_1} \tag{9-90}$$

令 $k_{Mx}^T = \left(k_M^T + k_V^T \cdot \frac{x}{H}\right)$，则

$$M_x^T = k_{Mx}^T \cdot \frac{\alpha_T \cdot \Delta T \cdot EI_1}{h_1} \tag{9-90a}$$

为方便设计，已编制成 k_{Mx}^T 系数表见表 9-22。

两端固定时的 k_{Mx}^T 系数表   表 9-22

β \\ x/H	0.0	0.1	0.2	0.3	0.4	0.5	0.6	0.7	0.8	0.9	1.0
0.2	0.0069	0.0832	0.1596	0.2359	0.3123	0.3886	0.4650	0.5413	0.6177	0.6940	0.7704
0.3	0.0547	0.1342	0.2137	0.2932	0.3727	0.4522	0.5317	0.6113	0.6908	0.7703	0.8498
0.4	0.1276	0.2051	0.2826	0.3601	0.4376	0.5151	0.5927	0.6702	0.7477	0.8252	0.9027
0.5	0.2235	0.2951	0.3667	0.4382	0.5098	0.5814	0.6529	0.7245	0.7961	0.8676	0.9392
0.6	0.3408	0.4032	0.4655	0.5279	0.5903	0.6526	0.7150	0.7774	0.8398	0.9021	0.9645
0.7	0.4780	0.5284	0.5787	0.6291	0.6795	0.7298	0.7802	0.8305	0.8809	0.9312	0.9816
0.8	0.6342	0.6700	0.7058	0.7417	0.7775	0.8133	0.8491	0.8849	0.9208	0.9566	0.9924
0.9	0.8084	0.8274	0.8464	0.8654	0.8844	0.9033	0.9223	0.9413	0.9603	0.9792	0.9982
1.0	1.0000	1.0000	1.0000	1.0000	1.0000	1.0000	1.0000	1.0000	1.0000	1.0000	1.0000

注：$\frac{x}{H} = 0.0$ 为顶端。

对于顶端铰支、底端固定的变厚池壁，壁面温差引起的顶端约束力为：

$$V_A^T = \frac{\Delta_{1T}}{\delta_{11}} = \frac{k_{1T}}{k_{11}} \cdot \frac{\alpha_T \cdot \Delta T \cdot EI_1}{h_1 \cdot H} = k_V^T \frac{\alpha_T \cdot \Delta T \cdot EI_1}{h_1 \cdot H} \tag{9-91}$$

式中　$k_V^T = \frac{k_{1T}}{k_{11}}$；$k_{1T}$ 和 k_{11} 分别由式（9-88）第一式和式（9-71）第一式确定。k_V^T 值可由表 9-23查得。

顶端铰接、底端固定时的 k_V^T 系数表   表 9-23

β	0.2	0.3	0.4	0.5	0.6	0.7	0.8	0.9
k_V^T	0.7816	0.9158	1.0281	1.1256	1.2132	1.2932	1.3670	1.4358

按以上所述方法计算的所有温度内力，均应乘以折减系数 $\eta_{\mathrm{red}} = 0.65$，在承载力极限状态计算时，尚应乘以荷载分项系数。

3）水平向角隅处的局部负弯矩和剪力

挡土墙式池壁在端部与相邻池壁相连的角隅处，由于池壁的位移受到约束，其传力已不再是沿竖向单向，而是竖向和水平向共同传力。通常将这种角隅处的双向板效应称为"角隅效应"。对挡土墙式池壁考虑角隅效应时，应计算角隅处的水平向局部负弯矩。此负弯矩沿池壁高度的最大值可按下式计算：

$$M_{\mathrm{cx}} = m_{\mathrm{c}} p H^2 \tag{9-92}$$

式中　M_{cx}——壁板水平向角隅处的局部负弯矩；

　　　m_{c}——角隅处最大水平弯矩系数，按表 9-24 采用；

　　　p——池壁侧向均布荷载或三角形分布荷载的最大值。

池壁角隅处最大弯矩系数（m_{c}）　　　　　　　表 9-24

荷载类别	池壁顶端支承条件	壁板厚度	m_{c}
均布荷载	自由	$h_1 = h_2$	-0.426
		$h_1 = 1.5 h_2$	-0.218
	铰支	$h_1 = h_2$	-0.076
		$h_1 = 1.5 h_2$	-0.072
	弹性固定	$h_1 = h_2$	-0.053
三角形荷载	自由	$h_1 = h_2$	-0.104
		$h_1 = 1.5 h_2$	-0.054
	铰支	$h_1 = h_2$	-0.035
		$h_1 = 1.5 h_2$	-0.032
	弹性固定	$h_1 = h_2$	-0.029

注：1. 表中 h_1、h_2 分别为池壁底端及顶端厚度。

　　2. 系数的"—"号表示弯矩使受荷面受拉。

角隅弯矩的分布状态如图 9-43 所示。当池壁顶端为铰支或弹性固定时，角隅弯矩最大值 M_{cx} 产生在池壁高度的中部，当池壁顶端为自由时，M_{cx} 产生在顶端。角隅弯矩沿水平向逐渐衰减。当壁顶为铰支或弹性固定时，角隅弯矩的零点在离壁水平端约 $0.25\,H$（H 为壁高）；当壁顶为自由时，角隅弯矩的零点在离水平端约 $0.6\,H$ 处。

角隅处的剪力一般对池壁的截面设计不起控制作用，但使垂直于本池壁方向的相邻池壁产生拉力（或压力），故仍应计算。对于顶边自由的池壁，可近似按 $\dfrac{l}{H} = 3.0$ 的双向板计算；对于顶边铰支的池壁，可近似按 $\dfrac{l}{H} = 2.0$ 双向板计算，计算方法详见后面的双向板式水池。

4）截面设计

挡土（水）墙式水池池壁的厚度，当采用等厚池壁时，可取 $\left(\dfrac{1}{20} \sim \dfrac{1}{10}\right) H$，当采用变

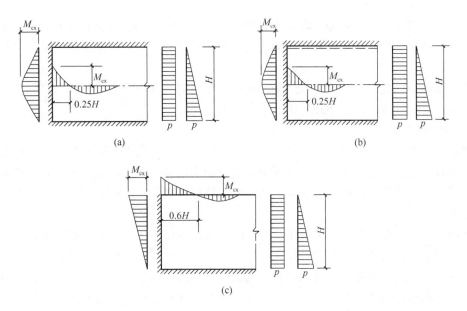

图 9-43　角隅弯矩分布图

(a) 顶边弹性固定；(b) 顶边铰支；(c) 顶边自由

厚池壁时，可取 $h_1 = \left(\dfrac{1}{20} \sim \dfrac{1}{10}\right)H, h_2 = \left(\dfrac{1}{20} \sim \dfrac{1}{30}\right)H$。池壁最小厚度一般不宜小于 200mm。

池壁竖向钢筋根据不同荷载组合下的弯矩和相应的竖向压力计算确定。对于开敞式水池，可以忽略池壁的自重压力，而按受弯构件计算；对于封闭式水池，应考虑顶盖传来的压力，按偏心受压构件计算。对于等厚池壁，可只取支座负弯矩截面和跨中最大正弯矩截面作为计算配筋量的控制截面；变厚池壁，则应适当增加控制截面。例如，对顶端自由的变厚池壁，宜取 $\dfrac{H}{4}$、$\dfrac{H}{2}$、$\dfrac{3H}{4}$ 和底端四个截面来进行配筋计算。随着钢筋需要量的减少，可以分批截断。

池壁的水平钢筋，在角隅处应根据角隅弯矩及相邻池壁传来的拉（压）力按偏心受拉（压）计算确定，当相邻池壁的角隅弯矩不相等时，可取较大值计算各相邻池壁的钢筋需要量。在沿壁长的中部区段，虽然在计算上没有或只有很小的水平弯矩，但也仍然需要配一定数量的水平钢筋来抵抗主要由温、湿度变化所引起的次应力，并起分布钢筋的作用。

这种温度钢筋的截面积，当池壁厚度不大于 500mm 时，池壁每侧应不少于池壁截面积的 0.15%；当池壁厚度大于 500mm 时，其里、外侧均可按截面厚度为 500mm 配置 0.15% 的构造钢筋。

池壁转角处的水平钢筋，首先应考虑将中间区段内的温度钢筋伸过来弯入相邻池壁，不够时再补充附加钢筋。对顶端自由的池壁，附加水平钢筋可在离侧端 $\dfrac{H}{4}$ 处切断；对顶端铰支的池壁，附加水平钢筋可在离侧端 $\dfrac{H}{6}$ 处切断。

（4）基础内力计算和截面设计

池壁基础同样应根据不同的荷载组合分别计算。

基础的内伸部分和外伸部分均视为悬臂板，基础的受力钢筋按悬臂板的固端弯矩计算确定。条形基础不必作抗冲切验算，但应选取内外两侧剪力中的较大值来验算基础的斜截面受剪承载力。

池壁基础的厚度应不小于池壁底端厚度，基础的宽度常取 $(0.4\sim0.8)H$。

基础计算的具体方法可参阅后面的设计实例。

3. 双向板式水池的计算

由双向板组成的矩形水池是一种盒子式的空间结构，其内力的精确分析十分复杂。虽然采用有限单元法通过电子计算机计算可以获得相当精确的解答，但一般双向板式水池的容量都不太大，采用颇费机时的有限元法进行计算似不经济。故传统的简化计算方法仍被广泛采用。

常用的简化计算方法是基于力矩分配法的原理，先按单块双向板计算各块板的边缘固定弯矩，然后对各公共棱边的不平衡弯矩进行分配，并相应地调整跨中弯矩。

单块双向板的边界条件，对于壁板，底边及两侧边按固定考虑，顶边根据有无顶板及顶板与池壁的连接构造，按自由、铰支或固定考虑。底板按四边固定考虑。

池壁按单块双向板计算时，在侧压力作用下的弯矩，可利用附录3-3及附录3-4的系数表进行计算。在壁面温差作用下的弯矩，可按下列公式计算：

$$\left.\begin{aligned} M_x^{\mathrm{T}} &= k_x^{\mathrm{T}} \cdot \alpha_{\mathrm{T}} \cdot \Delta T \cdot E \cdot h^2 \cdot \eta_{\mathrm{red}} \\ M_y^{\mathrm{T}} &= k_y^{\mathrm{T}} \cdot \alpha_{\mathrm{T}} \cdot \Delta T \cdot E \cdot h^2 \cdot \eta_{\mathrm{red}} \end{aligned}\right\} \tag{9-93}$$

式中　M_x^{T}、M_y^{T}——分别为壁面温差使壁板产生的水平向弯矩和竖向弯矩；

$\quad\quad k_x^{\mathrm{T}}$、$k_y^{\mathrm{T}}$——壁板 x（水平）方向和 y（竖）向的弯矩系数；

$\quad\quad h$——板的厚度；

$\quad\quad \eta_{\mathrm{red}}$——折减系数，可取 0.65。

对于四边固定板，壁面温差引起的温度变形处于被完全约束状态，即壁面温差引起的自由变形不可能发展，此时壁板的温度弯矩系数对板上任一点均为 $k_x^{\mathrm{T}} = k_y^{\mathrm{T}} = 0.1$。对于其他边界条件的双向板，$k_x^{\mathrm{T}}$ 和 k_y^{T} 可由附录 4-2 查得。

考虑相邻板之间的变形连续性而对弯矩进行调整的常用简化方法有两种，现分述如下：

(1) 按线刚度调整弯矩的简化方法

这种方法仅对壁板相交的节点水平向不平衡弯矩按壁板的水平向线刚度进行一次分配，不考虑分配弯矩向远端传递。节点弯矩的分配系数 $\rho = \dfrac{i}{\sum i}$，i 为所计算壁板单位宽度水平向截条的线刚度，即 $i = \dfrac{Eh^3}{12l_x}$；$\sum i$ 为交汇于同一节点各壁板水平线刚度之和。

如以图 9-44 来说明任一壁板水平向弯矩调整前后的状态，图中 $\overline{M}_{AB}$ 和 $\overline{M}_{BA}$ 分别为 A 端和 B 端的固端弯矩；ΔM_{AB} 和 ΔM_{BA} 分别为 A 端和 B 端的不平衡弯矩分配值；ΔM 为跨中弯矩调整值，M_{AB}、M_{BA} 和 M 分别为调整后的端弯矩和跨中弯矩。

(2) 按连续双向板弯矩分配法的近似计算

第二种方法是利用连续双向板的弯矩分配法进行近似计算，这种方法原本是针对作用

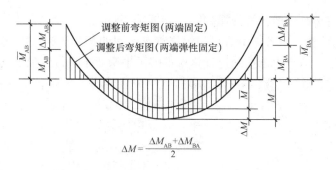

$$\Delta M = \frac{\Delta M_{AB} + \Delta M_{BA}}{2}$$

图 9-44　简化的弯矩调整方法

有均布横向荷载的四边支承双向连续板，假设所有的边缘弯矩都按正弦曲线的半波变化建立起来的。用于承受非均布水压力或土压力的水池壁板，其准确性自然不如均布荷载时。同时，这种方法不适用于具有自由边的池壁，但对于四边支承的池壁，这种方法在理论上比第一种方法严谨，因此，对于大型的双向板式水池，宜采用这种方法分析内力。

连续双向板弯矩分配法的基本特点是：

1) 弯矩分配系数决定于单个板块的边缘刚度。使单个板块的某条边缘中央处产生单位转角所需的作用于该边缘的正弦分布弯矩，被定义为该边缘的刚度，可用下式表达：

$$K = k\frac{D}{l} = k\frac{Eh^3}{12(1-\nu^2)l} \tag{9-94}$$

式中　K ——双向板的边缘刚度；

　　　D ——双向板的抗弯刚度，即 $D = \dfrac{Eh^3}{12(1-\nu^2)}$；

　　　h ——板厚；

　　E、ν ——分别为板材料的弹性模量及泊松系数；

　　　l ——双向板的短边长；

　　　k ——双向板的边缘刚度系数。可由附录 4-3 查得。

分配系数 $\rho = \dfrac{K}{\Sigma K}$，其中 ΣK 为相交于同一节点的板边缘刚度总和。如果各壁板的厚度均相等，则分配系数可简化为 $\rho = \dfrac{k/l}{\Sigma k/l}$。

2) 所分配得的弯矩，不但向对边传递，还向相邻边斜向传递。向对边的传递系数 μ 和向邻边的斜向传递系数 μ' 均可由附录 4-3 查得。

3) 杆件结构力矩分配法的符号规则，即以使杆端产生顺时针方向转动的弯矩为正的规则也可以用于双向板的力矩分配法，但应注意以图 9-45 所示的视向为准。同时应注意，在杆件结构中传递系数永远是正号，而在双向板中，则

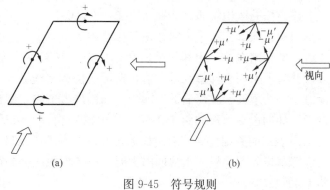

图 9-45　符号规则

(a) 节点弯矩；(b) 传递系数

传递系数有正也有负，一般符号规律如图 9-45（b）所示。

4）为了简化计算，只考虑本节点和相邻节点之间的相互影响，因而弯矩的调整过程可以是：首先对所有节点由于按固定计算所得的不平衡弯矩进行分配；其次将所有分配弯矩向其邻节点传递；再将各节点由所得传递弯矩引起的第二次不平衡弯矩进行分配，调整即告结束。各板边的固定边缘弯矩、两次分配弯矩和一次传递弯矩的代数和即为该板边调整后的弯矩。

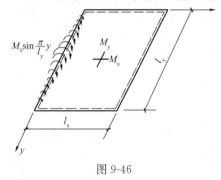

图 9-46

5）各块板的跨中弯矩，可将板四边视为铰支，将板上的横向荷载和调整后的板边弯矩均视为外荷载，分别求板的跨中弯矩，然后叠加即得。四边铰支板在横向荷载作用下的跨中弯矩，可利用附录 3-3 和附录 3-4 的系数及公式计算确定。四边铰支板的一条边上作用有正弦分布弯矩 $M_0 \cdot \sin \dfrac{\pi}{l_y} y$ 时（图 9-46），跨中弯矩可按下列公式计算：

$$\left.\begin{array}{l} M_x = m_x M_0 \\ M_y = m_y M_0 \end{array}\right\} \tag{9-95}$$

式中　M_x、M_y——当 $M_0 = 1$ 时，相应于 x 和 y 方向的跨中弯矩，即跨中弯矩系数，可由表 9-25 查得。

边缘弯矩 $M_0 \cdot \sin \dfrac{\pi}{l_y} y$ 作用下四边铰支板的跨中弯矩系数　　　　　表 9-25

l_y/l_x	0.5	0.6	0.7	0.8	0.9	1.0	1.1	1.2
m_x	−0.013	−0.006	0.009	0.030	0.053	0.080	0.107	0.133
m_y	0.063	0.090	0.113	0.131	0.144	0.153	0.158	0.160
l_y/l_x	1.3	1.4	1.5	1.6	1.7	1.8	1.9	2.0
m_x	0.159	0.183	0.206	0.227	0.247	0.264	0.281	0.296
m_y	0.162	0.162	0.159	0.157	0.154	0.150	0.147	0.144

注：当沿 l_x 边作用有 $M_0 \cdot \sin \dfrac{\pi}{l_x} x$ 时，用 $\dfrac{l_x}{l_y}$ 替代表中的 $\dfrac{l_y}{l_x}$，即可查得相应的 m_x 和 m_y。

上述方法的应用将通过例题 9-2 进一步说明。

双向板式池壁在水平方向必须考虑池内水压力引起的轴向拉力或池外土压力引起的轴向压力，此轴向力等于相邻池壁的侧边反力。双向板的边缘反力沿边缘的分布是不均匀的，设计时可采用平均值或最大值，在配筋构造上作适当的调整。例如采用平均值时，在可能大于平均值的区段配筋适当加强；采用最大值时，则在靠近相邻约束边处的配筋可适当减少，如四边支承板的跨中钢筋，当按偏心受拉（或受压）计算时，也可以按第 8 章图 8-34 所表示的原则配筋。双向板的边缘反力平均值及最大值可按附录 4-4 进行计算。

计算多格的双向板式水池的内力时，应考虑水压力的最不利分布，即有些格满水，有些格无水的状态。

双向板式水池的底板通常做成整体式。地基反力一般可按直线分布计算，多格水池的地基反力，可按均匀分布计算。

【例 9-2】 一矩形水池的平面及纵剖面图如图 9-47 所示。池壁顶端有走道板可作为顶端的不动铰支承，池壁与底板的连接按固定设计。池壁采用等厚，所有池壁的厚度均为200mm。试计算此水池在池内满水时的池壁弯矩。

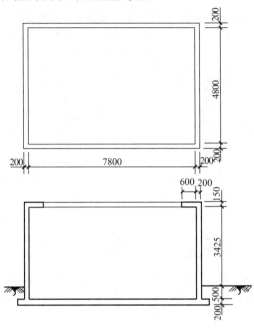

图 9-47 平面及纵剖面

【解】

（1）计算简图

池壁的水平计算长度取两端相邻池壁的中轴线间距离，则两个方向池壁的水平计算长度分别为 8.0m 和 5.0m。池壁的计算高度，下端为固定从底板顶面计算，上端为铰接，算至走道板的厚度中心，则池壁计算高度为 4.0m。池内的计算水深近似地取等于池壁的计算高度，则池底处的最大水压力标准值为：

$$p_k = \gamma_w \cdot H = 10 \times 4.0 = 40 \text{ kN/m}^2$$

以下所计算的池壁弯矩均为相应于此水压力的弯矩标准值。

为了便于计算，对池壁及棱边编号如图 9-48 所示。

（2）按三边固定，顶边铰支计算单块池壁的弯矩，此时可利用附录 3-4 附录 3-4（1）的系数及式（8-12）进行计算。

1）Ⅰ号池壁

Ⅰ号池壁的弯矩编号如图 9-49 所示。

$$\frac{l_y}{l_x} = \frac{4.0}{8.0} = 0.5$$

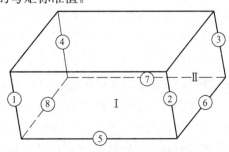

图 9-48 池壁及棱边编号

$$\overline{M}_{12} = \overline{M}_{21} = -0.0367 \times 40 \times 4^2 = -23.488 \text{kN} \cdot \text{m/m}$$

$$\overline{M}_5 = -0.0622 \times 40 \times 4^2 = -39.808 \text{kN} \cdot \text{m/m}$$

跨中弯矩系数按第 8 章式（8-12）计算，取混凝土的泊松系数 $\nu = 1/6$，则：

$$\overline{M}_{\text{I}x} = \left(0.0045 + \frac{1}{6} \times 0.0253\right) \times 40 \times 4^2 = +5.579 \text{kN} \cdot \text{m/m}$$

$$\overline{M}_{\text{I}y} = \left(0.0253 + \frac{1}{6} \times 0.0045\right) \times 40 \times 4^2 = +16.672 \text{kN} \cdot \text{m/m}$$

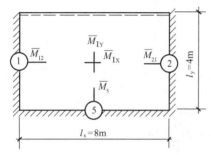

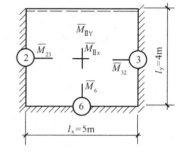

图 9-49　Ⅰ号池壁板弯矩编号　　　　　图 9-50　Ⅱ号池壁板弯矩编号

2）Ⅱ号池壁

Ⅱ号池壁的弯矩编号如图 9-50 所示。

$$\frac{l_y}{l_x} = \frac{4.0}{5.0} = 0.8$$

$$\overline{M}_{23} = \overline{M}_{32} = -0.0333 \times 40 \times 4^2 = -21.312 \text{kN} \cdot \text{m/m}$$

$$\overline{M}_6 = -0.0453 \times 40 \times 4^2 = -28.992 \text{kN} \cdot \text{m/m}$$

$$\overline{M}_{\text{II}x} = \left(0.01 + \frac{1}{6} \times 0.0144\right) \times 40 \times 4^2 = +7.936 \text{kN} \cdot \text{m/m}$$

$$\overline{M}_{\text{II}y} = \left(0.0144 + \frac{1}{6} \times 0.01\right) \times 40 \times 4^2 = +10.283 \text{kN} \cdot \text{m/m}$$

（3）用双向板弯矩分配法计算弯矩

1）分配系数及传递系数

由于池壁的顶端铰支、底端固定，故只需计算侧边的分配系数和传递系数。池壁的边缘刚度系数 k 及传递系数 μ、μ' 可由附录 4-3 查得。本例属于附表 4-3 中的第 1 种情况。对于Ⅰ号池壁（长壁），$l_x/l_y = 8.0/4.0 = 2.0$ 可查得其侧边刚度系数 $k_{12} = k_{21} = 6.5$，传递系数 $\mu = -0.014$，$\mu' = 0.086$。对于Ⅱ号池壁（短壁），$l_x/l_y = 5.0/4.0 = 1.25$，从附表 4-3 利用直线插入法可得其侧边刚度系数 $k_{12} = k_{21} = 6.87$，传递系数 $\mu = 0.042$，$\mu' = 0.211$。

由于单格水池具有两个方向的对称性，四条竖向棱边的力学状态是完全相同的，只要算出一条棱边的分配系数，其他棱边也就可以推知。现计算 2 号棱边的分配系数。由于所有池壁的材料及厚度均相同，且具有相同的短边长（$l_y = 4.0$m），故在计算分配系数时，D/l 可约去，分配系数直接由边缘刚度系数算得。故对 2 号棱边，Ⅰ号池壁的弯矩分配系数为：

$$\rho_{21} = \frac{k_{21}}{k_{21} + k_{23}} = \frac{6.5}{6.5 + 6.87} = 0.486$$

Ⅱ号池壁的弯矩分配系数为:

$$\rho_{23} = \frac{k_{23}}{k_{21} + k_{23}} = \frac{6.87}{6.5 + 6.87} = 0.514$$

2）棱边弯矩计算

由于只考虑分配弯矩对紧邻的影响，同时考虑到单格水池的对称性，弯矩的分配和传递计算只要取相邻的两池壁即可。现以相交于 2 号棱边的Ⅰ、Ⅱ号池壁进行计算。弯矩分配与传递过程及计算结果示于图 9-51 中。必须注意到前面计算固端弯矩时，符号规则是以使荷载作用面受压的弯矩为正，现在则应采用图 9-45 所规定的符号规则。特别是传递系数的符号，应将由附录 4-3 查得的传递系数再乘以图 9-45（b）中所规定的正负号。在图 9-51 中标明了分配系数和传递系数。

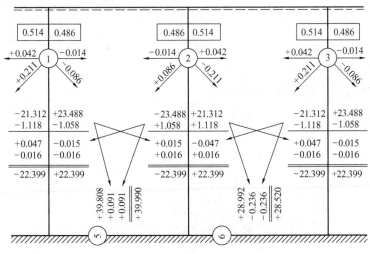

图 9-51 池壁弯矩分配

计算结果得到的池壁边缘弯矩，对所有侧边为 $-22.399 \mathrm{kN \cdot m/m}$，对Ⅰ号池壁的底边为 $M_5 = -39.99 \mathrm{kN \cdot m/m}$，对Ⅱ号池壁的底边为 $M_6 = -28.52 \mathrm{kN \cdot m/m}$。此处的弯矩符号恢复了以使受荷面受压的弯矩为正的符号规则。

对于多格水池，由于交汇于同一节点的池壁可能多于两块，已不便采用图 9-51 所示将池壁展开进行弯矩分配与传递计算，此时以采用列表计算较好。

3）池壁跨中弯矩计算

池壁边缘弯矩确定以后，将边缘弯矩与水压力均作为外加作用，作用于四边铰支板，分别求得跨中弯矩再叠加，即得最终跨中弯矩。

对Ⅰ号池壁:

$$\frac{l_y}{l_x} = \frac{4.0}{8.0} = 0.5, \frac{l_x}{l_y} = \frac{8.0}{4.0} = 2.0$$

$$\overline{M}_{\mathrm{I\,x}} = (\alpha_{x max} + \nu \alpha_{y max}) pH^2 + \Sigma m_x M_0 = \left(0.0117 + \frac{1}{6} \times 0.0504 \right) \times 40 \times 4^2$$

$$- [2 \times (-0.013) \times 22.399 + 0.144 \times 39.99] = +7.688 \mathrm{kN \cdot m/m}$$

$$\overline{M}_{\text{I}y} = (\alpha_{y\text{max}} + \nu\alpha_{x\text{max}})pH^2 + \Sigma m_y M_0 = \left(0.0504 + \frac{1}{6} \times 0.0117\right) \times 40 \times 4^2$$

$$- [2 \times 0.063 \times 22.399 + 0.296 \times 39.99] = +18.845\text{kN} \cdot \text{m/m}$$

以上公式中 $\alpha_{x\text{max}}$ 和 $\alpha_{y\text{max}}$ 由附录 3-4 附表 3-4（1）查得，m_x、m_y 由表 9-25 查得。以上计算是近似的，因为在水压力作用下两个方向的跨中最大弯矩及在各边缘弯矩作用下两个方向的跨中最大弯矩，都不一定是发生在同一位置上，故上列叠加计算是不严格的。

对Ⅱ号池壁：

$$\frac{l_y}{l_x} = \frac{4.0}{5.0} = 0.8 \qquad \frac{l_x}{l_y} = \frac{5.0}{4.0} = 1.25$$

$$\overline{M}_{\text{II}x} = (\alpha_{x\text{max}} + \nu\alpha_{y\text{max}})pH^2 + \Sigma m_x M_0 = \left(0.0167 + \frac{1}{6} \times 0.0310\right) \times 40 \times 4^2$$

$$- [2 \times 0.03 \times 22.399 + 0.161 \times 28.52] = +8.059\text{kN} \cdot \text{m/m}$$

$$\overline{M}_{\text{II}y} = (\alpha_{y\text{max}} + \nu\alpha_{x\text{max}})pH^2 + \Sigma m_y M_0 = \left(0.0310 + \frac{1}{6} \times 0.0167\right) \times 40 \times 4^2$$

$$- [2 \times 0.131 \times 22.399 + 0.146 \times 28.52] = +11.589\text{kN} \cdot \text{m/m}$$

（4）用按线刚度分配的方法计算弯矩

两个方向池壁的水平向线刚度分别为：

$$i_{\text{I}} = \frac{Eh^3}{12 \times 8}$$

$$i_{\text{II}} = \frac{Eh^3}{12 \times 5}$$

则分配系数为：

$$\rho_{\text{I}} = \frac{\dfrac{Eh^3}{12 \times 8}}{\dfrac{Eh^3}{12 \times 5} + \dfrac{Eh^3}{12 \times 8}} = 0.385$$

$$\rho_{\text{II}} = \frac{\dfrac{Eh^3}{12 \times 5}}{\dfrac{Eh^3}{12 \times 5} + \dfrac{Eh^3}{12 \times 8}} = 0.615$$

仍以 2 号棱边进行分配计算。若在该棱边上的不平衡弯矩分配给Ⅰ号壁板和Ⅱ号壁板的弯矩分别为 ΔM_{21} 和 ΔM_{23}，则：

$$\Delta M_{21} = -(\overline{M}_{21} + \overline{M}_{23})\rho_{\text{I}} = -(-23.488 + 21.312) \times 0.385$$

$$= +0.838\text{kN} \cdot \text{m/m}$$

$$\Delta M_{23} = -(\overline{M}_{21} + \overline{M}_{23})\rho_{\text{II}} = -(-23.488 + 21.312) \times 0.615$$

$$= +1.338\text{kN} \cdot \text{m/m}$$

Ⅰ号壁板和Ⅱ号壁板在 2 号棱边的边缘弯矩分别为：

$$M_{21} = \overline{M}_{21} + \Delta M_{21} = -23.488 + 0.833 = -22.65\text{kN} \cdot \text{m/m}$$

$$M_{23} = \overline{M}_{23} + \Delta M_{23} = 21.312 + 1.338 = +22.65\text{kN} \cdot \text{m/m}$$

表明经过调整的节点弯矩处于平衡状态，$-22.65\text{kN} \cdot \text{m/m}$ 即为所有池壁的侧边弯矩。

池壁的跨中弯矩也仅在水平向进行调整，对Ⅰ号池壁和Ⅱ号池壁的水平向跨中弯矩分别为：

$$M_{Ix} = \overline{M}_{Ix} + \Delta M_{Ix} = +5.579 + 0.838 = 6.417 \text{kN} \cdot \text{m/m}$$

$$M_{IIx} = \overline{M}_{IIx} + \Delta M_{IIx} = +7.936 - 1.338 = +6.598 \text{kN} \cdot \text{m/m}$$

垂直向弯矩仍保持为：

$$M_{Iy} = \overline{M}_{Iy} = +16.672 \text{kN} \cdot \text{m/m}, M_{IIy} = \overline{M}_{IIy} = +10.283 \text{kN} \cdot \text{m/m}。$$

（5）计算结果的比较与讨论

现将两种方法的计算结果汇总于表 9-26 中。

弯矩计算结果（kN·m/m）   表 9-26

计算方法	Ⅰ 号 壁 板				Ⅱ 号 壁 板			
	侧边弯矩	底边弯矩	跨中弯矩		侧边弯矩	底边弯矩	跨中弯矩	
	M_{21}	M_5	M_{Ix}	M_{Iy}	M_{23}	M_6	M_{IIx}	M_{IIy}
按双向板分配	-22.399	-39.990	+7.688	+18.845	-22.399	-28.520	+8.059	+11.589
按线刚度分配	-22.650	-39.808	+6.417	+16.672	-22.650	-28.992	+6.598	+10.283

比较两种方法的计算结果，池壁的边缘弯矩比较接近，而跨中弯矩则相差较大。跨中弯矩相差较大的原因之一，是相对于边缘弯矩来说，跨中弯矩的基数本来就较小，因此，边缘弯矩所采用的分配方法的近似性及相应的跨中弯矩调整方法的近似性所带来的偏差，跨中弯矩都比较敏感。如果不论边缘弯矩采用哪种方法进行分配调整，跨中弯矩均采用按四边铰支双向板在横向压力和板边弯矩作用下分别计算然后叠加的方法，则其计算结果也将比较接近，只是这种方法目前还只能用于四边均有支承的板。对于顶边为自由板的简化计算，暂时还只能采用按线刚度分配节点弯矩和按图 9-44 调整跨中弯矩的方法。

4. 水平框架式水池的计算

水平框架式水池的水平向传力部分一般截取单位高度的水平壁带按水平封闭框架计算（图 9-52）。可沿高度分成若干段，每段均取该段下端的最大水压力或土压力作为计算荷载。

单格水池的水平弯矩可按下列公式计算：

节点弯矩：

$$M_A = M_B = M_C = M_D = -\frac{p_y(b^2k + a^2)}{12(k+1)} \tag{9-96}$$

跨中弯矩：

$$M_a = \frac{p_y a^2}{8} - \frac{p_y(b^2k + a^2)}{12(k+1)} \tag{9-97}$$

$$M_b = \frac{p_y b^2}{8} - \frac{p_y(b^2k + a^2)}{12(k+1)} \tag{9-98}$$

式中　a、b——分别为水平框架的长边及短边的长度；

　　　k——水平框架长边与短边的线刚度比，即

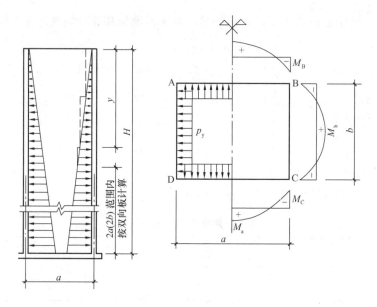

图 9-52 水平框架式水池

$$k = \frac{bI_a}{aI_b}$$

其中，I_a、I_b 分别为长、短边的截面惯性矩。当两边壁厚相等时，$k = \dfrac{b}{a}$。池壁的水平轴向力，可近似地按下列公式计算：

$$\left.\begin{array}{l} N_a = \dfrac{p_y b}{2} \\[3mm] N_b = \dfrac{p_y a}{2} \end{array}\right\} \tag{9-99}$$

多格式水平框架式池壁的弯矩可利用弯矩分配法进行计算。

9.5.4 矩形水池的构造特点

1. 一般构造要求

矩形水池各部分的截面最小尺寸、钢筋的最小直径、钢筋的最大和最小间距、受力钢筋的净保护层厚度等基本构造要求，均与圆形水池相同。

挡土（水）墙式水池池壁水平构造钢筋的一般要求，在挡土（水）墙式水池池壁截面设计部分已有论述，此处不赘述。对于顶端自由的挡土（水）墙式池壁，除了按前述要求配置水平钢筋外，顶部还宜配置水平向加强钢筋，其直径不应小于池壁竖向受力钢筋的直径，且不小于 16mm，一般里、外两侧各设置 3 根，间距不宜大于 100mm。

池壁的转角以及池壁与底板的连接处，凡按固定或弹性固定设计的，均宜设置边宽不小于 150mm 的腋角，并配置直径与池壁受力钢筋直径相同、间距不大于池壁受力钢筋间距两倍的构造钢筋（图 9-54）。

采用分离式底板时，底板厚度不宜小于 120mm，常用 150～200mm，并在底板顶面配置不少于 Φ8@200 的钢筋网。必要时在底板底面也应配置，使底板在温、湿度变化影响以及地基中存在局部软弱土壤时，都不致于开裂。当分离式底板与池壁基础连成整体时，底板内的钢筋应锚固在池壁基础内。当必须利用底板内的钢筋来抵抗基础的滑移时，其锚固长度应不小于按充分受拉考虑的锚固长度 l_a。当必须设置分离缝时，应切实保证填缝的不透水性，并可按图9-53或类似的方法作辅助的排水处理，以免万一漏水时产生渗水压力。

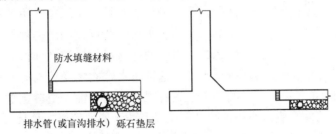

图 9-53　分离式底板构造

2. 配筋方式

矩形水池池壁及整体式底板中均采用网状配筋。壁板的配筋原则与第8章双向板的配筋原则相同，但通常只采用分离式配筋。

矩形水池的配筋构造关键在各转角处。图9-54为池壁转角处水平钢筋布置的几种方式。总的原则是钢筋类型要少，避免过多的交叉重叠，并保证钢筋的锚固长度。特别要注意转角处的内侧钢筋，如果它必须承担池内水压力引起的边缘负弯矩，则其伸入支承边内的锚固长度不应小于 l_a。为了满足这一要求，常常必须将其弯入相邻池壁（图9-54b），此时应将它伸至受压区即池壁外侧后再行弯折。如果两相邻池壁的内侧水平钢筋采用连续配筋时，则应采用图9-54（c）所示的弯折方式。

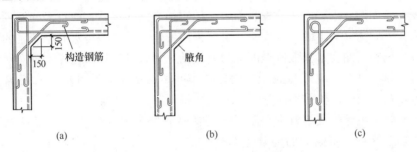

图 9-54　池壁转角处的水平钢筋布置

池壁和基础的固定连接构造，一般采取图9-55或类似图9-20（d）的形式。池壁顶端设置水平框梁作为池壁的侧向支承时，其配筋方式一般如图9-56所示。

3. 伸缩缝的构造处理

水池的伸缩缝必须是从顶到底完全贯通的。从功能上说，伸缩缝必须满足两个基本要求：（1）保证伸缩缝两侧的温度区段具有充裕的伸缩余地；（2）具有严密的抗漏能力。在符合上述要求的前提下，构造处理和材料的选用要力求经济耐久，施工方便。

伸缩缝的宽度一般取20mm。当温度区段的长度为30m或更大时，应适当加宽，但最大宽度通

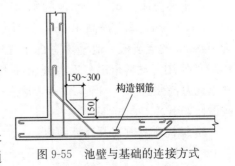

图 9-55　池壁与基础的连接方式

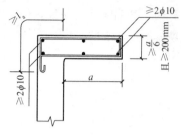

图 9-56 壁顶水平框架梁截
面配筋方式

常不超过 25mm。采用双壁式伸缩缝时，缝宽可适当加大。

伸缩缝的常用做法如图 9-57 所示。在不与水接触的部分，不必设置止水片。止水片常用金属、橡胶或塑料制成。金属止水片以紫铜或不锈钢片最好，普通钢片易于锈蚀。但前两种材料价格较高，目前用得最多的是橡胶止水带，这种止水带能经受较大的伸缩，在阴暗潮湿的环境中具有很好的耐久性。塑料止水带可用聚氯乙烯或聚丙烯制成，它的伸缩能力不如橡胶，但耐光和耐干燥性较好，且具有容易热烫熔接的优点，造价也较低廉，主要用于地下防水工程和水工构筑物，如隧道涵洞、沟渠等的变形缝防水。

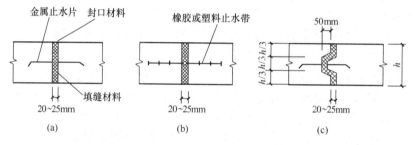

图 9-57　伸缩缝的一般做法

伸缩缝的填缝材料应具有良好的防水性、可压缩性和回弹能力。理想的填缝材料应能压缩到其原有厚度的一半，而在壁板收缩时又能回弹充满伸缩缝，而且最好能预制成板带形式，以便作为后浇混凝土的一侧模板。最好采用不透水的，但浸水后能膨胀的掺木质纤维的沥青板，也有用油浸木丝板或聚丙烯塑料板的。封口材料是做在伸缩缝迎水面的不透水韧性材料。封口材料，应能与混凝土面粘结牢固，可用沥青类材料加入石棉纤维、石粉、橡胶等填料，或采用树脂类高分子合成塑胶材料制成封口带。

当伸缩缝处采用橡胶或塑料止水带，而板厚小于 250mm 时，为了保证伸缩缝处混凝土的浇筑质量及使止水带两侧的混凝土不至于太薄，应将板局部加厚（图 9-58）。加厚部分的板厚以与止水带宽相等为宜，每侧局部加厚的宽度以 2/3 止水带宽度为宜，加厚处应增设构造钢筋。

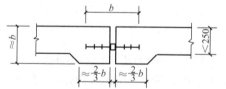

图 9-58　伸缩缝处壁板局部加厚

9.5.5　设计实例

一无顶盖地上式矩形水池的平面净空尺寸为 6.0m×18.0m，池壁净高 4.0m，设计水深 3.8m（图 9-59），沿四周池壁顶部应设置宽度为 700mm 的走道板。池壁除考虑水压力作用外，尚应考虑壁面湿差的当量温差 $\Delta T = 10℃$ 的作用。材料采用 C25 混凝土和 HPB300 级钢筋。地基土壤为黏土，无地下水。地基承载力特征值 $f_a = 150$kN/m²。池底内面相对标高 -0.5m（池外地面为 ±0.00）。其结构设计如下。

1. 结构布置方案及计算假定

（1）基本原则

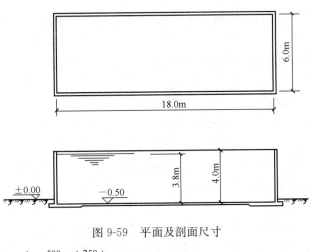

图 9-59　平面及剖面尺寸

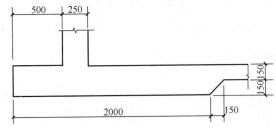

图 9-60　池壁及基础尺寸

1）利用走道板作为池壁顶端的铰支承。

2）长向池壁的长高比 $l/H = 18/4 = 4.5 > 2.0$，故可取 $1.0m$ 宽竖条作为计算单元，按顶铰接、底固定的梁式构件作竖向单向计算。

3）短向池壁的长高比 $l/H = 6/4 = 1.5$，在 0.5 与 2.0 之间，属双向板池壁。

4）由于无地下水作用，底板采用分离式，池壁下设条形基础，与底板连成整体。底板厚 $150mm$，内配 $\Phi 8@200$ 双层钢筋网。

（2）截面尺寸的初步确定

1）长壁厚度及基础尺寸

在池内水压力作用下壁底端的最大负弯矩设计值为：

$$M = -\frac{1}{15} p_w H^2 = -\frac{1}{15} \times 1.27 \times 38 \times 3.8^2 = -46.46 \text{kN} \cdot \text{m}$$

假设配筋率为 $\rho = \dfrac{A_s}{bh_0} = 0.5\%$，则配筋特征值为：

$$\xi = \rho \frac{f_y}{\alpha_1 f_c} = 0.005 \times \frac{270}{1.0 \times 11.9} = 0.113$$

相应的内力臂系数 $\gamma_s = 0.9405$，则截面有效高度 h_0 的需要值可由下式计算确定：

$$h_0 = \sqrt{\frac{M}{\alpha_1 f_c b \xi \gamma_s}} = \sqrt{\frac{46.46 \times 10^6}{1.0 \times 11.9 \times 1000 \times 0.113 \times 0.9405}} = 191.6 \text{mm}$$

参考此值，初步选定长壁厚度为 $250mm$，且采用等厚池壁。基础厚度取 $300mm$，基础宽度经试算采用 2.0m，向池壁外侧挑出 0.5m，向池壁内侧挑出 1.25m（图 9-60）。

2）短壁厚度

取底端竖向弯矩作为估算短壁厚度的依据。由附录 3-4 附表 3-4（1）查出，当 $l_y/l_x = 0.67$ 时：

$$M_y^0 = -0.0531 p_w l_y^2 = -0.0531 \times 1.27 \times 38 \times 4.0^2 = -41 \text{kN} \cdot \text{m/m}$$

同样假设配筋率为 $\rho = 0.5\%$，则 $\xi = 0.113, \gamma_s = 0.9405$，则需要的截面有效高度为

$$h_0 = \sqrt{\frac{M}{\alpha_1 f_c b \xi \gamma_s}} = \sqrt{\frac{41 \times 10^6}{1.0 \times 11.9 \times 1000 \times 0.113 \times 0.9405}} = 180.05 \text{mm}$$

参照此值，短壁厚度同样取 250mm。

3）走道板布置及截面尺寸

走道板除沿四周池壁布置外，考虑到需作为池壁顶部的侧向支承，故对两长向池壁上的走道板每隔 4.5m 设置一根拉梁，且将拉梁断面设计成 T 形，使之也能起走道板的作用。四周走道板的厚度采用 200mm。走道板及拉梁的布置如图 9-61 所示。

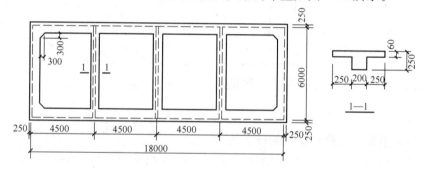

图 9-61　走道板布置图

现根据以上布置及所确定的构件截面尺寸验算走道板是否满足作为池壁顶端侧向铰支承的条件式（9-78）。此时：

$$\beta_1 = I_b/I_1 = \frac{0.2 \times 0.7^3}{1 \times 0.25^3} = 4.39$$

池壁计算高度由基础顶面取至走道板厚度中心处，即

$$H = 4.0 + \frac{0.2}{2} = 4.1 \text{m}$$

由表 9-20 查得 $\psi = 0.2268$。对于长向池壁，走道板的水平向计算跨度可取为 $l = 4.5$m，对于短向池壁，可取两长向走道板宽度中到中的距离，即 $l = 6.0 + 2 \times 0.25 - 0.7 = 5.8$m。可见只要验算短向池壁符合要求，则长向池壁亦将符合要求。对短向池壁，$\xi = \dfrac{l}{H} = \dfrac{5.8}{4.1} = 1.415$，则

$$\psi \xi^4 H = 0.2268 \times 1.415^4 \times 4.1 = 3.72 < \beta_1 = 4.39$$

符合作为侧向不动铰支承的条件。

符合要求。

2. 池壁内力计算

（1）长向池壁竖向计算

1）水压力引起的内力

按 3.8m 水深计算的池壁底端最大水压力设计值为：

$$p_w = 1.27 \times 10 \times 3.8 = 48.26 \text{kN/m}^2$$

池壁计算简图如图 9-62（a）所示。池壁内力按表 9-16 序号 3 的公式计算，所算得的弯矩 M_x 如图 9-62（b）弯矩图所示，计算过程从略。弯矩图上标明的弯矩值是与相对坐标 $\frac{x}{H} = 0.2, 0.4, 0.447, 0.6, 0.8$ 和 1.0 相对应的。

池壁上、下端的剪力分别为：

$$V_2 = \frac{1}{10} p_w H = \frac{1}{10} \times 48.26 \times 4.1 = 19.79 \text{kN/m（指向内壁）}$$

$$V_1 = -\frac{2}{5} p_w H = -\frac{2}{5} \times 48.26 \times 4.1 = -79.15 \text{kN/m（指向内壁）}$$

严格地说，尚应考虑走道板作为悬臂板对池壁内力的影响，但此处此项影响甚小，故忽略不计。

2）壁面温差引起的内力

由壁面温差引起的池壁弯矩 M_x^T 按式（9-87）计算，并应乘以折减系数 $\eta_{red} = 0.65$ 和荷载分项系数 $\gamma_T = 1.5$，即

$$M_x^T = \gamma_T \cdot \eta_{red} \cdot \frac{\alpha_T \cdot \Delta T \cdot E \cdot h^2}{8} \cdot \frac{x}{H} = 1.5 \times 0.65 \times \frac{1 \times 10^{-5} \times 10 \times 2.8 \times 10^4 \times 250^2}{8} \times$$

$$\frac{x}{H} = 0.0213 \times 10^6 \frac{x}{H} (\text{N} \cdot \text{mm/mm}) = 21.3 \frac{x}{H} (\text{kN} \cdot \text{m/m})$$

M_x^T 是底端最大的线性变化弯矩，其正负号与 ΔT 的正负号有关，M_x^T 将使湿度（温度）低的一侧壁面受拉。地上式水池一般总是壁内面的湿度高于壁外面，故当 M_x^T 采用与水压力引起的弯矩（图 9-62b）一致的符号规则时，M_x^T 应为使壁外受拉的正号弯矩。沿池壁高度各点的 M_x^T 值计算结果列于表 9-27 中。

M_x^T 值 　　　　　　　　　　　　　　　　　　　表 9-27

x/H	0.2	0.4	0.447	0.6	0.8	1.00
x(m)	0.82	1.64	1.833	2.46	3.28	4.1
M_x^T (kN·m/m)	4.26	8.52	9.52	12.78	17.04	21.3

ΔT 使池壁两端产生的剪力为：

$$V_1^T = V_2^T = \gamma_T \cdot \eta_{red} \cdot \frac{\alpha_T \cdot \Delta T \cdot E \cdot h^2}{8H}$$

$$= 1.5 \times 0.65 \times \frac{1 \times 10^{-5} \times 10 \times 2.8 \times 10^4 \times 250^2}{8 \times 4100}$$

$$= 5.20 \text{N/mm} = 5.20 \text{kN/m}（V_1^T \text{指向壁外},V_2^T \text{指向壁内}）$$

3）内力组合

根据以上计算，图 9-62（b）所示弯矩为第一种组合（池内满水）下的弯矩设计值；第二种组合（池内满水及壁面湿差作用）下的弯矩设计值为图 9-62（b）所示弯矩值与表 9-27 所列弯矩值的叠加，现将两种弯矩组合值列于表 9-28 中。

x/H		0.2	0.4	0.447	0.6	0.8	1.0
x (m)		0.82	1.64	1.833	2.46	3.28	4.1
M_x (kN·m/m)	第一种组合	+15.14	+23.79	+24.17	+19.47	−4.33	−54.08
	第二种组合	+19.4	+32.31	+33.69	+32.25	+12.71	−32.78

最不利弯矩包络图如图 9-63 所示。

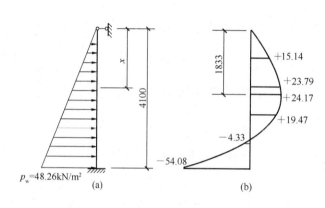

图 9-62　池壁计算简图及弯矩图

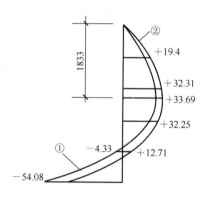

图 9-63　最不利弯矩包络图
①第一种组合；②第二种组合

池壁上、下端的剪力组合值：

第一种组合：

$$V_2 = 19.79 \text{kN/m}(指向壁内)$$

$$V_1 = -79.15 \text{kN/m}(指向壁内)$$

第二种组合：

$$V_2 = 24.99 \text{kN/m}(指向壁内)$$

$$V_1 = -73.93 \text{kN/m}(指向壁内)$$

（2）短向池壁内力及长向池壁角隅水平弯矩、水平拉力计算

计算短向池壁内力及长向池壁角隅水平弯矩、水平拉力时，应考虑相邻池壁的相互影响，现按简化的力矩分配法进行计算。

1）短向池壁在水压力作用下按顶边铰支、其他三边固定计算的弯矩

短向池壁竖向计算高度取 $l_y = 4.1\text{m}$；水平向计算长度取 $l_x = 6.0 + 0.25 = 6.25\text{m}$，则 $l_y/l_x = 4.1/6.25 = 0.656$，弯矩系数可由附录 3-4 附表 3-4（1）查得。各项弯矩计算如下：

水平向固端弯矩：

$$\overline{M}_x^0 = -0.0354 p_w l_y^2 = -0.0354 \times 48.26 \times 4.1^2 = -28.71 \text{kN·m/m}$$

竖向底端固端弯矩：

$$\overline{M}_y^0 = -0.0528 p_w l_y^2 = -0.0528 \times 48.26 \times 4.1^2 = -42.83 \text{kN·m/m}$$

水平向跨中弯矩：

$$\overline{M}_{x} = \left(0.0083 + \frac{1}{6} \times 0.0188\right) p_{w} l_{y}^{2} = 0.0114 \times 48.26 \times 4.1^{2}$$

$$= 9.28 \text{kN} \cdot \text{m/m}$$

竖向跨中弯矩：

$$\overline{M}_{y} = \left(0.0188 + \frac{1}{6} \times 0.0083\right) p_{w} l_{y}^{2} = 0.0202 \times 48.26 \times 4.1^{2}$$

$$= 16.39 \text{kN} \cdot \text{m/m}$$

在计算跨中弯矩时，考虑了泊松比效应，即弯矩系数是按式（8-12）确定的，计算时取混凝土的泊松比 $\nu = \frac{1}{6}$。

2）水压力作用下长向池壁按固定棱边计算角隅水平弯矩

此时角隅弯矩按式（9-92）计算，弯矩系数可由表 9-24 查得，即

$$\overline{M}_{cx} = -0.035 p_{w} H^{2} = -0.035 \times 48.26 \times 4.1^{2} = -28.39 \text{kN} \cdot \text{m/m}$$

3）水压力作用下考虑相邻池壁相互影响的短向池壁弯矩

按简化的力矩分配法进行计算时，仅对水平向弯矩进行分配调整。节点不平衡弯矩按相交于同一节点各池壁的线刚度进行分配。在计算四边支承，但长高比 $l/H > 2.0$ 长壁的水平线刚度时可近似地取有效壁长为 $l = 2H$。具体到本池，由于节点不平衡弯矩很小，即 $\overline{M}_{x} = -28.71 \text{kN} \cdot \text{m/m}, \overline{M}_{cx} = -28.39 \text{kN} \cdot \text{m/m}$ 相差很小，故可不严格按线刚度进行不平衡弯矩的分配，而近似地取 $\overline{M}_{x}$ 和 $\overline{M}_{cx}$ 的平均值作为短向池壁的水平向端弯矩和长向池壁的角隅弯矩。短向池壁的水平向跨中弯矩按图 9-44 所示的原则进行调整。

根据以上所述，可以确定短向池壁在水压力作用下的各向弯矩设计值。

水平向支座弯矩：

$$M_{x}^{0} = \frac{\overline{M}_{x}^{0} + \overline{M}_{cx}}{2} = -\frac{28.71 + 28.39}{2} = -28.55 \text{kN} \cdot \text{m/m}$$

水平向跨中弯矩：

$$M_{x} = \overline{M}_{x} + \Delta M_{x} = 9.28 + (28.71 - 28.55) = 9.44 \text{kN} \cdot \text{m/m}$$

竖向底端弯矩：

$$M_{y}^{0} = \overline{M}_{y}^{0} = -42.83 \text{kN} \cdot \text{m/m}$$

竖向跨中弯矩：

$$M_{y} = \overline{M}_{y} = 16.39 \text{kN} \cdot \text{m/m}$$

4）水压力作用下短向池壁的周边剪力

短向池壁的周边剪力沿边长是不均匀分布的，计算时可取平均值。各边剪力平均值利用附录 4-4 中的公式及四边铰支板作用有三角形荷载和周边弯矩的反力系数用叠加法求得。三角形荷载作用下的反力系数按 $\frac{l_{x}}{l_{y}} = \frac{6.25}{4.1} = 1.524$ 查附表 4-4（2）求得；侧边作用有边缘弯矩时的反力系数按 $\frac{l_{x}}{l_{y}} = \frac{6.25}{4.1} = 1.524$ 查附表 4-4（5）求得；底边作用有边缘弯

矩时的反力系数应以壁高为 l_x，壁长为 l_y，即 $\dfrac{l_x}{l_y} = \dfrac{4.1}{6.25} = 0.656$ 查表 4-4（5）求得。

顶边剪力平均值：

$$V_{y0,2} = 0.1215 p_w l_y - 2 \times 0.9375 \frac{M_x^0}{l_y} - 0.553 \frac{M_y^0}{l_y}$$

$$= 0.1215 \times 48.26 \times 4.1 - 2 \times 0.9375 \times \frac{28.55}{4.1} - 0.553 \times \frac{42.83}{4.1}$$

$$= 24.04 - 13.06 - 5.77 = 5.21 \text{kN/m（指向壁内）}$$

底边剪力平均值：

$$V_{y0,1} = 0.2718 p_w l_y - 2 \times 0.9375 \frac{M_x^0}{l_y} + 0.7773 \frac{M_y^0}{l_y}$$

$$= 0.2718 \times 48.26 \times 4.1 - 2 \times 0.9375 \times \frac{28.55}{4.1} + 0.7773 \times \frac{42.83}{4.1}$$

$$= 53.78 - 13.06 + 8.12 = 48.84 \text{kN/m（指向壁内）}$$

侧边剪力平均值：

$$V_{x0} = 0.1201 p_w l_x + (1.78 - 0.1320)\frac{M_x^0}{l_x} - 1.850 \frac{M_y^0}{l_x}$$

$$= 0.1201 \times 48.26 \times 6.25 + (1.78 - 0.1320) \times \frac{28.55}{6.25} - 1.850 \times \frac{42.83}{6.25}$$

$$= 36.22 + 7.53 - 12.68 = 31.07 \text{kN/m（指向壁内）}$$

5）水压力作用下长向池壁角隅水平弯矩及水平拉力

相邻池壁相互影响的长向池壁角隅水平弯矩即等于短向池壁的 M_x^0，故

$$M_{cx} = M_x^0 = -28.55 \text{kN} \cdot \text{m/m}$$

长向池壁在角隅处的水平拉力等于相邻短向池壁的边缘剪力，即

$$N_{c0} = V_{x0} = 31.07 \text{kN/m}$$

N_{c0} 代表长向池壁角隅水平拉力的平均值。

6）水压力作用下短向池壁的水平拉力

短向池壁的水平拉力等于长向池壁的侧边剪力，实际上四边支承的长向池壁的侧边剪力可近似地按 $\dfrac{l_x}{l_y} = 2.0$ 的双向板计算。因此，短向池壁的水平拉力平均值可按下式计算：

$$N_{x0} = 0.0951 p_w (2l_y) + (2.3335 - 0.0478)\frac{M_{cx}}{2l_y} - 2.2311 \frac{M_{x1}}{2l_y}$$

$$= 0.0951 \times 48.26 \times (2 \times 4.1) + (2.3335 - 0.0478) \times \frac{28.55}{2 \times 4.1}$$

$$- 2.2311 \times \frac{54.08}{2 \times 4.1} = 37.63 + 7.958 - 14.71$$

$$= 30.88 \text{kN/m}$$

式中，M_{cx} 为长壁角隅弯矩；M_{x1} 为长壁按竖向单元计算的底端弯矩，即 $M_{x1} = -54.08$ kN·m/m，在代入上式计算时，M_{cx} 和 M_{x1} 均取正号。

7）壁面温差作用下的端壁内力，长壁角隅弯矩及水平拉力

短向池壁按顶边铰支、三边固定计算时，壁面温差引起的弯矩可按式（9-93）计算，

并再乘以荷载分项系数 $\gamma_T = 1.5$，弯矩系数由附录 4-2 查得，各向弯矩计算如下。

底端竖向弯矩：

$$\overline{M}_y^{0T} = 0.1293\alpha_T \cdot \Delta T \cdot E \cdot h^2 \cdot \eta_{red} \cdot \gamma_T$$
$$= 0.1293 \times 1 \times 10^{-5} \times 10 \times 2.8 \times 10^4 \times 250^2 \times 0.65 \times 1.5$$
$$= 0.02059 \times 10^6 \text{N} \cdot \text{mm/mm} = 22.06\text{kN} \cdot \text{m/m}（壁外受拉）$$

跨中竖向弯矩：

$$\overline{M}_y^T = 0.0868\alpha_T \cdot \Delta T \cdot E \cdot h^2 \cdot \eta_{red} \cdot \gamma_T$$
$$= 0.0868 \times 1 \times 10^{-5} \times 10 \times 2.8 \times 10^4 \times 250^2 \times 0.65 \times 1.5$$
$$= 0.01382 \times 10^6 \text{N} \cdot \text{mm/mm} = 14.81\text{kN} \cdot \text{m/m}（壁外受拉）$$

侧边水平弯矩：

$$\overline{M}_x^{0T} = 0.1342\alpha_T \cdot \Delta T \cdot E \cdot h^2 \cdot \eta_{red}\gamma_T$$
$$= 0.02137 \times 10^6 \text{N} \cdot \text{mm/mm} = 22.89\text{kN} \cdot \text{m/m}（壁外受拉）$$

跨中水平弯矩：

$$\overline{M}_x^T = 0.0856\alpha_T \cdot \Delta T \cdot E \cdot h^2 \cdot \eta_{red} \cdot \gamma_T$$
$$= 0.01363 \times 10^6 \text{N} \cdot \text{mm/mm} = 14.60\text{kN} \cdot \text{m/m}（壁外受拉）$$

长向池壁在壁面温差作用下的固定棱边角隅弯矩，可近似地将长壁取为 $\frac{l_x}{l_y} = 2.0$ 的

三边固定、顶边铰支的双向板，利用附录 4-2 进行计算。以 $\overline{M}_{cx}^T$ 表示壁面温差引起的长壁固定棱边的角隅弯矩，则

$$\overline{M}_{cx}^T = 0.1324\alpha_T \cdot \Delta T \cdot E \cdot h^2 \cdot \eta_{red} \cdot \gamma_T$$
$$= 0.1324 \times 1 \times 10^{-5} \times 10 \times 2.8 \times 10^4 \times 250^2 \times 0.65 \times 1.5$$
$$= 0.02108 \times 10^6 \text{N} \cdot \text{mm/mm} = 22.59\text{kN} \cdot \text{m/m}（壁外受拉）$$

$\overline{M}_{cx}^T$ 与短壁的 $\overline{M}_x^{0T}$ 基本相等，取平均值也就是 22.74kN · m/m，因此短壁的跨中弯矩可以不调整。考虑相邻池壁相互影响后的各项弯矩为：

对于短壁：

$$M_y^{0T} = \overline{M}_y^{0T} = 22.06\text{kN} \cdot \text{m/m}$$

$$M_y^T = \overline{M}_y^T = 14.81\text{kN} \cdot \text{m/m}$$

$$M_x^{0T} = (\overline{M}_x^{0T} - \overline{M}_{cx}^T)/2 = 22.74\text{kN} \cdot \text{m/m}$$

$$M_x^T = \overline{M}_x^T = 14.60\text{kN} \cdot \text{m/m}$$

长壁角隅水平弯矩：

$$M_{cx}^T = M_x^{0T} = 22.74\text{kN} \cdot \text{m/m}$$

利用以上计算所得边缘弯矩，可以按附录 4-4 计算池壁的边缘剪力平均值。

对于短壁：

$$V_{y0,2}^T = -2 \times 0.9375 \times \frac{M_x^{0T}}{l_y} - 0.553 \times \frac{M_y^{0T}}{l_y}$$

$$=-2 \times 0.9375 \times \frac{-22.74}{4.1} - 0.553 \times \frac{-22.06}{4.1}$$

$$=13.37 \text{kN/m}(\text{指向壁内})$$

$$V_{y0,1}^{\mathrm{T}} = -2 \times 0.9375 \frac{M_x^{0\mathrm{T}}}{l_y} + 0.7773 \frac{M_y^{0\mathrm{T}}}{l_y}$$

$$=-2 \times 0.9375 \times \frac{-22.74}{4.1} + 0.7773 \times \frac{-22.06}{4.1}$$

$$=6.22 \text{kN/m}(\text{指向壁内})$$

$$V_{x0}^{\mathrm{T}} = (1.78 - 0.132) \frac{M_x^{0\mathrm{T}}}{l_x} - 1.85 \frac{M_y^{0\mathrm{T}}}{l_x}$$

$$=(1.78 - 0.132) \times \frac{-22.74}{6.25} - 1.85 \times \frac{-22.06}{6.25}$$

$$=0.534 \text{kN/m}(\text{指向壁内})$$

以上计算中所有边缘弯矩都取"—"号，是因为这些弯矩的作用方向和附图 4-4（2）所示边缘弯矩（使壁内受拉）的作用方向相反。

长壁的侧边剪力平均值可将长壁视为 $\frac{l_x}{l_y} = 2.0$ 的三边固定、顶边铰支双向板进行近似计算，计算此剪力是为了确定短壁的水平轴向力 N_{x0}^{T}，故直接用此符号表示，即

$$N_{x0}^{\mathrm{T}} = (2.3335 - 0.0478) \frac{M_{cx}^{\mathrm{T}}}{2l_y} - 2.2311 \frac{M_{x1}^{\mathrm{T}}}{2l_y}$$

$$=(2.3335 - 0.0478) \frac{-22.74}{2 \times 4.1} - 2.2311 \times \frac{-21.3}{2 \times 4.1}$$

$$=-0.543 \text{kN/m}（压力）$$

上式中 $M_{x1}^{\mathrm{T}} = 21.3 \text{kN} \cdot \text{m/m}$ 为壁面湿差引起的长壁底端弯矩。

8）内力组合

根据以上计算，现将截面设计所需要的内力组合值列于表 9-29 中。第一种组合为仅有池内水压力作用；第二种组合为池内水压力和壁面湿差共同作用。由于短向池壁的斜截面受剪承载力不起控制作用，故短壁的剪力组合值未列出。

短向池壁及长壁角隅内力组合值　　　　　　　　　表 9-29

内 力	短 向 池 壁					长 向 池 壁	
	M_y^0	M_y	M_x^0	M_x	N_{x0}	M_{cx}	N_{c0}
第一种组合	−42.83	16.39	−28.55	9.44	30.88	−28.55	31.07
第二种组合	−42.83+22.06 =−20.77	16.39+14.81 =31.2	−28.55+22.74 =−5.81	9.44+14.6 =24.04	30.88−0.543 =30.34	−28.55+22.74 =−5.81	31.07+0.534 =31.60

注：弯矩以 kN·m/m 为单位，轴向力以 kN/m 为单位。正弯矩使壁外受拉，轴向力为拉力。

3. 池壁截面设计

（1）长向池壁

1）竖向钢筋计算

池壁竖向按受弯构件计算，内侧钢筋由底端负弯矩确定。由表 9-28 可知，起控制作用的为第一种内力组合值，即 $M_{x1} = -54.08 \text{kN} \cdot \text{m/m}$。取 $h_0 = h - 40 = 250 - 40 = 210 \text{mm}$，则

$$\alpha_s = \frac{M}{\alpha_1 f_c b h_0^2} = \frac{54.08 \times 10^6}{1.0 \times 11.9 \times 1000 \times 210^2} = 0.1031$$

相应的 $\xi = 0.1089 < \xi_b = 0.5757$。配筋率：

$$\rho = \xi \frac{\alpha_1 f_c}{f_y} = 0.1089 \times \frac{1.0 \times 11.9}{270} = 0.481\%$$

需要的钢筋截面积为：

$$A_s = \rho b h_0 = 0.00481 \times 1000 \times 210 = 1010.1 \text{mm}^2$$

$$> \rho_{min} b h = 0.2116\% \times 1000 \times 250 = 529 \text{mm}^2$$

$$\rho_{min} \text{ 取 } 0.2\% \text{ 和 } 45 f_t / f_0 \% \text{ 的较大值}, 45 \times 1.27/270 = 0.2116$$

选用 $\Phi 12@100$，$A_s = 1131 \text{mm}^2$。

外侧钢筋由竖向跨中最大弯矩确定，起控制作用的为第二种内力组合值。即：

$$M_{x,max} = 33.69 \text{kN} \cdot \text{m/m}$$

则

$$\alpha_s = \frac{M}{\alpha_1 f_c b h_0^2} = \frac{33.69 \times 10^6}{1.0 \times 11.9 \times 1000 \times 210^2} = 0.0642$$

相应的 $\xi = 0.0664$，$\rho = \xi \frac{\alpha_1 f_c}{f_y} = 0.0664 \times \frac{1.0 \times 11.9}{270} = 0.293\%$，故

$$A_s = \rho b h_0 = 0.00293 \times 1000 \times 210 = 615.3 \text{mm}^2$$

$$> \rho_{min} b h = 0.2116 \times 1000 \times 250 = 529 \text{mm}^2$$

选用 $\Phi 10@100$，$A_s = 785 \text{mm}^2$。

2）水平钢筋计算

长向池壁中间区段的水平钢筋根据构造，按总配筋率 $\frac{A_s}{bh} = 0.3\%$ 配置，则每米高内所需钢筋面积为 $A_s = 0.003 \times 1000 \times 250 = 750 \text{mm}^2$。现采用内外侧均配 $\Phi 10@200$，则 $A_s = 785 \text{mm}^2$。

角隅处水平钢筋应根据角隅水平弯矩及水平拉力按偏心受拉构件计算确定。由表 9-29 可知，起控制作用的是第一种组合内力值，即

$$M_{cx} = -28.55 \text{kN} \cdot \text{m/m}, N_{c0} = 30.88 \text{N/m}$$

此时偏心距为： $e_0 = \frac{M}{N} = \frac{28.55}{30.88} = 0.929 \text{m} = 924.5 \text{mm} > \frac{h}{2} - a_s = \frac{250}{2} - 45 = 80 \text{mm}$

故属于大偏心受拉构件。上式中取 $a_s = 45 \text{mm}$，系考虑水平钢筋置于竖向钢筋内侧。

偏心拉力对受拉钢筋合力作用点的距离为：

$$e = e_0 - \frac{h}{2} + a_s = 924.5 - \frac{250}{2} + 45 = 844.5 \text{mm}$$

则

$$Ne = 30880 \times 844.5 = 26.078 \times 10^6 \text{N} \cdot \text{mm}$$

而

$$2a'_s b \alpha_1 f_c (h_0 - a'_s) = 2 \times 45 \times 1000 \times 1.0 \times 11.9 \times (205 - 45) = 171.36 \times 10^6 \text{N} \cdot \text{mm}$$

$$> Ne = 26.078 \times 10^6 \text{N} \cdot \text{mm}$$

故应按不考虑 A'_s 的作用计算 A_s。

$$\alpha_s = \frac{Ne}{\alpha_1 f_c b h_0^2} = \frac{30880 \times 844.5}{1.0 \times 11.9 \times 1000 \times 210^2} = 0.0497$$

相应的内力臂系数 $\gamma_s = 0.974$，根据对受压区混凝土合力作用点取力矩平衡的条件，可确定 A_s 计算公式，即

$$A_s = \frac{N}{f_y}\left(\frac{e}{\gamma_s h_0} + 1\right) = \frac{30880}{270} \times \left(\frac{844.5}{0.974 \times 205} + 1\right) = 598 \text{mm}^2$$

显然大于按最小配率计算所需钢筋截面积。选用 $\phi 10@100$，$A_s = 785 \text{mm}^2$，即除将中段内侧钢筋 $\phi 10@200$ 伸入支座外，另增加 $\phi 10@200$ 短钢筋。受压钢筋则将中段外侧钢筋 $\phi 10@200$ 伸入支座。

3）裂缝宽度验算

竖向壁底截面

水压力的准永久系数取为 1.0，该处按荷载准永久效应组合计算的弯矩值为：

$$M_q = \frac{54.08}{1.27} = 42.58 \text{kN} \cdot \text{m/m}$$

裂缝截面的钢筋应力为：

$$\sigma_{sq} = \frac{M_q}{0.87 h_0 A_s} = \frac{42.58 \times 10^6}{0.87 \times 210 \times 1131} = 206.1 \text{ N/mm}^2$$

按有效受拉区计算的受拉钢筋配筋率：

$$\rho_{te} = \frac{A_s}{0.5bh} = \frac{1131}{0.5 \times 1000 \times 250} = 0.009$$

钢筋应变不均匀系数：

$$\psi = 1.1 - \frac{0.65 f_{tk}}{\rho_{te} \sigma_{sq} \alpha_2} = 1.1 - \frac{0.65 \times 1.78}{0.009 \times 206.1 \times 1.0} = 0.624$$

受拉钢筋直径：$d = 12 \text{mm}$

最大裂缝宽度：

$$w_{max} = 1.8\psi \frac{\sigma_{sq}}{E_s}\left(1.5c + 0.11\frac{d}{\rho_{te}}\right)(1.0 + \alpha_1)\nu$$

$$= 1.8 \times 0.624 \times \frac{206.1}{2.1 \times 10^5} \times \left(1.5 \times 30 + 0.11 \times \frac{12}{0.009}\right) \times (1.0 + 0) \times 1.0$$

$$= 0.211 \text{mm} < 0.25 \text{mm}$$

竖向跨中截面

$$M_{sq} = \frac{33.69}{1.27} = 26.53 \text{kN} \cdot \text{m/m}$$

$$\sigma_{sq} = \frac{M_q}{0.87 h_0 A_s} = \frac{26.53 \times 10^6}{0.87 \times 210 \times 785} = 185 \text{N/mm}^2$$

$$\rho_{te} = \frac{A_s}{0.5bh} = \frac{785}{0.5 \times 1000 \times 250} = 0.0063$$

$$\psi = 1.1 - \frac{0.65 f_{tk}}{\rho_{te}\sigma_{sq}\alpha_2} = 1.1 - \frac{0.65 \times 1.78}{0.0063 \times 185 \times 10} = 0.099 < 0.4$$

故取 $\psi = 0.4$

$$w_{max} = 1.8\psi \frac{\sigma_{sq}}{E_s}\left(1.5c + 0.11\frac{d}{\rho_{te}}\right)(1.0 + \alpha_1)\nu$$

$$= 18 \times 0.4 \times \frac{185}{2.1 \times 10^5} \times \left(1.5 \times 30 + 0.11 \times \frac{10}{0.0063}\right) \times (1.0 + 0) \times 1.0$$

$$= 0.139 \text{mm} < 0.25 \text{mm}(符合要求)$$

角隅边缘截面

该处按荷载准永久效应组合计算的弯矩和轴向拉力分别为：

$$M_q = \frac{28.55}{1.27} = 22.48 \text{kN} \cdot \text{m/m}$$

$$N_q = \frac{30.88}{1.27} = 24.31 \text{kN/m}$$

此时裂缝宽度应按偏心受拉构件计算。

$$e_0 = \frac{M_q}{N_q} = \frac{22.48}{24.31} = 0.93 \text{m} = 923 \text{mm}$$

$$\alpha_2 = 1 + 0.35\frac{h_0}{e_0} = 1 + 0.35\frac{205}{923} = 1.077 \text{mm}$$

则

$$\sigma_{sq} = \frac{M_q + 0.5N_q(h_0 - a'_s)}{A_s(h_0 - a'_s)} = \frac{22.48 \times 10^6 + 0.5 \times 24.31 \times 10^3(205 - 45)}{785 \times (205 - 45)}$$

$$= 194.5 \text{N/mm}^2$$

$$\rho_{te} = \frac{A_s}{0.5bh} = \frac{785}{0.5 \times 1000 \times 250} = 0.0063$$

$$\psi = 1.1 - \frac{0.65 f_{tk}}{\rho_{te}\sigma_{ss}\alpha_2} = 1.1 - \frac{0.65 \times 1.78}{0.0063 \times 194.5 \times 1.077} = 0.216 < 0.4$$

取 $\psi = 0.4$

由于水平钢筋置于竖向钢筋内侧，故水平钢筋净保护层厚度 $c = 40 \text{mm}$。

最大裂缝宽度：

$$\alpha_1 = 0.28\left[\frac{1}{1 + 2e_0/h_0}\right] = 0.28\left[\frac{1}{1 + 2 \times 923/205}\right] = 0.0278$$

$$w_{max} = 1.8\psi \frac{\sigma_{sq}}{E_s}\left(1.5c + 0.11\frac{d}{\rho_{te}}\right)(1.0 + \alpha_1)\nu$$

$$= 1.8 \times 0.4 \times \frac{194.5}{2.1 \times 10^5} \times \left(1.5 \times 40 + 0.11 \times \frac{10}{0.0063}\right) \times (1.0 + 0.0278) \times 1.0$$

$$= 0.16 \text{mm} < 0.25 \text{mm}(符合要求)$$

（2）短向池壁

1）竖向钢筋计算

竖向钢筋按受弯构件计算，内侧钢筋按底端负弯矩确定，由表 9-29 可知，起控制作用的为第一种组合弯矩值 $M_y^0 = -43.52 \text{kN} \cdot \text{m/m}$。钢筋计算如下：

$$\alpha_s = \frac{M}{\alpha_1 f_c b h_0^2} = \frac{42.83 \times 10^6}{1.0 \times 11.9 \times 1000 \times 210^2} = 0.082$$

相应的 $\xi = 0.0852 < \xi_b = 0.5757$。配筋率为：

$$\rho = \xi \frac{\alpha_1 f_c}{f_y} = 0.0852 \times \frac{1.0 \times 11.9}{270} = 0.376\%$$

则

$$A_s = \rho b h_0 = 0.0037 \times 1000 \times 210 = 771 \text{ mm}^2$$
$$> \rho_{min} b h = 0.00211 \times 1000 \times 250 = 529 \text{ mm}^2$$

选用 $\Phi 12@100$，$A_s = 1131 \text{ mm}^2$。

外侧钢筋按竖向跨中正弯矩确定。由表 9-29 可知，起控制作用的是第二种组合弯矩值 $M_y = 30.88 \text{kN} \cdot \text{m/m}$。钢筋计算如下：

$$\alpha_s = \frac{M}{\alpha_1 f_c b h_0^2} = \frac{30.88 \times 10^6}{1.0 \times 11.9 \times 1000 \times 210^2} = 0.0586$$

相应的 $\xi = 0.060 < \xi_b = 0.5757$。配筋率为：

$$\rho = \xi \frac{\alpha_1 f_c}{f_y} = 0.060 \times \frac{1.0 \times 11.9}{270} = 0.342\%$$

则

$$A_s = \rho b h_0 = 0.00342 \times 1000 \times 210 = 719 \text{mm}^2$$
$$> \rho_{min} b h = 529 \text{ mm}^2$$

选用 $\Phi 10@100$，$A_s = 785 \text{ mm}^2$

2）水平钢筋计算

水平钢筋按偏心受拉构件计算，支座钢筋决定于支座负弯矩及相应的水平拉力。由表 9-29可知，起控制作用的是第一组合的 $M_x^0 = -28.55 \text{ kN/m}$ 及 $N_{x0} = 31.2 \text{ kN/m}$，考虑到 M_x^0 与长壁角隅弯矩 M_{cx} 相等，N_{x0} 与长壁的角隅水平拉力 $N_{c0} (= 31.07 \text{kN/m})$ 也非常接近，故短壁的侧边支座水平钢筋可以采用与长壁角隅处水平钢筋相同的配筋，即内侧用，$\Phi 10@100$，$A_s = 785 \text{mm}^2$，外侧用 $\Phi 10@200$，$A_s' = 393 \text{mm}^2$。

跨中水平钢筋（外侧受拉）由水平向跨中弯矩及相应的水平拉力（与支座截面面相等）确定。由表 9-29 可知，起控制作用的是第二种组合的 $M_x = 24.04 \text{kN} \cdot \text{m/m}$，$N_{x0} = 30.34 \text{kN/m}$。轴向拉力相当于具有偏心距：

$$e_0 = \frac{M}{N} = \frac{24.04}{30.34} = 0.792 \text{m} = 792 \text{mm}$$

而 $\frac{h}{2} - a_s = \frac{250}{2} - 45 = 80 \text{mm} < e_0$，故属于大偏心受拉构件。

偏心拉力至受拉钢筋合力作用点的距离为：

$$e = e_0 - \frac{h}{2} + a_s = 792 - \frac{250}{2} + 45 = 712 \text{mm}$$

则

$$Ne = 30.34 \times 10^3 \times 712 = 21.6 \times 10^6 \text{N} \cdot \text{mm}$$

而

$$2a'_s b\alpha_1 f_c (h_0 - a'_s) = 2 \times 45 \times 1.0 \times 1000 \times 11.9 \times (205 - 45)$$
$$= 171.36 \times 10^6 \text{N} \cdot \text{mm}$$
$$> Ne = 21.6 \times 10^6 \text{N} \cdot \text{mm}$$

故应按不考虑 A'_s 的作用计算 A_s。

$$\alpha_s = \frac{Ne}{\alpha_1 f_c bh_0^2} = \frac{21.6 \times 10^6}{1.0 \times 11.9 \times 1000 \times 205^2} = 0.0432$$

相应的内力臂系数 $\gamma_s = 0.9778$，则

$$A_s = \frac{N}{f_y} \left(\frac{e}{\gamma_s h_0} + 1 \right) = \frac{30346}{270} \times \left(\frac{712}{0.9778 \times 205} + 1 \right) = 511.5 \text{ mm}^2$$
$$< \rho_{\min} bh = 680 \text{mm}^2$$

选用 $\Phi 10@100$，$A_s = 785 \text{ mm}^2$。内侧用 $\Phi 10@200$，$A'_s = 393 \text{mm}^2$。

3）裂缝宽度验算

短向池壁各控制截面经验算裂缝宽度均未超过允许值，验算过程从略。

（3）按斜截面受剪承载力验算池壁厚度

池壁最大剪力为第一种荷载组合下长向池壁的底端剪力，$V_1 = 79.15 \text{kN/m}$。池壁的受剪承载力为：

$$V_u = 0.7 f_t bh_0 = 0.7 \times 1.27 \times 1000 \times 210 = 186.7 \times 10^3 \text{N/m}$$
$$= 186.7 \text{kN/m} > V_1 = 79.15 \text{kN/m}$$

说明池壁厚度足够抵抗剪力。

4. 走道板及拉梁设计

（1）计算简图及荷载

走道板及拉梁组成一封闭水平框架。取构件中轴代表各杆件，则各杆件的计算长度和框架的计算简图如图 9-64 所示。作用于长向池壁走道板上的水平荷载为长壁顶端剪力 $V_2 = 24.99 \text{kN/m}$；短向池壁走道上的水平荷载为短壁顶端剪力 $V_{y0,2} = 5.21 + 13.37 = 18.58 \text{kN/m}$，其中 5.21kN/m 由水压力引起，13.37kN/m 由壁面湿差引起。两个方向走道板的水平荷载由第二种荷载组合引起。

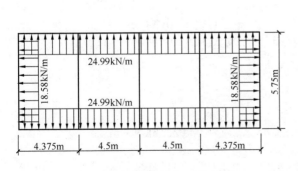

图 9-64　池顶封闭框架计算简图

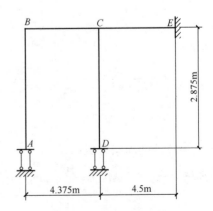

图 9-65　按对称性考虑框架简化计算简图

走道板和拉梁在垂直方向尚应考虑使用荷载和自重引起的弯矩和剪力。走道板和拉梁上的使用荷载标准值取 2.0kN/m^2，荷载分项系数 $\gamma_q = 1.5$。走道板按悬臂板计算，拉梁

按简支梁计算，其计算跨度取 6.25m。

（2）内力计算

封闭框架的弯矩可用力矩分配法进行计算。考虑到封闭框架及其荷载在两个方向均对称，故可取四分之一个框架按图 9-65 所示的简化简图进行计算。

根据前面已经确定的走道板截面尺寸（厚 200mm，宽 700mm）和拉梁截面尺寸（见图 9-61 截面 1-1），各杆件的线刚度为：

$$i_{AB} = \frac{EI_{AB}}{l_{AB}} = \frac{0.2 \times 0.7^3}{12 \times 2.875} E = 1.99 \times 10^{-3} E \text{ kN} \cdot \text{m}$$

$$i_{BC} = \frac{EI_{BC}}{l_{BC}} = \frac{0.2 \times 0.7^3}{12 \times 4.375} E = 1.31 \times 10^{-3} E \text{ kN} \cdot \text{m}$$

$$i_{CD} = \frac{EI_{CD}}{l_{CD}} = \frac{0.06 \times 0.7^3 + 0.19 \times 0.2^3}{12 \times 2.875} E = 0.641 \times 10^{-3} E \text{ kN} \cdot \text{m}$$

$$i_{CE} = \frac{EI_{CE}}{l_{CE}} = \frac{0.2 \times 0.7^3}{12 \times 4.5} E = 1.27 \times 10^{-3} E \text{ kN} \cdot \text{m}$$

各杆件的分配系数和传递系数为：

AB 杆

$$\rho_{BA} = \frac{i_{AB}}{i_{AB} + 4i_{BC}} = \frac{1.99 \times 10^{-3} E}{1.99 \times 10^{-3} E + 4 \times 1.31 \times 10^{-3} E} = 0.275$$

$$\mu_{BA} = -1$$

BC 杆

$$\rho_{BC} = \frac{4i_{BC}}{i_{AB} + 4i_{BC}} = \frac{4 \times 1.31 \times 10^{-3} E}{1.99 \times 10^{-3} E + 4 \times 1.31 \times 10^{-3} E} = 0.725$$

$$\rho_{CB} = \frac{4i_{BC}}{4i_{BC} + i_{CD} + 4i_{CE}} = \frac{4 \times 1.31 \times 10^{-3} E}{4 \times 1.31 \times 10^{-3} E + 0.641 \times 10^{-3} E + 4 \times 1.27 \times 10^{-3} E}$$
$$= 0.478$$

$$\mu_{BC} = \mu_{CB} = 0.5$$

CD 杆

$$\rho_{CD} = \frac{i_{CD}}{4i_{BC} + i_{CD} + 4i_{CE}} = \frac{0.641 \times 10^{-3} E}{4 \times 1.31 \times 10^{-3} E + 0.641 \times 10^{-3} E + 4 \times 1.27 \times 10^{-3} E}$$
$$= 0.058$$

$$\mu_{CD} = -1$$

CE 杆

$$\rho_{CE} = \frac{4i_{CE}}{4i_{BC} + i_{CD} + 4i_{CE}} = \frac{4 \times 1.27 \times 10^{-3} E}{4 \times 1.31 \times 10^{-3} E + 0.641 \times 10^{-3} E + 4 \times 1.27 \times 10^{-3} E}$$
$$= 0.463$$

$$\mu_{CE} = 0.5$$

各杆件的固端弯矩：

AB 杆

$$\overline{M}_{AB} = \frac{1}{6} q_{AB} l_{AB}^2 = \frac{1}{6} \times 18.58 \times 2.875^2 = 25.6 \text{kN} \cdot \text{m}$$

$$\overline{M}_{BA} = \frac{1}{3} q_{AB} l_{AB}^2 = \frac{1}{3} \times 18.58 \times 2.875^2 = 51.2 \text{kN} \cdot \text{m}$$

BC 杆

$$\overline{M}_{BC} = -\overline{M}_{BC} = -\frac{1}{12} q_{BC} l_{BC}^2 = -\frac{1}{12} \times 24.99 \times 4.375^2$$

$$=-39.86\text{kN}\cdot\text{m}$$

CD 杆
$$\overline{M}_{CD}=\overline{M}_{DC}=0$$

CE 杆
$$\overline{M}_{CE}=-\overline{M}_{EC}=-\frac{1}{12}q_{CE}l_{CE}^2=-\frac{1}{12}\times24.99\times4.5^2=-42.17\text{kN}\cdot\text{m}$$

以上弯矩符号以使节点顺时针方向转动为正。

按力矩分配法计算各杆端弯矩的过程列于表 9-30 中。

杆 端 弯 矩 的 计 算 表 9-30

节　点	A	B		C			D	E
杆　端	AB	BA	BC	CB	CD	CE	DC	EC
分配系数	定向端	0.275	0.725	0.478	0.058	0.463	定向端	固定端
固端弯矩	+25.6	+51.2	−39.86	+39.86	0	−42.17	0	+42.17
B 分配传递	+3.12	−3.12	−8.22	−4.11				
C 分配传递			+1.53	3.07	0.372	2.97	−0.372	+1.485
B 分配传递	+0.42	−0.42	−1.11	−0.555				
C 分配传递			+0.133	+0.265	0.032	0.257	−0.032	+0.129
B 分配传递	+0.036	−0.036	−0.096	−0.048				
C 分配传递			+0.011	0.023	+0.0027	+0.022	−0.0027	+0.022
最终弯矩	+29.18	+47.62	−47.62	+38.51	+0.41	−38.92	−0.41	+43.81

以上计算所得 M_{AB} 为短向池壁上走道板的水平跨中弯矩；长向池壁上走道板水平向中间跨的跨中弯矩分别按边跨（BC 跨）和中跨（CE 跨）计算如下：

BC 跨：

$$M_{BC\text{中}}=\frac{1}{8}q_{BC}l_{BC}^2-\frac{|M_{BC}|+|M_{CB}|}{2}=\frac{1}{8}\times24.99\times4.375^2$$
$$-\frac{47.62+38.51}{2}=16.72\text{kN}\cdot\text{m}$$

CE 跨：

$$M_{CE\text{中}}=\frac{1}{8}q_{CE}l_{CE}^2-\frac{|M_{CE}|+|M_{EC}|}{2}=\frac{1}{8}\times24.99\times4.5^2$$
$$-\frac{38.92+43.81}{2}=21.89\text{kN}\cdot\text{m}$$

水平封闭框架的杆端剪力为：

$$V_{BA}=18.85\times2.875=53.42\text{kN}$$

$$V_{BC}=24.99\times\frac{4.375}{2}+\frac{47.62-38.51}{4.375}=56.75\text{kN}$$

$$V_{CB}=-24.99\times\frac{4.375}{2}+\frac{47.62-38.51}{4.375}=-52.58\text{kN}$$

$$V_{CE}=24.99\times2.25+\frac{43.81-38.92}{4.5}=57.32\text{kN}$$

$$V_{EC}=-24.99\times2.25+\frac{43.81-38.92}{4.5}=-57.31\text{kN}$$

$$V_{CD} = V_{DC} = 0$$

水平框架的杆件拉力：

短向走道板

$$N_{AB} = V_{BC} = 56.75\text{kN}$$

长向走道板

$$N_{BC} = N_{CE} = V_{AB} = 53.42\text{kN}$$

拉梁

$$N_{CD} = -V_{BC} + V_{CE} = 52.58 + 57.32 = 109.9\text{kN}$$

$$N_{EE'} = -V_{EC} + V_{EC'} = 57.31 + 57.31 = 114.62\text{kN}$$

EE' 为对称轴上的拉梁。

周边走道板的悬臂固端弯矩：

$$M = -\frac{1}{2}(g+q)l^2 = -\frac{1}{2} \times (1.3 \times 0.2 \times 25 + 1.5 \times 2) \times 0.45^2$$

$$= -0.962\text{kN} \cdot \text{m/m}$$

拉梁在竖平面内的跨中弯矩设计值：

$$M = \frac{1}{8}(g+q)l^2 = \frac{1}{8} \times [1.3 \times (0.06 \times 0.7 + 0.19 \times 0.2) \times 25$$

$$+ 1.5 \times 0.7 \times 2] \times 6.25^2 = 22.95\text{kN} \cdot \text{m}$$

支座边缘截面剪力设计值：

$$V = \frac{1}{2}(g+q)l_n = \frac{1}{2} \times [1.3 \times (0.06 \times 0.7 + 0.19 \times 0.2) \times 25$$

$$+ 1.5 \times 0.7 \times 2] \times 6.0 = 14.1\text{kN}$$

（3）构件截面设计

1）水平封闭框架周边梁（走道板）

按偏心受拉构件计算，考虑到对称性，仍以图 9-65 所示节点编号表示各杆件的编号。

AB 杆

B 端截面：此端为实际的支座端，截面配筋计算应以支座边缘截面为准，该截面的弯矩设计值和剪力设计值为：

$$M_{BA,e} = M_{BA} - \frac{1}{2}V_{BA}b + \frac{1}{4}q_{AB}b^2$$

$$= 47.62 - \frac{1}{2} \times 53.42 \times 0.7 + \frac{1}{4} \times 18.58 \times 0.7^2$$

$$= 31.2\text{kN} \cdot \text{m}$$

$$V_{BA,e} = V_{BA} - \frac{1}{2}q_{AB}b = 53.42 - \frac{1}{2} \times 18.58 \times 0.7 = 46.92\text{kN}$$

AB 杆的轴向拉力设计值 $N_{AB} = 56.75\text{kN}$，偏心距为：

$$e_0 = \frac{M_{BA,e}}{N_{AB}} = \frac{31.2}{56.75} = 0.565\text{m} = 565\text{mm}$$

纵向钢筋的净保护层厚度取 35mm，a_s 和 a_s' 估计为 45mm，则 $h_0 = 700 - 45 = 655\text{mm}$。

$$\frac{h}{2} - a_s = \frac{700}{2} - 45 = 305\text{mm} < e_0$$

故属于大偏心受拉构件。偏心拉力至受拉钢筋合力作用点的距离为：

$$e = e_0 - \frac{h}{2} + a_s = 565 - \frac{700}{2} + 45 = 260\text{mm}$$

$$Ne = 56.75 \times 10^3 \times 260 = 14.76 \times 10^6 \text{N} \cdot \text{mm}$$

$$2a_s' b\alpha_1 f_c(h_0 - a_s') = 2 \times 45 \times 200 \times 1.0 \times 11.9 \times (655 - 45)$$
$$= 130.66 \times 10^6 \text{N} \cdot \text{mm} > Ne = 14.76 \times 10^6 \text{N} \cdot \text{mm}$$

故不考虑受压钢筋的作用。

$$\alpha_s = \frac{Ne}{\alpha_1 f_c b h_0^2} = \frac{14.76 \times 10^6}{1.0 \times 11.9 \times 200 \times 655^2} = 0.0144$$

$$\gamma_s = 0.9928$$

$$A_s = \frac{N}{f_y}\left(\frac{e}{\gamma_s h_0} + 1\right) = \frac{56.75 \times 10^3}{270} \times \left(\frac{260}{0.9928 \times 655} + 1\right)$$
$$= 294.2 \text{ mm}^2 < \rho_{\min} bh = 0.00211 \times 200 \times 700 = 295.4 \text{ m}^2$$

选用 $3\Phi12$，$A_s = 339 \text{ mm}^2$。受压钢筋按最小配筋率配筋，即 $A_s' = 0.002bh = 0.002 \times 200 \times 700 = 280\text{mm}^2$，选用 $3\Phi12$，$A_s' = 339\text{mm}^2$。

根据斜截面受剪承载力要求计算箍筋，偏心受拉构件的斜截面受剪承载力按式（7-12）计算，并按规定取 $\lambda = 1.5$，则：

$$V_c = \frac{1.75}{\lambda + 1.0} f_t b h_0 - 0.2N = \frac{1.75}{1.5 + 1.0} 1.27 \times 200 \times 655 - 0.2 \times 56.75 \times 10^3$$
$$= 105.1 \times 10^3 \text{N} > V = 46.92 \times 10^3 \text{N}$$

故箍筋可按构造要求配置，参照第 4 章第四节，如果仅考虑受剪的构造要求，则采用 $\Phi8$ @350 即可，但考虑到走道板抵抗由于竖向荷载引起的悬臂板负弯矩的需要，此箍筋应按抗弯的钢筋考虑。计算结果表明，抵抗悬臂弯矩 $M = -0.913\text{kN} \cdot \text{m/m}$ 的钢筋只需按最小配筋率配置，即每米宽度需要的钢筋截面面积为 $A_s = 0.00211bh = 0.00211 \times 1000 \times 200 = 422\text{mm}^2$。如果选用 $\Phi8$ @100，并将做成箍筋，则抗弯钢筋的有效面积为 503mm^2，而箍筋 $\Phi8$ @200 也是可以满足构造要求的。

A 截面（实际的跨中截面）：按 $M_{AB} = 29.18\text{kN} \cdot \text{m}$（外侧受拉），$N_{AB} = 56.75\text{kN}$ 计算。

$$e_0 = \frac{M_{AB}}{N_{AB}} = \frac{29.18}{56.75} = 0.514\text{m} = 514\text{mm} > \frac{h}{2} - a_s = 305\text{mm}$$

属于大偏心受拉。

$$e = e_0 - \frac{h}{2} + a_s = 514 - \frac{700}{2} + 45 = 209\text{mm}$$

$$Ne = 56.75 \times 10^3 \times 209 = 11.86 \times 10^6 \text{N} \cdot \text{mm}$$

$$\alpha_s = \frac{Ne}{\alpha_1 f_c b h_0^2} = \frac{11.86 \times 10^6}{1.0 \times 11.9 \times 200 \times 655^2} = 0.012$$

$$\gamma_s = \frac{1 + \sqrt{1 - 2\alpha_s}}{2} = 0.994$$

$$A_s = \frac{N}{f_y}\left(\frac{e}{\gamma_s h_0}+1\right) = \frac{56.75 \times 10^3}{270} \times \left(\frac{209}{0.994 \times 655}+1\right)$$
$$= 277.6 \text{mm}^2 < \rho_{\min}bh = 295\text{mm}^2$$

选用 3Φ12，$A_s = 339.3 \text{mm}^2$。受压钢筋采用 3Φ12，$A_s' = 339.3\text{mm}^2 > \rho'_{\min}bh = 280\text{mm}^2$

BC 杆及 *CE* 杆

BC 杆的 *B* 端采用与 *AB* 杆 *B* 端同样的配筋。*BC* 杆及 *CE* 杆的 *C* 端采用同样的配筋。根据 *CE* 杆 *C* 端内力确定，$M_{CE} = -38.92\text{kN} \cdot \text{m}$，$N_{CE} = 53.42$。由于 *C* 支座宽度 *b* 只有 200mm，相对较窄，故支座边缘弯矩可按式（8-7）确定，即

$$M_{CE,e} = M_{CE} - \frac{1}{2}V_0 b = 38.92 - \frac{1}{2} \times 57.32 \times 0.2 = 33.19\text{kN} \cdot \text{m}$$

则

$$e_0 = \frac{M_{CE,e}}{N_{CE}} = \frac{33.19}{53.42} = 0.621\text{m} = 621\text{mm} > \frac{h}{2} - a_s = 305\text{mm}$$

属大偏心受拉。

$$e = e_0 - \frac{h}{2} + a_s = 621 - \frac{700}{2} + 45 = 316\text{mm}$$

$$Ne = 53.42 \times 10^3 \times 316 = 16.88 \times 10^6 \text{N} \cdot \text{mm} < 2\alpha_s' b\alpha_1 f_c(h_0 - \alpha_s')$$
$$= 130.66 \times 10^6 \text{N} \cdot \text{mm}$$

$$\alpha_s = \frac{Ne}{\alpha_1 f_c bh_0^2} = \frac{16.88 \times 10^6}{1.0 \times 11.9 \times 200 \times 655^2} = 0.0165$$

$$\gamma_s = \frac{1+\sqrt{1-2\alpha_s}}{2} = 0.999$$

$$A_s = \frac{N}{f_y}\left(\frac{e}{\gamma_s h_0}+1\right) = \frac{53.42 \times 10^3}{270} \times \left(\frac{316}{0.999 \times 655}+1\right) = 293.4 \text{mm}^2$$

选 3Φ12，$A_s = 339.3 \text{mm}^2$。A_s' 按最小配筋率配筋。

BC 杆及 *CE* 杆的跨中截面配筋统一按 *CE* 杆的跨中截面内力计算确定，即 $M_{CE中} = 21.89\text{kN} \cdot \text{m}$，$N_{CE} = 53.42\text{kN}$。

$$e_0 = \frac{M_{CE,中}}{N_{CE}} = \frac{21.89}{53.42} = 0.409\text{m} = 409\text{mm} > \frac{h}{2} - a_s = 305\text{mm}$$

属大偏心受拉。

$$e = e_0 - \frac{h}{2} + a_s = 409 - \frac{700}{2} + 45 = 104\text{mm}$$

$$Ne = 53.42 \times 10^3 \times 104 = 5.56 \times 10^6 \text{N} \cdot \text{mm} < 130.66 \times 10^6 \text{N} \cdot \text{mm}$$

$$\alpha_s = \frac{Ne}{\alpha_1 f_c bh_0^2} = \frac{5.56 \times 10^6}{1.0 \times 11.9 \times 200 \times 655^2} = 0.0054$$

$$\gamma_s = \frac{1+\sqrt{1-2\alpha_s}}{2} = 0.997$$

$$A_s = \frac{N}{f_y}\left(\frac{e}{\gamma_s h_0}+1\right) = \frac{53.42 \times 10^3}{270} \times \left(\frac{104}{0.997 \times 655}+1\right)$$
$$= 229 \text{mm}^2 < \rho_{\min}bh = 0.00211 \times 200 \times 700 = 295.4 \text{mm}^2$$

选用 3Φ12，$A_s = 339.3 \text{mm}^2$。A_s' 按最小配筋率配筋，采用 3Φ12。

BC 杆和 CE 杆的箍筋和悬臂受弯钢筋采用与 AB 杆一致。

2）拉梁（CD 杆和 EE' 杆）

拉梁的水平弯矩很小（$M_{CD} = M_{DC} = 0.41\text{kN} \cdot \text{m}$），可以忽略不计，故拉梁按垂直平面内的偏心受拉构件计算。已算得 $M = 22.95\text{kN} \cdot \text{m}$，$N = 109.9\text{kN}$。

$$e_0 = \frac{M}{N} = \frac{22.95}{109.9} = 0.212\text{m} = 212\text{mm}$$

根据图 9-61 所示的截面形状和尺寸，可算得截面形心至底边的距离为：

$$y = \frac{0.06 \times 0.7 \times (0.25 - 0.03) + (0.25 - 0.06) \times 0.2 \times (0.25 - 0.06)/2}{0.06 \times 0.7 + (0.25 - 0.06) \times 0.2}$$

$$= 0.161\text{m} = 161\text{mm}$$

钢筋净保护层厚度取 35mm，估计 $a_s = a'_s = 45\text{mm}$

$$y - a_s = 161 - 45 = 116\text{mm} < e_0$$

故属大偏心受拉构件。

$$e = e_0 - y + a_s = 212 - 161 + 45 = 96\text{mm}$$

$$\alpha_1 f_c b'_f h'_f \left(h_0 - \frac{h'_f}{2}\right) = 1.0 \times 11.9 \times 700 \times 60 \times \left(205 - \frac{60}{2}\right) = 87.46 \times 10^6 \text{N} \cdot \text{mm}$$

$$Ne = 109.9 \times 10^3 \times 96 = 10.5 \times 10^6 \text{N} \cdot \text{mm} < 87.46 \times 10^6 \text{N} \cdot \text{mm}$$

说明混凝土受压区高度小于受压翼缘高度（$x < h'_f$）属于第一类 T 形截面，可按宽度为 b'_f 的矩形截面计算。由于 $2a'_s = 2 \times 45 = 90\text{mm} > h'_f = 60\text{mm}$，故不必考虑受压钢筋的作用。

$$\alpha_s = \frac{Ne}{\alpha_1 f_c b'_f h_0^2} = \frac{10.5 \times 10^6}{1.0 \times 11.9 \times 700 \times 205^2} = 0.030$$

$$\gamma_s = \frac{1 + \sqrt{1 - 2\alpha_s}}{2} = 0.985$$

$$A_s = \frac{N}{f_y}\left(\frac{e}{\gamma_s h_0} + 1\right) = \frac{109.9 \times 10^3}{270} \times \left(\frac{96}{0.985 \times 205} + 1\right)$$

$$= 580.4 \text{ mm}^2 > \rho_{\min} bh = 0.00211 \times 200 \times 250 = 105.5 \text{ mm}^2$$

选用 3Φ18，$A_s = 763\text{mm}^2$。受压钢筋按最小配筋率确定，即

$$A'_s = 0.002[(b'_f - b)h'_f + bh] = 0.002 \times [(700 - 200) \times 60 + 200 \times 250] = 160\text{mm}^2$$

选用 2Φ10，$A'_s = 157\text{mm}^2$

根据斜截面受剪承载力要求计算箍筋。已算得支座边缘剪力设计值 $V = 14.1\text{kN}$。由于拉梁承受均布荷载，取 $\lambda = 1.5$。

$$0.25\beta_c f_c bh_0 = 0.25 \times 1.0 \times 11.9 \times 200 \times 205 = 121.97\text{kN} > V = 14.1\text{kN}$$

截面尺寸符合要求。混凝土所能抵抗的剪力：

$$V_c = \frac{1.75}{\lambda + 1.0} f_t bh_0 - 0.2N = \frac{1.75}{1.5 + 1.0}1.27 \times 200 \times 205 - 0.2 \times 109.9 \times 10^3$$

$$= 14.47 \times 10^3 \text{N} = 14.47\text{kN} > V = 14.1\text{kN}$$

可按构造确定箍筋，参照第 4 章第四节，采用φ8@200 双肢箍筋。

截面翼缘应按悬臂板计算所需的受弯钢筋。悬臂弯矩为：

$$M = \frac{1}{2}(g+q)l^2 = \frac{1}{2} \times (1.3 \times 0.06 \times 25 + 1.5 \times 2.0) \times 0.25^2$$
$$= 0.155 \text{kN} \cdot \text{m/m}$$

取 $a_s = 35 \text{mm}$，则 $h_0 = h - a_s = 60 - 35 = 25 \text{mm}$

$$\alpha_s = \frac{M}{\alpha_1 f_c b h_0^2} = \frac{0.155 \times 10^6}{1.0 \times 11.9 \times 1000 \times 25^2} = 0.0207$$
$$\xi = 0.0210$$

$$\rho = \xi \frac{\alpha_1 f_c}{f_y} = 0.0210 \times \frac{11.9}{270} = 0.093\%$$

显然应按最小配筋率确定 A_s，即

$$A_s = 0.00211bh = 0.00211 \times 1000 \times 60 = 126.6 \text{mm}^2$$

根据构造采用φ8@200，$A_s = 189 \text{mm}^2$

3）所有构件的控制截面经裂缝宽度验算，最大裂缝宽度都未超过允许值。验算过程从略。

5. 基础设计

池壁条形基础的尺寸已初步确定，如图 9-60 所示。现沿长向池壁取 1m 长基础进行计算。

（1）地基承载力验算

每米长度基础底面以上的垂直荷载设计值为：

走道板自重 　　　　　$1.3 \times 25 \times 0.2 \times 0.7 = 4.55 \text{kN}$

池壁自重 　　　　　$1.3 \times 25 \times 0.25 \times 4.0 = 32.5 \text{kN}$

以上两项之和 　　　　$G_b = 37.05 \text{kN}$

基础板自重 　　　　　$G_f = 1.3 \times 25 \times 0.3 \times 2.0 = 19.5 \text{kN}$

作用于池壁内侧基础板上之水重

$$G_w = 1.27 \times 10 \times 3.8 \times 1.25 = 60.33 \text{kN}$$

走道板上活荷载 　　　$G_q = 1.5 \times 2 \times 0.75 = 2.25 \text{kN}$

G_b、G_f、G_w、G_q 的作用位置见图 9-66。

池壁底部传给基础板顶面的弯矩和剪力设计值分别为 $M = 54.08 \text{kN} \cdot \text{m}$ 和 $V = 79.15$ kN（图 9-66）。

在进行地基承载力计算时，采用的是标准值，上述荷载在基底产生的垂直荷载标准值为：

$$\Sigma G_k = G_{bk} + G_{fk} + G_{wk} + G_{qk} = 37.05/1.3 + 19.5/1.3 + 60.33/1.27 + 2.25/1.5$$
$$= 92.5 \text{kN}$$

各作用力对基础底面中心线产生的力矩标准值为：

$$\Sigma M_k = \frac{54.08}{1.27} + \frac{79.15}{1.27} \times 0.3 + \left(\frac{37.05}{1.3} + \frac{2.25}{1.5}\right) \times 0.375 - \frac{60.33}{1.27} \times 0.375 = 54.72 \text{kN} \cdot \text{m}$$

将 ΣM_k 和 ΣG_k 的共同作用用一等效偏心力代替，则等效偏心力的偏心距为：

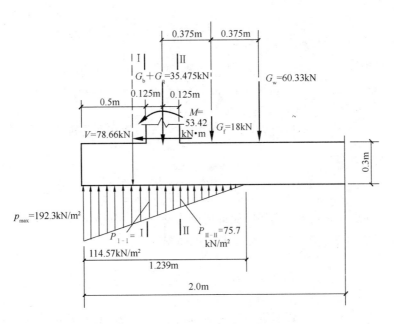

图 9-66 池壁基础上力的作用位置

$$e_{0k} = \frac{\Sigma M_k}{\Sigma G_k} = \frac{54.72}{92.5} = 0.592\text{m} > \frac{a}{6} = \frac{2.0}{6} = 0.333\text{m}$$

说明基础底面压应力分布状态为分布宽度小于基础宽度的三角形（图 9-66）。基础外边缘处的土壤最大压应力按式（9-65）计算，即：

$$p_{kmax} = \frac{2\Sigma G_k}{3\left(\frac{a}{2} - e_{0k}\right)} = \frac{2 \times 92.5}{3\left(\frac{2.0}{2} - 0.592\right)} = 151.14\ \text{kN/m}^2$$

地基承载力特征值 $f_a = 150\ \text{kN/m}^2$ ，则

$$p_{kmax} = 151.14\ \text{kN/m}^2 < 1.2 f_a = 1.2 \times 150 = 180\ \text{kN/m}^2$$

$$\frac{p_{kmax} + p_{kmin}}{2} = \frac{151.14}{2} = 75.57\ \text{kN/m}^2 < f_a = 150\ \text{kN/m}^2$$

基础宽度满足地基承载力要求。

（2）基础板配筋计算

基础板为向池壁内外悬伸的悬臂板，受力钢筋决定于悬臂板的固定端弯矩，即图 9-66 中Ⅰ-Ⅰ截面和Ⅱ-Ⅱ截面的弯矩。基础底板配筋计算应采用设计值，上述作用于基底的垂直荷载设计值和力矩设计值分别为：$\Sigma M = 69.94\text{kN} \cdot \text{m}$，$\Sigma G = 119.13\text{kN}$。相应的偏心 $e_0 = 0.587\text{m}$，基础边缘处的土壤最大压应力设计值为：

$$p_{max} = \frac{2\Sigma G}{3\left(\frac{a}{2} - e_0\right)} = \frac{2 \times 119.13}{3\left(\frac{2.0}{2} - 0.587\right)} = 192.3\ \text{kN/m}^2$$

使Ⅰ-Ⅰ截面产生弯矩的荷载为向下作用的基础板自重和向上作用的地基土壤反力。地基土壤应力的分布宽度为：

$$3c = 3\left(\frac{a}{2} - e_0\right) = 3 \times \left(\frac{2.0}{2} - 0.587\right) = 1.239\text{m}$$

Ⅰ-Ⅰ截面处的地基土壤应力为：

$$p_{\text{I-I}} = p_{\max} \frac{1.239 - 0.5}{1.239} = 192.3 \times \frac{1.239 - 0.5}{1.239} = 114.57 \text{kN/m}^2$$

I-I 截面的弯矩为:

$$M_{\text{I-I}} = \frac{1}{2} \times 114.57 \times 0.5^2 + \frac{1}{3} \times (192.3 - 114.57) \times 0.5^2$$

$$- \frac{1}{2} \times (1.3 \times 25 \times 0.3) \times 0.5^2 = 19.58 \text{kN} \cdot \text{m} \text{(使底面受拉)}$$

I-I 截面的配筋计算:

$$\alpha_s = \frac{M_{\text{I-I}}}{\alpha_1 f_c b h_0} = \frac{19.58 \times 10^6}{1.0 \times 11.9 \times 1000 \times 255^2} = 0.0252$$

此处 $h_0 = 255\text{mm}$,系取受力钢筋净保护层厚为 40mm(有垫层),估计 $a_s = 45\text{mm}$。由 $\alpha_s = 0.0252$ 可查得 $\xi = 0.0256$,则需要的配筋率为:

$$\rho = \xi \frac{\alpha_1 f_c}{f_y} = 0.0256 \times \frac{1.0 \times 11.9}{270} = 0.113\%$$

根据规定基础板按全截面计算的最小配筋率为 0.15%,故应按最小配筋率配筋,即:

$$A_s = \rho_{\min} b h = 0.0015 \times 1000 \times 300 = 450 \text{mm}^2$$

选用 $\Phi 10 @170, A_s = 462\text{mm}^2$ 置于基础板底面。

使 II-II 截面产生弯矩的荷载为向下作用的基础板上水重和基础板自重及向上作用的土壤反力。II-II 截面处的土壤应力为:

$$p_{\text{II-II}} = p_{\max} \frac{1.239 - 0.75}{1.239} = 192.3 \times \frac{1.239 - 0.75}{1.239} = 75.7 \text{kN/m}^2$$

则

$$M_{\text{II-II}} = \frac{1}{6} \times 75.7 \times (1.239 - 0.75)^2$$

$$- \frac{1}{2} \times (1.3 \times 25 \times 0.3 + 1.27 \times 10 \times 3.8) \times 1.25^2 = -42.32 \text{kN} \cdot \text{m}$$

(使顶面受拉)

$$\alpha_s = \frac{M_{\text{II-II}}}{\alpha_1 f_c b h_0} = \frac{42.32 \times 10^6}{1.0 \times 11.9 \times 1000 \times 255^2} = 0.0546$$

$$\xi = 0.056$$

$$\rho = \xi \frac{\alpha_1 f_c}{f_y} = 0.056 \times \frac{1.0 \times 11.9}{270} = 0.247\%$$

$$A_s = \rho b h_0 = 0.00247 \times 1000 \times 255 = 629.4 \text{ mm}^2$$

选用 $\Phi 10/12 @110, A_s = 871 \text{ mm}^2$ 置于基础板顶面。

(3)基础板的斜截面受剪承载力验算

I-I 截面的剪力设计值为:

$$V_{\text{I-I}} = \frac{1}{2} \times (192.3 + 114.57) \times 0.5 - 1.3 \times 25 \times 0.3 \times 0.5 = 71.84 \text{kN}$$

II-II 截面的剪力设计值为:

$$V_{\text{II-II}} = \frac{1}{2} \times 75.7\ (1.239 - 0.75) - 1.3 \times 25 \times 0.3 \times 1.25 - 1.27$$

$$\times 10 \times 3.8 \times 1.25 = -54.08\text{kN}$$

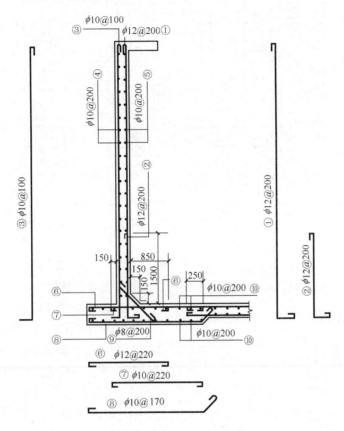

图 9-67 长向池壁及基础配筋图

故起控制作用为 I-I 截面。受剪承载力为：

$$V_{\text{u}} = 0.7 f_{\text{t}} b h_0 = 0.7 \times 1.27 \times 1000 \times 255 = 226 \times 10^3 \text{N}$$

$$= 226\text{kN} > V_{\text{I-I}} = 71.84\text{kN}$$

（4）经验算，最大裂缝宽度未超过允许值。验算过程从略。

本设计受力钢筋的锚固长度应不小于 $l_{\text{a}} = \alpha \dfrac{f_{\text{y}}}{f_{\text{t}}} d = 0.16 \dfrac{270}{1.27} d = 34d$，且不应小

于 250mm。

6. 构件配筋图

（1）长向池壁及基础

长向池壁及基础板的配筋图如图 9-67 所示。

根据图 9-63 所示长向池壁的竖向弯矩包络图，池壁内侧钢筋的理论截断点在离池壁底端以上约 1m 处，故将Φ12 钢筋的一半在离底端 1500mm 处截断。另一半Φ12 钢筋则伸至池顶。基础板的上层钢筋也没有必要全部贯通整个基础板宽度，故采用交替截断的配筋方式，即图 9-67 中的⑥号钢筋和⑦号钢筋。⑥号钢筋在离池壁内侧 850mm 处截断，截断

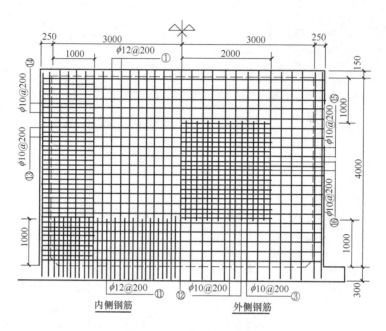

图 9-68　短向池壁配筋图

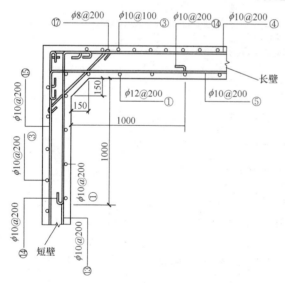

图 9-69　池壁转角处配筋构造

点以外用⑦号钢筋已足够抵抗弯矩。⑦号钢筋在池壁外侧 150mm 处截断，这是由该钢筋从 Ⅱ-Ⅱ 截面算起的锚固长度确定的。⑥号钢筋延伸到基础板在池壁外侧的悬伸端，是出于构造上的考虑。基础板沿长度方向的钢筋（⑩号钢筋）由构造确定，为了抵抗可能出现的收缩应力，采用 Φ 10@200，总配筋率基本上满足 0.3%。

（2）短向池壁配筋图及池壁转角配筋构造

短向池壁的配筋如图 9-68 所示。由于短向池壁为双向板，其配筋原则与第 8 章所述双向板的配筋原则基本一致。在图 9-68 中，池壁外侧采用了中密方格网的配筋方式，这与图 8-39 所表达的原则相同。

池壁转角处的配筋构造如图 9-69 所示。长向池壁内侧为抵抗角隅水平弯矩和拉力而增加的附加水平钢筋（即图中⑭号钢筋）的切断点，是根据图 9-43（b）所示角隅弯矩在水平方向的反弯点位置确定的，通常可以在反弯点处将附加水平钢筋截断。

（3）走道板及拉梁配筋图

周边走道板的配筋图如图 9-70 所示。

作为水平封闭框架杆件的受力钢筋，外侧钢筋全部伸入支座，内侧抵抗节点（支座）负弯矩的钢筋，则在相当于净跨的 1/3 处切断一根。图中的㉕号钢筋为构造钢筋，应沿四周兜通。

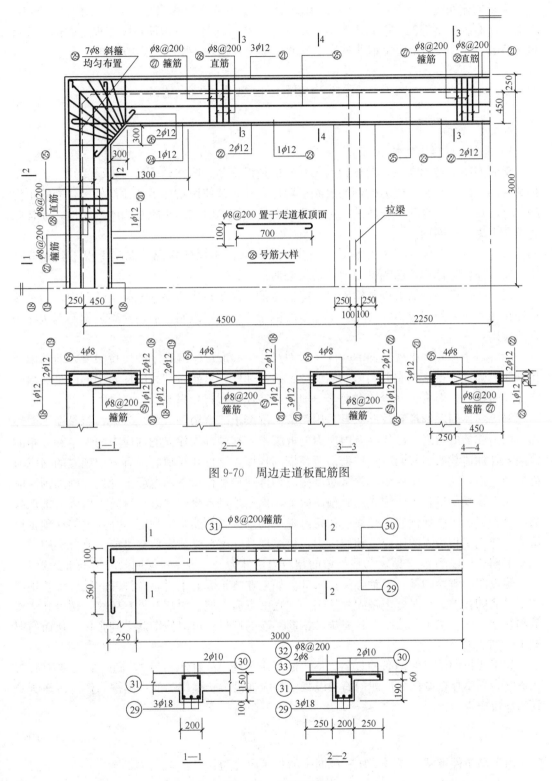

图 9-70　周边走道板配筋图

图 9-71　拉梁配筋图

拉梁的配筋图如图 9-71 所示。必须注意，拉梁在支座处相当于轴心受拉构件，故上、下部的所有纵向钢筋的锚固长度都应不小于充分利用纵向受拉钢筋强度时规定的锚固长度最小值 l_a（$34d$），图中拉梁钢筋伸入池壁的长度是根据这一原则确定的。

9.6 预应力混凝土圆形水池设计

9.6.1 概述

1. 预应力混凝土的基本概念

钢筋混凝土结构的一个明显弱点是它的抗裂性很差，因此，受弯、轴心受拉、偏心受拉及偏心受压等存在拉应力的钢筋混凝土构件，在正常使用条件下往往都处于带裂缝工作的状态，这不仅在裂缝宽度超过一定限值时会造成钢筋锈蚀，影响结构的耐久性，而且还会带来下面一些问题：

（1）构件受拉区混凝土开裂后即退出工作，从而不仅使这部分混凝土得不到充分利用，而且还将降低构件的刚度，增大结构变形；

（2）采用高强钢筋可以节约钢材，降低造价，但是在普通钢筋混凝土结构中，为了使构件在使用阶段的裂缝不致过宽，不得不对钢筋应力加以限制，从而使高强钢筋无法充分发挥作用；

（3）对于不允许出现裂缝的构件，截面尺寸主要取决于混凝土的抗拉强度，而其中受拉钢筋的强度则得不到充分利用。例如圆形水池池壁，虽然所配置的环向钢筋已足够承受全部环向拉力，但为了满足抗裂要求，池壁往往还是做得相当厚。

解决上述问题的最有效办法是采用预应力混凝土。所谓预应力混凝土，就是在承受外加荷载引起的应力之前已建立有内应力的混凝土，这种预先建立的内应力的大小和分布能使给定外加荷载所引起的应力被抵消至预期的程度，这种在受荷之前有意识建立的内应力称为预应力。在实际工程中，常常对结构或构件在荷载作用下的混凝土受拉区施加预压应力，使之在受荷过程中必须先克服预压应力，然后才进入受拉状态，这就可以大大推迟裂缝的出现。由于施加预应力是通过张拉高强度的预应力钢筋来实现的，高强钢筋在预张拉阶段已建立了相当大的拉应变和拉应力，也就使其强度在受荷以后有可能被充分利用。

下面我们以图 9-72 所示的最简单的预应力构件为例，进一步说明预应力的上述效应。

假设图中所给的是一根轴心受拉构件。如果在浇筑混凝土时，在杆件的轴线位置预留一条贯通的孔道，在混凝土凝固并达到一定强度以后，把一根端部带有螺纹、螺母和垫板的钢筋穿入此孔道中。这时，只要旋转钢筋一端的螺母就可以使钢筋受到张拉，从而使混凝土受到压缩。

如果张拉的结果使钢筋伸长 Δl_p，使混凝土压缩 Δl_c（图 9-72b），同时假设在钢筋与孔道壁之间不存在摩擦力，即钢筋和混凝土的应变沿全长是均匀的，则钢筋任一截面所受到的预拉应力为：

$$\sigma_p = \frac{\Delta l_p}{l_p - \Delta l_c} E_s \tag{9-100}$$

由平衡条件可知，混凝土任一截面中的预压应力为：

$$\sigma_c = -\frac{\sigma_p A_P}{A_n} \tag{9-101}$$

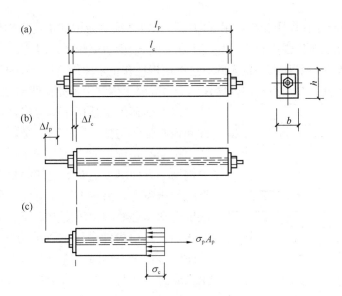

图 9-72　建立预应力

(a) 张拉以前；(b) 张拉以后；(c) 张拉后建立的预应力

式中，A_n 为扣除孔道面积后的混凝土净截面积；A_p 为预应力钢筋截面积。截面的预应力状态如图 9-72 (c) 所示，于是，这根构件就成了预应力混凝土构件，使混凝土产生预压应力的那根钢筋则称为预应力钢筋。

必须指出，在从开始张拉到正常使用的过程中，由于预应力钢筋的锚具变形、钢筋的应力松弛、混凝土的收缩、徐变等种种原因，将使最初建立的预应力有所降低，或者说使用期间构件内保持的有效预应力值将低于张拉时所达到的预应力值。我们把钢筋中预拉应力的这种降低幅度称为预应力钢筋的应力损失。后面我们还将详细论述各项预应力损失的计算方法，现在，为了说明预应力的效应，我们假设 σ_p 和 σ_c 分别为钢筋和混凝土中已经考虑了应力损失后的有效预应力值，并分别改用符号 σ_{pe} 和 σ_{pc} 表示。

如果使这根构件承受外加轴向拉力，则从开始受荷到混凝土开裂，其间要经过两个阶段：第一阶段是从开始加荷到混凝土的预压应力刚好被克服为止；从混凝土开始受拉到它即将开裂则为第二阶段。于是，当这根构件即将开裂时，它所能承担的拉力将是：

$$N_{ct} = (\sigma_{pc} + f_{tk})A_n + \frac{\sigma_{pc} + f_{tk}}{E_c}E_s A_P$$

$$= (\sigma_{pc} + f_{tk})(A_n + \alpha_E A_p) = (\sigma_{pc} + f_{tk})A_0 \quad (9\text{-}102)$$

式中，A_0 为构件的弹性换算截面积；f_{tk} 为混凝土的抗拉强度标准值。上式表明，由于施加了预应力，构件混凝土的抗拉强度相当于由 f_{tk} 提高到 $\sigma_{pc} + f_{tk}$。

这时预应力钢筋中的拉应力为：

$$\sigma_{p,cr} = \sigma_{pe} + \frac{(\sigma_{pc} + f_{tk})E_s}{E_c} = \sigma_{pe} + \alpha_E(\sigma_{pc} + f_{tk}) \quad (9\text{-}103)$$

显然，这个应力值远大于普通钢筋混凝土构件即将开裂时钢筋所能达到的应力值 $2\alpha_E f_{tk}$。

从上面的叙述中可以看出，通过张拉钢筋可以在预应力钢筋中建立起比较高的有效预应

力 σ_{pe}。当构件混凝土在使用荷载作用下即将开裂时，预应力钢筋中的应力值还将进一步增大，而且由于钢筋的抗拉强度越高，在其中建立的 σ_{pe} 值也就越大，因此 σ_{pe} 值与钢筋抗拉强度设计值之间的差距一般都不是很大的。这将使构件在正常使用情况下不开裂或虽然开裂但裂缝宽度不大。因此，高强钢筋的强度在预应力混凝土构件中就能得到充分利用。

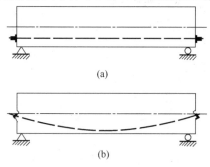

图 9-73　受弯构件预应力筋的布置位置

以上的道理也适用于受弯构件以及偏心受拉构件和偏心受压构件，所不同的是，在这类构件中预应力钢筋必须偏心设置（图 9-73），这样布置预应力钢筋一方面可以更有效地使混凝土受拉区获得足够的预压应力，另一方面又可以避免使混凝土受压区也受到不必要的预压应力。为了适应梁内弯矩的变化，在大型构件中还可以采用图 9-73（b）所示的曲线形预应力钢筋。这种方案有利于抵抗梁端的主拉应力，并避免在梁两端的上边缘出现过大的拉应力。

2. 施加预应力的方法

根据张拉钢筋的时间不同，预应力混凝土可分为先张法和后张法两大类。图 9-72 的例子是在构件混凝土硬结以后，直接在构件上张拉预应力钢筋，这种方法称为后张法。后张法的施工顺序一般是：

浇筑混凝土（在构件内预留预应力钢筋孔道）→（凝固）安设预应力钢筋→张拉并锚固→预应力钢筋孔道灌浆

在后张法构件中，预应力的传递主要依靠钢筋两端的锚具。

所谓先张法，是在混凝土尚未浇筑以前，先在特制的张拉台座上张拉预应力钢筋，然后浇筑混凝土，将被张拉的预应力钢筋埋裹在内。待混凝土凝固并达到一定强度后，放松预应力钢筋，借助预应力钢筋的回缩作用以及钢筋与混凝土之间的握紧力和粘结力使混凝土受到预压应力（图 9-74）。

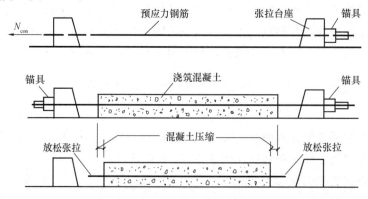

图 9-74　先张法示意图

先张法因需要专门的台座，故适用于工厂生产的一般装配式预应力混凝土构件。目前大批生产的中小型构件，如装配式预应力混凝土楼板、屋面板、屋架的预制腹杆、预应力混凝土轨枕等，大多采用先张法。后张法则多用于必须在现场张拉的大型构件以及采用曲线形或环形预应力钢筋的结构或构件等。

预应力混凝土在给水排水工程中的应用，最常见的是对圆形水池、水管等圆形结构采用后张法施加环向预应力。且环形预应力钢筋常置于混凝土外表面，在张拉完成后再喷水泥砂浆予以保护。对于深度较大的大型水池，也可在池壁内设置竖向预应力钢筋施加竖向预应力。当池壁采用装配整体式结构时，预制壁板的预应力可采用先张法。圆形水池环向预应力钢筋的张拉的方法主要有两种。一种是采用专门的绕丝机根据设计要求的张拉力将直径 4～6mm 的预应力钢丝按螺旋式缠绕在池壁的外表面；另一种是采用油压张拉机对预应力钢筋进行张拉。这种方法的预应力钢筋只能采用分段的非连续形式。20 世纪 80 年代以来，后张无粘结预应力混凝土在国内发展较快。无粘结预应力混凝土采用表面涂有防腐油脂并用挤压成型的方法套以塑料套管的无粘结预应力钢筋（常用钢绞线），施工时将这种预应力钢筋像普通钢筋一样置于模板内，然后浇筑混凝土，待混凝土凝固达到必要的强度后即可进行张拉。无粘结预应力工艺免去了一般后张法中预留孔道、穿筋及张拉完成后的孔道灌浆等烦琐工序，因此施工方便，速度快，特别适用于预应力钢筋量大且分散的板壳结构，在预应力混凝土水池中的应用也日渐广泛。

3. 预应力混凝土的材料

预应力混凝土所用材料的基本物理力学性能，在第 1 章中已作过介绍，这里只再补充一些具体应用问题。

预应力混凝土对材质的要求比普通钢筋混凝土高。不但预应力钢筋必须采用高强钢筋，混凝土的强度等级也应适当提高。规范规定，预应力混凝土结构的混凝土强度等级一般不应低于 C30。当采用消除应力钢丝、钢绞线、预应力螺纹钢筋作预应力钢筋时，混凝土强度等级不应低于 C40。但经验表明，对于仅仅在池壁外表布置环向预应力钢筋的圆形水池池壁，混凝土强度等级可以放宽到不低于 C30。

混凝土的强度等级越高，其粘结强度也就越高。在预应力结构中，钢筋的强度高，相应地必须具有较高的黏结强度，才能保证钢筋和混凝土的共同工作。对于那些依靠预应力钢筋和混凝土之间的黏结力来实现预加应力的构件（一般先张法构件）来说，提高黏结强度尤为重要。提高混凝土的强度等级还可以减小混凝土收缩、徐变所引起的预应力损失。此外，采用高等级混凝土可以减轻结构自重，这对于跨度较大的结构将起重要作用。

钢筋也具有徐变的特性，不过钢筋的徐变通常是指在不变的拉应力持续作用下，拉应变随时间而增长。如果在拉应力持续作用下，维持钢筋的长度不变，则钢筋的拉应力将随时间而降低，这种现象称为应力松弛。因此，徐变和松弛是钢材的同一物理性质在不同条件下的表现形式。预应力钢筋的松弛将引起预应力损失，称为松弛损失。预应力钢筋的松弛与张拉应力的大小、钢材的种类等因素有关。试验表明，钢筋松弛在受力后的一个短暂时间内发展很快，在第一小时内能完成总松弛值的 50%，12 小时后约完成 2/3，48 小时后大部分完成，一个月后即基本稳定。试验还表明，如果将钢筋张拉到超过控制应力 5%～15%，维持很短时间（如 2～5 分钟）然后卸荷，则再次张拉到控制应力时，钢筋的松弛值能降低 40%～60%。在工程实践中，常采用这种超张拉的办法来减小松弛损失值。

预应力钢筋宜采用钢绞线、消除应力钢丝，也可采用预应力螺纹钢筋。预应力混凝土圆水池的环向预应力钢筋，当采用绕丝机连续张拉时，应采用直径为 4～6mm 的消除应力光面钢丝；当采用油压张拉机张拉时，宜优先采用钢绞线。

4. 预应力混凝土结构的优点

与普通钢筋混凝土相比，预应力混凝土结构具有以下优点：

(1) 结构抗裂性能大大提高。对圆水池池壁来说，可以使池壁环向始终处于受压状态，并使圆水池可能达到的容量进一步加大。国内建造的预应力圆水池，容量已达 3 万多 m³（内径 63.85m，池高 9.8m）；世界上最大的预应力混凝土贮罐直径达 82m，高达 36m（容量约 19 万 m³）。

(2) 由于抗裂性能的改善，结构刚度相应提高，再加上自重的减轻，使预应力混凝土结构的跨度比普通钢筋混凝土进一步增大。

(3) 由于采用高强度钢筋和钢丝，可以显著地降低结构的钢材用量。

(4) 预应力混凝土结构更适于预制装配化。例如圆形水池，当采用普通钢筋混凝土时，不适宜于采用装配式。但当采用预应力混凝土时，则完全可以做成预制装配式，从而大量节约模板，缩短工期，节约劳动力。

目前影响预应力混凝土结构更广泛应用的主要问题，是这种结构的施工制作需要专门的机具设备，技术要求较高。但是，随着国家建设和生产技术水平的提高，预应力混凝土结构的应用无疑会更加普遍。

9.6.2 连续绕丝预应力圆形水池的构造特点

1. 池壁的构造特点

池壁可以做成整体式或装配式。在运输、吊装条件具备时，应优先采用装配式。整体式如采用滑动模板施工，也可节约木材和加快施工速度，目前应用也日渐增多。池壁在环向和竖向都可以施加预应力，但是，根据国内经验，当水池深度不超过 6.0m 时，竖向预应力不一定经济，故较少采用。只有当水池深度较大（≥6.0m），且在竖向弯矩作用下不能满足裂缝控制要求时，才宜考虑施加竖向预应力。装配式池壁的竖向预应力一般可采用先张法，现浇池壁的竖向预应力则应采用后张法。传统的、需留孔道和灌浆的后张法用于厚度不大的水池池壁，技术难度较大，但如果要采用无粘结后张预应力则颇为方便。

环向预应力钢丝连续缠绕于池壁外表面，然后喷涂水泥砂浆保护层（图 9-75），其砂浆强度等级应不低于 M30。

预制壁板的常用截面形式有三种（图 9-76）。板宽一般为 1.0～1.5m，板厚 150～200mm。从受力的角度来看，以图 9-76 (a) 的弧形板为最理想，但必须制作弧形底模。图 9-76 (b) 的弓形板可利用预制场现成的地模生产，比较简便。而图 9-76 (c) 的平板制作最简便，但拼装成的壁面不圆滑，只宜用于直径相当大的水池。目前以弓形板应用较普遍。

螺旋式预应力钢丝的端点，通常用楔形锚具锚固在池壁特设的锚固槽内。从理论上说，整个池壁上只需在起点和终点两个锚固点，但实际上由于每盘钢丝只能绕几圈，每两盘钢丝之间有接头。在绕完一盘钢丝，并与下盘钢丝绑扎连接以前，必须先将已绕完的一盘钢丝的末端，在接头的前面一定距离处锚固起来。由于接头位置不确定，故通常必须沿池壁圆周均匀对称地设置若干条竖直锚固槽，以便将钢丝用楔形锚具锚固在就近的锚固槽内。两条锚固槽之间的弧距一般为 15～30m。锚固槽的构造如图 9-77 所示。楔形锚具用工具钢制成，构造如图 9-78 所示。钢丝的接头通常采用绑扎搭接（图 9-79），搭接长度为 250～300mm，用 18～20 号镀锌钢丝绑扎，绑扎用附在绕丝车上的手摇绑扎机进行。

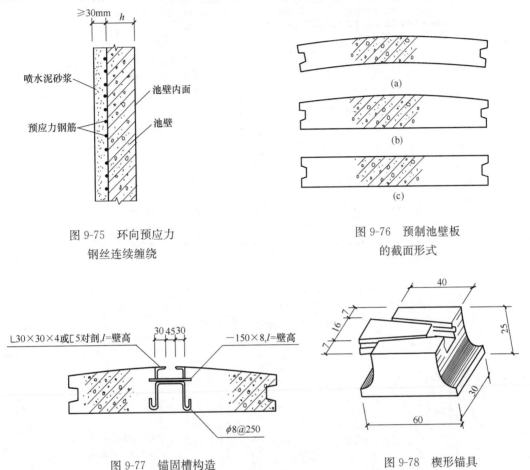

图 9-75　环向预应力
钢丝连续缠绕

图 9-76　预制池壁板
的截面形式

图 9-77　锚固槽构造

图 9-78　楔形锚具

装配式壁板的接缝形式有宽缝式和窄缝式两种（图 9-80），前者缝宽一般为 80～200mm，以不超过板宽的 1/10 为宜。板内水平钢筋在接缝处伸出并搭接焊接，然后在缝内浇筑强度等级比壁板混凝土强度等级高一级的细石混凝土。为了防止渗漏，还可在接缝处的内壁面做五层防水粉刷带。窄缝式的缝宽以不超过 20mm 为宜，缝内应用压力灌浆法注入高强水泥砂浆。目前以宽缝式应用较广。灌缝用的混凝土或砂浆最好采用膨胀水泥拌制。

2. 池壁与顶盖及底板的连接构造

采用预制顶盖时，一般是将顶板搁置于壁顶即可。顶板支承长度应遵照一般构造规定。对建造于地震区的水池，应在壁顶和顶板角部埋设预埋钢板并相互焊牢。在计算时，池壁与顶板的连接根据实际做法按自由或铰支考虑。

池壁与底板的连接，目前比较常用的形式如图 9-81 所示。图 9-81（a）为滑动式连接，适用于容量在 500m³ 以内的小型水池；当容量在 500m³ 以上时，应采用图 9-81（b）所示的不可滑动的杯槽式（铰接）连接。杯槽外侧杯口宜后浇，待张拉预应力筋后再行浇筑。杯槽高度宜尽量降低，但一般不小于 200mm。

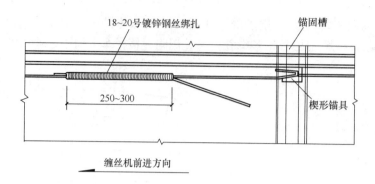

图 9-79　钢丝的接头

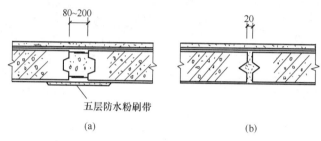

(a)　　　　　　　　　　　　　　(b)

图 9-80　壁板接缝形式
（a）宽缝式；（b）窄缝式

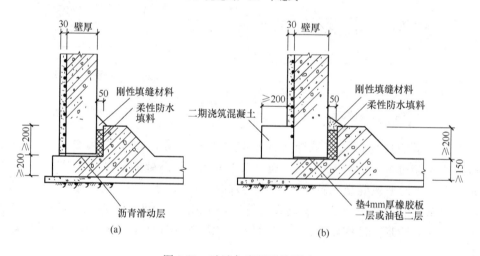

(a)　　　　　　　　　　　　　　(b)

图 9-81　池壁与底板连接形式

9.6.3　连续绕丝预应力装配式圆形水池的计算

1. 预应力钢筋的张拉控制应力（σ_{con}）

所谓张拉控制应力（σ_{con}），是指设计所确定的预应力钢筋的张拉应力，此张拉应力是在张拉时用测力仪表量测张拉力或用引伸仪量测张拉伸长率来控制的。

当配筋率一定时，预应力钢筋的张拉控制应力越大，在混凝土中所建立的预应力也越大，构件的抗裂能力和刚度也就越高。由于必须从张拉控制应力中扣除各项预应力损失，故若张拉控制应力取值太低，则可能大部分甚至全部为预应力损失所抵消，从而起不到预应力的作用。但若控制应力取值太高,则一方面将会使预应力钢筋从张拉直到使用阶段一直处于高应力状态下,再加以可能出现超张拉,钢筋应力有可能超过屈服极限,甚至被拉断;且过高的控制应力可能使构件的开裂荷载非常接近于其破坏荷载,即一旦开裂,构件即趋于破坏。这种破坏是脆性的,另一方面,过高的张拉控制应力可能使预应力受弯构件产生过大的反拱,使混凝土受到过大的预压应力而产生不利的非线性徐变等。因此,《混凝土结构设计规范》GB 50010 规定,预应力钢筋的张拉控制应力(σ_{con})。不宜超过表 9-31 的数值。

张拉控制应力限值　　　　　　　　　　　表 9-31

钢　　种	张拉控制应力 σ_{con}
消除应力钢丝、钢绞线	$0.75f_{ptk}$
中强度预应力钢丝	$0.70f_{ptk}$
预应力螺纹钢筋	$0.85f_{ptk}$

当为了部分抵消由于应力松弛、摩擦、钢筋分批张拉等因素产生的预应力损失时,以及对为了提高构件在施工阶段的抗裂性能而在使用阶段的受压区内设置的预应力钢筋,表 9-31 中的张拉控制应力限值可提高 $0.05f_{ptk}$。

规范也规定了张拉控制应力的下限值,即消除应力钢丝、钢绞线、中强度预应力钢筋的张拉控制应力值不应小于 $0.4f_{ptk}$,预应力螺纹钢筋的张拉拉制应力值不宜小于 $0.5f_{pyk}$。

施加预应力时,混凝土的立方体抗压强度应经计算确定,但不宜低于设计的混凝土强度等级的 75%。

2. 预应力损失计算

圆水池环向预应力钢筋的预应力损失一般包括:张拉端锚具变形引起的预应力损失(σ_{l1});环形预应力钢筋对池壁混凝土的径向挤压所引起的损失(σ_{l2});钢筋的应力松弛引起的损失(σ_{l3});混凝土收缩、徐变引起的损失(σ_{l4});后张拉的钢筋使已经张拉好的钢筋所产生的损失,即通常所谓的分批张拉损失(σ_{l5})及预应力钢筋与池壁之间的摩擦引起的预应力损失(σ_{l6})。对于用绕丝机连续张拉的预应力钢丝,不存在摩擦损失(σ_{l6})。下面分项介绍绕丝预应力圆水池必须考虑的各项损失的计算。

(1)锚具变形损失

所谓锚具变形,通常指放松张拉机具而由锚具承受拉力时,锚具本身的弹性变形、锚具各零件之间的缝隙以及锚具下面垫块间缝隙的挤紧、钢筋带动锚塞或销片所引起的滑移(钢筋内缩)等。由这种变形引起的预应力损失,统称为锚具变形损失。

对于从一端张拉的预应力钢筋,非张拉端(即固定端)的锚具变形是在张拉过程中产生的,它所造成的应力降低随即由调整张拉力而获得补充,故只有张拉端的锚具变形才会造成预应力损失。

如果预应力钢筋和混凝土之间不存在摩擦力,或摩擦力很小可以忽略不计,则锚具变形将使钢筋沿全长产生均匀回缩,亦即使钢筋每个截面上的张拉应力产生相同的损失。一般直线形预应力钢筋可属这种情况,此损失可按下式计算:

$$\sigma_{l1} = \frac{a}{l}E_s \tag{9-104}$$

式中　a——张拉端锚具变形及钢筋内缩值；

　　　　l——张拉端至固定端的距离。

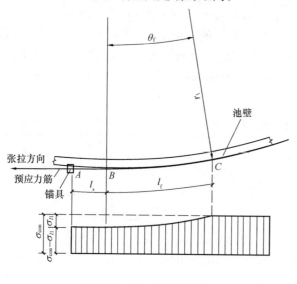

图 9-82　反向摩擦的影响

但是，对环形预应力钢筋来说，它在被张拉时必然对池壁产生径向挤压力，因此它和池壁之间必然存在着摩擦力。这种摩擦力将对钢筋由于锚具变形而产生的回缩起阻遏作用。此时，锚具变形只使靠近锚具的一段钢筋引起应力损失。如图 9-82 所示，设锚固点为 A，在离锚固点距离为 l_s 的 B 点处预应力筋开始与池壁接触。则在不与池壁接触的直线段 l_s 范围内由于锚具变形引起的预应力损失为常量，从 B 点开始由于摩擦影响，损失值逐渐减小。假设在距 B 点为 l_f 的 C 点处损失值减小至零，l_f 即为反向摩擦影响长度，它所对应的圆心角为 θ_f。对于连续张拉的螺旋式预应力钢丝来说，要每绕若干圈才有一个锚固点，而锚固点又是分散在若干条锚固槽上的。在这种情况下，我们所计算的锚具变形损失 σ_{l1} 通常是指在池壁的锚固槽侧的一个竖截面上，各根环向预应力钢丝的最大平均损失值，它可按下列公式计算：

$$\sigma_{l1} = \frac{\sigma_{con}\,(1-e^{-\mu\theta_f})}{n_1 \cdot n_2} \tag{9-105}$$

式中　e——自然对数的底；

　　　　μ——预应力钢丝与池壁间的摩擦系数，可取为 0.65；

　　　　n_1——每盘钢丝可绕圈数；

　　　　n_2——锚固槽条数。

式中摩擦影响长度 l_f 所对应的圆心角 θ_f，可根据在总长度（$l_s + l_f$）范围内，由预应力损失造成的钢筋总回缩值等于锚具变形值 a 的变形协调条件导得，即可按下列公式计算：

$$\theta_f = \frac{-l_s + \sqrt{\dfrac{2aE_s}{\mu\sigma_{con}}\,(r_1 - \mu l_s)}}{r_1 - \mu l_s} \tag{9-106}$$

式中　r_1——环向预应力筋的圆环半径（mm）；

　　　　l_s——钢筋锚固处至钢筋与池壁接触点的直线长度（mm）；

　　　　E_s——预应力筋的弹性模量（N/mm^2）。

其他符号前面已有说明。关于锚具变形及钢筋回缩值 a《混凝土结构设计规范》GB 50010 对几种常用类型的锚具作了规定，对于图 9-78 所示的楔形锚具，a 值可取 5mm。

（2）混凝土局部压陷引起的损失 σ_{l2}

环形预应力钢筋是通过对池壁的径向挤压来使池壁混凝土建立环向预压应力的。预应力筋对池壁的挤压一方面使池壁产生整体的径向位移，另一方面也使预应力筋与池壁表面接触处产生局部压陷（图 9-83）。因此，预应力筋的预应力将有一部分消耗于此局部压陷，即局部压陷引起的预应力损失（σ_{l2}），其值可按下式计算：

$$\sigma_{l2} = E_s \frac{\Delta D}{D} \tag{9-107}$$

式中　ΔD ——池壁混凝土的径向局部压陷的 2 倍值，一般可取 2mm，有实践经验时，可按经验数据采用；

　　　D ——水池的平均直径（mm）。

（3）应力松弛损失 σ_{l3}

预应力筋的应力松弛损失与预应力筋的种类和张拉方法（一次张拉或超张拉）等因素有关。用绕丝机连续张拉的钢丝不可能进行超张拉，且预应力筋通常采用消除应力光面钢丝，其应力松弛损失可按下列公式计算：

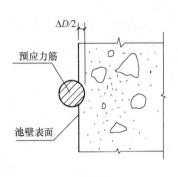

图 9-83

对普通松弛钢丝：$\sigma_{l3} = 0.4 \left(\dfrac{\sigma_{con}}{f_{ptk}} - 0.5 \right) \sigma_{con}$

$$\tag{9-108}$$

对低松弛钢丝：且 $0.7 f_{ptk} < \sigma_{con} \leqslant 0.8 f_{ptk}$ 时，$\sigma_{l3} = 0.2 \left(\dfrac{\sigma_{con}}{f_{ptk}} - 0.575 \right) \sigma_{con}$

（4）收缩、徐变损失 σ_{l4}

混凝土收缩和徐变所造成的预应力损失，与预应力大小、张拉钢筋时混凝土已达到的强度、池壁的配筋率及结构所处环境等因素有关。和其他各项损失不同，这项损失是在相当长的时间内逐渐完成的，一般在张拉后的头 6 个月内可完成约 3/4，第一年内完成 90％左右。全部完成则需若干年。

对于水池池壁，混凝土收缩、徐变使环向预应力筋产生的预应力损失可按表 9-32 确定：

混凝土收缩、徐变引起的预应力损失值（N/mm²）　　　　　　表 9-32

$\dfrac{\sigma_{pc}}{f'_{cu}}$	0.1	0.2	0.3	0.4	0.5	0.6
σ_{l4}	20	30	40	50	60	90

注：1. σ_{pc} 为混凝土的预压应力，此时预应力损失仅考虑混凝土预压前（第一批）的损失。

　　2. 表中 f'_{cu} 为施加预应力时混凝土的立方体抗压强度。

表中　σ_{pc} ——由环向预加应力使池壁混凝土产生的环向压应力，应按下式计算确定：

$$\sigma_{pc} = \frac{(\sigma_{con} - \sigma_{l1} - \sigma_{l5}) A_p}{1000h} \tag{9-109}$$

　　　f'_{cu} ——施加预应力时的混凝土立方体抗压强度；

　　　A_p ——池壁 1m 高度内的环向预应力筋截面积；

h ——池壁厚度（mm）。

（5）分批张拉损失 σ_{l5}

当预应力钢筋不是同时张拉时，后张拉的钢筋使混凝土产生的弹性压缩将使先张拉钢筋的应力降低。对于一般预应力钢筋根数不多的后张法预应力构件，原则上应采取加大先批张拉钢筋的张拉力的办法来补偿这种损失。但是，对于预应力圆水池，特别是当采用绕丝机连续张拉时，不可能对每圈钢筋采用不同的张拉控制应力，故必须考虑分批张拉损失。

从理论上说，每圈钢筋的分批张拉损失不同，最先张拉的一圈损失最大，最后张拉的一圈损失为零。精确计算是相当复杂的，设计时可假设每圈钢筋的损失相等，并按以下近似公式计算：

$$\sigma_{l5} = 0.5\alpha_{E}\rho_{p}\sigma_{con} \tag{9-110}$$

式中　α_{E} ——预应力筋弹性模量与池壁混凝土弹性模量之比；

　　　ρ_{p} ——预应力筋的配筋率，即 $\rho_{p} = \dfrac{A_{p}}{1000h}$，$A_{p}$ 为池壁 1m 高度内的预应力筋截面积（mm^2），h 为池壁厚（mm）。

（6）各阶段预应力损失的组合

以上各项预应力损失值，根据出现时间的不同，通常应分两批进行组合，即：

混凝土预压前（第一批）的损失

$$\sigma_{l1} + \sigma_{l5}$$

混凝土预压后（第二批）的损失

$$\sigma_{l2} + \sigma_{l3} + \sigma_{l4}$$

计算所得预应力总损失值 σ_{l}（$\sigma_{l1} + \sigma_{l2} + \sigma_{l3} + \sigma_{l4} + \sigma_{l5}$），如果小于 $150N/mm^2$，则应取 $150N/mm^2$。

3. 池壁内力计算及截面设计

预应力混凝土圆形水池池壁的内力计算方法与普通钢筋混凝土圆水池相同，但一般地下式预应力圆水池除应按池内水压力和池外土压力分别计算池壁内力外，尚应将预应力钢筋对池壁的环箍压力视为一种外荷载计算池壁内力。

由于张拉预应力钢筋时，壁板底端是可以滑动的，因此，预应力钢筋使池壁产生的环向压力应按底端自由计算，即预应力钢筋使池壁产生的环向压力标准值等于预应力钢筋的有效预拉力：

$$N_{\theta k} = -N_{pe} = -\sigma_{pe}A_{P} \tag{9-111}$$

式中　N_{pe} ——预应力钢筋的有效预拉力；

　　　σ_{pe} ——预应力钢筋的有效预应力，即张拉控制应力扣除计算阶段已完成的预应力损失后的值；

　　　A_{p} ——计算点处按每米池壁高计算的预应力钢筋截面积。

如果张拉预应力钢筋时底端可以自由滑动，则预应力钢筋不会使池壁产生竖向弯矩。但是，实际上壁板与池底的连接面上不可避免地存在摩擦阻力，因此，为了安全，仍考虑预应力将使壁板产生一定的竖向弯矩，并根据底端的可滑动程度，按底端为铰支时弯矩的 50%～70%计算。

引起竖向弯矩的荷载标准值，是预应力钢筋对池壁的径向压力，可按下式计算：

$$p_{\mathrm{p}} = -\frac{N_{\mathrm{pe}}}{r_1} = -\frac{\sigma_{\mathrm{pe}} A_{\mathrm{p}}}{1000 r_1} \tag{9-112}$$

式中　　p_{p}——离壁顶 x 处，预应力钢筋对池壁产生的径向压力（$\mathrm{kN/m^2}$）；

N_{pe}——离壁顶 x 处，预应力钢筋的有效预拉力（$\mathrm{kN/m}$）；

σ_{pe}——预应力钢筋在所计算阶段的有效预应力（$\mathrm{N/mm^2}$）；

A_{p}——离壁顶 x 处的预应力钢筋截面积（$\mathrm{mm^2/m}$）；

r_1——池壁外半径（m）。

p_{p} 沿池壁高度的实际分布状态决定于 A_{p} 沿池壁高度的实际分布状态。但为了简化计算，可将 p_{p} 的实际分布状态折算成梯形分布图（图 9-84）。折算的原则是：折算分布图形与实际分布图形的面积相等及顶端 p_{p} 值相等。

p_{p} 折算成梯形分布后，其所引起的池壁竖向弯矩的计算方法，与土压力引起的竖向弯矩计算方法相同。

水压力和土压力引起的池壁内力，当壁板与池底采用图 9-81（b）所示的杯槽式连接时，应按底端铰支计算；当采用图 9-81（a）所示的滑动式连接时，则环向力应按底端自由计算，竖向弯矩则视可滑动程度，取底端铰支时弯矩的 50%～70%。

对以上所述水压力、土压力及预应力引起的池壁内力，在池壁截面设计时，应根据需要进行组合。对地下式预应力水池，通常应考虑试水阶段（池内有水、池外无土）和使用阶段放空时（池内无水、池外有土）两种荷载组合。这两种荷载组合中均应计入预应力引起的池壁内力。但在承载力计算时，预应力引起内力的荷载分项系数，当预应力的作用对承载力不利时（池内无水、池外有土时），应取 1.27，对承载力有利时（试水阶段），应取 1.0。

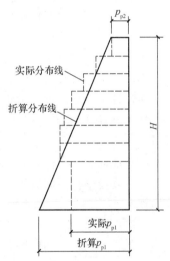

图 9-84　预应力对池壁产生的径向压力

通常规定对预应力混凝土结构构件应进行张拉阶段的验算。但对于地下式预应力圆水池，如果在收缩、徐变损失计算时已控制 $\sigma_{\mathrm{pc}} \leqslant 0.5 f'_{\mathrm{cu}}$ 时，则张拉阶段的池壁混凝土环向压应力不至于超过规范规定的允许值（$1.2 f'_{\mathrm{c}}$，f'_{c} 为相应于 f'_{cu} 的，即张拉预应力筋时混凝土的轴心抗压强度设计值）。而张拉阶段池壁的竖向受弯承载力也不会起控制作用，因此，对地下式预应力圆水池可不进行张拉阶段的验算。

对地面式预应力圆水池，当有保温措施时，池壁的承载力应按张拉阶段仅有预应力作用及使用阶段池内满水两种荷载组合进行计算；对无保温措施的地上式水池，则尚应增加池内满水及壁面温差（或壁面湿差的当量温差）作用这种荷载组合。预应力水池的温差内力计算与普通钢筋混凝土水池相同。

池壁正常使用极限状态验算时所应考虑的内力组合，将在下面结合具体验算进行阐述。

在根据上述原则计算池壁内力后，应对池壁截面进行以下几方面计算：

（1）试水阶段（池内满水、池外无土）环拉力作用下的抗裂验算

预应力圆形水池的环向预应力钢筋选择，是由试水阶段池壁在环向拉力作用下的抗裂要求控制的。对装配式预应力圆水池的环向抗裂要求，历来比一般建筑结构中严格要求不出现裂缝的构件更为严格。《混凝土结构设计规范》GB 50010 对严格要求不出现裂缝的构件（即裂缝控制等级为一级的构件）按荷载效应标准组合进行计算时，构件受拉边缘混凝土不应产生拉应力。而以往在设计装配式预应力池壁时，则要求在满水荷载作用下，池壁环向仍能保持 0.3N/mm^2 左右的剩余预压应力，因此，按照《给水排水工程构筑物结构设计规范》GB 50069 的要求应满足：

$$\sigma_{pc} - \sigma_{ck} \geqslant 0.3 \tag{9-113}$$

式中　σ_{ck} ——荷载效应标准组合下抗裂验算的池壁混凝土环向应力；

　　　σ_{pc} ——扣除全部预应力损失后池壁混凝土的环向预压应力，对于装配式池壁，可按下式计算：

$$\sigma_{pc} = \frac{(\sigma_{con} - \sigma_l)A_p}{1000 \times h} \tag{9-114}$$

当满足上述抗裂要求时，试水阶段的环向承载力一般不必验算。

在设计中，环向预应力钢筋的截面积是根据抗裂要求确定的。当池底端为铰支或固定时，最大环拉力作用点以下的一段池壁，可按最大环拉力的 80% 计算预应力筋的需要量。

（2）池内无水、池外有土时的环向受压承载力验算

此时，池壁在环向成为预应力轴心受压构件，窄缝式装配式池壁的受压承载力应按下式验算。

$$N_\theta \leqslant 1000\alpha_0 f_c h - (\sigma_{p0} - f'_{py})A_p \tag{9-115}$$

式中　N_θ ——池外土压力设计值引起的池壁环向压力设计值（N/m）；

　　　h ——池壁厚度（mm）；

　　　σ_{p0} ——池壁混凝土环向应力等于零时（消压状态）预应力钢筋的应力，按下式计算确定：

$$\sigma_{p0} = \sigma_{con} - \sigma_l + \alpha_E \sigma_{pc} \tag{9-116}$$

　　　σ_{pc} ——相应于覆土阶段由预加应力产生的池壁混凝土环向压应力，按式（9-114）计算，根据《给水排水工程构筑物结构设计规范》GB 50069 的规定，在承载能力计算时，预应力为不利作用时，不应扣除应力松弛损失和收缩、徐变损失，故在式（9-116）及式（9-114）中 σ_l 均只考虑 σ_{l1}、σ_{l2} 和 σ_{l5}；

　　　f'_{py} ——预应力钢筋的抗压强度设计值；

　　　A_p ——计算处每米壁高内的预应力钢筋截面积。

当采用宽缝式预制壁板，且壁板内环向非预应力钢筋在接缝处进行可靠焊接时，可考虑环向非预应力钢筋参与环向抗压，即在式（9-115）的右边增加一项 $f'_y A_s$，f'_y 为环向钢筋的抗压强度设计值；A_s 为每米壁高内的环向钢筋截面积。

（3）试水阶段及使用阶段放空时的池壁竖向受弯承载力计算

对于仅在环向施加预应力的圆水池池壁，在竖向应按普通钢筋混凝土计算承载力，但应考虑预应力引起的竖向弯矩。在计算竖向弯矩组合设计值时，对预应力引起的竖向弯

矩，应按前面所述原则选择荷载分项系数。池壁的竖向受弯承载力应满足下列要求：

1）试水阶段（池内有水、池外无土）：

$$M_w - 1.0 M_{pk} \leqslant M_u \tag{9-117}$$

2）使用阶段放空时（池内无水、池外有土）：

$$M_{ep} + 1.27 M_{pk} \leqslant M_u \tag{9-118}$$

式中 M_w——水压力引起的竖向弯矩设计值；

$\quad\quad M_{ep}$——土压力引起的竖向弯矩设计值；

$\quad\quad M_{pk}$——预应力引起的竖向弯矩标准值；

$\quad\quad M_u$——由池壁外侧或内侧竖向钢筋所确定的竖向受弯承载力。

在以上两式中，M_w、M_{ep}、M_{pk} 和 M_u 均取绝对值。在截面设计中，此两式是选择竖向钢筋的依据。

（4）竖向弯矩作用下的裂缝宽度验算

此项验算与非预应力水池一样。如第二节所述，裂缝宽度验算的荷载组合，应取使用阶段的荷载组合，并按荷载效应的准永久组合值进行计算。与竖向承载力计算一样，荷载组合中应考虑预应力引起的竖向弯矩标准值。

（5）预制壁板吊装时的承载力验算

预制壁板应根据实际可能采用的吊装方式，验算其在自重作用下并考虑动力影响的受弯承载力。自重的动力作用通过对自重乘以动力系数 1.5 来考虑。自重的荷载分项系数可取 1.3，考虑到预制构件在施工阶段的安全等级可以较其使用阶段降低一级，故尚应取结构构件重要性系数 γ_0 为 0.9。

以上所述装配式预应力混凝土圆形水池池壁的计算方法的具体应用，可参阅下面的计算实例。

9.6.4 计算实例

一座容量为 15000m³ 的圆形清水池，池内径为 51.5m，池壁高 5.8m（水深 5.65m）（图 9-85）。池壁由 120 块预制钢筋混凝土壁板组成（板宽 1.25m，接缝宽 100mm，板厚 200mm）。采用绕丝机连续缠绕 ϕ_5^p 普通松弛消除应力钢丝（$f_{ptk} = 1570 \text{N/mm}^2$）施加环向预应力。壁板混凝土采用 C30 混凝土，非预应力钢筋采用 HRB335 级钢筋，构造钢筋采用 HPB300 级钢筋，板向灌缝采用 C40 级细石混凝土。张拉预应力钢筋时，壁板混凝土已达到强度设计值，灌缝混凝土已达到强度设计值的 75%。池壁顶端自由，底端采用杯槽式连接（铰支）。池顶覆土厚 500mm，覆土重度标准值为 18kN/m³，主动土压力系数 $K_a = 0.333$，无地下水。池顶活荷载标准值 $q_k = 2.0 \text{kN/m}^2$。现计算此清水池的池壁。

1. 池内水压力作用下的环拉力计算

池壁的计算简图如图 9-86 所示。支承条件为顶自由、底铰支。底端处的最大水压力标准值为：

$$p_{wk} = \gamma_w H_w = 10 \times 5.65 = 56.5 \text{ kN/m}^2$$

池壁特征常数：

$$\frac{H^2}{dh} = \frac{5.8^2}{51.7 \times 0.2} = 3.25$$

池壁环拉力利用附录 4-1 附表 4-1（10）进行计算。池壁环拉力标准值的基本公式为：

$$N_{\theta k} = k_{N_\theta} p_{wk} r = k_{N_\theta} \times 56.5 \times 25.85 = 1460 k_{N_\theta} \text{ kN/m}$$

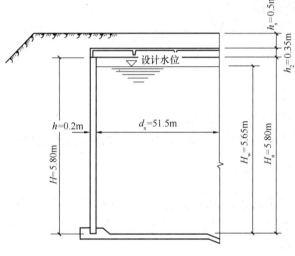

图 9-85　预应力水池计算尺寸

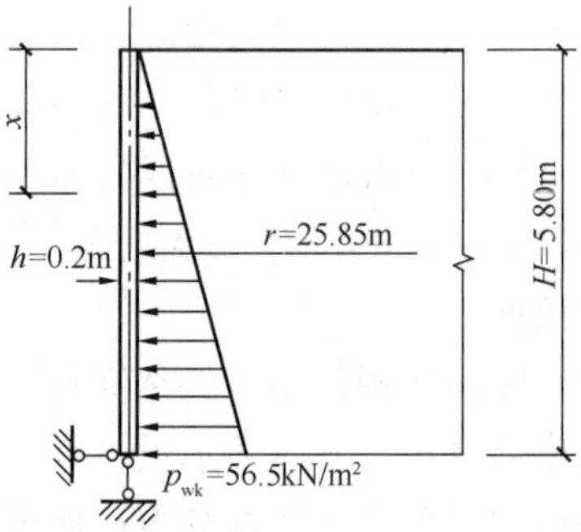

图 9-86　预应力水池池壁计算简图

环拉力设计值为：$N_\theta = 1.27 N_{\theta k}$

各点的环拉力见表 9-33 和图 9-87。

表 9-33

水压力作用下的池壁环拉力

$\dfrac{x}{H}$	x (m)	k_{N_θ}	$N_{\theta k} = 1460 \times k_{N_\theta}$ (kN/m)	$N_\theta = 1.27 N_{\theta k}$ (kN/m)
0.0	0.00	0.061	89.0	113.03
0.1	0.58	0.168	246.0	312.4
0.2	1.16	0.274	400.0	508
0.3	1.74	0.373	545.0	692.1
0.4	2.32	0.458	670.0	850.9
0.5	2.90	0.516	753.0	956.3
0.6	3.48	0.535	780.0	990.6
0.7	4.06	0.498	728.0	924.6
0.8	4.64	0.394	575.0	730.3
0.9	5.22	0.222	324.0	411.5
1.0	5.80	0.000	0.00	0.0

2. 环向预应力钢筋计算

（1）张拉控制应力的确定

$\phi^P 5$ 光面消除应力钢丝的强度标准值 $f_{ptk} = 1570 \text{N/mm}^2$。根据表 9-31 确定张拉控制应

力 $\sigma_{con} = 0.75 f_{ptk} = 0.75 \times 1570 = 1178 \ \text{N/mm}^2$。

（2）预应力损失计算

为了计算预应力损失值，需先假定预应力钢筋截面积。由于实际配筋沿池壁高度是变化的，为了简化计算，预应力损失可按环拉力最大处，亦即需要配筋最多的地方计算。初步假设预应力总损失值 $\sigma_l = 150 \ \text{N/mm}^2$，则最大环拉力作用处（$x = 0.6H$）所需的预应力钢筋截面积可根据式（9-111）和式（9-113）算得，即取

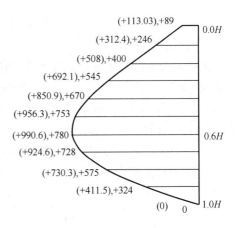

图 9-87　水压力作用下的
环拉力 $N_{\theta k}$（N_{θ}）

$$\sigma_{pc} - \sigma_{ck} \geqslant 0.3$$

而

$$\sigma_{ck} = \frac{N_{\theta k}}{1000h}$$

$$\sigma_{pc} = \frac{(\sigma_{con} - \sigma_l)A_p}{1000h}$$

可以导得：

$$A_p = \frac{0.3 \times 100 \times h + N_{\theta k}}{\sigma_{con} - \sigma_l}$$

将 $\sigma_{con} = 1178 \ \text{N/mm}^2$、$\sigma_l = 150 \ \text{N/mm}^2$ 及 $x = 0.6H$ 处的 $N_{\theta k} = 780 \times 10^3 \ \text{N/mm}^2$ 代入上式，可得：

$$A_p = \frac{0.3 \times 1000 \times 200 + 780 \times 10^3}{1178 - 150} = 817.12 \ \text{mm}^2$$

配筋率为

$$\rho_p = \frac{A_p}{1000h} = \frac{817.12}{1000 \times 200} = 0.00408$$

各项预应力损失分别计算如下：

1）锚具变形损失

锚具变形及预应力筋内缩值取为 $a = 5\text{mm}$，消除应力钢丝的弹性模量 $E_s = 2.05 \times 10^5$ N/mm^2；池壁外半径，即预应力筋的圆弧半径 $r_1 = 25950\text{mm}$；摩擦系数 $\mu = 0.65$。对于图 9-77 和图 9-78 所示的锚具，可取 $l_s = 0$，则根据式（9-106）可算得 θ_f：

$$\theta_f = \sqrt{\frac{2aE_s}{r_1 \mu \sigma_{con}}} = \sqrt{\frac{2 \times 5 \times 2.05 \times 10^5}{25950 \times 0.65 \times 1178}} = 0.321$$

目前国产钢丝每盘重 50～60kg，当直径为 5mm 时，每盘长度 325～390m。如取每盘长 325m，则一盘可绕圈数为：

$$n_1 = \frac{325}{\pi \times 51.9} = 2$$

沿水池外周均匀设置锚固槽 6 条，即 $n_2 = 6$。

锚具变形损失值为：

$$\sigma_{l1} = \frac{\sigma_{con}(1 - e^{-\mu \theta_f})}{n_1 n_2} = \frac{1178 \times (1 - e^{-0.65 \times 0.321})}{2 \times 6}$$

$$= 18.5 \text{ N/mm}^2$$

2）分批张拉损失 σ_{l5}

张拉时壁板混凝土已达到强度设计值，即 $f'_{cu} = 30\text{N/mm}^2$，填缝混凝土已达到强度设计值的75%，即 $f'_{cu} = 0.75 \times 40 = 30\text{N/mm}^2$。故混凝土的弹性模量可按C30确定，即 $E_c = 3.0 \times 10^4 \text{ N/mm}^2$，则 $\alpha_E = E_s/E_c = 2.05 \times 10^5/3.0 \times 10^4 = 6.83$。分批张拉损失值按式（9-110）计算：

$$\sigma_{l5} = 0.5\alpha_E\rho_p\sigma_{con} = 0.5 \times 6.83 \times 0.00408 \times 1178 = 16.41 \text{ N/mm}^2$$

3）应力松弛损失 σ_{l3}

$$\sigma_{l3} = 0.4\left(\frac{\sigma_{con}}{f_{ptk}} - 0.5\right)\sigma_{con} = 0.4\left(\frac{1178}{1570} - 0.5\right) \times 1178$$

$$= 117.95 \text{ N/mm}^2$$

4）收缩、徐变损失 σ_{l4}

收缩、徐变损失查表9-32。此阶段池壁的环向预压应力为：

$$\sigma_{pc} = \frac{(\sigma_{con} - \sigma_{l1} - \sigma_{l5})A_p}{1000h} = \frac{(1178 - 18.5 - 16.41) \times 817.12}{1000 \times 200}$$

$$= 4.67\text{N/mm}^2 < 0.5f'_{cu} = 0.5 \times 30\text{N/mm}^2 = 15\text{N/mm}^2$$

则收缩、徐变损失值为：

由 $\dfrac{\sigma_{pc}}{f'_{cu}} = \dfrac{4.67}{30} = 0.156$ 查表9-32得 $\sigma_{l4} = 25.6 \text{ N/mm}^2$

5）混凝土局部压陷损失 σ_{l2}

此项损失按式（9-104）计算，并取 $\Delta D = 2\text{mm}$，则

$$\sigma_{l2} = E_s\frac{\Delta D}{D} = 2.05 \times 10^5 \times \frac{2}{51900} = 7.9 \text{ N/mm}^2$$

根据以上计算，可知混凝土预压前（第一批）的损失值为：

$$\sigma_{lI} = \sigma_{l1} + \sigma_{l5} = 18.5 + 16.41 = 34.91\text{N/mm}^2$$

混凝土预压后（第二批）的损失值为：

$$\sigma_{lII} = \sigma_{l2} + \sigma_{l3} + \sigma_{l4} = 7.9 + 117.95 + 25.6 = 151.45\text{N/mm}^2$$

预应力总损失值为：

$$\sigma_l = \sigma_{lI} + \sigma_{lII} = 34.91 + 151.45 = 186.36\text{N/mm}^2 > 150\text{N/mm}^2$$

（3）环向预应力钢筋截面选择

由前面已知，环向预应力钢筋根据试水阶段的抗裂要求，可按下式计算：

$$A_p = \frac{0.3 \times 1000h + N_{\theta k}}{\sigma_{con} - \sigma_l} = \frac{0.3 \times 1000h + N_{\theta k}}{1178 - 186.36} = \frac{60 \times 10^3 + N_{\theta k}}{991.64}$$

环向预应力钢筋计算及其设计配筋情况见表9-34。$0.0H \sim 0.5H$ 各段的配筋均按该段的平均环拉力标准值计算；$0.5H \sim 0.7H$ 按最大环拉力标准值计算；$0.7H$ 以下按最大环拉力标准值的80%计算。

池壁分段 （从顶至底）	段 长 （m）	$N_{\theta k}$ （10^3N/m）	$A_P = \dfrac{60 \times 10^3 + N_{\theta k}}{991.64}$ （mm^2/m）	实 际 配 筋		
				直径、间距 （mm）	A_P （mm^2/m）	段内圈数
$0.0 \sim 0.1H$	0.58	168	229.9	$\phi^P 5@83$	236.5	7
$0.1 \sim 0.2H$	0.58	323	386.3	$\phi^P 5@47$	417.6	12
$0.2 \sim 0.3H$	0.58	473	537.5	$\phi^P 5@36.25$	540.6	16
$0.3 \sim 0.4H$	0.58	608	673.69	$\phi^P 5@29$	675.8	20
$0.4 \sim 0.5H$	0.58	712	778.58	$\phi^P 5@24.17$	811.03	24
$0.5 \sim 0.7H$	1.16	780	847.16	$\phi^P 5@22.3$	878.6	52
$0.7 \sim 1.0H$	1.74	624	689.8	$\phi^P 5@26.3$	743.4	66

3. 土压力引起的池壁环向力计算

（1）土压力计算

如图 9-88 所示，池壁顶端土压力标准值为：

$$p_{epk2} = \gamma_s (h_s + h_2) k_a$$
$$= 18 \times (0.5 + 0.35) \times 0.333$$
$$= 5.1 \, N/mm^2$$

池壁底端土压力标准值为：

$$p_{epk1} = \gamma_s (h_s + h_2 + H) k_a$$
$$= 18 \times (0.5 + 0.35 + 5.8)$$
$$\times 0.333$$
$$= 39.9 \, N/mm^2$$

由池顶活荷载标准值引起的附加侧压力为：

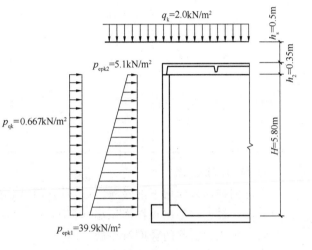

图 9-88　池壁侧向土压力

$$p_{qk} = q_k k_a = 2.0 \times 0.333 = 0.667 kN/m^2$$

顶端和底端的侧压力设计值则分别为：

$$p_2 = 1.5 p_{qk} + 1.27 p_{epk2} = 1.5 \times 0.667 + 1.27 \times 5.1 = 7.48 \, kN/m^2$$

$$p_1 = 1.5 p_{qk} + 1.27 p_{epk1} = 1.5 \times 0.667 + 1.27 \times 39.9 = 51.67 \, kN/m^2$$

（2）土压力引起的环向力

由于在池外有土、池内无水的荷载组合值作用下不必验算抗裂性，故可仅计算由侧压力设计值引起的环向力。

将土压力分解成三角形部分和矩形部分，分别利用附录 4-1 附表 4-1 （10）和附表 4-1 （11），进行计算，然后叠加。此处三角形荷载的底端值为：

$$q = -(p_1 - p_2) = -(51.67 - 7.48) = -44.19 \, kN/m^2$$

矩形荷载值为：$p = -p_2 = -7.48 \, kN/m^2$

以上荷载值取 "－" 号是考虑荷载作用方向由外向内。

环向力的基本计算公式为：

$$N_\theta = k_{N_\theta}^q qr + k_{N_\theta}^p pr = k_{N_\theta}^q \times (-44.19) \times 25.85 + k_{N_\theta}^p \times (-7.48) \times 25.85$$
$$= (-1142 k_{N_\theta}^q) + (-193.4 k_{N_\theta}^p)$$

沿壁高各点的环向力设计值计算见表 9-35。

土 压 力 引 起 的 环 向 力　　　　　　表 9-35

$\dfrac{x}{H}$	x (m)	q 引起的		p 引起的		N_θ (kN/m)
		$k_{N_\theta}^q$	$-1142 k_{N_\theta}^q$	$k_{N_\theta}^p$	$-193.4 k_{N_\theta}^p$	
		①	②	③	④	②+④
0.0	0.00	0.061	−69.7	1.061	−205.2	−274.9
0.1	0.58	0.168	−191.8	1.068	−206.6	−398.4
0.2	1.16	0.274	−312.9	1.074	−207.7	−520.6
0.3	1.74	0.373	−425.9	1.073	−207.5	−633.4
0.4	2.32	0.458	−523.0	1.058	−204.6	−727.6
0.5	2.90	0.516	−589.3	1.016	−196.5	−785.8
0.6	3.48	0.535	−611.0	0.935	−180.8	−791.8
0.7	4.06	0.498	−568.7	0.798	−154.3	−723.0
0.8	4.64	0.394	−449.9	0.594	−114.9	−564.8
0.9	5.22	0.222	−253.5	0.322	−62.3	315.8
1.0	5.80	0.000	0	0.000	0	0

4. 竖向弯矩计算

不论何种荷载作用下的竖向弯矩，均可利用附录 4-1 附表 4-1（9）进行计算。从表中可以看出，最大弯矩出现在离顶端 $0.75H$ 处，弯矩系数 $k_{Mx}=0.0146$。

（1）水压力引起的竖向弯矩最大值

水压力引起的竖向弯矩最大标准值为：

$$M_{wk} = 0.0146 p_{wk} H^2 = 0.0146 \times 56.5 \times 5.8^2 = 27.7 \text{kN} \cdot \text{m/m（壁外受拉）}$$

水压力引起的竖向弯矩最大设计值为：

$$M_w = 0.0146 \gamma_G p_w H^2 = 0.0146 \times 1.27 \times 56.5 \times 5.8^2 = 35.24 \text{kN} \cdot \text{m/m（壁外受拉）}$$

（2）土压力引起的竖向弯矩最大值

土压力引起的竖向弯矩最大设计值为：

$$M_{ep} = 0.0146 p_1 H^2 = 0.0146 \times (-51.67) \times 5.8^2 = -25.38 \text{kN} \cdot \text{m/m（壁内受拉）}$$

参照《给水排水工程构筑物结构设计规范》GB 50069—2020 的规定，在裂缝宽度验算时，按荷载效应的准永久组合进行验算，此时底端侧压力的准永久组合值应按下式计算：

$$p_{l,q} = \psi_q p_{qk} + p_{epk1} = 0.4 \times 0.667 + 39.9 = 40.2 \text{kN/m}^2$$

式中活荷载准永久系数取 $\psi_q = 0.4$。因此，由土侧压力准永久组合值引起的竖向弯矩最大值为：

$$M_{ep,q} = 0.0146 p_{l,q} H^2 = 0.0146 \times (-40.2) \times 5.8^2 = -19.74 \text{kN} \cdot \text{m/m（壁内受拉）}$$

（3）预应力引起的池壁竖向弯矩

预应力引起的池壁竖向弯矩用于与上述水压力或土压力引起的竖向弯矩进行组合，按已完成全部预应力损失的有效预应力进行计算。此时，每米高池壁内预应力钢筋的有效预拉力为：

$$N_{pe} = (\sigma_{con} - \sigma_l)A_p = (1178 - 186.36)A_p = 991.64A_p \text{ N/m}$$

预应力钢筋对池壁产生的径向压力标准值按式（9-109）计算，即

$$p_p = -\frac{N_{pe}}{r_1} = -\frac{991.64A_p}{25.95 \times 10^3} = -0.0382A_p \text{ kN/m}^2$$

按实际配筋情况计算的 p_p 值列于表 9-36 中。

沿池壁高度各段的 p_p 值　　　　　　　　　表 9-36

池壁分段（从顶至底）	段 长（m）	A_p（mm²/m）	$p_p = -0.0382A_p$（kN/m²）	池壁分段（从顶至底）	段 长（m）	A_p（mm²/m）	$p_p = -0.0382A_p$（kN/m²）
0.0～0.0 H	0.58	236.5	−9.03	0.4～0.5 H	0.58	811.03	−30.98
0.1～0.2 H	0.58	417.6	−15.95	0.5～0.7 H	1.16	878.6	−33.56
0.2～0.3 H	0.58	540.6	−20.65	0.7～1.0 H	1.74	743.4	−28.40
0.3～0.4 H	0.58	675.8	−25.81				

p_p 值的分布状态如图 9-89 中的虚线所示，为了简化计算，根据前面所述原则，将实际分布图形折算成梯形分布图（图 9-89 中的实线）。则

$$p_{p2} = -9.03 \text{ kN/m}^2$$

$$p_{p1} = -[(9.03 + 15.95 + 20.65 + 25.81 + 30.98) \times 0.58 +$$

$$33.56 \times 1.16 + 28.40 \times 1.74] \times \frac{2}{5.8} + 9.03$$

$$= -41.92 \text{kN/m}^2$$

根据张拉阶段底端可滑动情况，由预应力引起竖向弯矩取在上列梯形荷载作用下，底端铰支、顶端自由时竖向弯矩的 50%，则预应力引起的竖向弯矩最大标准值为：

$$M_{pk} = 0.5 \times 0.0146 \times p_{p1}H^2 = 0.5 \times 0.0146 \times (-41.92) \times 5.8^2$$

$$= -10.29 \text{kN} \cdot \text{m/m（壁内受拉）}$$

预应力引起的竖向弯矩最大设计值应根据其参与内力组合的情况来确定。当与水压力引起的弯矩进行组合时，预应力引起的弯矩是有利的，其荷载分项系数应取 1.0；当与土压力引起的竖向弯矩进行组合时，预应力引起的弯矩是不利的，其荷载分项系数应取 1.27。

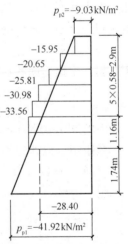

图 9-89　池壁在预应力作用下产生的径向压力

5. 壁板竖向配筋计算及裂缝宽度验算

（1）外侧竖向钢筋计算

外侧竖向钢筋根据试水阶段的弯矩组合值确定，此项弯矩组合值为：

$$M = M_w + M_p = M_w + 1.0M_{pk} = 35.24 + 1.0 \times (-10.29)$$

$$= 24.95 \text{kN} \cdot \text{m/m（壁外受拉）}$$

取竖向钢筋净保护层厚 30mm，估计 $a_s = 35$mm，则 $h_0 = h - a_s = 200 - 35 = 165$mm。

$$\alpha_s = \frac{M}{\alpha_1 f_c b h_0^2} = \frac{24.95 \times 10^6}{1.0 \times 14.3 \times 1000 \times 165^2} = 0.064$$

相应的 $\xi = 0.066$。需要的钢筋截面积为：

$$A_s = \xi b h_0 \frac{\alpha_1 f_c}{f_y} = 0.066 \times 1000 \times 165 \times \frac{1.0 \times 14.3}{300} = 521.3 \text{mm}^2$$

$$> \rho_{\min} b h = 0.00215 \times 1000 \times 200 = 430 \text{mm}^2$$

符合要求。上式中的最小配筋率由 $\rho_{\min} = 0.45 \frac{f_t}{f_y}$ 确定。以上算得的 A_s 值为每米宽度壁板内所需要的。对于一块预制壁板而言，其计算宽度为 1.35mm（即壁板宽加一条接缝宽），则需要的钢筋截面积为 $1.35 \times A_s = 1.35 \times 521.3 = 703.8 \text{mm}^2$。现选用 7 ϕ 12，实际配筋截面积为 791.7mm^2，符合要求。

试水阶段不必验算裂缝宽度。

（2）内侧竖向钢筋计算及相应的裂缝宽度验算

内侧竖向钢筋根据池外有土、池内无水的荷载状态计算确定。此时的弯矩组合设计值为：

$$M = M_{ep} + M_p = M_{ep} + 1.27 M_{pk}$$

根据《给水排水工程构筑物结构设计规范》GB 50069—2020 的规定，当对构件承载能力极限状态计算，预加应力为不利作用时，由应力松弛和收缩、徐变引起的预应力损失不应扣除。故上式中的 M_{pk} 应为由有效预应力

$$\sigma_{pe} = \sigma_{con} - (\sigma_{l1} + \sigma_{l2} + \sigma_{l5}) = 1178 - (18.5 + 7.9 + 16.41) = 1135.2 \text{N/mm}^2$$

所引起。根据前面的计算，此可由下式换算求得，即：

$$M_{pk} = \frac{1135.2}{991.64} \times (-10.29) = -11.78 \text{kN} \cdot \text{m/m}（壁内受拉）$$

上式中的 991.64N/mm^2 为扣除全部预应力损失后的有效预应力。

弯矩组合设计值为：

$$M = M_{ep} + 1.27 M_{pk} = -25.38 + 1.27 \times (-11.78) = -40.34 \text{kN} \cdot \text{m/m}（壁内受拉）$$

则

$$\alpha_s = \frac{M}{\alpha_1 f_c b h_0^2} = \frac{40.34 \times 10^6}{1.0 \times 14.3 \times 1000 \times 165^2} = 0.103$$

相应的 $\xi = 0.109$，需要的钢筋截面积为：

$$A_s = \xi b h_0 \frac{\alpha_1 f_c}{f_y} = 0.109 \times 1000 \times 165 \times \frac{14.3}{300} = 856.8 \text{mm}^2$$

配筋率显然大于最小配筋率。一块预制壁板需要的钢筋截面积为 $1.35 \times 856.8 = 1156.7 \text{mm}^2$。选用 11 ϕ 12，实际钢筋截面积为 1244mm^2。

根据上述实际配筋进行裂缝宽度验算。每米板宽内的实际钢筋截面积为 $A_s = \frac{1244}{1.35} = 921.5 \text{mm}^2$。则

$$\rho_{te} = \frac{A_s}{A_{te}} = \frac{921.5}{0.5 \times 1000 \times 200} = 0.00922$$

裂缝宽度按荷载效应准永久组合计算，此时之 M_{pk} 应为由扣除全部预应力损失的有效

预应力所引起，即 $M_{pk} = -10.29\text{kN} \cdot \text{m/m}$，则：

$$M_q = M_{ep,q} + M_{pk} = -19.74 + (-10.29) = -30.03\text{kN} \cdot \text{m/m}（壁内受拉）$$

$$\sigma_{sq} = \frac{M_q}{0.87h_0A_s} = \frac{30.03 \times 10^6}{0.87 \times 165 \times 921.5} = 227.02\text{N/mm}^2$$

$$\psi = 1.1 - \frac{0.65f_{tk}}{\rho_{te}\sigma_{sq}} = 1.1 - \frac{0.65 \times 2.01}{0.00922 \times 227.02} = 0.476$$

$$w_{max} = 1.8\psi\frac{\sigma_{sq}}{E_s}\left(1.5c + 0.11\frac{d}{\rho_{te}}\right)(1.0 + \alpha_1)\nu$$

$$= 1.8 \times 0.476 \times \frac{227.02}{2.05 \times 10^5} \times \left(1.5 \times 30 + 0.11 \times \frac{12}{0.00922}\right) \times (1.0 + 0) \times 0.7$$

$$= 0.125\text{mm} < 0.25\text{mm}（符合要求）$$

以上计算的配筋成立。预制壁板的配筋状态见图9-90。

（3）壁板吊装验算

确定的设计吊点位置在离板端1.0m处，吊环设于壁板圆弧面（外表面）。从一端起吊时壁板的受力状态如图9-91所示。

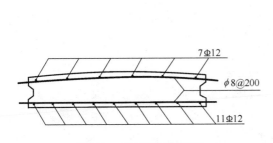

图9-90 壁板截面配筋图

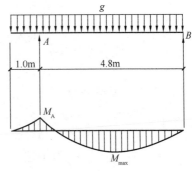

图9-91 壁板吊装计算简图

预制构件本身吊装时，应将构件自重乘以动力系数，动力系数可取1.5，因此，壁板吊装时的荷载设计值为：

$$g = 1.3 \times 1.5 \times 25 \times 0.2 = 9.75 \text{ kN/m}^2$$

式中，1.3为壁板自重的荷载分项系数；25kN/m^3为钢筋混凝土的重度；0.2m为板厚。

为了方便，取1m宽板进行计算。如图9-91所示，吊点 A 处由于壁板悬伸段引起的弯矩设计值为：

$$M_A = -\frac{1}{2} \times 9.75 \times 1.0^2 = -4.875\text{kN} \cdot \text{m/m}$$

A 点和吊装时着地端 B 点之间的跨间最大弯矩设计值产生于跨间剪力为零的截面。经计算该截面距 B 点的距离为2.296m，因此跨间最大弯矩设计值为：

$$M_{max} = 9.75 \times (5.8 - 2.296) \times \left[\frac{1}{2} \times (5.8 - 2.296) - 1.0\right] = 25.70\text{kN} \cdot \text{m/m}$$

上式是取计算截面以左部分为脱离体，根据对 A 点取力矩平衡的条件建立起来的。

规范规定，预制构件在施工阶段的安全等级，可较其使用阶段的安全等级降低一级，故此处可取构件重要性系数 $\gamma_0 = 0.9$，则壁板吊装时的承载力验算结果为：

$$\gamma_0 M_A = 0.9 \times 4.875 = 4.39 \text{kN} \cdot \text{m/m} < 24.95 \text{kN} \cdot \text{m/m}$$

$$\gamma_0 M_{max} = 0.9 \times 25.7 = 23.13 \text{kN} \cdot \text{m/m} < 40.34 \text{kN} \cdot \text{m/m}$$

以上两式中 $24.95 \text{kN} \cdot \text{m/m}$ 和 $40.34 \text{kN} \cdot \text{m/m}$ 分别为确定壁板外侧和内侧竖向钢筋所依据的弯矩设计值，可见吊装阶段的承载力足够。

6. 池壁环向受压承载力验算

当池外有土池内无水时，池壁处于环向受压状态，此时池壁按式（9-118）验算承载力，并考虑环向非预应力钢筋参与抗压。池壁水平钢筋一般可按构造配置，现内外侧均采用 $\phi 8@200$，每米的总截面面积为 $A_s = 502 \text{ mm}^2$。仅验算环向压力设计值最大处。从表 9-35 可知，最大环向压力设计值在 $x = 0.6H$ 处，其值为 $N_\theta = -791.8 \text{kN/m}$。池壁的环向受压承载力按式（9-115）并考虑环向非预应力钢筋的作用计算。计算中所需的按式（9-116）不扣除应力松弛损失及收缩徐变损失计算，即：

$$\sigma_{p0} = \sigma_{con} - \sigma_l + \alpha_E \sigma_{pc}$$

$$= \sigma_{con} - \sigma_l + \frac{E_s}{E_c} \cdot \frac{(\sigma_{con} - \sigma_l)A_p}{1000h}$$

$$= 1178 - (18.5 + 7.9 + 16.41) + \frac{2.05 \times 10^5}{3.0 \times 10^4} \times$$

$$\frac{(1178 - (18.5 + 7.9 + 16.41)) \times 878.6}{1000 \times 200}$$

$$= 1169.26 \text{N/mm}^2$$

则：池壁环向受压承载力为：

$$1000\alpha_1 f_c h - (\sigma_{p0} - f'_{py})A_p + f'_y A_s$$

$$= 1000 \times 1.0 \times 14.3 \times 200 - (1169.26 - 400) \times 878.6 + 270 \times 502$$

$$= 2319.67 \times 10^3 \text{N/m}$$

$$= 2319.67 \text{kN/m} > 791.8 \text{kN/m}$$

符合要求。整个计算结束。

附　录

附录 1　混凝土、钢筋强度标准值、设计值和弹性模量

混凝土强度标准值（N/mm²）

附表 1-1

强度种类	混凝土强度等级													
	C15	C20	C25	C30	C35	C40	C45	C50	C55	C60	C65	C70	C75	C80
f_{ck}	10.0	13.4	16.7	20.1	23.4	26.8	29.6	32.4	35.5	38.5	41.5	44.5	47.4	50.2
f_{tk}	1.27	1.54	1.78	2.01	2.20	2.39	2.51	2.64	2.74	2.85	2.93	2.99	3.05	3.11

混凝土强度设计值（N/mm²）

附表 1-2

强度种类	混凝土强度等级													
	C15	C20	C25	C30	C35	C40	C45	C50	C55	C60	C65	C70	C75	C80
f_c	7.2	9.6	11.9	14.3	16.7	19.1	21.1	23.1	25.3	27.5	29.7	31.8	33.8	35.9
f_t	0.91	1.10	1.27	1.43	1.57	1.71	1.80	1.89	1.96	2.04	2.09	2.14	2.18	2.22

混凝土弹性模量（10⁴ N/mm²）

附表 1-3

混凝土强度等级	C15	C20	C25	C30	C35	C40	C45	C50	C55	C60	C65	C70	C75	C80
E_c	2.20	2.55	2.80	3.00	3.15	3.25	3.35	3.45	3.55	3.60	3.65	3.70	3.75	3.80

普通钢筋强度标准值（N/mm²）

附表 1-4

牌号	符号	公称直径（d/mm）	屈服强度标准值 $[f_{yk}/(N \cdot mm^{-2})]$	极限强度标准值 $[f_{stk}/(N \cdot mm^{-2})]$
HPB300	Φ	6～14	300	420
HRB335	Φ	6～14	335	455
HRB400 HRBF400 RRB400	Φ ΦF ΦR	6～50	400	540
HRB500 HRBF500	Φ ΦF	6～50	500	630

预应力筋强度标准值（N/mm²）

附表 1-5

种　类		符号	公称直径（d/mm）	屈服强度标准值 $[f_{pyk}/(N \cdot mm^{-2})]$	极限强度标准值 $[f_{ptk}/(N \cdot mm^{-2})]$
中强度预应力钢丝	光面 螺旋肋	Φ^{PM} Φ^{HM}	5、7、9	620	800
				780	970
				980	1270
预应力螺纹钢筋	螺纹	Φ^T	18、25、32、40、50	785	980
				930	1080
				1080	1230

种　类		符号	公称直径 (d/mm)	屈服强度标准值 [f_{pyk}/（N・mm^{-2}）]	极限强度标准值 [f_{ptk}/（N・mm^{-2}）]
消除应 力钢丝	光面 螺旋肋	Φ^P Φ^H	5	—	1570
					1860
			7	—	1570
			9	—	1470
					1570
钢绞线	1×3 （三股）	Φ^s	8.6、10.8、 12.9	—	1570
					1860
					1960
	1×7 （七股）		9.5、12.7、 15.2、17.8	—	1720
					1860
					1960
			21.6	—	1860

注：极限强度标准值为 1960N/mm^2 的钢绞线作后张预应力配筋时，应有可靠的工程经验。

普通钢筋强度设计值（N/mm^2） 附表 1-6

牌　　号	抗拉强度设计值 f_y	抗压强度设计值 f_y'
HPB300	270	270
HRB335	300	300
HRB400、HRBF400、RRB400	360	360
HRB500、HRBF500	435	435

注：对轴心受压构件，当采用 HRB500、HRBF500 级钢筋时，钢筋的抗压强度设计值取 400N/mm^2。横向钢筋的
　　抗拉强度设计值应按表中数值采用；但用作受剪、受扭、受冲切承载力计算时，其数值大于 360N/mm^2 时，
　　应取 360N/mm^2。

预应力筋强度设计值（N/mm^2） 附表 1-7

种类	极限强度标准值 f_{ptk}	抗拉强度设计值 f_{py}	抗压强度设计值 f_{py}'
中强度预应力钢丝	800	510	410
	970	650	
	1270	810	
消除应力钢丝	1470	1040	410
	1570	1110	
	1860	1320	
钢绞线	1570	1110	390
	1720	1220	
	1860	1320	
	1960	1390	
预应力螺纹钢筋	980	650	410
	1080	770	
	1230	900	

注：当预应力筋的强度标准值不符合附表 2-2 的规定时，其强度设计值应进行相应的比例换算。

普通钢筋及预应力筋在最大力下的总伸长率限值 附表 1-8

钢筋品种	普通钢筋			预应力筋
	HPB300	HRB335、HRB400、HRBF400、 HRB500、HRBF500	RRB400	
δ_{gt}（%）	10.0	7.5	5.0	3.5

钢筋的弹性模量（10^5N/mm^2）　　　　　　附表 1-9

牌号或种类	弹性模量 E_s
HPB300 钢筋	2.10
HRB335、HRB400、HRB500 钢筋 HRBF400、HRBF500 钢筋 RRB400 钢筋 预应力螺纹钢筋	2.00
消除应力钢丝、中强度预应力钢丝	2.05
钢绞线	1.95

附录 2-1　构件挠度限值

受弯构件的挠度限值　　　　　　　　　　　附表 2-1

构件类型	挠度限值
吊车梁：手动吊车 　　　　电动吊车	$l_0/500$ $l_0/600$
屋盖、楼盖及楼梯构件： 　当 $l_0<7$m 时 　当 7m$\leq l_0 \leq 9$m 时 　当 $l_0>9$m 时	$l_0/200$（$l_0/250$） $l_0/250$（$l_0/300$） $l_0/300$（$l_0/400$）

注：1. 表中 l_0 为构件的计算跨度，计算悬臂构件的挠度限值时，其计算跨度 l_0 按实际悬臂长度的 2 倍取用。

　　2. 表中括号内的数值适用于使用上对挠度有较高要求的构件。

　　3. 如果构件制作时预先起拱，且使用上也允许，则在验算挠度时，可将计算所得的挠度值减去起拱值，对预应力混凝土构件，尚可减去预加力所产生的反拱值。

　　4. 构件制作时的起拱值和预加力所产生的反拱值，不宜超过构件在相应荷载组合作用下的计算挠度值。

附录 2-2　构件裂缝限值

结构构件的裂缝控制等级及最大裂缝宽度的限值（mm）　　附表 2-2（1）

环境类别	钢筋混凝土结构		预应力混凝土结构	
	裂缝控制等级	$w_{\lim}$	裂缝控制等级	$w_{\lim}$
一	三级	0.30（0.40）	三级	0.20
二 a		0.20	三级	0.10
二 b			二级	—
三 a、三 b			一级	—

注：1. 对处于年平均相对湿度小于 60% 地区一类环境下的受弯构件，其最大裂缝宽度限值可采用括号内的数值。

　　2. 在一类环境下，对钢筋混凝土屋架、托架及需作疲劳验算的吊车梁，其最大裂缝宽度限值应取为 0.20mm；对钢筋混凝土屋面梁和托梁，其最大裂缝宽度限值应取为 0.30mm。

　　3. 在一类环境下，对预应力混凝土屋架、托架及双向板体系，应按二级裂缝控制等级进行验算；对一类环境下的预应力混凝土屋面梁、托梁、单向板，应按表中二 a 类环境的要求进行验算；在一类和二 a 类环境下需作疲劳验算的预应力混凝土吊车梁，应按裂缝控制等级不低于二级的构件进行验算。

　　4. 表中规定的预应力混凝土构件的裂缝控制等级和最大裂缝宽度限值仅适用于正截面的验算。

　　5. 对于烟囱、筒仓和处于液体压力下的结构，其裂缝控制要求应符合专门标准的有关规定。

　　6. 对于处于四、五类环境下的结构构件，其裂缝控制要求应符合专门标准的有关规定。

　　7. 表中的最大裂缝宽度限值为用于验算荷载作用引起的最大裂缝宽度。

对钢筋混凝土构筑物构件的最大裂缝宽度限值 w_{max}　　　附表 2-2（2）

构筑物类别	部位及环境条件	w_{max}（mm）
水处理构筑物、水池、水塔	清水池、给水水质净化处理构筑物	0.25
	污水处理构筑物、水塔的水柜	0.20
泵房	贮水间、格栅间	0.20
	其他地面以下部分	0.25
取水头部	常水位以下部分	0.25
	常水位以上湿度变化部分	0.20

注：沉井结构的施工阶段最大裂缝宽度限值可取 0.25mm。

附录 2-3　钢筋混凝土受弯构件正截面承载力计算系数表

矩形和 T 形截面钢筋混凝土受弯构件正截面承载力计算系数表　　　附表 2-3

ξ	γ_s	α_s	ξ	γ_s	α_s
0.01	0.995	0.010	0.340	0.830	0.282
0.02	0.990	0.020	0.350	0.825	0.289
0.03	0.985	0.030	0.360	0.820	0.295
0.04	0.980	0.039	0.370	0.815	0.302
0.05	0.975	0.049	0.380	0.810	0.308
0.06	0.970	0.058	0.390	0.805	0.314
0.07	0.965	0.068	0.400	0.800	0.320
0.08	0.960	0.077	0.410	0.795	0.326
0.09	0.955	0.086	0.420	0.790	0.332
0.10	0.950	0.095	0.430	0.785	0.338
0.11	0.945	0.104	0.440	0.780	0.343
0.12	0.940	0.113	0.450	0.775	0.349
0.13	0.935	0.122	0.460	0.770	0.354
0.14	0.930	0.130	0.470	0.765	0.360
0.15	0.925	0.139	0.480	0.760	0.365
0.16	0.920	0.147	0.490	0.755	0.370
0.17	0.915	0.156	0.500	0.750	0.375
0.18	0.910	0.164	0.510	0.745	0.380
0.19	0.905	0.172	0.518	0.741	0.384
0.20	0.900	0.180	0.520	0.740	0.385
0.21	0.895	0.188	0.530	0.735	0.390
0.22	0.890	0.196	0.540	0.730	0.394
0.23	0.885	0.204	0.550	0.725	0.399
0.24	0.880	0.211	0.556	0.722	0.401
0.25	0.875	0.219	0.560	0.720	0.403
0.26	0.870	0.226	0.570	0.715	0.408
0.27	0.865	0.234	0.580	0.710	0.412
0.28	0.860	0.241	0.590	0.705	0.416
0.29	0.855	0.248	0.600	0.700	0.420
0.30	0.850	0.255	0.610	0.695	0.424
0.31	0.845	0.262	0.614	0.693	0.426
0.32	0.840	0.269			
0.33	0.835	0.276			

注：1. 表中系数 α_s、ξ 可分别按公式计算确定：

$$\alpha_s = \frac{M}{\alpha_1 f_c bh_0^2};\ \xi = \frac{f_y A_s}{\alpha_1 f_c bh_0}$$

2. 表中 $\xi = 0.518$ 以下的数值不适用于 HRB400；$\xi = 0.550$ 以下的数值不适用于 HRB335 钢筋。

附录2-4 钢 筋 表

钢筋的计算截面面积及公称质量 附表 2-4（1）

直径 d (mm)	计算截面面积（mm²），当根数 n 为：									单根钢筋公称质量 (kg/m)
	1	2	3	4	5	6	7	8	9	
3	7.1	14.1	21.2	28.3	35.3	42.4	49.5	56.5	63.6	0.055
4	12.6	25.1	37.7	50.2	62.8	75.4	87.9	100.5	113	0.099
5	19.6	39	59	79	98	118	138	157	177	0.154
6*	28.3	57	85	113	142	170	198	226	255	0.222
7	38.5	77	115	154	192	231	269	308	346	0.302
8*	50.3	101	151	201	252	302	352	402	453	0.395
9	63.5	127	191	254	318	382	445	509	572	0.499
10*	78.5	157	236	314	393	471	550	628	707	0.617
11	95.0	190	285	380	475	570	665	760	855	0.750
12*	113.1	226	339	452	565	678	791	904	1017	0.888
13	132.7	262	398	531	664	796	929	1062	1195	1.040
14*	153.9	308	461	615	769	923	1077	1230	1387	1.203
15	176.7	353	530	707	884	1050	1237	1414	1512	1.390
16*	201.1	402	603	804	1005	1206	1407	1608	1809	1.578
17	227.0	454	681	908	1135	1305	1589	1816	2043	1.780
18*	254.5	509	763	1017	1272	1526	1780	2036	2290	1.998
19	283.5	567	851	1134	1418	1701	1985	2268	2552	2.230
20*	314.2	628	941	1256	1570	1884	2200	2513	2827	2.466
21	346.4	693	1039	1385	1732	2078	2425	2771	3117	2.720
22*	380.1	760	1140	1520	1900	2281	2661	3041	3421	2.984
23	415.5	831	1246	1662	2077	2498	2908	3324	3739	3.260
24	452.4	904	1356	1808	2262	2714	3167	3619	4071	3.551
25*	490.9	982	1473	1964	2454	2945	3436	3927	4418	3.850
26	530.9	1062	1593	2124	2655	3186	3717	4247	4778	4.170
27	572.6	1144	1716	2291	2865	3435	4008	4580	5153	4.495
28*	615.3	1232	1847	2463	3079	3695	4310	4926	5542	4.830
30*	706.9	1413	2121	2827	3534	4241	4948	5655	6362	5.550
32*	804.3	1609	2418	3217	4021	4826	5630	6434	7238	6.310
34	907.9	1816	2724	3632	4540	5448	6355	7263	8171	7.130
35	962.0	1924	2886	3848	4810	5772	6734	7696	8658	7.500
36	1017.9	2036	3054	4072	5086	6107	7125	8143	9161	7.990
40	1256.1	2513	3770	5027	6283	7540	8796	10053	11310	9.865

注：表中带 * 号的直径为国内常规供货直径。

每米板宽内的钢筋截面面积 附表 2-4（2）

钢筋间距 (mm)	当钢筋直径（mm）为下列数值时的钢筋截面面积（mm²）													
	3	4	5	6	6/8	8	8/10	10	10/12	12	12/14	14	14/16	16
70	101	179	281	404	561	719	920	1121	1369	1616	1908	2199	2536	2872
75	94.3	167	262	377	524	671	859	1047	1277	1508	1780	2053	2367	2681
80	88.4	157	245	354	491	629	805	981	1198	1414	1669	1924	2218	2513
85	83.2	148	231	333	462	592	758	924	1127	1331	1571	1811	2088	2365
90	78.5	140	218	314	437	559	716	872	1064	1257	1484	1710	1972	2234
95	74.5	132	207	298	414	529	678	826	1008	1190	1405	1620	1868	2116
100	70.6	126	196	283	393	503	644	785	958	1131	1335	1539	1775	2011

钢筋间距 (mm)	当钢筋直径（mm）为下列数值时的钢筋截面面积（mm²）														
	3	4	5	6	6/8	8	8/10	10	10/12	12	12/14	14	14/16	16
110	64.2	114	178	257	357	457	585	714	871	1028	1214	1399	1614	1828
120	58.9	105	163	236	327	419	537	654	798	942	1112	1283	1480	1676
125	56.5	100	157	226	314	402	515	628	766	905	1068	1232	1420	1608
130	54.4	96.6	151	218	302	387	495	604	737	870	1027	1184	1366	1547
140	50.5	89.7	140	202	281	359	460	561	684	808	954	1100	1268	1436
150	47.1	83.8	131	189	262	335	429	523	639	754	890	1026	1183	1340
160	44.1	78.5	123	177	246	314	403	491	599	707	834	962	1110	1257
170	41.5	73.9	115	166	231	296	379	462	564	665	786	906	1044	1183
180	39.2	69.8	109	157	218	279	358	436	532	628	742	855	985	1117
190	37.2	66.1	103	149	207	265	339	413	504	595	702	810	934	1058
200	35.3	62.8	98.2	141	196	251	322	393	479	565	668	770	888	1005
220	32.1	57.1	89.3	129	178	228	292	357	436	514	607	700	807	914
240	29.4	52.4	81.9	118	164	209	268	327	399	471	556	641	740	838
250	28.3	50.2	78.5	113	157	201	258	314	383	452	534	616	710	804
260	27.2	48.3	75.5	109	151	193	248	302	368	435	514	592	682	773
280	25.2	44.9	70.1	101	140	180	230	281	342	404	477	550	634	718
300	23.6	41.9	65.5	94	131	168	215	262	320	377	445	513	592	670
320	22.1	39.2	61.4	88	123	157	201	245	299	353	417	481	554	628

注：表中钢筋直径中的 6/8，8/10 等系指两种直径的钢筋间隔放置。

附录 2-5　纵向受力钢筋的最小配筋率

一、钢筋混凝土结构构件中纵向受力钢筋的配筋百分率不应小于附表 2-5 规定的数值。

钢筋混凝土结构构件中
纵向受力钢筋的最小配筋百分率（％）　　　　　　　　附表 2-5

受　力　类　型		最小配筋百分率
受压构件	全部纵向钢筋	0.6
	一侧纵向钢筋	0.2
受弯构件、偏心受拉、轴心受拉构件一侧的受拉钢筋		0.2 和 $45f_t/f_y$ 中的较大值

注：1　受压构件全部纵向钢筋最小配筋百分率，当采用 HRB400 级、RRB400 级钢筋时，应按表中规定减小 0.1；当混凝土强度等级为 C60 及以上时，应按表中规定增大 0.1；

　　2　偏心受拉构件中的受压钢筋，应按受压构件一侧纵向钢筋考虑；

　　3　受压构件的全部纵向钢筋和一侧纵向钢筋的配筋率以及轴心受拉构件和小偏心受拉构件一侧受拉钢筋的配筋率应按构件的全截面面积计算；受弯构件、大偏心受拉构件一侧受拉钢筋的配筋率应按全截面面积扣除受压翼缘面积 $(b_f'-b)$ h_f' 后的截面面积计算；

　　4　当钢筋沿构件截面周边布置时，"一侧纵向钢筋"系指沿受力方向两个对边中的一边布置的纵向钢筋。

二、对卧置于地基上的混凝土板，板中受拉钢筋的最小配筋率可适当降低，但不应小于 0.15％。

附录 3-1　给水排水工程构筑物的楼面和屋面均布活荷载

构筑物楼面和屋面的活荷载及其准永久值系数 ψ_q 　　　　　附表 3-1（1）

项　序	构筑物部位	活荷载标准值（kN/m²）	准永久值系数 ψ_q
1	不上人的屋面、贮水或水处理构筑物的顶盖	0.5	0.0
2	上人屋面或顶盖	2.0	0.4
3	操作平台或泵房等楼面	2.0	0.5
4	楼梯或走道板	2.0	0.4
5	操作平台、楼梯的栏杆	水平向 1.0kN/m	0.0

注：1　对水池顶盖，尚应根据施工或运行条件验算施工机械设备荷载或运输车辆荷载；

　　2　对操作平台、泵房等楼面，尚应根据实际情况验算设备、运输工具、堆放物料等局部集中荷载；

　　3　对预制楼梯踏步，尚应按集中活荷载标准值 1.5kN 验算。

附录 3-2　等截面连续梁的计算系数

一、等跨梁在常用荷载作用下的内力及挠度系数

1. 在均布及三角形荷载作用下：

$$M = 表中系数 \times ql^2;$$
$$V = 表中系数 \times ql;$$
$$f = 表中系数 \times \frac{ql^4}{100EI}$$

2. 在集中荷载作用下：

$$M = 表中系数 \times Pl;$$
$$V = 表中系数 \times P;$$
$$f = 表中系数 \times \frac{Pl^3}{100EI}$$

3. 当荷载组成超出所示的形式时，对于对称荷载，可利用附表 3-2（6）中的等效均布荷载 q_E，求算支座弯矩；然后按单跨简支梁在实际荷载及求出的支座弯矩共同作用下计算跨中弯矩和剪力。

4. 弯矩使截面上部受压，下部受拉者为正；剪力对邻近截面产生顺时针方向力矩者为正；挠度向下变位者为正。

两　跨　梁 　　　　　附表 3-2（1）

荷　载　图	跨内最大弯矩		支座弯矩	剪　力			跨度中点挠度	
	M_1	M_2	M_B	V_A	$V_{B左}$ $V_{B右}$	V_c	f_1	f_2
	0.070	0.070	−0.125	0.375	−0.625 0.625	−0.375	0.521	0.521
	0.096	—	−0.063	0.437	−0.563 0.063	0.063	0.912	−0.391

荷 载 图	跨内最大弯矩		支座弯矩	剪 力			跨度中点挠度	
	M_1	M_2	M_B	M_A	$V_{B左}$ $V_{B右}$	V_c	f_1	f_2
	0.048	0.048	−0.078	0.172	−0.328 0.328	−0.172	0.345	0.345
	0.064	—	−0.039	0.211	−0.289 0.039	0.039	0.589	−0.244
	0.156	0.156	−0.188	0.312	−0.688 0.688	−0.312	0.911	0.911
	0.203	—	−0.094	0.406	−0.594 0.094	0.094	1.497	−0.586
	0.222	0.222	−0.333	0.667	−1.333 1.333	−0.667	1.466	1.466
	0.278	—	−0.167	0.833	−1.167 0.167	0.167	2.508	−1.042

三　跨　梁

附表 3-2（2）

荷 载 图	跨内最大弯矩		支座弯矩		剪 力				跨度中点挠度		
	M_1	M_2	M_B	M_C	V_A	$V_{B左}$ $V_{B右}$	$V_{C左}$ $V_{C右}$	V_D	f_1	f_2	f_3
	0.080	0.025	−0.100	−0.100	0.400	−0.600 0.500	−0.500 0.600	−0.400	0.677	0.052	0.677
	0.101	—	−0.050	−0.050	0.450	−0.550 0	0 0.550	−0.450	0.990	−0.625	0.990
	—	0.075	−0.050	−0.050	−0.050	−0.050 0.500	−0.500 0.050	0.050	−0.313	0.677	−0.313
	0.073	0.054	−0.117	−0.033	0.383	−0.617 0.583	−0.417 0.033	0.033	0.573	0.365	−0.208
	0.094	—	−0.067	0.017	0.433	−0.567 0.083	0.083 −0.017	−0.017	0.885	−0.313	0.104

荷载图	跨内最大弯矩		支座弯矩		剪力				跨度中点挠度		
	M_1	M_2	M_B	V_C	V_A	$V_{B左}$ / $V_{B右}$	$V_{C左}$ / $V_{C右}$	V_D	f_1	f_2	f_3
	0.054	0.021	−0.063	−0.063	0.188	−0.313 / 0.250	−0.250 / 0.313	−0.188	0.443	0.052	0.443
	0.068	—	−0.031	−0.031	0.219	−0.281 / 0	0 / 0.281	−0.219	0.638	−0.391	0.638
	—	0.052	−0.031	−0.031	−0.031	−0.031 / 0.250	−0.250 / 0.031	0.031	−0.195	0.443	−0.195
	0.050	0.038	−0.073	−0.021	0.177	−0.323 / 0.302	−0.198 / 0.021	0.021	0.378	0.248	−0.130
	0.063	—	−0.042	0.010	0.208	−0.292 / 0.052	0.052 / −0.010	−0.010	0.573	−0.195	0.065
	0.175	0.100	−0.150	−0.150	0.350	−0.650 / 0.500	−0.500 / 0.650	−0.350	1.146	0.208	1.146
	0.213	—	−0.075	−0.075	0.425	−0.575 / 0	0 / 0.575	−0.425	1.615	−0.937	1.615
	—	0.175	−0.075	−0.075	−0.075	−0.075 / 0.500	−0.500 / 0.075	0.075	−0.469	1.146	−0.469
	0.162	0.137	−0.175	−0.050	0.325	−0.675 / 0.625	−0.375 / 0.050	0.050	0.990	0.677	−0.312
	0.200	—	−0.100	0.025	0.400	−0.600 / 0.125	0.125 / −0.025	−0.025	1.458	−0.469	0.156
	0.244	0.067	−0.267	−0.267	0.733	−1.267 / 1.000	−1.000 / 1.267	−0.733	1.883	0.216	1.883
	0.289	—	−0.133	−0.133	0.866	−1.134 / 0	0 / 1.134	−0.866	2.716	−1.667	2.716
	—	0.200	−0.133	−0.133	−0.133	−0.133 / 1.000	−1.000 / 0.133	0.133	−0.833	1.883	−0.833
	0.229	0.170	−0.311	−0.089	0.689	−1.311 / 1.222	−0.778 / 0.089	0.089	1.605	1.049	−0.556
	0.274	—	−0.178	0.044	0.822	−1.178 / 0.222	0.222 / −0.044	−0.044	2.438	−0.833	0.278

四 跨 梁

荷载图	跨内最大弯矩				支座弯矩			剪力					跨度中点挠度			
	M_1	M_2	M_3	M_4	M_B	M_C	M_D	V_A	$V_{B左}$ / $V_{B右}$	$V_{C左}$ / $V_{C右}$	$V_{D左}$ / $V_{D右}$	V_E	f_1	f_2	f_3	f_4
	0.077	0.036	0.036	0.077	-0.107	-0.071	-0.107	0.393	-0.607 / 0.536	-0.464 / 0.464	-0.536 / 0.607	-0.393	0.632	0.186	0.186	0.632
	0.100	—	0.081	—	-0.054	-0.036	-0.054	0.446	-0.554 / 0.018	0.018 / 0.482	-0.518 / 0.054	0.054	0.967	-0.558	0.744	-0.335
	0.072	0.061	0.056	0.098	-0.121	-0.018	-0.058	0.380	-0.620 / 0.603	-0.397 / -0.040	-0.040 / 0.558	-0.442	0.549	0.437	-0.474	-0.939
	—	0.056	0.056	—	-0.036	-0.107	-0.036	-0.036	-0.036 / 0.429	-0.571 / 0.571	-0.429 / 0.036	0.036	-0.223	0.409	0.409	-0.223
	0.094	0.074	—	—	-0.067	0.018	-0.004	0.433	-0.567 / 0.085	0.085 / -0.022	-0.022 / 0.004	0.004	0.884	-0.307	0.084	-0.028
	—	—	0.028	—	-0.049	-0.054	0.013	-0.049	-0.049 / 0.496	-0.504 / 0.067	-0.067 / 0.013	-0.013	-0.307	0.660	-0.251	0.084
	0.052	0.028	0.028	0.052	-0.067	-0.045	-0.067	0.183	-0.317 / 0.272	-0.228 / 0.228	-0.272 / 0.317	-0.183	0.415	0.136	0.136	0.415
	0.067	—	0.055	—	-0.034	-0.022	-0.034	0.217	-0.284 / 0.011	0.011 / 0.239	-0.261 / 0.034	0.034	0.624	-0.349	0.485	-0.209

荷载图	跨内最大弯矩				支座弯矩			剪力					跨度中点挠度			
	M_1	M_2	M_3	M_4	M_B	M_C	M_D	V_A	$V_{B左}$ / $V_{B右}$	$V_{C左}$ / $V_{C右}$	$V_{D左}$ / $V_{D右}$	V_E	f_1	f_2	f_3	f_4
	0.049	0.042	—	0.066	-0.075	-0.011	-0.036	0.175	-0.325 / 0.314	-0.186 / -0.025	-0.025 / 0.286	-0.214	0.363	0.293	-0.296	0.607
	—	0.040	0.040	—	-0.022	-0.067	-0.022	-0.022	-0.022 / 0.205	-0.295 / 0.295	-0.205 / 0.022	0.022	-0.140	0.275	0.275	-0.140
	0.063	—	—	—	-0.042	0.011	-0.003	0.208	-0.292 / 0.053	0.053 / -0.014	-0.014 / 0.003	0.003	0.572	-0.192	0.052	-0.017
	—	0.051	—	—	-0.031	-0.034	0.008	-0.031	-0.031 / 0.247	-0.253 / 0.042	0.042 / -0.008	-0.003	-0.192	0.432	-0.157	0.052
	0.169	0.116	0.116	0.169	-0.161	-0.107	-0.161	0.339	-0.661 / 0.554	-0.446 / 0.446	-0.554 / 0.661	-0.339	1.079	0.409	0.409	1.079
	0.210	—	0.183	—	-0.080	-0.054	-0.080	0.420	-0.580 / 0.027	0.027 / 0.473	-0.527 / 0.080	0.080	1.581	-0.837	1.246	-0.502
	0.159	0.146	—	0.206	-0.181	-0.027	-0.087	0.319	-0.681 / 0.654	-0.346 / -0.060	-0.060 / 0.587	-0.413	0.953	0.786	-0.711	1.539
	—	0.142	0.142	—	-0.054	-0.161	-0.054	-0.054	-0.054 / 0.393	-0.607 / 0.607	-0.393 / 0.054	0.054	-0.335	0.744	0.744	-0.335

荷载图	跨内最大弯矩				支座弯矩			剪力					跨度中点挠度			
	M_1	M_2	M_3	M_4	M_B	M_C	M_D	V_A	$V_{B左}$ / $V_{B右}$	$V_{C左}$ / $V_{C右}$	$V_{D左}$ / $V_{D右}$	V_E	f_1	f_2	f_3	f_4
	0.200	—	—	—	−0.100	0.027	−0.007	0.400	−0.600 / 0.127	0.127 / −0.033	−0.033 / 0.007	0.007	1.456	−0.460	0.126	−0.042
	—	0.173	—	—	−0.074	−0.080	0.020	−0.074	−0.074 / 0.493	−0.507 / 0.100	0.100 / −0.020	−0.020	−0.460	1.121	−0.377	0.126
	0.238	0.111	0.111	0.238	−0.286	−0.191	−0.286	0.714	−1.286 / 1.095	−0.905 / 0.905	−1.095 / 1.286	−0.714	1.764	0.573	0.573	1.764
	0.286	—	0.222	—	−0.143	−0.095	−0.143	0.857	−1.143 / 0.048	0.048 / 0.952	−1.048 / 0.143	0.143	2.657	−1.488	2.061	−0.892
	0.226	0.194	—	0.282	−0.321	−0.048	−0.155	0.679	−1.321 / 1.274	−0.726 / −0.107	−0.107 / 1.155	−0.845	1.541	1.243	−1.265	2.582
	—	0.175	0.175	—	−0.095	−0.286	−0.095	−0.095	−0.095 / 0.810	−1.190 / 1.190	−0.810 / 0.095	0.095	−0.595	1.168	1.168	−0.595
	0.274	—	—	—	−0.178	0.048	−0.012	0.822	−1.178 / 0.226	0.226 / −0.060	−0.060 / 0.012	0.012	2.433	−0.819	0.223	−0.074
	—	0.198	—	—	−0.131	−0.143	0.036	−0.131	−0.131 / 0.988	−1.012 / 0.178	0.178 / −0.036	−0.036	−0.819	1.838	−0.670	0.223

五跨梁

荷载图	跨内最大弯矩			支座弯矩				剪力						跨度中点挠度				
	M_1	M_2	M_3	M_B	M_C	M_D	M_E	V_A	$V_{B左}/V_{B右}$	$V_{C左}/V_{C右}$	$V_{D左}/V_{D右}$	$V_{E左}/V_{E右}$	V_F	f_1	f_2	f_3	f_4	f_5
A B C D E F（各跨 l，b）	0.078	0.033	0.046	−0.105	−0.079	−0.079	−0.105	0.394	−0.606 / 0.526	−0.474 / 0.500	−0.500 / 0.474	−0.526 / 0.606	−0.394	0.644	0.151	0.315	0.151	0.644
$M_1\,M_2\,M_3\,M_4\,M_5$（b）	0.100	—	0.085	−0.053	−0.040	−0.040	−0.053	0.447	−0.553 / 0.013	0.013 / 0.500	−0.500 / −0.013	−0.013 / 0.553	−0.447	0.973	−0.576	0.809	−0.576	0.973
	—	0.079	—	−0.053	−0.040	−0.040	−0.053	−0.053	−0.053 / 0.513	−0.487 / 0	0 / 0.487	−0.513 / 0.053	0.053	−0.329	0.727	−0.493	0.727	−0.329
	0.073	②0.059 / 0.078	0.064	−0.119	−0.022	−0.044	−0.051	0.380	−0.620 / 0.598	−0.402 / −0.023	−0.023 / 0.493	−0.507 / 0.052	0.052	0.555	0.420	−0.411	0.704	−0.321
	①— / 0.098	0.055	—	−0.035	−0.111	−0.020	−0.057	−0.035	−0.035 / 0.424	−0.576 / 0.591	−0.409 / −0.037	−0.037 / 0.557	−0.443	−0.217	0.390	0.480	−0.486	0.943
	0.094	—	—	−0.067	0.018	−0.005	0.001	0.433	−0.567 / 0.085	0.085 / −0.023	−0.023 / 0.006	0.006 / −0.001	−0.001	0.883	−0.307	0.082	−0.022	0.008
	—	0.074	—	−0.049	−0.054	0.014	−0.004	−0.049	−0.049 / 0.495	−0.505 / 0.068	0.068 / −0.018	−0.018 / 0.004	0.004	−0.307	0.659	−0.247	0.067	−0.022
	—	—	0.072	0.013	−0.053	−0.053	0.013	0.013	0.013 / −0.066	−0.066 / 0.500	−0.500 / 0.066	0.066 / −0.013	−0.013	0.082	−0.247	0.644	−0.247	0.082

荷载图	跨内最大弯矩			支座弯矩				剪力						跨度中点挠度				
	M_1	M_2	M_3	M_B	M_C	M_D	M_E	V_A	$V_{B左}$/$V_{B右}$	$V_{C左}$/$V_{C右}$	$V_{D左}$/$V_{D右}$	$V_{E左}$/$V_{E右}$	V_F	f_1	f_2	f_3	f_4	f_5
（荷载图）	0.053	0.026	0.034	−0.066	−0.049	−0.049	−0.066	0.184	−0.316 / 0.266	−0.234 / 0.250	−0.250 / 0.234	−0.266 / 0.316	−0.184	0.422	0.114	0.217	0.114	0.422
（荷载图）	0.067	—	0.059	−0.033	−0.025	−0.025	−0.033	0.217	−0.283 / 0.008	0.008 / 0.250	−0.250 / −0.008	−0.008 / 0.283	−0.217	0.628	−0.360	0.525	−0.360	0.628
（荷载图）	0.049	②0.041 / 0.053	—	−0.033	−0.025	−0.025	−0.033	−0.033	−0.033 / 0.258	−0.242 / 0	0 / 0.242	−0.258 / 0.033	0.033	−0.205	0.474	−0.308	0.474	−0.205
（荷载图）	①— / 0.066	0.039	0.044	−0.075	−0.014	−0.028	−0.032	0.175	−0.325 / 0.311	−0.189 / −0.014	−0.014 / 0.246	−0.255 / 0.032	0.032	0.366	0.282	−0.257	0.460	−0.201
（荷载图）	—	—	—	−0.022	−0.070	−0.013	−0.036	−0.022	−0.022 / 0.202	−0.298 / 0.307	−0.193 / −0.023	−0.023 / 0.286	−0.214	−0.136	0.263	0.319	−0.304	0.609
（荷载图）	0.063	—	—	−0.042	0.011	−0.003	0.001	0.208	−0.292 / 0.053	0.053 / −0.014	−0.014 / 0.004	0.004 / −0.001	−0.001	0.572	−0.192	0.051	−0.014	0.005
（荷载图）	—	0.051	—	−0.031	−0.034	0.009	−0.002	−0.031	−0.031 / 0.247	−0.253 / 0.043	0.043 / −0.011	−0.011 / 0.002	0.002	−0.192	0.432	−0.154	0.042	−0.014
（荷载图）	—	—	0.050	0.008	−0.033	−0.033	0.008	0.008	0.008 / −0.041	−0.041 / 0.250	−0.250 / 0.041	0.041 / −0.008	−0.008	0.051	−0.154	0.422	−0.154	0.051

荷载图	跨内最大弯矩			支座弯矩				剪　　力						跨度中点挠度				
	M_1	M_2	M_3	M_B	M_C	M_D	M_E	V_A	$V_{B左}$ / $V_{B右}$	$V_{C左}$ / $V_{C右}$	$V_{D左}$ / $V_{D右}$	$V_{E左}$ / $V_{E右}$	V_F	f_1	f_2	f_3	f_4	f_5
	0.171	0.112	0.132	−0.158	−0.118	−0.118	−0.158	0.342	−0.658 / 0.540	−0.460 / 0.500	−0.500 / 0.460	−0.540 / 0.658	−0.342	1.097	0.356	0.603	0.356	1.097
	0.211	—	0.191	−0.079	−0.059	−0.059	−0.079	0.421	−0.579 / 0.020	0.020 / 0.500	−0.500 / −0.020	−0.020 / 0.579	−0.421	1.590	−0.863	1.343	−0.863	1.590
	—	0.181	—	−0.079	−0.059	−0.059	−0.079	−0.079	−0.079 / 0.520	−0.480 / 0	0 / 0.480	−0.520 / 0.079	0.079	−0.493	1.220	−0.740	1.220	−0.493
	0.160	②0.144 / 0.178	0.151	−0.179	−0.032	−0.066	−0.077	0.321	−0.679 / 0.647	−0.353 / −0.034	−0.034 / 0.489	−0.511 / 0.077	0.077	0.962	0.760	−0.617	1.186	−0.482
	①— / 0.207	0.140	—	−0.052	−0.167	−0.031	−0.086	−0.052	−0.052 / 0.385	−0.615 / 0.637	−0.363 / −0.056	−0.056 / 0.586	−0.414	1.455	0.715	0.850	−0.729	1.545
	0.200	—	—	−0.100	0.027	−0.007	0.002	0.400	−0.600 / 0.127	0.127 / −0.034	−0.034 / 0.009	0.009 / −0.002	−0.002	−0.325	−0.460	0.123	−0.034	0.011
	—	0.173	—	−0.073	−0.081	0.022	−0.005	−0.073	−0.073 / 0.493	−0.507 / 0.102	0.102 / −0.027	−0.027 / 0.005	0.005	−0.460	1.119	−0.370	0.101	−0.034
	—	—	0.171	0.020	−0.079	−0.079	0.020	0.020	0.020 / −0.099	−0.099 / 0.500	−0.500 / 0.099	0.099 / −0.020	−0.020	0.123	−0.370	1.097	−0.370	0.123

荷载图	跨内最大弯矩			支座弯矩				剪力						跨度中点挠度				
	M_1	M_2	M_3	M_B	M_C	M_D	M_E	V_A	$V_{B左}$/$V_{B右}$	$V_{C左}$/$V_{C右}$	$V_{D左}$/$V_{D右}$	$V_{E左}$/$V_{E右}$	V_F	f_1	f_2	f_3	f_4	f_5
	0.240	0.100	0.122	−0.281	−0.211	−0.211	−0.281	0.719	−1.281/1.070	−0.930/1.000	−1.000/0.930	−1.070/1.281	−0.719	1.795	0.479	0.918	0.479	1.795
	0.287	—	0.228	−0.140	−0.105	−0.105	−0.140	0.860	−1.140/0.035	0.035/1.000	−1.000/−0.035	−0.035/1.140	−0.860	2.672	−1.535	2.234	−1.535	2.672
	—	0.216	—	−0.140	−0.105	−0.105	−0.140	−0.140	−0.140/1.035	−0.965/0	0.000/0.965	−1.035/0.140	0.140	−0.877	2.014	−1.316	2.014	−0.877
	0.227	②$\frac{0.189}{0.209}$	—	−0.319	−0.057	−0.118	−0.137	0.681	−1.319/1.262	−0.738/−0.061	−0.061/0.981	−1.019/0.137	0.137	1.556	1.197	−1.096	1.955	−0.857
	①$\frac{-}{0.282}$	0.172	0.198	−0.093	−0.297	−0.054	−0.153	−0.093	−0.093/0.796	−1.204/1.243	−0.757/−0.099	−0.099/1.153	−0.847	−0.578	1.117	1.356	−1.296	2.592
	0.274	—	—	−0.179	0.048	−0.013	0.003	0.821	−0.179/0.227	0.227/−0.061	−0.061/0.016	0.016/−0.003	−0.003	2.433	−0.817	0.219	−0.060	0.020
	—	0.198	—	−0.131	−0.144	0.038	−0.010	−0.131	−0.131/0.987	−1.013/0.182	0.182/−0.048	−0.048/0.010	0.010	−0.817	1.835	−0.658	0.179	−0.060
	—	—	0.193	0.035	−0.140	−0.140	0.035	0.035	0.035/−0.175	−0.175/1.000	−1.000/0.175	0.175/−0.035	−0.035	0.219	−0.658	1.795	−0.658	0.219

表中：①分子及分母分别为 M_1 及 M_5 的弯矩系数；②分子及分母分别为 M_2 及 M_4 的弯矩系数。

荷载布置 \ 荷载类别		q	P	P	q
$\overline{\triangle_J \; k \; \triangle_K \; l \; \triangle_L \; m \; \triangle_M \; n \; \triangle_N}$	支座弯矩	$-0.083ql^2$	$-0.125Pl$	$-0.222Pl$	$-0.052ql^2$
	跨中弯矩	$0.042ql^2$	$0.125Pl$	$0.111Pl$	$0.031ql^2$
	剪　力	$0.5ql$	$0.5P$	$1.0P$	$0.25ql$
	支座反力	$1.0ql$	$1.0P$	$2P$	$0.5ql$
$\overline{\triangle_J \; k \; \triangle_K \; l \; \triangle_L \; m \; \triangle_M \; n \; \triangle_N}$	支座弯矩	$-0.042ql^2$	$-0.063Pl$	$-0.111Pl$	$-0.026ql^2$
	跨中弯矩 $M_k = M_m$	$0.083ql^2$	$0.188Pl$	$0.222Pl$	$0.057ql^2$
	支座反力	$0.5ql$	$0.5P$	$1.0P$	$0.25ql$
$\overline{\triangle_J \; k \; \triangle_K \; l \; \triangle_L \; m \; \triangle_M \; n \; \triangle_N}$	支座弯矩 M_L	$-0.114ql^2$	$-0.171Pl$	$-0.304Pl$	$-0.071ql^2$
	支座弯矩 $M_K = M_M$	$-0.022ql^2$	$-0.034Pl$	$-0.060Pl$	$-0.014ql^2$
	L 支座反力	$1.183ql$	$1.274P$	$2.488P$	$0.614ql$
$\overline{\triangle_J \; k \; \triangle_K \; l \; \triangle_L \; m \; \triangle_M \; n \; \triangle_N}$	支座弯矩 $M_K = M_L$	$-0.053ql^2$	$-0.079Pl$	$-0.141Pl$	$-0.033ql^2$
	跨中弯矩 M_l	$0.072ql^2$	$0.171Pl$	$0.192Pl$	$0.050ql^2$
	支座弯矩 $M_J = M_M$	$0.014ql^2$	$0.021Pl$	$0.038Pl$	$0.009ql^2$

二、各种荷载化成具有相同支座弯矩的等效均布荷载

$$\alpha = \frac{a}{l}; \quad \gamma = \frac{c}{l}; \quad \omega_{R\alpha} = \alpha - \alpha^2; \quad l\text{—梁的跨度。}$$

实 际 荷 载	支座弯矩等效均布荷载 q_E	实 际 荷 载	支座弯矩等效均布荷载 q_E
	$\dfrac{3P}{2l}$		$12\omega_{R\alpha}\dfrac{P}{l}$
	$\dfrac{8P}{3l}$		$\dfrac{2n^2+1}{2n} \times \dfrac{P}{l}$
	$\dfrac{15P}{4l}$		$\dfrac{n^2-1}{n} \times \dfrac{P}{l}$
	$\dfrac{9P}{4l}$		$\dfrac{13q}{27}$
	$\dfrac{19P}{6l}$		$\dfrac{11q}{16}$

实　际　荷　载	支座弯矩等效均布荷载 q_E	实　际　荷　载	支座弯矩等效均布荷载 q_E
	$\dfrac{\gamma}{2}(3-\gamma^2)q$		$\dfrac{\gamma}{3}(18\omega_{R\alpha}-\gamma^2)q$
	$\dfrac{14q}{27}$		$(1-2\alpha^2+\alpha^3)q$
	$2\alpha^2(3-2\alpha)q$		$\dfrac{3q}{8}$
	$\gamma(12\omega_{R\alpha}-\gamma^2)q$		$\dfrac{15q}{32}$
	$\dfrac{5q}{8}$		$\dfrac{\gamma}{2}(3-2\gamma^2)q$
	$\dfrac{17q}{32}$		$\alpha^2(2-\alpha)q$
	$\dfrac{37q}{72}$		$\dfrac{\gamma}{3}(18\omega_{R\alpha}-\gamma^2)q$
	$\alpha^2(4-3\alpha)q$	抛物线	$\dfrac{4q}{5}$

附录 3-3　矩形板在均布荷载作用下静力计算表

符号说明

M_x、$M_{x\max}$——分别为平行于 l_x 方向板中心点的弯矩和板跨内的最大弯矩；

M_y、$M_{y\max}$——分别为平行于 l_y 方向板中心点的弯矩和板跨内的最大弯矩；

M_{0x}、M_{0y}——分别为平行于 l_x 和 l_y 方向自由边的中点弯矩；

M_x^0、M_y^0——分别为固定边中点沿 l_x 和 l_y 方向的弯矩；

M_{zz}^0——平行于 l_x 方向自由边上固定端的支座弯矩；

γ——泊桑比。

代表固定边	代表简支边	代表自由边

弯矩符号——使板的受荷载面受压者为正。

表内的弯矩系数均为单位板宽的弯矩系数。

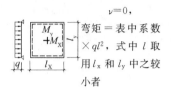

$\nu=0$，
弯矩＝表中系数
$\times ql^2$，式中 l 取
用 l_x 和 l_y 中之较
小者

$\nu=0$，
弯矩＝表中系数$\times ql^2$，式中 l 取用
l_x 和 l_y 中之较小者

l_x/l_y	a_x	a_y	a_x	a_y	a_x^0	a_y^0
0.50	0.0965	0.0174	0.0400	0.0038	−0.0829	−0.0570
0.55	0.0892	0.0210	0.0385	0.0056	−0.0814	−0.0571
0.60	0.0820	0.0242	0.0367	0.0076	−0.0793	−0.0571
0.65	0.0750	0.0271	0.0345	0.0095	−0.0766	−0.0571
0.70	0.0683	0.0296	0.0321	0.0113	−0.0735	−0.0569
0.75	0.0620	0.0317	0.0296	0.0130	−0.0701	−0.0565
0.80	0.0561	0.0334	0.0271	0.0144	−0.0664	−0.0559
0.85	0.0506	0.0348	0.0246	0.0156	−0.0626	−0.0551
0.90	0.0456	0.0358	0.0221	0.0165	−0.0588	−0.0541
0.95	0.0410	0.0364	0.0198	0.0172	−0.0550	−0.0528
1.00	0.0368	0.0368	0.0176	0.0176	−0.0513	−0.0513

$\nu=0$，
弯矩＝表中系数$\times ql^2$
式中 l 取 l_x 和 l_y 中之较小者

l_x/l_y	a_x	a_{xmax}	a_y	a_{ymax}	a_x^0	a_y^0
0.50	0.0559	0.0562	0.0079	0.0135	−0.1179	−0.0786
0.55	0.0529	0.0530	0.0104	0.0153	−0.1140	−0.0785
0.60	0.0496	0.0498	0.0129	0.0169	−0.1095	−0.0782
0.65	0.0461	0.0465	0.0151	0.0183	−0.1045	−0.0777
0.70	0.0426	0.0432	0.0172	0.0195	−0.0992	−0.0770
0.75	0.0390	0.0396	0.0189	0.0206	−0.0938	−0.0760
0.80	0.0356	0.0361	0.0204	0.0218	−0.0883	−0.0748
0.85	0.0322	0.0328	0.0215	0.0229	−0.0829	−0.0733
0.90	0.0291	0.0297	0.0224	0.0238	−0.0776	−0.0716
0.95	0.0261	0.0267	0.0230	0.0244	−0.0726	−0.0698
1.00	0.0234	0.0240	0.0234	0.0249	−0.0677	−0.0677

$\nu=0$，
弯矩＝表中系数$\times ql^2$
式中 l 取用 l_x 和 l_y 中之较小者

$\nu=0$，
弯矩＝表中系数$\times ql^2$
式中 l 取用 l_x 和 l_y 中之较小者

l_x/l_y	l_y/l_x	a_x	a_{xmax}	a_y	a_{ymax}	a_x^0	a_x	a_y	a_x^0
0.50		0.0583	0.0646	0.0060	0.0063	−0.1212	0.0416	0.0017	−0.0843
0.55		0.0563	0.0618	0.0081	0.0087	−0.1187	0.0410	0.0028	−0.0840
0.60		0.0539	0.0589	0.0104	0.0111	−0.1158	0.0402	0.0042	−0.0834
0.65		0.0513	0.0559	0.0126	0.0133	−0.1124	0.0392	0.0057	−0.0826
0.70		0.0485	0.0529	0.0148	0.0154	−0.1087	0.0379	0.0072	−0.0814
0.75		0.0457	0.0496	0.0168	0.0174	−0.1048	0.0366	0.0088	−0.0799
0.80		0.0428	0.0463	0.0187	0.0193	−0.1007	0.0351	0.0103	−0.0782
0.85		0.0400	0.0431	0.0204	0.0211	−0.0965	0.0335	0.0118	−0.0763
0.90		0.0372	0.0400	0.0219	0.0226	−0.0922	0.0319	0.0133	−0.0743
0.95		0.0345	0.0369	0.0232	0.0239	−0.0880	0.0302	0.0146	−0.0721
1.00	1.00	0.0319	0.0340	0.0243	0.0249	−0.0889	0.0285	0.0158	−0.0698
	0.95	0.0324	0.0345	0.0280	0.0287	−0.0882	0.0296	0.0189	−0.0746
	0.90	0.0328	0.0347	0.0322	0.0330	−0.0926	0.0306	0.0224	−0.0797
	0.85	0.0329	0.0347	0.0370	0.0378	−0.0970	0.0314	0.0266	−0.0850
	0.80	0.0326	0.0343	0.0424	0.0433	−0.1014	0.0319	0.0316	−0.0904
	0.75	0.0319	0.0335	0.0485	0.0494	−0.1056	0.0321	0.0374	−0.0959
	0.70	0.0308	0.0323	0.0553	0.0562	−0.1096	0.0318	0.0441	−0.1013
	0.65	0.0291	0.0306	0.0627	0.0637	−0.1133	0.0308	0.0518	−0.1066
	0.60	0.0268	0.0289	0.0707	0.0717	−0.1166	0.0292	0.0604	−0.1114
	0.55	0.0239	0.0271	0.0792	0.0801	−0.1193	0.0267	0.0698	−0.1156
	0.50	0.0205	0.0249	0.0880	0.0888	−0.1215	0.0234	0.0798	−0.1191

$\nu=0$，
弯矩＝表中系数$\times ql^2$
式中 l 取用 l_x 和 l_y 中之较小者

l_x/l_y	l_y/l_x	a_x	a_{xmax}	a_y	a_{ymax}	a_x^0	a_y^0
0.50		0.0408	0.0409	0.0028	0.0089	−0.0836	−0.0569
0.55		0.0398	0.0399	0.0042	0.0093	−0.0827	−0.0570
0.60		0.0384	0.0386	0.0059	0.0105	−0.0814	−0.0571
0.65		0.0368	0.0371	0.0076	0.0116	−0.0796	−0.0572
0.70		0.0350	0.0354	0.0093	0.0127	−0.0774	−0.0572
0.75		0.0331	0.0335	0.0109	0.0137	−0.0750	−0.0572
0.80		0.0310	0.0314	0.0124	0.0147	−0.0722	−0.0570
0.85		0.0289	0.0293	0.0138	0.0155	−0.0693	−0.0567
0.90		0.0268	0.0273	0.0159	0.0163	−0.0663	−0.0563
0.95		0.0247	0.0252	0.0160	0.0172	−0.0631	−0.0558
1.00	1.00	0.0227	0.0231	0.0168	0.0180	−0.0600	−0.0550
	0.95	0.0229	0.0234	0.0194	0.0207	−0.0629	−0.0599
	0.90	0.0228	0.0234	0.0223	0.0238	−0.0656	−0.653
	0.85	0.0225	0.0231	0.0255	0.0273	−0.0683	−0.0711
	0.80	0.0219	0.0224	0.0290	0.0311	−0.0707	−0.0772
	0.75	0.0208	0.0214	0.0329	0.0354	−0.0729	−0.0837
	0.70	0.0194	0.0200	0.0370	0.0400	−0.0748	−0.0903
	0.65	0.0175	0.0182	0.0412	0.0446	−0.0762	−0.0970
	0.60	0.0153	0.0160	0.0454	0.0493	−0.0773	−0.1033
	0.55	0.0127	0.0133	0.0496	0.0541	−0.0780	−0.0193
	0.50	0.0099	0.0103	0.0534	0.0588	−0.0784	−0.1146

$\nu=\dfrac{1}{6}$，弯矩＝表中系数×ql^2

l_y/l_x	a_x^v	a_y^v	a_{0x}	a_x^v	a_y^v	a_{0x}	a_y^0
0.30	0.0145	0.0103	0.0250	0.0007	−0.0060	0.0052	−0.0388
0.35	0.0192	0.0131	0.0327	0.0022	−0.0058	0.0093	−0.0489
0.40	0.0242	0.0159	0.0407	0.0045	−0.0048	0.0147	−0.0588
0.45	0.294	0.0186	0.0487	0.0073	−0.0031	0.0210	−0.0680
0.50	0.0346	0.0210	0.0564	0.0108	−0.0008	0.0280	−0.0764
0.55	0.0397	0.0231	0.0639	0.0146	0.0018	0.0355	−0.0839
0.60	0.0447	0.0250	0.0709	0.0188	0.0045	0.0431	−0.0905
0.65	0.0495	0.0266	0.0773	0.0232	0.0074	0.0508	−0.0962
0.70	0.0542	0.0279	0.0833	0.0277	0.0102	0.0582	−0.1011
0.75	0.0585	0.0289	0.0886	0.0323	0.0129	0.0652	−0.1052
0.80	0.0626	0.0298	0.0935	0.0368	0.0154	0.0719	−0.1087
0.85	0.0665	0.0304	0.0979	0.0413	0.0177	0.0781	−0.1116
0.90	0.0702	0.0309	0.1018	0.0456	0.0198	0.0838	−0.1140
0.95	0.0736	0.0313	0.1052	0.0499	0.0217	0.0890	−0.1160
1.00	0.0768	0.0315	0.1083	0.0539	0.0233	0.0938	−0.1176
1.10	0.0826	0.0317	0.1135	0.0615	0.0259	0.1018	−0.1200
1.20	0.0877	0.0315	0.1175	0.0684	0.0277	0.1083	−0.1216
1.30	0.0922	0.0312	0.1205	0.0746	0.0289	0.1134	−0.1227
1.40	0.0961	0.0307	0.1229	0.0802	0.0297	0.1173	−0.1234
1.50	0.0995	0.0301	0.1247	0.0852	0.0300	0.1204	−0.1239
1.75	0.1065	0.0286	0.1276	0.0955	0.0298	0.1254	−0.1245
2.00	0.1115	0.0271	0.1291	0.1033	0.0288	0.1279	−0.1248

$\nu=\dfrac{1}{6}$，弯矩＝表中系数×ql^2

l_y/l_x	a_x^v	a_y^v	a_{0x}	a_x^0	a_{xz}^0
0.30	0.0127	0.0084	0.0211	−0.0372	−0.0643
0.35	0.0157	0.0100	0.0256	−0.0421	−0.0673
0.40	0.0185	0.0114	0.0295	−0.0467	−0.0688
0.45	0.0210	0.0125	0.0328	−0.0508	−0.0694
0.50	0.0232	0.0133	0.0355	−0.0546	−0.0692
0.55	0.0252	0.0139	0.0376	−0.0579	−0.0686
0.60	0.0270	0.0143	0.0393	−0.0610	−0.0677
0.65	0.0286	0.0146	0.0406	−0.0637	−0.0667
0.70	0.0301	0.0146	0.0415	−0.0662	−0.0656
0.75	0.0314	0.0146	0.0422	−0.0684	−0.0646
0.80	0.0326	0.0145	0.0427	−0.0704	−0.0637
0.85	0.0336	0.0142	0.0431	−0.0721	−0.0629
0.90	0.0346	0.0140	0.0433	−0.0737	−0.0622
0.95	0.0354	0.0136	0.0434	−0.0751	−0.0616
1.00	0.0362	0.0133	0.0435	−0.0763	−0.0612
1.10	0.0375	0.0125	0.0435	−0.0783	−0.0607
1.20	0.0386	0.0118	0.0434	−0.0799	−0.0605
1.30	0.0394	0.0110	0.0433	−0.0811	−0.0606
1.40	0.0401	0.0104	0.0433	−0.0820	−0.0608
1.50	0.0406	0.0098	0.0432	−0.0826	−0.0612
1.75	0.0414	0.0086	0.0431	−0.0836	−0.0624
2.00	0.0417	0.0078	0.0431	−0.0839	−0.0637

$$\nu=\frac{1}{6},$$

弯矩＝表中系数×ql_x^2

l_y/l_x	a_x^v	a_y^v	a_x^0	a_y^0	a_{xz}^0	a_{0x}
0.30	0.0018	−0.0039	−0.0135	−0.0344	−0.0345	0.0068
0.35	0.0039	−0.0026	−0.0179	−0.0406	−0.0432	0.0112
0.40	0.0063	−0.0008	−0.0227	−0.0454	−0.0506	0.0160
0.45	0.0090	0.0014	−0.0275	−0.0489	−0.0564	0.0207
0.50	0.0116	0.0034	−0.0322	−0.0513	−0.0607	0.0250
0.55	0.0142	0.0054	−0.0368	−0.0530	−0.0635	0.0288
0.60	0.0166	0.0072	−0.0412	−0.0541	−0.0652	0.0320
0.65	0.0188	0.0087	−0.0453	−0.0548	−0.0661	0.0347
0.70	0.0209	0.0100	−0.0490	−0.0553	−0.0663	0.0368
0.75	0.0228	0.0111	−0.0526	−0.0557	−0.0661	0.0385
0.80	0.0246	0.0119	−0.0558	−0.0560	−0.0656	0.0399
0.85	0.0262	0.0125	−0.0588	−0.0562	−0.0651	0.0409
0.90	0.0277	0.0129	−0.0615	−0.0563	−0.0644	0.0417
0.95	0.0291	0.0132	−0.0639	−0.0564	−0.0638	0.0422
1.00	0.0304	0.0133	−0.0662	−0.0565	−0.0632	0.0427
1.10	0.0327	0.0133	−0.0701	−0.0566	−0.0623	0.0431
1.20	0.0345	0.0130	−0.0732	−0.0567	−0.0617	0.0433
1.30	0.0361	0.0125	−0.0758	−0.0568	−0.0614	0.0434
1.40	0.0374	0.0119	−0.0778	−0.0568	−0.0614	0.0433
1.50	0.0384	0.0113	−0.0794	−0.0569	−0.0616	0.0433
1.75	0.0402	0.0099	−0.0819	−0.0569	−0.0625	0.0431
2.00	0.0411	0.0087	−0.0832	−0.0569	−0.0637	0.0431

附表 3-4（1）

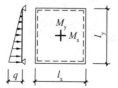

$\nu = 0$，

弯矩＝表中系数×ql^2，

式中 l 取用 l_x 和 l_y 中之较小者

l_x/l_y	l_y/l_x	a_x	a_{xmax}	a_y	a_{ymax}
	0.50	0.0087	0.0117	0.0482	0.0504
	0.55	0.0105	0.0126	0.0446	0.0467
	0.60	0.0121	0.0135	0.0410	0.0432
	0.65	0.0136	0.0142	0.0375	0.0399
	0.70	0.0148	0.0149	0.0342	0.0368
	0.75	0.0159	0.0159	0.0310	0.0338
	0.80	0.0167	0.0167	0.0280	0.0310
	0.85	0.0174	0.0174	0.0253	0.0284
	0.90	0.0179	0.0179	0.0228	0.0260
	0.95	0.0182	0.0183	0.0205	0.0239
1.00	1.00	0.0184	0.0185	0.0184	0.0220
0.95		0.0205	0.0207	0.0182	0.0223
0.90		0.0228	0.0230	0.0179	0.0225
0.85		0.0253	0.0256	0.0174	0.0228
0.80		0.0280	0.0285	0.0167	0.0230
0.75		0.0310	0.0316	0.0159	0.0231
0.70		0.0342	0.0349	0.0148	0.0231
0.65		0.0375	0.0386	0.0136	0.0230
0.60		0.0410	0.0427	0.0121	0.0226
0.55		0.0446	0.0470	0.0105	0.0219
0.50		0.0482	0.0515	0.0087	0.0210

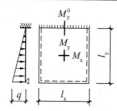

$\nu = 0$，

弯矩＝表中系数×ql^2

式中 l 取用 l_x 和 l_y 中之较小者

l_x/l_y	l_y/l_x	a_x	a_{xmax}	a_y	a_{ymax}	a_y^0
	0.50	0.0034	0.0070	0.0309	0.0389	−0.0561
	0.55	0.0046	0.0076	0.0298	0.0373	−0.0547
	0.60	0.0058	0.0082	0.0284	0.0357	−0.0530
	0.65	0.0070	0.0090	0.0270	0.0340	−0.0511
	0.70	0.0082	0.0098	0.0255	0.0323	−0.0490
	0.75	0.0093	0.0106	0.0239	0.0305	−0.0469
	0.80	0.0103	0.0113	0.0223	0.0286	−0.0446
	0.85	0.0112	0.0120	0.0208	0.0268	−0.0423
	0.90	0.0120	0.0126	0.0192	0.0251	−0.0400
	0.95	0.0126	0.0133	0.0178	0.0234	−0.0378
1.00	1.00	0.0132	0.0139	0.0164	0.0218	−0.0356
0.95		0.0152	0.0160	0.0166	0.0223	−0.0369
0.90		0.0174	0.0184	0.0167	0.0228	−0.0381
0.85		0.0199	0.0210	0.0166	0.0232	−0.0392
0.80		0.0227	0.0241	0.0164	0.0236	−0.0401
0.75		0.0259	0.0275	0.0159	0.0238	−0.0407
0.70		0.0294	0.0313	0.0152	0.0238	−0.0410
0.65		0.0332	0.0355	0.0143	0.0237	−0.0409
0.60		0.0372	0.0400	0.0130	0.0232	−0.0402
0.55		0.0414	0.0448	0.0114	0.0225	−0.0390
0.50		0.0457	0.0500	0.0096	0.0214	−0.0371

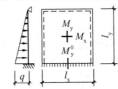

$\nu=0$,
弯矩＝表中系数$\times ql^2$，
式中 l 取用 l_x 和 l_y 中之较小者

l_x/l_y	l_y/l_x	a_x	a_{xmax}	a_y	a_{ymax}	a_y^0
	0.50	0.0026	0.0051	0.0274	0.0277	−0.0651
	0.55	0.0036	0.0059	0.0265	0.0265	−0.0641
	0.60	0.0046	0.0067	0.0254	0.0254	−0.0628
	0.65	0.0056	0.0076	0.0243	0.0243	−0.0613
	0.70	0.0066	0.0084	0.0231	0.0231	−0.0597
	0.75	0.0076	0.0089	0.0218	0.0218	−0.0579
	0.80	0.0084	0.0093	0.0205	0.0205	−0.0561
	0.85	0.0092	0.0097	0.0192	0.0192	−0.0542
	0.90	0.0100	0.0102	0.0179	0.0179	−0.0522
	0.95	0.0106	0.0107	0.0167	0.0167	−0.0503
1.00	1.00	0.0111	0.0112	0.0155	0.0156	−0.0483
0.95		0.0128	0.0129	0.0158	0.0161	−0.0513
0.90		0.0148	0.0148	0.0161	0.0165	−0.0545
0.85		0.0171	0.0171	0.0162	0.0168	−0.0578
0.80		0.0197	0.0197	0.0162	0.0171	−0.0613
0.75		0.0226	0.0226	0.0160	0.0174	−0.0649
0.70		0.0259	0.0259	0.0155	0.0175	−0.0686
0.65		0.0295	0.0295	0.0148	0.0173	−0.0725
0.60		0.0335	0.0335	0.0138	0.0169	−0.0764
0.55		0.0378	0.0381	0.0125	0.0161	−0.0804
0.50		0.0423	0.0430	0.0108	0.0149	−0.0844

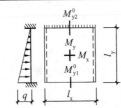

$\nu=0$,
弯矩＝表中系数$\times ql^2$，
式中 l 取用 l_x 和 l_y 中之较小者

l_x/l_y	l_y/l_x	a_x	a_{xmax}	a_y	a_{ymax}	a_{y1}^0	a_{y2}^0
	0.50	0.0009	0.0037	0.0208	0.0214	−0.0505	−0.0338
	0.55	0.0014	0.0042	0.0205	0.0209	−0.0503	−0.0337
	0.60	0.0021	0.0048	0.0201	0.0205	−0.0501	−0.0334
	0.65	0.0028	0.0054	0.0196	0.0201	−0.0496	−0.0329
	0.70	0.0036	0.0060	0.0190	0.0197	−0.0490	−0.0324
	0.75	0.0044	0.0065	0.0183	0.0189	−0.0483	−0.0316
	0.80	0.0052	0.0069	0.0175	0.0182	−0.0474	−0.0308
	0.85	0.0059	0.0072	0.0168	0.0175	−0.0464	−0.0299
	0.90	0.0066	0.0075	0.0159	0.0167	−0.0454	−0.0289
	0.95	0.0073	0.0077	0.0151	0.0159	−0.0443	−0.0279
1.00	1.00	0.0079	0.0079	0.0142	0.0150	−0.0431	−0.0268
0.95		0.0094	0.0094	0.0148	0.0157	−0.0463	−0.0284
0.90		0.0112	0.0112	0.0153	0.0164	−0.0497	−0.0300
0.85		0.0133	0.0133	0.0157	0.0171	−0.0534	−0.0316
0.80		0.0158	0.0159	0.0160	0.0176	−0.0573	−0.0331
0.75		0.0187	0.0188	0.0160	0.0180	−0.0615	−0.0344
0.70		0.0221	0.0223	0.0159	0.0182	−0.0658	−0.0356
0.65		0.0259	0.0263	0.0154	0.0184	−0.0702	−0.0364
0.60		0.0302	0.0308	0.0146	0.0184	−0.0747	−0.0367
0.55		0.0349	0.0358	0.0134	0.0182	−0.0792	−0.0364
0.50		0.0399	0.0412	0.0117	0.0181	−0.0837	−0.0354

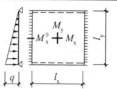

$\nu=0$,

弯矩＝表中系数$\times ql^2$,

式中 l 取用 l_x 和 l_y 中之较小者

l_x/l_y	l_y/l_x	a_x	a_{xmax}	a_y	a_{ymax}	a_x^0
	0.50	0.0117	0.0117	0.0399	0.0424	−0.0595
	0.55	0.0134	0.0134	0.0349	0.0376	−0.0578
	0.60	0.0146	0.0146	0.0302	0.0332	−0.0557
	0.65	0.0154	0.0154	0.0259	0.0292	−0.0533
	0.70	0.0159	0.0159	0.0221	0.0258	−0.0507
	0.75	0.0160	0.0161	0.0187	0.0228	−0.0480
	0.80	0.0160	0.0161	0.0158	0.0201	−0.0452
	0.85	0.0157	0.0158	0.0133	0.0179	−0.0425
	0.90	0.0153	0.0155	0.0112	0.0160	−0.0399
	0.95	0.0148	0.0150	0.0094	0.0144	−0.0373
1.00	1.00	0.0142	0.0145	0.0079	0.0129	−0.0349
0.95		0.0151	0.0154	0.0073	0.0128	−0.0361
0.90		0.0159	0.0164	0.0066	0.0127	−0.0371
0.85		0.0168	0.0174	0.0059	0.0125	−0.0382
0.80		0.0175	0.0185	0.0052	0.0122	−0.0391
0.75		0.0183	0.0195	0.0044	0.0118	−0.0400
0.70		0.0190	0.0206	0.0036	0.0113	−0.0407
0.65		0.0196	0.0217	0.0028	0.0107	−0.0413
0.60		0.0201	0.0229	0.0021	0.0100	−0.0417
0.55		0.0205	0.0240	0.0014	0.0090	−0.0420
0.50		0.0208	0.0254	0.0009	0.0079	−0.0421

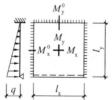

$\nu=0$,

弯矩＝表中系数$\times ql^2$,

式中 l 取用 l_x 和 l_y 中之较小者

l_x/l_y	l_y/l_x	a_x	a_{xmax}	a_y	a_{ymax}	a_x^0	a_y^0
	0.50	0.0055	0.0058	0.0282	0.0357	−0.0418	−0.0524
	0.55	0.0071	0.0075	0.0261	0.0332	−0.0415	−0.0494
	0.60	0.0085	0.0089	0.0238	0.0306	−0.0411	−0.0461
	0.65	0.0097	0.0102	0.0214	0.0280	−0.0405	−0.0426
	0.70	0.0107	0.0111	0.0191	0.0255	−0.0397	−0.0390
	0.75	0.0114	0.0119	0.0169	0.0229	−0.0386	−0.0354
	0.80	0.0119	0.0125	0.0148	0.0206	−0.0374	−0.0319
	0.85	0.0122	0.0129	0.0129	0.0185	−0.0360	−0.0286
	0.90	0.0124	0.0130	0.0112	0.0167	−0.0346	−0.0256
	0.95	0.0123	0.0130	0.0096	0.0150	−0.0330	−0.0229
1.00	1.00	0.0122	0.0129	0.0083	0.0135	−0.0314	−0.0204
0.95		0.0132	0.0141	0.0078	0.0134	−0.0330	−0.0199
0.90		0.0143	0.0153	0.0072	0.0132	−0.0345	−0.0194
0.85		0.0153	0.0165	0.0065	0.0129	−0.0360	−0.0187
0.80		0.0163	0.0177	0.0058	0.0126	−0.0373	−0.0178
0.75		0.0173	0.0190	0.0050	0.0121	−0.0386	−0.0169
0.70		0.0182	0.0203	0.0041	0.0115	−0.0397	−0.0158
0.65		0.0190	0.0215	0.0033	0.0109	−0.0406	−0.0147
0.60		0.0197	0.0228	0.0025	0.0100	−0.0413	−0.0135
0.55		0.0202	0.0240	0.0017	0.0091	−0.0417	−0.0123
0.50		0.0206	0.0254	0.0010	0.0079	−0.0420	−0.0111

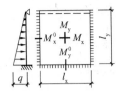

$\nu=0$,

弯矩＝表中系数$\times ql^2$,

式中 l 取用 l_x 和 l_y 中之较小者

l_x/l_y	l_y/l_x	a_x	a_{xmax}	a_y	a_{ymax}	a_x^0	a_y^0
	0.50	0.0044	0.0045	0.0252	0.0253	−0.0367	−0.0622
	0.55	0.0056	0.0059	0.0235	0.0235	−0.0365	−0.0599
	0.60	0.0068	0.0071	0.0217	0.0217	−0.0362	−0.0572
	0.65	0.0079	0.0081	0.0198	0.0198	−0.0357	−0.0543
	0.70	0.0087	0.0089	0.0178	0.0178	−0.0351	−0.0513
	0.75	0.0094	0.0096	0.0160	0.0160	−0.0343	−0.0483
	0.80	0.0099	0.0100	0.0142	0.0144	−0.0333	−0.0453
	0.85	0.0103	0.0103	0.0126	0.0129	−0.0322	−0.0424
	0.90	0.0105	0.0105	0.0111	0.0116	−0.0311	−0.0397
	0.95	0.0106	0.0106	0.0097	0.0105	−0.0298	−0.0371
1.00	1.00	0.0105	0.0105	0.0085	0.0095	−0.0286	−0.0347
0.95		0.0115	0.0115	0.0082	0.0094	−0.0301	−0.0358
0.90		0.0125	0.0125	0.0078	0.0094	−0.0318	−0.0369
0.85		0.0136	0.0136	0.0072	0.0094	−0.0333	−0.0381
0.80		0.0147	0.0147	0.0066	0.0093	−0.0349	−0.0392
0.75		0.0158	0.0159	0.0059	0.0094	−0.0364	−0.0403
0.70		0.0168	0.0171	0.0051	0.0093	−0.0373	−0.0414
0.65		0.0178	0.0183	0.0043	0.0092	−0.0390	−0.0425
0.60		0.0187	0.0197	0.0034	0.0093	−0.0401	−0.0436
0.55		0.0195	0.0211	0.0025	0.0092	−0.0410	−0.0447
0.50		0.0202	0.0225	0.0017	0.0088	−0.0416	−0.0458

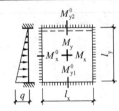

$\nu=0$,

弯矩＝表中系数$\times ql^2$,

式中 l 取用 l_x 和 l_y 中之较小者

l_x/l_y	l_y/l_x	a_x	a_{xmax}	a_y	a_{ymax}	a_x^0	a_{y1}^0	a_{y2}^0
	0.50	0.0019	0.0050	0.0200	0.0207	−0.0285	−0.0498	−0.0331
	0.55	0.0028	0.0051	0.0193	0.0198	−0.0285	−0.0490	−0.0324
	0.60	0.0038	0.0052	0.0183	0.0188	−0.0286	−0.0480	−0.0313
	0.65	0.0048	0.0055	0.0172	0.0179	−0.0285	−0.0466	−0.0300
	0.70	0.0057	0.0058	0.0161	0.0168	−0.0284	−0.0451	−0.0285
	0.75	0.0065	0.0066	0.0148	0.0156	−0.0283	−0.0433	−0.0268
	0.80	0.0072	0.0072	0.0135	0.0144	−0.0280	−0.0414	−0.0250
	0.85	0.0078	0.0078	0.0123	0.0133	−0.0276	−0.0394	−0.0232
	0.90	0.0082	0.0082	0.0111	0.0122	−0.0270	−0.0374	−0.0214
	0.95	0.0086	0.0086	0.0099	0.0111	−0.0264	−0.0354	−0.0196
1.00	1.00	0.0088	0.0088	0.0088	0.0100	−0.0257	−0.0334	−0.0179
0.95		0.0099	0.0100	0.0086	0.0100	−0.0294	−0.0348	−0.0179
0.90		0.0111	0.0112	0.0082	0.0100	−0.0313	−0.0262	−0.0178
0.85		0.0123	0.0125	0.0078	0.0100	−0.0313	−0.0376	−0.0175
0.80		0.0135	0.0138	0.0072	0.0098	−0.0332	−0.0389	−0.0171
0.75		0.0148	0.0152	0.0065	0.0097	−0.0350	−0.0401	−0.0164
0.70		0.0161	0.0166	0.0057	0.0096	−0.0368	−0.0413	−0.0156
0.65		0.0172	0.0181	0.0048	0.0094	−0.0383	−0.0425	−0.0146
0.60		0.0183	0.0195	0.0038	0.0094	−0.0396	−0.0436	−0.0135
0.55		0.0193	0.0210	0.0028	0.0092	−0.0407	−0.0447	−0.0123
0.50		0.0200	0.0225	0.0019	0.0088	−0.0414	−0.0458	−0.0112

$\nu=\dfrac{1}{6}$，弯矩＝表中系数$\times ql_x^2$

$\nu=\dfrac{1}{6}$，弯矩＝表中系数$\times ql_x^2$

l_y/l_x	a_x^v	a_y^v	a_{xz}^0	a_{xz}^0	a_{0x}	a_x^v	a_y^v	a_x^0	a_y^0
0.30	0.0052	0.0052	0.0083	−0.0079	0.0019	0.0007	0.0001	−0.0050	−0.0122
0.35	0.0069	0.0067	0.0109	−0.0098	0.0031	0.0014	0.0008	−0.0067	−0.0149
0.40	0.0088	0.0083	0.0135	−0.0112	0.0044	0.0022	0.0017	−0.0085	−0.0173
0.45	0.0108	0.0098	0.0161	−0.0121	0.0056	0.0031	0.0028	−0.0104	−0.0195
0.50	0.0128	0.0111	0.0186	−0.0126	0.0068	0.0040	0.0038	−0.0124	−0.0215
0.55	0.0148	0.0124	0.0210	−0.0126	0.0078	0.0050	0.0048	−0.0144	−0.0232
0.60	0.0168	0.0135	0.0231	−0.0122	0.0085	0.0059	0.0057	−0.0164	−0.0249
0.65	0.0188	0.0145	0.0250	−0.0116	0.0091	0.0069	0.0065	−0.0183	−0.0264
0.70	0.0208	0.0154	0.0266	−0.0107	0.0095	0.0078	0.0071	−0.0202	−0.0279
0.75	0.0227	0.0161	0.0281	−0.0098	0.0098	0.0087	0.0077	−0.0220	−0.0292
0.80	0.0246	0.0167	0.0293	−0.0089	0.0099	0.0096	0.0081	−0.0237	−0.0305
0.85	0.0264	0.0172	0.0302	−0.0079	0.0099	0.0105	0.0085	−0.0254	−0.0317
0.90	0.0281	0.0176	0.0310	−0.0070	0.0097	0.0114	0.0087	−0.0270	−0.0329
0.95	0.0297	0.0179	0.0316	−0.0061	0.0096	0.0122	0.0088	−0.0284	−0.0340
1.00	0.0313	0.0181	0.0321	−0.0053	0.0093	0.0129	0.0089	−0.0298	−0.0350
1.10	0.0343	0.0184	0.0325	−0.0040	0.0088	0.0144	0.0088	−0.0323	−0.0368
1.20	0.0371	0.0184	0.0325	−0.0030	0.0082	0.0156	0.0085	−0.0344	−0.0384
1.30	0.0396	0.0183	0.0322	−0.0023	0.0075	0.0167	0.0081	−0.0361	−0.0398
1.40	0.0419	0.0180	0.0316	−0.0018	0.0070	0.0176	0.0076	−0.0376	−0.0410
1.50	0.0441	0.0177	0.0308	−0.0015	0.0065	0.0184	0.0071	−0.0387	−0.0421
1.75	0.0486	0.0166	0.0285	−0.0011	0.0054	0.0197	0.0059	−0.0406	−0.0442
2.00	0.0521	0.0155	0.0260	−0.0011	0.0047	0.0204	0.0050	−0.0415	−0.0458

$\nu=\dfrac{1}{6}$，弯矩＝表中系数$\times ql_x^2$

$\nu=\dfrac{1}{6}$，弯矩＝表中系数$\times ql_x^2$

l_y/l_x	a_x^v	a_y^v	a_{0x}	a_y^0	a_{xz}^0	a_x^v	a_y^v	a_{0x}	a_y^0
0.30	0.0004	−0.0005	0.0014	−0.0134	−0.0189	0.0046	0.0046	0.0070	−0.0140
0.35	0.0009	−0.0001	0.0025	−0.0172	−0.0190	0.0058	0.0056	0.0085	−0.0162
0.40	0.0016	0.0007	0.0040	−0.0211	−0.0185	0.0069	0.0066	0.0097	−0.0183
0.45	0.0025	0.0016	0.0057	−0.0250	−0.0175	0.0079	0.0074	0.0107	−0.0204
0.50	0.0037	0.0027	0.0077	−0.0288	−0.0163	0.0090	0.0081	0.0114	−0.0224
0.55	0.0050	0.0039	0.0098	−0.0324	−0.0148	0.0099	0.0087	0.0118	−0.0242
0.60	0.0064	0.0052	0.0119	−0.0358	−0.0133	0.0108	0.0091	0.0120	−0.0260
0.65	0.0080	0.0066	0.0139	−0.0390	−0.0118	0.0117	0.0094	0.0121	−0.0277
0.70	0.0096	0.0079	0.0159	−0.0421	−0.0104	0.0126	0.0096	0.0120	−0.0292
0.75	0.0113	0.0091	0.0178	−0.0450	−0.0090	0.0133	0.0096	0.0118	−0.0307
0.80	0.0130	0.0103	0.0196	−0.0477	−0.0078	0.0141	0.0096	0.0115	−0.0320
0.85	0.0148	0.0114	0.0212	−0.0503	−0.0066	0.0148	0.0095	0.0111	−0.0332
0.90	0.0165	0.0124	0.0226	−0.0527	−0.0056	0.0155	0.0093	0.0107	−0.0344
0.95	0.0183	0.0133	0.0238	−0.0549	−0.0048	0.0161	0.0091	0.0103	−0.0354
1.00	0.0200	0.0141	0.0248	−0.0571	−0.0041	0.0166	0.0088	0.0098	−0.0363
1.10	0.0234	0.0154	0.0265	−0.0611	−0.0029	0.0176	0.0083	0.0090	−0.0378
1.20	0.0267	0.0163	0.0275	−0.0647	−0.0022	0.0184	0.0077	0.0082	−0.0390
1.30	0.0298	0.0170	0.0281	−0.0680	−0.0017	0.0191	0.0070	0.0075	−0.0400
1.40	0.0327	0.0174	0.0283	−0.0711	−0.0014	0.0196	0.0065	0.0069	−0.0407
1.50	0.0354	0.0176	0.0282	−0.0739	−0.0012	0.0200	0.0060	0.0064	−0.0412
1.75	0.0415	0.0174	0.0270	−0.0800	−0.0011	0.0206	0.0049	0.0054	−0.0419
2.00	0.0464	0.0167	0.0252	−0.0850	−0.0011	0.0209	0.0042	0.0047	−0.0421

附录 3-5　圆形平板的弯矩系数 $\left(v=\dfrac{1}{6}\right)$

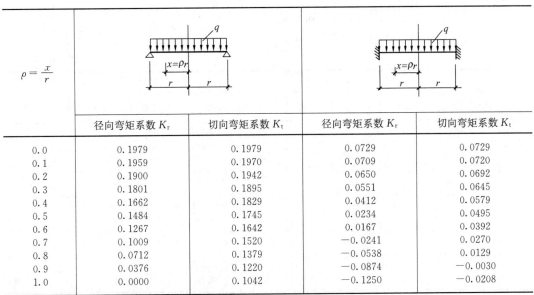

$\rho=\dfrac{x}{r}$	径向弯矩系数 K_r	切向弯矩系数 K_t	径向弯矩系数 K_r	切向弯矩系数 K_t
0.0	0.1979	0.1979	0.0729	0.0729
0.1	0.1959	0.1970	0.0709	0.0720
0.2	0.1900	0.1942	0.0650	0.0692
0.3	0.1801	0.1895	0.0551	0.0645
0.4	0.1662	0.1829	0.0412	0.0579
0.5	0.1484	0.1745	0.0234	0.0495
0.6	0.1267	0.1642	0.0167	0.0392
0.7	0.1009	0.1520	−0.0241	0.0270
0.8	0.0712	0.1379	−0.0538	0.0129
0.9	0.0376	0.1220	−0.0874	−0.0030
1.0	0.0000	0.1042	−0.1250	−0.0208

注：表中符号以下边受拉为正，上边受拉为负。

附录 3-6　有中心支柱圆板的内力系数

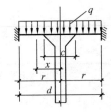

周边固定、均布荷载作用下的弯矩系数

$\rho=\dfrac{x}{r}, \beta=\dfrac{c}{d}, v=\dfrac{1}{6}$

$M_r=\overline{K}_r qr^2, M_t=\overline{K}_t qr^2$

	径向弯矩系数 $\overline{K}_r$					切向弯矩系数 $\overline{K}_t$				
ρ ＼ β	0.05	0.10	0.15	0.20	0.25	0.05	0.10	0.15	0.20	0.25
0.05	−0.2098					−0.0350				
0.10	−0.0709	−0.1433				−0.0680	−0.0239			
0.15	−0.0258	−0.0614	−0.1088			−0.0535	−0.0403	−0.0181		
0.20	−0.0012	−0.0229	−0.0514	−0.0862		−0.0383	−0.0348	−0.0268	−0.0144	
0.25	0.0143	−0.0002	−0.0193	−0.0425	−0.0698	−0.0257	−0.0259	−0.0238	−0.0190	−0.0116
0.30	0.0245	0.0143	0.0008	−0.0156	−0.0349	−0.0154	−0.0174	−0.0178	−0.0167	−0.0139
0.40	0.0344	0.0293	0.0224	0.0137	0.0033	−0.0010	−0.0037	−0.0060	−0.0075	−0.0084
0.50	0.0347	0.0326	0.0294	0.0250	0.0196	0.0073	0.0049	0.0026	0.0005	−0.0012
0.60	0.0275	0.0275	0.0268	0.0253	0.0231	0.0109	0.0090	0.0072	0.0054	0.0038
0.70	0.0140	0.0156	0.0167	0.0174	0.0176	0.0105	0.0093	0.0081	0.0069	0.0058
0.80	−0.0052	−0.0023	0.0004	0.0027	0.0047	0.0067	0.0062	0.0057	0.0052	0.0046
0.90	−0.0296	−0.0256	−0.0217	−0.0179	−0.0144	−0.0001	0	0.0002	0.0003	0.0005
1.00	−0.0589	−0.0540	−0.0490	−0.0441	−0.0393	−0.0098	−0.0090	−0.0082	−0.0074	−0.0066

注：表中符号以下边受拉为正，上边受拉为负。以下各表均相同。

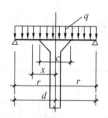

周边铰支、均布荷载作用下的弯矩系数

$$\rho = \frac{x}{r}, \beta = \frac{c}{d}, \nu = \frac{1}{6}$$
$$M_r = \overline{K}_r qr^2, M_t = \overline{K}_t qr^2$$

附表 3-6 （2）

ρ \ β	径向弯矩系数 $\overline{K}_r$					切向弯矩系数 $\overline{K}_t$				
	0.05	0.10	0.15	0.20	0.25	0.05	0.10	0.15	0.20	0.25
0.05	−0.3674					−0.0612				
0.10	−0.1360	−0.2497				−0.1244	−0.0416			
0.15	−0.0613	−0.1167	−0.1876			−0.1030	−0.0736	−0.0313		
0.20	−0.0198	−0.0539	−0.0970	−0.1470		−0.0788	−0.0671	−0.0487	−0.0245	
0.25	0.0077	−0.0160	−0.0456	−0.0797	−0.1175	−0.0579	−0.0539	−0.0459	−0.0343	−0.0196
0.30	0.0270	0.0094	−0.0124	−0.0373	−0.0649	−0.0405	−0.0402	−0.0375	−0.0323	−0.0251
0.40	0.0510	0.0400	0.0267	0.0116	−0.0050	−0.0141	−0.0169	−0.0186	−0.0191	−0.0184
0.50	0.0617	0.0544	0.0456	0.0357	0.0249	0.0038	0.0001	−0.0030	−0.0054	−0.0072
0.60	0.0630	0.0580	0.0521	0.0455	0.0384	0.0153	0.0115	0.0081	0.0050	0.0025
0.70	0.0566	0.0533	0.0494	0.0452	0.0405	0.0218	0.0182	0.0148	0.0117	0.0090
0.80	0.0435	0.0416	0.0393	0.0367	0.0340	0.0239	0.0206	0.0175	0.0147	0.0122
0.90	0.0245	0.0236	0.0226	0.0214	0.0202	0.0223	0.0194	0.0167	0.0142	0.0120
1.00	0	0	0	0	0	0.0173	0.0149	0.0126	0.0104	0.0086

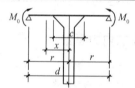

周边铰支、周边均布力矩作用下的弯矩系数

$$\rho = \frac{x}{r}, \beta = \frac{c}{d}, \nu = \frac{1}{6}$$
$$M_r = \overline{K}_r M_0, M_t = \overline{K}_t M_0$$

附表 3-6 （3）

ρ \ β	径向弯矩系数 $\overline{K}_r$					切向弯矩系数 $\overline{K}_t$				
	0.05	0.10	0.15	0.20	0.25	0.05	0.10	0.15	0.20	0.25
0.05	−2.6777					−0.4463				
0.10	−1.1056	−1.9702				−0.9576	−0.3284			
0.15	−0.6024	−1.0236	−1.6076			−0.8403	−0.6163	−0.2679		
0.20	−0.3148	−0.5739	−0.9286	−1.3770		−0.6877	−0.5986	−0.4467	−0.2295	
0.25	−0.1128	−0.2927	−0.5361	−0.8415	−1.2142	−0.5482	−0.5173	−0.4512	−0.3476	−0.2024
0.30	0.0437	−0.0903	−0.2697	−0.4934	−0.7650	−0.4257	−0.4236	−0.4006	−0.3546	−0.2830
0.40	0.2807	0.1974	0.0876	−0.0478	−0.2108	−0.2225	−0.2439	−0.2577	−0.2620	−0.2555
0.50	0.4592	0.4037	0.3312	0.2427	0.1367	−0.0595	−0.0877	−0.1133	−0.1350	−0.1519
0.60	0.6030	0.5653	0.5167	0.4576	0.3873	0.0757	0.0469	0.0182	−0.0088	−0.0338
0.70	0.7235	0.6987	0.6670	0.6286	0.5830	0.1911	0.1639	0.1360	0.1086	0.0821
0.80	0.8273	0.8125	0.7936	0.7708	0.7439	0.2916	0.2670	0.2415	0.2162	0.1912
0.90	0.9186	0.9118	0.9032	0.8929	0.8808	0.3806	0.3591	0.3367	0.3144	0.2925
1.00	1.0000	1.0000	1.0000	1.0000	1.0000	0.4604	0.4420	0.4231	0.4045	0.3863

有中心支柱圆板的中心支柱荷载系数 K_N 及板边抗弯刚度系数 k　　附表 3-6 （4）

	c/d	0.05	0.10	0.15	0.20	0.25
中心支柱荷载系数 K_N	均布荷载周边固定	0.839	0.919	1.007	1.101	1.200
	均布荷载周边铰支	1.320	1.387	1.463	1.542	1.625
	沿周边作用 M	8.160	8.660	9.290	9.990	10.810
圆板抗弯刚度系数 k		0.290	0.309	0.332	0.358	0.387

附录 4-1 圆形水池池壁内力系数表 [1]

荷载情况：三角形荷载 q
支承条件：底固定，顶自由
符号规定：外壁受拉为正

竖向弯矩 $M_x = K_{Mx} q H^2$

环向弯矩 $M_\theta = \dfrac{1}{6} M_x$

竖向弯矩系数 k_{Mx} （0.0H 为池顶、1.0H 为池底）

$\dfrac{H^2}{dh}$	0.0H	0.1H	0.2H	0.3H	0.4H	0.5H	0.6H	0.7H	0.75H	0.8H	0.85H	0.9H	0.95H	1.0H
0.2	0.0000	0.0001	0.0003	-0.0024	-0.0071	-0.0155	-0.0287	-0.0478	-0.0598	-0.0737	-0.0896	-0.1077	-0.1279	-0.1506
0.4	0.0000	0.0006	0.0015	0.0015	-0.0004	-0.0056	-0.0151	-0.0302	-0.0402	-0.0520	-0.0658	-0.0817	-0.0993	-0.1203
0.6	0.0000	0.0009	0.0029	0.0046	0.0048	0.0023	-0.0043	-0.0161	-0.0243	-0.0344	-0.0463	-0.0604	-0.0767	-0.0954
0.8	0.0000	0.0011	0.0037	0.0063	0.0079	0.0071	0.0026	-0.0069	-0.0139	-0.0227	-0.0334	-0.0462	-0.0613	-0.0786
1	0.0000	0.0012	0.0040	0.0073	0.0097	0.0099	0.0068	-0.0012	-0.0074	-0.0153	-0.0251	-0.0370	-0.0511	-0.0675
1.5	0.0000	0.0012	0.0041	0.0076	0.0107	0.0122	0.0109	0.0053	-0.0005	-0.0060	-0.0143	-0.0246	-0.0371	-0.0519
2	0.0000	0.0010	0.0035	0.0068	0.0099	0.0118	0.0114	0.0074	0.0035	-0.0020	-0.0092	-0.0184	-0.0307	-0.0434
3	0.0000	0.0006	0.0023	0.0046	0.0071	0.0091	0.0097	0.0077	0.0051	0.0012	-0.0043	-0.0117	-0.0212	-0.0331
4	0.0000	0.0003	0.0013	0.0028	0.0046	0.0065	0.0076	0.0068	0.0052	0.0024	-0.0019	-0.0080	-0.0162	-0.0266
5	0.0000	0.0001	0.0006	0.0016	0.0029	0.0046	0.0059	0.0059	0.0049	0.0028	-0.0006	-0.0057	-0.0128	-0.0222
6	0.0000	0.0000	0.0003	0.0008	0.0018	0.0032	0.0046	0.0051	0.0045	0.0030	-0.0003	-0.0041	-0.0104	-0.0190
7	0.0000	0.0000	0.0001	0.0004	0.0011	0.0023	0.0036	0.0044	0.0041	0.0030	0.0008	-0.0030	-0.0087	-0.0166
8	0.0000	0.0000	0.0000	0.0001	0.0007	0.0016	0.0029	0.0038	0.0037	0.0030	0.0011	-0.0022	-0.0074	-0.0148
9	0.0000	0.0000	0.0000	0.0000	0.0004	0.0011	0.0023	0.0033	0.0034	0.0028	0.0013	-0.0016	-0.0063	-0.0139
10	0.0000	0.0000	0.0000	-0.0001	0.0002	0.0008	0.0018	0.0029	0.0061	0.0027	0.0016	-0.0011	-0.0055	-0.0121
12	0.0000	0.0000	-0.0001	-0.0001	0.0000	0.0004	0.0012	0.0022	0.0025	0.0024	0.0016	-0.0005	-0.0043	-0.0103
14	0.0000	0.0000	-0.0001	-0.0001	-0.0001	0.0002	0.0008	0.0017	0.0021	0.0022	0.0016	-0.0001	-0.0034	-0.0089
16	0.0000	0.0000	0.0000	-0.0001	-0.0001	0.0000	0.0005	0.0013	0.0017	0.0019	0.0015	-0.0002	-0.0028	-0.0079
20	0.0000	0.0000	0.0000	0.0000	-0.0001	0.0000	0.0002	0.0008	0.0012	0.0015	0.0014	0.0004	-0.0020	-0.0064
24	0.0000	0.0000	0.0000	0.0000	0.0000	-0.0001	0.0001	0.0005	0.0008	0.0012	0.0012	0.0006	-0.0014	-0.0054
28	0.0000	0.0000	0.0000	0.0000	0.0000	0.0000	0.0000	0.0003	0.0006	0.0009	0.0011	0.0006	-0.0010	-0.0047
32	0.0000	0.0000	0.0000	0.0000	0.0000	0.0000	0.0000	0.0002	0.0004	0.0007	0.0010	0.0007	-0.0008	-0.0041
40	0.0000	0.0000	0.0000	0.0000	0.0000	0.0000	0.0000	0.0001	0.0002	0.0005	0.0007	0.0006	-0.0004	-0.0033
48	0.0000	0.0000	0.0000	0.0000	0.0000	0.0000	0.0000	0.0000	0.0001	0.0003	0.0006	0.0006	-0.0002	-0.0028
56	0.0000	0.0000	0.0000	0.0000	0.0000	0.0000	0.0000	0.0000	0.0000	0.0002	0.0004	0.0005	-0.0001	-0.0024

[1] 摘自湖北给水排水设计院编著《钢筋混凝土圆形水池设计》，中国建筑工业出版社，1977

荷载情况: 三角形荷载 q
支承条件: 底固定、顶自由
符号规定: 环向力受拉为正、剪力向外为正

环向力 $N_\theta = k_{N\theta} qr$

剪力 $V_x = k_{vx} qH$

$\dfrac{H^2}{dh}$	环向力系数 $k_{N\theta}$（0.0H 为池顶，1.0H 为池底）														剪力系数 k_{vx}		$\dfrac{H^2}{dh}$
	0.0H	0.1H	0.2H	0.3H	0.4H	0.5H	0.6H	0.7H	0.75H	0.8H	0.85H	0.9H	0.95H	1.0H	顶端	底端	
0.2	0.054	0.047	0.041	0.034	0.027	0.021	0.015	0.009	0.007	0.005	0.003	0.001	0.000	0.000	0.000	−0.477	0.2
0.4	0.152	0.134	0.116	0.098	0.080	0.062	0.045	0.028	0.021	0.014	0.008	0.004	0.001	0.000	0.000	−0.434	0.4
0.6	0.225	0.201	0.177	0.152	0.126	0.100	0.073	0.047	0.035	0.024	0.015	0.007	0.002	0.000	0.000	−0.398	0.6
0.8	0.266	0.241	0.216	0.190	0.161	0.131	0.098	0.065	0.049	0.034	0.021	0.010	0.003	0.000	0.000	−0.372	0.8
1	0.283	0.262	0.240	0.216	0.189	0.157	0.121	0.082	0.063	0.044	0.027	0.013	0.004	0.000	0.000	−0.354	1
1.5	0.271	0.269	0.266	0.258	0.243	0.216	0.177	0.126	0.098	0.071	0.044	0.022	0.006	0.000	0.000	−0.322	1.5
2	0.229	0.251	0.272	0.286	0.287	0.270	0.231	0.172	0.137	0.100	0.064	0.032	0.009	0.000	0.000	−0.298	2
3	0.135	0.202	0.267	0.322	0.357	0.363	0.332	0.260	0.212	0.158	0.103	0.053	0.015	0.000	0.000	−0.261	3
4	0.066	0.162	0.256	0.340	0.403	0.431	0.411	0.336	0.278	0.212	0.140	0.073	0.021	0.000	0.000	−0.234	4
5	0.021	0.135	0.244	0.346	0.428	0.476	0.471	0.398	0.336	0.259	0.175	0.093	0.027	0.000	0.000	−0.213	5
6	0.002	0.119	0.234	0.345	0.441	0.505	0.516	0.450	0.386	0.303	0.207	0.111	0.033	0.000	0.000	−0.196	6
7	−0.008	0.109	0.225	0.340	0.445	0.524	0.550	0.494	0.429	0.342	0.238	0.129	0.039	0.000	0.000	−0.184	7
8	−0.011	0.103	0.218	0.334	0.445	0.534	0.575	0.531	0.468	0.378	0.266	0.147	0.045	0.000	0.000	−0.173	8
9	−0.011	0.100	0.212	0.328	0.442	0.541	0.595	0.563	0.503	0.411	0.293	0.164	0.051	0.000	0.000	−0.164	9
10	−0.010	0.098	0.208	0.322	0.438	0.543	0.610	0.590	0.533	0.441	0.319	0.180	0.057	0.000	0.000	−0.156	10
12	−0.006	0.097	0.202	0.312	0.428	0.543	0.629	0.634	0.586	0.496	0.366	0.211	0.068	0.000	0.000	−0.144	12
14	−0.003	0.098	0.199	0.306	0.420	0.538	0.639	0.667	0.628	0.542	0.409	0.241	0.079	0.000	0.000	−0.134	14
16	−0.001	0.098	0.198	0.302	0.413	0.532	0.643	0.691	0.662	0.583	0.448	0.269	0.090	0.000	0.000	−0.126	16
20	0.000	0.099	0.198	0.299	0.404	0.521	0.641	0.721	0.712	0.648	0.515	0.321	0.111	0.000	0.000	−0.114	20
24	0.000	0.100	0.199	0.298	0.400	0.511	0.635	0.736	0.745	0.698	0.572	0.367	0.131	0.000	0.000	−0.104	24
28	0.000	0.100	0.200	0.299	0.398	0.505	0.627	0.742	0.767	0.735	0.620	0.410	0.150	0.000	0.000	−0.097	28
32	0.000	0.100	0.200	0.299	0.398	0.502	0.620	0.743	0.780	0.764	0.661	0.449	0.169	0.000	0.000	−0.091	32
40	0.000	0.100	0.200	0.300	0.399	0.499	0.609	0.738	0.792	0.803	0.726	0.517	0.204	0.000	0.000	−0.082	40
48	0.000	0.100	0.200	0.300	0.400	0.498	0.603	0.729	0.793	0.826	0.773	0.575	0.237	0.000	0.000	−0.075	48
56	0.000	0.100	0.200	0.300	0.400	0.499	0.600	0.721	0.789	0.837	0.809	0.625	0.268	0.000	0.000	−0.070	56

附表 4-1 (3)

荷载情况: 三角形荷载 q
支承条件: 两端固定
符号规定: 外壁受拉为正

竖向弯矩 $M_x = k_{Mx} q H^2$

环向弯矩 $M_\theta = \dfrac{1}{6} M_x$

竖向弯矩系数 k_{Mx} （0.0H 为池顶，1.0H 为池底）

$\dfrac{H^2}{dh}$	0.0H	0.1H	0.2H	0.3H	0.4H	0.5H	0.6H	0.7H	0.75H	0.8H	0.85H	0.9H	0.95H	1.0H	$\dfrac{H^2}{dh}$
0.2	−0.0332	−0.0184	−0.0047	0.0071	0.0159	0.0208	0.0206	0.0145	0.0088	0.0013	−0.0081	−0.0198	−0.0336	−0.0499	0.2
0.4	−0.0328	−0.0182	−0.0046	0.0070	0.0157	0.0205	0.0204	0.0143	0.0088	0.0014	−0.0080	−0.0195	−0.0333	−0.0494	0.4
0.6	−0.0322	−0.0179	−0.0045	0.0069	0.0154	0.0201	0.0200	0.0142	0.0087	0.0014	−0.0078	−0.0192	−0.0328	−0.0488	0.6
0.8	−0.0313	−0.0174	−0.0044	0.0066	0.0149	0.0196	0.0196	0.0139	0.0086	0.0015	−0.0075	−0.0187	−0.0321	−0.0479	0.8
1	−0.0302	−0.0168	−0.0043	0.0064	0.0144	0.0189	0.0190	0.0136	0.0085	0.0016	−0.0072	−0.0181	−0.0312	−0.0467	1
1.5	−0.0270	−0.0151	−0.0040	0.0055	0.0127	0.0169	0.0172	0.0126	0.0081	0.0019	−0.0062	−0.0163	−0.0287	−0.0434	1.5
2	−0.0235	−0.0131	−0.0036	0.0046	0.0109	0.0147	0.0153	0.0116	0.0077	0.0022	−0.0051	−0.0144	−0.0258	−0.0396	2
3	−0.0169	−0.0095	−0.0028	0.0029	0.0075	0.0106	0.0116	0.0095	0.0068	0.0027	−0.0030	−0.0106	−0.0203	−0.0323	3
4	−0.0120	−0.0068	−0.0022	0.0017	0.0050	0.0074	0.0087	0.0077	0.0060	0.0030	−0.0015	−0.0077	−0.0160	−0.0266	4
5	−0.0086	−0.0049	−0.0017	0.0010	0.0032	0.0052	0.0065	0.0064	0.0053	0.0031	−0.0004	−0.0056	−0.0128	−0.0223	5
6	−0.0063	−0.0036	−0.0013	0.0005	0.0021	0.0037	0.0050	0.0054	0.0047	0.0031	0.0003	−0.0041	−0.0105	−0.0191	6
7	−0.0048	−0.0027	−0.0010	0.0002	0.0014	0.0026	0.0039	0.0046	0.0042	0.0031	0.0008	−0.0030	−0.0087	−0.0167	7
8	−0.0038	−0.0020	−0.0008	0.0001	0.0009	0.0018	0.0030	0.0039	0.0038	0.0030	0.0011	−0.0022	−0.0074	−0.0149	8
9	−0.0031	−0.0016	−0.0006	0.0000	0.0006	0.0013	0.0024	0.0034	0.0034	0.0029	0.0013	−0.0016	−0.0064	−0.0134	9
10	−0.0026	−0.0013	−0.0004	0.0000	0.0003	0.0009	0.0019	0.0029	0.0031	0.0027	0.0014	−0.0012	−0.0055	−0.0122	10
12	−0.0019	−0.0008	−0.0002	0.0000	0.0001	0.0005	0.0012	0.0022	0.0025	0.0024	0.0016	−0.0005	−0.0043	−0.0103	12
14	−0.0015	−0.0006	−0.0001	0.0000	0.0000	0.0002	0.0008	0.0017	0.0021	0.0022	0.0016	−0.0001	−0.0034	−0.0089	14
16	−0.0012	−0.0004	−0.0001	0.0000	0.0000	0.0001	0.0005	0.0013	0.0017	0.0019	0.0015	0.0002	−0.0023	−0.0079	16
20	−0.0009	−0.0003	0.0000	0.0000	0.0000	0.0000	0.0002	0.0008	0.0012	0.0015	0.0014	0.0004	−0.0020	−0.0064	20
24	−0.0007	−0.0002	0.0000	0.0000	0.0000	0.0000	0.0001	0.0005	0.0008	0.0012	0.0012	0.0006	−0.0014	−0.0054	24
28	−0.0005	−0.0001	0.0000	0.0000	0.0000	0.0000	0.0000	0.0003	0.0006	0.0009	0.0011	0.0006	−0.0010	−0.0047	28
32	−0.0004	−0.0001	0.0000	0.0000	0.0000	0.0000	0.0000	0.0002	0.0004	0.0007	0.0010	0.0007	−0.0008	−0.0041	32
40	−0.0003	0.0000	0.0000	0.0000	0.0000	0.0000	0.0000	0.0001	0.0002	0.0005	0.0007	0.0006	−0.0004	−0.0033	40
48	−0.0002	0.0000	0.0000	0.0000	0.0000	0.0000	0.0000	0.0001	0.0001	0.0003	0.0006	0.0006	−0.0002	−0.0028	48
56	−0.0002	0.0000	0.0000	0.0000	0.0000	0.0000	0.0000	0.0000	0.0000	0.0002	0.0004	0.0005	−0.0001	−0.0024	56

荷载情况：三角形荷载 q
支承条件：两端固定
符号规定：环向力受拉为正，剪力向外为正

环向力 $N_\theta = k_{N\theta} qr$

剪 力 $V_x = k_{vx} qH$

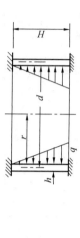

$\frac{H^2}{dh}$	环向力系数 $k_{N\theta}$ （0.0H 为池顶，1.0H 为池底）														剪力系数 k_{vx}		$\frac{H^2}{dh}$
	0.0H	0.1H	0.2H	0.3H	0.4H	0.5H	0.6H	0.7H	0.75H	0.8H	0.85H	0.9H	0.95H	1.0H	顶端	底端	
0.2	0.000	0.000	0.001	0.002	0.002	0.002	0.002	0.002	0.001	0.001	0.001	0.000	0.000	0.000	−0.149	−0.349	0.2
0.4	0.000	0.001	0.003	0.006	0.008	0.010	0.000	0.007	0.006	0.004	0.003	0.001	0.000	0.000	−0.148	−0.347	0.4
0.6	0.000	0.002	0.008	0.014	0.019	0.021	0.020	0.016	0.013	0.010	0.006	0.003	0.001	0.000	−0.145	−0.344	0.6
0.8	0.000	0.004	0.013	0.024	0.032	0.037	0.035	0.028	0.023	0.017	0.011	0.006	0.002	0.000	−0.141	−0.340	0.8
1	0.000	0.006	0.020	0.036	0.049	0.056	0.053	0.043	0.035	0.026	0.017	0.008	0.002	0.000	−0.136	−0.335	1
1.5	0.000	0.012	0.040	0.072	0.099	0.113	0.109	0.087	0.071	0.053	0.035	0.018	0.005	0.000	−0.121	−0.318	1.5
2	0.000	0.019	0.062	0.112	0.154	0.176	0.171	0.138	0.113	0.085	0.055	0.028	0.008	0.000	−0.105	−0.300	2
3	0.000	0.030	0.101	0.184	0.255	0.295	0.291	0.239	0.198	0.150	0.099	0.051	0.015	0.000	−0.075	−0.265	3
4	0.000	0.038	0.127	0.233	0.327	0.384	0.386	0.325	0.272	0.208	0.139	0.073	0.021	0.000	−0.053	−0.237	4
5	0.000	0.043	0.143	0.263	0.373	0.445	0.457	0.394	0.334	0.259	0.175	0.093	0.028	0.000	−0.039	−0.215	5
6	0.000	0.045	0.151	0.279	0.400	0.484	0.508	0.449	0.386	0.304	0.208	0.112	0.034	0.000	−0.029	−0.198	6
7	0.000	0.047	0.155	0.288	0.414	0.510	0.546	0.495	0.431	0.343	0.239	0.130	0.040	0.000	−0.023	−0.184	7
8	0.000	0.048	0.157	0.291	0.422	0.526	0.575	0.533	0.470	0.380	0.267	0.148	0.045	0.000	−0.019	−0.173	8
9	0.000	0.048	0.158	0.292	0.425	0.536	0.596	0.565	0.505	0.412	0.294	0.164	0.051	0.000	−0.016	−0.164	9
10	0.000	0.049	0.159	0.295	0.425	0.541	0.611	0.592	0.535	0.443	0.319	0.181	0.057	0.000	−0.014	−0.157	10
12	0.000	0.051	0.161	0.291	0.421	0.543	0.631	0.636	0.587	0.497	0.366	0.212	0.068	0.000	−0.012	−0.144	12
14	0.000	0.053	0.164	0.290	0.416	0.540	0.641	0.668	0.629	0.543	0.409	0.241	0.079	0.000	−0.010	−0.134	14
16	0.000	0.056	0.168	0.290	0.412	0.534	0.644	0.691	0.662	0.583	0.448	0.269	0.090	0.000	−0.009	−0.126	16
20	0.000	0.061	0.175	0.292	0.405	0.522	0.642	0.721	0.712	0.648	0.515	0.321	0.111	0.000	−0.007	−0.114	20
24	0.000	0.065	0.182	0.295	0.401	0.513	0.635	0.736	0.745	0.698	0.572	0.367	0.131	0.000	−0.006	−0.104	24
28	0.000	0.068	0.186	0.297	0.400	0.506	0.607	0.742	0.767	0.735	0.620	0.410	0.150	0.000	−0.005	−0.097	28
32	0.000	0.071	0.190	0.299	0.399	0.502	0.620	0.743	0.780	0.764	0.661	0.449	0.169	0.000	−0.005	−0.091	32
40	0.000	0.076	0.194	0.301	0.400	0.499	0.609	0.738	0.792	0.803	0.726	0.517	0.204	0.000	−0.004	−0.082	40
48	0.000	0.079	0.197	0.301	0.400	0.498	0.603	0.729	0.792	0.825	0.773	0.574	0.236	0.000	−0.003	−0.075	48
56	0.000	0.082	0.198	0.301	0.400	0.499	0.600	0.721	0.789	0.837	0.808	0.623	0.269	0.000	−0.003	−0.070	56

荷载情况：三角形荷载 q
支承条件：两端铰支
符号规定：外壁受拉为正

竖向弯矩 $M_x = k_{Mx} q H^2$

环向弯矩 $M_\theta = \dfrac{1}{6} M_x$

竖 向 弯 矩 系 数 k_{Mx} （0.0H 为池顶，1.0H 为池底）

$\dfrac{H^2}{dh}$	0.0H	0.1H	0.2H	0.3H	0.4H	0.5H	0.6H	0.7H	0.75H	0.8H	0.85H	0.9H	0.95H	1.0H	$\dfrac{H^2}{dh}$
0.2	0.0000	0.0161	0.0313	0.0445	0.0549	0.0613	0.0628	0.0585	0.0558	0.0473	0.0388	0.0281	0.0152	0.0000	0.2
0.4	0.0000	0.0151	0.0293	0.0418	0.0517	0.0579	0.0596	0.0557	0.0514	0.0453	0.0372	0.0271	0.0147	0.0000	0.4
0.6	0.0000	0.0136	0.0265	0.0379	0.0470	0.0530	0.0549	0.0517	0.0479	0.0423	0.0349	0.0255	0.0139	0.0000	0.6
0.8	0.0000	0.0119	0.0232	0.0334	0.0417	0.0474	0.0495	0.0471	0.0438	0.0389	0.0323	0.0237	0.0130	0.0000	0.8
1	0.0000	0.0102	0.0199	0.0288	0.0363	0.0416	0.0440	0.0424	0.0397	0.0355	0.0296	0.0219	0.0121	0.0000	1
1.5	0.0000	0.0064	0.0128	0.0189	0.0245	0.0291	0.0319	0.0319	0.0305	0.0278	0.0237	0.0178	0.0100	0.0000	1.5
2	0.0000	0.0039	0.0079	0.0120	0.0162	0.0202	0.0232	0.0244	0.0238	0.0222	0.0193	0.0148	0.0085	0.0000	2
3	0.0000	0.0012	0.0027	0.0047	0.0073	0.0103	0.0133	0.0155	0.0159	0.0155	0.0140	0.0112	0.0066	0.0000	3
4	0.0000	0.0003	0.0008	0.0017	0.0034	0.0056	0.0083	0.0108	0.0116	0.0118	0.0111	0.0091	0.0056	0.0000	4
5	0.0000	-0.0001	0.0000	0.0005	0.0016	0.0033	0.0056	0.0080	0.0089	0.0094	0.0091	0.0078	0.0049	0.0000	5
6	0.0000	-0.0002	-0.0002	0.0000	0.0007	0.0019	0.0039	0.0061	0.0071	0.0078	0.0078	0.0068	0.0044	0.0000	6
7	0.0000	-0.0002	-0.0003	-0.0002	0.0002	0.0012	0.0027	0.0048	0.0058	0.0065	0.0067	0.0060	0.0040	0.0000	7
8	0.0000	-0.0001	-0.0002	-0.0002	0.0000	0.0007	0.0020	0.0038	0.0048	0.0056	0.0059	0.0054	0.0036	0.0000	8
9	0.0000	-0.0001	-0.0002	-0.0002	-0.0001	0.0004	0.0014	0.0031	0.0040	0.0048	0.0052	0.0049	0.0034	0.0000	9
10	0.0000	-0.0001	-0.0001	-0.0002	-0.0002	0.0002	0.0010	0.0025	0.0034	0.0042	0.0047	0.0045	0.0031	0.0000	10
12	0.0000	0.0000	-0.0001	-0.0001	-0.0002	0.0000	0.0005	0.0017	0.0025	0.0032	0.0038	0.0038	0.0028	0.0000	12
14	0.0000	0.0000	0.0000	-0.0001	-0.0001	-0.0001	0.0002	0.0012	0.0013	0.0026	0.0032	0.0033	0.0025	0.0000	14
16	0.0000	0.0000	0.0000	0.0000	-0.0001	-0.0001	0.0001	0.0008	0.0014	0.0021	0.0027	0.0029	0.0023	0.0000	16
20	0.0000	0.0000	0.0000	0.0000	0.0000	-0.0001	0.0000	0.0004	0.0008	0.0014	0.0020	0.0024	0.0019	0.0000	20
24	0.0000	0.0000	0.0000	0.0000	0.0000	-0.0001	-0.0001	0.0002	0.0005	0.0010	0.0015	0.0019	0.0017	0.0000	24
28	0.0000	0.0000	0.0000	0.0000	0.0000	0.0000	0.0001	0.0001	0.0003	0.0007	0.0012	0.0016	0.0015	0.0000	28
32	0.0000	0.0000	0.0000	0.0000	0.0000	0.0000	0.0001	0.0000	0.0002	0.0005	0.0010	0.0014	0.0014	0.0000	32
40	0.0000	0.0000	0.0000	0.0000	0.0000	0.0000	0.0000	0.0000	0.0000	0.0003	0.0006	0.0010	0.0011	0.0000	40
48	0.0000	0.0000	0.0000	0.0000	0.0000	0.0000	0.0000	0.0000	0.0000	0.0001	0.0004	0.0008	0.0010	0.0000	48
56	0.0000	0.0000	0.0000	0.0000	0.0000	0.0000	0.0000	0.0000	0.0000	0.0001	0.0003	0.0006	0.0008	0.0000	56

附表 4-1 (6)

荷载情况：三角形荷载 q

支承条件：两端铰支

符号规定：环向力受拉为正、剪力向外为正

环向力 $N_\theta = k_{N\theta}qr$

剪 力 $V_x = k_{vx}qH$

$\dfrac{H^2}{dh}$	环 向 力 系 数 $k_{N\theta}$ (0.0H 为池顶、1.0H 为池底)														剪力系数 k_{vx}		$\dfrac{H^2}{dh}$
	0.0H	0.1H	0.2H	0.3H	0.4H	0.5H	0.6H	0.7H	0.75H	0.8H	0.85H	0.9H	0.95H	1.0H	顶端	底端	
0.2	0.000	0.004	0.007	0.009	0.011	0.012	0.012	0.010	0.009	0.007	0.006	0.004	0.002	0.000	-0.163	-0.329	0.2
0.4	0.000	0.013	0.025	0.035	0.042	0.045	0.044	0.038	0.034	0.028	0.022	0.015	0.008	0.000	-0.152	-0.319	0.4
0.6	0.000	0.027	0.052	0.073	0.087	0.093	0.091	0.079	0.070	0.059	0.046	0.031	0.016	0.000	-0.137	-0.303	0.6
0.8	0.000	0.043	0.083	0.115	0.138	0.149	0.145	0.127	0.112	0.094	0.074	0.051	0.026	0.000	-0.120	-0.285	0.8
1	0.000	0.059	0.113	0.159	0.190	0.205	0.201	0.176	0.156	0.131	0.103	0.071	0.036	0.000	-0.102	-0.266	1
1.5	0.000	0.092	0.177	0.249	0.301	0.328	0.324	0.287	0.255	0.216	0.170	0.117	0.060	0.000	-0.064	-0.225	1.5
2	0.000	0.112	0.218	0.308	0.376	0.414	0.414	0.371	0.333	0.283	0.224	0.155	0.079	0.000	-0.038	-0.194	2
3	0.000	0.127	0.248	0.358	0.448	0.507	0.523	0.483	0.440	0.379	0.303	0.212	0.109	0.000	-0.012	-0.157	3
4	0.000	0.125	0.248	0.365	0.468	0.546	0.582	0.555	0.512	0.448	0.363	0.256	0.133	0.000	-0.002	-0.135	4
5	0.000	0.119	0.238	0.357	0.469	0.562	0.617	0.607	0.568	0.504	0.412	0.294	0.154	0.000	0.001	-0.121	5
6	0.000	0.112	0.227	0.345	0.462	0.567	0.639	0.648	0.613	0.550	0.455	0.328	0.173	0.000	0.002	-0.110	6
7	0.000	0.107	0.217	0.333	0.453	0.567	0.653	0.676	0.649	0.590	0.493	0.359	0.190	0.000	0.002	-0.102	7
8	0.000	0.108	0.210	0.323	0.444	0.563	0.661	0.699	0.679	0.624	0.527	0.386	0.206	0.000	0.001	-0.096	8
9	0.000	0.100	0.204	0.316	0.435	0.558	0.665	0.717	0.704	0.653	0.557	0.412	0.221	0.000	0.001	-0.090	9
10	0.000	0.099	0.201	0.310	0.428	0.552	0.667	0.731	0.725	0.678	0.584	0.435	0.235	0.000	0.001	-0.086	10
12	0.000	0.098	0.198	0.302	0.416	0.541	0.665	0.750	0.756	0.720	0.631	0.477	0.261	0.000	0.000	-0.078	12
14	0.000	0.098	0.197	0.299	0.408	0.530	0.659	0.761	0.778	0.753	0.670	0.514	0.284	0.000	0.000	-0.072	14
16	0.000	0.099	0.197	0.297	0.403	0.521	0.651	0.766	0.793	0.779	0.703	0.547	0.306	0.000	0.000	-0.068	16
20	0.000	0.100	0.199	0.297	0.398	0.509	0.636	0.766	0.810	0.816	0.756	0.604	0.344	0.000	0.000	-0.060	20
24	0.000	0.100	0.200	0.298	0.397	0.502	0.624	0.760	0.816	0.839	0.796	0.650	0.378	0.000	0.000	-0.055	24
28	0.000	0.100	0.200	0.299	0.397	0.499	0.614	0.752	0.817	0.853	0.826	0.690	0.409	0.000	0.000	-0.051	28
32	0.000	0.100	0.200	0.300	0.398	0.497	0.608	0.743	0.813	0.861	0.849	0.724	0.436	0.000	0.000	-0.048	32
40	0.000	0.100	0.200	0.300	0.399	0.497	0.600	0.728	0.803	0.867	0.881	0.778	0.485	0.000	0.000	-0.043	40
48	0.000	0.100	0.200	0.300	0.400	0.498	0.598	0.716	0.791	0.865	0.900	0.820	0.527	0.000	0.000	-0.039	48
56	0.000	0.100	0.200	0.300	0.400	0.490	0.597	0.708	0.780	0.859	0.911	0.853	0.564	0.000	0.000	-0.036	56

荷载情况：三角形荷载 q
支承条件：底固定，顶铰支
符号规定：外壁受拉为正

竖向弯矩 $M_x = k_{Mx} q H^2$

环向弯矩 $M_\theta = \dfrac{1}{6} M_x$

竖向弯矩系数 k_{Mx} （0.0H 为池顶，1.0H 为池底）

$\dfrac{H^2}{dh}$	0.0H	0.1H	0.2H	0.3H	0.4H	0.5H	0.6H	0.7H	0.75H	0.8H	0.85H	0.9H	0.95H	1.0H	$\dfrac{H^2}{dh}$
0.2	0.0000	0.0097	0.0185	0.0253	0.0191	0.0289	0.0238	0.0128	0.0047	−0.0052	−0.0172	−0.0313	−0.0476	−0.0663	0.2
0.4	0.0000	0.0095	0.0180	0.0246	0.0283	0.0283	0.0234	0.0126	0.0047	−0.0050	−0.0167	−0.0306	−0.0467	−0.0651	0.4
0.6	0.0000	0.0090	0.0171	0.0235	0.0272	0.0273	0.0227	0.0124	0.0048	−0.0046	−0.0160	−0.0295	−0.0452	−0.0633	0.6
0.8	0.0000	0.0084	0.0161	0.0221	0.0257	0.0259	0.0217	0.0121	0.0049	−0.0041	−0.0151	−0.0281	−0.0434	−0.0610	0.8
1	0.0000	0.0078	0.0149	0.0206	0.0240	0.0214	0.0207	0.0118	0.0050	−0.0036	−0.0140	−0.0265	−0.0413	−0.0584	1
1.5	0.0000	0.0060	0.0116	0.0163	0.0194	0.0203	0.0178	0.0108	0.0052	−0.0020	−0.0111	−0.0222	−0.0355	−0.0511	1.5
2	0.0000	0.0044	0.0086	0.0124	0.0152	0.0164	0.0150	0.0098	0.0054	−0.0006	−0.0084	−0.0181	−0.0300	−0.0442	2
3	0.0000	0.0021	0.0044	0.0067	0.0089	0.0105	0.0107	0.0082	0.0054	0.0013	−0.0044	−0.0119	−0.0216	−0.0336	3
4	0.0000	0.0009	0.0020	0.0035	0.0052	0.0069	0.0079	0.0069	0.0052	0.0024	−0.0020	−0.0081	−0.0163	−0.0268	4
5	0.0000	0.0003	0.0009	0.0018	0.0031	0.0046	0.0060	0.0059	0.0049	0.0028	−0.0006	−0.0057	−0.0128	−0.0222	5
6	0.0000	0.0001	0.0003	0.0008	0.0018	0.0032	0.0046	0.0051	0.0045	0.0030	0.0003	−0.0041	−0.0104	−0.0196	6
7	0.0000	−0.0001	0.0000	0.0004	0.0011	0.0023	0.0036	0.0044	0.0041	0.0030	0.0008	−0.0030	−0.0087	−0.0166	7
8	0.0000	−0.0001	−0.0001	0.0001	0.0006	0.0016	0.0029	0.0038	0.0037	0.0030	0.0011	−0.0022	−0.0074	−0.0148	8
9	0.0000	−0.0001	−0.0001	0.0000	0.0004	0.0011	0.0023	0.0033	0.0034	0.0028	0.0013	−0.0016	−0.0063	−0.0133	9
10	0.0000	−0.0001	−0.0001	−0.0001	0.0002	0.0008	0.0018	0.0029	0.0031	0.0027	0.0015	−0.0011	−0.0055	−0.0121	10
12	0.0000	0.0000	−0.0001	−0.0001	0.0000	0.0004	0.0012	0.0022	0.0025	0.0024	0.0016	−0.0005	−0.0043	−0.0103	12
14	0.0000	0.0000	−0.0001	−0.0001	−0.0001	0.0002	0.0008	0.0017	0.0021	0.0022	0.0016	−0.0001	−0.0034	−0.0089	14
16	0.0000	0.0000	0.0000	−0.0001	−0.0001	0.0000	0.0005	0.0013	0.0017	0.0019	0.0015	0.0002	−0.0028	−0.0079	16
20	0.0000	0.0000	0.0000	0.0000	−0.0001	−0.0001	0.0002	0.0008	0.0012	0.0015	0.0014	0.0004	−0.0020	−0.0064	20
24	0.0000	0.0000	0.0000	0.0000	0.0000	0.0000	0.0001	0.0005	0.0008	0.0012	0.0012	0.0006	−0.0014	−0.0054	24
28	0.0000	0.0000	0.0000	0.0000	0.0000	0.0000	0.0000	0.0003	0.0006	0.0009	0.0011	0.0006	−0.0010	−0.0047	28
32	0.0000	0.0000	0.0000	0.0000	0.0000	0.0000	0.0000	0.0002	0.0004	0.0007	0.0010	0.0007	−0.0008	−0.0041	32
40	0.0000	0.0000	0.0000	0.0000	0.0000	0.0000	0.0000	0.0001	0.0002	0.0005	0.0007	0.0006	−0.0004	−0.0033	40
48	0.0000	0.0000	0.0000	0.0000	0.0000	0.0000	0.0000	0.0000	0.0001	0.0003	0.0006	0.0006	−0.0002	−0.0028	48
56	0.0000	0.0000	0.0000	0.0000	0.0000	0.0000	0.0000	0.0000	0.0000	0.0002	0.0004	0.0005	−0.0001	−0.0024	56

荷载情况：三角形荷载 q

支承条件：底固定，顶铰支

符号规定：环向力受拉为正，剪力向外为正

环向力 $N_\theta = k_{N\theta} qr$

剪力 $V_x = k_{vx} qH$

$\dfrac{H^2}{dh}$	环 向 力 系 数 $k_{N\theta}$（0.0H 为池顶，1.0H 为池底）														剪力系数 k_{vx}		$\dfrac{H^2}{dh}$
	0.0H	0.1H	0.2H	0.3H	0.4H	0.5H	0.6H	0.7H	0.75H	0.8H	0.85H	0.9H	0.95H	1.0H	顶端	底端	
0.2	0.000	0.002	0.003	0.004	0.004	0.004	0.004	0.003	0.002	0.002	0.001	0.001	0.000	0.000	−0.099	−0.398	0.2
0.4	0.000	0.006	0.011	0.015	0.017	0.017	0.015	0.011	0.009	0.006	0.004	0.002	0.001	0.000	−0.096	−0.394	0.4
0.6	0.000	0.013	0.024	0.032	0.037	0.037	0.032	0.024	0.019	0.014	0.009	0.004	0.001	0.000	−0.092	−0.387	0.6
0.8	0.000	0.021	0.040	0.055	0.062	0.062	0.055	0.041	0.032	0.023	0.015	0.007	0.002	0.000	−0.086	−0.377	0.8
1	0.000	0.031	0.059	0.080	0.091	0.092	0.081	0.060	0.048	0.035	0.022	0.011	0.003	0.000	−0.079	−0.367	1
1.5	0.000	0.057	0.109	0.148	0.170	0.172	0.152	0.115	0.092	0.067	0.043	0.021	0.006	0.000	−0.061	−0.337	1.5
2	0.000	0.080	0.153	0.209	0.242	0.247	0.222	0.170	0.136	0.100	0.064	0.032	0.009	0.000	−0.044	−0.309	2
3	0.000	0.109	0.209	0.291	0.345	0.362	0.335	0.264	0.215	0.161	0.105	0.054	0.015	0.000	−0.021	−0.265	3
4	0.000	0.120	0.233	0.330	0.401	0.433	0.415	0.339	0.281	0.213	0.142	0.074	0.022	0.000	−0.009	−0.234	4
5	0.000	0.121	0.237	0.343	0.429	0.478	0.473	0.399	0.337	0.260	0.175	0.093	0.028	0.000	−0.003	−0.213	5
6	0.000	0.117	0.234	0.345	0.441	0.505	0.516	0.450	0.386	0.303	0.207	0.111	0.033	0.000	0.000	−0.196	6
7	0.000	0.113	0.227	0.340	0.445	0.523	0.549	0.494	0.429	0.342	0.237	0.129	0.039	0.000	0.001	−0.184	7
8	0.000	0.109	0.220	0.334	0.444	0.534	0.575	0.531	0.468	0.378	0.266	0.147	0.045	0.000	0.001	−0.173	8
9	0.000	0.105	0.214	0.328	0.441	0.540	0.594	0.563	0.503	0.411	0.293	0.164	0.051	0.000	0.001	−0.164	9
10	0.000	0.103	0.209	0.322	0.437	0.543	0.609	0.590	0.533	0.441	0.319	0.180	0.057	0.000	0.001	−0.156	10
12	0.000	0.100	0.203	0.312	0.428	0.543	0.629	0.634	0.586	0.496	0.366	0.211	0.068	0.000	0.000	−0.144	12
14	0.000	0.099	0.200	0.306	0.420	0.538	0.639	0.667	0.628	0.542	0.409	0.241	0.079	0.000	0.000	−0.134	14
16	0.000	0.099	0.198	0.302	0.413	0.532	0.643	0.691	0.662	0.583	0.448	0.269	0.090	0.000	0.000	−0.126	16
20	0.000	0.099	0.198	0.299	0.404	0.521	0.641	0.721	0.712	0.648	0.515	0.321	0.111	0.000	0.000	−0.114	20
24	0.000	0.100	0.199	0.298	0.400	0.511	0.635	0.736	0.745	0.698	0.572	0.367	0.131	0.000	0.000	−0.104	24
28	0.000	0.100	0.200	0.299	0.398	0.505	0.627	0.742	0.767	0.735	0.620	0.410	0.150	0.000	0.000	−0.097	28
32	0.000	0.100	0.200	0.299	0.398	0.502	0.620	0.743	0.780	0.764	0.661	0.449	0.169	0.000	0.000	−0.091	32
40	0.000	0.100	0.200	0.300	0.399	0.499	0.609	0.738	0.792	0.803	0.726	0.517	0.204	0.000	0.000	−0.082	40
48	0.000	0.100	0.200	0.300	0.400	0.498	0.603	0.729	0.793	0.826	0.773	0.575	0.237	0.000	0.000	−0.075	48
56	0.000	0.100	0.200	0.300	0.400	0.499	0.600	0.721	0.789	0.837	0.809	0.625	0.268	0.000	0.000	−0.070	56

附表 4-1 (9)

荷载情况：梯形荷载 q+p
支承条件：底铰支，顶自由
符号规定：外壁受拉为正

竖向弯矩 $M_x = k_{Mx}(q+p)H^2$

环向弯矩 $M_\theta = \dfrac{1}{6}M_x$

竖向弯矩系数 k_{Mx} （0.0H 为池顶，1.0H 为池底）

$\dfrac{H^2}{dh}$	0.0H	0.1H	0.2H	0.3H	0.4H	0.5H	0.6H	0.7H	0.75H	0.8H	0.85H	0.9H	0.95H	1.0H	$\dfrac{H^2}{dh}$
0.2	0.0000	0.0022	0.0079	0.0156	0.0238	0.0310	0.0357	0.0365	0.0349	0.0318	0.0269	0.0201	0.0112	0.0000	0.2
0.4	0.0000	0.0022	0.0077	0.0151	0.0231	0.0302	0.0349	0.0357	0.0342	0.0312	0.0265	0.0198	0.0111	0.0000	0.4
0.6	0.0000	0.0020	0.0073	0.0144	0.0221	0.0290	0.0336	0.0346	0.0332	0.0303	0.0258	0.0193	0.0108	0.0000	0.6
0.8	0.0000	0.0019	0.0068	0.0135	0.0208	0.0274	0.0319	0.0330	0.0318	0.0292	0.0249	0.0187	0.0105	0.0000	0.8
1	0.0000	0.0017	0.0063	0.0125	0.0193	0.0256	0.0300	0.0313	0.0302	0.0278	0.0238	0.0180	0.0101	0.0000	1
1.5	0.0000	0.0013	0.0048	0.0097	0.0153	0.0207	0.0249	0.0265	0.0259	0.0241	0.0209	0.0160	0.0091	0.0000	1.5
2	0.0000	0.0009	0.0035	0.0072	0.0116	0.0162	0.0200	0.0220	0.0219	0.0207	0.0182	0.0141	0.0081	0.0000	2
3	0.0000	0.0004	0.0016	0.0035	0.0063	0.0095	0.0127	0.0151	0.0156	0.0153	0.0139	0.0111	0.0066	0.0000	3
4	0.0000	0.0001	0.0006	0.0016	0.0032	0.0056	0.0088	0.0108	0.0118	0.0118	0.0111	0.0091	0.0056	0.0000	4
5	0.0000	0.0000	0.0001	0.0006	0.0016	0.0033	0.0056	0.0080	0.0089	0.0094	0.0091	0.0078	0.0049	0.0000	5
6	0.0000	-0.0001	-0.0001	0.0001	0.0007	0.0020	0.0039	0.0061	0.0071	0.0078	0.0078	0.0068	0.0044	0.0000	6
7	0.0000	-0.0001	-0.0002	-0.0001	0.0003	0.0012	0.0027	0.0048	0.0058	0.0065	0.0067	0.0060	0.0040	0.0000	7
8	0.0000	-0.0001	-0.0002	-0.0002	0.0000	0.0007	0.0020	0.0038	0.0043	0.0056	0.0059	0.0054	0.0036	0.0000	8
9	0.0000	0.0000	-0.0001	-0.0002	-0.0001	0.0004	0.0014	0.0031	0.0040	0.0048	0.0052	0.0049	0.0034	0.0000	9
10	0.0000	0.0000	-0.0001	-0.0002	-0.0002	0.0002	0.0010	0.0025	0.0034	0.0042	0.0047	0.0045	0.0031	0.0000	10
12	0.0000	0.0000	-0.0001	-0.0001	-0.0002	0.0001	0.0005	0.0017	0.0025	0.0032	0.0038	0.0038	0.0028	0.0000	12
14	0.0000	0.0000	0.0000	-0.0001	-0.0001	-0.0001	0.0002	0.0012	0.0018	0.0026	0.0032	0.0033	0.0025	0.0000	14
16	0.0000	0.0000	0.0000	0.0000	-0.0001	-0.0001	0.0001	0.0008	0.0014	0.0021	0.0027	0.0029	0.0023	0.0000	16
20	0.0000	0.0000	0.0000	0.0000	0.0000	-0.0001	0.0000	0.0004	0.0008	0.0014	0.0026	0.0024	0.0019	0.0000	20
24	0.0000	0.0000	0.0000	0.0000	0.0000	-0.0001	-0.0001	0.0002	0.0005	0.0010	0.0015	0.0019	0.0017	0.0000	24
28	0.0000	0.0000	0.0000	0.0000	0.0000	0.0000	-0.0001	0.0001	0.0003	0.0007	0.0012	0.0016	0.0015	0.0000	28
32	0.0000	0.0000	0.0000	0.0000	0.0000	0.0000	-0.0001	0.0000	0.0002	0.0005	0.0010	0.0014	0.0014	0.0000	32
40	0.0000	0.0000	0.0000	0.0000	0.0000	0.0000	0.0000	0.0000	0.0000	0.0002	0.0006	0.0010	0.0011	0.0000	40
48	0.0000	0.0000	0.0000	0.0000	0.0000	0.0000	0.0000	0.0000	0.0000	0.0001	0.0004	0.0008	0.0010	0.0000	48
56	0.0000	0.0000	0.0000	0.0000	0.0000	0.0000	0.0000	0.0000	0.0000	0.0001	0.0003	0.0006	0.0008	0.0000	56

附表 4-1 (10)

荷载情况：三角形荷载 q
支承条件：底铰支，顶自由
符号规定：环向力受拉为正，剪力向外为正

环向力 $N_\theta = k_{N\theta} qr$
剪力 $V_x = k_{vx} qH$

$\dfrac{H^2}{dh}$	环向力系数 $k_{N\theta}$ (0.0H 为池顶，1.0H 为池底)														剪力系数 k_{vx}		$\dfrac{H^2}{dh}$
---	0.0H	0.1H	0.2H	0.3H	0.4H	0.5H	0.6H	0.7H	0.75H	0.8H	0.85H	0.9H	0.95H	1.0H	顶端	底端	
0.2	0.494	0.447	0.399	0.351	0.302	0.253	0.204	0.154	0.128	0.103	0.077	0.052	0.026	0.000	0.000	−0.249	0.2
0.4	0.478	0.437	0.395	0.352	0.308	0.263	0.215	0.165	0.139	0.112	0.084	0.057	0.028	0.000	0.000	−0.246	0.4
0.6	0.453	0.421	0.388	0.354	0.318	0.278	0.233	0.182	0.155	0.126	0.096	0.064	0.032	0.000	0.000	−0.241	0.6
0.8	0.421	0.401	0.380	0.357	0.330	0.297	0.255	0.204	0.175	0.144	0.110	0.075	0.038	0.000	0.000	−0.234	0.8
1	0.385	0.378	0.371	0.360	0.344	0.319	0.281	0.230	0.199	0.165	0.127	0.086	0.044	0.000	0.000	−0.227	1
1.5	0.287	0.317	0.345	0.368	0.381	0.377	0.352	0.301	0.265	0.223	0.174	0.119	0.061	0.000	0.000	−0.206	1.5
2	0.198	0.260	0.320	0.373	0.413	0.431	0.419	0.370	0.330	0.280	0.220	0.153	0.078	0.000	0.000	−0.186	2
3	0.076	0.179	0.280	0.375	0.454	0.506	0.519	0.479	0.435	0.376	0.300	0.210	0.108	0.000	0.000	−0.156	3
4	0.016	0.135	0.254	0.367	0.469	0.545	0.581	0.554	0.512	0.448	0.362	0.256	0.133	0.000	0.000	−0.135	4
5	−0.009	0.113	0.235	0.356	0.469	0.563	0.618	0.607	0.569	0.504	0.413	0.294	0.154	0.000	0.000	−0.121	5
6	−0.017	0.102	0.222	0.344	0.463	0.569	0.640	0.647	0.614	0.551	0.456	0.328	0.173	0.000	0.000	−0.110	6
7	−0.017	0.097	0.213	0.333	0.454	0.568	0.654	0.677	0.650	0.590	0.493	0.359	0.190	0.000	0.000	−0.102	7
8	−0.015	0.095	0.207	0.323	0.445	0.564	0.662	0.700	0.679	0.624	0.527	0.386	0.206	0.000	0.000	−0.096	8
9	−0.011	0.095	0.203	0.316	0.436	0.559	0.666	0.718	0.704	0.653	0.557	0.412	0.221	0.000	0.000	−0.090	9
10	−0.008	0.095	0.200	0.310	0.428	0.553	0.667	0.731	0.725	0.678	0.584	0.435	0.235	0.000	0.000	−0.086	10
12	−0.003	0.097	0.197	0.303	0.416	0.541	0.665	0.750	0.756	0.720	0.631	0.477	0.261	0.000	0.000	−0.078	12
14	0.000	0.098	0.197	0.299	0.408	0.530	0.659	0.761	0.778	0.753	0.670	0.514	0.284	0.000	0.000	−0.072	14
16	0.001	0.099	0.197	0.297	0.403	0.521	0.651	0.766	0.793	0.779	0.703	0.547	0.306	0.000	0.000	−0.068	16
20	0.001	0.100	0.199	0.297	0.398	0.509	0.636	0.766	0.810	0.816	0.756	0.604	0.344	0.000	0.000	−0.061	20
24	0.000	0.100	0.200	0.298	0.397	0.502	0.624	0.760	0.816	0.839	0.796	0.650	0.378	0.000	0.000	−0.055	24
28	0.000	0.100	0.200	0.299	0.397	0.499	0.614	0.752	0.817	0.853	0.826	0.690	0.409	0.000	0.000	−0.051	28
32	0.000	0.100	0.200	0.300	0.398	0.497	0.608	0.743	0.813	0.861	0.849	0.724	0.436	0.000	0.000	−0.048	32
40	0.000	0.100	0.200	0.300	0.399	0.497	0.600	0.728	0.803	0.867	0.081	0.778	0.485	0.000	0.000	−0.043	40
48	0.000	0.100	0.200	0.300	0.400	0.498	0.598	0.716	0.791	0.865	0.900	0.820	0.527	0.000	0.000	−0.039	48
56	0.000	0.100	0.200	0.300	0.400	0.499	0.597	0.708	0.780	0.859	0.911	0.853	0.564	0.000	0.000	−0.036	56

荷载情况：矩形荷载 p
支承条件：底铰支，顶自由
符号规定：环向力受拉为正，剪力向外为正

环向力 $N_\theta = k_{N\theta} pr$

剪力 $V_x = k_{vx} pH$

环向力系数 $k_{N\theta}$ (0.0H 为池顶，1.0H 为池底)

$\frac{H^2}{dh}$	0.0H	0.1H	0.2H	0.3H	0.4H	0.5H	0.6H	0.7H	0.75H	0.8H	0.85H	0.9H	0.95H	1.0H	剪力系数 k_{vx} 顶端	底端	$\frac{H^2}{dh}$
0.2	1.494	1.347	1.199	1.051	0.902	0.753	0.604	0.454	0.378	0.303	0.227	0.152	0.076	0.000	0.000	−0.249	0.2
0.4	1.478	1.337	1.195	1.052	0.908	0.763	0.615	0.465	0.380	0.312	0.234	0.157	0.078	0.000	0.000	−0.246	0.4
0.6	1.453	1.321	1.188	1.054	0.918	0.778	0.633	0.482	0.405	0.326	0.246	0.164	0.082	0.000	0.000	−0.241	0.6
0.8	1.421	1.301	1.180	1.057	0.930	0.797	0.655	0.504	0.425	0.344	0.260	0.175	0.088	0.000	0.000	−0.234	0.8
1	1.385	1.278	1.171	1.060	0.944	0.819	0.681	0.530	0.449	0.365	0.277	0.186	0.094	0.000	0.000	−0.227	1
1.5	1.287	1.217	1.145	1.068	0.981	0.877	0.752	0.601	0.515	0.423	0.324	0.219	0.111	0.000	0.000	−0.206	1.5
2	1.198	1.160	1.120	1.073	1.013	0.931	0.819	0.670	0.580	0.480	0.370	0.253	0.128	0.000	0.000	−0.186	2
3	1.076	1.079	1.080	1.075	1.054	1.006	0.919	0.779	0.685	0.576	0.450	0.310	0.158	0.000	0.000	−0.156	3
4	1.016	1.035	1.054	1.067	1.069	1.045	0.981	0.854	0.762	0.648	0.512	0.356	0.183	0.000	0.000	−0.135	4
5	0.991	1.013	1.035	1.056	1.069	1.063	1.018	0.907	0.819	0.704	0.563	0.394	0.204	0.000	0.000	−0.121	5
6	0.983	1.002	1.022	1.044	1.063	1.069	1.040	0.947	0.864	0.751	0.606	0.428	0.223	0.000	0.000	−0.110	6
7	0.983	0.997	1.013	1.033	1.054	1.068	1.054	0.977	0.900	0.790	0.643	0.459	0.240	0.000	0.000	−0.102	7
8	0.985	0.995	1.007	1.023	1.045	1.064	1.062	1.000	0.929	0.824	0.677	0.486	0.256	0.000	0.000	−0.096	8
9	0.989	0.995	1.003	1.016	1.036	1.059	1.066	1.018	0.954	0.853	0.707	0.512	0.271	0.000	0.000	−0.090	9
10	0.992	0.995	1.000	1.010	1.028	1.053	1.067	1.031	0.975	0.878	0.734	0.535	0.285	0.000	0.000	−0.086	10
12	0.997	0.997	0.997	1.003	1.016	1.041	1.065	1.050	1.006	0.920	0.781	0.577	0.311	0.000	0.000	−0.078	12
14	1.000	0.998	0.997	0.999	1.008	1.030	1.059	1.061	1.028	0.953	0.820	0.614	0.334	0.000	0.000	−0.072	14
16	1.001	0.999	0.997	0.997	1.003	1.021	1.051	1.066	1.043	0.979	0.853	0.647	0.356	0.000	0.000	−0.068	16
20	1.001	1.000	0.999	0.997	0.998	1.009	1.036	1.066	1.060	1.016	0.906	0.704	0.394	0.000	0.000	−0.061	20
24	1.000	1.000	1.000	0.998	0.997	1.002	1.024	1.060	1.066	1.039	0.946	0.750	0.428	0.000	0.000	−0.055	24
28	1.000	1.000	1.000	0.999	0.997	0.999	1.014	1.052	1.067	1.053	0.976	0.790	0.459	0.000	0.000	−0.051	28
32	1.000	1.000	1.000	1.000	0.998	0.997	1.008	1.043	1.063	1.061	0.999	0.824	0.486	0.000	0.000	−0.048	32
40	1.000	1.000	1.000	1.000	0.999	0.997	1.000	1.028	1.053	1.067	1.031	0.878	0.535	0.000	0.000	−0.043	40
48	1.000	1.000	1.000	1.000	1.000	0.998	0.998	1.016	1.041	1.065	1.050	0.920	0.577	0.000	0.000	−0.039	48
56	1.000	1.000	1.000	1.000	1.000	0.999	0.997	1.008	1.030	1.059	1.061	0.963	0.614	0.000	0.000	−0.036	56

荷载情况：矩形荷载 p

支承条件：底固定，顶自由

符号规定：外壁受拉为正

竖向弯矩 $M_x = k_{Mx} p H^2$

环向弯矩 $M_\theta = \frac{1}{6} M_x$

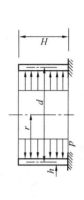

竖 向 弯 矩 系 数 k_{Mx} (0.0H 为池顶，1.0H 为池底)

$\dfrac{H^2}{dh}$	0.0H	0.1H	0.2H	0.3H	0.4H	0.5H	0.6H	0.7H	0.75H	0.8H	0.85H	0.9H	0.95H	1.0H	$\dfrac{H^2}{dh}$
0.2	0.0000	-0.0040	-0.0163	-0.0371	-0.0667	-0.1053	-0.1531	-0.2105	-0.2428	-0.2776	-0.3148	-0.3545	-0.3967	-0.4414	0.2
0.4	0.0000	-0.0022	-0.0095	-0.0224	-0.0418	-0.0685	-0.1030	-0.1461	-0.1710	-0.1983	-0.2280	-0.2601	-0.2946	-0.2617	0.4
0.6	0.0000	-0.0008	-0.0040	-0.0106	-0.0219	-0.0388	-0.0625	-0.0938	-0.1127	-0.1338	-0.1572	-0.1830	-0.2113	-0.2421	0.6
0.8	0.0000	0.0001	-0.0005	-0.0032	-0.0091	-0.0197	-0.0361	-0.0596	-0.0744	-0.0913	-0.1106	-0.1321	-0.1561	-0.1826	0.8
1	0.0000	0.0006	0.0015	0.0013	-0.0014	-0.0079	-0.0197	-0.0381	-0.0502	-0.0644	-0.0808	-0.0995	-0.1207	-0.1443	1
1.5	0.0000	0.0011	0.0037	0.0066	0.0085	0.0083	0.0046	-0.0042	-0.0108	-0.0193	-0.0298	-0.0424	-0.0572	-0.0745	1.5
2	0.0000	0.0011	0.0036	0.0065	0.0088	0.0091	0.0060	-0.0019	-0.0082	-0.0164	-0.0266	-0.0389	-0.0537	-0.0709	2
3	0.0000	0.0007	0.0026	0.0050	0.0074	0.0089	0.0084	0.0043	0.0003	-0.0052	-0.0126	-0.0221	-0.0339	-0.0482	3
4	0.0000	0.0004	0.0015	0.0032	0.0051	0.0068	0.0074	0.0054	0.0028	-0.0011	-0.0068	-0.0144	-0.0242	-0.0365	4
5	0.0000	0.0002	0.0008	0.0019	0.0034	0.0050	0.0060	0.0052	0.0036	0.0007	-0.0037	-0.0099	-0.0184	-0.0293	5
6	0.0000	0.0001	0.0004	0.0010	0.0021	0.0036	0.0048	0.0048	0.0038	0.0017	-0.0019	-0.0072	-0.0146	-0.0244	6
7	0.0000	0.0000	0.0001	0.0005	0.0013	0.0026	0.0038	0.0043	0.0037	0.0021	-0.0007	-0.0053	-0.0119	-0.0209	7
8	0.0000	0.0000	0.0000	0.0002	0.0008	0.0018	0.0031	0.0038	0.0035	0.0023	0.0000	-0.0040	-0.0100	-0.0183	8
9	0.0000	0.0000	-0.0001	0.0001	0.0005	0.0013	0.0025	0.0033	0.0032	0.0024	0.0005	-0.0030	-0.0085	-0.0163	9
10	0.0000	0.0000	-0.0001	0.0000	0.0003	0.0009	0.0020	0.0030	0.0030	0.0024	0.0008	-0.0023	-0.0073	-0.0146	10
12	0.0000	0.0000	-0.0001	-0.0001	0.0000	0.0005	0.0013	0.0023	0.0025	0.0023	0.0011	-0.0013	-0.0056	-0.0122	12
14	0.0000	0.0000	-0.0001	-0.0001	-0.0001	0.0002	0.0009	0.0018	0.0021	0.0021	0.0013	-0.0007	-0.0045	-0.0105	14
16	0.0000	0.0000	0.0000	-0.0001	-0.0001	0.0001	0.0006	0.0014	0.0018	0.0019	0.0014	-0.0003	-0.0036	-0.0091	16
20	0.0000	0.0000	0.0000	0.0000	-0.0001	0.0000	0.0002	0.0009	0.0013	0.0015	0.0013	0.0002	-0.0025	-0.0073	20
24	0.0000	0.0000	0.0000	0.0000	0.0000	-0.0001	0.0001	0.0005	0.0009	0.0012	0.0012	0.0004	-0.0018	-0.0061	24
28	0.0000	0.0000	0.0000	0.0000	0.0000	0.0000	0.0000	0.0003	0.0006	0.0010	0.0011	0.0005	-0.0013	-0.0052	28
32	0.0000	0.0000	0.0000	0.0000	0.0000	0.0000	0.0000	0.0002	0.0005	0.0008	0.0010	0.0006	-0.0010	-0.0046	32
40	0.0000	0.0000	0.0000	0.0000	0.0000	0.0000	0.0000	0.0001	0.0002	0.0005	0.0007	0.0006	-0.0006	-0.0037	40
48	0.0000	0.0000	0.0000	0.0000	0.0000	0.0000	0.0000	0.0000	0.0001	0.0003	0.0006	0.0006	-0.0003	-0.0030	48
56	0.0000	0.0000	0.0000	0.0000	0.0000	0.0000	0.0000	0.0000	0.0001	0.0002	0.0004	0.0005	-0.0002	-0.0026	56

荷载情况：矩形荷载 p
支承条件：底固定，顶自由
符号规定：环向力受拉为正，剪力向外为正

环向力 $N_\theta = k_{N\theta} pr$

剪 力 $V_x = k_{vx} pH$

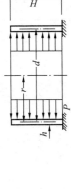

$\dfrac{H^2}{dh}$	环向力系数 $k_{N\theta}$ （0.0H为池顶，1.0H为池底）														剪力系数 k_{vx}		$\dfrac{H^2}{dh}$
	0.0H	0.1H	0.2H	0.3H	0.4H	0.5H	0.6H	0.7H	0.75H	0.8H	0.85H	0.9H	0.95H	1.0H	顶端	底端	
0.2	0.202	0.175	0.149	0.122	0.097	0.072	0.050	0.030	0.022	0.014	0.008	0.004	0.001	0.000	0.000	−0.919	0.2
0.4	0.577	0.502	0.427	0.352	0.279	0.209	0.145	0.088	0.064	0.042	0.025	0.011	0.003	0.000	0.000	−0.766	0.4
0.6	0.875	0.763	0.652	0.541	0.432	0.327	0.228	0.140	0.102	0.068	0.040	0.019	0.005	0.000	0.000	−0.640	0.6
0.8	1.061	0.930	0.799	0.668	0.538	0.412	0.291	0.181	0.132	0.089	0.053	0.025	0.006	0.000	0.000	−0.555	0.8
1	1.167	1.029	0.891	0.752	0.613	0.474	0.339	0.214	0.157	0.107	0.064	0.030	0.008	0.000	0.000	−0.498	1
1.5	1.258	1.131	1.002	0.869	0.730	0.584	0.433	0.283	0.212	0.147	0.089	0.043	0.011	0.000	0.000	−0.416	1.5
2	1.248	1.146	1.042	0.931	0.807	0.668	0.513	0.347	0.264	0.185	0.114	0.055	0.015	0.000	0.000	−0.369	2
3	1.161	1.113	1.061	0.997	0.913	0.798	0.646	0.461	0.360	0.259	0.163	0.081	0.023	0.000	0.000	−0.309	3
4	1.084	1.072	1.057	1.029	0.978	0.889	0.749	0.555	0.442	0.324	0.208	0.106	0.030	0.000	0.000	−0.270	4
5	1.035	1.043	1.047	1.043	1.015	0.949	0.824	0.632	0.512	0.381	0.249	0.128	0.037	0.000	0.000	−0.242	5
6	1.008	1.024	1.038	1.045	1.034	0.987	0.881	0.695	0.571	0.432	0.287	0.150	0.044	0.000	0.000	−0.221	6
7	0.995	1.012	1.029	1.042	1.043	1.012	0.923	0.747	0.623	0.478	0.322	0.171	0.051	0.000	0.000	−0.204	7
8	0.989	1.005	1.021	1.037	1.045	1.027	0.955	0.791	0.668	0.520	0.354	0.190	0.057	0.000	0.000	−0.191	8
9	0.988	1.001	1.015	1.030	1.043	1.037	0.979	0.829	0.708	0.558	0.385	0.209	0.064	0.000	0.000	−0.180	9
10	0.990	0.999	1.010	1.024	1.040	1.041	0.998	0.861	0.744	0.592	0.414	0.228	0.070	0.000	0.000	−0.171	10
12	0.993	0.997	1.003	1.014	1.031	1.043	1.022	0.913	0.804	0.654	0.467	0.262	0.082	0.000	0.000	−0.156	12
14	0.997	0.998	1.000	1.007	1.022	1.040	1.035	0.951	0.853	0.707	0.515	0.295	0.094	0.000	0.000	−0.145	14
16	0.999	0.998	0.998	1.003	1.015	1.034	1.042	0.979	0.892	0.752	0.558	0.325	0.106	0.000	0.000	−0.135	16
20	1.000	0.999	0.998	0.999	1.005	1.022	1.042	1.015	0.949	0.825	0.632	0.382	0.129	0.000	0.000	−0.121	20
24	1.000	1.000	0.999	0.998	1.000	1.013	1.036	1.033	0.986	0.880	0.694	0.432	0.150	0.000	0.000	−0.110	24
28	1.000	1.000	1.000	0.999	0.999	1.006	1.028	1.041	1.011	0.922	0.747	0.478	0.171	0.000	0.000	−0.102	28
32	1.000	1.000	1.000	0.999	0.998	1.002	1.021	1.043	1.026	0.954	0.791	0.520	0.190	0.000	0.000	−0.096	32
40	1.000	1.000	1.000	1.000	0.999	0.999	1.010	1.039	1.041	0.997	0.861	0.592	0.228	0.000	0.000	−0.086	40
48	1.000	1.000	1.000	1.000	0.999	0.998	1.003	1.030	1.043	1.022	0.913	0.654	0.262	0.000	0.000	−0.078	48
56	1.000	1.000	1.000	1.000	1.000	1.000	1.000	1.022	1.040	1.035	0.951	0.707	0.295	0.000	0.000	−0.072	56

荷载情况：矩形荷载 p
支承条件：两端固定
符号规定：外壁受拉为正

竖向弯矩 $M_x = k_{Mx} pH^2$

环向弯矩 $M_\theta = \dfrac{1}{6} M_x$

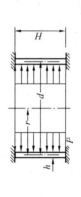

$\dfrac{H^2}{dh}$	竖 向 弯 矩 系 数 k_{Mx} （0.0H 为池顶，1.0H 为池底）														$\dfrac{H^2}{dh}$
	0.0H	0.1H	0.2H	0.3H	0.4H	0.5H	0.6H	0.7H	0.75H	0.8H	0.85H	0.9H	0.95H	1.0H	
0.2	−0.0831	−0.0382	−0.0033	0.0216	0.0365	0.0415	0.0365	0.0216	0.0104	−0.0033	−0.0195	−0.0382	−0.0594	−0.0831	0.2
0.4	−0.0822	−0.0377	−0.0032	0.0214	0.0361	0.0410	0.0361	0.0214	0.0103	−0.0032	−0.0192	−0.0377	−0.0587	−0.0822	0.4
0.6	−0.0809	−0.0370	−0.0031	0.0210	0.0354	0.0402	0.0354	0.0210	0.0102	−0.0031	−0.0188	−0.0370	−0.0577	−0.0809	0.6
0.8	−0.0791	−0.0361	−0.0029	0.0205	0.0345	0.0391	0.0345	0.0205	0.0100	−0.0029	−0.0183	−0.0361	−0.0564	−0.0791	0.8
1	−0.0770	−0.0349	−0.0027	0.0199	0.0334	0.0378	0.0334	0.0199	0.0098	−0.0027	−0.0176	−0.0349	−0.0547	−0.0770	1
1.5	−0.0704	−0.0314	−0.0021	0.0181	0.0300	0.0339	0.0300	0.0181	0.0091	−0.0021	−0.0156	−0.0314	−0.0497	−0.0704	1.5
2	−0.0631	−0.0275	−0.0014	0.0162	0.0262	0.0295	0.0262	0.0162	0.0084	−0.0014	−0.0133	−0.0275	−0.0441	−0.0631	2
3	−0.0493	−0.0201	−0.0001	0.0124	0.0191	0.0212	0.0191	0.0124	0.0070	−0.0001	−0.0091	−0.0201	−0.0335	−0.0493	3
4	−0.0386	−0.0145	0.0008	0.0095	0.0136	0.0148	0.0136	0.0095	0.0058	0.0008	−0.0058	−0.0145	−0.0253	−0.0386	4
5	−0.0309	−0.0104	0.0015	0.0074	0.0098	0.0104	0.0098	0.0074	0.0050	0.0015	−0.0036	−0.0104	−0.0195	−0.0309	5
6	−0.0255	−0.0076	0.0019	0.0059	0.0071	0.0073	0.0071	0.0059	0.0044	0.0019	−0.0020	−0.0076	−0.0154	−0.0255	6
7	−0.0215	−0.0057	0.0021	0.0048	0.0052	0.0052	0.0052	0.0048	0.0039	0.0021	−0.0010	−0.0057	−0.0124	−0.0215	7
8	−0.0186	−0.0042	0.0022	0.0040	0.0039	0.0037	0.0039	0.0040	0.0035	0.0022	−0.0002	−0.0042	−0.0103	−0.0186	8
9	−0.0164	−0.0032	0.0023	0.0034	0.0030	0.0026	0.0030	0.0034	0.0032	0.0023	0.0003	−0.0032	−0.0087	−0.0164	9
10	−0.0147	−0.0024	0.0023	0.0029	0.0023	0.0019	0.0023	0.0029	0.0029	0.0023	0.0007	−0.0024	−0.0074	−0.0147	10
12	−0.0122	−0.0014	0.0022	0.0022	0.0013	0.0009	0.0013	0.0022	0.0024	0.0022	0.0011	−0.0014	−0.0056	−0.0122	12
14	−0.0104	−0.0007	0.0020	0.0017	0.0008	0.0004	0.0008	0.0017	0.0020	0.0020	0.0013	−0.0007	−0.0045	−0.0104	14
16	−0.0091	−0.0003	0.0019	0.0013	0.0005	0.0001	0.0005	0.0013	0.0017	0.0019	0.0013	−0.0003	−0.0036	−0.0091	16
20	−0.0073	0.0002	0.0015	0.0008	0.0002	−0.0001	0.0002	0.0008	0.0012	0.0015	0.0013	0.0002	−0.0025	−0.0073	20
24	−0.0061	0.0004	0.0012	0.0005	0.0000	−0.0001	0.0000	0.0005	0.0009	0.0012	0.0012	0.0004	−0.0018	−0.0061	24
28	−0.0052	0.0005	0.0010	0.0003	0.0000	−0.0001	0.0000	0.0003	0.0006	0.0010	0.0011	0.0005	−0.0013	−0.0052	28
32	−0.0046	0.0006	0.0008	0.0002	0.0000	−0.0001	0.0000	0.0002	0.0005	0.0008	0.0010	0.0006	−0.0010	−0.0046	32
40	−0.0037	0.0006	0.0005	0.0001	0.0000	0.0000	0.0000	0.0001	0.0002	0.0005	0.0007	0.0006	−0.0006	−0.0037	40
48	−0.0030	0.0006	0.0003	0.0000	0.0000	0.0000	0.0000	0.0000	0.0001	0.0003	0.0006	0.0006	−0.0004	−0.0030	48
56	−0.0026	0.0005	0.0002	0.0000	0.0000	0.0000	0.0000	0.0000	0.0001	0.0002	0.0005	0.0005	−0.0004	−0.0026	56

荷载情况：矩形荷载 p
支承条件：两端固定
符号规定：环向力受拉为正，剪力向外为正

环向力 $N_\theta = k_{N\theta} pr$
剪力 $V_x = k_{Vx} pH$

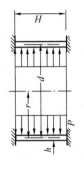

环向力系数 $k_{N\theta}$（0.0H 为池顶，1.0H 为池底）

$\dfrac{H^2}{dh}$	0.0H	0.1H	0.2H	0.3H	0.4H	0.5H	0.6H	0.7H	0.75H	0.8H	0.85H	0.9H	0.95H	1.0H	剪力系数 k_{Vx} 顶端	底端	$\dfrac{H^2}{dh}$
0.2	0.000	0.001	0.002	0.003	0.004	0.005	0.004	0.003	0.003	0.002	0.001	0.001	0.000	0.0000	−0.499	−0.499	0.2
0.4	0.000	0.002	0.008	0.014	0.018	0.013	0.018	0.014	0.011	0.008	0.005	0.002	0.001	0.0000	−0.495	−0.495	0.4
0.6	0.000	0.005	0.017	0.030	0.039	0.042	0.039	0.030	0.024	0.017	0.011	0.005	0.002	0.0000	−0.489	−0.489	0.6
0.8	0.000	0.010	0.030	0.052	0.068	0.073	0.068	0.052	0.041	0.030	0.019	0.010	0.003	0.0000	−0.480	−0.480	0.8
1	0.000	0.014	0.046	0.079	0.102	0.111	0.102	0.079	0.063	0.046	0.029	0.014	0.004	0.0000	−0.470	−0.470	1
1.5	0.000	0.030	0.093	0.160	0.208	0.225	0.208	0.160	0.128	0.092	0.059	0.030	0.008	0.0000	−0.440	−0.440	1.5
2	0.000	0.047	0.147	0.251	0.326	0.352	0.326	0.251	0.201	0.147	0.094	0.047	0.013	0.0000	−0.405	−0.405	2
3	0.000	0.081	0.251	0.423	0.545	0.589	0.545	0.423	0.340	0.251	0.161	0.081	0.023	0.0000	−0.341	−0.341	3
4	0.000	0.111	0.336	0.558	0.713	0.767	0.713	0.558	0.452	0.336	0.218	0.111	0.032	0.0000	−0.290	−0.290	4
5	0.000	0.136	0.402	0.657	0.829	0.889	0.829	0.657	0.536	0.402	0.263	0.136	0.039	0.0000	−0.253	−0.253	5
6	0.000	0.157	0.455	0.729	0.908	0.969	0.908	0.729	0.601	0.455	0.301	0.157	0.046	0.0000	−0.227	−0.227	6
7	0.000	0.177	0.499	0.782	0.961	1.020	0.961	0.782	0.651	0.499	0.335	0.177	0.052	0.0000	−0.207	−0.207	7
8	0.000	0.195	0.537	0.824	0.996	1.052	0.996	0.824	0.693	0.537	0.365	0.195	0.058	0.0000	−0.192	−0.192	8
9	0.000	0.213	0.571	0.857	1.020	1.071	1.020	0.857	0.729	0.571	0.392	0.213	0.064	0.0000	−0.180	−0.180	9
10	0.000	0.230	0.602	0.884	1.036	1.081	1.036	0.884	0.760	0.602	0.419	0.230	0.070	0.0000	−0.171	−0.171	10
12	0.000	0.263	0.658	0.926	1.052	1.086	1.052	0.926	0.812	0.658	0.468	0.263	0.082	0.0000	−0.156	−0.156	12
14	0.000	0.294	0.707	0.958	1.057	1.079	1.057	0.958	0.855	0.707	0.514	0.294	0.094	0.0000	−0.144	−0.144	14
16	0.000	0.325	0.751	0.981	1.056	1.068	1.056	0.981	0.892	0.751	0.556	0.325	0.106	0.0000	−0.135	−0.135	16
20	0.000	0.381	0.823	1.013	1.047	1.044	1.047	1.013	0.947	0.823	0.631	0.381	0.128	0.0000	−0.121	−0.121	20
24	0.000	0.432	0.879	1.031	1.036	1.025	1.036	1.031	0.985	0.879	0.694	0.432	0.149	0.0000	−0.110	−0.110	24
28	0.000	0.478	0.922	1.040	1.027	1.012	1.027	1.040	0.010	0.922	0.747	0.478	0.171	0.0000	−0.102	−0.102	28
32	0.000	0.520	0.954	1.042	1.019	1.004	1.019	1.042	0.026	0.954	0.793	0.520	0.193	0.0000	−0.096	−0.096	32
40	0.000	0.593	0.998	1.039	1.008	0.997	1.008	1.039	0.042	0.998	0.863	0.593	0.226	0.0000	−0.086	−0.086	40
48	0.000	0.654	1.022	1.030	1.003	0.996	1.003	1.030	0.043	1.022	0.909	0.654	0.255	0.0000	−0.078	−0.078	48
56	0.000	0.707	1.035	1.022	1.000	0.997	1.000	1.022	0.038	1.035	0.936	0.707	0.298	0.0000	−0.072	−0.072	56

荷载情况: 矩形荷载 p
支承条件: 两端铰支
符号规定: 外壁受拉为正

竖向弯矩 $M_x = k_{Mx} pH^2$

环向弯矩 $M_\theta = \frac{1}{6} H_x$

竖向弯矩系数 k_{Mx} (0.0H为池顶、1.0H为池底)

$\frac{H^2}{dh}$	0.0H	0.1H	0.2H	0.3H	0.4H	0.5H	0.6H	0.7H	0.75H	0.8H	0.85H	0.9H	0.95H	1.0H	$\frac{H^2}{dh}$
0.2	0.0000	0.0442	0.0786	0.1030	0.1177	0.1226	0.1177	0.1030	0.0920	0.0786	0.0626	0.0442	0.0234	0.0000	0.2
0.4	0.0000	0.0422	0.0746	0.0976	0.1113	0.1158	0.1113	0.0976	0.0873	0.0746	0.0596	0.0422	0.0223	0.0000	0.4
0.6	0.0000	0.0391	0.0688	0.0896	0.1020	0.1060	0.1020	0.0896	0.0803	0.0688	0.0551	0.0391	0.0208	0.0000	0.6
0.8	0.0000	0.0356	0.0622	0.0805	0.0912	0.0947	0.0912	0.0805	0.0723	0.0622	0.0500	0.0356	0.0190	0.0000	0.8
1	0.0000	0.0321	0.0554	0.0712	0.0803	0.0832	0.0803	0.0712	0.0642	0.0554	0.0448	0.0321	0.0172	0.0000	1
1.5	0.0000	0.0243	0.0406	0.0508	0.0564	0.0581	0.0564	0.0508	0.0464	0.0406	0.0333	0.0243	0.0133	0.0000	1.5
2	0.0000	0.0187	0.0301	0.0364	0.0394	0.0403	0.0394	0.0364	0.0337	0.0301	0.0252	0.0187	0.0104	0.0000	2
3	0.0000	0.0124	0.0182	0.0202	0.0205	0.0205	0.0205	0.0202	0.0195	0.0182	0.0160	0.0124	0.0073	0.0000	3
4	0.0000	0.0094	0.0125	0.0126	0.0117	0.0113	0.0117	0.0126	0.0128	0.0125	0.0115	0.0094	0.0057	0.0000	4
5	0.0000	0.0077	0.0094	0.0085	0.0071	0.0065	0.0071	0.0085	0.0091	0.0094	0.0091	0.0077	0.0048	0.0000	5
6	0.0000	0.0066	0.0075	0.0061	0.0045	0.0039	0.0045	0.0061	0.0070	0.0075	0.0075	0.0066	0.0043	0.0000	6
7	0.0000	0.0059	0.0063	0.0046	0.0030	0.0023	0.0030	0.0046	0.0055	0.0063	0.0065	0.0059	0.0039	0.0000	7
8	0.0000	0.0053	0.0053	0.0036	0.0020	0.0013	0.0020	0.0036	0.0045	0.0053	0.0057	0.0053	0.0036	0.0000	8
9	0.0000	0.0048	0.0046	0.0028	0.0013	0.0007	0.0013	0.0028	0.0038	0.0046	0.0051	0.0048	0.0033	0.0000	9
10	0.0000	0.0044	0.0040	0.0023	0.0009	0.0003	0.0009	0.0023	0.0032	0.0040	0.0046	0.0044	0.0031	0.0000	10
12	0.0000	0.0038	0.0032	0.0015	0.0003	-0.0001	0.0003	0.0015	0.0024	0.0032	0.0038	0.0038	0.0028	0.0000	12
14	0.0000	0.0033	0.0025	0.0011	0.0001	-0.0002	0.0001	0.0011	0.0018	0.0025	0.0032	0.0033	0.0025	0.0000	14
16	0.0000	0.0029	0.0021	0.0007	-0.0001	-0.0002	-0.0001	0.0007	0.0014	0.0021	0.0027	0.0029	0.0023	0.0000	16
20	0.0000	0.0024	0.0014	0.0004	-0.0001	-0.0002	-0.0001	0.0004	0.0008	0.0014	0.0020	0.0024	0.0019	0.0000	30
24	0.0000	0.0019	0.0010	0.0002	-0.0001	-0.0001	-0.0001	0.0002	0.0005	0.0010	0.0015	0.0019	0.0017	0.0000	24
28	0.0000	0.0016	0.0007	0.0001	-0.0001	-0.0001	-0.0001	0.0001	0.0003	0.0007	0.0012	0.0016	0.0015	0.0000	28
32	0.0000	0.0014	0.0005	0.0000	-0.0001	0.0000	-0.0001	0.0000	0.0002	0.0005	0.0010	0.0014	0.0013	0.0000	32
40	0.0000	0.0010	0.0003	0.0000	0.0000	0.0000	0.0000	0.0000	0.0001	0.0003	0.0006	0.0010	0.0011	0.0000	40
48	0.0000	0.0008	0.0001	0.0000	0.0000	0.0000	0.0000	0.0000	0.0000	0.0001	0.0004	0.0008	0.0009	0.0000	48
56	0.0000	0.0006	0.0001	0.0000	0.0000	0.0000	0.0000	0.0000	0.0000	0.0001	0.0003	0.0006	0.0008	0.0000	56

荷载情况：矩形荷载 p

支承条件：两端铰支

符号规定：环向力受拉为正，剪力向外为正

环向力 $N_\theta = k_{N\theta} pR$

剪力 $V_x = k_{vx} pH$

$\dfrac{H^2}{dh}$	环向力系数 $k_{N\theta}$ (0.0H 为池顶，1.0H 为池底)														剪力系数 k_{vx}		$\dfrac{H^2}{dh}$
	0.0H	0.1H	0.2H	0.3H	0.4H	0.5H	0.6H	0.7H	0.75H	0.8H	0.85H	0.9H	0.95H	1.0H	顶端	底端	
0.2	0.000	0.007	0.014	0.019	0.023	0.024	0.023	0.019	0.017	0.014	0.011	0.007	0.004	0.000	−0.492	−0.492	0.2
0.4	0.000	0.028	0.054	0.073	0.086	0.090	0.086	0.073	0.064	0.054	0.042	0.025	0.014	0.000	−0.471	−0.471	0.4
0.6	0.000	0.059	0.111	0.152	0.178	0.186	0.178	0.152	0.133	0.111	0.086	0.059	0.030	0.000	−0.440	−0.440	0.6
0.8	0.000	0.094	0.177	0.242	0.283	0.297	0.283	0.242	0.212	0.177	0.137	0.094	0.048	0.000	−0.405	−0.405	0.8
1	0.000	0.130	0.245	0.334	0.391	0.410	0.391	0.334	0.293	0.245	0.190	0.130	0.066	0.000	−0.368	−0.368	1
1.5	0.000	0.209	0.393	0.536	0.625	0.655	0.625	0.536	0.471	0.393	0.306	0.209	0.106	0.000	−0.289	−0.289	1.5
2	0.000	0.267	0.501	0.679	0.790	0.828	0.790	0.679	0.598	0.501	0.390	0.267	0.136	0.000	−0.233	−0.233	2
3	0.000	0.339	0.628	0.841	0.970	1.014	0.970	0.841	0.745	0.628	0.491	0.339	0.173	0.000	−0.169	−0.169	3
4	0.000	0.381	0.696	0.920	1.050	1.092	1.050	0.920	0.820	0.696	0.549	0.381	0.196	0.000	−0.137	−0.137	4
5	0.000	0.413	0.742	0.963	1.086	1.125	1.086	0.963	0.866	0.742	0.590	0.413	0.213	0.000	−0.120	−0.120	5
6	0.000	0.440	0.777	0.990	1.101	1.135	1.101	0.990	0.898	0.777	0.624	0.440	0.229	0.000	−0.109	−0.109	6
7	0.000	0.465	0.807	1.009	1.106	1.134	1.106	1.009	0.924	0.807	0.654	0.465	0.243	0.000	−0.100	−0.100	7
8	0.000	0.489	0.833	1.023	1.105	1.127	1.105	1.023	0.945	0.833	0.682	0.489	0.257	0.000	−0.094	−0.094	8
9	0.000	0.512	0.857	1.033	1.101	1.116	1.101	1.033	0.963	0.857	0.708	0.512	0.271	0.000	−0.089	−0.089	9
10	0.000	0.534	0.879	1.041	1.095	1.105	1.095	1.041	0.979	0.879	0.733	0.534	0.284	0.000	−0.085	−0.085	10
12	0.000	0.575	0.918	1.053	1.081	1.081	1.081	1.053	1.005	0.918	0.778	0.575	0.310	0.000	−0.078	−0.078	12
14	0.000	0.612	0.950	1.060	1.067	1.060	1.067	1.060	1.025	0.950	0.817	0.612	0.333	0.000	−0.072	−0.072	14
16	0.000	0.646	0.976	1.063	1.054	1.042	1.054	1.063	1.040	0.976	0.851	0.646	0.355	0.000	−0.068	−0.068	16
20	0.000	0.703	1.014	1.063	1.034	1.018	1.034	1.063	1.058	1.014	0.905	0.703	0.394	0.000	−0.061	−0.061	20
24	0.000	0.750	1.038	1.058	1.021	1.004	1.021	1.058	1.065	1.038	0.946	0.750	0.428	0.000	−0.055	−0.055	24
28	0.000	0.790	1.053	1.051	1.012	0.997	1.012	1.051	1.066	1.053	0.976	0.790	0.459	0.000	−0.051	−0.051	28
32	0.000	0.823	1.062	1.043	1.006	0.995	1.006	1.043	1.063	1.062	0.999	0.823	0.486	0.000	−0.048	−0.048	32
40	0.000	0.878	1.067	1.028	1.000	0.995	1.000	1.028	1.052	1.067	1.030	0.878	0.537	0.000	−0.043	−0.043	40
48	0.000	0.920	1.065	1.017	0.993	0.997	0.998	1.017	1.040	1.065	1.052	0.920	0.588	0.000	−0.039	−0.039	48
56	0.000	0.973	1.059	1.008	0.997	0.999	0.997	1.007	1.092	1.059	1.066	0.973	0.652	0.000	−0.036	−0.036	56

附表 4-1 (18)

荷载情况：矩形荷载 p
支承条件：底固定，顶铰支
符号规定：外壁受拉为正

竖向弯矩 $M_x = k_{Mx} p H^2$

环向弯矩 $M_\theta = \dfrac{1}{6} H_x$

竖向弯矩系数 k_{Mx} （0.0H 为池顶，1.0H 为池底）

$\dfrac{H^2}{dh}$	0.0H	0.1H	0.2H	0.3H	0.4H	0.5H	0.6H	0.7H	0.75H	0.8H	0.85H	0.9H	0.95H	1.0H
0.2	0.0000	0.0323	0.0546	0.0670	0.0694	0.0620	0.0447	0.0174	0.0000	-0.0198	-0.0421	-0.0670	-0.0943	-0.1241
0.4	0.0000	0.0316	0.0534	0.0654	0.0678	0.0605	0.0436	0.0171	0.0002	-0.0192	-0.0411	-0.0654	-0.0923	-0.1216
0.6	0.0000	0.0306	0.0515	0.0629	0.0651	0.0582	0.0421	0.0166	0.0003	-0.0183	-0.0394	-0.0630	-0.0891	-0.1176
0.8	0.0000	0.0292	0.0490	0.0597	0.0618	0.0552	0.0400	0.0160	0.0006	-0.0172	-0.0373	-0.0599	-0.0850	-0.1125
1	0.0000	0.0277	0.0462	0.0561	0.0579	0.0518	0.0377	0.0153	0.0008	-0.0159	-0.0349	-0.0564	-0.0802	-0.1060
1.5	0.0000	0.0235	0.0386	0.0462	0.0474	0.0425	0.0314	0.0134	0.0016	-0.0123	-0.0283	-0.0467	-0.0674	-0.0906
2	0.0000	0.0196	0.0314	0.0370	0.0376	0.0338	0.0254	0.0115	0.0022	-0.0090	-0.0222	-0.0376	-0.0554	-0.0756
3	0.0000	0.0139	0.0208	0.0233	0.0231	0.0209	0.0165	0.0087	0.0031	-0.0041	-0.0130	-0.0241	-0.0373	-0.0530
4	0.0000	0.0104	0.0144	0.0151	0.0144	0.0131	0.0110	0.0069	0.0035	-0.0012	-0.0076	-0.0158	-0.0263	-0.0392
5	0.0000	0.0083	0.0106	0.0102	0.0092	0.0084	0.0076	0.0056	0.0036	0.0004	-0.0043	-0.0108	-0.0195	-0.0306
6	0.0000	0.0069	0.0082	0.0072	0.0061	0.0056	0.0055	0.0048	0.0035	0.0013	-0.0023	-0.0077	-0.0152	-0.0250
7	0.0000	0.0060	0.0066	0.0053	0.0041	0.0037	0.0041	0.0041	0.0034	0.0018	-0.0011	-0.0056	-0.0122	-0.0212
8	0.0000	0.0053	0.0055	0.0040	0.0028	0.0025	0.0031	0.0036	0.0032	0.0021	-0.0002	-0.0042	-0.0101	-0.0184
9	0.0000	0.0048	0.0047	0.6031	0.0019	0.0017	0.0024	0.0031	0.0030	0.0022	0.0003	-0.0031	-0.0085	-0.0163
10	0.0000	0.0044	0.0041	0.0024	0.0013	0.0011	0.0018	0.0027	0.0028	0.0023	0.0007	-0.0024	-0.0073	-0.0146
12	0.0000	0.0038	0.0031	0.0016	0.0005	0.0004	0.0011	0.0022	0.0024	0.0022	0.0011	-0.0013	-0.0056	-0.0122
14	0.0000	0.0033	0.0025	0.0011	0.0002	0.0001	0.0007	0.0017	0.0021	0.0021	0.0013	-0.0007	-0.0044	-0.0104
16	0.0000	0.0029	0.0020	0.0007	0.0000	0.0000	0.0005	0.0013	0.0018	0.0019	0.0014	-0.0003	-0.0036	-0.0091
20	0.0000	0.0024	0.0014	0.0003	-0.0001	-0.0001	0.0002	0.0009	0.0013	0.0015	0.0013	0.0002	-0.0025	-0.0073
24	0.0000	0.0019	0.0010	0; 0002	-0.0001	-0.0001	0.0000	0.0005	0.0009	0.0012	0.0012	0.0004	-0.0018	-0.0061
28	0.0000	0.0016	0.0007	0.0001	-0.0001	-0.0001	0.0000	0.0003	0.0006	0.0010	0.0011	0.0005	-0.0013	-0.0052
32	0.0000	0.0014	0.0005	0.0000	-0.0001	-0.0001	0.0000	0.0002	0.0005	0.0008	0.0010	0.0006	-0.0010	-0.0046
40	0.0000	0.0010	0.0003	0.0000	0.0000	0.0000	0.0000	0.0001	0.0002	0.0005	0.0007	0.0006	-0.0006	-0.0036
48	0.0000	0.0008	0.0001	0.0000	0.0000	0.0000	0.0000	0.0000	0.0001	0.0003	0.0006	0.0006	-0.0003	-0.0030
56	0.0000	0.0006	0.0001	0.0000	0.0000	0.0000	0.0000	0.0000	0.0001	0.0002	0.0005	0.0005	-0.0003	-0.0028

荷载情况：矩形荷载 p
支承条件：底固定，顶铰支
符号规定：环向力受拉为正，剪力向外为正

环向力 $N_\theta = k_{N\theta} pr$

剪力 $V_x = k_{vx} pH$

环向力系数 $k_{N\theta}$（0.0H 为池顶，1.0H 为池底）

$\dfrac{H^2}{dh}$	0.0H	0.1H	0.2H	0.3H	0.4H	0.5H	0.6H	0.7H	0.75H	0.8H	0.85H	0.9H	0.95H	1.0H	剪力系数 k_{vx} 顶端	底端	$\dfrac{H^2}{dh}$
0.2	0.000	0.004	0.007	0.009	0.010	0.010	0.008	0.006	0.005	0.003	0.002	0.001	0.000	0.000	−0.373	−0.622	0.2
0.4	0.000	0.015	0.027	0.035	0.039	0.038	0.032	0.023	0.018	0.013	0.008	0.004	0.001	0.000	−0.366	−0.612	0.4
0.6	0.000	0.032	0.059	0.077	0.085	0.082	0.069	0.050	0.038	0.027	0.017	0.008	0.002	0.000	−0.355	−0.596	0.6
0.8	0.000	0.054	0.099	0.130	0.143	0.138	0.117	0.084	0.065	0.046	0.029	0.014	0.004	0.000	−0.341	−0.576	0.8
1	0.000	0.079	0.146	0.191	0.210	0.203	0.172	0.123	0.096	0.068	0.042	0.021	0.006	0.000	−0.326	−0.552	1
1.5	0.000	0.148	0.272	0.356	0.392	0.379	0.321	0.232	0.180	0.129	0.080	0.039	0.011	0.000	−0.283	−0.498	1.5
2	0.000	0.213	0.390	0.510	0.561	0.543	0.462	0.335	0.262	0.188	0.118	0.058	0.016	0.000	−0.243	−0.429	2
3	0.000	0.311	0.566	0.736	0.809	0.785	0.675	0.496	0.391	0.283	0.179	0.089	0.025	0.000	−0.183	−0.339	3
4	0.000	0.374	0.674	0.869	0.951	0.927	0.806	0.603	0.481	0.352	0.226	0.114	0.032	0.000	−0.147	−0.282	4
5	0.000	0.416	0.741	0.945	1.030	1.008	0.887	0.678	0.547	0.406	0.264	0.135	0.039	0.000	−0.125	−0.246	5
6	0.000	0.447	0.786	0.990	1.073	1.053	0.939	0.733	0.599	0.451	0.298	0.155	0.045	0.000	−0.111	−0.222	6
7	0.000	0.473	0.820	1.018	1.096	1.078	0.974	0.777	0.644	0.491	0.329	0.174	0.051	0.000	−0.102	−0.204	7
8	0.000	0.497	0.846	1.036	1.105	1.090	0.998	0.814	0.682	0.528	0.359	0.192	0.058	0.000	−0.095	−0.190	8
9	0.000	0.518	0.869	1.048	1.108	1.094	1.014	0.845	0.717	0.562	0.387	0.210	0.064	0.000	−0.089	−0.179	9
10	0.000	0.539	0.889	1.055	1.106	1.093	1.026	0.871	0.749	0.594	0.414	0.227	0.070	0.000	−0.085	−0.170	10
12	0.000	0.577	0.924	1.064	1.095	1.084	1.039	0.916	0.804	0.653	0.466	0.261	0.082	0.000	−0.078	−0.156	12
14	0.000	0.613	0.953	1.067	1.080	1.070	1.044	0.950	0.850	0.704	0.513	0.294	0.094	0.000	−0.072	−0.144	14
16	0.000	0.646	0.977	1.068	1.066	1.055	1.045	0.976	0.889	0.750	0.556	0.325	0.106	0.000	−0.068	−0.135	16
20	0.000	0.703	1.014	1.065	1.041	1.031	1.040	1.012	0.947	0.824	0.631	0.381	0.128	0.000	−0.061	−0.121	20
24	0.000	0.750	1.038	1.058	1.024	1.015	1.033	1.031	0.985	0.880	0.694	0.432	0.150	0.000	−0.055	−0.110	24
28	0.000	0.790	1.053	1.051	1.013	1.005	1.026	1.040	1.011	0.922	0.747	0.478	0.170	0.000	−0.051	−0.102	28
32	0.000	0.824	1.061	1.043	1.006	0.999	1.019	1.043	1.026	0.954	0.791	0.520	0.190	0.000	−0.048	−0.096	32
40	0.000	0.878	1.067	1.028	0.999	0.996	1.009	1.039	1.041	0.998	0.862	0.594	0.230	0.000	−0.043	−0.085	40
48	0.000	0.920	1.065	1.016	0.997	0.997	1.003	1.030	1.043	1.023	0.916	0.660	0.268	0.000	−0.039	−0.076	48
56	0.000	0.953	1.059	1.009	0.997	0.998	1.000	1.023	1.041	1.034	0.942	0.703	0.285	0.000	−0.039	−0.073	56

附表 4-1 (20)

荷载情况：底端力矩 M_0

支承条件：两端自由

符号规定：外壁受拉为正

竖向弯矩 $M_x = k_{Mx} M_0$

环向弯矩 $M_\theta = \frac{1}{6} H_x$

竖向弯矩系数 k_{Mx}（0.0H 为池顶，1.0H 为池底）

$\frac{H^2}{dh}$	0.0H	0.1H	0.2H	0.3H	0.4H	0.5H	0.6H	0.7H	0.75H	0.8H	0.85H	0.9H	0.95H	1.0H	$\frac{H^2}{dh}$
0.2	0.0000	0.0278	0.1032	0.2145	0.3499	0.4976	0.6456	0.7821	0.8422	0.8948	0.9385	0.9716	0.9926	1.0000	0.2
0.4	0.0000	0.0270	0.1007	0.2100	0.3437	0.4904	0.6387	0.7765	0.8376	0.8914	0.9363	0.9705	0.9923	1.0000	0.4
0.6	0.0000	0.0258	0.0967	0.2027	0.3336	0.4788	0.6274	0.7674	0.8302	0.8859	0.9327	0.9687	0.9918	1.0000	0.6
0.8	0.0000	0.0243	0.0915	0.1930	0.3201	0.4633	0.6123	0.7552	0.8202	0.8784	0.9278	0.9662	0.9911	1.0000	0.8
1	0.0000	0.0224	0.0851	0.1813	0.3038	0.4445	0.5938	0.7402	0.8079	0.8692	0.9218	0.9631	0.9902	1.0000	1
1.5	0.0000	0.0168	0.0609	0.1462	0.2546	0.3873	0.5374	0.6940	0.7699	0.8407	0.9031	0.9535	0.9875	1.0000	1.5
2	0.0000	0.0108	0.0457	0.1082	0.2008	0.3237	0.4737	0.6411	0.7259	0.8074	0.8811	0.9421	0.9842	1.0000	2
3	0.0000	0.0009	0.0111	0.0419	0.1038	0.2055	0.3509	0.5352	0.6364	0.7383	0.8348	0.9177	0.9770	1.0000	3
4	0.0000	−0.0048	−0.0101	−0.0015	0.0358	0.1163	0.2515	0.4435	0.5563	0.6746	0.7907	0.8939	0.9698	1.0000	4
5	0.0000	−0.0071	−0.0198	−0.0246	−0.0055	0.0555	0.1764	0.3678	0.4787	0.6180	0.7502	0.8713	0.9628	1.0000	5
6	0.0000	−0.0072	−0.0221	−0.0340	−0.0281	0.0155	0.1202	0.3053	0.4286	0.5674	0.7128	0.8499	0.9560	1.0000	6
7	0.0000	−0.0061	−0.0205	−0.0355	−0.0387	−0.0101	0.0779	0.2530	0.3771	0.5218	0.6781	0.8294	0.9494	1.0000	7
8	0.0000	−0.0047	−0.0171	−0.0328	−0.0421	−0.0261	0.0457	0.2088	0.3318	0.4803	0.6456	0.8097	0.9428	1.0000	8
9	0.0000	−0.0033	−0.0132	−0.0282	−0.0415	−0.0356	0.0212	0.1711	0.2917	0.4423	0.6150	0.7907	0.9364	1.0000	9
10	0.0000	−0.0020	−0.0095	−0.0231	−0.0386	−0.0407	0.0025	0.1389	0.2560	0.4075	0.5861	0.7724	0.9300	1.0000	10
12	0.0000	−0.0003	−0.0038	−0.0138	−0.0302	−0.0430	−0.0221	0.0874	0.1957	0.3459	0.5331	0.7377	0.9177	1.0000	12
14	0.0000	0.0005	−0.0005	−0.0070	−0.0217	−0.0397	−0.0354	0.0494	0.1474	0.2932	0.4854	0.7051	0.9056	1.0000	14
16	0.0000	0.0008	0.0011	−0.0027	−0.0146	−0.0341	−0.0415	0.0212	0.1084	0.2480	0.4424	0.6745	0.8940	1.0000	16
20	0.0000	0.0005	0.0016	0.0012	−0.0051	−0.0222	−0.0422	−0.0146	0.0512	0.1751	0.3678	0.6183	0.8715	1.0000	20
24	0.0000	0.0002	0.0010	0.0019	−0.0004	−0.0126	−0.0361	−0.0329	0.0136	0.1200	0.3056	0.5678	0.8500	1.0000	24
28	0.0000	0.0000	0.0004	0.0015	0.0014	−0.0061	−0.0283	−0.0411	−0.0109	0.0779	0.2533	0.5220	0.8294	1.0000	28
32	0.0000	0.0000	−0.0001	0.0009	0.0019	−0.0020	−0.0209	−0.0432	−0.0264	0.0458	0.2090	0.4804	0.8097	1.0000	32
40	0.0000	0.0000	−0.0001	0.0002	0.0013	0.0014	−0.0097	−0.0387	−0.0408	0.0025	0.1389	0.4075	0.7724	1.0000	40
48	0.0000	0.0000	−0.0001	−0.0001	0.0005	0.0018	−0.0031	−0.0302	−0.0431	−0.0222	0.0874	0.3458	0.7377	1.0000	48
56	0.0000	0.0006	0.0000	−0.0001	0.0001	0.0014	0.0002	−0.0218	−0.0397	−0.0355	0.0494	0.2932	0.7051	1.0000	56

荷载情况：底端力矩 M_0
支承条件：两端自由
符号规定：环向力受拉为正，剪力向外为正

环向力 $N_\theta = k_{N\theta} \dfrac{M_0}{h}$

剪力 $V_x = k_{vx} \dfrac{M_0}{H}$

环向力系数 $k_{N\theta}$ （0.0H 为池顶，1.0H 为池底）；剪力系数 k_{vx}

$\frac{H^2}{dh}$	0.0H	0.1H	0.2H	0.3H	0.4H	0.5H	0.6H	0.7H	0.75H	0.8H	0.85H	0.9H	0.95H	1.0H	顶端	底端
0.2	14.856	11.915	8.974	6.027	3.070	0.097	-2.900	-5.926	-7.453	-8.989	-10.536	-12.093	-13.663	-15.243	0.000	0.000
0.4	7.216	5.834	4.448	3.053	1.638	0.191	-1.301	-2.854	-3.656	-4.478	-5.321	-6.186	-7.073	-7.984	0.000	0.000
0.6	4.583	3.755	2.923	2.077	1.203	0.281	-0.707	-1.783	-2.361	-2.967	-3.604	-4.274	-4.978	-5.716	0.000	0.000
0.8	3.210	2.682	2.150	1.599	1.012	0.365	-0.368	-1.216	-1.691	-2.204	-2.759	-3.356	-3.999	-4.687	0.000	0.000
1	2.350	2.016	1.677	1.318	0.915	0.441	-0.136	-0.852	-1.273	-1.741	-2.259	-2.831	-3.460	-4.146	0.000	0.000
1.5	1.135	1.085	1.028	0.948	0.815	0.593	0.234	-0.313	-0.674	-1.102	-1.604	-2.185	-2.849	-3.599	0.000	0.000
2	0.510	0.603	0.691	0.756	0.769	0.687	0.454	-0.002	-0.337	-0.756	-1.270	-1.887	-2.613	-3.453	0.000	0.000
3	-0.033	0.156	0.343	0.522	0.669	0.741	0.667	0.345	0.052	-0.352	-0.886	-1.566	-2.405	-3.416	0.000	0.000
4	-0.179	-0.006	0.172	0.359	0.544	0.693	0.728	0.525	0.280	-0.096	-0.628	-1.345	-2.270	-3.416	0.000	0.000
5	-0.184	-0.057	0.078	0.235	0.419	0.605	0.721	0.624	0.429	-0.092	-0.426	-1.162	-2.151	-3.421	0.000	0.000
6	-0.145	-0.066	0.024	0.144	0.310	0.512	0.684	0.678	0.532	0.236	-0.258	-1.004	-2.045	-3.419	0.000	0.000
7	-0.101	-0.060	-0.007	0.079	0.222	0.423	0.633	0.704	0.603	0.348	-0.120	-0.866	-1.949	-3.417	0.000	0.000
8	-0.064	-0.049	-0.023	0.034	0.152	0.345	0.578	0.711	0.652	0.437	-0.003	-0.744	-1.862	-3.416	0.000	0.000
9	-0.036	-0.037	-0.031	0.005	0.099	0.277	0.521	0.705	0.683	0.507	0.097	-0.635	-1.781	-3.416	0.000	0.000
10	-0.017	-0.028	-0.032	-0.014	0.059	0.220	0.466	0.689	0.701	0.562	0.183	-0.537	-1.707	-3.416	0.000	0.000
12	0.003	-0.013	-0.028	-0.030	0.008	0.130	0.365	0.642	0.709	0.638	0.322	-0.368	-1.574	-3.416	0.000	0.000
14	0.008	-0.005	-0.020	-0.031	-0.017	0.069	0.279	0.583	0.694	0.682	0.427	-0.227	-1.455	-3.416	0.000	0.000
16	0.008	-0.001	-0.012	-0.027	-0.028	0.027	0.207	0.521	0.665	0.704	0.507	-0.106	-1.348	-3.416	0.000	0.000
20	0.003	0.001	-0.003	-0.014	-0.029	-0.016	0.103	0.402	0.586	0.706	0.614	0.087	-1.162	-3.416	0.000	0.000
24	0.001	0.001	0.001	-0.006	-0.021	-0.029	0.039	0.299	0.500	0.675	0.673	0.234	-1.003	-3.416	0.000	0.000
28	0.000	0.001	0.001	-0.001	-0.013	-0.030	0.001	0.215	0.417	0.629	0.702	0.348	-0.865	-3.416	0.000	0.000
32	0.000	0.000	0.001	0.001	-0.007	-0.025	-0.019	0.149	0.342	0.576	0.710	0.437	-0.744	-3.416	0.000	0.000
40	0.000	0.000	0.000	0.001	0.000	-0.013	-0.031	0.059	0.219	0.466	0.689	0.562	-0.537	-3.416	0.000	0.000
48	0.000	0.000	0.000	0.001	0.001	-0.005	-0.027	0.009	0.139	0.365	0.642	0.638	-0.368	-3.416	0.000	0.000
56	0.000	0.000	0.000	0.001	0.001	-0.001	-0.019	-0.017	0.061	0.279	0.583	0.682	-0.227	-3.416	0.000	0.000

荷载情况: 底端水平力 H_0

支承条件: 两端自由

符号规定: 外壁受拉为正

竖向弯矩 $M_x = k_{Mx} H_0 H$

环向弯矩 $M_\theta = \dfrac{1}{6} H_x$

竖 向 弯 矩 系 数 k_{Mx} （0.0H 为池顶、1.0H 为池底）

$\dfrac{H^2}{dh}$	0.0H	0.1H	0.2H	0.3H	0.4H	0.5H	0.6H	0.7H	0.75H	0.8H	0.85H	0.9H	0.95H	1.0H	$\dfrac{H^2}{dh}$
0.2	0.0000	-0.0089	-0.0318	-0.0627	-0.0955	-0.1245	-0.1435	-0.1466	-0.1403	-0.1278	-0.1082	-0.0809	-0.0451	0.0000	0.2
0.4	0.0000	-0.0088	-0.0313	-0.0616	-0.0942	-0.1229	-0.1420	-0.1455	-0.1394	-0.1271	-0.1078	-0.0807	-0.0450	0.0000	0.4
0.6	0.0000	-0.0085	-0.0304	-0.0600	-0.0919	-0.1204	-0.1396	-0.1436	-0.1379	-0.1260	-0.1071	-0.0804	-0.0449	0.0000	0.6
0.8	0.0000	-0.0081	-0.0291	-0.0578	-0.0889	-0.1171	-0.1364	-0.1411	-0.1359	-0.1245	-0.1062	-0.0799	-0.0448	0.0000	0.8
1	0.0000	-0.0077	-0.0277	-0.0552	-0.0853	-0.1130	-0.1325	-0.1380	-0.1334	-0.1227	-0.1050	-0.0793	-0.0447	0.0000	1
1.5	0.0000	-0.0064	-0.0233	-0.0472	-0.0744	-0.1005	-0.1206	-0.1286	-0.1258	-0.1171	-0.1014	-0.0775	-0.0442	0.0000	1.5
2	0.0000	-0.0050	-0.0185	-0.0385	-0.0623	-0.0867	-0.1073	-0.1180	-0.1172	-0.1107	-0.0973	-0.0755	-0.0436	0.0000	2
3	0.0000	-0.0025	-0.0100	-0.0227	-0.0401	-0.0608	-0.0817	-0.0971	-0.1001	-0.0980	-0.0891	-0.0713	-0.0424	0.0000	3
4	0.0000	-0.0008	-0.0043	-0.0116	-0.0239	-0.0411	-0.0613	-0.0798	-0.0856	-0.0870	-0.0818	-0.0675	-0.0413	0.0000	4
5	0.0000	0.0001	-0.0009	-0.0048	-0.0132	-0.0273	-0.0462	-0.0662	-0.0739	-0.0778	-0.0756	-0.0643	-0.0404	0.0000	5
6	0.0000	0.0005	0.0008	-0.0009	-0.0066	-0.0179	-0.0351	-0.0555	-0.0644	-0.0702	-0.0703	-0.0614	-0.0365	0.0000	6
7	0.0000	0.0006	0.0015	0.0011	-0.0026	-0.0115	-0.0268	-0.0468	-0.0566	-0.0637	-0.0657	-0.0589	-0.0388	0.0000	7
8	0.0000	0.0006	0.0017	0.0020	-0.0002	-0.0071	-0.0205	-0.0398	-0.0500	-0.0582	-0.0617	-0.0566	-0.0381	0.0000	8
9	0.0000	0.0005	0.0016	0.0022	0.0011	-0.0041	-0.0156	-0.0340	-0.0443	-0.0533	-0.0580	-0.0545	-0.0374	0.0000	9
10	0.0000	0.0004	0.0013	0.0022	0.0018	-0.0020	-0.0119	-0.0291	-0.0394	-0.0489	-0.0547	-0.0526	-0.0368	0.0000	10
12	0.0000	0.0002	0.0008	0.0017	0.0021	0.0004	-0.0066	-0.0215	-0.0315	-0.0416	-0.0490	-0.0492	-0.0357	0.0000	12
14	0.0000	0.0001	0.0004	0.0011	0.0019	0.0014	-0.0033	-0.0159	-0.0253	-0.0356	-0.0441	-0.0462	-0.0347	0.0000	14
16	0.0000	0.0000	0.0002	0.0007	0.0015	0.0018	-0.0013	-0.0177	-0.0205	-0.0307	-0.0400	-0.0435	-0.0338	0.0000	16
20	0.0000	0.0000	0.0000	0.0002	0.0008	0.0016	0.0007	-0.0062	-0.0135	-0.0231	-0.0331	-0.0389	-0.0321	0.0000	20
24	0.0000	0.0000	-0.0001	0.0000	0.0004	0.0012	0.0014	-0.0030	-0.0088	-0.0175	-0.0278	-0.0351	-0.0307	0.0000	24
28	0.0000	0.0000	0.0000	-0.0001	0.0001	0.0008	0.0014	-0.0011	-0.0060	-0.0134	-0.0235	-0.0319	-0.0295	0.0000	28
32	0.0000	0.0000	0.0000	-0.0001	0.0000	0.0004	0.0013	-0.0000	-0.0035	-0.0103	-0.0199	-0.0291	-0.0283	0.0000	32
40	0.0000	0.0000	0.0000	0.0000	-0.0001	0.0001	0.0008	0.0009	-0.0010	-0.0059	-0.0146	-0.0245	-0.0263	0.0000	40
48	0.0000	0.0000	0.0000	0.0000	0.0000	0.0000	0.0004	0.0011	0.0002	-0.0033	-0.0107	-0.0208	-0.0246	0.0000	48
56	0.0000	0.0000	0.0000	0.0000	0.0000	0.0000	0.0002	0.0010	0.0007	-0.0017	-0.0080	-0.0178	-0.0231	0.0000	56

附表 4-1 (23)

荷载情况：底端水平力 H_0

支承条件：两端自由

符号规定：环向力受拉为正，剪力向外为正

环向力 $N_\theta = k_{N\theta} \dfrac{H}{h} H_0$

剪力 $V_x = k_{vx} H_0$

$\dfrac{H^2}{dh}$	环 向 力 系 数 $k_{N\theta}$ (0.0H 为池顶、1.0H 为池底)														剪力系数 k_{vx}		$\dfrac{H^2}{dh}$
	0.0H	0.1H	0.2H	0.3H	0.4H	0.5H	0.6H	0.7H	0.75H	0.8H	0.85H	0.9H	0.95H	1.0H	顶端	底端	
0.2	-4.967	-3.481	-1.995	-0.507	0.983	2.478	3.979	5.486	6.243	7.001	7.760	8.521	9.282	10.044	0.000	1.000	0.2
0.4	-2.434	-1.713	-0.990	-0.265	0.467	1.207	1.958	2.723	3.110	3.501	3.895	4.291	4.689	5.088	0.000	1.000	0.4
0.6	-1.570	-1.112	-0.652	-0.188	0.285	0.770	1.272	1.793	2.062	2.335	2.612	2.893	3.177	3.463	0.000	1.000	0.6
0.8	-1.125	-0.804	-0.481	-0.152	0.187	0.543	0.920	1.323	1.534	1.752	1.975	2.203	2.435	2.669	0.000	1.000	0.8
1	-0.849	-0.614	-0.377	-0.133	0.124	0.400	0.703	1.036	1.215	1.402	1.595	1.795	1.999	2.206	0.000	1.000	1
1.5	-0.464	-0.351	-0.234	-0.110	0.031	0.199	0.401	0.645	0.784	0.934	1.094	1.262	1.438	1.617	0.000	1.000	1.5
2	-0.266	-0.215	-0.161	-0.098	-0.017	0.093	0.243	0.443	0.563	0.697	0.844	1.002	1.169	1.341	0.000	1.000	2
3	-0.082	-0.085	-0.086	-0.080	-0.057	-0.007	0.087	0.237	0.337	0.454	0.589	0.739	0.901	1.070	0.000	1.000	3
4	-0.015	-0.033	-0.049	-0.062	-0.063	-0.042	0.018	0.135	0.221	0.326	0.451	0.596	0.756	0.925	0.000	1.000	4
5	0.008	-0.011	-0.029	-0.046	-0.057	-0.052	-0.015	0.077	0.150	0.245	0.362	0.501	0.658	0.827	0.000	1.000	5
6	0.013	-0.002	-0.017	-0.033	-0.047	-0.052	-0.030	0.040	0.103	0.188	0.298	0.432	0.587	0.755	0.000	1.000	6
7	0.012	0.002	-0.009	-0.023	-0.038	-0.048	-0.038	0.016	0.070	0.147	0.249	0.378	0.531	0.699	0.000	1.000	7
8	0.010	0.003	-0.005	-0.015	-0.029	-0.042	-0.040	0.000	0.046	0.115	0.211	0.336	0.486	0.654	0.000	1.000	8
9	0.007	0.003	-0.002	-0.010	-0.022	-0.036	-0.041	-0.011	0.028	0.091	0.181	0.301	0.449	0.616	0.000	1.000	9
10	0.005	0.003	0.000	-0.006	-0.017	-0.031	-0.039	-0.018	0.015	0.071	0.156	0.272	0.418	0.584	0.000	1.000	10
12	0.002	0.002	0.001	-0.001	-0.009	-0.022	-0.034	-0.027	-0.003	0.042	0.117	0.226	0.368	0.534	0.000	1.000	12
14	0.000	0.001	0.001	0.001	-0.004	-0.015	-0.029	-0.030	-0.014	0.023	0.089	0.191	0.329	0.494	0.000	1.000	14
16	0.000	0.001	0.001	0.001	0.001	-0.010	-0.024	-0.030	-0.020	0.010	0.068	0.163	0.298	0.462	0.000	1.000	16
20	0.000	0.000	0.001	0.001	0.001	-0.004	-0.015	-0.027	-0.025	-0.006	0.039	0.123	0.250	0.413	0.000	1.000	20
24	0.000	0.000	0.000	0.001	0.001	-0.001	-0.009	-0.023	-0.025	-0.015	0.020	0.094	0.216	0.377	0.000	1.000	24
28	0.000	0.000	0.000	0.000	0.001	0.000	-0.005	-0.018	-0.023	-0.019	0.008	0.073	0.189	0.349	0.000	1.000	28
32	0.000	0.000	0.000	0.000	0.001	0.001	-0.003	-0.014	-0.021	-0.020	0.000	0.058	0.168	0.327	0.000	1.000	32
40	0.000	0.000	0.000	0.000	0.000	0.001	0.000	-0.008	-0.015	-0.020	-0.009	0.036	0.136	0.292	0.000	1.000	40
48	0.000	0.000	0.000	0.000	0.000	0.000	0.001	-0.004	-0.011	-0.017	-0.013	0.021	0.113	0.267	0.000	1.000	48
56	0.000	0.000	0.000	0.000	0.000	0.000	0.001	-0.002	-0.017	-0.014	-0.015	0.012	0.095	0.247	0.000	1.000	56

荷载情况：底端力矩 M_0

支承条件：底铰支，顶自由

符号规定：外壁受拉为正

竖向弯矩 $M_x = k_{Mx} M_0$

环向弯矩 $M_\theta = \dfrac{1}{6} H_x$

附表 4-1 (24)

竖 向 弯 矩 系 数 k_{Mx} （0.0H 为池顶，1.0H 为池底）

$\dfrac{H^2}{dh}$	0.0H	0.1H	0.2H	0.3H	0.4H	0.5H	0.6H	0.7H	0.75H	0.8H	0.85H	0.9H	0.95H	1.0H
0.2	0.000	0.014	0.055	0.119	0.205	0.309	0.428	0.560	0.629	0.701	0.774	0.849	0.924	1.000
0.4	0.000	0.013	0.052	0.113	0.196	0.298	0.416	0.548	0.619	0.692	0.767	0.844	0.922	1.000
0.6	0.000	0.012	0.047	0.104	0.182	0.280	0.397	0.530	0.603	0.678	0.756	0.836	0.918	1.000
0.8	0.000	0.010	0.040	0.091	0.164	0.258	0.373	0.507	0.582	0.660	0.741	0.826	0.912	1.000
1	0.000	0.008	0.033	0.078	0.143	0.232	0.345	0.481	0.557	0.639	0.725	0.814	0.906	1.000
1.5	0.000	0.003	0.014	0.041	0.089	0.163	0.269	0.408	0.490	0.580	0.677	0.781	0.889	1.000
2	0.000	−0.002	−0.002	0.009	0.040	0.100	0.197	0.337	0.424	0.522	0.630	0.748	0.872	1.000
3	0.000	−0.007	−0.021	−0.031	0.024	0.011	0.090	0.225	0.317	0.426	0.550	0.690	0.842	1.000
4	0.000	−0.008	−0.026	−0.045	−0.053	−0.036	0.025	0.148	0.240	0.353	0.488	0.644	0.817	1.000
5	0.000	−0.007	−0.024	−0.044	−0.060	−0.057	−0.015	0.094	0.182	0.296	0.438	0.606	0.796	1.000
6	0.000	−0.005	−0.019	−0.038	−0.058	−0.065	−0.039	0.054	0.137	0.249	0.394	0.572	0.777	1.000
7	0.000	−0.003	−0.013	−0.030	−0.051	−0.066	−0.053	0.024	0.101	0.210	0.357	0.541	0.760	1.000
8	0.000	0.002	−0.008	−0.023	−0.043	−0.063	−0.061	0.001	0.071	0.176	0.323	0.514	0.744	1.000
9	0.000	0.000	−0.005	−0.016	−0.035	−0.058	−0.065	−0.017	0.046	0.147	0.293	0.488	0.729	1.000
10	0.000	0.000	−0.002	−0.010	−0.028	−0.052	−0.067	−0.031	0.025	0.122	0.266	0.465	0.715	1.000
12	0.000	0.001	0.001	−0.003	−0.016	−0.041	−0.065	−0.050	−0.006	0.080	0.219	0.423	0.689	1.000
14	0.000	0.001	0.002	0.001	−0.008	−0.030	−0.058	−0.061	−0.028	0.047	0.180	0.386	0.666	1.000
16	0.000	0.001	0.002	0.002	−0.003	−0.021	−0.051	−0.066	−0.043	0.021	0.147	0.353	0.644	1.000
20	0.000	0.000	0.001	0.003	0.002	−0.009	−0.036	−0.066	−0.060	−0.016	0.094	0.296	0.606	1.000
24	0.000	0.000	0.000	0.002	0.003	−0.002	−0.024	−0.060	−0.066	−0.039	0.054	0.250	0.572	1.000
28	0.000	0.000	0.000	0.001	0.003	0.001	−0.014	−0.052	−0.067	−0.053	0.024	0.210	0.541	1.000
32	0.000	0.000	0.000	0.000	0.002	0.003	−0.008	−0.043	−0.063	−0.061	0.001	0.176	0.514	1.000
40	0.000	0.000	0.000	0.000	0.001	0.003	0.000	−0.028	−0.053	−0.067	−0.031	0.122	0.465	1.000
48	0.000	0.000	0.000	0.000	0.000	0.001	0.002	−0.016	−0.041	−0.065	−0.050	0.080	0.423	1.003
56	0.000	0.000	0.000	0.000	0.000	0.001	0.003	−0.008	−0.030	−0.059	−0.061	0.047	0.386	1.000

荷载情况：底端力矩 M_0

支承条件：底铰支，顶自由

符号规定：环向力受拉为正，剪力向外为正

环向力 $N_0 = k_{N_0} \dfrac{M_0}{h}$

剪力 $\dot{V}_x = k_{vx} \dfrac{M}{H}$

环 向 力 系 数 k_{N_0} (0.0H 为池顶、1.0H 为池底)

剪力系数 k_{vx}

$\dfrac{H^2}{dh}$	0.0H	0.1H	0.2H	0.3H	0.4H	0.5H	0.6H	0.7H	0.75H	0.8H	0.85H	0.9H	0.95H	1.0H	顶端	底端	$\dfrac{H^2}{dh}$
0.2	7.318	6.633	5.946	5.257	4.562	3.858	3.139	2.400	2.021	1.635	1.241	0.837	0.424	0.000	0.000	1.518	0.2
0.4	3.396	3.146	2.895	2.638	2.371	2.085	1.772	1.419	1.225	1.016	0.790	0.547	0.284	0.000	0.000	1.569	0.4
0.6	1.991	1.920	1.847	1.767	1.673	1.552	1.392	1.177	1.043	0.887	0.708	0.502	0.267	0.000	0.000	1.651	0.6
0.8	1.235	1.271	1.305	1.331	1.340	1.318	1.248	1.107	1.003	0.872	0.710	0.513	0.278	0.000	0.000	1.756	0.8
1	0.754	0.863	0.969	1.068	1.148	1.194	1.185	1.095	1.011	0.893	0.739	0.542	0.297	0.000	0.000	1.879	1
1.5	0.102	0.305	0.507	0.704	0.885	1.035	1.127	1.123	1.071	0.976	0.830	0.625	0.351	0.000	0.000	2.226	1.5
2	−0.175	0.050	0.276	0.503	0.724	0.926	1.079	1.139	1.114	1.040	0.904	0.695	0.398	0.000	0.000	2.576	2
3	−0.294	−0.115	0.069	0.267	0.486	0.720	0.944	1.101	1.127	1.097	0.993	0.792	0.469	0.000	0.000	3.192	3
4	−0.234	−0.126	−0.011	0.129	0.310	0.537	0.795	1.024	1.095	1.109	1.041	0.858	0.524	0.000	0.000	3.698	4
5	−0.152	−0.101	−0.042	0.045	0.183	0.391	0.661	0.941	1.049	1.103	1.070	0.909	0.571	0.000	0.000	4.135	5
6	−0.086	−0.073	−0.052	−0.005	0.096	0.277	0.546	0.861	0.999	1.088	1.089	0.951	0.612	0.000	0.000	4.528	6
7	−0.042	−0.050	−0.052	−0.032	0.038	0.191	0.449	0.784	0.949	1.066	1.098	0.984	0.648	0.000	0.000	4.890	7
8	−0.014	−0.033	−0.047	−0.045	0.000	0.126	0.366	0.712	0.893	1.039	1.101	1.011	0.680	0.000	0.000	5.227	8
9	0.002	−0.020	−0.040	−0.050	−0.024	0.076	0.296	0.644	0.840	1.009	1.099	1.033	0.709	0.000	0.000	5.544	9
10	0.010	−0.012	−0.033	−0.048	−0.038	0.039	0.237	0.582	0.788	0.977	1.093	1.051	0.735	0.000	0.000	5.844	10
12	0.013	−0.002	−0.019	−0.039	−0.048	−0.009	0.145	0.470	0.689	0.910	1.071	1.076	0.780	0.000	0.000	6.402	12
14	0.009	0.002	−0.010	−0.028	−0.046	−0.034	0.079	0.376	0.599	0.842	1.042	1.091	0.819	0.000	0.000	6.915	14
16	0.006	0.003	−0.003	−0.018	−0.039	−0.045	0.033	0.297	0.518	0.775	1.009	1.099	0.853	0.000	0.000	7.393	16
20	0.001	0.002	0.002	−0.005	−0.023	−0.046	−0.021	0.176	0.381	0.652	0.935	1.099	0.907	0.000	0.000	8.265	20
24	0.000	0.001	0.002	0.000	−0.011	−0.036	−0.042	0.093	0.273	0.513	0.859	1.087	0.950	0.000	0.000	9.054	24
28	0.000	0.000	0.001	0.002	−0.004	−0.025	−0.048	0.037	0.190	0.448	0.784	1.065	0.984	0.000	0.000	9.779	28
32	0.000	0.000	0.001	0.002	0.000	−0.016	−0.045	0.001	0.126	0.366	0.712	1.039	1.011	0.000	0.000	10.454	32
40	0.000	0.000	0.000	0.001	0.002	−0.004	−0.032	−0.037	0.040	0.237	0.582	0.977	1.050	0.000	0.000	11.688	40
48	0.000	0.000	0.000	0.000	0.002	−0.001	−0.019	−0.047	−0.008	0.145	0.470	0.910	1.076	0.000	0.000	12.804	48
56	0.000	0.000	0.000	0.000	0.001	−0.002	−0.009	−0.046	−0.033	0.079	0.376	0.812	1.091	0.000	0.000	13.830	56

荷载情况：顶端力矩 M_0
支承条件：底固定，顶自由
符号规定：外壁受拉为正

竖向弯矩 $M_x = k_{Mx} M_0$

环向弯矩 $M_0 = \dfrac{1}{6} H_x$

竖向弯矩系数 k_{Mx} （0.0H 为池顶，1.0H 为池底）

$\dfrac{H^2}{dh}$	0.0H	0.1H	0.2H	0.3H	0.4H	0.5H	0.6H	0.7H	0.75H	0.8H	0.85H	0.9H	0.95H	1.0H	$\dfrac{H^2}{dh}$
0.2	1.000	0.996	0.986	0.970	0.950	0.928	0.903	0.878	0.865	0.851	0.838	0.825	0.811	0.798	0.2
0.4	1.000	0.989	0.958	0.912	0.855	0.791	0.721	0.648	0.611	0.573	0.536	0.498	0.460	0.423	0.4
0.6	1.000	0.981	0.932	0.860	0.772	0.673	0.568	0.459	0.404	0.348	0.292	0.237	0.181	0.125	0.6
0.8	1.000	0.975	0.911	0.819	0.709	0.588	0.462	0.332	0.267	0.201	0.136	0.070	0.005	−0.061	0.8
1	1.000	0.970	0.893	0.786	0.661	0.526	0.387	0.248	0.178	0.109	0.040	−0.029	−0.098	−0.167	1.0
1.5	1.000	0.957	0.853	0.717	0.567	0.416	0.270	0.131	0.064	−0.002	−0.066	−0.131	−0.194	−0.258	1.5
2	1.000	0.945	0.815	0.653	0.487	0.332	0.193	0.069	0.013	−0.042	−0.094	−0.146	−0.197	−0.248	2
3	1.000	0.919	0.741	0.539	0.354	0.202	0.087	0.003	−0.031	−0.061	−0.087	−0.113	−0.137	−0.161	3
4	1.000	0.894	0.676	0.445	0.251	0.111	0.022	−0.029	−0.045	−0.057	−0.065	−0.072	−0.078	−0.084	4
5	1.000	0.872	0.619	0.368	0.176	0.051	−0.015	−0.043	−0.047	−0.047	−0.046	−0.043	−0.030	−0.035	5
6	1.000	0.850	0.568	0.305	0.119	0.013	−0.034	−0.045	−0.043	−0.038	−0.031	−0.024	−0.016	−0.008	6
7	1.000	0.829	0.522	0.253	0.077	−0.012	−0.043	−0.042	−0.036	−0.029	−0.020	−0.012	−0.003	0.005	7
8	1.000	0.810	0.480	0.209	0.045	−0.027	−0.045	−0.037	−0.029	−0.021	−0.013	−0.005	0.003	0.011	8
9	1.000	0.791	0.442	0.171	0.021	−0.037	−0.043	−0.030	−0.022	−0.015	−0.007	−0.001	0.005	0.012	9
10	1.000	0.772	0.408	0.139	0.002	−0.041	−0.040	−0.024	−0.017	−0.010	−0.004	0.001	0.006	0.010	10
12	1.000	0.738	0.346	0.087	−0.022	−0.043	−0.031	−0.014	−0.008	−0.003	0.000	0.003	0.005	0.007	12
14	1.000	0.705	0.293	0.049	−0.035	−0.040	−0.022	−0.007	−0.003	0.000	0.002	0.002	0.003	0.003	14
16	1.000	0.675	0.248	0.021	−0.042	−0.034	−0.015	−0.003	0.000	0.002	0.002	0.002	0.001	0.001	16
20	1.000	0.618	0.175	−0.015	−0.042	−0.022	−0.005	0.001	0.002	0.002	0.001	0.001	0.000	−0.000	20
24	1.000	0.568	0.120	−0.033	−0.036	−0.013	0.000	0.002	0.002	0.001	0.000	0.000	0.000	−0.001	24
28	1.000	0.522	0.078	−0.041	−0.028	−0.006	0.001	0.002	0.001	0.001	0.000	0.000	0.000	0.000	28
32	1.000	0.480	0.046	−0.043	−0.021	−0.002	0.002	0.001	0.001	0.000	0.000	0.000	0.000	0.000	32
40	1.000	0.408	0.003	−0.039	−0.010	0.001	0.001	0.000	0.000	0.000	0.000	0.000	0.000	0.000	40
48	1.000	0.346	−0.022	−0.030	−0.003	0.002	0.000	0.000	0.000	0.000	0.000	0.000	0.000	0.000	48
56	1.000	0.293	−0.035	−0.022	0.000	0.000	0.000	0.000	0.000	0.000	0.000	0.000	0.000	0.000	56

荷载情况：顶端力矩 M_0

支承条件：底固定，顶自由

符号规定：环向力受拉为正，剪力向外为正

环向力 $N_\varphi = k_{N\varphi}\dfrac{M_0}{h}$

剪力 $V_x = k_{vx}\dfrac{M_0}{H}$

$\dfrac{H^2}{dh}$	环 向 力 系 数 $k_{N\varphi}$ (0.0H 为池顶，1.0H 为池底)														剪力系数 k_{vx}		$\dfrac{H^2}{dh}$
	0.0H	0.1H	0.2H	0.3H	0.4H	0.5H	0.6H	0.7H	0.75H	0.8H	0.85H	0.9H	0.95H	1.0H	顶端	底端	
0.2	−2.060	−1.654	−1.295	−0.982	−0.715	−0.491	−0.311	−0.173	−0.120	−0.076	−0.043	−0.019	−0.005	0.000	0.000	−0.268	0.2
0.4	−3.066	−2.427	−1.851	−1.364	−0.962	−0.639	−0.391	−0.209	−0.142	−0.088	−0.048	−0.021	−0.005	0.000	0.000	−0.755	0.4
0.6	−3.389	−2.562	−1.873	−1.314	−0.875	−0.544	−0.307	−0.149	−0.095	−0.056	−0.028	−0.011	−0.003	0.000	0.000	−1.117	0.6
0.8	−3.409	−2.466	−1.705	−1.113	−0.674	−0.367	−0.170	−0.059	−0.028	−0.010	−0.001	0.002	0.001	0.000	0.000	−1.309	0.8
1	−3.368	−2.322	−1.502	−0.889	−0.460	−0.184	−0.032	0.031	0.038	0.035	0.026	0.014	0.004	0.000	0.000	−1.379	1
1.5	−3.300	−2.018	−1.069	−0.417	0.017	0.186	0.243	0.205	0.166	0.121	0.077	0.038	0.010	0.000	0.000	−1.277	1.5
2	−3.309	−1.817	−0.764	−0.089	0.281	0.422	0.409	0.305	0.237	0.168	0.103	0.050	0.013	0.000	0.000	−1.019	2
3	−3.371	−1.550	−0.366	0.300	0.587	0.625	0.520	0.351	0.263	0.180	0.108	0.051	0.013	0.000	0.000	−0.484	3
4	−3.404	−1.341	−0.104	0.502	0.690	0.639	0.480	0.298	0.215	0.142	0.082	0.037	0.010	0.000	0.000	−0.118	4
5	−3.414	−1.161	0.087	0.612	0.702	0.580	0.393	0.219	0.150	0.093	0.051	0.022	0.005	0.000	0.000	0.077	5
6	−3.416	−1.004	0.233	0.672	0.674	0.499	0.300	0.145	0.091	0.051	0.025	0.009	0.002	0.000	0.000	0.156	6
7	−3.416	−0.866	0.347	0.700	0.628	0.417	0.219	0.086	0.045	0.020	0.006	0.000	−0.001	0.000	0.000	0.171	7
8	−3.415	−0.744	0.436	0.709	0.575	0.342	0.152	0.042	0.014	−0.001	−0.006	−0.005	−0.002	0.000	0.000	0.153	8
9	−3.415	−0.635	0.506	0.703	0.520	0.276	0.100	0.012	−0.007	−0.014	−0.013	−0.008	−0.002	0.000	0.000	0.122	9
10	−3.415	−0.538	0.561	0.689	0.466	0.219	0.060	−0.008	−0.009	−0.020	−0.016	−0.009	−0.003	0.000	0.000	0.090	10
12	−3.416	−0.368	0.638	0.641	0.365	0.130	0.009	−0.027	−0.027	−0.022	−0.015	−0.007	−0.002	0.000	0.000	0.038	12
14	−3.416	−0.227	0.682	0.583	0.279	0.069	−0.017	−0.030	−0.025	−0.018	−0.011	−0.005	−0.001	0.000	0.000	0.006	14
16	−3.416	−0.106	0.704	0.521	0.207	0.027	−0.028	−0.026	−0.019	−0.012	−0.006	−0.002	0.000	0.000	0.000	−0.006	16
20	−3.416	0.087	0.705	0.402	0.103	−0.016	−0.029	−0.014	−0.008	−0.003	−0.001	0.000	0.000	0.000	0.000	−0.003	20
24	−3.416	0.234	0.675	0.299	0.039	−0.029	−0.021	−0.006	−0.002	0.000	0.000	0.000	−0.001	0.000	0.000	0.000	24
28	−3.416	0.348	0.629	0.215	0.001	−0.030	−0.013	−0.001	0.001	0.000	−0.001	0.000	0.000	0.000	0.000	0.000	28
32	−3.416	0.437	0.576	0.149	−0.019	−0.025	−0.006	0.001	0.000	0.000	0.000	0.000	0.000	0.000	0.000	0.000	32
40	−3.416	0.562	0.466	0.059	−0.031	−0.013	0.000	0.000	0.000	0.000	0.000	0.000	0.000	0.000	0.000	0.000	40
48	−3.416	0.638	0.365	0.009	−0.027	−0.005	0.000	0.000	0.000	0.000	0.000	0.000	0.000	0.000	0.000	0.000	48
56	−3.416	0.682	0.279	−0.017	−0.019	0.000	0.000	0.000	0.000	0.000	0.000	0.000	0.000	0.000	0.000	0.000	56

荷载情况：顶端水平力 H_0

支承条件：底固定，顶自由

符号规定：外壁受拉为正

竖向弯矩 $M_x = k_{Mx} H_0 H$

环向弯矩 $M_\theta = \dfrac{1}{6} M_x$

竖 向 弯 矩 系 数 k_{Mx} （0.0H 为池顶，1.0H 为池底）

$\dfrac{H^2}{dh}$	0.0H	0.1H	0.2H	0.3H	0.4H	0.5H	0.6H	0.7H	0.75H	0.8H	0.85H	0.9H	0.95H	1.0H	$\dfrac{H^2}{dh}$
0.2	0.0000	-0.0974	-0.1902	-0.2792	-0.3652	-0.4488	-0.5308	-0.6116	-0.6518	-0.6918	-0.7317	-0.7716	-0.8115	-0.8514	0.2
0.4	0.0000	-0.0925	-0.1717	-0.2400	-0.2996	-0.3526	-0.4009	-0.4461	-0.4679	-0.4894	-0.5108	-0.5320	-0.5531	-0.5743	0.4
0.6	0.0000	-0.0884	-0.1561	-0.2071	-0.2451	-0.2732	-0.2943	-0.3110	-0.3182	-0.3251	-0.3316	-0.3379	-0.3442	-0.3504	0.6
0.8	0.0000	-0.0854	-0.1451	-0.1842	-0.2076	-0.2193	-0.2230	-0.2215	-0.2196	-0.2172	-0.2144	-0.2115	-0.2085	-0.2055	0.8
1	0.0000	-0.0832	-0.1372	-0.1682	-0.1820	-0.1833	-0.1763	-0.1640	-0.1567	-0.1489	-0.1408	-0.1325	-0.1242	-0.1158	1
1.5	0.0000	-0.0794	-0.1240	-0.1427	-0.1432	-0.1315	-0.1125	-0.0894	-0.0771	-0.0644	-0.0516	-0.0387	-0.0258	-0.0129	1.5
2	0.0000	-0.0765	-0.1145	-0.1254	-0.1189	-0.1020	-0.0798	-0.0554	-0.0429	-0.0304	-0.0180	-0.0055	0.0069	0.0193	2
3	0.0000	-0.0717	-0.0993	-0.0997	-0.0854	-0.0652	-0.0440	-0.0242	-0.0150	-0.0062	0.0022	0.0104	0.0185	0.0266	3
4	0.0000	-0.0677	-0.0875	-0.0808	-0.0627	-0.0424	-0.0244	-0.0102	-0.0043	0.0008	0.0056	0.0100	0.0142	0.0184	4
5	0.0000	-0.0643	-0.0781	-0.0666	-0.0467	-0.0276	-0.0130	-0.0032	0.0003	0.0030	0.0052	0.0072	0.0092	0.0107	5
6	0.0000	-0.0615	-0.0703	-0.0556	-0.0353	-0.0179	-0.0062	0.0003	0.0022	0.0034	0.0042	0.0047	0.0052	0.0056	6
7	0.0000	-0.0589	-0.0638	-0.0469	-0.0269	-0.0114	-0.0023	0.0019	0.0028	0.0031	0.0032	0.0030	0.0027	0.0025	7
8	0.0000	-0.0566	-0.0582	-0.0399	-0.0205	-0.0070	0.0000	0.0025	0.0028	0.0027	0.0023	0.0018	0.0013	0.0008	8
9	0.0000	-0.0545	-0.0533	-0.0340	-0.0156	-0.0040	0.0013	0.0026	0.0025	0.0021	0.0016	0.0011	0.0005	-0.0001	9
10	0.0000	-0.0526	-0.0489	-0.0291	-0.0119	-0.0020	0.0019	0.0024	0.0021	0.0016	0.0011	0.0006	0.0000	-0.0005	10
12	0.0000	-0.0492	-0.0416	-0.0215	-0.0066	0.0004	0.0022	0.0018	0.0013	0.0009	0.0005	0.0001	-0.0002	-0.0006	12
14	0.0000	-0.0462	-0.0356	-0.0159	-0.0033	0.0014	0.0019	0.0012	0.0007	0.0004	0.0001	-0.0001	-0.0002	-0.0004	14
16	0.0000	-0.0435	-0.0307	-0.0117	-0.0013	0.0018	0.0015	0.0007	0.0004	0.0001	0.0000	-0.0001	-0.0002	-0.0002	16
20	0.0000	-0.0389	-0.0231	-0.0062	0.0007	0.0016	0.0008	0.0002	0.0002	-0.0001	-0.0001	0.0000	0.0000	0.0000	20
24	0.0000	-0.0354	-0.0175	-0.0030	0.0014	0.0012	0.0004	0.0000	-0.0001	-0.0001	0.0000	0.0000	0.0000	0.0000	24
28	0.0000	-0.0319	-0.0134	-0.0011	0.0014	0.0008	0.0001	-0.0001	0.0000	0.0000	0.0000	0.0001	0.0000	-0.0006	28
32	0.0000	-0.0291	-0.0103	0.0000	0.0013	0.0004	0.0000	-0.0001	0.0000	0.0000	0.0000	-0.0001	0.0000	-0.0004	32
40	0.0000	-0.0245	-0.0059	0.0009	0.0008	0.0001	0.0000	0.0000	0.0000	0.0000	0.0000	0.0000	0.0000	-0.0002	40
48	0.0000	-0.0208	-0.0033	0.0011	0.0004	0.0000	0.0000	0.0000	0.0000	-0.0001	0.0000	0.0000	0.0000	0.0000	48
56	0.0000	-0.0178	-0.0017	0.0010	0.0002	0.0000	0.0000	0.0000	0.0000	0.0000	0.0000	0.0000	0.0000	0.0000	56

附表 4-1 (29)

荷载情况：顶端水平力 H_0
支承条件：底端固定、顶自由
符号规定：环向力受拉为正，剪力向外为正

$$N_\theta = k_{N\theta} \frac{H}{h} H_0$$

$$V_x = k_{vx} H_0$$

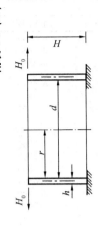

$\frac{H^2}{dh}$	环向力系数 $k_{N\theta}$ （0.0H为池顶，1.0H为池底）														剪力系数 k_{vx}		$\frac{H^2}{dh}$
	0.0H	0.1H	0.2H	0.3H	0.4H	0.5H	0.6H	0.7H	0.75H	0.8H	0.85H	0.9H	0.95H	1.0H	顶端	底端	
0.2	1.357	1.152	0.951	0.760	0.581	0.419	0.278	0.162	0.114	0.075	0.043	0.019	0.005	0.000	1.000	−0.798	0.2
0.4	1.973	1.665	1.365	1.082	0.820	0.587	0.386	0.223	0.157	0.102	0.058	0.026	0.007	0.000	1.000	−0.423	0.4
0.6	2.053	1.716	1.392	1.089	0.815	0.575	0.373	0.213	0.149	0.096	0.054	0.024	0.006	0.000	1.000	−0.125	0.6
0.8	1.941	1.603	1.281	0.985	0.723	0.500	0.318	0.178	0.123	0.078	0.044	0.019	0.005	0.000	1.000	0.061	0.8
1	1.792	1.459	1.164	0.862	0.618	0.416	0.257	0.139	0.095	0.059	0.033	0.014	0.003	0.000	1.000	0.167	1
1.5	1.483	1.158	0.860	0.604	0.399	0.242	0.132	0.061	0.038	0.021	0.010	0.004	0.001	0.000	1.000	0.258	1.5
2	1.285	0.961	0.671	0.433	0.254	0.129	0.052	0.012	0.002	−0.003	−0.004	−0.003	−0.001	0.000	1.000	0.248	2
3	1.056	0.729	0.449	0.238	0.095	0.012	−0.026	−0.032	−0.029	−0.022	−0.015	−0.007	−0.002	0.000	1.000	0.161	3
4	0.920	0.593	0.325	0.136	0.023	−0.033	−0.048	−0.041	−0.033	−0.024	−0.015	−0.007	−0.002	0.000	1.000	0.084	4
5	0.825	0.500	0.244	0.078	−0.012	−0.047	−0.050	−0.037	−0.028	−0.019	−0.012	−0.006	−0.001	0.000	1.000	0.035	5
6	0.754	0.431	0.188	0.041	−0.029	−0.049	−0.044	−0.029	−0.021	−0.014	−0.008	−0.004	−0.001	0.000	1.000	0.008	6
7	0.698	0.378	0.147	0.017	−0.037	−0.046	−0.036	−0.021	−0.015	−0.009	−0.005	−0.002	−0.001	0.000	1.000	−0.005	7
8	0.653	0.336	0.115	0.000	−0.040	−0.041	−0.028	−0.015	−0.009	−0.005	−0.003	−0.001	0.000	0.000	1.000	−0.011	8
9	0.616	0.301	0.091	−0.011	−0.040	−0.036	−0.022	−0.010	−0.006	−0.003	−0.001	0.000	0.000	0.000	1.000	−0.012	9
10	0.584	0.272	0.071	−0.018	−0.039	−0.031	−0.016	−0.006	−0.003	−0.001	0.000	0.000	0.000	0.000	1.000	−0.010	10
12	0.534	0.226	0.042	−0.027	−0.034	−0.022	−0.009	−0.002	0.000	0.001	0.001	0.000	0.000	0.000	1.000	−0.007	12
14	0.494	0.191	0.023	−0.030	−0.029	−0.015	−0.004	0.000	0.001	0.001	0.001	0.000	0.000	0.000	1.000	−0.003	14
16	0.462	0.163	0.010	−0.030	−0.024	−0.010	−0.001	0.001	0.001	0.001	0.000	0.000	0.000	0.000	1.000	−0.001	16
20	0.415	0.012	−0.006	−0.027	−0.015	−0.004	0.001	0.001	0.001	0.001	0.000	0.000	0.000	0.000	1.000	0.000	20
24	0.377	0.043	−0.015	−0.023	−0.009	−0.001	0.001	0.001	0.000	0.000	0.000	0.000	0.000	0.000	1.000	0.000	24
28	0.349	0.073	−0.019	−0.018	−0.005	0.000	0.001	0.000	0.000	0.000	0.000	0.000	0.000	0.000	1.000	0.000	28
32	0.327	0.058	−0.020	−0.014	−0.003	0.001	0.001	0.000	0.000	0.000	0.000	0.000	0.000	0.000	1.000	0.000	32
40	0.292	0.036	−0.020	−0.008	0.000	0.001	0.000	0.000	0.000	0.001	0.000	0.000	0.000	0.000	1.000	0.000	40
48	0.267	0.021	−0.017	−0.004	0.001	0.000	0.000	0.000	0.000	0.003	0.000	0.000	0.000	0.000	1.000	0.000	48
56	0.247	0.012	−0.014	−0.002	0.001	0.001	0.000	0.000	0.000	0.000	0.000	0.000	0.000	0.000	1.000	0.000	56

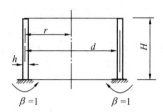

$\beta=1$ $\beta=1$

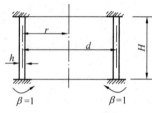

$\beta=1$ $\beta=1$

$$i = M_{F\beta} = k_{M\beta} \frac{Eh^3}{H}$$

$M_{F\beta}$—— 使固定端产生单位转角（$\beta=1$）所需要的弯矩

$\dfrac{H^2}{dh}$	$k_{M\beta}$	
	顶自由、底固定	两端固定
0.2	0.0465	0.3444
0.4	0.1353	0.3489
0.6	0.2112	0.3562
0.8	0.2663	0.3661
1	0.3072	0.3782
1.5	0.3812	0.4158
2	0.4404	0.4597
3	0.5431	0.5504
4	0.6311	0.6342
5	0.7075	0.7090
6	0.7758	0.7765
7	0.8382	0.8386
8	0.8961	0.8963
9	0.9504	0.9506
10	1.002	1.002
12	1.098	1.098
14	1.185	1.185
16	1.267	1.267
20	1.417	1.417
24	1.552	1.552
28	1.676	1.676
32	1.792	1.792
40	2.004	2.004
48	2.195	2.195
56	2.371	2.371

附录 4-2 双向受力壁板在壁面温差作用下的弯矩系数

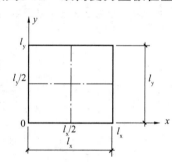

$$M_x^T = k_x^T \alpha_T \Delta T E h^2 \eta_{red}$$
$$M_y^T = k_y^T \alpha_T \Delta T E h^2 \eta_{red}$$

附表 4-2

边界条件	计算截面 弯矩 系数 l_x/l_y	$x=0,\ y=\dfrac{l_y}{2}$		$x=\dfrac{l_x}{2},\ y=\dfrac{l_y}{2}$		$x=\dfrac{l_x}{2},\ y=0$		$x=\dfrac{l_x}{2},\ y=l_y$	
		k_x^T	k_y^T	k_x^T	k_y^T	k_x^T	k_y^T	k_x^T	k_y^T
四边铰支	0.50	0	0.0833	0.0742	0.0092	0.0833	0	0.0833	0
	0.75	0	0.0833	0.0578	0.0256	0.0833	0	0.0833	0
	1.00	0	0.0833	0.0417	0.0417	0.0833	0	0.0833	0
	1.25	0	0.0833	0.0291	0.0543	0.0833	0	0.0833	0
	1.50	0	0.0833	0.0199	0.0635	0.0833	0	0.0833	0
	1.75	0	0.0833	0.0136	0.0698	0.0833	0	0.0833	0
	2.00	0	0.0833	0.0092	0.0742	0.0833	0	0.0833	0
三边固定、顶边铰支	0.50	0.1045	0.0987	0.0973	0.0998	0.0972	0.1000	0.0833	0
	0.75	0.1139	0.0999	0.0926	0.1003	0.0982	0.1021	0.0833	0
	1.00	0.1233	0.1008	0.0885	0.0961	0.0981	0.1094	0.0833	0
	1.25	0.1288	0.1011	0.0869	0.0917	0.0993	0.1175	0.0833	0
	1.50	0.1344	0.1016	0.0853	0.0873	0.1008	0.1286	0.0833	0
	1.75	0.1329	0.1013	0.0877	0.0829	0.1014	0.1344	0.0833	0
	2.00	0.1324	0.1008	0.0901	0.0784	0.1019	0.1402	0.0833	0

边界条件	计算截面 弯矩系数 l_x/l_y	$x=0$, $y=\dfrac{l_y}{2}$		$x=\dfrac{l_x}{2}$, $y=\dfrac{l_y}{2}$		$x=\dfrac{l_x}{2}$, $y=0$		$x=\dfrac{l_x}{2}$, $y=l_y$	
		k_x^T	k_y^T	k_x^T	k_y^T	k_x^T	k_y^T	k_x^T	k_y^T
三边固定、顶边自由	0.50	0.1018	0.0983	0.0948	0.0974	0.0973	0.0975	0.0955	0
	0.75	0.1057	0.0980	0.0925	0.0913	0.0973	0.1004	0.0993	0
	1.00	0.1085	0.0968	0.0919	0.0851	0.0974	0.1050	0.1028	0
	1.25	0.1072	0.0957	0.0931	0.0768	0.0979	0.1085	0.1057	0
	1.50	0.1006	0.0965	0.0951	0.0696	0.0983	0.1091	0.1083	0
	1.75	0.0997	0.0943	0.0969	0.0633	0.0975	0.1013	0.1111	0
	2.00	0.0981	0.0933	0.0985	0.0570	0.0963	0.0957	0.1118	0
	2.25	0.0939	0.0908	0.0988	0.0503	0.0950	0.0861	0.1119	0
	2.50	0.0921	0.0908	0.0986	0.0460	0.0934	0.0755	0.1114	0
	2.75	0.0918	0.0902	0.0977	0.0409	0.0918	0.0649	0.1098	0
	3.00	0.0882	0.0888	0.0965	0.0361	0.0903	0.0551	0.1079	0

附录4-3 四边支承双向板的边缘刚度系数及弯矩传递系数

边缘刚度：$K=k\dfrac{D}{l}$

$$D=\dfrac{Eh^3}{12(1-\nu^2)}$$

k——边缘刚度系数；

l——板的短边长。

传递系数：μ——对边传递系数；

μ'——邻边传递系数。

//////// 固定边

===== 铰支边

附表4-3

序 号		1			2		3		
$\dfrac{l_x}{l_y}$	$\dfrac{l_y}{l_x}$								
		k	μ	μ'	k	μ'	k	μ	μ'
∞		~6.50	0	0	3.00	~0.380	~6.60	0	0
2.0		6.50	−0.014	0.086	4.23	0.382	6.60	−0.030	0.062
1.9		6.53	−0.013	0.098	4.38	0.382	6.66	−0.031	0.072
1.8		6.57	−0.011	0.111	4.55	0.380	6.71	−0.032	0.083
1.7		6.61	−0.008	0.126	4.75	0.376	6.78	−0.033	0.095
1.6		6.66	−0.002	0.142	4.99	0.369	6.86	−0.032	0.109
1.5		6.70	0.005	0.160	5.27	0.358	6.94	−0.029	0.126
1.4		6.76	0.016	0.180	5.59	0.345	7.04	−0.024	0.144
1.3		6.83	0.032	0.200	5.97	0.327	7.15	−0.015	0.164
1.2		6.90	0.052	0.221	6.40	0.305	7.25	0.000	0.186
1.1		6.99	0.080	0.241	6.91	0.278	7.38	0.023	0.209
1.0	1.0	7.10	0.114	0.259	7.49	0.246	7.51	0.054	0.233
	1.1	6.60	0.153	0.273	7.37	0.214	6.97	0.092	0.252
	1.2	6.19	0.189	0.279	7.25	0.186	6.51	0.131	0.265
	1.3	5.86	0.220	0.282	7.14	0.162	6.14	0.166	0.273
	1.4	5.59	0.249	0.281	7.04	0.140	5.82	0.200	0.276
	1.5	5.38	0.276	0.277	6.94	0.122	5.57	0.232	0.275
	1.6	5.20	0.301	0.272	6.85	0.106	5.36	0.262	0.272
	1.7	5.05	0.322	0.266	6.77	0.092	5.18	0.288	0.268
	1.8	4.93	0.340	0.259	6.71	0.080	5.04	0.310	0.262
	1.9	4.83	0.355	0.252	6.65	0.070	4.92	0.330	0.256
	2.0	4.74	0.369	0.245	6.60	0.061	4.82	0.348	0.249
	∞	4.00	0.500	~0.240	~6.60	0	4.00	0.500	~0.240

附录 4-4 双向板的边缘反力

一、双向板在侧向荷载作用下（附图 4-4（1））的边缘反力可按下列公式计算：

$$R_{x,max} = \alpha_{x,max} p l_x \qquad (\text{附 } 4\text{-}4\text{-}1)$$

$$R_{x0} = \alpha_{x0} p l_x \qquad (\text{附 } 4\text{-}4\text{-}2)$$

$$R_{y,max} = \alpha_{y,max} p l_y \qquad (\text{附 } 4\text{-}4\text{-}3)$$

$$R_{y0} = \alpha_{y0} p l_y \qquad (\text{附 } 4\text{-}4\text{-}4)$$

式中　　　$R_{x,max}$——跨度 l_x 两端支座（沿 l_y 边）的反力最大值；

$\qquad\qquad R_{x0}$——跨度 l_x 两端支座（沿 l_y 边）的反力平均值；

$\qquad\qquad R_{y,max}$——跨度 l_y 两端支座（沿 l_x 边）的反力最大值；

$\qquad\qquad R_{y0}$——跨度 l_y 两端支座（沿 l_x 边）的反力平均值；

$\qquad\qquad p$——矩形分布侧向荷载设计值或三角形分布荷载的底端最大设计值；

$\alpha_{x,max}, \alpha_{x0}, \alpha_{y,max}, \alpha_{y0}$——反力系数。

四边铰支板在矩形荷载下的反力系数可由附表 4-4（1）查得；四边铰支板在三角形荷载下的反力系数可由附表 4-4（2）查得；三边固定、顶边自由的双向板，在矩形或三角形荷载作用下的反力系数可分别由附表 4-4（3）和附表 4-4（4）查得。

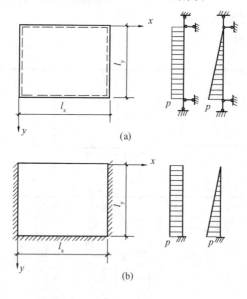

附图 4-4（1）　承受矩形或三角形侧向荷载的双向板

(a) 四边铰支板；(b) 三边固定、顶板自由板

二、四边铰支双向板在边缘弯矩作用下［附图 4-4（2）］的边缘反力，可按下列公式计算：

$$R_{x,cen} = \alpha_{x,cen} \frac{M_0}{l_x} \qquad (\text{附 } 4\text{-}4\text{-}5)$$

$$R_{x0} = \alpha_{x0} \frac{M_0}{l_x} \qquad (\text{附 } 4\text{-}4\text{-}6)$$

$$R_{y,cen} = \alpha_{y,cen} \frac{M_0}{l_y} \qquad\qquad (\text{附 }4\text{-}4\text{-}7)$$

$$R_{y0} = \alpha_{y0} \frac{M_0}{l_y} \qquad\qquad (\text{附 }4\text{-}4\text{-}8)$$

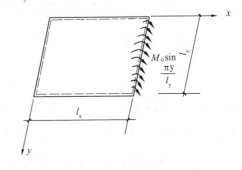

式中　　$R_{x,cen}$——跨度 l_x 两端支座在 l_y 中点处的反力;

　　　　$R_{y,cen}$——跨度 l_y 两端支座在 l_x 中点处的反力;

$\alpha_{x,cen}$，$\alpha_{y,cen}$——分别为 $R_{x,cen}$ 和 $R_{y,cen}$ 的反力系数;

　　　　M_0——假设按正弦曲线分布的边缘弯矩的最大值;

R_{x0}、R_{y0}、α_{x0}、α_{y0} 的意义同前。各反力系数可由附表 4-4（5）查得。

附图 4-4（2）　$x = l_x$ 的边缘上作用有弯矩 $M_0 \sin\dfrac{\pi y}{l_y}$ 的四边铰支板

　　三、具有各种边界条件的四边支承双向板的边缘反力，可按式（附 4-4-1）～式（附 4-4-8），用四边铰支板作用有侧向荷载时的边缘反力和四边铰支板作用有边缘弯矩时的边缘反力叠加求得。

四边铰支承的双向板在均布荷载作用下的边缘反力系数　　附表 4-4（1）

边缘反力系数　l_x/l_y	0.50	0.75	1.00	1.25	1.50	1.75	2.00
$\alpha_{y,max}$	0.2599	0.3660	0.4362	0.4766	0.4974	0.5071	0.5107
α_{y0}	0.1905	0.2702	0.3274	0.3652	0.3903	0.4075	0.4199
$\alpha_{x,max}$	0.5107	0.4852	0.4362	0.3829	0.3344	0.2935	0.2599
α_{x0}	0.4199	0.3747	0.3274	0.2835	0.2460	0.2153	0.1905

注：当 $\dfrac{l_x}{l_y} > 2.0$ 时，l_y 边上的反力系数 $\alpha_{x,max}$，α_{x0} 可按 $\dfrac{l_x}{l_y} = 2.0$ 计算。

四边铰支承的双向板在三角形荷载作用下的边缘反力系数　　附表 4-4（2）

边缘反力系数　l_x/l_y	0.50	0.75	1.00	1.25	1.50	1.75	2.00
$\alpha_{y,max}\left(\begin{array}{c}x=l_x/2\\ y=0\end{array}\right)$	0.0542	0.0997	0.1334	0.1537	0.1645	0.1697	0.1717
$\alpha_{y,max}\left(\begin{array}{c}x=l_x/2\\ y=l_y\end{array}\right)$	0.2057	0.2662	0.3029	0.3229	0.3329	0.3374	0.3390
$\alpha_{y0}\ (y=0)$	0.0363	0.0674	0.0918	0.1083	0.1194	0.1269	0.1323
$\alpha_{y0}\ (y=l_y)$	0.1540	0.2028	0.2356	0.2568	0.2709	0.2806	0.2876
$\alpha_{x,max}\left(y=\dfrac{2}{3}l_y\right)$	0.3271	0.2913	0.2519	0.2166	0.1872	0.1635	0.1444
$\alpha_{x''0''}$	0.2099	0.1873	0.1637	0.1417	0.1230	0.1076	0.0951

注：当 $\dfrac{l_x}{l_y} > 2.0$ 时，l_y 边上的反力系数 $\alpha_{x,max}$，α_{x0} 可按 $\dfrac{l_x}{l_y} = 2.0$ 计算。

三边固定、顶端自由的双向板在均布荷载作用下的边缘反力系数　　附表 4-4 (3)

边缘反力系数 ＼ l_x/l_y	0.50	0.75	1.00	1.50	2.00	3.00
$\alpha_{y,max}$	0.2301	0.3410	0.4572	0.6725	0.8450	1.0123
α_{y0}	0.1325	0.1906	0.2553	0.3769	0.4836	0.6408
$\alpha_{x,max}$	0.5046	0.5844	0.5331	0.5727	0.6057	0.5422
α_{x0}	0.4337	0.4552	0.3723	0.3115	0.2581	0.1867

注：当 $\frac{l_x}{l_y}>3.0$ 时，l_y 边上的边缘反力系数 $\alpha_{x,max}$、α_{x0} 可按 $\frac{l_x}{l_y}=3.0$ 计算。

三边固定、顶端自由的双向板在三角形荷载作用下的边缘反力系数　附表 4-4 (4)

边缘反力系数 ＼ l_x/l_y	0.50	0.75	1.00	1.50	2.00	3.00
$\alpha_{y,max}$	0.2336	0.2645	0.3236	0.4055	0.4584	0.5047
α_{y0}	0.1220	0.1603	0.2018	0.2654	0.3111	0.3694
$\alpha_{x,max}$	0.2988	0.3160	0.2421	0.1695	0.1282	0.1014
α_{x0}	0.1909	0.1911	0.1491	0.1172	0.0944	0.0652

注：当 $\frac{l_x}{l_y}>3.0$ 时，l_y 边上的边缘反力系数 $\alpha_{x,max}$，α_{x0} 可按 $\frac{l_x}{l_y}=3.0$ 计算。

四边铰支承的双向板在边缘弯矩作用下的边缘反力系数　　　附表 4-4 (5)

边缘反力系数 ＼ l_x/l_y	0.50	0.75	1.00	1.25	1.50	1.75	2.00
$\alpha_{y,cen}$	−1.9196	−1.2611	−0.7719	−0.4527	−0.2565	−0.1396	−0.0717
$\alpha_{y"0"}$	−2.2311	−1.7689	−1.4033	−1.1391	−0.9507	−0.8136	−0.7106
$\alpha_{x,cen}\begin{pmatrix}x=0\\y=\frac{l_y}{2}\end{pmatrix}$	−0.8853	−1.7134	−0.5161	−0.3438	−0.2157	−0.1294	−0.0751
$\alpha_{x,cen}\begin{pmatrix}x=l_x\\y=\frac{l_y}{2}\end{pmatrix}$	1.1932	1.4840	1.8703	2.3025	2.7523	3.2080	3.6654
$\alpha_{x0}\ (x=0)$	−0.5636	−0.4542	−0.3286	−0.2189	−0.1373	−0.0824	−0.0478
$\alpha_{x0}\ (x=l_x)$	0.7596	0.9447	1.1907	1.4658	1.7522	2.0423	2.3335

注：1. 表中负值表示边缘反力指向板下。

2. $\frac{l_x}{l_y}>2.0$ 时，M_θ 作用边上（即 $x=l_x$）$R_{x,cen}$、R_{x0} 的系数 $\alpha_{x,cen}$、α_{x0}，可按 $\frac{l_x}{l_y}=2.0$ 计算。

附录5 钢筋混凝土矩形截面处于受弯或大偏心受压（拉） 状态时的最大裂缝宽度计算

1. 受弯、大偏心受拉或受压构件的最大裂缝宽度，可按下列公式计算：

$$w_{\max} = 1.8\psi\frac{\sigma_{sq}}{E_s}\left(1.5c + 0.11\frac{d}{\rho_{te}}\right)(1+\alpha_1)\nu \qquad （附5-1）$$

$$\psi = 1.1 - \frac{0.65f_{tk}}{\rho_{te}\sigma_{sq}\alpha_2} \qquad （附5-2）$$

式中　$w_{\max}$——最大裂缝宽度（mm）；

ψ——裂缝间受拉钢筋应变不均匀系数，当 $\psi < 0.4$ 时，取 0.4；当 $\psi > 1.0$ 时，取 1.0；

σ_{sq}——按作用效应准永久组合计算的截面纵向受拉钢筋应力（N/mm²）；

E_s——钢筋的弹性模量（N/mm²）；

c——最外层纵向受拉钢筋的混凝土保护层厚度（mm）；

d——纵向受拉钢筋直径（mm）。当采用不同直径的钢筋时，应取 $d = \dfrac{4A_s}{u}$，其中 u 为纵向受拉钢筋截面的总周长（mm），A_s 为受拉钢筋截面面积（mm²）；

ρ_{te}——以有效受拉混凝土截面面积计算的纵向受拉钢筋配筋率，即 $\rho_{te} = \dfrac{A_s}{0.5bh}$，其中 b 为截面计算宽度，h 为截面计算高度，A_s 对偏向受拉构件取偏心一侧的钢筋截面面积；

α_1——系数，对受弯、大偏心受压构件取 $\alpha_1 = 0$；对大偏心受拉构件取 $\alpha_1 = 0.28\left[\dfrac{1}{1+\dfrac{2e_0}{h_0}}\right]$；

e_0——纵向力对截面重心的偏心距（mm）；

h_0——计算截面的有效高度（mm）；

ν——纵向受拉钢筋表面特征系数，对光面钢筋取 1.0；对变形钢筋取 0.7；

f_{tk}——混凝土轴心抗拉强度标准值（N/mm²）；

α_2——系数，对受弯构件取 $\alpha_2 = 1.0$，对大偏心受压构件取 $\alpha_2 = 1 - 0.2\dfrac{h_0}{e_0}$，对大偏心受拉构件取 $\alpha_2 = 1 + 0.35\dfrac{h_0}{e_0}$。

2. 受弯、大偏心受压、大偏心受拉构件的计算截面纵向受拉钢筋应力 σ_{sq}，可按下列公式计算：

（1）受弯构件的纵向受拉钢筋应力

$$\sigma_{sq} = \frac{M_q}{0.87A_sh_0} \qquad （附5-3）$$

式中 M_q——在作用效应准永久组合下，计算截面处的弯矩（N·mm）。

（2）大偏心受压构件的纵向受拉钢筋应力

$$\sigma_{sq} = \frac{M_q - 0.35N_q(h_0 - 0.3e_0)}{0.87A_s h_0}$$ （附 5-4）

式中 N_q——在作用效应准永久组合下，计算截面处的纵向力（N）。

（3）大偏心受拉构件的纵向受拉钢筋应力

$$\sigma_{sq} = \frac{M_q + 0.5N_q(h_0 - a'_s)}{0.87A_s h_0}$$ （附 5-5）

式中 a'_s——位于偏心力一侧的钢筋至截面近侧边缘的距离（mm）。

参 考 文 献

［1］ 中华人民共和国住房和城乡建设部．混凝土结构设计规范 GB 50010—2010（2015 年版）［S］．北京：中国建筑工业出版社，2016.

［2］ 中华人民共和国住房和城乡建设部．给水排水工程构筑物结构设计规范 GB 50069—2002［S］．北京：中国建筑工业出版社，2002.

［3］ 中华人民共和国住房和城乡建设部．建筑地基基础设计规范 GB 50007—2011．北京：中国计划出版社，2012.

［4］ 中华人民共和国住房和城乡建设部．建筑结构荷载规范 GB 50009—2012［S］．北京：中国建筑工业出版社，2012.

［5］ 北京市市政工程设计研究总院．给水排水工程钢筋混凝土水池结构设计规程（附条文说明）CECS 138—2002［S］．北京：中国建筑出版社，2003.

［6］ 建筑结构构造资料集编委会编．建筑结构构造资料集（上册）［M］．北京：中国建筑工业出版社，1990.

［7］ 东南大学，天津大学，同济大学合编．混凝土结构（第七版）［M］．北京：中国建筑工业出版社，2020.

［8］ 张誉主编．混凝土结构基本原理（第二版）［M］．北京，中国建筑工业出版社，2012.

［9］ 沈蒲生，罗国强编著．混凝土结构疑难释（第 4 版）释义［M］．北京：中国建筑工业出版社，2012.

［10］ 湖南大学，重庆大学，太原理工大学合编．给水排水工程结构（第二版）［M］．北京：中国建筑工业出版社，2006.